Materiais de construção

patologia | reabilitação | prevenção

Luca Bertolini

Materiais de construção

patologia | reabilitação | prevenção

Apresentação | Paulo Helene

tradução | Leda Beck

Copyright original © 2006 De Agostini Scuola
Copyright da tradução em português © 2010 Oficina de Textos
1ª reimpressão 2013 | 2ª reimpressão 2014
3ª reimpressão 2017 | 4ª reimpressão 2022

Grafia atualizada conforme o Acordo Ortográfico da Língua Portuguesa de 1990, em vigor no Brasil a partir de 2009.

Conselho editorial   Arthur Pinto Chaves; Cylon Gonçalves da Silva; Doris C. C. K. Kowaltowski; José Galizia Tundisi; Luis Enrique Sánchez; Paulo Helene; Rozely Ferreira dos Santos; Teresa Gallotti Florenzano

CAPA   Malu Vallim
PROJETO GRÁFICO   Douglas da Rocha Yoshida
DIAGRAMAÇÃO   Douglas da Rocha Yoshida
REVISÃO DE TEXTO   Marcel Iha
REVISÃO TÉCNICA   Paulo Roberto do Lago Helene
TRADUÇÃO   Leda Maria Marques Dias Beck
IMPRESSÃO E ACABAMENTO   BMF gráfica e editora

Dados Internacionais de Catalogação na Publicação (CIP)
(Câmara Brasileira do Livro, SP, Brasil)

Bertolini, Luca
    Materiais de construção : patologia, reabilitação, prevenção / Luca Bertolini ; tradução Leda Maria Marques Dias Beck -- São Paulo : Oficina de Textos, 2010.
    Título original: Materiali da costruzione,
v. 2 : degrado, prevenzione, diagnosi, restauro.

    Bibliografia.
    ISBN 978-85-7975-010-6

1. Indústria da construção 2. Materiais de construção I. Título.

10-10356   CDD-691

Índices para catálogo sistemático:
1. Materiais de construção : Tecnologia   691

Todos os direitos reservados à Editora **Oficina de Textos**
Rua Cubatão, 798
CEP 04013-003 São Paulo SP
tel. (11) 3085 7933
www.ofitexto.com.br
atend@ofitexto.com.br

Prefácio

Este texto ocupa-se dos materiais de construção empregados no setor da construção civil, retomando os temas do ensino dedicado aos materiais de construção nos cursos de graduação e de mestrado em Engenharia Civil e Engenharia de Edificações do Instituto Politécnico de Milão.

O livro concentra-se no comportamento dos materiais quando em uso; entra em detalhes dos aspectos teóricos e práticos úteis para o projeto e a realização de novas estruturas e para a recuperação de construções existentes. A primeira parte trata dos fenômenos de degradação dos materiais de construção e as técnicas para a prevenção nas fases de projeto, construção e gestão das estruturas. Em seguida, ilustram-se as técnicas de estudo de materiais e construções. Examinam-se, posteriormente, os materiais e as tecnologias para o reparo de estruturas degradadas. A última parte dedica-se ao impacto dos materiais de construção no ambiente e no ser humano.

Materiais de Construção nasceu da vontade de preparar um texto que seja útil para os estudantes dos cursos de graduação em Engenharia Civil e Engenharia de Edificações nos exames de projeto e na sua profissão futura. Mesmo sabendo que muito pode ser melhorado, espero que o resultado se aproxime deste objetivo.

Agradeço a quem me ajudou a preparar este texto. Antes de mais nada, àqueles que me ensinaram o que sei sobre materiais e me mostraram como é fascinante seu estudo: Pietro Pedeferri (meu mestre), Alberto Cigada, Mario Collepardi, Chris Page e Rob Polder. Em seguida, àqueles que há tempos colaboram comigo no grupo de pesquisa de compostos de cimento e durabilidade: Maddalena Carsana, Matteo Gastaldi, Federica Lollini, Marco Manera, Elena Redaelli e Franco Traisci. Finalmente, Fabio Bolzoni, Angelo Borroni, Francesca Brunella, Davino Gelosa e Andrea Sliepchievich contribuíram em alguns capítulos. Tudo que é válido neste texto vem de todos eles.

Sondrio, Lombardia, 12 de fevereiro de 2006

Luca Bertolini

Prefácio à edição brasileira

O mais interessante deste livro é seu enfoque: trata de apresentar e introduzir os materiais de construção civil a partir do conhecimento de suas deficiências e vulnerabilidades. É sabido que não basta conhecer a composição físico-química dos materiais de construção para bem utilizá-los. O uso otimizado e correto de um material deve estar atrelado ao conhecimento de seu comportamento e desempenho, frente às solicitações de uso e do meio ambiente ao qual estará exposto durante sua vida útil.

Prever o comportamento futuro de um material em uso não é fácil nem imediato. Requer o conhecimento de sua microestrutura, acompanhado de observações, experimentos e modelos de comportamento desenvolvidos a partir de pesquisas experimentais e simulações teóricas.

O texto é dividido, inteligentemente, em quatro partes: a primeira trata dos principais fenômenos de deterioração dos materiais de construção, a começar pela discussão dos fenômenos de transporte em materiais porosos, abordando o aço, os metais não ferrosos, a estrutura de concreto armado e protendido, as alvenarias, as estruturas de madeira e os polímeros. O autor, reconhecido e com grande experiência na área, é muito feliz ao abordar o tema deterioração em conjunto com as formas de prevenir e evitar uma perda precoce de funções dos materiais. Ao final dessa primeira parte, apresenta uma síntese da resposta desses materiais frente ao fogo, que ajuda no entendimento do comportamento dos materiais de construção no caso de incêndios, considerados a mais severa forma de solicitação e degradação dos materiais em uso.

A segunda parte deste livro é dedicada às técnicas e aos métodos de inspeção, ensaio e diagnóstico dos problemas patológicos mais frequentes na construção civil. De forma clara, o autor entrega e discute as ferramentas atuais necessárias para um correto diagnóstico e prognóstico de problemas em estruturas de concreto armado, concreto protendido, madeira e metal. Aborda também o importante e atual tema da monitoração de estruturas.

A terceira parte é toda dedicada à reabilitação de estruturas e edificações construídas em concreto, aço, alvenaria ou madeira, abordando recursos atuais, como reforços com fibras de carbono e métodos eletroquímicos de controle e prevenção da corrosão dos aços.

A quarta e última parte introduz uma visão holística dos materiais de construção civil, relacionando-os com o homem, seu ambiente construído e a natureza. Em tempos de risco de aquecimento global e escassez de energia e água potável, a formação em materiais de construção com uma visão de sustentabilidade é fundamental para a carreira de arquitetos e engenheiros, que consomem na sua atividade profissional o maior volume de recursos naturais do planeta. O alumínio, o aço e o cimento, nessa ordem, estão entre os setores industriais que mais geram gases estufa (gás carbônico e de nitrogênio) nos dias de hoje.

Assim, pode-se afirmar que este livro, a partir da patologia dos materiais, discute em profundidade a sua profilaxia para reduzir a deterioração precoce e avança até as questões de terapia, monitoração e manutenção, ou seja, como corrigir, de modo duradouro, os eventuais problemas que venham a ocorrer durante a vida útil de uma edificação ou estrutura.

Trata-se de um enfoque inovador, que resultou num importante e atual livro texto de materiais de construção civil e princípios de ciência e engenharia de materiais, ilustrado com exemplos, fotos, tabelas e figuras para melhor aprendizado dos estudantes e para fácil consulta por professores e profissionais.

Atualmente o Brasil tem mais de 300 faculdades de Arquitetura e Engenharia Civil aprovadas e reconhecidas pelo Ministério de Educação, colocando no mercado, a cada ano, mais de 10 mil novos profissionais. Uma das disciplinas básicas, profissionalizantes e obrigatórias é justamente a de Materiais de Construção Civil, cujo conhecimento é essencial para o correto e competente exercício dessas nobres profissões.

Este livro se destina principalmente aos alunos de graduação e pós-graduação, mas traz também informações e ensinamentos úteis a engenheiros, arquitetos, projetistas, fiscais e demais profissionais da construção civil.

São Paulo, 1º de setembro de 2010

Eng. Paulo Helene
Conselheiro do IBRACON
Professor Titular da Universidade de São Paulo

Sumário

1 Introdução   13
     1.1 Comportamento mecânico   15
     1.2 Ações do ambiente   18
     1.3 Vida útil e durabilidade   20
     1.4 Prevenção da degradação   24
     1.5 Recuperação de estruturas danificadas   26
     1.6 Interação com o ambiente   26

PARTE I – DEGRADAÇÃO E PREVENÇÃO   29
2 Degradação e prevenção   31
     2.1 Materiais porosos   31
     2.2 Transporte de massa   36
     2.3 Transporte de calor e propriedades térmicas   43

3 Corrosão   47
     3.1 Consequências   47
     3.2 Princípios   50
     3.3 Passividade   65
     3.4 Corrosão localizada   67
     3.5 Corrosão e ações mecânicas   72

4 Estruturas de aço   78
     4.1 Corrosão atmosférica dos aços   78
     4.2 Aços patináveis   86
     4.3 Proteção com revestimentos orgânicos   88
     4.4 Galvanização   92

5 Estruturas de aço enterradas ou imersas   96
     5.1 Corrosão nos solos   96
     5.2 Corrosão nas águas   106
     5.3 Proteção catódica   110

6 Aços inoxidáveis e metais não ferrosos   116
     6.1 Aços inoxidáveis   116
     6.2 Alumínio e ligas de alumínio   123
     6.3 Cobre e ligas de cobre   125

	6.4 Titânio e ligas de titânio	126
	6.5 Níquel e ligas de níquel	128

7 Degradação das obras em concreto armado e protendido — 129
- 7.1 Degradação do concreto — 129
- 7.2 Corrosão das armaduras — 138

8 Prevenção nas estruturas em concreto armado e protendido — 158
- 8.1 Projetando para a durabilidade — 161
- 8.2 Prevenção de acordo com as normas — 166
- 8.3 Abordagem por desempenho — 174
- 8.4 As proteções adicionais — 185
- 8.5 Prevenção da corrosão dos aços para concreto protendido — 192

9 Alvenaria — 194
- 9.1 Materiais para a alvenaria — 194
- 9.2 Umidade na alvenaria — 198
- 9.3 Mecanismos de degradação — 204

10 Obras em madeira — 212
- 10.1 Umidade e variações dimensionais — 212
- 10.2 Ataque biológico — 214
- 10.3 Outros tipos de ataque — 219
- 10.4 Prevenção da degradação das obras em madeira — 220

11 Degradação dos polímeros — 224
- 11.1 Efeitos da temperatura — 225
- 11.2 Envelhecimento físico — 227
- 11.3 Interação com substâncias líquidas — 228
- 11.4 Ação do ambiente — 229
- 11.5 Adesivos — 230
- 11.6 Pinturas e revestimentos protetores — 237
- 11.7 Selantes — 239

12 Comportamento dos materiais ao fogo (incêndio) — 242
- 12.1 Riscos de incêndio — 242
- 12.2 Resumo sobre a combustão — 243
- 12.3 Comportamento de alguns tipos de materiais ao fogo — 246

PATE II – ESTUDO DOS MATERIAIS E DAS ESTRUTURAS — 255

13 Métodos de estudo dos materiais — 257
- 13.1 Análises físico-químicas — 257

13.2 Análises microestruturais   266
13.3 Ensaios de corrosão   274
13.4 Ensaios com materiais porosos   279
13.5 Medida das variações dimensionais   281
13.6 Análise de falhas   282

14 Procedimentos de inspeção   284
14.1 Programação da inspeção   284
14.2 Inspeção das estruturas de concreto armado   286
14.3 Inspeção das estruturas metálicas   301
14.4 Inspeção da alvenaria   302
14.5 Inspeção das obras em madeira   306
14.6 Monitoramento   308

PARTE III – MATERIAIS E PROCEDIMENTOS DE REPARO   311

15 Procedimentos de intervenção   313
15.1 Estruturas metálicas   313
15.2 Alvenaria   314
15.3 Obras em madeira   322
15.4 Conservação dos bens culturais   325
15.5 Reforço externo com polímeros reforçados com fibras (*FRP*)   329

16 Recuperação/reabilitação das estruturas de concreto armado   337
16.1 Opções   337
16.2 Princípios básicos para a intervenção corretiva   339
16.3 Método convencional   343
16.4 Métodos eletroquímicos   355
16.5 Estruturas de concreto protendido   364
16.6 Reforço estrutural   367

PARTE IV – OS MATERIAIS DE CONSTRUÇÃO, O HOMEM E O AMBIENTE   369

17 Ciclo de vida dos materiais   371
17.1 Ambiente, fonte de recursos   371
17.2 Transformação dos recursos   378
17.3 O ambiente como depósito de resíduos   382
17.4 O setor do concreto e o ambiente   390
17.5 Os materiais e a saúde das pessoas   397

Referências bibliográficas   405

Índice remissivo   409

Introdução 1

Os materiais de construção são indispensáveis para a realização das estruturas e dos elementos construtivos. Muitas vezes, porém, seu papel é limitado à definição de poucos parâmetros, na fase de projeto, ligados principalmente às propriedades mecânicas, e se dedica menos atenção aos aspectos relativos à sua interação com o ambiente. Na verdade, o conhecimento do comportamento dos materiais quando em uso é importante em muitas das fases que levam à construção de um edifício ou de uma estrutura, à sua gestão e até mesmo à sua demolição. A Fig. 1.1 mostra os diversos momentos da vida de uma estrutura em que pode ser solicitado um estudo dos seus materiais.

Na fase do projeto, é preciso escolher os materiais mais adequados aos diversos elementos estruturais ou construtivos para atender às funções que lhes são solicitadas. Em seguida, é preciso definir os parâmetros do projeto que exprimam, por exemplo, as propriedades mecânicas (carga *versus* deformação,

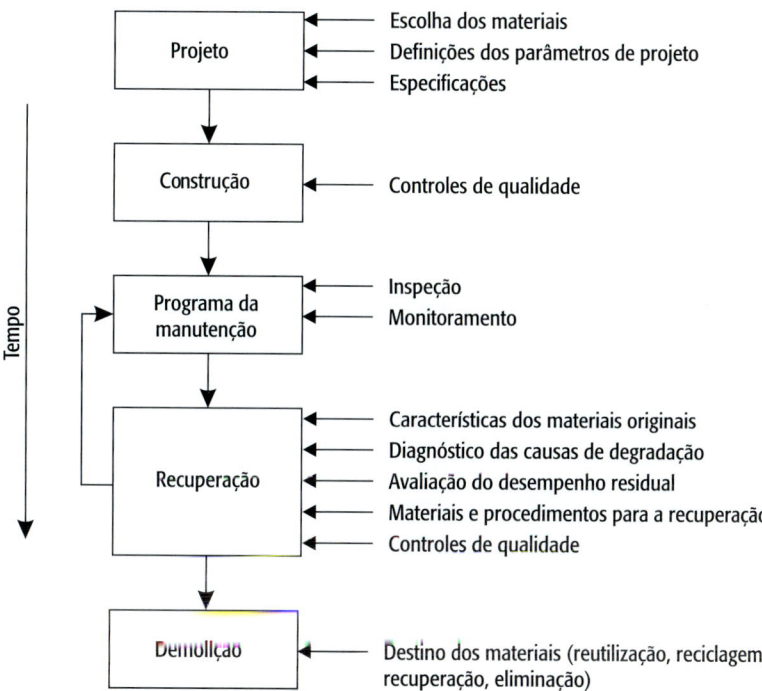

Fig. 1.1 Fases da vida de uma construção e papel do material

limite de elasticidade etc.) ou o comportamento em relação ao ambiente (absorção de água, coeficiente de dilatação térmica etc.). Enfim, o projetista deve definir propriedades dos materiais, para garantir que as propriedades consideradas no projeto de fato ocorram.

Durante a construção, devem ser previstos controles de qualidade que permitam verificar a adequação tanto dos materiais que chegam ao canteiro de obras como sua correta utilização. Estes controles devem ter o objetivo de verificar a obediência às especificações formuladas na fase do projeto. Geralmente, consistem em testes simples e rápidos que medem uma propriedade específica do material, diretamente relacionada ao comportamento esperado quando de sua utilização.

No âmbito da vida útil da estrutura, podem ser necessárias inspeções para verificar se a evolução da degradação se mantém dentro de limites aceitáveis. No caso de obras muito grandes, pode também ser previsto um sistema permanente de monitoramento que, através de sondas inseridas na estrutura, permita constatar os efeitos do tempo nos parâmetros relacionados ao desempenho do próprio material ou da estrutura.

Quando a degradação dos materiais é tal que compromete a funcionalidade de um elemento construtivo ou a estabilidade de uma estrutura, é necessária uma intervenção corretiva (recuperação). Nesta fase, pode ser necessário inspecionar a estrutura para avaliar as propriedades originais dos materiais (quando já não são conhecidas por meio dos dados históricos do projeto). As inspeções dos materiais são necessárias até para chegar às causas da degradação da estrutura e para avaliar seu desempenho residual, com o objetivo, por exemplo, de verificar a estabilidade da estrutura. Finalmente, será necessário especificar materiais e técnicas adequadas para a realização da intervenção, definir especificações para eles e, em seguida, fazer os controles de qualidade durante a intervenção.

Os materiais têm um papel importante mesmo quando a obra, tendo cumprido sua função, é demolida. Nesta fase, com frequência há resíduos que acabam sendo descartados. Em muitos casos, porém, poderiam ser reciclados para a produção de novos materiais de construção, com indubitáveis vantagens ambientais, seja para a redução dos resíduos/entulho, seja para a economia de novos recursos.

Neste livro, serão analisados de forma mais aprofundada os diversos aspectos mencionados na Fig. 1.1. Especificamente, serão avaliadas as interações dos materiais de construção com os ambientes típicos dos setores de edificação e civil. Em primeiro lugar, descrever-se-ão os fenômenos de degradação e se especificarão os métodos de prevenção. Para isso, será primeiro necessário compreender o comportamento normal dos materiais nas diversas condições operacionais (ou seja, a *fisiologia* deles, para usar um termo médico), com o fim de especificar as condições que possam determinar um comportamento anômalo (ou seja, uma *manifestação patológica*) e especificar os instrumentos do projeto que permitam evitar tais condições. Depois, serão estudadas as técnicas de estudo dos materiais e das estruturas e os métodos de intervenção para sua recuperação. Finalmente, abordar-se-á o ciclo de vida dos materiais de construção e os caminhos possíveis para reduzir os efeitos de sua produção e utilização no ambiente.

Neste capítulo, tratar-se-á dos principais fatores ligados à escolha dos materiais nas diversas fases da vida de um edifício ou de uma estrutura. Nos capítulos seguintes, serão descritas em detalhe as interações com o ambiente de cada tipo de material e as técnicas específicas para a prevenção da degradação, seu diagnóstico e a recuperação.

1.1 Comportamento mecânico

Quando os materiais destinam-se a aplicações estruturais, seu comportamento mecânico tem um papel primário no projeto. Nesta fase, requer-se várias propriedades do material (AIMAT, 1996; Gordon, 1991; Taylor, 2002; Weidmann, 1990), entre as quais:

- a *resistência*, isto é, a capacidade de um material ou de um componente de suportar as cargas sem ceder estruturalmente ou gerar excessiva deformação plástica; em função do tipo de demanda a que é sujeito o material, poderá ser importante a resistência à tração, à compressão ou ao cisalhamento;
- a *rigidez*, isto é, a capacidade de resistir à deformação (elástica) sob esforço;
- a *ductilidade*, isto é, a capacidade de se deformar plasticamente sob esforço;
- a *tenacidade*, isto é, a capacidade de absorver energia antes de se romper;
- a *dureza*, isto é, a resistência à abrasão sob carga (resistência superficial).

Estas propriedades, com exceção dos casos em que a estrutura do material evolui no tempo (como nos produtos derivados do cimento), são independentes do tempo; podem ser determinadas com testes que, em tempo muito breve, fornecem um parâmetro útil para a projeção do comportamento futuro.

Também há propriedades mecânicas que, ao contrário, preveem danos no material que progridem com o tempo. Entre elas:

- a resistência ao desgaste e à abrasão, ou seja, a capacidade da superfície do material de resistir aos efeitos do atrito produzido pelo contato com um outro material ou fluido em movimento;
- a fluência (*creep*), ou seja, a deformação progressiva no tempo por efeito de uma carga prolongada;
- a fadiga ou o dano ao material por cargas repetidas no tempo.

Os efeitos destas ações dependem da natureza e da estrutura do material e podem ser determinados somente com testes de muito longa duração. Muitas vezes, para obter resultados em prazo aceitável, realizam-se testes acelerados, que determinam o comportamento do material quando submetido a solicitações mais elevadas do que aquelas a que estará sujeito quando em uso. Para poder utilizar os resultados destes testes acelerados no projeto das estruturas reais, será preciso, em seguida, converter os valores obtidos em condições aceleradas em valores úteis para prever o andamento no tempo dos danos, nas condições efetivas de uso. Esta conversão, geralmente realizada mediante a introdução dos coeficientes de correção, pode acarretar uma alta margem de erro.

Aprofundamento 1.1 **As propriedades mecânicas e sua variabilidade**

Todas as propriedades dos materiais apresentam uma variabilidade intrínseca. A variabilidade pode derivar das variações nas composições químicas, nas tecnologias de produção, na manufatura etc. No caso dos aços, por exemplo, a composição química varia de uma liga para outra; para o concreto, podem variar a composição efetiva da mistura ou as características das matérias-primas (cimento, agregados etc.), mesmo no caso de misturas com a mesma composição nominal;

na madeira, a variabilidade é ligada à presença de nós ou de defeitos no crescimento da planta. A variabilidade das propriedades, obviamente, aumenta quando há defeitos no material.

A variabilidade deve ser considerada na interpretação dos resultados dos testes realizados sobre os próprios materiais, a fim de determinar valores aceitáveis para o parâmetro estudado. Na realidade, os resultados dos testes, além da variabilidade intrínseca do material, também são influenciados por erros introduzidos no momento da própria medida (erro experimental) e da amostragem (ou seja, da escolha das amostras do material a ser analisado), também conhecidos como erros de ensaio.

O erro experimental pode depender do instrumento utilizado para medir ou do operador; uma medida é caracterizada pela *precisão* (que mede a variabilidade de medidas repetidas: quanto mais semelhantes são os resultados das medidas, maior é a precisão do resultado) e pela *acuidade* (ou seja, a conformidade do resultado ao valor real da grandeza medida). Por exemplo: uma medida caracterizada por um erro sistemático (que se repete sempre da mesma maneira) pode ser precisa, mas não é acurada.

O erro de amostragem pode ser reduzido mediante a repetição do teste em um grande número de amostras escolhidas de forma casual. Em geral, de fato, não é possível submeter à verificação experimental toda a população dos elementos de construção realizados com um certo material. Será, portanto, necessário especificar um número adequado de amostras que sejam representativas da população toda. Existem normas para os vários tipos de materiais que permitem definir um número mínimo de amostras e as regras de coleta, para que sejam suficientemente representativas.

Para avaliar a variabilidade de uma certa propriedade de um material, geralmente se realizam testes sobre um número bastante elevado de amostras e se faz uma análise de frequência dos resultados obtidos. Se a medida se refere a uma propriedade x, por exemplo, obtida com um certo teste, podem-se subdividir os valores possíveis da grandeza em intervalos de amplitude constante e calcular o número de vezes que esses valores ocorrem no interior de cada intervalo.

Na Fig. A-1.1a, mostra-se um histograma com a análise de frequência para a grandeza x genérica. Quando o número de análises é suficientemente elevado, a distribuição de frequência tende a ter uma forma de sino. Por isso, na prática, para os resultados dos testes mecânicos realizados sobre materiais de construção, pressupõe-se que a distribuição estatística seja do tipo normal (gaussiana). Dos dados obtidos com os testes experimentais, podem-se calcular o valor médio x_m e o desvio padrão s:

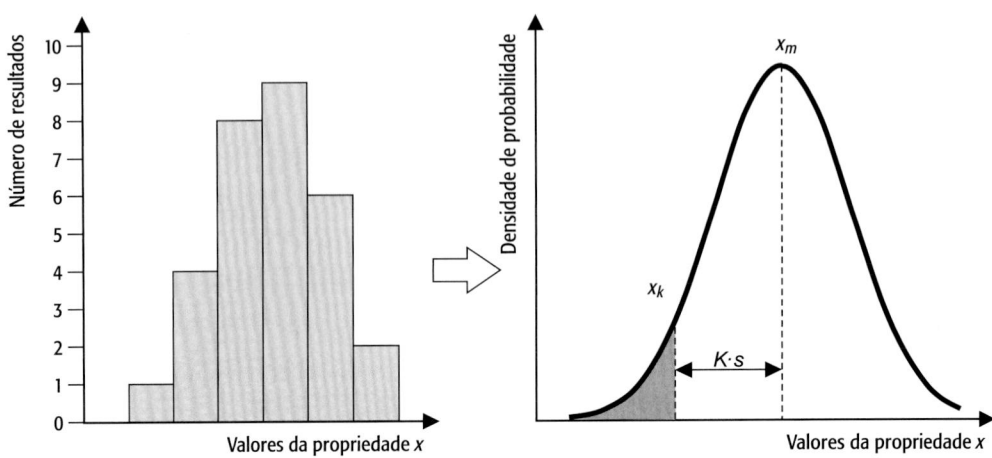

Fig. A-1.1a Exemplo de análise de frequência dos resultados relativos à medida de uma propriedade x, de distribuição normal associada a tal distribuição e de especificação do valor característico (x_k)

$$x_m = \frac{\sum_{i=1}^{n} x_i}{n} \qquad s = \sqrt{\frac{\sum_{i=1}^{n}(x_i - x_m)^2}{n-1}}$$

O desvio padrão s mede a variabilidade da propriedade (no caso ideal em que a propriedade seja constante e, portanto, sempre igual ao valor médio, o desvio padrão é nulo; da mesma forma, quanto mais os valores isolados x_i se afastam do valor médio x_m, mais cresce o desvio padrão). A Fig. A-1.1a mostra como é possível considerar, em vez da distribuição de frequência, a distribuição normal caracterizada pelo próprio valor médio e pelo próprio desvio padrão.

As teorias estatísticas permitem, em seguida, associar um valor x qualquer a uma probabilidade P, cujo valor seja inferior a x. Em uma distribuição normal, o valor médio coincide com o ponto máximo da curva (ou seja, aquele onde há o máximo de densidade de probabilidade) e a este valor corresponde uma probabilidade $P_{x<xm} = 50\%$. Em geral, no que se refere às propriedades mecânicas, é preciso, na fase do projeto, considerar um valor de segurança da grandeza x, o valor característico x_k, de forma que a probabilidade de $x < x_k$ seja inferior a um valor pré-estabelecido. Em outras palavras, define-se como característico o valor correspondente a um certo percentil da distribuição estatística acumulada. Este valor pode ser calculado com a fórmula:

$$x_k = x_m - K \cdot s$$

onde o fator K é escolhido com base no percentil considerado, como demonstrado na Tab. A-1.1. Na maior parte dos casos, considera-se o quinto percentil e logo se define x_k como o valor de x em correspondência ao qual: $P_{x<xk} < 5\%$; esse valor é, portanto, o mesmo que $x_k = x_m - 1,64 \cdot s$ (Fig. A-1.1a).

Tab. A-1.1 Valor do fator K para o cálculo do valor característico correspondente a vários percentis (na hipótese de distribuição estatística normal)

Percentil	16%	10%	5%	2,5%	2%	1%
K	1	1,28	1,64	1,96	2,05	2,33

A Fig. A-1.1a mostra como obter um valor característico mais elevado ao reduzir a variabilidade das propriedades dos materiais e, portanto, o valor de s.

Nas fases de produção de um material ou composto não é possível eliminar a variabilidade das propriedades dos materiais; mas a adoção de controles oportunos sobre as matérias-primas ou sobre os processos produtivos permite conter essa variabilidade dentro de limites pré-estabelecidos. No caso de fornecimento contínuo de um material ou de um produto, em geral, o produtos e os compradores fixam limites de aceitação para as propriedades dos materiais; estes limites garantem, de um lado, o comprador, com relação à qualidade do produto, e, de outro, o vendedor, contra o risco de que o cliente recuse o produto.

Para verificar se os objetivos pré-estabelecidos foram atingidos, durante a produção normalmente se fazem testes em amostras do material (naturalmente, deve-se definir *a priori*, eventualmente com referência expressa a normas, as modalidades de amostragem e de teste); o lote inteiro é aceito ou recusado com base nos resultados destes testes (por exemplo: o lote pode ser recusado se o número de amostras que não passaram no teste de aceitação for superior a um certo valor).

Os dados dos testes de aceitação podem até ser utilizados para calcular o valor médio, o desvio padrão e, portanto, o valor característico; em alguns casos, como para a certificação dos aços, faz-se uma atualização periódica dos valores característicos.

Dentro das áreas de produção, os resultados podem também ser traçados em gráficos (também conhecidos por diagramas ou cartas) especiais de controle (Fig. A-1.1b) que, representando visualmente o andamento da produção ao longo do tempo, ajudam o produtor a identificar e corrigir rapidamente as anomalias (como no mês 3 da Fig. A-1.1b), antes que a produção saia dos padrões pré-estabelecidos. Estes gráficos são utilizados, por exemplo, na aciaria, para verificar a constância da composição de várias ligas de aço ou, em uma usina de concreto, para verificar a variabilidade da resistência à compressão de várias misturas de concreto com a mesma composição nominal.

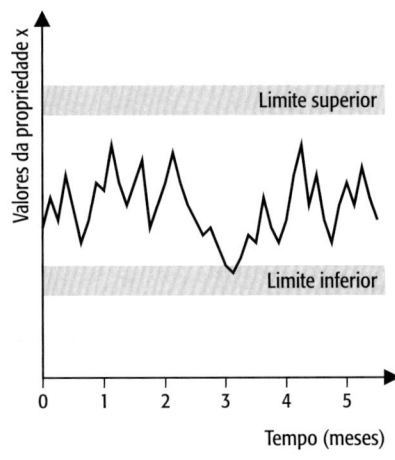

Fig. A-1.1b Exemplo de gráfico de controle

1.2 Ações do ambiente

Nas condições de uso nas construções, os materiais também estão sujeitos às ações físico-químicas do ambiente com o qual estão em contato. Estas ações, grosso modo, podem ser classificadas em:

- *ações químicas*: preveem uma interação do tipo químico entre o material e as substâncias presentes no ambiente; são específicas para cada material, como, por exemplo: a corrosão dos metais (generalizada, localizada, sob tensão), o ataque por sulfatos ao concreto, o ataque ácido às rochas, o ataque alcalino ao vidro etc.
- *transporte nos materiais porosos*: no caso dos materiais porosos (como os concretos, os tijolos, as rochas), as substâncias agressivas, tanto em estado gasoso como líquido, podem penetrar através dos poros e, portanto, agredir o material não só a partir de sua superfície mas a partir de seu próprio interior. Os principais mecanismos que propiciam este transporte são: a difusão, a permeabilidade, a absorção capilar, a migração elétrica (transporte de íons) e os fenômenos eletrocinéticos (por exemplo, a eletro-osmose); estes mecanismos são analisados no Cap. 2.
- *variações de umidade*: as variações de umidade produzidas pela exposição ao ambiente podem determinar variações dimensionais em alguns materiais; quando estas variações são bloqueadas, podem gerar pressões no material que podem danificá-lo (Aprofundamento 1.2);
- *variações de temperatura*: assim como as variações de umidade, também determinam variações dimensionais que, se bloqueadas, podem danificar o material; os efeitos das variações de temperatura podem ter consequências muito sérias em caso de incêndio, mesmo no caso de materiais não combustíveis;
- *ações expansivas*: fenômenos de natureza física ou mesmo de natureza química

podem determinar ações expansivas, que podem danificar sobretudo os materiais porosos e frágeis, como no caso de gelo/degelo ou mesmo da cristalização salina.

Estes fenômenos podem, com o tempo, levar a uma perda de desempenho do material e, portanto, podem comprometer a possibilidade de utilização da estrutura em relação às funções para as quais foi projetada (ou seja, sua *funcionalidade*) ou mesmo a sua segurança estrutural.

As consequências destas variáveis ambientais sobre o desempenho dos materiais são função do tempo de exposição. Os testes para avaliar os efeitos de um determinado ambiente sobre um material específico requerem, em geral, prazos muito longos de execução. Neste caso também é possível fazer testes acelerados, que analisam o comportamento do material quando submetido a condições que aumentam a velocidade de evolução da degradação com relação às condições de uso (por exemplo, aumentando a temperatura ou mesmo a concentração do agente agressivo). No entanto, os parâmetros obtidos com testes do tipo acelerado têm pouca utilidade em termos absolutos. De fato, não podem ser utilizados diretamente para prever a evolução da degradação.

APROFUNDAMENTO 1.2 **Problemas devidos às variações dimensionais dos materiais**

As variações dimensionais bloqueadas são, com frequência, causa da degradação dos elementos estruturais ou de construção. Às vezes, o dano pode ocorrer logo em seguida a uma única variação dimensional (por exemplo, por efeito da contração durante a secagem da madeira ou mesmo durante o fenômeno de retração por secagem dos compostos de cimento); outras vezes, a degradação se manifesta só quando as variações dimensionais se alternam no tempo. Para verificar se as variações dimensionais podem danificar uma estrutura é necessário, em função do ambiente e dos materiais empregados, especificar, antes de mais nada, as possíveis *causas* das variações dimensionais. Na maior parte dos casos, estas podem ser atribuídas a variações de temperatura ou de umidade. As variações dimensionais ligadas à temperatura dependem essencialmente do coeficiente de dilatação térmica linear do material (item 2.3.3) e das amplitudes térmicas a que está sujeito. As variações ligadas à umidade estão ligadas ao material específico em consideração. Por exemplo:
- no caso dos tijolos de olaria, a absorção de umidade no período seguinte ao cozimento (quando o material está seco) pode levar a uma expansão da ordem de 500×10^{-6};
- no caso dos materiais baseados em cimento, a perda de umidade ao final da cura do concreto pode levar a uma contração higrométrica da ordem respectivamente de 200×10^{-6} para um concreto ou 3.000×10^{-6} para uma argamassa;
- na madeira, a perda de umidade durante a secagem pode comportar uma contração da ordem de 1.000×10^{-6} no sentido longitudinal e de 50.000×10^{-6} no sentido transversal.

A fase seguinte refere-se à análise das condições ambientais de uso e à definição de um cenário crítico em relação à amplitude atingida, nas condições efetivas de uso, pela variável que determina a variação (por exemplo, a máxima variação de temperatura ou de umidade do material) e, em seguida, pela própria variação dimensional. Em função da direção da variação dimensional, pode-se ter duas consequências diferentes:

- os fenômenos que levam a uma contração, que são associados a reduções de temperatura ou ao secamento do material, ao serem bloqueados podem induzir esforços de tração e, portanto, podem provocar a fissuração de materiais frágeis;
- os fenômenos que levam a uma expansão, devida ao aumento de temperatura ou mesmo à absorção de água, podem induzir esforços de compressão que podem determinar condições de instabilidade no caso de elementos esbeltos.

Uma vez calculadas as deformações sofridas pelo material e definidas as condições de vínculo que bloqueiam tais deformações (por exemplo, vínculos externos, vínculos internos ao material, variações diferenciais entre diversos materiais conjugados), será possível avaliar as pressões produzidas no material e, portanto, a sua distribuição no interior do elemento de construção.

Para o cálculo destes esforços, pode-se, em primeira aproximação, utilizar a lei de Hooke: $\sigma = \varepsilon \times E$ onde σ é o esforço gerado, ε é a deformação impedida e E é o módulo de elasticidade do material. Felizmente, em muitos materiais as consequências das variações dimensionais bloqueadas são mitigadas pelo surgimento de fenômenos que distanciam o comportamento do material do comportamento elástico linear. Por exemplo: o comportamento viscoso tipo deformação lenta (*creep*) a que estão sujeitos muitos materiais pode levar a uma redução dos esforços induzidos, sobretudo no caso em que a variação dimensional seja lenta. Da mesma forma, a microfissuração que pode ocorrer em alguns materiais frágeis pode limitar os efeitos macroscópicos sobre a estrutura.

Contudo, eles podem ser mais facilmente empregados para comparar soluções alternativas de projeto, supondo-se que um comportamento melhor durante um teste acelerado corresponda a um comportamento melhor também nas condições de uso; estes parâmetros podem, portanto, ser úteis em termos relativos; a análise dos dados experimentais obtidos com os testes acelerados pode permitir especificar um critério quantitativo de comparação entre materiais diferentes e, portanto, ajuda na escolha do material mais adequado para cada condição ambiental.

Mas os testes de exposição acelerada devem reproduzir os mesmos mecanismos de degradação que ocorrem nas condições de uso real. Por exemplo: quando se aumenta a concentração do agente agressivo no ambiente de teste, é preciso certificar-se de que não há sobreposição de fenômenos de degradação diferentes daqueles que ocorreriam em condições normais de exposição. A realização de testes acelerados e, sobretudo, a extrapolação dos resultados obtidos aos casos reais devem, portanto, ser feitas com muita cautela.

1.3 Vida útil e durabilidade

Por causa dos efeitos do ambiente, um elemento de construção qualquer sofre, ao longo do tempo, uma decadência progressiva do seu desempenho, à medida que se alteram os materiais de que é feito. Recentes normas europeias de projeto requerem que o projetista leve em conta a evolução da degradação do material ao longo do tempo e os seus efeitos no desempenho da estrutura. Por exemplo: as normas europeias preveem que uma estrutura seja projetada e realizada de maneira que, durante sua *vida útil de projeto*, possa suportar, com nível apropriado de confiabilidade e de forma econômica, todas as ações ocorridas durante seu uso e durante sua operação e continuar adequada à função para a qual foi projetada (norma UNI EN 1990, 2004).

Pode-se, portanto, definir a *vida útil* de uma estrutura como o período durante o qual a estrutura é capaz de garantir não apenas sua estabilidade mas todas as funções para as quais foi projetada. O conceito de *durabilidade* é estreitamente associado à definição de vida útil de projeto (ou expectativa): uma estrutura só pode ser considerada durável se sua vida útil for pelo menos igual à vida útil requerida na fase do projeto. Para garantir, na fase do projeto, o requisito de durabilidade de uma estrutura é portanto necessário:

- definir a vida útil de projeto; esta poderá ser fixada diretamente pelo proprietário ou pelo gestor da estrutura; com frequência, sobretudo em obras mais modestas, este parâmetro não é declarado explicitamente; nestes casos, pode-se fazer referência à vida útil tradicionalmente atingida pela tipologia específica da obra em questão (por exemplo, considera-se com frequência que a vida útil de um edifício seja de cerca de 50 anos e a de uma ponte de cerca de 100 anos).
- definir as condições ambientais em que estará a estrutura e as ações do ambiente sobre ela;
- avaliar os efeitos do ambiente e prever a evolução temporal da degradação sobre os materiais com os quais é possível realizar a estrutura;
- escolher os materiais e projetar a estrutura de maneira que, com razoável probabilidade, a degradação dos materiais ao longo da vida útil requerida ou prevista não comprometa a funcionalidade da própria estrutura;
- formular normas tanto sobre os materiais como sobre as modalidades de execução da estrutura, para garantir que, na fase de execução, realizem-se efetivamente as escolhas da fase de projeto.

O requisito da durabilidade, portanto, deve ser considerado de forma análoga à dos demais requisitos (resistência estrutural, resistência a incêndios etc.) que, juntos, vão convergir para definir o projeto ótimo da estrutura, ou seja, a solução de projeto que poderá garantir, ao menor custo, a satisfação de todos os requisitos. No Aprofundamento 1.3, ilustra-se brevemente a implementação do projeto da durabilidade no âmbito da projeção estrutural.

Aprofundamento 1.3 Materiais e aplicações estruturais

A partir dos anos 1990, mesmo no âmbito estrutural reconheceu-se a exigência de uma projeção que considere os requisitos de durabilidade. Graças à ação de comitês conjuntos de várias organizações (como o Comitê Conjunto de Segurança Estrutural ou JCSS, na sigla em inglês), foram formulados modelos de cálculo baseados em uma abordagem probabilística que, considerando as muitas variáveis que influem no desempenho dos materiais, permita garantir, com uma determinada probabilidade, que a estrutura satisfaça a vida útil esperada.

Estes modelos seguem as premissas dos métodos de introdução da segurança no projeto das estruturas, e preveem, como *requisitos básicos*, que as estruturas e os elementos estruturais sejam projetados, construídos e mantidos de modo econômico e de maneira adequada ao seu emprego durante a vida útil do projeto. Isto significa que, com níveis apropriados de confiabilidade, devem:

- permanecer adequados ao uso; o advento de uma condição adversa, devido à qual já não se atende este requisito, chama-se *estado-limite de serviço*;
- suportar ações extremas e/ou frequentemente repetidas sem atingir condições que possam comprometer a estabilidade da estrutura (*estados-limite últimos*);
- não se danificarem em caso de acidente (incêndios, explosões etc.) de forma desproporcional ao evento (*robustez*).

Os estados-limite separam as condições desejáveis das adversas. A superação de um estado-limite pode ser *reversível* ou *irreversível*. Os estados-limite últimos são irreversíveis e podem coincidir com: a perda de equilíbrio da estrutura ou de uma parte dela; o atingimento da capacidade máxima de resistência de uma seção, um elemento ou uma junção; a ruptura de um elemento ou de uma junção, causada por fadiga ou outros efeitos do tempo. Os estados-limite de serviço podem ser reversíveis ou irreversíveis e compreendem: um dano localizado (ou fissuração) que possa reduzir a durabilidade ou influir na eficiência ou no aspecto de elementos estruturais e não estruturais; um dano visível produzido pela fadiga ou por outros efeitos dependentes do tempo; deformações inaceitáveis que influam na funcionalidade ou no aspecto; excessivas vibrações que aborreçam as pessoas ou que influam sobre os elementos não estruturais. O nível de confiabilidade no qual se exclui a possibilidade de ocorrência de um estado-limite é fixado em função das possíveis consequências de ruptura, das perdas econômicas potenciais, do grau de impacto social, do custo e dos esforços necessários para reduzir os riscos de ruína. De fato, o produto do nível de probabilidade aceito para a ruptura e das consequências (no sentido lato) é definido como risco:

risco = probabilidade admitida x consequências

Para um mesmo risco aceitável, portanto, dever-se-á admitir uma probabilidade inferior para os eventos que possam ter grandes consequências (seja em termos de vidas humanas ou em termos econômicos).

Os estados-limite, que são utilizados para a projeção estrutural tradicional, podem ser estendidos aos *requisitos de durabilidade* da estrutura; neste caso, porém, é necessário considerar explicitamente a variável temporal. Para isso e para garantir que a estrutura continue adequada ao emprego para o qual foi destinada por toda a sua vida útil de projeto, em função do ambiente em que se encontra, o projetista deverá prever as seguintes ações:

- empregar materiais que não se deteriorem (desde que bem conservados);
- superdimensionar a estrutura para enfrentar a redução do desempenho dos materiais ao longo da vida útil de projeto;
- prever uma vida útil de projeto mais breve para elementos estruturais que poderão ser fácil e economicamente substituídos;
- inspeções a intervalos fixos ou variáveis de tempo e manutenção apropriada.

Naturalmente, nos relatórios ou nos desenhos de projeto deverão ser indicados o tempo e as modalidades de substituição dos elementos estruturais para os quais se prevê uma vida útil inferior àquela da estrutura inteira e deverá ser formulado o plano de inspeção e de manutenção. No caso de estruturas nas quais se pretende reduzir ao mínimo o risco de incorrer em fenômenos de degradação – por exemplo, por causa da criticidade estrutural ou dos altos custos de recuperação –, poder-se-á prever um sistema de monitoramento que mantenha sob controle o andamento, ao longo do tempo, de determinados parâmetros que possam indicar a ocorrência de fenômenos indesejáveis.

Para fazer um projeto baseado nos estados-limite, é preciso definir variáveis que descrevam: as ações sobre a estrutura (além das solicitações do tipo mecânico, dever-se-ão considerar também os efeitos dos agentes ambientais); as propriedades dos materiais (que exprimem, em geral, a sua resistência, não apenas às ações mecânicas mas também aos fatores ambientais); os parâmetros geométricos. Estas variáveis $X(t)$ serão, em geral, função do tempo t. Será, portanto, necessário utilizar modelos mecânicos, que descrevem o comportamento estrutural, e modelos físico-químicos, que descrevem os efeitos ambientais, com o fim de formular uma equação do estado-limite, que terá a forma geral do tipo:

$$g(t) = R(t) - S(t) = 0$$

onde $R(t)$ representa a função resistência ao tempo t (em função das diversas variáveis $X(t)$ consideradas) e $S(t)$ representa a função solicitação ao tempo t (sempre em função das variáveis $X(t)$). A condição adversa será definida pela equação:

$$g(t) \leq 0$$

Aplicando os modelos que descrevem os comportamentos mecânico e físico-químico da estrutura será possível calcular a probabilidade de atingir o estado-limite considerado, correspondente ao tempo genérico t. Poder-se-á, portanto, definir a *vida útil* da estrutura como o tempo no qual a probabilidade de atingir o estado-limite chega ao valor correspondente ao nível de confiabilidade pré-estabelecido. Os estados-limite últimos são ligados aos riscos de segurança das pessoas ou à perda da estrutura (com consequentes custos econômicos elevados) e, portanto, se pode aceitar uma probabilidade muito baixa (por exemplo, 1:10.000); para os estados-limite de serviço podem ser aceitas probabilidades mais altas.

A Fig. A-1.3 mostra um possível exemplo de evolução, ao longo do tempo, das funções $R(t)$ e $S(t)$. Ambas as funções são estocásticas; as linhas tracejadas representam o andamento no tempo do valor médio das distribuições de probabilidade. A solicitação sobre a estrutura pode permanecer constante no tempo ou aumentar depois de empregos mais demandantes; a resistência, ao contrário, diminui no tempo por causa da degradação dos materiais. A interseção das duas curvas tracejadas define, portanto, o valor médio da vida útil, ou o instante em que a probabilidade de atingir o estado-limite é de 50% (neste caso, pressupõe-se que as distribuições são todas do tipo normal). No eixo dos tempos, é, pois, possível construir uma curva correspondente à distribuição estatística da vida útil e, portanto, definir o valor associado ao nível de confiabilidade pré-escolhido.

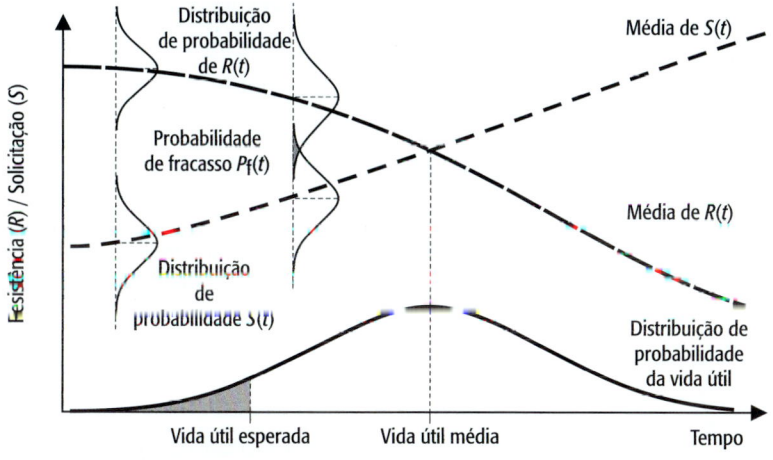

Fig. A-1.3 Exemplo de andamento no tempo das funções $R(t)$ e $S(t)$ e distribuição estatística da vida útil (DuraCrete, 2000)

1.4 Prevenção da degradação

O projeto finalizado com relação à durabilidade, descrito no parágrafo precedente, requer o estudo da evolução no tempo dos fenômenos de degradação dos materiais e das suas consequências nos elementos estruturais ou de construção. Sem uma previsão da degradação em função do tempo, não é possível formular nenhuma avaliação razoável com relação à vida útil de uma estrutura e, portanto, à sua durabilidade.

Na Parte I deste livro, depois de ter ilustrado os mecanismos mediante os quais ocorre a degradação nas estruturas realizadas com os diversos tipos de materiais, serão ilustradas as técnicas possíveis para prevenir os efeitos. Em geral, para cada tipologia de material estarão disponíveis várias estratégias de prevenção que podem se relacionar à própria escolha do material, à definição dos detalhes de construção ou à aplicação de técnicas específicas de proteção (por exemplo, um revestimento). A escolha da estratégia de prevenção, entre todas as que são tecnicamente possíveis para garantir a funcionalidade da estrutura por toda a vida útil de projeto, depende dos custos associados a cada estratégia e das economias de custos de manutenção que esta permite obter. Serão, portanto, preferíveis as abordagens que consentem economizar nos custos futuros de prevenção, mas que requerem um investimento inicial proporcional a tais economias. Para a definição da solução de projeto mais conveniente, muitas vezes recorre-se a métodos baseados na soma atualizada de todos os custos relativos ao ciclo de vida da estrutura (Aprofundamento 1.4).

Aprofundamento 1.4 **Avaliação econômica das intervenções de prevenção**

Uma vez especificadas as soluções de projeto aceitáveis do ponto de vista técnico para a proteção de um elemento de construção ou estrutural, a escolha final é sempre baseada em considerações de tipo econômico. Muitas vezes, para definir a estratégia de proteção, utilizam-se métodos baseados na análise do custo total do ciclo de vida (*life cycle cost*, LCC). Estes métodos consideram todos os custos previstos ao longo da vida útil requerida e têm o objetivo de especificar a solução que garanta o menor custo total ou o maior retorno do investimento inicial. De fato, qualquer intervenção destinada a evitar ou a retardar a degradação dos materiais, diante de um custo de investimento inicial, comporta economias futuras na manutenção da estrutura. Os métodos LCC partem da hipótese de que foi definida a vida útil requerida (Aprofundamento 1.3) e preveem que o projetista formule todos os cenários possíveis e defina os custos associados a cada um.

Existem diversas abordagens para a avaliação da conveniência de várias alternativas; nesta fase, limitar-nos-emos a considerar o método baseado no valor presente do investimento (*net present value*, NPV), com um simples exemplo. Na Fig. A-1.4, mostram-se dois cenários possíveis para um elemento estrutural ao qual se pretende

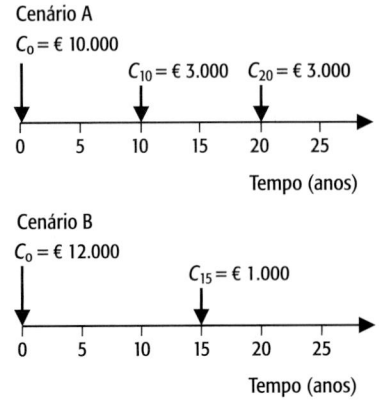

Fig. A-1.4 Exemplo de custos associados a dois cenários de proteção

garantir uma vida útil de 25 anos. O cenário A prevê o emprego de um material mais econômico, que leva a um custo inicial de realização da estrutura de € 10.000; com esta solução de projeto, porém, prevê-se que serão necessárias duas intervenções de manutenção, respectivamente depois de 10 e depois de 20 anos, cada uma ao custo de € 3.000. O cenário B prevê uma solução de projeto baseada no emprego de um material mais caro (C_o = € 12.000), mas que garante um avanço mais lento da degradação; com esta abordagem, basta uma intervenção modesta de manutenção depois de 15 anos, ao custo de € 1.000, para garantir a vida de 25 anos. Como os dois cenários podem garantir a vida útil requerida, a escolha entre os dois pode ser feita com base em critérios econômicos, escolhendo-se a solução que minimiza a soma de todos os custos previstos durante a vida útil requerida. Os custos, como ocorrem em tempos diferentes, não podem ser simplesmente somados, mas devem ser antes atualizados ou mesmo convertidos em valores comparáveis (geralmente, os valores referem-se ao ano 0). A soma atualizada dos C_k ocorridos no ano k pode ser feita através da seguinte fórmula:

$$NPV = \sum_{k=1}^{n} \frac{C_k}{(1+i)^k}$$

onde n é o número de anos correspondente à vida útil requerida e i é a taxa de juros anual (supostamente constante). Antes de fazer a avaliação, é, portanto, necessário definir a taxa de juros i; este parâmetro pode ter uma influência notável sobre o resultado e, por isso, deve ser avaliado com cautela. No exemplo da Fig. A-1.4, supondo uma taxa de juros de 5%, pode-se calcular:

- cenário A: NPV = € 10.000 + € 3.000 / (1+0,05)^{10} + € 3.000 / (1+0,05)^{20} = € 12.972
- cenário B: NPV = € 12.000 + € 1.000 / (1+0,05)^{15} = € 12.481
- A solução B é, portanto, mais conveniente.

O que se mostrou foi apenas um exemplo para esclarecer que:

- a escolha de um método de proteção ou de prevenção não pode prescindir de avaliações econômicas;
- as avaliações econômicas, todavia, não podem ser feitas de modo confiável se não se especificam as escolhas adequadas do ponto de vista técnico e, para cada uma delas, não se definem os diversos cenários com relação à evolução da degradação e às possíveis técnicas de prevenção ou de recuperação subsequente.

As avaliações econômicas podem ser complexas: por exemplo, pela dificuldade de prever a taxa de juros i (em alguns casos, pode-se fazer análises de sensibilidade para ver como muda a solução ótima com essa variação), pela necessidade de considerar também a taxa de inflação etc. Além disso, a avaliação econômica deveria levar em conta a variabilidade dos eventos; o modelo acima descrito é do tipo determinístico, na medida em que prevê um custo C_i exatamente no ano i, enquanto na realidade poder-se-ia simplesmente associar a probabilidade de que o custo C_i ocorra no ano i (portanto C_i será descrito por uma distribuição de probabilidade). Desta forma, até o valor atual do investimento será representado por uma certa distribuição de probabilidade e a escolha poderá ser feita com base na própria propensão ao risco. Finalmente, o método descrito pressupõe a priori a vida útil (definida como dado de entrada); de um lado, isto pode comportar um risco ligado à obsolescência do bem (que poderia ser abandonado, por vários motivos, antes de atingir sua vida útil estabelecida em projeto, tornando, portanto, inúteis os custos antecipados para prevenir a degradação); inversamente, não é possível avaliar positivamente métodos que poderiam garantir de forma econômica uma vida útil mais elevada do que a requerida e que, portanto, poderiam ser vantajosos caso, ao término da vida útil de projeto, a obra ainda possa ser utilizada (isto ocorre com frequência no caso das estruturas de sustentação dos edifícios).

1.5 Recuperação de estruturas danificadas

Mesmo no caso de estruturas existentes, pode-se colocar o problema de garantir uma determinada vida útil residual ou ainda de garantir que a estrutura continue, no futuro, a cumprir suas funções de modo eficiente, por um determinado período de tempo. Neste caso, a situação é mais complexa, já que a estrutura já foi realizada com materiais que não são necessariamente ótimos. Colocam-se, portanto, diversos problemas adicionais àqueles de que se trataria no caso do projeto de obras de nova realização:

- a necessidade de conhecer os materiais utilizados durante a construção e suas características originais; por exemplo, sua resistência à compressão ou à tração;
- o estudo dos efeitos produzidos pela degradação nos materiais e suas consequências no desempenho do elemento estrutural ou de construção; por exemplo, no caso dos elementos estruturais, será necessária uma verificação estática para avaliar a capacidade residual de suporte e para compará-la com a capacidade necessária;
- a previsão da evolução da degradação na estrutura, com o fim de verificar se a estrutura conseguirá garantir, por toda sua vida residual requerida, os requisitos necessários para seu funcionamento.

Nestas fases, são necessários estudos, seja dos materiais ou da obra, que permitam obter as informações necessárias à formulação de um diagnóstico completo. As técnicas de inspeção baseiam-se na resposta que o material ou a estrutura fornecem a uma determinada solicitação externa e sobre sua correlação com as propriedades do material ou ainda com a eventual degradação sofrida. Estas técnicas, que são específicas do material e do eventual fenômeno de degradação considerado, serão descritas na Parte II deste livro.

Caso a obra já não possa cumprir suas funções ou não possa fazê-lo pelo tempo requerido, será necessária uma intervenção de recuperação. Também neste caso deve-se especificar uma ou mais técnicas de intervenção que permitam, com o menor custo possível:

- interromper a degradação em curso;
- renovar a funcionalidade e a segurança estruturais;
- prevenir a degradação da estrutura pelo tempo requerido.

Às vezes, esta intervenção pode simplesmente consistir em uma substituição ou integração do material degradado ou ainda na aplicação (ou reaplicação) de um sistema de proteção semelhante ao previsto para uma estrutura nova. Em outros casos, inversamente, pode-se recorrer a materiais ou tecnologias desenvolvidas especificamente para a intervenção em estruturas existentes; estes serão ilustrados na Parte III.

1.6 Interação com o ambiente

O setor dos materiais de construção tem um impacto ambiental notável em termos seja de emprego de recursos (para matérias-primas e fontes de energia), seja de emissões poluidoras. As exigências cada vez mais prementes de sustentatibilidade, que envolvem todos os setores produtivos, têm e terão no futuro um papel importante no emprego dos materiais de construção.

Para reduzir o impacto do setor das construções sobre o ambiente e sobre a vida do ser humano, será indispensável promover o desenvolvimento de materiais com menor consumo energético e de matérias-primas naturais. Ao mesmo tempo, será necessário promover as tecnologias de reciclagem dos materiais descartados, para reduzir tanto a quantidade de resíduos/entulho lançados no ambiente como o emprego de matérias-primas naturais (substituídas por materiais reciclados). Finalmente, será necessário privilegiar os materiais e as tecnologias de construção que permitam aumentar a vida útil das estruturas (e, portanto, reduzir a frequência com que as obras são reconstruídas) ou favorecer a reciclagem dos materiais. Estes aspectos serão tratados na Parte IV.

Parte I
Degradação e prevenção

Degradação e prevenção 2

A degradação dos materiais é produzida pela interação físico-química do ambiente com os materiais; estas interações podem ocorrer apenas depois do movimento dos agentes agressivos no interior do ambiente ou do material. Neste capítulo, ilustram-se os mecanismos pelos quais os agentes agressivos podem ser transportados, particularmente no interior dos materiais porosos. Muitas das transformações sofridas ao longo do tempo por um material são influenciadas pela temperatura ou por suas variações. Na última parte deste capítulo, trata-se, portanto, também do transporte de calor e de suas consequências sobre as propriedades dos materiais.

2.1 Materiais porosos

Os materiais porosos, como os tijolos ou o concreto, têm uma microestrutura caracterizada pela presença de um sistema de poros de várias dimensões, através dos quais podem penetrar as substâncias presentes no ambiente. O transporte de substâncias gasosas ou líquidas está frequentemente na base dos fenômenos de degradação que caracterizam estes materiais.

2.1.1 Características dos poros

Nos materiais porosos, uma certa fração do volume ocupado pelo material é constituída de *vazios* (ou *poros*), que podem ser preenchidos por gases ou líquidos. No caso dos materiais de construção, em geral, os poros são preenchidos com ar quando o material está seco, mas contêm uma solução aquosa quando o material está úmido. A estrutura porosa de um material pode ser caracterizada por meio de propriedades como:
- o volume porcentual ocupado pelos poros;
- a dimensão dos poros;
- as conexões presentes entre os poros e o grau de interconexão;
- a abertura dos poros na superfície externa.

No caso dos materiais de construção mais comuns, o material poroso é caracterizado por poros de várias dimensões, interconectados e comunicantes com a superfície do material. Este tipo de estrutura permite, portanto, a penetração do material pelos agentes agressivos presentes no ambiente; em consequência, a degradação não se limita à superfície externa, mas pode ocorrer até em profundidade.

Uma primeira propriedade dos materiais porosos é representada pelo volume ocupado pelos poros; por *porosidade* (índice de vazios ou volume de vazios) de um material entende-se, em geral, o porcentual do volume total ocupado pelos poros:

$$V_v = P = \frac{V_P}{V_T} = \frac{V_T - V_S}{V_T} \cdot 100 \quad (2.1)$$

onde: V_V = volume de vazios (%) = P = porosidade (%), V_T = volume total do material (m³), V_P = volume ocupado pelos poros (m³), V_S = volume ocupado pela matéria sólida que constitui o material (m³).

A porosidade de um material influencia a sua densidade aparente:

$$\gamma_{ap} = \frac{M}{V_T} \qquad \gamma_{abs} = \frac{M}{V_S} \quad (2.2)$$

onde: M = massa (kg), γ_{ap} = densidade aparente (kg/m³) e γ_{abs} = densidade absoluta (kg/m³). A medida da densidade aparente de um material, se é conhecida sua densidade absoluta, pode permitir o cálculo da porosidade P:

$$P = \frac{V_T - V_S}{V_T} \cdot 100 = \left[1 - \frac{V_S}{V_T}\right] \cdot 100 \Rightarrow$$
$$\frac{V_S}{V_T} = \left[1 - \frac{P}{100}\right] \quad (2.3)$$

$$\gamma_{ap} = \frac{M}{V_T} = \frac{\gamma_{abs} \cdot V_S}{V_T} = \gamma_{abs}\left[1 - \frac{P}{100}\right] \Rightarrow$$
$$P = \left[1 - \frac{\gamma_{ap}}{\gamma_{abs}}\right] \cdot 100 \quad (2.4)$$

2.1.2 Teor de umidade

Quando o material é colocado em um ambiente úmido, uma parte dos seus poros pode ser preenchida com água (em geral, trata-se de uma solução na qual são dissolvidos íons). Em quase todos os fenômenos de degradação físico-química dos materiais, é necessária a presença da água. A penetração da água (e das substâncias dissolvidas nela) através de um material poroso é, portanto, de fundamental importância para que ocorram os fenômenos de degradação. O transporte dos agentes agressivos dissolvidos em água, tipicamente os agentes iônicos, com efeito, é favorecido pela presença de umidade; o agente agressivo pode penetrá-lo o material junto com a água, se já estiver dissolvido no momento em que esta entra no material, ou poderá penetrá-lo depois, através dos poros cheios de água. Já as substâncias gasosas podem entrar mais facilmente através dos poros não saturados de água.

O teor de umidade em um material poroso pode ser definido porcentualmente com relação à massa ou ao volume da amostra:

$$U_m = \frac{M_{úmido} - M_{seco}}{M_{seco}} \cdot 100 = \frac{M_{água}}{M_{seco}} \cdot 100$$

$$U_v = \frac{V_{água}}{V_T} \cdot 100 \quad (2.5)$$

onde: U_m = teor de umidade com relação à massa (%), U_v = teor de umidade com relação ao volume (%), $M_{úmido}$ = massa da amostra úmida (kg); M_{seco} = massa da amostra seca (kg), $M_{água}$ e $V_{água}$ = massa (kg) e volume (m³) de água presente nos poros. $M_{úmido}$ é determinada pesando a amostra logo depois da coleta (ou evitando a evaporação da água até o momento da pesagem). M_{seco} é obtida pela secagem da amostra; em geral, coloca-se a amostra em uma estufa ventilada com temperatura elevada (por exemplo, entre 60°C e 105°C) até que se obtenha uma massa constante.

Chama-se *absorção* (A) o teor de umidade do material saturado de água, medido quando todos os poros acessíveis estão cheios de água. A absorção representa, portanto, a máxima quantidade de água que pode ser absorvida pelo material. Pode ser definida como:

$$A_m = \frac{M_{saturado} - M_{seco}}{M_{seco}} \cdot 100$$

$$A_v = \frac{V_{água,saturado}}{V_T} \cdot 100$$

(2.6)

onde: A_m = absorção com relação à massa (%), A_v = absorção com relação ao volume (%), $M_{saturado}$ = massa da amostra saturada (kg), M_{seco} = massa da amostra seca (kg),

$V_{água,\,saturado}$ = volume de água nos poros da amostra saturada (m³). Em geral, a absorção expressa-se em termos de massa.

Quando uma amostra está úmida, define-se o grau de saturação dos poros (Φ), ou seja, o porcentual de volume dos poros preenchidos com água:

$$\Phi = \frac{V_{água}}{V_P} \cdot 100$$

(2.7)

Na hipótese de que todos os poros estejam conectados e acessíveis a partir da superfície (e que, portanto, possam ser completamente preenchidos com água), Φ≈100%; neste caso, A_v é uma estimativa de P. Se Φ < 100%, então A_v mede apenas a "porosidade aberta".

Problema 2.1 POROSIDADE E DENSIDADE APARENTE

Para uma amostra seca de rocha calcária, caracterizada por uma densidade dos grãos de 2.600 kg/m³, mediram-se uma massa de 12,49 g e um volume de 5,23 cm³; calcular a densidade aparente e a porosidade do material.

Solução

A densidade aparente é dada pela relação entre a massa e o volume total:

$$\gamma_{ap} = 12,49\ g/5,23\ cm^3 = 2,388\ g/cm^3 = 2.388\ kg/m^3$$

A porosidade é, portanto, igual a:

$$P = \left[1 - \frac{2.388\ kg/m^3}{2.600\ kg/m^3}\right] \times 100 = 8,1\%$$

Problema 2.2 ABSORÇÃO E TEOR DE UMIDADE

Para uma amostra úmida de tijolo mediu-se uma massa $M_{úmido}$ = 141,3 g; a amostra foi seca em seguida, resultando na massa M_{seco} = 126,06 g e, depois, saturada com água, obtendo-se, assim, $M_{saturação}$ = 156,95 g. O volume da amostra é V_T = 80,9 cm³. Calcular a densidade, a absorção de água e o teor de umidade inicial do material.

Solução

A absorção, em termos de massa, é:

$$A_m = \frac{156,95g - 126,06g}{126,06g} \times 100 = \frac{30,89g}{126,06g} = 24,5\%$$

Como 30,89 g de água ocupam um volume de 30,89 cm³:

$$A_v = \frac{30,89 \, cm^3}{80,9 \, cm^3} \times 100 = 38,2\%$$

A densidade aparente varia em função das condições de umidade:

$$\gamma_{ap.inicial} = 141,30g / 80,9 \, cm^3 = 1,747 g/cm^3 = 1.747 kg/m^3$$

$$\gamma_{ap.seco} = 126,06g / 80,9 \, cm^3 = 1,558 g/cm^3 = 1.558 kg/m^3$$

$$\gamma_{ap.saturado} = 156,95g / 80,9 \, cm^3 = 1,94 g/cm^3 = 1.940 kg/m^3$$

O teor de umidade inicial pode ser expresso em relação à massa ou ao volume:

$$U_m = \frac{141,3g - 126,06g}{126,06g} \times 100 = 10,8\%$$

$$U_v = \frac{141,3 \, cm^3 - 126,06 \, cm^3}{80,9 \, cm^3} \times 100 = 18,8\%$$

Pressupondo que todos os poros sejam comunicantes e abertos (e que, portanto, o volume de água absorvida coincida com o volume total dos poros), pode-se estimar a porosidade da amostra:

$$P = A_v = 38,2\%$$

Além disso, pode-se supor que, no momento da coleta, o porcentual do volume dos poros cheios de água na amostra analisada fosse igual a:

$$(18,8\% / 38,2\%) \times 100 = 49\%$$

2.1.3 Condensação capilar e evaporação

O teor de umidade no interior de um material poroso depende de muitos fatores, ligados às características dos poros, ilustradas nos parágrafos precedentes, ou às condições ambientais. Quando o material poroso é exposto à atmosfera, em condições de equilíbrio (e na ausência de contato direto com água líquida), o teor de umidade depende essencialmente da umidade relativa do ambiente e da estrutura dos poros. As moléculas de água podem, de fato, ser adsorvidas na superfície do poro, como mostra a Fig. 2.1. Este fenômeno deve-se à presença de cargas elétricas sobre a superfície do poro (no caso da maior parte dos materiais de constru-ção, as superfícies caracterizam-se por um excesso de carga negativa). As moléculas de água (que constituem um dipolo elétrico) são, portanto, adsorvidas na superfície.

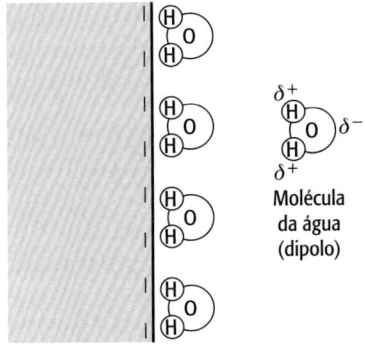

Fig. 2.1 Representação da interação das moléculas de água e a superfície dos poros de um material de construção

A espessura da camada de moléculas adsorvidas na superfície depende da pressão do vapor e, portanto, da umidade relativa do ambiente. À medida que aumenta a umidade relativa, aumenta também a espessura da camada adsorvida na superfície dos poros. Além disso, a quantidade de água adsorvida num material depende da superfície específica de seus poros; a adsorção é, portanto, mais comum nos materiais com poros de dimensões menores, caracterizados por uma maior superfície específica.

Na superfície externa de uma parede constituída por um material não poroso, o vapor de água presente no ar só pode condensar, formando um véu líquido, quando a pressão do vapor é maior do que a pressão do vapor de equilíbrio correspondente à temperatura da parede. A condensação ocorre frequentemente, por exemplo, nas paredes frias (isto é, de temperatura inferior à do ar). Inversamente, a água pode evaporar quando se criam condições opostas.

As condições de condensação e de evaporação da água no interior de um material poroso são diferentes das que se produzem num cômodo de grandes dimensões. A interação da água com a superfície dos poros pode levar à sua condensação mesmo sob uma pressão de vapor inferior à necessária para a condensação em uma superfície livre. No interior dos poros capilares, a condensação pode ocorrer com umidades relativas do ar inferiores a 100% (mesmo na ausência de variações de temperatura entre o ambiente e o material). A Fig. 2.2 mostra a evolução da umidade relativa na qual se verifica a condensação, em função do raio de um poro. A água contida nos poros de diâmetro mais elevado, maior do que 50-100 nm, por exemplo, não é vinculada à superfície sólida e pode evaporar quando a umidade relativa do ambiente cai abaixo de 100%.

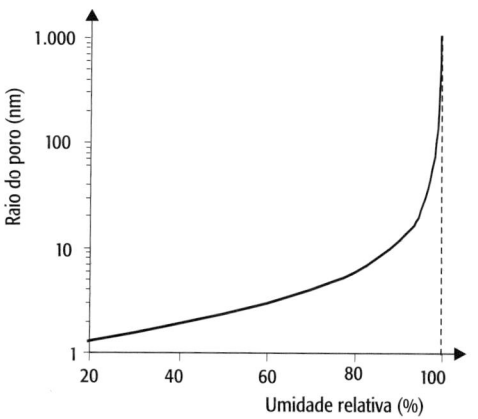

Fig. 2.2 Evolução do raio dos poros capilares abaixo do qual ocorre a condensação capilar para a água a 20°C, em função da umidade relativa do ar

A água contida nos poros de diâmetro menor, ao contrário, é sujeita a interações com a superfície dos poros, que lhe permitem evaporar somente por valores de umidade relativa externa diminui cada vez mais à medida que o diâmetro dos próprios poros. Neste caso, além disso, a evaporação da água pode produzir uma contração dimensional do material. Mesmo quando um poro se esvazia porque a água evapora, permanece uma fina camada de água adsorvida na sua superfície; esta só se afasta se a umidade do ambiente cai a valores muito baixos (por exemplo, inferiores a 30%).

O conteúdo de água de um material poroso exposto à atmosfera cresce, portanto, com a umidade relativa externa. De fato, o vapor de água presente no ambiente pode difundir-se e condensar-se no interior dos poros. Em ambientes com baixa umidade relativa, a água é adsorvida na superfície dos poros; à medida que aumenta a umidade do ambiente, atingem-se, começando pelos poros menores, as condições para a condensação capilar. Preenchem-se, portanto, progressivamente, os poros de dimensões menores e, depois, os de dimensões maiores.

No interior de um material em equilíbrio com uma atmosfera com uma certa umidade relativa, os poros de diâmetro inferior a um certo valor serão, portanto, preenchidos com água, enquanto os de diâmetro maior o serão com ar; por exemplo, a Fig. 2.3 mostra a religação entre a umidade relativa e o conteúdo de água nos poros de um concreto. O conteúdo de água do material pode, porém, ser muito mais alto quando este está, mesmo apenas em parte de sua superfície, em contato com água.

Neste caso, de fato, a água pode entrar no interior do material também pelo efeito da permeação ou da absorção capilar.

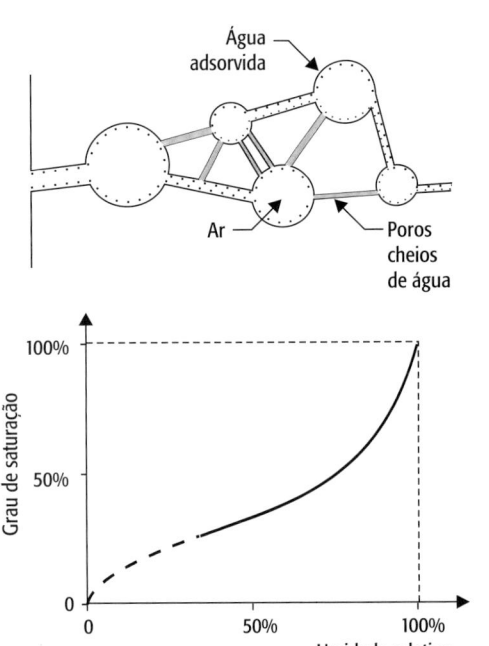

Fig. 2.3 Evolução esquemática do teor de umidade no concreto, em função da umidade do ambiente (em condições de equilíbrio)

2.2 Transporte de massa

O transporte de substâncias líquidas, gasosas ou das espécies iônicas no ambiente (atmosfera, água, solo etc.) ou mesmo no interior de um material poroso pode ocorrer através de diversos mecanismos (Bird, Stewart e Lightfoot, 2002; Bertolini et al., 2004; Pedeferri e Bertolini, 1996). Em geral, o movimento das espécies gasosas é favorecido na atmosfera ou nos poros cheios de ar; contrariamente, o transporte das espécies iônicas é possível somente na água ou nos materiais porosos úmidos. O transporte de massa no interior de um material poroso é de particular interesse, com relação aos fenômenos de degradação dos materiais de construção. A Fig. 2.4 mostra os principais fatores que contribuem para determinar o transporte das espécies agressivas no interior dos materiais porosos. Estes processos serão referidos em seguida, quando ilustrar-se-ão os fenômenos de degradação dos diversos tipos de materiais.

2.2.1 Difusão

O transporte por difusão ocorre por efeito de um gradiente de concentração: uma substância move-se através dos poros da região em que há uma concentração mais elevada (por exemplo, na superfície do material) para a zona em que sua concentração é mais baixa (Fig. 2.5). Os fenômenos de difusão não são específicos para os materiais porosos, mas ocorrem também nos gases, nos líquidos e nos sólidos não porosos.

Fluxo estacionário. A primeira lei de Fick descreve a difusão que ocorre em condições de fluxo estacionário e unidirecional:

$$F = -D\frac{dC}{dx} \qquad (2.8)$$

onde: C = concentração da espécie que se difunde (kg/m^3), D = coeficiente de difusão da espécie considerada (m^2/s), F = fluxo (constante no tempo) da espécie que se difunde (kg/(m^2·s)) e x = direção da difusão (fluxo unidirecional).

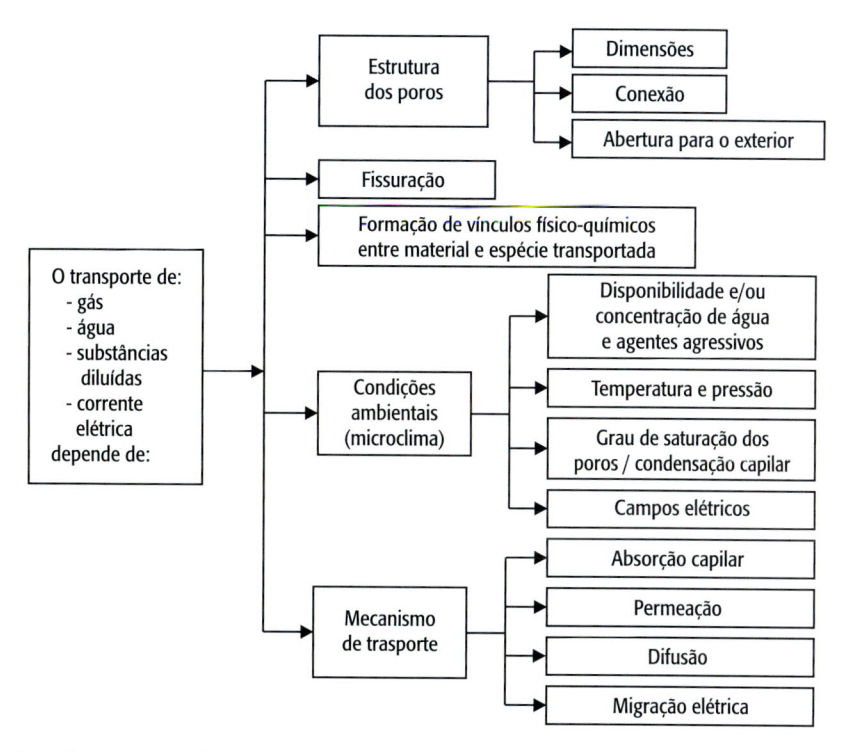

Fig. 2.4 Principais fatores envolvidos nos fenômenos de transporte no interior dos materiais porosos

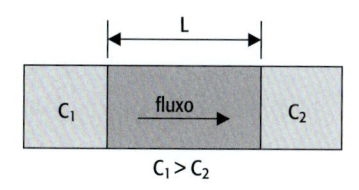

Fig. 2.5 Representação esquemática do fluxo da difusão, em função da diferença de concentração (C_1-C_2)

O coeficiente D descreve, portanto, a cinética da difusão; depende da espécie que se difunde, do material (particularmente da estrutura de seus poros) e do seu teor de umidade. As espécies gasosas difundem-se mais rapidamente através de poros cheios de ar do que naqueles cheios de água (a velocidade de difusão na água é de 4-5 ordens de grandeza inferior à da difusão no ar). As espécies iônicas, ao contrário, podem difundir-se só quando dissolvidas na água contida nos poros; a difusão é mais eficaz nos poros saturados do que naqueles apenas parcialmente cheios de água.

Fluxo não estacionário. Nas estruturas reais, a difusão ocorre gradualmente através da espessura do material e, portanto, não se obtém o fluxo constante que caracteriza as condições estacionárias. O fluxo (supostamente sempre unidirecional) neste caso é regulado pela segunda lei de Fick:

$$\frac{\partial C}{\partial t} = D \frac{\partial^2 C}{\partial x^2} \qquad (2.9)$$

Em muitas aplicações de interesse prático, esta equação é integrada, pressupondo-se que a concentração da espécie que se difunde, medida sobre a superfície do concreto, permaneça constante no tempo e resulte igual a C_s ($C = C_s$ para $x = 0$ e para qualquer t), o coeficiente de difusão D não varie no tempo, o material seja homogêneo, razão pela qual D não varia em função da profundidade, e inicialmente não contenha cloretos ($C = 0$ para $x > 0$ e $t = 0$).

APROFUNDAMENTO 2.1 Ensaios de difusão estacionária

O fluxo estacionário pode ser reproduzido em laboratório com câmaras de difusão nas quais uma fina camada do material separa dois compartimentos, em um dos quais o agente que se difunde está presente em concentração muito elevada. A Fig. A-2.1a mostra, por exemplo, uma câmara para o estudo da difusão de cloretos através do concreto; traçando a evolução, ao longo do tempo, da concentração dos cloretos no compartimento diluído, obtém-se, depois de um tempo inicial de espera (t_o), um evolução retilínea, que descreve o fluxo constante através da amostra.

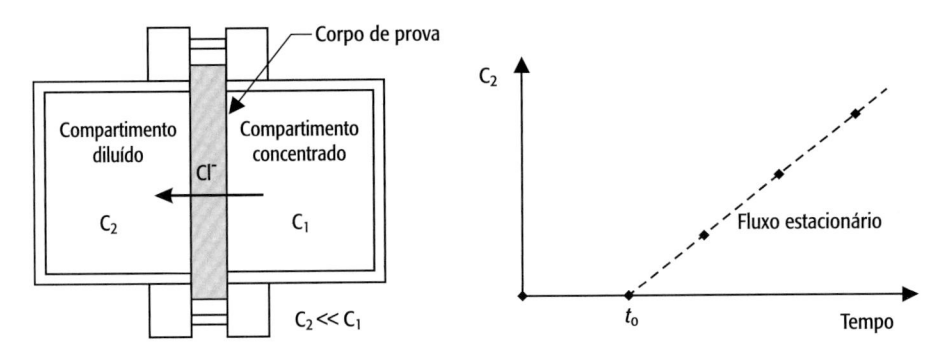

Fig. A-2.1a Câmara para o estudo da difusão dos cloretos em condições estacionárias e evolução no tempo da concentração de cloretos no compartimento diluído da câmara

Através deste tipo de teste, é possível determinar experimentalmente o coeficiente de difusão D. A Fig. A-2.1b, por exemplo, mostra a evolução da concentração dos cloretos no compartimento diluído de uma câmara de difusão com uma concentração 1 M de cloretos no compartimento concentrado (C_1, igual, portanto, a 35,453 g/ℓ ou 35.453 ppm de Cl^-), um volume V do compartimento diluído de 400 cm³, uma área da amostra de interesse para o fluxo de 62 cm² e uma espessura da amostra L de 15 mm. Na Fig.A-2.1b, observa-se como, para os dois materiais, há uma ligação linear entre a concentração de cloretos e o tempo transcorrido.

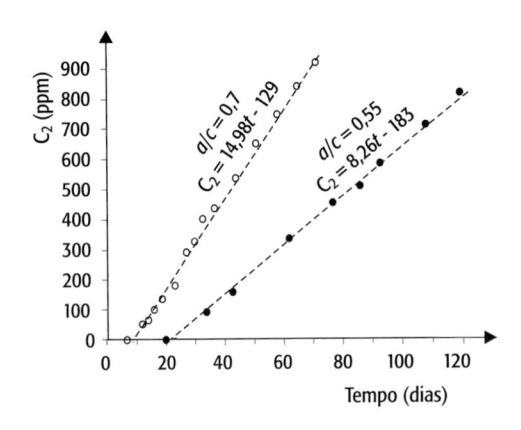

Fig. A-2.1b Evolução no tempo da concentração de cloretos no compartimento diluído, durante os testes de difusão estacionária em dois concretos

A figura também mostra as retas que interpolam os dados experimentais; o concreto com relação **a/c** 0,55 mostra um tempo t_o maior e uma inclinação menor com respeito ao concreto com relação **a/c** de 0,7 (e, portanto, com maior porosidade).

O fluxo de cloretos através da câmara de difusão (F, kg/(m²·s)), expresso pela massa de cloretos que atravessa a amostra na unidade de tempo e de superfície, pode ser determinado através dos dados experimentais descritos na Fig. A-2.1b. Em particular:

$$F = \frac{massa}{tempo \times área} = \frac{C^2 \cdot V}{(t - t_o) \cdot A}$$

O termo $C_2/(t-t_0)$ representa a inclinação m da reta de interpolação dos dados experimentais. Através da primeira lei de Fick, o fluxo pode ser expresso como:

$$F = -D\frac{dC}{dx} = -D\frac{C_2 - C_1}{L} \approx D\frac{C_1}{L}$$

onde se despreza C_2, já que C2≪C1. Combinando as duas fórmulas anteriores, é possível obter o coeficiente de difusão:

$$\frac{C_2 \cdot V}{(t-t_0) \cdot A} = \frac{D \cdot C_1}{L} \Rightarrow D = \frac{C_2 \cdot V \cdot L}{C_1 \cdot (t-t_0) \cdot A} = \frac{inclinação \cdot V \cdot L}{C_1 \cdot A}$$

onde **inclinação** indica a inclinação da reta que interpola os dados experimentais; no caso dos resultados da Fig. A-2.1b, ela vale 8,26 ppm/dia (9,76·10⁻⁵ ppm/s) para o concreto com relação **a/c** 0,55 e 14,98 ppm/dia (1,76·10⁻⁴ ppm/s) para o concreto com relação **a/c** 0,7. Pode-se, portanto, obter para o concreto com **a/c** = 0,55:

$$D = \frac{9,76 \cdot 10^{-5}\, ppm/s \times 4 \cdot 10^{-4}\, m^3 \times 1,5 \cdot 10^{-2}\, m}{35.453\, ppm \times 6,2 \cdot 10^{-3}\, m^2} = 2,65 \cdot 10^{-12}\, m^2/s$$

e para o concreto com **a/c** = 0,7:

$$D = \frac{1,76 \cdot 10^{-4}\, ppm/s \times 4 \cdot 10^{-4}\, m^3 \times 1,5 \cdot 10^{-2}\, m}{35.453\, ppm \times 6,2 \cdot 10^{-3}\, m^2} = 4,78 \cdot 10^{-12}\, m^2/s$$

APROFUNDAMENTO 2.2 **Testes de difusão não estacionária**

Também é possível avaliar o coeficiente de difusão de uma espécie, através de um material poroso, por meio de testes de difusão não estacionária. A Fig. A-2.2a, por exemplo, mostra um teste de difusão dos cloretos em um concreto imerso em uma solução salina.

A Fig. A-2.2b mostra o perfil do conteúdo dos cloretos, medido em uma amostra de concreto confeccionada com cimento portland e com relação água/cimento de 0,7, depois de 35 dias de imersão em uma solução com 135 g/ℓ de NaCl. Os pontos representam os valores de teor de cloreto (expressos em porcentual da massa de cimento), medidos em amostras coletadas a diferentes profundidades. A linha tracejada é a interpolação dos mínimos quadrados. No caso considerado, constatou-se uma concentração superficial de 1,03% em massa e um coeficiente de difusão de 23·10⁻¹² m²/s.

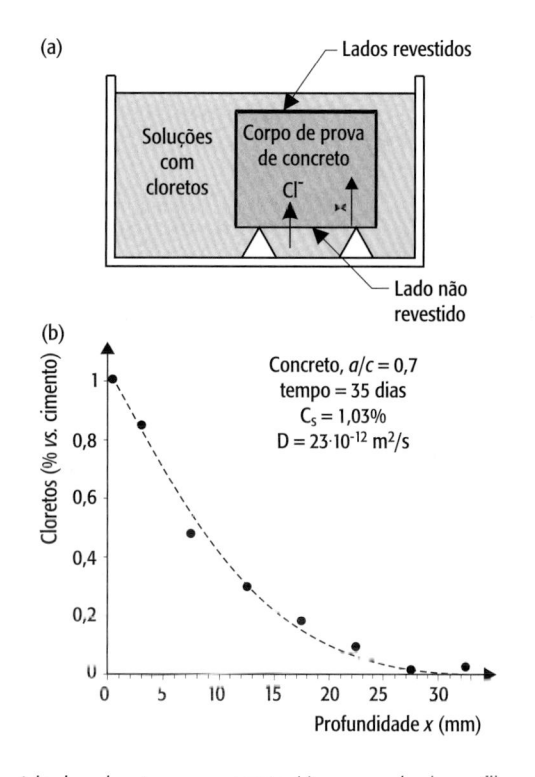

Fig. A-2.2 Representação de um teste de difusão não estacionária dos cloretos no concreto (a) e exemplo de perfil de cloretos medido (b), interpolado com a equação (2.10) para calcular D e C_s (Bertolini et al., 2004)

Obtém-se, assim, a solução:

$$\frac{C}{C_s} = 1 - erf\left(\frac{x}{2\sqrt{D \cdot t}}\right) \qquad (2.10)$$

onde *erf* é a função dos erros:

$$erf(z) = \frac{2}{\sqrt{\pi}} \int_0^z e^{-t^2} dt$$

2.2.2 Permeabilidade ou percolação

A permeação é o mecanismo pelo qual um fluido, um gás ou um líquido penetram através dos poros do material, como efeito de um gradiente de pressão. Os líquidos, em geral, são considerados como fluidos incompressíveis e puramente viscosos; o fluxo dq/dt (m³/s) através de um elemento de seção A (m²) e espessura L (m) segue a lei de Darcy:

$$\frac{dq}{dt} = \frac{K \cdot \Delta P \cdot A}{L \cdot \mu} \qquad (2.11)$$

onde: μ = viscosidade do fluido (N·s/m²), $\Delta P/L$ = gradiente de pressão (Pa/m), K = coeficiente de permeabilidade intrínseco do material (m²).

No caso da permeabilidade aos líquidos, e em particular à água, geralmente, realizam-se testes nos quais a pressão aplicada é expressa através da altura H (m) da coluna de água equivalente à diferença de pressão através da amostra ($\Delta P = H \cdot \delta \cdot g$, com δ = densidade da água e g = aceleração de gravidade) e se mede o fluxo dq/dt, que atravessa a amostra.

Neste caso, H/L representa o gradiente hidráulico, e a equação (2.11) se transforma na equação:

$$\frac{dq}{dt} = \frac{K \cdot H \cdot A}{L} \qquad (2.12)$$

O coeficiente de permeabilidade k se mede em m/s; é ligado ao coeficiente de permeabilidade intrínseco da equação $k = K \cdot \delta \cdot g / \mu$ e, portanto, depende da den-

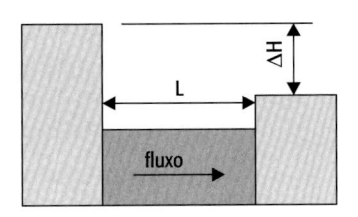

Fig. 2.6 Fluxo devido a uma pressão hidráulica

sidade δ e da viscosidade μ do líquido (para a água, $K \cong 10^{-7} \cdot k$). No caso das espécies gasosas, o coeficiente de permeabilidade é determinado ao se medir o fluxo, através da amostra, do gás em pressão. Neste caso, o fluido é compressível e o fluxo pode ser expresso pela equação:

$$\frac{dq}{dt} = \frac{K_{gás} \cdot A \cdot (P_1^2 - P_2^2)}{L \cdot \mu \cdot 2P_2} \qquad (2.13)$$

onde P_1 e P_2 são as pressões no alto e embaixo da amostra. Já que o gás é compressível, o fluxo é medido à pressão P_2. O coeficiente de permeabilidade aos gases ($k_{gás}$, m²) depende da pressão na qual se realiza o teste. Por isso, é essencial indicar a pressão de teste e comparar somente os dados normalizados com respeito a uma única pressão.

2.2.3 Absorção capilar

Quando uma solução aquosa entra em contato com um material poroso não saturado, pode ser absorvida por causa de uma depressão produzida pela "ação capilar" entre o líquido e a superfície dos poros do sólido. Em geral, os materiais de construção têm, de fato, o comportamento hidrófilo demonstrado na Fig. 2.7a.

Quando uma gota de água cai sobre a superfície de um material hidrófilo, graças às interações com o material ela tende a aumentar a superfície de contato com o próprio material e logo forma um ângulo agudo (θ = ângulo de contato). Na presença de poros de pequenas dimensões, as interações entre o líquido

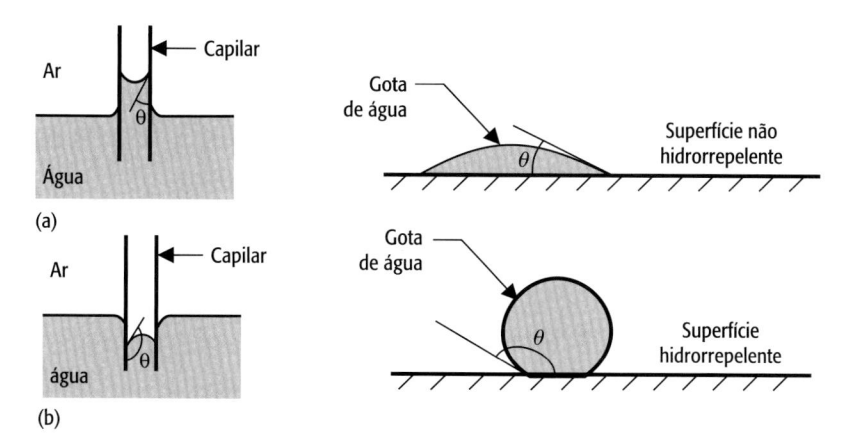

Fig. 2.7 Comportamento de um material hidrófilo (a) e de um material hidrófobo ou hidrorrepelente (b)

e a superfície do material determinam uma depressão que atrai a água para o interior do próprio poro, permitindo assim a subida do líquido através do material. A Fig. 2.7b mostra o comportamento de um material hidrófobo, caracterizado pela tendência do líquido de minimizar a superfície de contato com o material e, assim, determinar um ângulo de contato superior a 90°; neste caso, o material não tem tendência a absorver a água nos seus poros (ver-se-á no item 8.4.4 que os materiais hidrófilos podem tornar-se hidrófobos por meio de tratamentos superficiais adequados). A depressão P_{cap} (em Pa), que se produz em um capilar, pode ser calculada através da equação de Laplace-Washburn:

$$P_{cap} = \frac{2\sigma \cdot \cos\theta}{r} \quad (2.14)$$

onde σ é a tensão superficial da água (igual a $7{,}2 \cdot 10^{-2}$ N/m a 25°C), θ é o ângulo de contato entre o líquido e as paredes do poro e r é o raio do poro capilar (m). P_{cap} aumenta com a redução das dimensões do poro e do ângulo de contato do líquido. No caso do material hidrófilo, com $\theta < 90°$ e logo $\cos\theta > 0$, P_{cap} é positiva e indica uma depressão que atrai a água para dentro do poro; inversamente, no caso de material hidrófobo, com $\theta > 90°$ e portanto $\cos\theta < 0$, P é negativa e indica uma pressão que tende a expelir a água do poro.

No caso de materiais hidrófilos, a pressão P_{cap} gera, portanto, um fluxo de água em direção ao interior do capilar. Este fluxo é menor no caso de um poro de dimensões inferiores. De fato, a velocidade do fluxo (v, m/s) no capilar, para um líquido sujeito à diferença de pressão ΔP, pode ser expressa através da equação de fluxo laminar de Poiseuille (Vos, 1971):

$$v = \frac{\Delta P \cdot r^2}{8\mu \cdot \ell} \quad (2.15)$$

onde μ é a viscosidade da água (cerca de 10^{-3} N·s/m² a 25°C), t é o tempo e l é o comprimento do capilar. Se for considerado um fluxo horizontal, de forma a poder negligenciar o efeito da gravidade, P_{cap} é a única pressão que determina o movimento do fluido na direção x, ao longo do capilar ($\Delta P = P_{cap}$). A medida que o líquido penetra ao longo da direção x do capilar, obtém-se:

$$v = \frac{dx}{dt} = \frac{P_{cap} \cdot r^2}{8\mu \cdot x} = \frac{2\sigma \cdot \cos\theta \cdot r}{8\mu \cdot x} \quad (2.16)$$

Resolvendo esta equação, resulta:

$$x = \left(\frac{\sigma \cdot \cos\theta \cdot r}{2\mu}\right)^{0,5} \cdot \sqrt{t} = K_{cap} \cdot \sqrt{t} \quad (2.17)$$

onde o coeficiente K_{cap} representa a constante de proporcionalidade entre a profundidade de absorção x e a raíz quadrada do tempo. Desta equação pode-se calcular a quantidade de água absorvida por uma área unitária do capilar (i, kg/m²) em função do tempo:

$$i(t) = x(t) \cdot \delta = (\delta \cdot K_{cap}) \cdot \sqrt{t} = S \cdot \sqrt{t} \quad (2.18)$$

onde δ é a densidade da água (kg/m³) e o parâmetro $S = \delta \cdot K_{cap}$ (kg/(m²·s^{0,5})) chama-se *coeficiente de absorção capilar*. Da Eq. (2.18) observa-se como o coeficiente S aumenta quando aumenta a dimensão do capilar.

Na realidade, os materiais porosos apresentam uma estrutura de poros muito complexa, caracterizada por uma rede de poros de dimensões diferentes e com percursos tortuosos. A absorção capilar da água não pode, assim, ser descrita com as simples relações precedentes; todavia, a absorção nos poros capilares únicos é produto das mesmas forças descritas anteriormente, depende ainda dos fatores até aqui analisados (aos quais se adicionam outros fatores que levam em conta a efetiva estrutura dos poros e sua distribuição dimensional). Pode-se, assim, definir um coeficiente de absorção capilar S que descreve o comportamento global do material poroso e que é uma propriedade do próprio material. No item 9.2.2, ver-se-á como a absorção capilar pode gerar a ascensão capilar da água nas paredes.

2.2.4 Migração elétrica

Às vezes, os materiais têm campos elétricos que podem determinar o transporte das espécies iônicas dissolvidas na solução presente nos poros (Bianchi e Mussini, 1993). Este tipo de transporte é, por exemplo, essencial para a ocorrência de fenômenos corrosivos dos metais imersos em um material poroso (como o concreto ou o solo). Nos casos práticos analisados neste texto, é importante considerar sobretudo os efeitos de correntes contínuas (em geral, as correntes alternadas têm efeitos muito menos importantes com relação à degradação dos materiais).

A diferença de potencial produzida pelo campo elétrico entre dois pontos do material determina a circulação de uma corrente, produzida pelo movimento das espécies iônicas dissolvidas. Os íons positivos migram no mesmo sentido da corrente convencional; os negativos, no sentido oposto (Fig. 2.8). Este movimento induz, portanto, um transporte de matéria e rompe a uniformidade de composições no interior da solução.

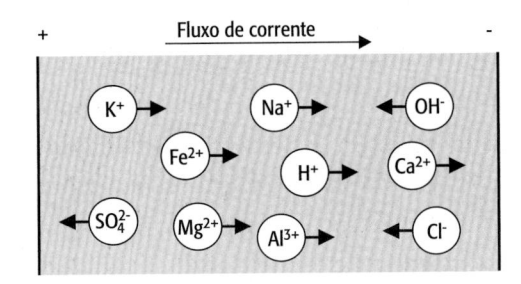

Fig. 2.8 Movimento dos íons em uma solução por efeito de um campo elétrico

Para compreender as transformações que ocorrem no interior da solução dos poros por efeito de um campo elétrico, é útil introduzir o número de transporte. Define-se como número de transporte de uma espécie iônica (j) a contribuição que o íon j dá ao transporte da corrente. O número de transporte de j (t_j) é proporcional à sua concentração na solução e à velocidade do íon sob a ação de um campo elétrico unitário (mobilidade):

$$t_j = i_j / I_{tot} = z_j^2 \cdot c_j \cdot u_j / \sum \left(z_j^2 \cdot c_j \cdot u_j \right) \quad (2.19)$$

onde: i_j = corrente transportada por j (A), I_{tot} = corrente total na solução (A), z_j = carga do íon j, c_j = concentração do íon j (mol/ℓ), u_j = mobilidade, ou seja, a velocidade do íon sob a ação de um campo elétrico unitário (m²/s·V). Desta equação, observa-se como as espécies iônicas presentes em baixa concentração dão uma contribuição irrelevante ao transporte da corrente.

Um parâmetro ligado à migração elétrica, que influencia muitos fenômenos de degradação (particularmente a corrosão dos metais), é a resistividade elétrica ρ (Ω·m), que contribui para determinar a resistência R (Ω) oposta à passagem da corrente no material. A resistência determina, através da lei de Ohm: $V = R \cdot I$, a ligação entre a tensão V e a corrente I circulante no material. A ligação entre a resistência e a resistividade é definida pela equação:

$$R = \int_0^l \frac{\rho \cdot dx}{S} \qquad (2.20)$$

onde l e S são a espessura e a seção transversal do material. Em uma solução, a resistividade depende essencialmente das espécies iônicas presentes e da sua concentração. No caso de um material poroso, a resistividade depende das espécies iônicas presentes no líquido contido nos poros; as espécies iônicas podem ser característica do material (por exemplo, os íons Na⁺, K⁺ e OH⁻ produzidos pela hidratação do concreto) ou podem penetrar do ambiente (por exemplo, os íons de cloreto dissolvidos na água do mar).

Todavia, como o movimento das espécies iônicas só é possível através de poros cheios de água, a resistividade elétrica depende também do conteúdo de água. Quando aumenta a umidade do material, a sua resistividade elétrica pode diminuir em várias ordens de grandeza. Enfim, mesmo quando o material está saturado de água, a resistividade de um material poroso é (notavelmente) mais elevada do que a de uma solução livre com a mesma composição do líquido contido em seus poros. Esta diferença deve-se a várias causas, entre elas: a interação dos íons com a superfície dos poros e a presença de um percurso tortuoso que os íons devem percorrer (que, em alguns casos, por exemplo, os constrange a se mover na direção oposta àquela imposta pelo campo elétrico, como mostra a Fig. 2.9).

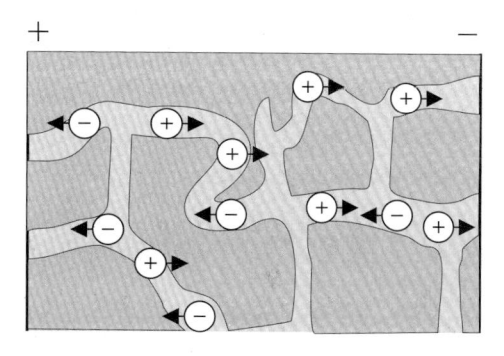

Fig. 2.9 Movimento dos íons em um material poroso saturado pelo efeito de um campo elétrico

2.3 Transporte de calor e propriedades térmicas

A temperatura pode ter consequências muito importantes no comportamento de um material ou sobre a velocidade em que ocorrem reações químicas responsáveis por sua degradação. É, portanto, importante abordar o transporte de calor e seus efeitos sobre o material.

2.3.1 Propriedades térmicas

O comportamento térmico de um material pode ser descrito por vários parâmetros que, como se observou no transporte de massa, podem ser extraídos das equações que descrevem os vários fenômenos térmicos. A Tab. 2.1 contém valores indicativos para os parâmetros térmicos de algumas famílias de materiais de construção.

O *calor específico* C_p (J/(kg·°C)) representa a energia absorvida ou cedida pela unidade de massa do material para variar em 1°C a sua temperatura. É, portanto, um parâmetro que permite avaliar as variações de temperatura sofridas pelo material em função do calor trocado. Na Tab. 2.1, observa-se como, em geral, o calor específico é inversamente correlacionado com a densidade de um material. Se, em vez da massa unitária, leva-se em conta uma massa m, pode-se considerar a *capacidade térmica* que representa a energia absorvida ou cedida por uma massa m de material para variar em 1°C a sua temperatura = $C_p \times m$.

O fluxo de calor através de um material, em condições estacionárias e unidirecionais, é ligado ao gradiente de temperatura (dT/dx) da equação:

$$F = -k \frac{dT}{dx} \qquad (2.21)$$

onde F é fluxo de calor na direção x (J/m²·s) e o parâmetro κ é a *condutibilidade térmica*, que representa a densidade do fluxo térmico em um material submetido a um gradiente unitário de temperatura (W/(m·°C)). Caso o fluxo térmico estacionário ocorra através de um elemento de espessura d (m) e área A (m²), a fórmula (2.21) pode ser escrita assim:

$$\frac{Q}{A \cdot t} = k \frac{\Delta T}{d} \qquad (2.22)$$

onde Q é a quantidade de calor (J), t é o tempo (s) e $\Delta T/d$ é o gradiente de temperatura (°C/m).

Em regime não estacionário, a transmissão do calor é regulada pela equação de Fourier:

$$\frac{\partial T}{\partial t} = D_T \frac{\partial^2 T}{\partial x^2} \qquad (2.23)$$

Tab. 2.1 Valores indicativos das propriedades térmicas de alguns materiais

Material	Densidade (kg/m³)	Calor específico (J/(kg°C))	Condutibilidade térmica (W/(m°C))	Difusividade térmica (mm²/s) × 10⁻⁶	Coeficiente de dilatação térmica °C⁻¹ × 10⁻⁶
Cobre	8.900	390	300	86	17
Aço	7.800	480	84	22	11
Alumínio	2.700	880	200	37	24
Concreto	2.400	840	1,4	0,69	11
Tijolos	1.700	800	0,9	0,66	8
PVC (não plastificado)	1.400	1.300	0,3	0,16	70
Reboco leve	600	1.000	0,16	0,27	5
Madeira (direção transversal)	500	1.200	0,14	0,23	3
Poliestireno expandido	25	1.400	0,033	0,94	70
Vidro de silício	2.200	740	2,0	-	0,5
Vidro sódico-cálcico	2.450	940	1,7	-	9,0

onde $D_T = \kappa/(\delta \cdot C_p)$ é a *difusividade térmica* (m²/s) e δ é a densidade do material (kg/m³).

2.3.2 Variações dimensionais de origem térmica

Quando a temperatura aumenta, os átomos que constituem um material aumentam a distância média que os separa e, por isso, se observa um aumento das dimensões do corpo. A relação entre as variações de temperatura e o aumento ΔL do comprimento ou o aumento ΔV do volume de um corpo pode ser expressa assim:

$$\lambda = \frac{dl}{l_0} dT \qquad \alpha = \frac{dV}{V_0} dT \qquad (2.24)$$

onde λ é o coeficiente de dilatação térmica linear (°C⁻¹) e α é o coeficiente volumétrico de dilatação térmica (°C⁻¹).

Estes coeficientes são típicos de cada material e dependem da estrutura e da força das ligações atômicas (por exemplo, os materiais metálicos com temperatura de fusão mais alta têm também um coeficiente menor de dilatação térmica). Para materiais isótropos e pequenos intervalos de temperatura $\alpha \approx 3\lambda$. As variações dimensionais de origem térmica, quando são impedidas, podem provocar degradação do material (Aprofundamento 1.2), como quando dois materiais com coeficiente de dilatação diferente devem operar em contato. Quando as variações térmicas são muito rápidas, sobretudo nos materiais rígidos e frágeis, como as cerâmicas, as variações dimensionais de origem térmica podem levar ao rompimento de um pedaço por choque térmico (Aprofundamento 2.3).

APROFUNDAMENTO 2.3 Resistência aos saltos térmicos

Quando um material sofre uma variação brusca de temperatura, gera uma diferença elevada de temperatura entre a superfície e o centro. Esta induz tensões internas por causa da diferente dilatação da parte cortical e da parte interna. Em particular, durante um resfriamento gera-se tensões de tração na parte externa (mais fria e, portanto, contraída) e de compressão na parte interna (mais quente e, portanto, dilatada). Nos materiais rígidos e frágeis, particularmente as cerâmicas e os vidros, os esforços superficiais de tração podem levar à ruptura do componente. O esforço s gerado, na hipótese teórica de resfriamento da superfície de ΔT com velocidade infinita, é igual a:

$$\sigma = \frac{E \cdot \lambda \cdot \Delta T}{1-\nu}$$

onde E é o módulo de elasticidade e ν é o módulo de Poisson. Pressupondo que a ruptura de um pedaço ocorra quando o esforço σ é igual à resistência à tração do material (σ_R), pode-se calcular a variação de temperatura máxima que o material pode tolerar sem se romper:

$$\Delta T_{crítico} = \frac{\sigma_R (1-\nu)}{E \cdot \lambda}$$

Em alguns materiais, a chegada ao $\Delta T_{crítico}$ corresponde a uma ruptura de despedaçamento (como nos vidros); em outros materiais frágeis, ao contrário, determina uma microfissuração do material e um dano que, embora conserve a integridade interna do pedaço, reduz drasticamente a resistência do material. A equação precedente mostra como a resistência aos choques de temperatura é maior nos materiais com baixo módulo de elasticidade e baixo coeficiente de dilatação térmica.

2.3.3 Transformações com a temperatura

A certas temperaturas (ou intervalos de temperatura) podem ocorrer transformações na microestrutura do material que modificam visivelmente as suas propriedades. Muitas vezes, estas transformações são constatadas através das variações dimensionais sofridas pelo material (Fig. 2.10). Em particular, por causa da dilatação térmica, o volume específico aumenta com a temperatura. No caso de um material cristalino (puro), em geral se observa um brusco aumento do volume específico quando se atinge a temperatura de fusão (T_m); de fato, em geral, os materiais líquidos apresentam um volume específico maior do que o material sólido. No caso de um material amorfo, a passagem do estado fluido ao estado sólido, durante um resfriamento, ocorre com uma simples variação da pendência da curva que liga o volume específico à temperatura; esta variação, que especifica a temperatura de transição vítrea (T_g), ocorre a temperatura mais elevada se o resfriamento é mais veloz.

Na Fig. 2.10, observa-se, além disso, como um resfriamento mais rápido leva a um material de volume específico mais elevado (portanto, menos "denso"). Enfim, no caso de um material semicristalino, especificam-se tanto a temperatura de fusão da parte cristalina como a temperatura de transição vítrea da parte amorfa. Em alguns materiais — o quartzo, por exemplo — podem também ocorrer transformações alotrópicas que modificam a estrutura cristalina e comportam uma variação dimensional; em consequência destas transformações, podem ocorrer danos ao material, sobretudo se a passagem através da temperatura de transformação for rápida.

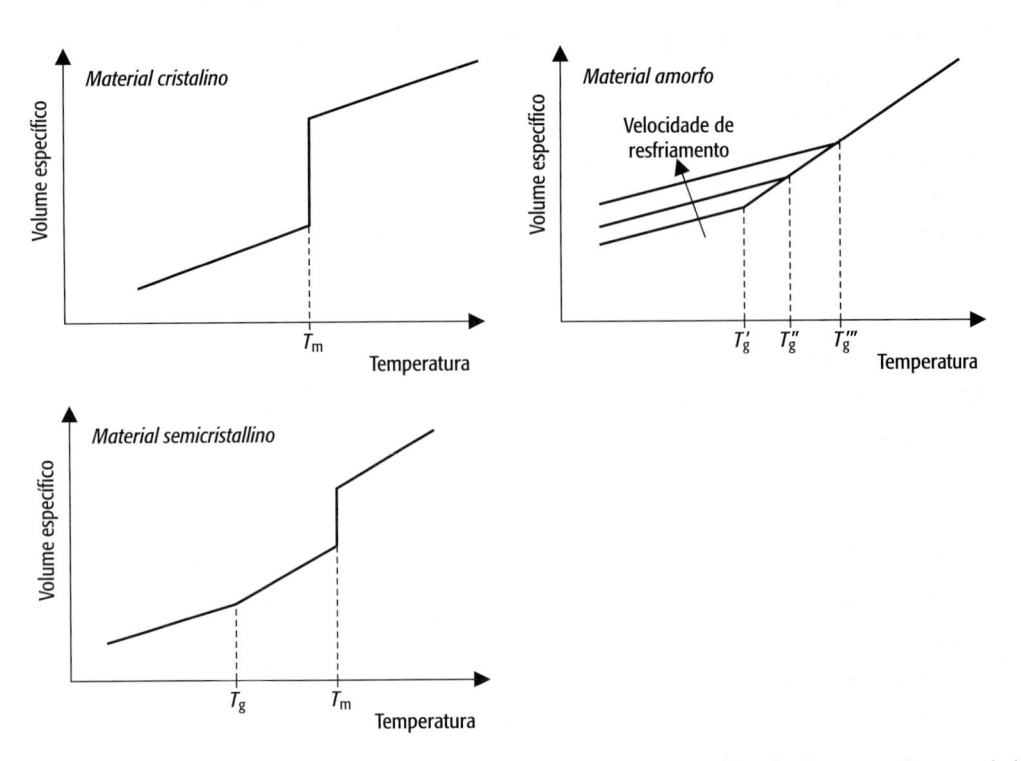

Fig. 2.10 Evolução do volume específico em função da temperatura para materiais cristalinos, amorfos e semicristalinos

Corrosão 3

Os materiais metálicos em contato com ambientes agressivos estão sujeitos à *corrosão*. Normalmente, distingue-se a *corrosão úmida* da *corrosão seca* (Pedeferri, 1978, 2003; Shreir, Jarman e Burnstein, 1995; Schütze, 2000; Revie, 2000; Jones, 1991; Pourbaix, 1973). O primeiro tipo ocorre quando os materiais metálicos entram em contato com soluções aquosas, como as águas doces ou do mar, as soluções ácidas ou alcalinas, ou ainda com ambientes que contenham água, como o solo, o concreto, as atmosferas úmidas etc. O segundo ocorre sob alta temperatura. Nas condições normais de uso das estruturas de edifícios e civis, são importantes apenas os fenômenos de corrosão úmida; nestas notas, portanto, não se considera a corrosão seca.

3.1 Consequências

Os materiais metálicos são empregados no setor das construções para aplicações muito diferentes (por exemplo, as estruturas em aço, as esquadrias em liga de alumínio, os elementos de descarga da água em cobre etc.). Em relação ao material metálico e à função do elemento estrutural, a corrosão pode ter vários efeitos:

- pode influir na segurança estrutural, reduzindo a seção resistente dos elementos de suporte ou dos elementos de junção (Fig. 3.1);
- quando o componente é vinculado ou mesmo completa ou parcialmente imerso em um material rígido e frágil, a ação expansiva dos produtos de corrosão pode induzir distorções ou fissurações (Fig. 3.2);
- quando o ataque é localizado, a corrosão pode determinar a perfuração do componente; no caso de tubulações ou recipientes, há, portanto, o risco de perda de líquidos ou gases (Fig. 3.3);
- para combinações específicas de material metálico, ambiente e condições de solicitação mecânica, podem formar-se fissuras que podem levar a perigosas rupturas imprevistas, mesmo nos materiais mais tenazes (Fig. 3.4);
- enfim, a corrosão pode simplesmente alterar o aspecto exterior.

3.1.1 Formas de corrosão

As consequências da corrosão estão ligadas ao modo como ocorre o ataque. O Quadro 3.1 classifica os principais tipos de ataque produzidos pela corrosão.

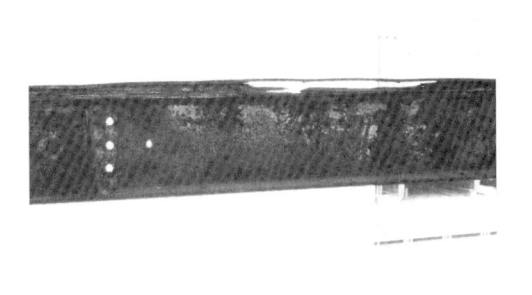

Fig. 3.1 Efeitos da corrosão em uma estrutura em aço

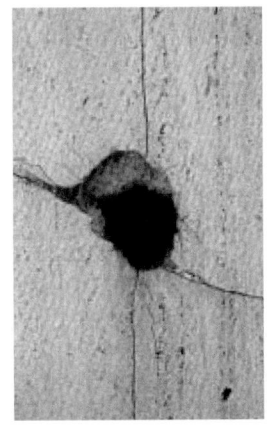

Fig. 3.2 Efeitos da ação expansiva provocada por produtos de corrosão

Fig. 3.3 Perfuração de uma tubulação como decorrência de corrosão localizada

Fig. 3.4 Gasoduto explodido como resultado de corrosão sob tensão (Pedeferri, 2003)

Corrosão uniforme. A corrosão uniforme ocorre com uma velocidade semelhante sobre toda a superfície do material metálico. A consequência deste ataque é o adelgaçamento da parede do elemento metálico (Fig. 3.1). Se for considerado o número de estruturas vulneráveis, o adelgaçamento é a forma de ataque mais difundida. Não é, porém, a mais perigosa, já que sua velocidade de penetração é, geralmente, limitada (na maior parte das vezes, não passa de 100 μm/ano); além disso, nos casos em que esta corrosão não pode ser evitada por meio das proteções adequadas (como os implantes químicos), é fácil prever, ainda na fase do projeto, o avanço do ataque no tempo e, portanto, superdimensionar a espessura da parte metálica. Este ataque pode, porém, ter consequências relevantes quando os produtos de corrosão se acumulam na superfície do metal, nos casos em que ela está em contato com outros materiais (Fig. 3.2). A prevenção da corrosão uniforme, em geral, é realizada mediante a escolha de materiais metálicos que, no ambiente específico em consideração, têm uma velocidade de dissolução suficientemente baixa ou mediante a aplicação de tintas ou revestimentos metálicos. No caso de estruturas enterradas ou imersas no mar, pode-se recorrer à proteção catódica.

Corrosão localizada. Quando a superfície metálica está em contato com um ambiente não uniforme, seja pelas condições de exposição ou por causa da própria geometria da estrutura, ou ainda porque o material metálico não é homogêneo, tanto em sua composição química como na sua microestrutura, algumas partes da superfície do metal podem ser corroídas em velocidade mais elevada do que outras. O ataque corrosivo pode, portanto, localizar-se em certas zonas nas quais é maior o consumo de metal.

Às vezes, o ataque corrosivo pode assumir um caráter penetrante e provocar a perfuração de tubulações ou de equipamentos mesmo em períodos muito breves, porque a velocidade do avanço pode chegar a até 1 mm/ano. Esta forma de corrosão (conhecida como *pites* ou *cavidades*) manifesta-se em materiais passivos, geralmente em contato com ambientes que contêm cloretos (item 3.4). A formação destes ataques é favorecida pelo aumento de temperatura e pela presença de zonas de superfície mais dificilmente atingíveis pelo oxigênio, como as blindadas por produtos de corrosão ou pó (*corrosão sob depósito*) ou pela presença de interstícios (*corrosão em frestas*). A prevenção pode ser feita com a escolha correta do material, controlando o teor de cloretos no ambiente, eliminando espaços mortos, frestas etc.

Dissolução seletiva. No caso de algumas ligas, pode-se verificar um ataque corrosivo que aflige apenas um componente da própria liga (por exemplo, no passado era comum verificar-se a dissolução do zinco no latão ou do ferro nos gusas cinzentos) ou só as bordas dos grãos cristalinos (como no caso da corrosão intergranular dos aços inoxidáveis).

Quadro 3.1 Tipos de corrosão

Tipo de corrosão	Características
Uniforme (ou quase uniforme)	Toda a superfície do metal se corroi à mesma velocidade (ou com velocidade parecida).
Localizada	Certas áreas da superfície do metal se corroem a velocidade mais elevada do que outras por causa da "heterogeneidade" do metal, do ambiente ou da geometria da estrutura como um todo. O ataque pode variar de pouco localizado até a formação de pites (cavidades).
Pites	Ataque fortemente localizado em áreas específicas, que leva à formação de pequenos pites (cavidades) que penetram no metal e podem levar à perfuração da parede metálica.
Dissolução seletiva	Um dos componentes de uma liga (em geral, o mais reativo) é consumido seletivamente.
Ação conjunta da corrosão e de um fator mecânico	Ataque localizado ou fratura devida à ação sinérgica de um fator mecânico e da corrosão. Pode manifestar-se, por exemplo, na forma de corrosão-erosão, corrosão sob tensão, corrosão-fadiga.

Fonte: Shreir, Jarman e Burnstein (1995).

Ação da corrosão associada à solicitação mecânica. Um componente metálico, em geral, é sujeito ao mesmo tempo à ação corrosiva do ambiente e à ação mecânica devida às cargas aplicadas a ele. Na maior parte dos casos, os efeitos da corrosão e das solicitações mecânicas podem ser avaliados separadamente. É, portanto, possível estudar o avanço da corrosão do metal no ambiente em questão (por exemplo, em um corpo de prova não solicitado mecanicamente) e só depois avaliar os seus efeitos no desempenho estrutural. Em alguns casos, contrariamente, verificam-se efeitos sinérgicos entre a corrosão e a ação mecânica. Um exemplo é o dos metais sujeitos a abrasão pelo efeito de substâncias sólidas dispersas em um fluido agressivo (por exemplo, partículas de areia na água do mar); neste caso, a ação mecânica devida à ação das partículas sobre a superfície do metal adiciona-se à ação corrosiva do fluido, e as consequências podem ser muito maiores do que a simples soma dos efeitos de cada uma das duas ações tomada isoladamente.

Uma família de casos muito importantes de interação entre ambiente e solicitação mecânica é representada pelos fenômenos que podem levar à formação de fissuras no interior de um elemento solicitado por tração (*corrosão sob tensão*). As fissuras são produzidas pela ação combinada do ambiente corrosivo e da solicitação de tração, são orientadas em direção perpendicular à da solicitação de tração e podem avançar com velocidade muito elevada. A corrosão sob tensão manifesta-se só por acoplamentos específicos entre o ambiente e o metal. Por exemplo: os aços-carbono podem sofrer este tipo de ataque em ambientes que contenham nitratos, os aços inoxidáveis em ambientes que contenham cloretos, as ligas de cobre em ambientes com amoníaco. Os aços de elevada resistência estão sujeitos a este tipo de ataque em todas as soluções e condições que possam propiciar o desenvolvimento de hidrogênio (fala-se de *fragilização por hidrogênio*). Um outro fenômeno que pode deflagrar e propagar fissuras é a *corrosão-fadiga*. A formação de fissuras é insidiosa porque pode levar, sem nenhum sinal macroscópico e, portanto, sem aviso prévio, à ruptura inesperada e ruinosa de um componente estrutural (Fig. 3.4).

3.2 Princípios
3.2.1 Mecanismo eletroquímico

A corrosão na superfície dos metais em contato com ambientes úmidos ocorre por meio de um processo eletroquímico, como ilustra a Fig. 3.5. Podem-se especificar quatro processos:

- uma *reação anódica* de oxidação do metal, que propicia a formação de produtos de corrosão e torna disponíveis elétrons na rede cristalina do metal;
- uma *reação catódica*, que reduz uma espécie química presente no ambiente agressivo e consome os elétrons produzidos pelo processo anódico;
- a circulação de corrente no metal, gerada pelo fluxo de elétrons na rede cristalina do metal;
- a circulação de corrente no ambiente, produzida pela migração elétrica dos íons dissolvidos na solução líquida em contato com a superfície do metal.

Às vezes, não há uma distinção geométrica clara entre as zonas anódicas e catódicas, mas estas se alternam no tempo; o mecanismo da corrosão é, porém, o mesmo.

Muitas vezes, os efeitos da corrosão são diretamente ligados ao consumo de material metálico e, portanto, a reação de maior interesse é a anódica. Algumas reações anódicas de interesse prático são:

$$Fe \to Fe^{2+} + 2e \qquad Cu \to Cu^{2+} + 2e$$
$$Zn \to Zn^{2+} + 2e \qquad Ti \to Ti^{2+} + 2e$$
$$Al \to Al^{3+} + 3e \qquad Al + 2H_2O = AlO_2^- + 3e$$

Todavia, o mecanismo eletroquímico da corrosão requer que, ao mesmo tempo, ocorra um processo catódico (que consuma os elétrons gerados pelo processo anódico). Na maioria dos casos, em soluções aeradas, ou seja, em contato direto ou indireto com a atmosfera, a reação catódica é a redução do oxigênio dissolvido em pequenas quantidades (alguns mg/litro) nestas soluções:

◢ em ambiente ácido:

$$O_2 + 4H^+ + 4e \to 2H_2O \qquad (3.1)$$

◢ ambiente neutro/alcalino:

$$O_2 + 2H_2O + 4e \to 4OH^- \qquad (3.2)$$

Em soluções ácidas, ou ainda na ausência de oxigênio, pode ocorrer a reação catódica de desenvolvimento do hidrogênio:

◢ em ambiente ácido:

$$2H^+ + 2e \to H_2 \qquad (3.3)$$

◢ em ambiente neutro/alcalino:

$$2H_2O + 2e \to 2OH^- + H_2 \qquad (3.4)$$

Em condições particulares, que dificilmente se encontram no âmbito das construções de edifícios e civis, também podem sofrer redução outras espécies químicas presentes no ambiente.

As reações anódica e catódica são complementares, já que o número de elétrons liberados pela reação anódica, na fase metálica, na unidade de tempo, e o de elétrons consumidos pela reação catódica devem ser iguais.

3.2.2 Velocidade de corrosão

A velocidade de corrosão de um metal pode ser expressa como massa do metal consumida em uma unidade de tempo ou como velocidade de redução da espessura do material:

$$vm = \frac{1}{At}|\Delta m| \qquad (3.5)$$

$$vp = \frac{1}{\rho At}|\Delta m| = \frac{v_m}{\rho} \qquad (3.6)$$

onde v_m é velocidade de perda de massa (expressa, geralmente, em g/m²·ano), v_p é a velocidade de adelgaçamento (expressa, geralmente, em μm/ano), A é a superfície de interesse da corrosão (m²), Δm é a perda de massa (g) no tempo t (anos). As Eqs. (3.5) e (3.6) só valem no caso de a corrosão ocorrer

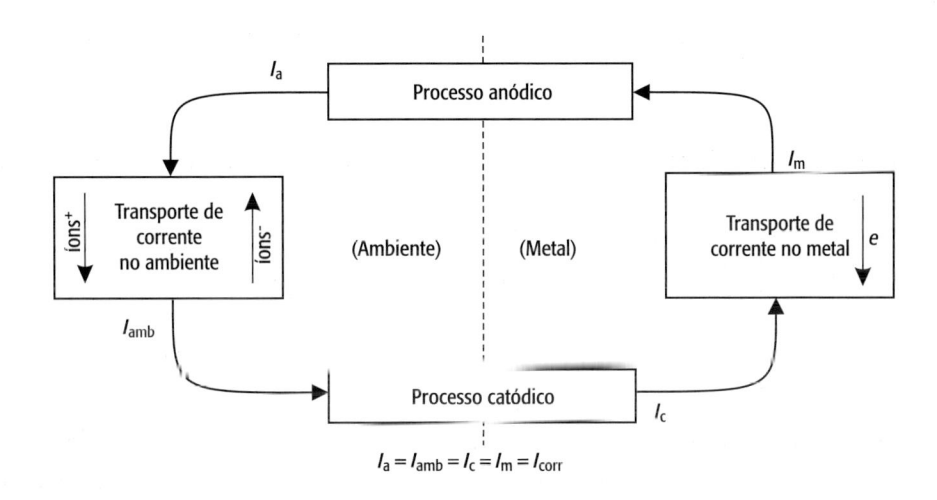

Fig. 3.5 Esquema do processo eletroquímico da corrosão (Pedeferri, 2003)

de modo uniforme e com uma velocidade constante no tempo; no caso de corrosão não uniforme ou de velocidade de corrosão variável no tempo, v_m e v_p são apenas valores médios (no tempo e no espaço). No caso de um ataque penetrante, do tipo pites, ou de uma fresta de corrosão sob esforço, v_m e v_p não são, portanto, representativos da velocidade de avanço do ataque.

Lei de Faraday. A velocidade de corrosão v_m do metal genérico Me é medida pela massa de metal que vai para a solução (ou que se transforma em íons) através da reação anódica:

$$Me \rightarrow Me^{z+} + ze \qquad (3.7)$$

A Eq. (3.7) mostra como a velocidade de consumo do metal é correlacionada com a velocidade de produção de elétrons; esta última representa uma corrente elétrica (I_a). A relação entre a corrente anódica I_a e v_m é obtida com base na primeira lei de Faraday da estequiometria eletroquímica:

$$|\Delta m| = \left|\frac{M}{z \cdot F}\right| \cdot q \qquad (3.8)$$

onde q é a carga em circulação (C), proporcional ao número de elétrons produzidos, M é a massa molar do metal Me (g/mol), z é a valência do íon formado em seguida à reação anódica ($z = 2$ para a reação $Fe \rightarrow Fe^{2+} + 2e$) e F é a constante de Faraday (96.487 C), que representa a carga equivalente a uma mol de elétrons. Substituindo a (3.8) na (3.5) e na (3.6), obtém-se:

$$v_m = \frac{1}{At}|\Delta m| = \frac{1}{At}\left|\frac{M}{z \cdot F}\right| \cdot q = \left|\frac{M}{z \cdot F}\right| \cdot i_a \qquad (3.9)$$

$$v_p = \frac{v_m}{\rho} = \frac{i_a}{\rho}\left|\frac{M}{z \cdot F}\right| \qquad (3.10)$$

onde $i_a = q/(A \cdot t)$ é a densidade de corrente anódica, ou seja, a relação entre a corrente anódica I_a e a área A, sobre a qual se desenvolve o processo anódico (em geral, expressa em mA/m^2 ou $\mu A/cm^2$).

A velocidade do processo catódico também pode ser expressa em termos de densidade de corrente catódica ou de número de elétrons consumidos pelo processo cató-

Problema 3.1 VELOCIDADE DE CORROSÃO
Calcular a velocidade de corrosão do aço quando a densidade de corrente anódica é 1 mA/m^2.

Solução
No caso dos aços, a velocidade de corrosão é medida pela velocidade de consumo do ferro, através da reação:

$$Fe \rightarrow Fe^{2+} + 2e$$

Considerando uma densidade de corrente anódica $i = 1$ mA/m^2, aplicando a lei de Faraday, pode-se calcular:

$$v_m = \left|\frac{M}{z \cdot F}\right| \cdot i = \left(\frac{55,85g}{2 \times 96485C}\right) \cdot 10^{-3} \frac{C}{m^2 \cdot s} = 2,89 \times 10^{-4} \frac{g}{m^2 \cdot s} = 9,1 \frac{g}{m^2} \cdot ano$$

$$v_\rho = \frac{v_m}{\rho} = \frac{1}{7,8 \times 10^6 g/m^3} \times 9,1 \frac{g}{m^2 \cdot ano} = 1,17 \times 10^{-6} m/ano = 1,17 \mu m/ano$$

Portanto, para o ferro, 1 mA/m^2 corresponde a uma velocidade de perdas de massa de 9,1 $g/(m^2 \cdot ano)$ e a uma velocidade de adelgaçamento de 1,17 $\mu m/ano$ (no caso de ataque não uniforme, esta é a velocidade média de adelgaçamento).

dico por unidade de superfície (I_c). Como o número de elétrons produzidos na unidade de tempo pela reação anódica deve coincidir com aquele consumido pela reação catódica, a corrente anódica (I_a), que convencionalmente flui do metal para a solução, e a catódica (I_c), que passa da solução para o metal, devem ser iguais: $I_a = I_c$. Obviamente, estas correntes devem também ser iguais à corrente circulante no metal (I_m) e à que circula no ambiente (I_{amb}). O valor comum destas correntes mede, em unidades eletroquímicas, a velocidade do processo de corrosão (I_{corr}).

3.2.3 Termodinâmica da corrosão

Um metal sofre corrosão em um certo ambiente quando podem ocorrer espontaneamente as reações anódica e catódica.

A termodinâmica permite estudar as condições em que uma reação pode ocorrer em um certo sentido e, portanto, pode fornecer informações com relação à possibilidade de que um metal sofra mais ou menos corrosão em um determinado ambiente. Os parâmetros termodinâmicos utilizados para isso são os potenciais de equilíbrio dos processos anódico e catódico. A Tab. 3.1 mostra os potenciais de equilíbrio padrão de algumas reações de maior interesse. No Aprofundamento 3.1, ilustra-se como, utilizando a equação de Nernst, é possível calcular o potencial de equilíbrio de um certo processo em condições diferentes do padrão. Em particular, para os dois processos catódicos de redução do oxigênio e desenvolvimento de hidrogênio, o potencial de equilíbrio depende do pH, como demonstrado na Fig. 3.6.

No caso de um metal exposto a um determinado ambiente, especificados os processos anódico e catódico, é possível estabelecer se o metal sofrerá corrosão com a simples

Tab. 3.1 Potenciais padrão (E_0) com relação ao eletrodo de hidrogênio padrão (*Standard Hydrogen Electrode* – SHE) a 25°C

Sistema	Potencial (V)
$Mg = Mg^{2+} + 2e$	−2,37
$Al = Al^{3+} + 3e$	−1,66
$Ti = Ti^{2+} + 2e$	−1,21
$Zn = Zn^{2+} + 2e$	−0,76
$Fe = Fe^{2+} + 2e$	−0,44
$Ni = Ni^{2+} + 2e$	−0,28
$Sn = Sn^{2+} + 2e$	−0,136
$Pb = Pb^{2+} + 2e$	−0,126
$H_2 = H^+ + e$	0
$Cu = Cu^{2+} + 2e$	+0,34
$Ag = Ag^+ + 2e$	+0,8
$Au = Au^{3+} + 3e$	+1,5

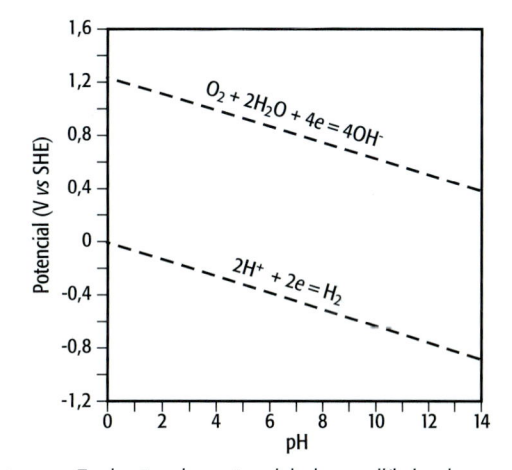

Fig. 3.6 Evolução do potencial de equilíbrio dos processos catódicos de redução de oxigênio e de desenvolvimento do hidrogênio em função do pH

comparação dos potenciais de equilíbrio do processo anódico ($E_{eq,a}$) e do catódico ($E_{eq,c}$). A corrosão pode, de fato, ocorrer só se:

$$E_{eq,a} < E_{eq,c} \qquad (3.11)$$

A Eq. (3.11) exprime uma condição necessária, mas não suficiente. Portanto, permite excluir a corrosão nos casos em que $E_{eq,a} > E_{eq,c}$, mas não permite conhecer a velocidade de corrosão no momento em que o processo pode ocorrer (Problema 3.2). A diferença entre os potenciais de equilíbrio do processo anódico e do processo catódico representa, na verdade, a força eletromotriz para que se produza o processo corrosivo:

$$F = E_{eq,c} < E_{eq,a} \qquad (3.12)$$

Se esta é nula ou negativa, o metal está em condições de imunidade. Quando são possíveis os dois processos catódicos, deve-se considerar o processo de redução de oxigênio, já que este é mais nobre (ou seja, caracterizado por um valor mais elevado de E_{eq}) e, portanto, garantirá um valor maior de F.

APROFUNDAMENTO 3.1 **Potenciais de equilíbrio**

Os princípios da termodinâmica dizem que uma reação pode proceder espontaneamente em uma certa direção só se a energia livre do sistema diminui: $\Delta G < 0$; quando $\Delta G > 0$, o sistema evolui espontaneamente na direção oposta. A Fig. A-3.1 mostra uma analogia mecânica. Um corpo sobre um plano inclinado que desliza para baixo representa um processo que ocorre espontaneamente ($\Delta G < 0$); ao contrário, a subida do corpo pelo plano inclinado ($\Delta G > 0$) não é possível, exceto no caso de intervenção externa, como o peso representado na figura. Quando o corpo fica parado sobre uma superfície plana, não há nenhuma tendência a que se mova em direção alguma ($\Delta G = 0$).

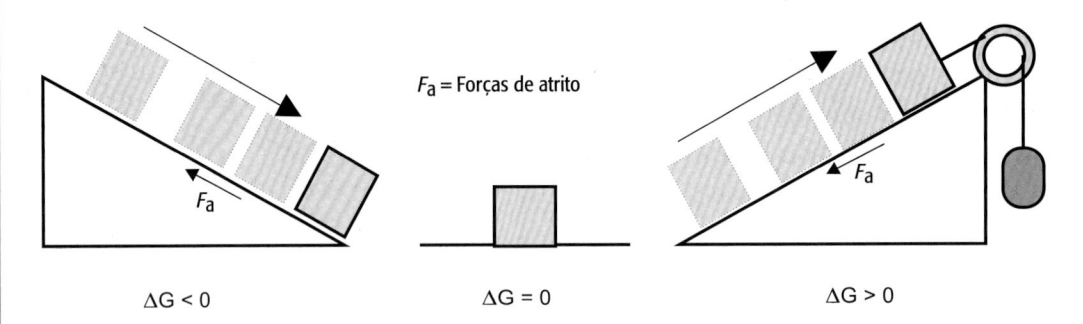

Fig. A-3.1 Analogia mecânica da espontaneidade de uma reação química (Shreir, Jarman e Burnstein, 1995)

No que se refere a uma reação química, o equilíbrio é representado pela condição em que na reação ocorre à mesma velocidade em ambas as direções, de modo que globalmente não muda a concentração dos reagentes e dos produtos de reação.

No caso das reações eletroquímicas, em vez da variação da energia livre, considera-se o potencial de equilíbrio definido, para a reação $Me \rightarrow Me^{z+} + ze$, a partir de:

$$E_{eq} = -\frac{\Delta G}{zF}$$

O potencial é uma grandeza que pode ser medida através de um voltímetro, desde que se utilize um eletrodo de referência (ou seja, um segundo eletrodo no qual ocorre uma reação que tem um potencial constante). Se, na superfície de um metal imerso em uma solução, ocorre um só processo eletroquímico, o potencial do metal, medido em relação a um eletrodo de referência, assume um valor bem definido, chamado de equilíbrio (E_{eq}), que depende do tipo de reação em curso e da concentração das espécies participantes. Por exemplo: o potencial de equilíbrio de um metal Me, sobre o qual se produz o processo $Me \rightarrow Me^{z+} + ze$, é definido pela natureza do metal e pela concentração dos seus íons Me^{z+} na solução. Quando a temperatura é de 25°C e esta concentração é igual a 1 mol/litro, o valor assumido por E_{eq} é chamado *potencial padrão* e indicado como E_o. Se a concentração não é unitária, o potencial de equilíbrio é obtido mediante a aplicação da equação de Nernst. Para a reação genérica: $aA + bB = cC + dD + ze$, a equação de Nernst é a seguinte (T = 25°C):

$$E_{eq} = E_o + \frac{RT}{zF} \ln \frac{a_C^c \cdot a_D^d \cdot ...}{a_A^a \cdot a_B^b \cdot ...} = E_o + \frac{0{,}059V}{Z} \log \frac{a_C^c \cdot a_D^d \cdot ...}{a_A^a \cdot a_B^b \cdot ...}$$

onde a indica a atividade das diversas espécies participantes da reação (no caso dos íons, a atividade pode ser, na prática, substituída pela concentração). No caso das reações anódicas de oxidação dos metais, a equação de Nernst mostra como o potencial de equilíbrio muda em função da concentração dos íons do metal na solução. Por exemplo, para o ferro: $Fe = Fe^{2+} + 2e$, com $E_o = -0{,}44$ V com relação ao eletrodo de padrão hidrogênio (Tab. 3.1), obtém-se:

$$E_{eq} = -440mV + \frac{59mV}{2} \log \frac{a_{Fe^{2+}}}{a_{Fe}} = -440mV + \frac{59mV}{2} \log \left[Fe^{2+}\right]$$

Quando um eletrodo de ferro encontra-se a um potencial $E > E_{eq}$, o metal pode corroer-se; de fato, a reação $Fe \rightarrow Fe^{2+} + 2e$ pode ocorrer espontaneamente. Contrariamente, o metal está em condições de imunidade quando está a um potencial $E < E_{eq}$, já que esta reação não pode ocorrer de maneira espontânea. Para a reação catódica de desenvolvimento do hidrogênio: $2H^+ + 2e \rightarrow H_2$, cujo potencial padrão é medido por uma concentração unitária de íons H^+ (e, portanto, com pH = 0), a equação de Nernst torna-se:

$$E_{eq} = E_o 59mV \cdot \log\left[H^+\right] = -59mV \cdot pH$$

Para a reação catódica de redução do oxigênio: $O_2 + 2H_2O + 4e^- \rightarrow 4OH^-$, tem-se $E_o = 401$ mV para T = 25°C, $p_{O_2} = 1$ atm e pH = 14:

$$E_{eq} = E_o + 59mV \cdot \log\left(1/\left[OH^-\right]\right) = 401mV - 59mV \cdot \log\left[OH^-\right] = 1.229mV - 59mV \cdot pH$$

As duas equações precedentes mostram como os processos catódicos de redução do oxigênio e de desenvolvimento do hidrogênio apresentam um potencial de equilíbrio decrescente linearmente com o pH; a primeira reação, porém, com o pH igual, tem um potencial de equilíbrio maior do que 1,23 V. Já que, para estas reações, estamos interessados na evolução do processo em sentido catódico, este será espontâneo quando o potencial é inferior ao potencial de equilíbrio.

É importante observar como os potenciais de equilíbrio consideram apenas os aspectos termodinâmicos do fenômeno e, portanto, permitem verificar apenas se um processo pode ocorrer de um certo jeito. Mas não levam em consideração os aspectos cinéticos e, portanto, não permitem prever a velocidade em que se poderá dar um processo espontâneo. Lembrando a analogia mecânica da Fig. A-3.1, os aspectos termodinâmicos limitam-se a considerar a pendência do plano inclinado, mas não considera os atritos que podem ser gerados sobre a superfície de deslize, os quais podem tornar irrelevante a velocidade de queda do corpo.

3.2.4 Cinética da corrosão

Para conhecer a velocidade de corrosão de um metal em um certo ambiente, é necessário estudar a cinética dos processos anódico e catódico, ou seja, a velocidade na qual estes processos podem ocorrer. Viu-se no item 3.2.2 como a velocidade de consumo do metal pode ser expressa em função da densidade de corrente trocada pelo processo anódico (i_a) ou pelo número de elétrons produzidos por esse processo na unidade de tempo e de superfície. Da mesma forma, a velocidade de um processo catódico pode ser medida através da densidade de corrente catódica (i_c) ou pelo número de elétrons consumidos por esse processo na unidade de tempo e de superfície.

Um processo eletrolítico genérico – por exemplo: $Me = Me^{z+} + ze$ – está em condição de equilíbrio se ocorre na mesma velocidade em sentido anódico ($Me \rightarrow Me^{z+} + ze$) e em sentido catódico ($Me^{z+} + ze \rightarrow Me$). Para que este processo possa ocorrer em uma certa direção, é necessário que o seu potencial se desloque da condição de equilíbrio. Fala-se, neste caso, de polarização do eletrodo e a diferença:

$$\eta = E - E_{eq} \qquad (3.13)$$

entre o potencial efetivo (E) e o potencial de equilíbrio é chamada *sobretensão*. Quando o processo ocorre em sentido anódico, o potencial E deve ser maior do que E_{eq} e, portanto, a sobretensão deve ser positiva ($\eta_{anódico} > 0$); já quando o processo ocorre em sentido catódico a sobretensão deve ser negativa ($\eta_{catódico} < 0$).

Em muitos casos, as sobretensões podem ser representadas através da equação de Tafel:

$$|\eta| = a + b \cdot \log i \qquad (3.14)$$

Problema 3.2 CONDIÇÃO NECESSÁRIA PARA A CORROSÃO

Verificar se pode ocorrer corrosão do ferro, do cobre e do ouro em ambiente ácido com pH 1 e em ambiente neutro (pH 7).

Solução

Consideremos primeiro o ambiente ácido (pH 1), na presença de oxigênio; suponhamos, além disso, que a concentração dos íons dos diversos metais na solução seja unitária (de forma a poder considerar os potenciais padrão da Tab. 3.1). Com pH 1, o processo catódico (a redução de oxigênio) tem um potencial de equilíbrio, relativo ao eletrodo padrão de hidrogênio, de $E_{eq} = 1,229 - 0,059$ V $= 1,170$ V *vs*. SHE. Portanto, todos os metais da Tab. 3.1, com exceção única do ouro, podem sofrer corrosão, já que seu potencial de equilíbrio é menor do que 1,17 V. Se, da mesma solução, se retira o oxigênio, o processo catódico possível passa a ser o desenvolvimento de hidrogênio, que tem um potencial de equilíbrio de $-0,059$ V *vs*. SHE. Em consequência, até o cobre, caracterizado por um potencial de equilíbrio igual a $+0,34$ V, encontra-se, na ausência do oxigênio, em condições de imunidade. Em ambiente neutro, o potencial de equilíbrio do processo catódico de redução de oxigênio torna-se $+0,816$ V *vs*. SHE e, portanto, todos os metais da Tab. 3.1 podem ser corroídos, com exceção do ouro. Se, porém, o oxigênio falta, com o potencial de equilíbrio do processo de desenvolvimento de hidrogênio a um pH 7 é $-0,4$ V *vs*. SHE, todos os metais mais nobres do que o ferro são imunes à corrosão. Para o próprio ferro ($E_o = 0,44$ V *vs*. SHE), a força eletromotriz disponível é reduzida (no caso da analogia mecânica da Fig. A-3.1, é como se o plano inclinado tivesse uma inclinação muito baixa); a velocidade de corrosão será, portanto, modesta.

que descreve uma ligação linear entre a sobretensão e o logaritmo da densidade de corrente. No estudo da corrosão dos metais, são de particular utilidade os *diagramas de Evans*, que permitem representar a ligação entre o potencial de um certo processo e o logaritmo da densidade de corrente. Como descrito no Aprofundamento 3.2, é possível traçar duas curvas (ditas *curvas de polarização* ou *curvas características*), que descrevem respectivamente o processo catódico e o processo anódico. Nas condições em que se pode desprezar a queda de tensão no ambiente (queda ôhmica), da qual se falará mais adiante, as condições de corrosão do metal são determinadas pela intersecção das duas curvas ou do ponto em que:

$$E_a = E_c = E_{corr} \quad \text{e} \quad i_a = i_c = i_{corr} \quad (3.15)$$

onde E_{corr} é o potencial de corrosão e i_{corr} é a velocidade de corrosão (expressa como densidade de corrente). Para definir as condições de corrosão e, em particular, a velocidade de corrosão de um metal em um certo ambiente é necessário, portanto, conhecer a evolução das curvas de polarização anódica e catódica.

APROFUNDAMENTO 3.2 **Diagramas de Evans**

Os diagramas de Evans permitem determinar a velocidade do processo corrosivo. Para simplificar, consideremos um sistema caracterizada por um processo anódico $Me \rightarrow Me^{z+} + ze$ e pelo processo catódico de desenvolvimento de hidrogênio $2H^+ + 2e \rightarrow H_2$. Suponhamos, além disso, que ambos os processos se caracterizem por sobretensões que seguem a equação de Tafel e, portanto, podem ser representadas por retas em um diagrama semilogarítmico (esta hipótese é geralmente válida para o processo de desenvolvimento de hidrogênio e para os processos anódicos dos metais de comportamento ativo).

As linhas tracejadas na Fig. A-3.2 são as curvas de Tafel dos dois processos considerados, quando estes ocorrem no sentido anódico e catódico. Observe como, para poder traçar a densidade de corrente em escala logarítmica, é preciso considerar seu valor absoluto, enquanto, na realidade, as correntes anódica e catódica terão sinais opostos (no primeiro caso, produzem-se elétrons; no outro, os elétrons são consumidos).

Consideremos, por exemplo, o processo $2H^+ + 2e = H_2$. Isto será descrito por uma curva de Tafel com pendência negativa quando ocorre em sentido catódico ($2H^+ + 2e \rightarrow H_2$) e por uma curva de Tafel com pendência positiva quando ocorre em sentido anódico (H_2 → $2H^+ + 2e$). Ambas as curvas são retas no diagrama semilogarítmico da Fig. A-3.2. A intersecção das duas retas especifica o potencial de equilíbrio (E_{eq}), ou seja, o potencial em que o processo ocorre sem variação da quantidade das espécies isoladas presentes ($i_a = i_c$). Se, portanto, no nosso sistema,

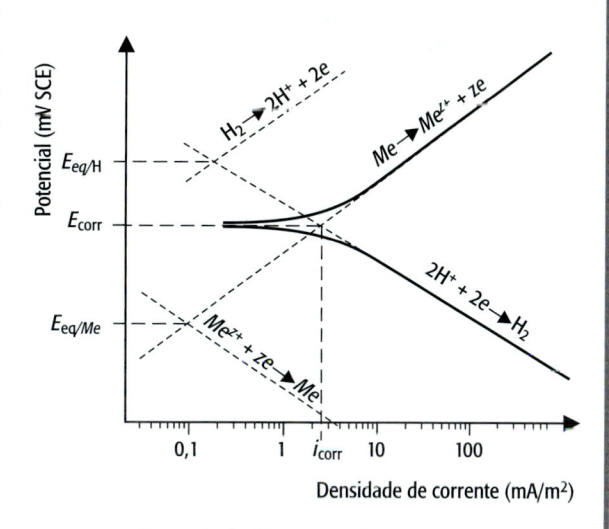

Fig. A-3.2 Exemplo de diagramas de Evans para o estudo das condições de corrosão

fosse possível ocorrer somente este processo, não se observaria nenhuma mudança no tempo.

Na realidade, o metal Me também está presente no sistema e pode ocorrer o processo $Me = Me^{z+} + ze$. Este processo também pode ser descrito pelas duas retas de Tafel relativas à ocorrência em sentido anódico ($Me \to Me^{z+} + ze$) ou catódico ($Me^{z+} + ze \to Me$); a intersecção das duas retas é o potencial de equilíbrio deste processo.

Para determinar as condições de corrosão do metal Me, devem-se considerar todos os processos possíveis. Para isso, é suficiente somar algebricamente as correntes trocadas por todos os processos que correspondem ao valor genérico de potencial E (deve-se lembrar que as correntes anódicas e catódicas têm sinal oposto). A linha contínua traçada na Fig. A-3.2 representa o resultado desta soma algébrica. Pode-se observar como, por causa da escala logarítmica no eixo das abscissas, é possível desprezar a contribuição do processo $H_2 \to 2H^+ + 2e$ e do processo $Me \to Me^{z+} + ze$; de fato, as correntes trocadas por estes processos são sempre diversas ordens de grandeza inferiores às dos outros dois processos. É, portanto, suficiente considerar as retas relativas ao processo anódico de dissolução do metal ($Me \to Me^{z+} + ze$) e ao processo catódico de desenvolvimento do hidrogênio ($2H^+ + 2e \to H_2$), que se intersectam no ponto (E_{corr}, i_{corr}). Em particular, a curva completa segue a reta do processo anódico $Me \to Me^{z+} + ze$ para $E >> E_{corr}$ e a reta do processo catódico $2H^+ + 2e \to H_2$ para $E << E_{corr}$. Este resultado mostra como, para potenciais superiores a E_{corr}, prevalece a contribuição do processo anódico de dissolução do metal, enquanto que, para potenciais inferiores, prevalece a contribuição do processo catódico de desenvolvimento de hidrogênio. No entorno do ponto (E_{corr}, i_{corr}), a curva completa se afasta das duas retas; neste entorno, de fato, a soma algébrica das duas contribuições tende a zero (e, portanto, a curva em escala semilogaritmica tende a $-\infty$).

O sistema espontaneamente chega ao ponto (E_{corr}, i_{corr}), no qual a densidade de corrente anódica é igual à densidade de corrente catódica e, portanto, o número de elétrons produzidos na unidade de tempo do processo anódico é igual ao dos elétrons consumidos na unidade de tempo do processo catódico. Todavia, diferentemente do caso em que só se considerou o processo $2H^+ + 2e = H_2$, neste caso o equilíbrio do sistema é garantido pela ocorrência de dois processos eletrolíticos diferentes. O ponto (E_{corr}, i_{corr}) representa as condições de corrosão do metal Me; na verdade, i_{corr} é a *velocidade de corrosão*, igual à velocidade à qual ocorre o processo anódico de dissolução do metal; e E_{corr} é chamado de *potencial de corrosão*. Os diagramas de Evans permitem, portanto, estudar as condições de corrosão de um metal em um determinado ambiente. Observe como, para que sejam válidas estas considerações, o potencial de equilíbrio do processo anódico deve ser inferior ao potencial de equilíbrio do processo catódico, ou deve ser verificada a condição necessária descrita pela Eq. (3.11). No caso oposto, de fato, seriam favorecidos os processos inversos e, portanto, seria favorecida a reação catódica de deposição no metal: $Me^{z+} + ze \to Me$ (infelizmente, isto quase nunca ocorre).

Na Fig. A-3.2, observa-se, além disso, como as condições de corrosão do metal são especificadas pela intersecção das duas curvas tracejadas. Na prática, portanto, verificada a condição (3.11), será suficiente considerar a curva de polarização anódica do processo de dissolução do metal e a curva catódica do processo de desenvolvimento de hidrogênio (ou processo de redução do oxigênio) e especificar as condições de corrosão que correspondem à intersecção das duas curvas.

A Fig. 3.7 mostra esquematicamente alguns exemplos. Na Fig.3.7a, curva do processo catódico tem uma pendência mais elevada do que a do processo anódico (e, portanto, as sobretensões catódicas são maiores do que as anódicas); neste caso, o processo corrosivo está sob controle catódico, ou seja, a velocidade de corrosão é determinada essencialmente pelo processo catódico. Na Fig.3.7b, o controle é do tipo anódico, enquanto o controle é misto (as sobretensões estão repartidas de modo semelhante entre o processo anódico e o processo catódico). As Figs. 3.7e, f mostram como a efetiva velocidade de corrosão é independente da entidade da força eletromotriz = $E_{eq,a} - E_{eq,c}$.

A Fig. 3.7d mostra a situação que se produz quando a queda ôhmica entre as zonas anódicas e catódicas é elevada; neste caso, por causa da queda de potencial devida à circulação de corrente no ambiente, o processo corrosivo ocorre com potencial diferente na zona anódica e na catódica ($E_a \neq E_c$). Continua válida a condição de que a corrente anódica seja igual à catódica; a diferença entre os dois potenciais será igual à queda ôhmica entre as duas zonas. Esta situação verifica-se quando o ambiente tem uma resistividade elétrica elevada (Aprofundamento 4.1).

As sobretensões dos processos anódicos e catódicos dependem da natureza do metal. Em geral, a sobretensão do processo anódico de dissolução é mais elevada nos metais caracterizados por uma temperatura maior de fusão. Também a sobretensão do processo catódico de desenvolvimento de hidrogênio depende da natureza do metal no qual ocorre a reação; neste caso, porém, a sobretensão tende a diminuir ao aumentar a temperatura de fusão do metal.

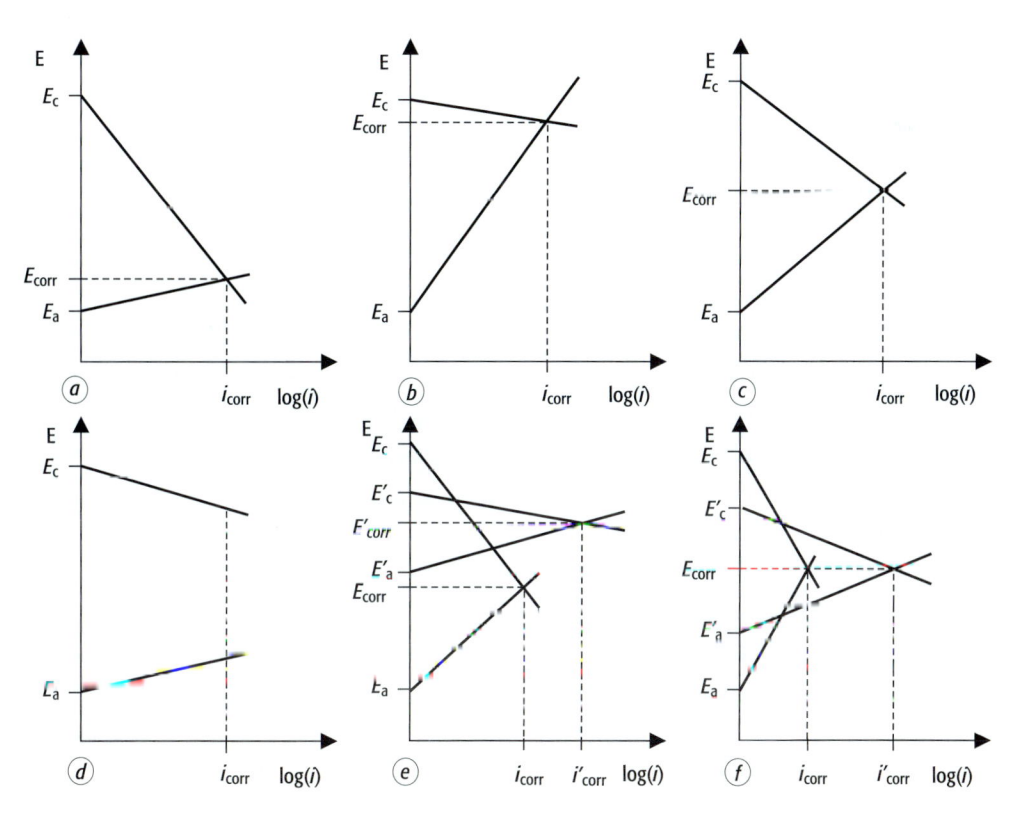

Fig. 3.7 Curvas de polarização e controle do processo corrosivo (Shreir, Jarman e Burnstein, 1995)

A Fig. 3.8 mostra, portanto, como aumenta a sobretensão do processo de desenvolvimento de hidrogênio e diminui a do processo de dissolução do metal à medida em que se passa de metais de alta temperatura de fusão para os de baixa temperatura de fusão; isto significa que se passa progressivamente de um controle da corrosão de tipo anódico (Fig. 3.7b) para um controle de tipo catódico (Fig. 3.7a).

Nem sempre os processos anódicos e catódicos seguem a evolução descrita pelas retas de Tafel. Duas importantes exceções ocorrem no processo catódico de redução do oxigênio e no processo anódico dos metais a ponto de passivarem-se.

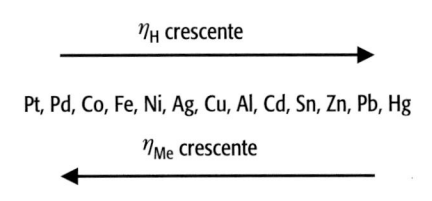

η_H crescente
⟶

Pt, Pd, Co, Fe, Ni, Ag, Cu, Al, Cd, Sn, Zn, Pb, Hg

η_{Me} crescente
⟵

Fig. 3.8 Sucessão das sobretensões de dissolução dos metais (η_{Me}) e de desenvolvimento do hidrogênio (η_H)

Processo catódico de redução do oxigênio. Para que possa ocorrer a reação catódica de redução do oxigênio, é preciso que haja uma concentração suficiente de oxigênio na superfície do metal.

A ocorrência do processo catódico, por outro lado, comporta um consumo do oxigênio segundo as reações (3.1) e (3.2). Para tanto, é necessário um aporte contínuo de oxigênio para a superfície do metal. Já que o oxigênio é uma espécie neutra, o seu transporte só pode ocorrer por difusão. A Fig. 3.9 representa de forma esquemática a situação criada na solução em contato com o metal em corrosão. Supondo que a concentração de oxigênio na solução seja C_2, a concentração correspondente na superfície do metal (onde o oxigênio é consumido) será inferior ($C_1 < C_2$). Esta diferença de concentração solicita, por difusão (item 2.2.1), novo oxigênio para a superfície do metal. Perto da superfície do metal, cria-se uma camada (chamada *camada limite de difusão*

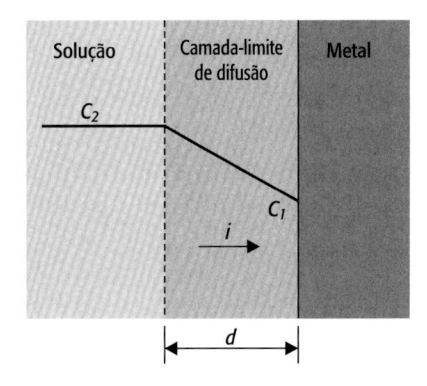

Fig. 3.9 Camada-limite de difusão sobre a superfície de um metal no qual ocorre o processo catódico de redução de oxigênio

de oxigênio), dentro da qual a concentração de oxigênio varia do valor C_2 ao valor C_1. Aplicando a primeira lei de Fick, pode-se calcular o fluxo de oxigênio em direção à superfície do metal:

$$F_{O_2} = D \frac{C_2 - C_1}{d} \qquad (3.16)$$

onde d é a espessura da camada limite e D é o coeficiente de difusão do oxigênio. Em condições de equilíbrio, a quantidade de oxigênio que chega à superfície do metal deve ser igual à consumida pela reação catódica ou:

$$F_{O_2} = \frac{i}{zF} \qquad (3.17)$$

onde i é a densidade de corrente catódica, z é o coeficiente estequiométrico do elétron na reação catódica de redução de oxigênio e F é a constante de Faraday. Combinando a (3.16) e a (3.17), obtém-se:

$$i = \frac{D}{d}zF(C_2 - C_1) \quad (3.18)$$

Na (3.18), observa-se como C_1 diminui sempre que i aumenta. Portanto, à medida que a densidade de corrente catódica aumenta, diminui a concentração de oxigênio na superfície do metal. Isto significa que existe um valor máximo de i, correspondente à situação em que $C_1 = 0$; este valor, chamado corrente limite de difusão de oxigênio (i_L), vale:

$$i_L = \frac{DzFC_2}{d} \quad (3.19)$$

A corrente i_L representa a velocidade máxima na qual pode ocorrer o processo catódico de redução de oxigênio. O valor i_L depende:
- da concentração de oxigênio no ambiente (C_2); uma quantidade maior de oxigênio aumenta i_L;
- do coeficiente de difusão do oxigênio (D) que, por sua vez, depende da temperatura;
- da espessura da camada limite (d), que depende da agitação da solução; d aumenta quando o metal está em contato com um ambiente calmo e diminui quando o ambiente é agitado.

Na Tab. 3.2 estão os intervalos típicos de variação da corrente limite em uma série de ambientes. Devido à presença da corrente limite, a curva de polarização do processo catódico de redução do oxigênio evidencia um traço vertical. Por exemplo: a Fig. 3.10 mostra a evolução da curva no caso de duas correntes limite diferentes, i_{L1} e i_{L2}. Inicialmente, a curva apresenta um traço semelhante ao que se vê no processo catódico de desenvolvimento de hidrogênio quando se aproxima da corrente limite, mas a curva tende assintoticamente à reta $i = i_L$. Quanto mais elevada a i_L, mais o traço vertical se desloca para a direita. A Fig. 3.10, porém, mostra que, para valores de potencial suficientemente baixo, a curva de polarização volta a crescer. Esta característica é devida à presença do processo catódico de desenvolvimento de hidrogênio, que ocorre a potenciais inferiores e não requer a presença de oxigênio. Em muitos ambientes naturais, a velocidade de corrosão de um metal é determinada justamente pela corrente limite de difusão de oxigênio (Problema 3.3).

Tab. 3.2 Valores indicativos da corrente limite de difusão do oxigênio em meios aerados

Ambiente	Densidade de corrente de limite de oxigênio (mA/m2)
Solo	5-30
Água de mar	50-200
Águas: regime turbulento	200-1.000
Concreto imerso em água	0,2-2

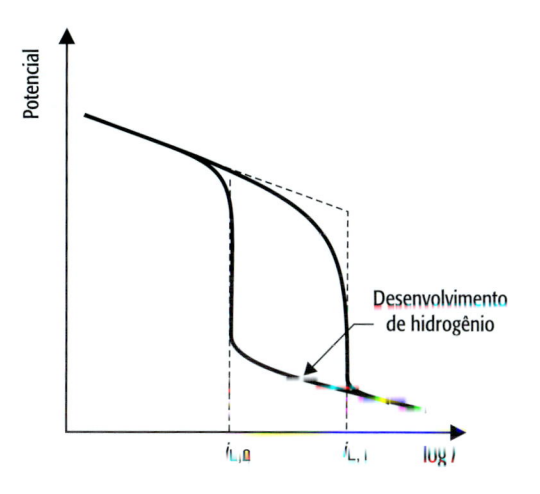

Fonte: Pedeferri (1978)

Fig. 3.10 Curvas de polarização do processo de redução de oxigênio no caso de dois valores de corrente limite

Problema 3.3 CORRENTE LIMITE DE DIFUSÃO DE OXIGÊNIO

Estimar a velocidade de corrosão de uma chapa de aço não ligado quando está em contato com duas soluções neutras, uma muito aerada e uma com um conteúdo de oxigênio muito baixo. A curva de polarização anódica está representada na Fig. P-3.3a e as curvas de polarização catódica nos dois ambientes estão representadas na Fig. P-3.3b.

Solução

A curva de polarização da Fig. P-3.3a descreve a velocidade do processo anódico de dissolução do ferro na solução considerada, em função do seu potencial eletroquímico. Os valores de potencial são medidos em relação ao eletrodo de calomelano saturado (SCE), geralmente utilizado para medidas em laboratório. Este eletrodo de referência tem um potencial de +244 mV com relação ao eletrodo padrão de hidrogênio (SHE); portanto, por exemplo: -500 mV $vs.$ SCE $= -500 + 244 = 266$ mV $vs.$ SHE. A curva da Fig. P-3.3a tem a evolução típica de um material ativo: ao aumentar o potencial, a velocidade do processo anódico aumenta exponencialmente (razão pela qual se obtém uma evolução linear na escala semilogaritmica da figura). Este comportamento é típico do aço-carbono nas soluções com pH próximo da neutralidade.

Para determinar as condições de corrosão do aço é necessário estudar também o processo catódico que consome os elétrons produzidos pelo processo anódico.

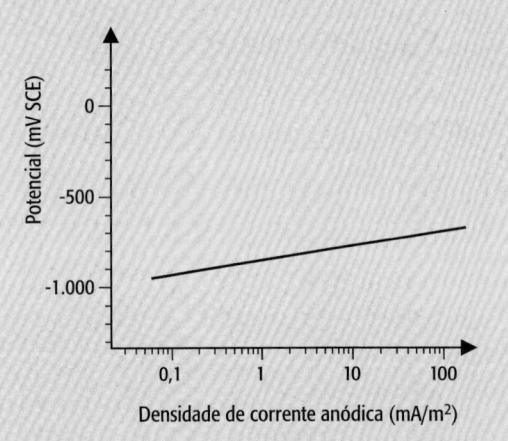

Fig. P-3.3a Curva de polarização anódica do aço não ligado nas duas soluções consideradas

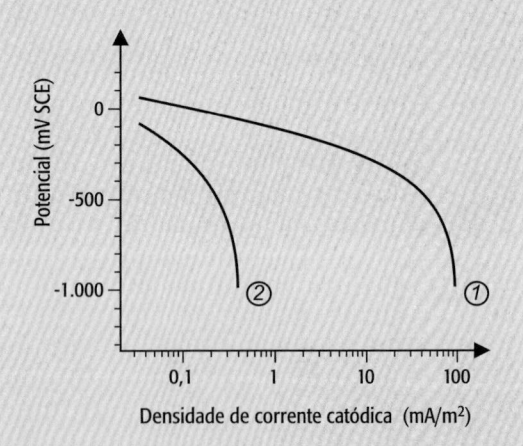

Fig. P-3.3b Curvas de polarização catódica do aço não ligado nas duas soluções: 1 = solução aerada, 2 = solução com baixo conteúdo de oxigênio

Em um ambiente com pH próximo à neutralidade, a reação catódica em geral é a redução de oxigênio:

$$O_2 + 2H_2O + \rightarrow 4OH^-$$

A Fig. P-3.3b descreve a velocidade deste processo nas duas soluções consideradas, expressa em termos de densidade de corrente catódica, ou seja, de velocidade de consumo dos elétrons por unidade de superfície. Na solução 1, muito aerada (porque é agitada, por exemplo), observa-se que é possível chegar a densidades de correntes catódicas de até 100 mA/m² (correspondente à densidade de corrente limite de difusão de oxigênio). Já na solução com um conteúdo de oxigênio muito baixo, encontra-se uma densidade de corrente limite inferior a 1 mA/m².

Se as duas soluções com as quais o aço está em contato têm uma boa condutibilidade elétrica, as condições de corrosão do aço podem ser especificadas a partir da intersecção da curva de polarização anódica e da curva de polarização catódica. Na verdade, o ponto de intersecção é o único ponto no qual as duas reações acontecem no mesmo potencial e na mesma velocidade (ou seja, a densidade de corrente anódica é igual à catódica) e, portanto, os elétrons produzidos pelo processo anódico são consumidos ao mesmo tempo pelo processo catódico.

Na Fig. P-3.3c, especificam-se as intersecções da curva de polarização anódica com as curvas de polarização catódica das suas soluções. No caso da solução aerada 1, o aço está com um potencial de corrosão ($E_{corr,1}$) de cerca de −700 mV vs. SCE e tem uma velocidade de corrosão ($i_{corr,1}$) de 100 mA/m² (correspondente a uma velocidade de adelgaçamento de cerca de 0,12 mm/ano).

Já no caso da solução com conteúdo reduzido de oxigênio, o potencial de corrosão é mais negativo e a velocidade de corrosão ($i_{corr,2}$) reduz-se a 0,4 mA/m² (correspondente a uma velocidade de perda

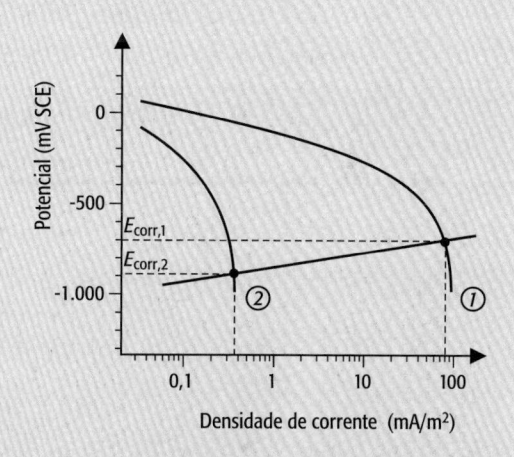

Fig. P-3.3c Especificação das condições de corrosão do aço não ligado nas duas soluções

de massa de cerca de 0,36 mg/m²·ano e a uma velocidade de adelgaçamento de cerca de 0,5 mm/ano). Este exemplo mostra a importância do conteúdo de oxigênio no ambiente quando o metal está em condições de atividade; com muita frequência, a velocidade de corrosão é definida pela quantidade de oxigênio presente.

Em certos casos, é possível reduzir a velocidade de corrosão através da redução do conteúdo de oxigênio. Um exemplo é dado pelas instalações de recirculação de água (como as instalações de aquecimento): quando a água é introduzida no circuito, contém oxigênio e, portanto, inicialmente, as condições de corrosão são análogas às do caso 1 da Fig. P-3.3c, o que faz com que a tubulação de aço se corroa a uma velocidade elevada. Todavia, o próprio processo corrosivo (através da reação catódica) consome o oxigênio presente e, portanto, gradualmente, passa à condição 2, razão pela qual a velocidade de corrosão torna-se irrelevante. Obviamente, se a água do circuito for substituída ou reintegrada, o oxigênio é introduzido e o processo recomeça.

Aprofundamento 3.3 Diagramas de Pourbaix

Embora a passividade seja um fenômeno cinético, uma abordagem termodinâmica pode permitir estudar as condições em que os produtos de corrosão podem levar à passivação. Os diagramas potencial-pH – chamados diagramas de Pourbaix, em homenagem ao pesquisador que os criou (Pourbaix, 1973) – são um instrumento útil na prática para prever o comportamento de um metal em um ambiente. Estes diagramas especificam os domínios de imunidade, corrosão e passividade. Por exemplo, a Fig. A-3.3 mostra os diagramas de Pourbaix de alguns metais. As linhas tracejadas representam a evolução do potencial de equilíbrio dos processos catódicos respectivamente de redução do oxigênio (de potencial mais elevado) e de desenvolvimento de hidrogênio (de potencial mais baixo) em função do pH.

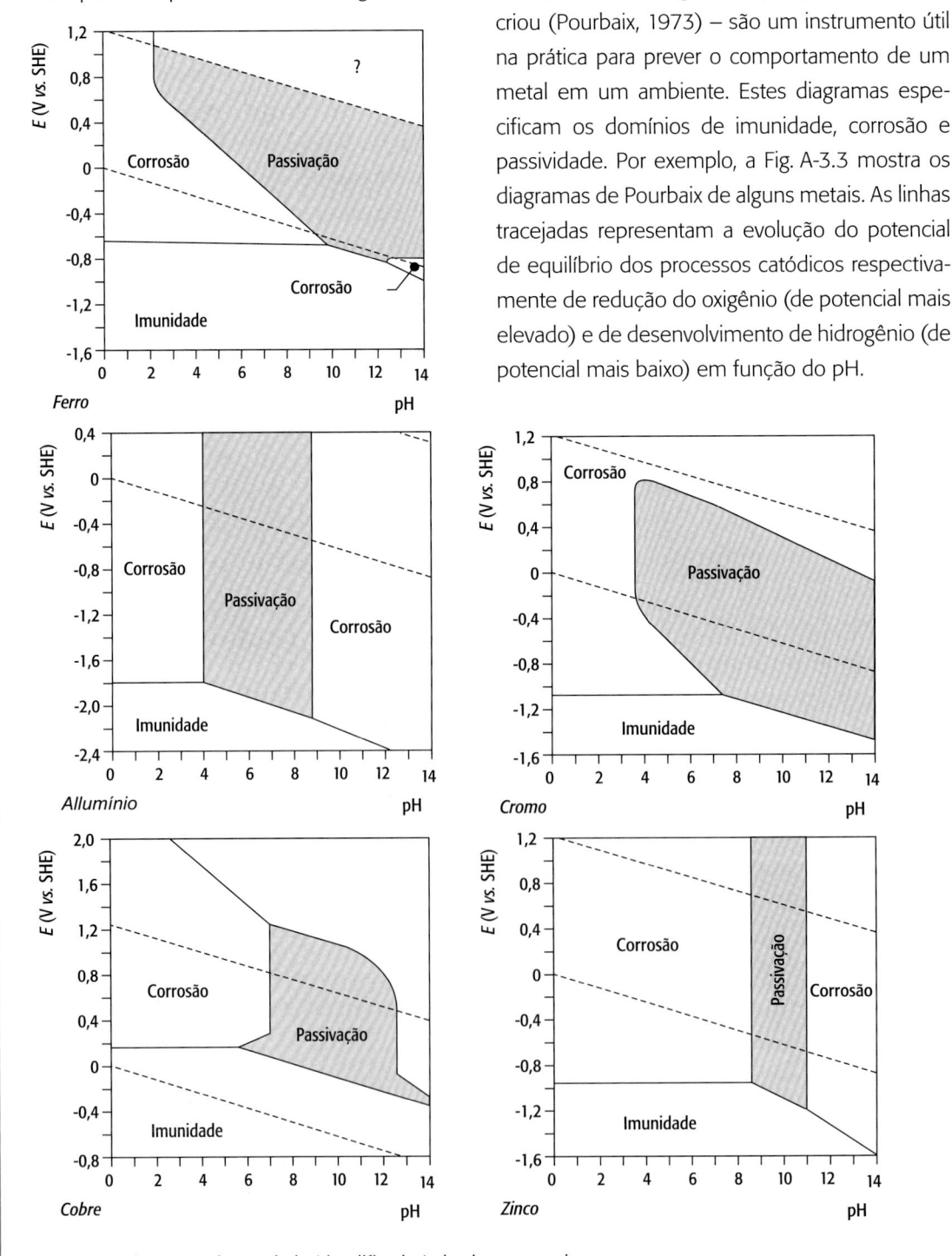

Fig. A-3.3 Diagramas de Pourbaix (simplificados) de alguns metais

3.3 Passividade

Alguns materiais metálicos, em certas condições ambientais, manifestam uma elevada resistência à corrosão, graças a condições de passividade. São condições em que o metal se recobre de óxidos protetores, que tornam irrelevante a sua velocidade de corrosão ($V_{corr} \approx 0$). A proteção de muitos materiais metálicos utilizados nas construções é garantida por fenômenos de passividade (por exemplo, os aços inoxidáveis e as ligas de alumínio expostos à atmosfera ou o aço não ligado quando imerso no concreto).

A formação das camadas protetoras pode ser:

- causada pela separação dos produtos de corrosão, em forma de pátina ou camadas espessas, em geral depois de longos períodos de exposição ao ambiente (como no caso da pátina que protege o cobre exposto à atmosfera);
- promovida diretamente pelo processo anódico, em forma de filmes muito finos (1-10 mm) gerados em tempos muito breves (como no caso dos aços inoxidáveis e das ligas de alumínio).

Os diagramas de Pourbaix descrevem as condições nas quais se formam filmes protetores sobre os diversos metais (Aprofundamento 3.3)

3.3.1 Curva de polarização de um metal ativo-passivo

A curva de polarização de um metal que se pode passivar tem a típica evolução ativo passiva mostrada na Fig. 3.11. No trecho inicial da curva (*atividade*), a evolução é análoga à que foi considerada antes. Em seguida, quando o potencial chega a valores suficientes para formar o filme de passividade, a corrente e logo a velocidade de dissolução do metal reduzem-se drasticamente e assumem valores irrelevantes. Estas condições são chamadas de *passividade*. A corrente mantém-se nestes valores (i_p) no intervalo subsequente de potenciais (*passividade*, $E_p - E_{tr}$). Somente acima do potencial E_{tr} (*potencial de transpassividade*), a densidade de corrente pode crescer de novo; este fenômeno deve-se à destruição do filme de passividade ou à instauração de uma nova reação anódica.

Quando um metal tem um comportamento ativo-passivo, em geral, a velocidade de corrosão é irrelevante em ambientes com um elevado teor de oxigênio, no qual é possível atingir facilmente as condições de passividade; já em um ambiente com um baixo teor de oxigênio, pode-se chegar ao campo de atividade (Problema 3.2) e, portanto, a velocidade de corrosão pode ser alta. Em geral, nas condições normais de exposição aos ambientes naturais, o campo de transpassividade nunca é atingido espontaneamente; poderia sê-lo, porém, quando o metal é polarizado anodicamente, devido, por exemplo, ao efeito de um par galvânico (item 5.1.2) ou de correntes de fuga (item 5.1.4).

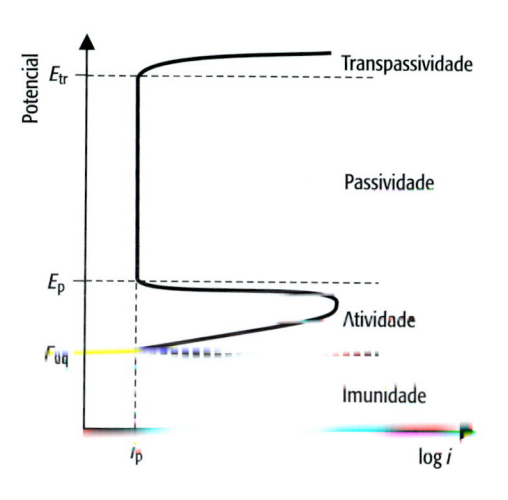

Fig. 3.11 Curva de polarização de um material de comportamento ativo-passivo

Problema 3.4 MATERIAL DE COMPORTAMENTO ATIVO-PASSIVO

Estimar a velocidade de corrosão de uma chapa de aço inoxidável AISI 304 (1.4303 segundo a UNI EN 10027) quando está em contato com as duas soluções do problema 3.1. Suponha-se que a curva anódica característica do aço inoxidável seja a da Fig. P-3.4a.

Solução

O aço inoxidável AISI 304 contém cerca de 18% de cromo e 8-10% de níquel. A presença do cromo permite a este aço ter o comportamento ativo-passivo mostrado na Fig. P-3.4a mesmo em soluções neutras. Para um amplo intervalo de potenciais, portanto, o aço é passivo e a densidade de corrente anódica é irrelevante (i_p inferior a 0,1 mA/m²). A Fig. P-3.4b exibe as intersecções da curva anódica com as curvas catódicas dos dois ambientes. No ambiente aerado (curva 1), a intersecção ocorre no campo da passividade: o aço inoxidável tem um potencial de corrosão ($E_{corr,1}$) de cerca de 0 mV vs. SCE e a sua velocidade de corrosão é igual à densidade de corrente de passividade i_p, o que a torna irrelevante. Quando o aço está em contato com a solução 2, pode haver dois casos.

Se o aço está em condições de passividade (por exemplo, porque esteve em contato antes com um ambiente aerado e, portanto, pôde desenvolver o filme passivo), pode-se considerar a intersecção no campo passivo, caso em que o potencial de corrosão ($E_{corr,2}$) é de cerca de −200 mV vs. SCE e a velocidade de corrosão é ainda a da passividade. Já se o filme passivo não se formou (ou foi acidentalmente destruído), deve-se considerar a intersecção no campo da atividade, caso em que a velocidade se torna $i'_{corr,2}$ e é, portanto, maior que a densidade de corrente de passividade. Este exemplo mostra como, no caso de um material de comportamento ativo-passivo, a redução do teor de oxigênio pode também levar a um aumento da velocidade de corrosão (com aços inoxidáveis em soluções ácidas não areadas é possível atingir, no campo de atividade, até velocidades elevadas de corrosão).

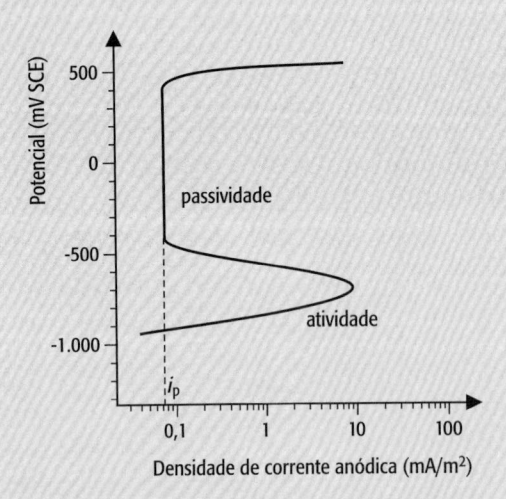

Fig. P-3.4a Curva anódica característica do aço inoxidável AISI 304 nas duas soluções consideradas

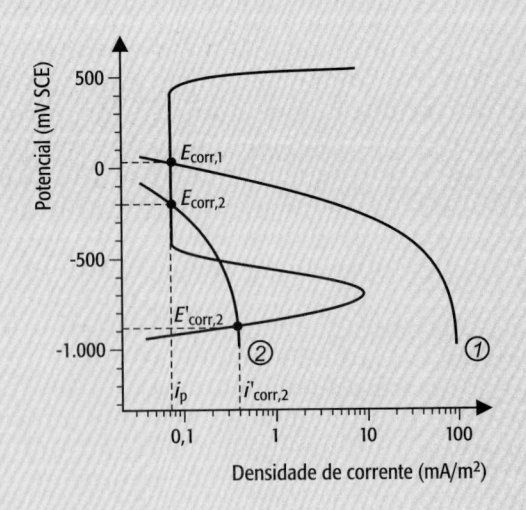

Fig. P-3.4b Condições de corrosão do aço inoxidável nas duas soluções

3.4 CORROSÃO LOCALIZADA
3.4.1 Fatores que favorecem a deterioração

Raramente um ataque corrosivo ocorre de modo uniforme sobre toda a superfície do metal. Na verdade, diversas circunstâncias podem favorecer a localização do ataque. Um primeiro fator é ligado à presença de condições diversas de aeração sobre a superfície do metal (aeração diferencial). Nas zonas com maior quantidade de oxigênio, ocorre preferencialmente a reação catódica, enquanto nas caracterizadas por uma menor quantidade de oxigênio desenvolve-se principalmente a reação anódica. Devido à aeração diferente, o ataque tende, portanto, a concentrar-se nas zonas pouco aeradas (Aprofundamento 3.4).

Um segundo fator é devido à presença de mais metais (ou de mais fases no interior de um mesmo metal) com potencial diferente: este fenômeno, chamado acoplamento galvânico, será tratado no item 5.1.2.

Quando as áreas anódica e catódica são separadas, o ataque na zona anódica aumenta à medida que diminui a relação entre a área da superfície anódica e a da superfície catódica. De fato, o item 3.2.1 explicou como a corrente anódica (ou seja, o número de elétrons produzidos na unidade de tempo pelo processo catódico) deve ser igual à corrente catódica (que mede o número de elétrons consumidos). Se as superfícies sobre as quais os dois processos ocorrem são diferentes, as densidades de corrente anódica e catódica não serão, portanto, iguais.

Em particular, se $A_a < A_c$, obtém-se:

$$i_a = I_a/A_a > i_c = I_c/A_c \qquad (I_a = I_c) \qquad (3.20)$$

Portanto, quanto menor for a superfície anódica em relação à catódica, maior será a velocidade de corrosão (que, como foi visto no item 3.2.2, é proporcional a i_a, através da lei de Faraday.

Um outro fator que tende a criar condições diferentes de corrosão sobre a superfície do metal são as variações de pH produzidas pelas reações eletroquímicas.

APROFUNDAMENTO 3.4 **Experiência de Evans**

Um exemplo de ataque localizado devido à aeração diferencial é dado pela experiência de Evans, mostrada na Fig. A-3.4. A figura mostra uma gota de água sobre a superfície do aço. Suponhamos que, inicialmente, não haja oxigênio dissolvido na água; o oxigênio entrará, portanto, por difusão da superfície externa da gota. As partes mais externas da gota terão, portanto, um teor de oxigênio maior do que o centro dela. A reação catódica de redução do oxigênio é, portanto, favorecida sobre o metal na periferia da gota, enquanto no interior dela ocorre a reação anódica de dissolução do ferro. Os íons OH^- produzidos pela reação anódica vão se aproximar (por causa da migração elétrica produzida pela corrente circulante entre a zona anódica e a catódica ou a da difusão) e, portanto, poder-se-ão combinar para formar $Fe(OH)_2$, que, por sua vez, reagindo com o oxigênio dissolvido na água, formará Fe_2O_3.

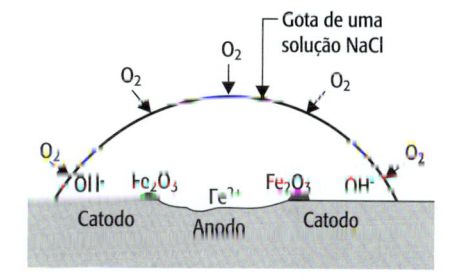

Fig. A-3.4 Corrosão sob uma gota de água (experiência de Evans)

Nas zonas catódicas, de fato, pode ocorrer um aumento do pH logo após a produção de íons OH^- ou o consumo de H^+ produzido pelas reações de redução de oxigênio (3.1 e 3.2), ou ainda de desenvolvimento de hidrogênio (3.3 e 3.4). Já nas zonas anódicas, ocorre, em geral, a produção de acidez; por exemplo, no caso da corrosão do ferro: $Fe \rightarrow Fe^{2+} + 2e$, pela formação de ferrugem em seguida: $Fe^{2+} + 2H_2O \rightarrow Fe(OH)_2 + 2H^+$. Quando as reações anódica e catódica ocorrem sobre a mesma superfície ou quando o ambiente está agitado, a produção de acidez no anodo e de alcalinidade no catodo compensam-se. Já quando as duas zonas estão separadas e o ambiente está isolado, assiste-se a uma acidificação na zona anódica e a uma alcalinização na catódica. O próprio processo corrosivo tende, portanto, a criar condições de heterogeneidade. Em geral, o ataque é estimulado nas zonas anódicas, onde ocorre a diminuição do pH.

3.4.2 Pites (cavidades)

Uma forma de corrosão particularmente insidiosa, denominada por pites ou cavidades, ocorre sobre materiais passivos quando o filme de passividade rompe-se localmente. Ela manifesta-se quando o metal é passivo, mas no ambiente estão presentes espécies que podem romper localmente o filme protetor. Em geral, estas espécies são representadas pelos cloretos; no setor das construções, ocorre tipicamente nos ambientes marinhos ou nas zonas em que são utilizados sais de degelo (que são normalmente à base de NaCl ou $CaCl_2$). O ataque se inicia com a ruptura do filme de passividade (*ativação*) e com a penetração, em seguida, da corrosão sob a zona em que o filme foi danificado (*propagação*). A probabilidade de corrosão por pites aumenta com o aumento do teor de cloretos no ambiente e do teor de oxigênio.

Este tipo de ataque é perigoso porque é extremamente localizado; de fato, a zona anódica de corrosão (correspondente à área na qual se rompe o filme passivo) é frequentemente muito pequena e circundada por uma ampla área ainda passiva, que se comporta como catodo. As consequências práticas deste tipo de ataque são:

- a perfuração do componente (uma tubulação, por exemplo)
- a possibilidade de que pites provoquem fissuras de corrosão sob tensão (item 3.5.1);
- a alteração do aspecto da superfície metálica (por exemplo, a perda do brilho dos aços inoxidáveis).

Ativação. A corrosão por pites, em um material suscetível a este ataque, pode iniciar-se quando o ambiente contém um teor de cloretos superior a um certo patamar ou limiar (*conteúdo crítico de cloretos*). Este limiar depende das propriedades do material metálico, em particular da composição química e da microestrutura, e das características do ambiente, em particular do pH e do teor de oxigênio. Para compreender os fatores que regulam a ativação dos pites, é preciso estudar a influência dos cloretos sobre a curva de polarização de um material de comportamento ativo-passivo.

Se o ambiente em que está o metal contém cloretos, o fim do trecho passivo da curva não corresponde à zona de transpassividade, mas se limita, ao alto, por um potencial de pites (E_{pit}) ao qual corresponde a ruptura localizada do filme passivo e, portanto, ativam-se pites (Fig. 3.12). Quando o metal está a um potencial superior ao potencial de pites, a corrosão pode ativar-se; nas condições de exposição natural, sem polarização externa, o potencial do metal – e, portanto, o risco de ativação da corrosão – depende principalmente da disponibilidade de oxigênio, como ilustrado no Problema 3.5.

A ativação dos pites depende de diversos fatores:

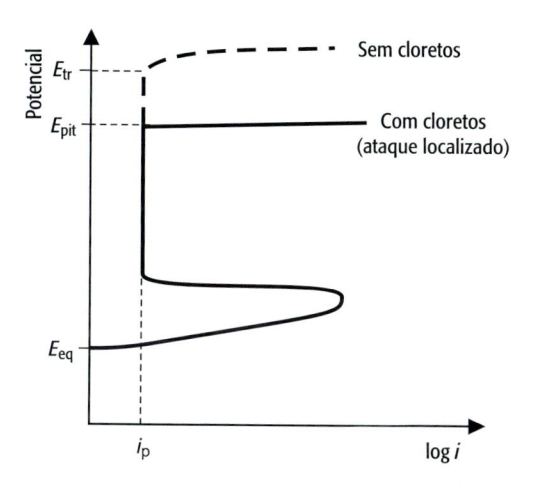

Fig. 3.12 Curva de polarização de um material ativo-passivo em um ambiente com cloretos

- da concentração de cloretos no ambiente: com o aumento do teor de cloretos na solução em contato com a superfície do metal, o potencial de pites diminui; por exemplo, a Fig. 3.13a mostra as curvas de polarização anódica de uma liga de alumínio 6061 em soluções com diversas concentrações de cloreto de sódio; frequentemente, a ligação entre o potencial de pites de um metal em um certo ambiente e a concentração de cloretos tem uma evolução linear em função do logaritmo da concentração de cloretos, como demonstrado no exemplo da Fig. 3.13b;
- da temperatura: à medida que esta aumenta, o potencial de pites diminui;
- do pH do ambiente: o efeito do pH depende do material metálico considerado; no caso dos aços, o potencial de pites cresce com o aumento do pH;
- da composição e da microestrutura do material metálico: por exemplo, a presença de heterogeneidade no material metálico (precipitados, inclusão etc.) favorece a ativação do ataque e reduz E_{pit};
- a presença de interstícios, produtos da geometria do componente ou de depósitos superficiais (item 3.4.3);
- o tempo de permanência em contato com o ambiente: a ativação de pites requer um certo tempo de indução; quando o contato com os cloretos é limitado no tempo – porque a superfície é lavada regularmente, por exemplo – o ataque não se ativa.

Com frequência, a suscetibilidade de um material à corrosão por pites, em vez de ser

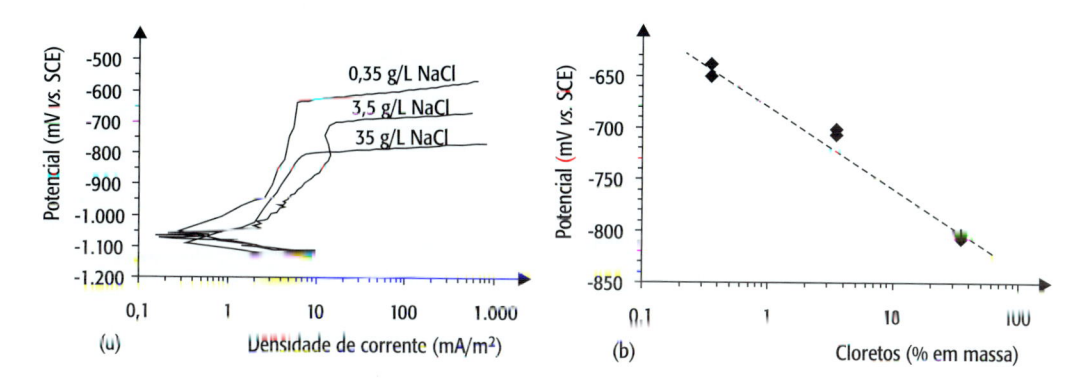

Fig. 3.13 Curvas de polarização anódica da liga de alumínio 6061 em soluções aquosas com conteúdo diferente de NaCl (a) e relação entre potencial de pites e conteúdo de cloretos (b)

definida pelo potencial E_{pit}, o é através de um *conteúdo crítico de cloretos*. Quando é conhecido o potencial em que está o metal (E), é possível definir o conteúdo crítico de cloretos como o conteúdo mínimo de cloretos para que $E = E_{pit}$. O conteúdo crítico depende, portanto, do potencial E do metal; reduzindo o potencial do metal – removendo o oxigênio do ambiente ou com uma polarização catódica, por exemplo –, é possível aumentar o conteúdo crítico de cloretos (em paridade com outros fatores que influenciam a ativação da corrosão).

Como a ativação da corrosão por pites é influenciada por muitíssimos fatores, o fenô-

Problema 3.5 ATIVAÇÃO DA CORROSÃO POR PITES

A curva de polarização anódica de um aço inoxidável em uma solução com cloretos está representada na Fig. P-3.5a. Verificar se a corrosão por pites ativa-se no caso das duas curvas catódicas da Fig. P-3.5b.

Solução

Na Fig. P-3.3a, observa-se que o potencial de pites do aço na solução considerada (caracterizada por um determinado teor de cloretos) é igual a -100 mV *vs.* SCE. A Fig. P-3.3b compara a curva anódica com as curvas catódicas. Quando a solução é aerada, a curva catódica é representada pela curva 1; o metal em seguida chega ao potencial dado pela intersecção da curva anódica e da curva 1. Neste caso, já que o potencial do metal é superior a E_{pit}, pode dar-se a corrosão localizada. No caso da solução com um baixo conteúdo de oxigênio, representada pela curva catódica 2, a intersecção com a curva anódica ocorre no trecho de passividade ($E < E_{pit}$) e, portanto, o metal pode permanecer passivo.

Este exemplo mostra como a ativação da corrosão localizada depende de forma complexa do ambiente de exposição, o qual modifica seja a curva de polarização anódica (reduzindo E_{pit} ao aumentar o conteúdo de cloretos), seja a curva de polarização catódica (em função do conteúdo de oxigênio).

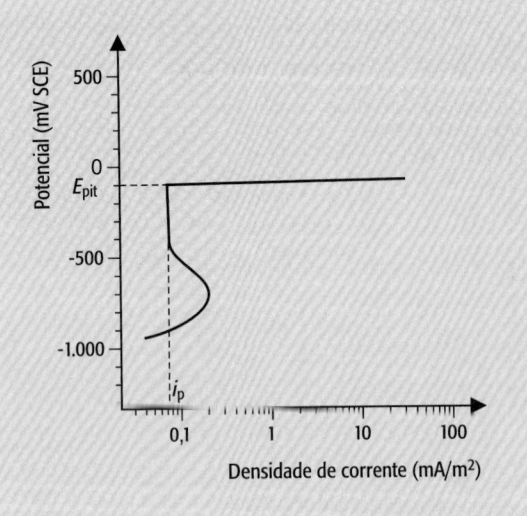

Fig. P-3.5a Curva de polarização anódica do aço inoxidável na solução com cloretos

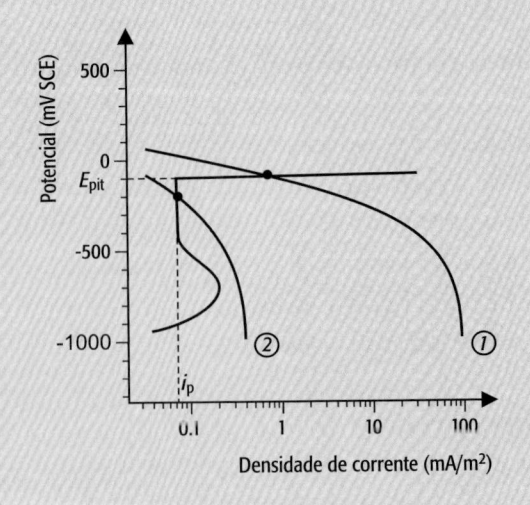

Fig. P-3.5b Condições para corrosão do aço inoxidável nas duas soluções com cloretos.

meno é caracterizado por grande variabilidade; por isso, o potencial de pites e o conteúdo crítico de cloretos só podem ser definidos em termos probabilísticos.

Propagação. Quando os pites são ativados, a sua propagação favorece a concentração do ataque. Na zona depassivada concentra-se o processo anódico, enquanto nas zonas circunstantes ainda passivas ocorre o processo catódico. As resultantes variações de pH (item 3.4.1) criam condições de acidez e, portanto, de maior agressividade na zona anódica. Além disso, a circulação de corrente no ambiente da zona anódica para a zona catódica determina a migração dos cloretos (espécie com carga negativa) para a zona anódica. Finalmente, a modesta dimensão da zona atacada leva a uma relação muito baixa entre as superfícies anódica e catódica e, portanto, a um elevado valor da densidade de corrente anódica, ou seja, da velocidade de penetração do ataque (item 3.4.1). O conjunto destas circunstâncias determina a formação de um ambiente fechado e particularmente agressivo (câmara oclusa, Fig. 3.14), que corresponde à zona anódica. O ataque, embora apresente uma extensão limitada, pode desse modo penetrar muito rapidamente (até mesmo alguns mm/ano).

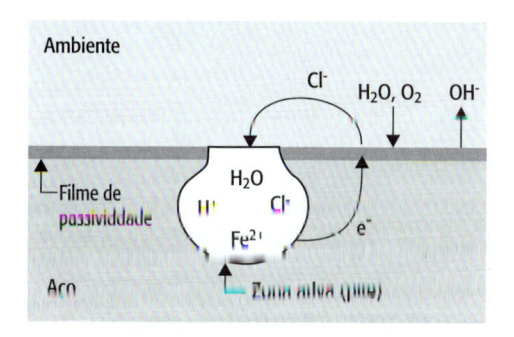

Fig. 3.14 Câmara oclusa no caso de ataque por pites sobre o aço

Repassivação. Por causa das condições de elevada agressividade que se criam no interior da câmara oclusa, o ataque por pites, uma vez ativado, pode avançar mesmo em condições nas quais não poderia ativar-se. Em termos práticos, este efeito pode ser observado a partir da curva de polarização. A Fig. 3.15 mostra a evolução da curva de polarização anódica de um metal suscetível aos pites. A corrosão ativa-se quando o potencial do metal sobe acima de E_{pit}; todavia, se em seguida o potencial descer a valores inferiores, a corrosão não pode ser interrompida quando se atinge E_{pit}, mas só por um valor de potencial mais baixo, chamado *potencial de proteção* (E_{pro}). A Fig. 3.15 mostra como, na presença de cloretos, é possível especificar:

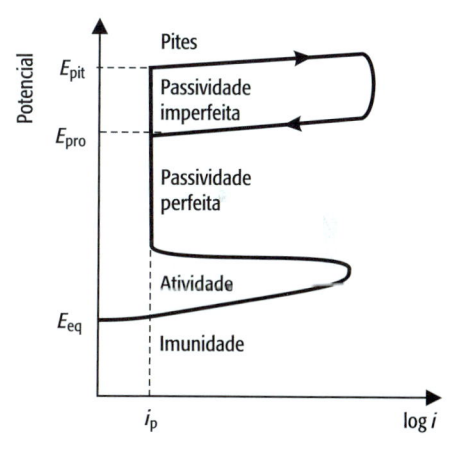

Fig. 3.15 Ativação dos pites e repassivação

◢ um campo, chamado *passividade imperfeita*, no qual o metal pode permanecer em condições de passividade somente se ainda não foi ativado por algum ataque;

◢ um campo, chamado de *passividade perfeita*, no qual o material pode manter-se em condições passivas em todos os casos; o metal pode repassivar-se mesmo que estejam ocorrendo ataques.

Como no caso do E_{pit}, o E_{pro} também diminui com o conteúdo de cloretos. Portanto, quando o conteúdo de cloretos aumenta, não só a ativação da corrosão é favorecida, mas também é mais difícil interromper a corrosão em curso.

3.4.3 Corrosão em frestas

Na superfície do metal, podem-se criar condições que levam à formação de um ambiente fechado similar à câmara oclusa dos pites, quando:

- a geometria da estrutura é tal que cria interstícios de dimensão muito reduzida (como no caso das junções entre dois elementos metálicos, Fig. 3.16);
- o metal está em contato com partes não metálicas (por exemplo, guarnições);
- substâncias depositam-se na superfície do metal (areia, sujeira etc.).

A pior situação é criada quando as dimensões da fresta são suficientemente pequenas para impedir a entrada do oxigênio, mas suficientemente grandes para permitir a entrada da solução agressiva presente no ambiente. A experiência mostrou que o valor crítico da abertura da fresta é da ordem de 0,025- 0,1 mm. O ataque pode ocorrer mesmo em frestas de dimensões maiores, quando no seu interior se acumulam pó ou partículas que reduzem as dimensões efetivas do interstício.

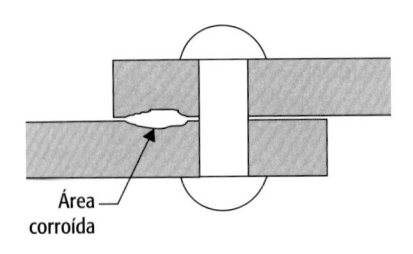

Fig. 3.16 Exemplo de interstício produzido pela junção de dois elementos metálicos e pelo ataque gerado pela corrosão em fresta

A ativação da corrosão pode ocorrer porque, no interior da fresta, o conteúdo de oxigênio reduz-se e, portanto, a característica anódica intersecta o trecho ativo da curva de polarização (Fig. 3.17). Na prática, porém, a ativação da corrosão em fresta é favorecida pela presença de cloretos; neste caso, de fato, a fresta cria desde o início as condições da câmara oclusa. Em ambientes com cloretos, é difícil distinguir entre corrosão por pites e corrosão em frestas; em todos os casos, no interior das frestas, a ativação da corrosão pode ocorrer mesmo com um teor crítico de cloretos notadamente inferior ao necessário para ativar a corrosão por pites em uma superfície lisa.

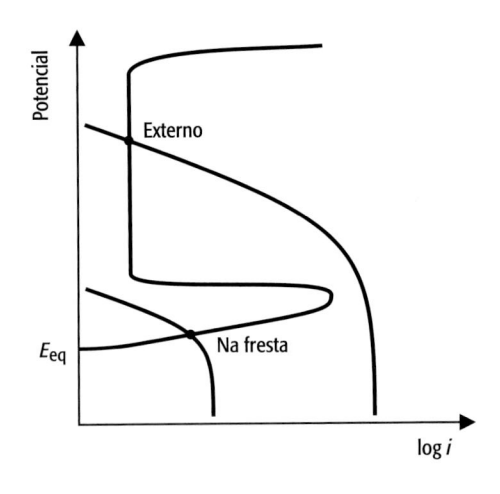

Fig. 3.17 Condições de corrosão no interior e no exterior de uma fresta, em um material com comportamento ativo-passivo

3.5 Corrosão e ações mecânicas

A interação entre a ação agressiva do ambiente e a ação mecânica de uma solicitação de tração pode levar à ativação e à propagação de fissuras, que podem ter consequências estruturais muito graves, já que podem levar à súbita ruptura de um componente estrutural.

3.5.1 Corrosão sob tensão (*stress corrosion cracking*, SCC)

A expressão corrosão sob tensão indica um conjunto de fenômenos nos quais a combinação de um ambiente em si pouco agressivo e de uma solicitação de tração pode levar à ativação de uma fissura que se propaga no material metálico. A propagação da fissura pode levar às condições de propagação instável e, portanto, a uma ruptura do tipo frágil, mesmo em um material que é, em si, dúctil e tenaz. A propagação da fissura pode ocorrer através do grão cristalino (transgranular, Fig.3.18a) ou ao longo da borda dos grãos (intergranular, Fig. 3.18b).

Este fenômeno pode produzir-se só mediante acoplamentos específicos de material e ambiente (Quadro 3.2). O avanço da fissura pode ocorrer através de dois mecanismos. O primeiro prevê a propagação da ponta da fissura por causa do processo anódico de dissolução do metal; para que isto ocorra, o ambiente deve ser pouco agressivo, assim as paredes da fissura permanecem passivas e o filme protetor só é danificado no ápice (ponta), graças ao ambiente e à ação mecânica. O segundo mecanismo prevê a ruptura mecânica do ápice (ponta) da fissura por causa do hidrogênio que pode ser produzido pela reação catódica. O Quadro 3.2 apresenta as principais combinações de metal e ambiente nas quais a corrosão sob tensão pode ocorrer. Note como são raras as condições ambientais que podem levar à corrosão sob tensão nos materiais empregados no campo das construções de edificações e civil. Neste setor, a mais grave forma de corrosão sob tensão é a fragilização por hidrogênio dos aços de alta resistência (particularmente dos aços para estruturas de concreto protendido).

Fragilização por hidrogênio. No caso dos aços de alta resistência (com carga de escoamento superior a 700 MPa), sobretudo com estrutura ferrita/cementita, a corrosão sob tensão pode ocorrer com o mecanismo da fragilização por hidrogênio (*Hydrogen Induced Stress Corrosion Cracking*, HI-SCC, ou *Hydrogen Embrittlement*, HE).

Este fenômeno é possível em todos os ambiente nos quais a reação de desenvolvimento de hidrogênio possa ocorrer na superfície do metal, de acordo com as reações (3.3) e (3.4). Na verdade, o processo catódico ocorre em dois estágios:

$$H^+ + e \rightarrow 2H_{ad} \rightarrow H_2 \quad (3.21)$$

No primeiro estágio, ocorre o processo catódico propriamente dito, que converte o íon de hidrogênio em hidrogênio atômico, o qual permanece adsorvido na superfície do metal, em seguida, um par de átomos forma a molécula de hidrogênio (H_2), de volume notadamente maior do que o dos dois átomos sozinhos. A combinação dos átomos de

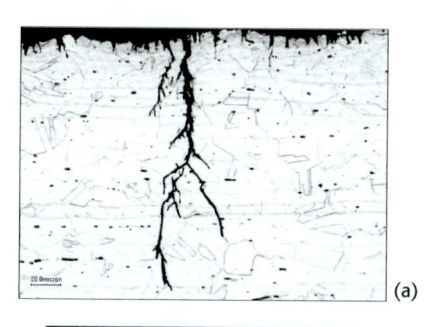

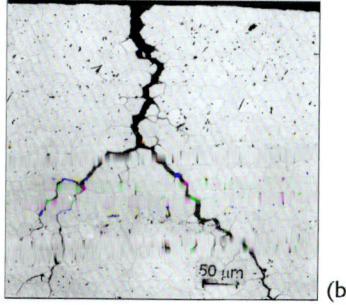

Fig. 3.18 Fissura de corrosão sob tensão do tipo transgranular (a) e intergranular (b)

hidrogênio é, em geral, muito rápida e forma moléculas de hidrogênio em estado gasoso, que não podem entrar na rede cristalina e se dispersam na atmosfera.

Se a combinação dos átomos de hidrogênio não ocorre rapidamente, os (pequenos) átomos de hidrogênio podem entrar na rede cristalina do metal. A formação da molécula de hidrogênio pode, portanto, ocorrer em um segundo tempo no interior da rede cristalina e, por causa do aumento de volume, pode exercer pressões elevadas. Quando uma grande quantidade de hidrogênio é produzida sobre a superfície do metal ou quando estão presentes substâncias que desaceleram a recombinação do hidrogênio (como os sulfatos ou os tiocianatos), a probabilidade de que o hidrogênio seja absorvido na rede cristalina aumenta. Os átomos de hidrogênio tendem a concentrar-se nas zonas de máxima solicitação de tração e, em particular, sobre defeitos da superfície ou do ápice da fissura, favorecendo assim a ativação e a propagação das próprias fissuras.

O processo ocorre em três estágios:
- a *ativação da fissura*: mesmo que certos ambientes possam promover diretamente a ativação da fissura (passado um certo tempo de incubação), com muita frequência a ativação é favorecida por ataques localizados de pites ou de corrosão em frestas que, no interior da câmara oclusa, criam as condições – geométricas (entalhe) ou químicas (baixo pH) – para a ativação de uma fissura;
- a *propagação (subcrítica) da fissura* pela ação combinada do hidrogênio (que se concentra nas zonas próximas do ápice da fissura, fragilizando-a) e da tensão; a velocidade de propagação pode variar de poucos µm/ano a alguns mm/ano;
- a *propagação instável da fissura*, quando o fator de intensificação das tensões atinge o valor crítico; esta fase é associada, com frequência, a graves consequências estruturais.

Quadro 3.2 Principais combinações entre material metálico e ambiente que podem levar a fenômenos de corrosão sob tensão

Material	Ambiente	Temperatura
Aços-carbono	• soluções cáusticas	> 80°C
	• soluções de carbonatos-bicarbonatos, nitratos ou fosfatos	≥ 50-60°C
	• amoníaco líquido com traços de água	ambiente
Aços inoxidáveis	• soluções neutras com cloretos, aeradas (ex.: circuitos de aquecimento ou resfriamento)	≥ 80-100°C
	• soluções muito ácidas com cloretos	> ambiente
	• soluções com hidrogênio sulfurado + cloretos	> ambiente
	• soluções cáusticas	≥ 80-120°C
Ligas de níquel	• soluções cáusticas	≥ 100-200°C
Ligas de níquel (Cr < 30%)	• água a alta temperatura, com H_2 dissolvido	≥ 250-280°C
Ligas de cobre	• soluções amoniacais	ambiente
Ligas de alumínio	• soluções de cloretos (fragilização por hidrogênio)	ambiente
Ligas de titânio	• cloretos em soluções alcoólicas	ambiente
Ligas de zircônio	• ácido nítrico	ambiente

Fonte: Schütze (2000).

Propagação da fissura. Para avaliar as condições que levam ao avanço de uma fissura, de acordo com a mecânica da fratura, pode-se considerar o fator de intensificação das tensões:

$$K_I = \beta \cdot \sigma \cdot \sqrt{\pi \cdot a} \quad (3.22)$$

onde a é o comprimento da fissura (m), β é um fator que depende da geometria da fissura e σ é a tensão nominal aplicada ao material (MPa). O fator de intensificação das tensões mede-se, portanto, em (MPa· m$^{1/2}$).

Na ausência de corrosão sob tensão, para avaliar a propagação da fissura faz-se referência à tenacidade à fratura do material (K_{IC}): a fissura permanece estável, ou seja, não se propaga, desde que $K_I < K_{IC}$ e, inversamente, quando $K_I = K_{IC}$, ocorre a propagação instável com velocidade muito elevada e com consequente ruptura súbita do componente estrutural.

Quando o material é sujeito a corrosão sob tensão, deve-se considerar um segundo parâmetro, chamado K_{ISCC}, acima do qual a fissura pode propagar-se por corrosão sob tensão. Enquanto K_{IC} é uma propriedade do próprio material, K_{ISCC} depende também das condições ambientais. A Fig. 3.19 mostra, como um exemplo, a evolução do avanço de uma fissura em função do fator de intensificação das tensões. Quando, no material, por causa da dimensão dos defeitos presentes (a) e da tensão de tração aplicada (σ), atinge-se um valor de K_I superior a K_{ISCC}, a fissura começa a propagar-se lentamente (e, portanto, com o tempo, aumenta a) por ação do ambiente. A propagação da fissura aumenta K_I e, em consequência, também a velocidade do avanço. Quando K_I se aproxima de K_{IC}, a velocidade de avanço cresce muito rapidamente e, quando $K_I = K_C$, ocorre a propagação instável.

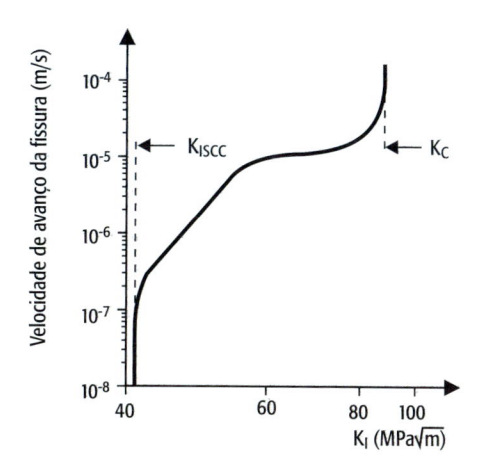

Fig. 3.19 Exemplo de evolução da velocidade de avanço de uma fissura, em função do fator de intensificação das tensões (Pedeferri, 2003)

Na maior parte dos casos práticos, as fissuras de fragilização por hidrogênio nos aços de alta resistência são ativadas por um ataque corrosivo anterior. A Fig. 3.20 mostra a evolução, ao longo do tempo, do ataque sofrido por um elemento estrutural. Em um período inicial, não se verifica nenhum ataque sobre o material; em seguida ao tempo t_{pit}, ativa-se um ataque localizado (pites) e, assim, a profundidade do ataque aumenta com o tempo, como mostra a linha tracejada. Se no tempo t_{SCC} atinge-se a condição $K_{IC} = K_{ISCC}$, no local do ataque localizado ativa-se a fissura de corrosão sob tensão (a duração do período de ativação da fissura depende das características do aço, da tensão aplicada e do ambiente, como será descrito a seguir). Quando K_I atinge o valor K_{IC} no tempo t_r, a fissura atinge a dimensão crítica a_{cr} e ocorre a ruptura súbita do elemento estrutural.

Fatores. O surgimento da fragilização por hidrogênio depende de numerosos fatores. O *potencial do aço* determina a possibilidade de ocorrência do processo de desenvolvimento do hidrogênio na sua superfície; viu-se no item 3.2.3 como esta reação pode ocorrer somente abaixo de um valor de potencial que depende do pH (Fig. 3.6); considerando o eletrodo de referência de calomelano saturado (SCE, que tem um potencial de -241 mV com relação ao eletrodo padrão de hidrogênio, SHE), o desenvolvimento de hidrogênio pode ocorrer somente por potenciais:

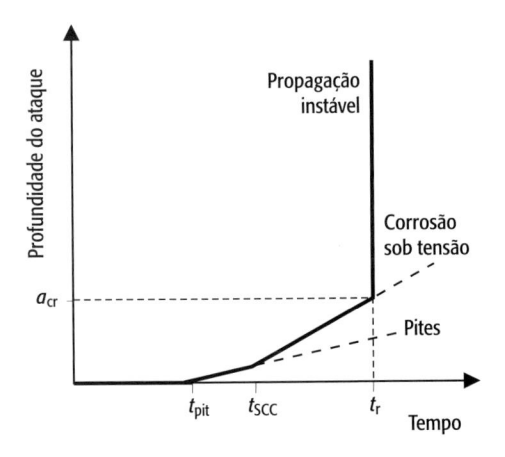

$$E < -241 - 59pH \left(mV\ SCE\right) \quad (3.23)$$

Fig. 3.20 Penetração da corrosão, ao longo do tempo, em um elemento estrutural sujeito a corrosão sob tensão (Pedeferri, 2003)

O desenvolvimento de hidrogênio é favorecido em condições ácidas, onde o menor pH permite o desenvolvimento de hidrogênio a potenciais mais elevados; este é o motivo pelo qual, muitas vezes, a ativação das fissuras ocorre no interior da câmara oclusa formada pelos pites ou pela corrosão em frestas. Além da corrosão do metal, que pode gerar o hidrogênio atômico, este também pode ser gerado por *tratamentos químicos ou eletroquímicos* do metal (decapagem, eletrodeposição de revestimentos, fosfatação etc.); se o hidrogênio penetra no metal durante estes tratamentos, a propagação das fissuras pode ocorrer muito tempo depois e, portanto, quando o material já está em uso.

Mesmo uma "lenta" e "pequena" *variação no tempo da deformação* a que é sujeito o material (por exemplo, aumentos de 5-10% da carga no decorrer um dia ou uma semana) pode promover ou acelerar a propagação das fissuras; variações lentas da carga aplicada podem, assim, promover o ataque mesmo em condições ambientais nas quais a fissura não avança quando submetida a uma carga constante no tempo.

A quantidade de hidrogênio suficiente para ativar as fissuras diminui quando aumenta a resistência do aço; por exemplo, para fragilizar aços com uma carga de ruptura superior a 1.800 MPa, bastam teores inferiores a 1 ppm, enquanto são necessários teores de uma ordem de grandeza até mais elevados se a carga de ruptura desce a 1.200 MPa. Em caso de paridade de resistência mecânica, todavia, a quantidade de hidrogênio necessária para provocar a fragilização varia muito com a sua microestrutura e com os tratamentos térmicos e mecânicos utilizados para conferir-lhe as características mecânicas requeridas. Os aços de alta resistência e, em particular, os aços para concreto protendido podem ser obtidos por: *a)* trefilação, *b)* laminação a quente, *c)* têmpera e revenimento. A experiência mostrou claramente como os aços temperados e revenidos são os mais suscetíveis à fragilização por hidrogênio, já que a microestrutura martensítica produzida pela têmpera apresenta tensões internas nem sempre completamente removidas pelo revenimento, e é suficiente uma baixa quantidade de hidrogênio absorvido para causar a ativação e a propagação das fissuras. Os aços trabalhados a quente são menos suscetíveis, enquanto os aços trefilados a frio são os que apresentam menor suscetibilidade.

Em certos casos, mesmo as tensões residuais – como, por exemplo, as produzidas por processamentos ou deformações plásticas do material – podem ser suficientes para promover a propagação das fissuras. Compostos que dificultam a combinação do hidrogênio aumentam a periculosidade do fenômeno; por exemplo, no setor de petróleo, a presença de H_2S desacelera a formação do hidrogênio molecular e favorece o ataque.

3.5.2 Corrosão-fadiga

A corrosão-fadiga é um fenômeno de envelhecimento dos materiais metálicos, que se manifesta pela ativação e propagação das fissuras sob a ação simultânea de um ambiente agressivo e de uma solicitação de tração que varia ciclicamente no tempo. Trata-se de uma forma de corrosão muito complexa, já que, para ela, contribuem diversos fenômenos ligados não apenas às características do metal, mas também ao ambiente. As espécies agressivas presentes no ambiente, em geral, podem promover tanto a ativação como a propagação das fissuras relativamente ao que se verifica em um ambiente não agressivo (por exemplo, ao ar livre).

Para um dado acoplamento material-ambiente agressivo, a corrosão-fadiga é estudada pela determinação do desvio do comportamento do material no ambiente em exame, com relação ao comportamento ao ar livre. Por exemplo, a Fig. 3.21 mostra os possíveis efeitos de um ambiente marinho sobre o diagrama de Woehler de um aço. No ar, o aço apresenta um limite de fadiga de cerca de 600 MPa; na água do mar, a curva de Woehler é muito mais baixa, o número de ciclos que levam à ruptura do material, com paridade de tensão máxima e de relação de assimetria $R = \sigma_{min}/\sigma_{max}$, é notadamente inferior. Além disso, no ambiente agressivo o aço não apresenta mais um limite de fadiga.

No caso da corrosão-fadiga, torna-se muito importante a frequência com que varia a solicitação. Em geral, ao diminuir a frequência, observa-se um efeito maior do ambiente.

As teorias, que tentam explicar o papel do ambiente agressivo na corrosão-fadiga, são baseadas, por exemplo, nos mecanismos da fragilização por hidrogênio no ápice da fissura, da ruptura localizada do filme protetor dos materiais passiváveis sob a ação da solicitação cíclica ou da redução da energia superficial das fissuras por adsorção de espécies presentes no ambiente. Mesmo a corrosão localizada por pites pode ter um papel importante no favorecimento da ativação das fissuras de fadiga.

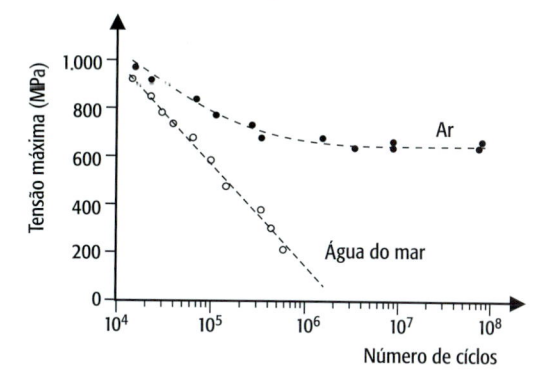

Fig. 3.21 Exemplo do comportamento em fadiga de um aço ao ar livre e na água do mar (Shreir, Jarman e Burnstein, 1995)

4 Estruturas de aço

A maior parte das estruturas metálicas utilizadas no setor de construção são expostas à atmosfera. Neste capítulo, considera-se a corrosão dos aços estruturais comuns expostos a este ambiente. Depois de uma descrição dos principais fatores de corrosão, analisam-se os métodos de proteção mais difundidos: a pintura, a galvanização e o uso de aços patináveis.

4.1 Corrosão atmosférica dos aços

A corrosão atmosférica pode ocorrer somente quando a superfície do metal está molhada; todavia, é suficiente a formação de um véu de água produzido pela condensação de umidade no ambiente. A corrosão atmosférica não ocorre, portanto, em ambientes secos ou quando a temperatura é suficientemente baixa para congelar a água. Nos processos de corrosão dos metais expostos à atmosfera, o ambiente é constituído de uma camada finíssima de líquido. A pequena espessura do véu líquido pode ter importantes consequências sobre a velocidade de corrosão, já que introduz uma resistência de tipo ôhmico na circulação de corrente entre as zonas anódicas e catódicas (Aprofundamento 4.1). Encontram-se as piores condições de corrosão quando se forma um véu líquido de espessura suficientemente grande para favorecer o transporte de corrente e suficientemente pequena para não atrapalhar o aporte de oxigênio para a superfície metálica; com frequência, a velocidade máxima de corrosão é alcançada com espessuras da ordem de 0,1-0,2 mm.

Os efeitos da corrosão dependem da duração da permanência do filme líquido sobre a superfície metálica, que, por sua vez, depende, antes de tudo, das condições de umidade e temperatura. A presença de poluentes pode piorar os efeitos da corrosão, seja porque muda a composição química do líquido em contato com o metal, seja porque pode favorecer a condensação. Até a natureza dos produtos de corrosão pode ter um papel importante: em alguns casos, estes são solúveis, são facilmente lavados e expõem novamente a superfície do metal ao ambiente; em outros, podem formar camadas de óxido aderente, que blinda a superfície do metal, desacelerando o avanço do fenômeno (Leygraf e Graedel, 2000).

APROFUNDAMENTO 4.1 **Condutibilidade do ambiente e velocidade de corrosão**

A circulação de corrente (iônica, item 2.2.4) no ambiente onde se encontra o metal pode ter um papel muito importante em relação à velocidade de corrosão. De fato, se o ambiente opõe uma elevada resistência à circulação da corrente entre as zonas anódicas e as catódicas, determina-se uma queda de potencial proporcional à corrente circulante (já que esta queda de tensão segue a lei de Ohm, esta contribuição é com frequência chamada de *queda ôhmica*). Em consequência, as zonas anódicas e as zonas catódicas ficam com potencial diferente. As condições de corrosão podem ser especificadas ao se considerar iguais as velocidades do processo anódico e do processo catódico (item 3.2.4), mas neste caso a diferença entre o potencial catódico (E_c) e o anódico (E_a) deve ser igual à queda ôhmica.

A resistência que opõe o ambiente à circulação de corrente depende, como ilustrado no item 2.2.4, da sua resistividade elétrica e de fatores geométricos. No caso da corrosão atmosférica, esta resistência pode ser muito alta por causa:

- da elevada resistividade da solução que se forma na superfície do metal; em ambientes não poluídos, de fato, esta solução tem um baixo conteúdo de íons (em ambientes poluídos, ao contrário, a concentração iônica pode aumentar notavelmente e, assim, a resistividade elétrica pode diminuir);
- da modesta espessura do véu líquido que "obriga" os íons a migrar no interior de um ambiente confinado.

A resistência elétrica (R) oposta à circulação de corrente é, assim, elevada em ambientes pouco úmidos (o véu líquido tem espessura modesta) e pouco poluídos (a solução condensada tem elevada resistividade); inversamente, tende a diminuir quando aumenta a umidade ou a concentração de poluentes.

A Fig. A-4.1 mostra, por meio dos diagramas de Evans, as condições de corrosão do aço ativo em um ambiente aerado no qual a contribuição da queda ôhmica é relevante. Se a resistência R fosse negligenciável, as condições de corrosão seriam determinadas pela intersecção das curvas anódica e catódica (ponto 1); por exemplo no caso da Fig. A-4.1, obter-se-ia uma velocidade de corrosão de cerca de 80 mA/m². A presença da resistência R introduz uma contribuição de queda ôhmica igual a $R \cdot I$ (onde I é a corrente total circulante entre as áreas anódica e catódica). As condições de corrosão são, assim, especificadas pelos pontos 2 e 3 (com a mesma abscissa e, assim, com $i_a = i_c$, em correspondência aos quais:

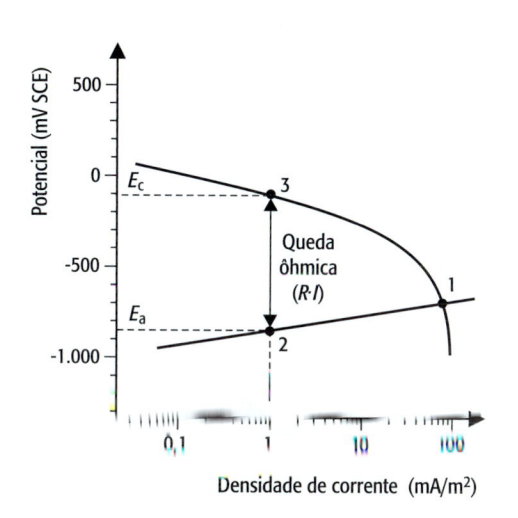

$$E_c - E_a = R \cdot I$$

A velocidade de corrosão será, portanto, igual a:

$$i_{corr} = i_a (= i_c)$$

Fig.A-4.1 Especificação das condições de corrosão

No exemplo da Fig. A-4.1, obtém-se um valor de cerca de 1 mA/m², notavelmente inferior com relação ao obtido antes. Deste exemplo pode-se facilmente intuir como, com o aumento da contribuição ôhmica, a velocidade de corrosão diminui e se torna negligenciável, mesmo que o metal esteja em condições de atividade e mesmo que o ambiente seja aerado. Por este motivo, a velocidade de corrosão no aço-carbono exposto à atmosfera pode estar correlacionada à umidade do ambiente: quanto mais úmido o ambiente, mais espesso será o véu d'água e, assim, diminuem as contribuições da queda ôhmica.

Além da corrosão atmosférica, há outros casos importantes em que a velocidade de corrosão é controlada por fenômenos do tipo ôhmico. Por exemplo: as estruturas de aço enterradas em um solo seco, em geral, têm uma baixa velocidade de corrosão, já que o solo seco tem uma resistividade muito alta, razão pela qual as contribuições da queda ôhmica são elevadas (item 5.1.1). Uma situação absolutamente análoga verifica-se nas armaduras em concreto carbonatado seco (item 7.2.2); embora o concreto seja carbonatado e, portanto, as armaduras já não estejam em condições de passividade, se o concreto é seco a sua resistividade é muito elevada e a velocidade de corrosão das armaduras torna-se negligenciável (naturalmente, se, por qualquer razão, a umidade do concreto cresce, a sua condutibilidade aumenta e a velocidade de corrosão deixa de ser negligenciável).

4.1.1 Fatores meteorológicos e climáticos

A magnitude do ataque depende sobretudo dos fatores que causam a formação e a permanência do filme aquoso e que determinam sua composição. Os fatores ambientais mais importantes são a frequência das precipitações, os ciclos de condensação da água, a presença de neblina, a umidade relativa, a temperatura, as condições de exposição em relação aos ventos e ao aquecimento do sol.

Umidade relativa. A água é evidente sobre a superfície do metal quando a estrutura é banhada pela chuva, é recoberta de orvalho, é alcançada por salpicos e respingos ou acumula água em poças. Muitas vezes, porém, a água não é visível a olho nu; isto ocorre quando se forma, por condensação, um filme líquido muito sutil (Aprofundamento 4.2).

Na prática, para uma estrutura metálica exposta à atmosfera, pode-se especificar um valor crítico de umidade relativa (UR_{cr}), para além do qual se forma, por condensação, um filme líquido capaz de promover a corrosão do aço. De fato, observa-se como a velocidade de corrosão continua negligenciável abaixo deste limite crítico e, inversamente, aumenta rapidamente com a umidade relativa quando o limite é superado (Fig. 4.1). O limite, em geral, é em torno de 70%-75%; todavia, varia com a composição do material metálico e dos agentes atmosféricos agressivos presentes na superfície metálica.

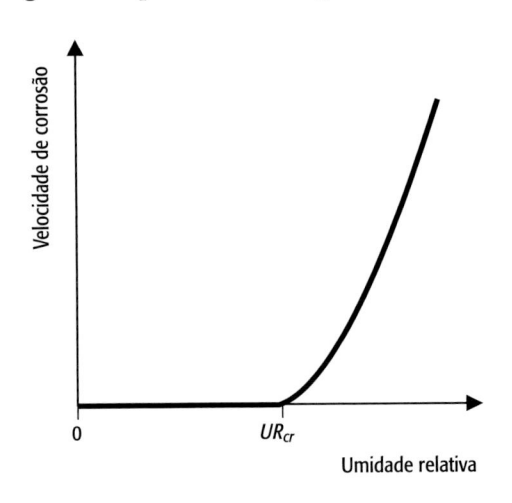

Fig.4.1 Velocidade de corrosão de um metal exposto à atmosfera, em função da umidade relativa

APROFUNDAMENTO 4.2 **Mecanismos de condensação**

A condensação da água na superfície de um metal pode ocorrer de vários modos. Um primeiro modo está ligado às diferenças de temperatura entre o ambiente e o metal; é bem sabido que, sobre uma superfície fria em contato com o ar úmido, forma-se o orvalho. O resfriamento leva o ar a condições de saturação e provoca a condensação do vapor aquoso nele contido. Pode-se, assim, produzir camadas líquidas até de espessura notável, da ordem do milímetro, e, portanto, visíveis a olho nu.

A condensação pode ocorrer também na atmosfera com umidade relativa bem inferior aos 100% (saturação) e na ausência de resfriamento, se estiverem presentes, na superfície, produtos de corrosão de natureza porosa ou ferrugem, por causa da condensação capilar no interior dos poros e dos interstícios (item 2.1.3).

Na presença de substâncias higroscópicas, pode ter lugar uma condensação química por reação entre a umidade atmosférica e os sais presentes na superfície metálica, sobretudo cloretos e sais de amônia, muito frequentes respectivamente nas atmosferas marinhas e em áreas industriais e rurais. Quando, sobre a superfície, estão presentes compostos que podem ter diversos estados de hidratação, estes tendem a absorver a água do ambiente para passar de um estado de hidratação mais baixo a outro mais alto, quando a pressão parcial da água na atmosfera supera a pressão parcial de decomposição do composto hidratado. Um mecanismo parecido é causado também por gases poluentes da atmosfera e ocorre particularmente na presença de dióxido e trióxido de enxofre, com formação de condensações ácidas. Esta forma de condensação, mesmo quando não é o mecanismo predominante, determina as condições mais graves, pois leva à formação de soluções salinas concentradas ou ácidos.

Quando a corrosão avança, a condensação pode ocorrer mesmo em caso de uma umidade relativa inferior (chamada limite de umidade relativa secundária), já que os produtos da corrosão que se acumulam na superfície do metal podem permitir a condensação capilar no interior de seus interstícios. Os agentes agressivos presentes na atmosfera podem, em seguida, reduzir a umidade relativa crítica, particularmente se, na superfície do metal ou no interior dos produtos da corrosão, são formados sais higroscópicos. De fato, muitos sais conseguem formar soluções saturadas (o, particular, conseguem condensar a água), mesmo em equilíbrio com ambientes de umidade relativa muito baixa; nestes casos, a umidade crítica coincide com o valor de umidade relativa ao qual corresponde uma tensão de vapor igual à da solução saturada dos próprios sais (Tab. 4.1).

Tempo de Umectação (TdU). Para avaliar, pelo menos em primeira aproximação, a agressividade de um ambiente com relação à corrosão atmosférica, recorre-se a um parâmetro chamado tempo de umectação, que se define como o número de horas em um ano durante as quais a superfície do metal é recoberta por um véu de água. De fato, foi demonstrado que existe uma relação direta entre o número de horas de umectação e a velocidade de avanço da corrosão. Mesmo que o tempo efetivo de umectação varie de um ponto da estrutura para outro, dependendo das condições microclimáticas (item 4.1.3), para comodidade define-se muitas vezes um tempo de umectação relativo a uma certa zona climática. Este é calculado simplesmente como o número de horas por ano em que a umidade relativa supera o valor crítico (em geral, considera-se 80% UR). Assim, basta coletar os dados meteorológicos de uma zona e somar o número de horas nas quais a umidade supera o valor crítico. Por exemplo, na Itália, o tempo de umectação varia de valores superiores a 4.000 horas/ano, em algumas zonas do Vale do Pó e no litoral, a valores inferiores a 2.500 horas/ano, a altitudes maiores e no interior.

Tab. 4.1 Umidade relativa do ar em equilíbrio com as soluções saturadas de alguns sais a 20°C

Sal	UR
K_2SO_4	98%
$NA_4SO_4 \cdot 10H_2O$	93%
$NA_2CO_3 \cdot 10H_2O$	92%
$FeSO_4 \cdot 7H_2O$	92%
$ZnSO_4 \cdot 7H_2O$	90%
KCl	86%
NaCl	76%
$FeCl_2$	56%
$K_2CO_3 \cdot 2H_2O$	44%
$MgCl_2 \cdot 6H_2O$	33%
$CaCl_2 \cdot 6H_2O$	32%
$ZnCl_2 \cdot xH_2O$	10%

Temperatura. A temperatura tem um efeito complexo em relação à corrosão atmosférica. Deve-se fazer a distinção entre a temperatura do ambiente e a da superfície metálica; ambas variam no tempo, mas de maneira diferente. Quando a superfície metálica tem uma temperatura inferior à do ambiente, a água pode condensar-se. O aumento da umidade relativa do ambiente diminui a diferença de temperatura entre ambiente e metal que permite a condensação; por exemplo, em ambientes com umidade relativa superior a 90%, são suficientes 1°C a 2°C de diferença, enquanto os ambientes com umidade relativa de 50% precisam cerca de 10°C de diferença.

A temperatura influi também na cinética dos processos de corrosão. Quando a superfície do metal está molhada, um aumento da temperatura levam ao aumento da velocidade de corrosão do aço. Em condições ambientais que levam à alternação de períodos secos e úmidos (típicos da corrosão atmosférica), todavia, um aumento da temperatura poderia favorecer a evaporação da água, reduzindo o tempo de umectação e, portanto, reduzindo a velocidade média de corrosão.

Existem, ainda, outros efeitos da temperatura que podem, indiretamente, influir na velocidade de corrosão. Por exemplo, o aumento da temperatura diminui a solubilidade do oxigênio em água ou pode produzir mudanças nas características protetoras da camada de produtos de corrosão. Enfim, quando a temperatura desce abaixo de 0°C, a água pode congelar e, portanto, a corrosão cessa. Neste caso, é preciso, porém, prestar atenção às condições efetivas de congelamento da água; com efeito, em atmosferas contaminadas ou no interior dos poros, o congelamento pode ocorrer a temperaturas muito inferiores a 0°C (ver também o item 7.1.2).

Considerando os dados médios anuais em diferentes áreas geográficas, observa-se como o efeito global da temperatura é o de aumentar a velocidade da corrosão. Com base nos dados coletados na Europa, estimou-se um aumento da velocidade de corrosão de cerca de 1 μm/ano para cada aumento de 1°C na temperatura média anual.

Chuvas. As precipitações pluviais contribuem para aumentar o tempo durante o qual o metal permanece úmido. Todavia, favorecem também a limpeza da fuligem; em ambientes poluídos, portanto, podem ter um efeito positivo.

4.1.2 Agentes atmosféricos agressivos

A velocidade de corrosão do aço exposto à atmosfera aumenta notavelmente na presença de poluentes; a Tab. 4.2 mostra os intervalos típicos de variações das concentrações dos principais poluentes atmosféricos de interesse para a corrosão (as recentes imposições legislativas com relação aos poluentes tendem a reduzir sensivelmente as concentrações com relação a anos anteriores, aos quais se refere a Tab. 4.2). A agressividade atmosférica é, assim, diferente em zonas rurais, em zonas urbanas ou industriais e em regiões próximas ao mar.

Dióxido de enxofre. Os dióxidos (SO_2) e trióxidos (SO_3) são poluentes perigosos do ponto de vista da corrosão atmosférica. O dióxido de enxofre está presente em grande concentração nos ambientes urbanos e industriais, por causa da queima de combustível dos automóveis e das instalações de aquecimento.

Em geral, na atmosfera, o trióxido de enxofre está presente em porcentuais muito baixos (cerca de 1%) quando comparados aos do sulfuroso. Na presença de umidade, ambos levam à formação do ácido sulfúrico; os vapores condensados são, portanto, ácidos. Além disso, é favorecida a condensação (diminui a UR_{cr}) e aumenta a condutibilidade elétrica da solução em contato com a superfície do metal (Aprofundamento 4.1).

Por estes motivos, na presença de SO_2 e de SO_3, aceleram-se notavelmente os processos corrosivos para os metais comuns. No caso do ferro e do zinco, os dois metais mais sensíveis a estes poluentes, bastam teores relativamente baixos de SO_2 para que a velocidade de corrosão atmosférica sofra um forte aumento. Nas zonas urbanas, a maior concentração destes poluentes ocorre nos períodos invernais (Tab. 4.2).

Tab. 4.2 Valores indicativos das concentrações de alguns poluentes atmosféricos

Poluente	Ambiente	Concentração
Dióxido de enxofre	Industrial	inverno: 350 µg/m³, verão: 100 µg/m³
	Rural	inverno: 100 µg/m³, verão: 40 µg/m³
Trióxido de enxofre	–	cerca de 1% do dióxido de enxofre
Sulfeto de hidrogênio	Industrial	primavera: 1,5-90 µg/m³
	Urbano	primavera: 0,5-1,7 µg/m³
	Rural	primavera: 0,15-0,45 µg/m³
Amoníaco	Industrial rural	4,8 µg/m³ 2,1 µg/m³
Cloretos (no ar)	Industrial no interior	inverno: 8,2 µg/m³, verão: 2,7 µg/m³
	Rural no litoral	média anual: 5,4 µg/m³
Cloretos (nas chuvas)	Industrial no interior	inverno: 7,9 mg/ℓ, verão: 5,3 mg/ℓ
	Rural no litoral	inverno: 57 mg/ℓ, verão: 18 mg/ℓ
Partículas finas	Industrial	inverno: 250 µg/m³, verão: 100 µg/m³
	Rural	inverno: 60 µg/m³, verão: 15 µg/m³

Fonte: Shreir, Jarman e Burnstein (1995).

A Fig. 4.2 mostra um exemplo de variação da velocidade de corrosão do aço-carbono em função da concentração de SO_2 na atmosfera.

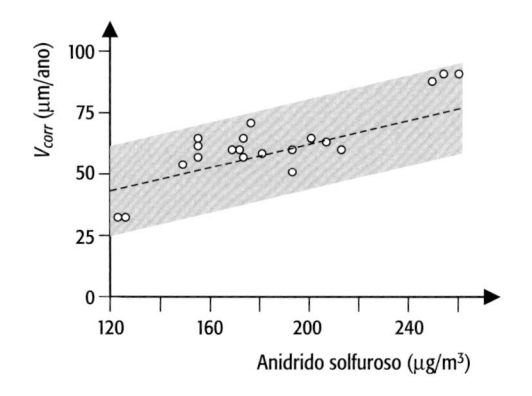

Fig. 4.2 Velocidade de corrosão do aço em função da concentração de SO_2 na atmosfera (Shreir, Jarman e Burnstein, 1995)

Chuvas e vapores condensados ácidos. O pH natural das precipitações é de cerca de 5,6. A presença de poluentes, porém, pode levar a diferentes valores de pH. As poeiras do solo podem reduzir a acidez, por exemplo. Os óxidos de nitrogênio (NO_x) e de enxofre (SO_x), inversamente, podem reduzir o pH com o consequente aumento da velocidade de corrosão. De fato, quando o pH diminui, a solubilidade dos produtos de corrosão tende a aumentar (formam-se, portanto, com menor facilidade os óxidos protetores); além disso, em um ambiente ácido, a reação catódica de desenvolvimento de hidrogênio é favorecida.

Cloretos. Em ambiente marinho ou em zonas onde se espalham sais de degelo, cloretos podem acumular-se sobre a superfície do metal. A sua presença acelera fortemente os processos de corrosão. Os sais à base de cloretos, com efeito, tendem a formar vapores condensados até nos ambientes com umidade relativa baixa (Tab. 4.1). Os cloretos não são consumidos pelo processo corrosivo e, portanto, tendem a se acumular sobre a superfície (pelo menos nos casos em que esta não é lavada pela chuva) e a diminuir progressivamente, com o tempo, a umidade crítica, aumentando o tempo de umectação. Com umidade relativa igual, a velocidade de corrosão do aço cresce com a concentração dos cloretos presentes na sua superfície. Além disso, os cloretos tornam menos protetores os produtos da corrosão; como se viu no item 3.4.2, eles podem até romper o filme protetor sobre os materiais passivos.

Os efeitos dos cloretos são particularmente graves nas regiões costeiras, onde a velocidade com que se depositam diminui à medida que aumenta a distância do litoral. Em geral, pelo menos na Itália, o depósito de cloretos sobre a superfície dos metais é significativo em um raio de algumas centenas de metros da costa. A efetiva velocidade de deposição dos cloretos, porém, depende não apenas da distância do mar, mas também da velocidade e da direção dos ventos, da orientação da superfície e da altura a partir do solo. A Fig. 4.3 resume o papel da poluição atmosférica (expressa em relação à concentração de SO_2 no ar) e dos cloretos (expressos como quantidade depositada sobre um metro quadrado de superfície em um dia) na velocidade de corrosão do aço. Observa-se como, quando aumenta a concentração tanto de SO_2 como de cloretos, também aumenta a velocidade da corrosão; em ambientes industriais e marinhos, caracterizados por elevadas concentrações dos dois poluentes, pode-se chegar a velocidades de corrosão superiores a 100 µm/ano.

Partículas sólidas. Minúsculas partículas de diferentes proveniências estão suspensas na atmosfera: pós inorgânicos levantados do

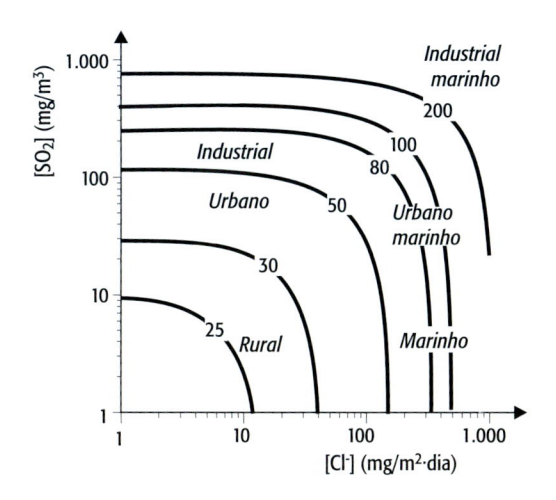

Fig. 4.3 Relação entre concentração de SO_2 na atmosfera, velocidade de depósito dos cloretos sobre a superfície e velocidade de corrosão do aço (μm/ano); a figura também indica as condições típicas de exposição relativas a diferentes ambientes (Pedeferri e Bertolini, 1996)

solo por ação dos agentes atmosféricos; partículas orgânicas de origem vegetal, microrganismos e outras substâncias orgânicas; e resíduos de combustão (fumaças), provenientes de fábricas, instalações de aquecimento doméstico e veículos. Quando estas partículas se depositam sobre a superfície do metal, a velocidade de corrosão pode aumentar, porque as partículas podem:

- formar interstícios que facilitam a condensação por capilaridade e podem favorecer a condensação química (quando contêm sais higroscópicos, como NaCl, ou sais de amônia, nitratos etc.; Tab. 4.1);
- absorver os agentes poluentes (como ocorre para o SO_2 sobre o carbono) ou estes podem precipitar-se no vapor condensado (como os sais à base de cloreto);
- provocar formas de corrosão por contato galvânico, como no caso dos pós de carvão, que são dotados de condutibilidade eletrônica.

Por todos estes motivos, os vários tipos de pós têm uma influência diferente sobre a velocidade de corrosão. A presença de partículas carboníferas (que provocam condensação e absorção de SO_2, além dos fenômenos de par galvânico) é particularmente nociva.

Por causa dos múltiplos fatores que determinam a velocidade de corrosão de um metal exposto à atmosfera, é difícil prever o avanço da corrosão em um determinado ambiente. Por estimativa aproximada, é possível recorrer a resultados de ensaios de exposição. Por exemplo, na Fig. 4.4, reporta-se a evolução no tempo da profundidade de penetração da corrosão (supostamente uniforme) observada em um aço-carbono exposto a diferentes atmosferas. Observa-se como, em todos os ambientes, a evolução não é linear; de fato, os produtos de corrosão que se formam sobre a superfície metálica tendem a desacelerar o processo corrosivo, razão pela qual a velocidade de corrosão tende a diminuir com o tempo. A penetração do ataque segue, com frequência, uma evolução proporcional à raiz quadrada do tempo. Observa-se, também como a passagem de um ambiente rural para um industrial (caracterizado pela presença

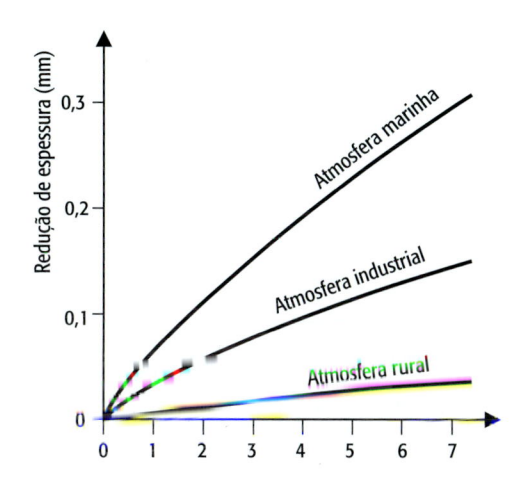

Fig. 4.4 Exemplo de evolução da corrosão do aço-carbono exposto a três atmosferas diferentes (Revie, 2000)

de poluentes, como o SO_2 e o NO_x) leva a um aumento notável do ataque. Em ambiente marinho, pela presença de cloretos, a velocidade de corrosão é ainda mais elevada.

4.1.3 Microambiente e projeção

A agressividade de um ambiente em confronto com o aço não pode ser estimada simplesmente pela avaliação dos dados macroclimáticos (médias anuais ou mensais de temperatura e umidade, tempo de umectação etc.). Deve-se considerar também as variações locais de agressividade, fazendo a distinção, por exemplo, entre zonas centrais e periféricas das cidades ou entre o interior e o exterior dos edifícios. Na realidade, a ação corrosiva pode variar muito inclusive sobre uma mesma estrutura. Muitos fatores contribuem para determinar o *microclima*, ou seja, as efetivas condições de umidade e de temperatura correspondentes às diferentes zonas da superfície metálica. Entre estas, pode-se recordar: a proximidade a vias públicas, chaminés industriais, dejetos industriais; a orientação com relação a eventuais ventos com uma direção prevalecente; a exposição à irradiação solar; a capacidade térmica do elemento e o seu isolamento térmico (que regulam as variações de temperatura sobre a superfície metálica); a altura com relação ao solo etc.

A geometria dos elementos estruturais pode ter notáveis efeitos tanto positivos como negativos sobre o microclima. Um projeto correto deveria ser orientado a reduzir ao mínimo a agressividade do ambiente sobre a estrutura. Neste respeito, dever-se-á, por exemplo, tentar (Fig. 4.5):

- evitar o acúmulo de umidade ou sujeira no interior dos elementos construtivos, adotando geometrias que favoreçam o escoamento da água;
- reduzir a permanência de vapores condensados, favorecendo a circulação do ar e, portanto, a evaporação da água (inclusive no interior dos perfis fechados);
- evitar a formação de frestas onde a sujeira possa acumular-se (também nas junções e sobreposições);
- favorecer o acesso para inspeções e manutenção, evitando que, uma vez montada a estrutura, criem-se zonas dificilmente acessíveis para, por exemplo, limpeza dos óxidos ou aplicação de pintura;
- procurar evitar arestas vivas, onde a espessura da eventual pintura se reduz;
- evitar criar zonas protegidas da chuva e onde a evaporação não é favorecida;
- evitar colocar o metal em contato com materiais que absorvem umidade (por exemplo: madeira, guarnições de material absorvente etc.);
- evitar o escorrimento da água sobre componentes metálicos (os óxidos de ferro transportados pela água podem manchar a estrutura metálica ou outros elementos construtivos).

4.2 Aços patináveis

A resistência à corrosão atmosférica do aço-carbono aumenta se a ele são acrescentadas pequenas quantidades de alguns elementos de liga. O cobre, por exemplo, acrescentado na proporção de até 0,4% da mistura, leva a uma melhoria clara (Fig. 4.6); o fósforo, na proporção de 0,1%, tem um efeito benéfico em combinação com o cobre; o cromo pode ser acrescentado em até 1%-2% para melhorar a resistência à corrosão do aço; um efeito benéfico é produzido também por níquel, manganês, silício e molibdênio.

Estes elementos de liga favorecem a formação de um substrato espesso de óxidos sobre a superfície, que protege o metal sub-

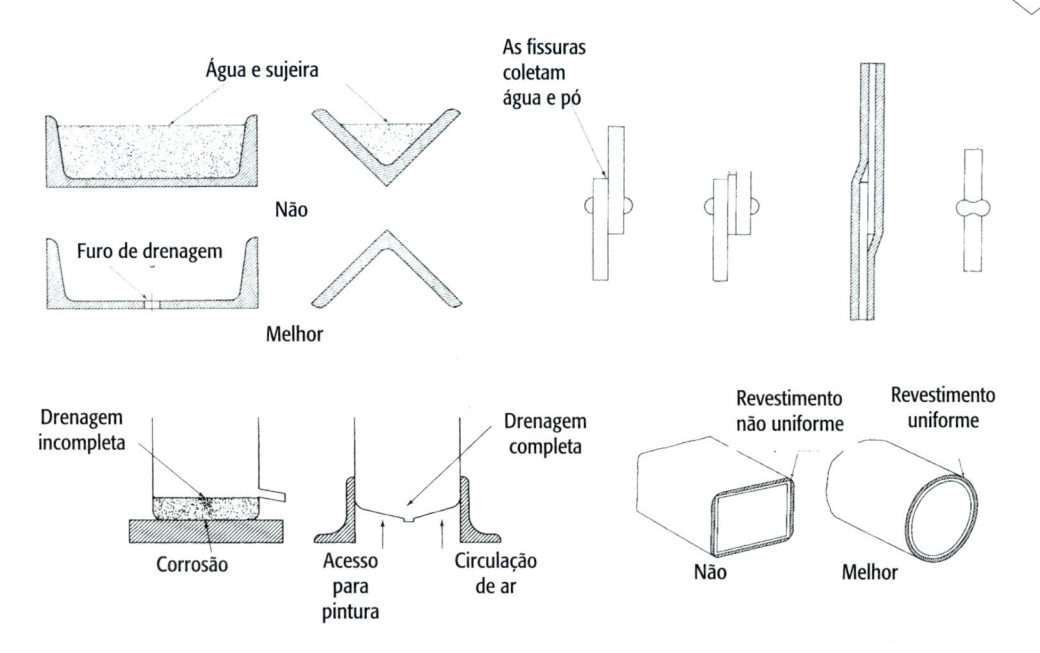

Fig. 4.5 Alguns exemplos de projeto correto e incorreto de elementos metálicos expostos à atmosfera (Shreir, Jarman e Burnstein, 1995)

jacente. Os efeitos dos diversos elementos de liga não são cumulativos; composições específicas resultam em melhor desempenho. Os *aços patináveis* (ditos também *weathering steel* ou *Cor-Ten*) são caracterizados por pequenas adições desses elementos de liga, que, submetidos à exposição ao ar livre, permitem a formação de uma espessa camada de óxido aderente. Em seguida à exposição em condições alternadas de sol e chuva, os poros e as fissuras presentes na camada de óxido são preenchidos com sais insolúveis e a camada se torna praticamente impermeável ao ar e à água. Como resultado, a velocidade de corrosão do aço torna-se negligenciável mesmo em ambiente industrial ou marinho (Fig. 4.6).

A elevada resistência à corrosão atmosférica dos aços patináveis é associada a boas propriedades mecânicas, em particular a valores de tenacidade típicos dos aços de qualidade. Os aços patináveis são, portanto, muito utilizados mesmo para obras estruturais (as vigas do assoalho das pontes, por exemplo), quando se quer evitar a proteção com pinturas.

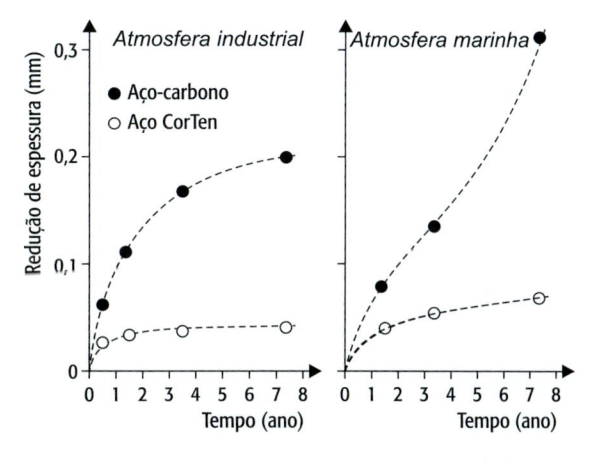

Fig.4.6 Evolução no tempo da redução da espessura de diversos aços em ambiente industrial e marinho (Pedeferri, 1987)

Note-se, porém, que o comportamento destes aços não é bom nas zonas blindadas, onde não se pode formar uma pátina protetora eficaz; em especial, não há melhoras substanciais no caso do aço-carbono em condições de imersão em água ou no solo.

O uso dos aços patináveis requer algumas providências práticas:

- antes da instalação na obra, é aconselhável limpar a superfície do metal com jato de areia (item 4.3.4, com o fim de remover óxidos de laminação, óleos, graxas etc. e permitir, assim, a formação de um óxido de cor uniforme (os óxidos dos aços patináveis são mais escuros do que os dos aços comuns);
- no projeto das estruturas, deve-se absolutamente evitar as geometrias que levem à formação de zonas blindadas, de frestas ou de acúmulo e retenção da água;
- eventuais zonas blindadas ou enterradas devem ser protegidas como no caso dos aços comuns (com um ciclo de pintura, por exemplo);
- caso haja escorrimento de água sobre a superfície, deve-se prever um sistema para distanciá-la do metal, já que a lavagem dos óxidos, sobretudo nos primeiros tempos de exposição, pode levar à formação de manchas de ferrugem de aspecto desagradável.

4.3 Proteção com revestimentos orgânicos

Os revestimentos orgânicos, isto é, as pinturas, são um dos métodos mais utilizados para a proteção contra a corrosão das estruturas em aço expostas à atmosfera. O método consiste na aplicação, sobre a superfície polida, de uma fina camada de material polimérico fluido que, com o tempo, solidifica-se, formando uma película sólida e aderente. A tinta utilizada em uma pintura pode conter outras substâncias com diferentes funções (cargas, pigmentos, solventes etc.). A proteção do metal por uma pintura pode basear-se em dois princípios:

- o *efeito barreira*, ou seja, a separação entre o metal e o ambiente, por obra da camada de pintura que não absorve água, dificulta a difusão do oxigênio e impede a circulação de corrente;
- a *ação eletroquímica* exercida por pigmentos ativos acrescentados à formulação da tinta, que induzem condições de imunidade e passividade no aço.

4.3.1 Composições das tintas

As tintas podem ser constituídas por vários componentes, cada um dos quais tem sua função:

- um *composto formador de filme*, que tem a função de formar uma película protetora. Dependendo do tipo de tinta considerado, esta película pode formar-se logo depois de seca ao ar (por evaporação de um solvente ou por reação com o oxigênio) ou por polimerização (isto é, por reação química de dois componentes misturados imediatamente antes da aplicação). No primeiro tipo de tinta, entram os óleos, as resinas alquídicas, as resinas fenólicas, as borrachas cloradas, as resinas baseadas em vinil etc.; no segundo, entram as tintas bicomponentes à base de resinas de epóxi, poliuretano, poliéster. Estas últimas são apropriadas para pinturas de espessura elevada (superior a 300 µm, por exemplo).
- os *pigmentos*, isto é, partículas sólidas adicionadas à tinta com função: "ativa" em relação à corrosão (para favorecer a passivação do aço, por exemplo, ou para exercer uma ação de proteção catódica), "inerte" (partículas minerais para aumentar a espessura da tinta) ou colorante.
- os *solventes*, adicionados para regular a viscosidade da tinta durante a aplicação, para facilitá-la. Os solventes devem evaporar depois da aplicação da tinta; se permanecem entremeados durante o endurecimento, podem aumentar a permeabilidade

da tinta e, portanto, reduzir a eficácia da barreira protetora.

4.3.2 Efeito barreira

A pintura deve sobretudo bloquear a chegada de água e oxigênio à superfície do metal. Deve, portanto, caracterizar-se por uma baixa absorção de água e por uma baixa permeabilidade ao oxigênio. Estas propriedades dependem de vários fatores ligados à composição da tinta, à sua espessura e às condições de aplicação. No caso da composição da tinta, é importante:

- o tipo de argamassa utilizada;
- a natureza, a forma, as dimensões, a distribuição dimensional e a quantidade de pigmentos; às vezes são utilizadas cargas laminares que, durante a aplicação, dispõem-se como escamas de peixe e permitem fazer uma barreira particularmente eficaz;
- a composição e a quantidade dos solventes utilizados; em geral, a permeabilidade da tinta aumenta à medida que aumenta a quantidade de solventes.

A espessura da película constituída pela tinta é de grande importância. Em geral, para fazer um filme caracterizado por alta impenetrabilidade, é necessária uma espessura de pelo menos 200-300μm; no caso das tintas comuns aplicáveis em finas camadas (30-35 μm de espessura), a obtenção destas espessuras é muita onerosa, já que demandaria um número elevado de demãos. Além da espessura nominal, é importante que a película seja homogênea; nas zonas de menor espessura, a proteção do metal pode ser comprometida. A homogeneidade da espessura depende da preparação da superfície (é mais fácil fazer uma espessura homogênea quando a superfície é lisa e polida), do cuidado na aplicação, da viscosidade da tinta e dos detalhes do projeto (na área das arestas vivas, por exemplo, a espessura é reduzida).

As condições de aplicação da tinta podem influir notavelmente na sua eficácia. O método de aplicação pode favorecer ou não a obtenção de uma espessura uniforme; na obra, a tinta só pode ser aplicada por aspersão ou pincel, enquanto em um galpão pode-se recorrer a métodos por imersão, por eletrodeposição ou em leito fluidizado, que favorecem a maior regularidade da camada e, portanto, a maior eficiência da tinta.

A proteção contra a corrosão é estreitamente ligada à aderência da tinta à superfície do aço; as condições do substrato no momento da aplicação são particularmente críticas (se a superfície não foi cuidadosamente preparada, o revestimento não adere e é, portanto, ineficaz). Enfim, as condições meteorológicas podem ter um efeito importante; em ambientes úmidos, a água pode ser absorvida pela tinta fresca, alterando sua permeabilidade, enquanto com temperaturas elevadas podem ser favorecidos o endurecimento precoce da tinta ou o aumento da viscosidade (com a consequência, nos dois casos, de uma aplicação não ótima).

4.3.3 Pigmentos ativos

Os pigmentos ativos permitem, graças a uma ação eletroquímica, prevenir a penetração da corrosão sob a tinta, a partir de defeitos presentes (lacunas, arranhões etc.). Em alguns casos, os pigmentos exercem uma ação de proteção catódica, ou seja, por serem menos nobres que o ferro, podem polarizar catodicamente o aço (item 5.3) e, portanto, desacelerar a velocidade de corrosão nos defeitos ou nas porosidades do revestimento. Este tipo de ação ocorre, em geral, pela adição de pó de zinco à liga. As partículas de zinco, para que possam exercer sua ação benéfica, porém, devem estar em contato entre si, de modo a garantir a continuidade elétrica; isto só pode ser conseguido mediante a adição de levadas quantidades de zinco (90%-95% na massa). A ação do pigmento é garantida só se ele está em contato com a superfície metálica não oxidada; é, portanto, necessária uma ótima preparação da superfície. As partículas de zinco exercem inicialmente um efeito de proteção catódica nas áreas dos defeitos do revestimento; em seguida, a corrosão do zinco produz hidróxidos e carbonatos que restabelecem uma camada compacta, aderente e impenetrável.

Em outros casos, os pigmentos têm uma ação passivadora em contato com o aço. No passado, empregavam-se compostos à base de óxidos de chumbo (mínio + óleo de linhaça) ou cromo, hoje proibidos devido à sua toxicidade. Atualmente, empregam-se compostos capazes de gerar um ambiente alcalino (como o óxido de zinco) ou de formar produtos de corrosão pouco solúveis (como o fosfato de zinco).

4.3.4 Ciclos de pintura

Uma proteção eficaz e duradoura do aço pode ser obtida somente por meio de um ciclo de pintura que parta de uma adequada preparação da superfície, prossiga com a aplicação de uma camada de tinta com pigmentos ativos (*primer*) e termine com uma camada espessa, que garanta o efeito barreira. Em alguns casos, prevê-se uma camada final de acabamento, com a função de proteger a própria tinta da ação agressiva dos agentes atmosféricos.

Preparação da superfície. A preparação da superfície do aço, antes da aplicação da tinta, tem enorme importância para a eficácia da proteção. Qualquer tipo de tinta é, de fato, ineficaz se for aplicada sobre uma superfície não polida.

A preparação da superfície prevê, antes de mais nada, a remoção de óleos e graxas residuais dos trabalhos precedentes. Há diversos métodos baseados na extração mecânica, no uso de solventes, no emprego de detergentes etc.

Também devem ser removidos os fragmentos da laminação (isto é, o óxido que muitas vezes se produz durante o processamento do aço a altas temperaturas), a ferrugem (que se pode formar durante o transporte do aço e sua conservação no canteiro de obras) e qualquer outra substância estranha que se encontre sobre a superfície do aço. Estas operações podem ser efetuadas mecanicamente com:

- um polimento manual, com escovas ou discos abrasivos;
- aplicação de jato de areia a seco, com o qual as partículas abrasivas são escamadas da superfície do metal por efeito de ar comprimido ou de uma força centrífuga; este é o método mais eficaz, já que permite a eliminação de todas as substâncias presentes na superfície e a criação de uma superfície rugosa, que favorece a aderência da tinta;
- um hidrojateamento, com um jato de água sob pressão; este método é pouco eficaz para remover os óxidos aderentes;
- aplicação de jato de areia úmido, com a qual o meio abrasivo é escamado sobre a superfície com um jato de água sob pressão; comparada ao jato de areia a seco, a superfície do metal continua molhada depois da limpeza e, portanto, pode formar rapidamente nova ferrugem;
- uma limpeza com chama oxiacetilênica; o súbito reaquecimento da superfície, pro-

duzido pela chama, causa o descolamento das partículas mais grosseiras de óxido.

A limpeza pode ser obtida também por via química, submetendo o aço a uma decapagem em ácido (HCl ou H_2SO_4), na presença de um inibidor de corrosão, de modo que, durante o tratamento, sejam dissolvidos os óxidos, mas que, mais tarde, não seja consumido também o aço. O resultado desta limpeza do metal é, geralmente, expresso por classificações empíricas, baseadas no aspecto da superfície do metal. Fala-se, por exemplo, de jato de areia ao "metal branco" ou "quase branco" (às vezes, indicando respectivamente com as siglas Sa2½ e Sa2, segundo uma classificação dos países nórdicos) quando a superfície tem a cor brilhante do aço e já não são visíveis a olho nu os traços de ferrugem.

Aplicação da demão de fundo. A demão de fundo (*primer*) tem duas funções:
- deve aderir ao metal base; esta propriedade depende essencialmente da limpeza e do grau de acabamento da superfície metálica; para o aço galvanizado, é preciso verificar a compatibilidade do *primer*;
- pode conter os pigmentos ativos com ação eletroquímica (item 4.3.3).

Aplicação da camada de acabamento. Depois da aplicação do *primer*, aplica-se a camada que tem a função de realizar a barreira à penetração de água e oxigênio. Esta camada tem as funções de:
- garantir a espessura e a impermeabilidade necessárias para proteger o aço (em alguns casos, pode-se prever, com este fim, uma camada intermediária, realizada com uma tinta específica);
- resistir à agressão do ambiente sobre a superfície, por efeito de ações mecânicas (abrasão, por exemplo), às radiações solares, às intempéries etc;
- fazer a possível decoração e coloração da estrutura.

4.3.5 Danos às pinturas

A proteção oferecida pela pintura diminui com o tempo, por causa de vários fenômenos que podem aumentar sua permeabilidade:
- assiste-se a um progressivo adelgaçamento da película protetora devido à degradação do material polimérico que a constitui; estima-se que, em climas temperados, o consumo seja de 1-2 μm/ano para tintas alquídicas e de 5 μm/ano para tintas a óleo;
- o aumento da rigidez da tinta e, portanto, a redução no tempo da sua capacidade de adequar-se às variações dimensionais do substrato podem provocar neste a fissuração, a escamação ou o descolamento (*peeling*);
- quando tem início a corrosão na área dos defeitos da pintura ou das suas fissurações, o ataque pode prosseguir sob a tinta, provocando o seu progressivo descolamento (Fig. 4.7).

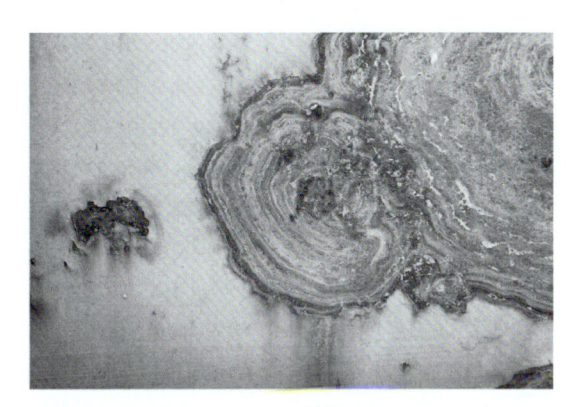

Fig. 4.7 Avanço da corrosão sob a tinta, a partir de defeitos do revestimento

As transformações que a tinta sofre com o tempo reduzem sua capacidade de proteger o aço. Um ciclo de pintura, em função das modalidades de aplicação e das condições ambientais, pode permanecer eficaz por algumas dezenas de anos. Como são expostas diretamente à atmosfera porções cada vez maiores da superfície do aço, são necessárias reformas periódicas que requerem a extração da velha pintura e eventual ferrugem, antes de aplicar um novo ciclo de pintura. A experiência mostra como convém, quando a pintura se danifica, intervir o mais rápido possível (quando 0,2%- 0,5% da superfície mostra sinais de ferrugem, por exemplo). A solução mais econômica, em geral, são os retoques ou re-coberturas parciais com uma frequência que depende da severidade das condições ambientais, dos custos da intervenção (ligados à acessibilidade dos elementos estruturais), dos danos diretos ou indiretos provocados por eventuais fenômenos corrosivos (determinados, por exemplo, com inspeções periódicas do estado de conservação da pintura). Na Fig. 4.8, mostra-se um exemplo de ciclo de manutenção que pode permitir, mesmo em um ambiente agressivo, conservar a eficiência do revestimento (corretamente aplicado) por cerca de 25 anos, após os quais é prevista uma substituição completa.

Em alguns casos, a degradação da pintura ocorre precocemente e a eficiência do revestimento torna-se menor pouco depois da aplicação. Isto ocorre devido a uma aplicação errada, quando, por exemplo:

- a preparação da superfície é inadequada e não removeu os óxidos e/ou as graxas superficiais (esta é a causa mais frequente de insucesso);
- a tinta foi aplicada em condições climáticas desfavoráveis, de alta temperatura ou de elevada umidade, por exemplo;
- a película protetora é muito fina, porque foi adicionada, por exemplo, uma quantidade excessiva de solventes;
- há problemas de aderência entre a tinta e o metal; isto ocorre em alguns metais, como o alumínio, o cobre ou o aço galvanizado, para os quais é necessário escolher um *primer* específico, que promova a aderência ao substrato.

4.4 Galvanização

A proteção de uma estrutura em aço exposta à atmosfera pode ser obtida por meio da galvanização, ou seja, com a aplicação de uma camada de zinco sobre a superfície do aço. A camada à base de zinco pode exercer várias ações:

- uma proteção passiva (ou de *barreira*), já que separa o aço do ambiente;
- a possibilidade de vedar pequenas descontinuidades do revestimento, por efeito dos produtos de corrosão do próprio zinco;
- uma ação galvânica benéfica em contato com o aço descoberto nas pequenas zonas de descontinuidade do revestimento.

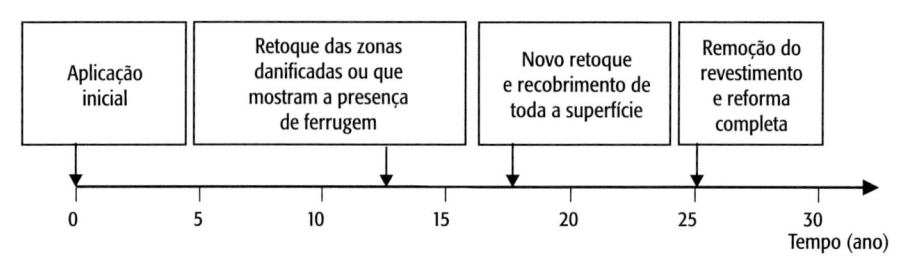

Fig.4.8 Exemplo de ciclo de manutenção de uma pintura

O efeito combinado destas ações pode garantir uma duradoura proteção do aço mesmo em atmosferas agressivas.

4.4.1 Tipos de galvanização

O revestimento da superfície do aço com a galvanização pode ser obtido de várias maneiras, caracterizadas por métodos de aplicação e resultados diferentes.

Um primeiro método consiste na *galvanização a quente por imersão*. O elemento construtivo em aço é imerso em um banho de zinco fundido com uma temperatura de cerca de 450°C. Quando o material é extraído do banho e resfriado, sobre a superfície do aço forma-se uma camada metálica bem aderente, caracterizada por uma parte externa – essencialmente, zinco puro – e uma sequência de camadas internas, constituídas de ligas ferro-zinco, cada vez mais ricas em ferro. Em geral, a espessura total da camada de galvanização é de 80-100 μm.

Com o *borrifamento a quente*, o zinco fundido é aspergido sobre a superfície do aço com um jato de ar. Forma-se, assim, uma camada constituída de pequenas gotas, que se solidificam e aderem ao aço. A espessura pode chegar a valores de 200-300 μm; todavia, o revestimento é mais poroso do que o obtido com a imersão. Os produtos de corrosão do próprio zinco podem, porém, ajudar a vedar os poros. A camada de zinco também pode ser obtida por meio de *eletrodeposição*: o elemento é imerso em um banho de sais de zinco e, com uma corrente catódica, induz-se a migração dos íons Zn^{2+} para a superfície do aço, onde se depositam como zinco. Obtém-se um extrato de zinco puro de espessura de 5-25 μm.

Os métodos de galvanização precedentes podem ser utilizados somente em galpão sobre um elemento construtivo por vez. Na obra ou sobre estruturas já montadas, pode-se recorrer à *galvanização a frio*, que consiste na aplicação de um pó finíssimo de zinco suspenso em um material orgânico ou inorgânico. A concentração de zinco deve ser muito elevada (91%-95%) e o material deve ser aplicado como uma tinta. Este tipo de galvanização pode ser aplicado como demão de fundo em um ciclo de pintura normal (item 4.3.3), com uma espessura de cerca de 70-75 μm. Se for utilizado como único método de proteção, a espessura deve ser aumentada (para 120-200 μm, por exemplo).

4.4.2 Velocidade de corrosão do zinco

O zinco tem uma baixa velocidade de corrosão em um amplo intervalo de pH em torno da neutralidade. O diagrama de Pourbaix do zinco (Fig. A-3.1) mostra um comportamento ativo em condições ácidas e alcalinas, mas evidencia a possibilidade de passivação em ambientes ligeiramente básicos (pH 8,5-11), graças à formação de uma camada protetora estável à base de ZnO, ZnOH ou $ZnCO_3$. Na realidade, a velocidade de corrosão do zinco permanece negligenciável em um intervalo de pH mais amplo (entre 6 e 12,5), como demonstrado na Fig. 4.9. Exposto à atmosfera, o zinco tem uma velocidade de corrosão em geral 20 a 30 vezes

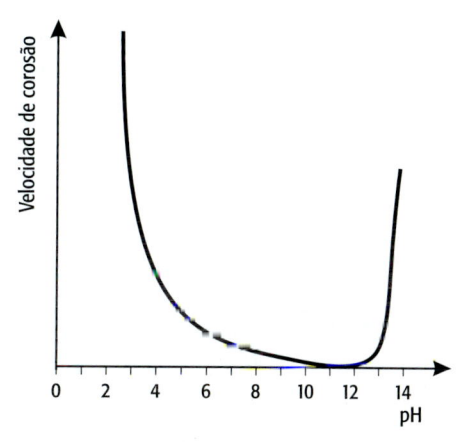

Fig.4.9 Evolução da velocidade de corrosão do zinco em função do pH do ambiente

inferior à do aço, mesmo em zonas industriais e marinhas. Em atmosferas muito poluídas, pode apresentar uma velocidade de corrosão elevada, já que o dióxido de enxofre tende a formar sulfato de zinco solúvel.

Em climas marinhos agressivos, onde grandes quantidades de cloretos se depositam sobre a superfície metálica, pode-se observar velocidades elevadas de corrosão, devido à formação de cloreto de zinco (solúvel e, portanto, não protetor). A Fig. 4.10 mostra esquematicamente a evolução da velocidade de corrosão do zinco em função da concentração de dióxido de enxofre no ar e da velocidade de deposição dos cloretos na superfície. Observa-se como a velocidade de corrosão, em todas as condições ambientais, é claramente inferior à dos aços, mostrada na Fig. 4.3.

como um ânodo de sacrifício, de maneira parecida à que ocorre no caso da proteção catódica das estruturas enterradas ou imersas (item 5.4). No caso da corrosão atmosférica, porém, o ambiente através do qual pode circular a corrente de proteção é constituído por uma fina camada de vapor condensado, que recobre a superfície metálica.

A ação protetora do zinco é, portanto, limitada a uma distância reduzida: o zinco é eficaz para prevenir a corrosão só no caso de descontinuidade de dimensões muito pequenas. Este tipo de proteção pressupõe, porém, o consumo do zinco; a proteção permanece enquanto não se consome a camada de zinco e depende essencialmente da espessura, enquanto é independente do tipo de aplicação. A espessura da galvanização depende, portanto, da agressividade do ambiente, que determina a velocidade de consumo, e da duração da vida útil da estrutura. Da Fig. 4.11, por exemplo, pode-se extrair a espessura necessária da galvanização para garantir uma determinada vida útil em função do tipo de ambiente a que a estrutura está exposta.

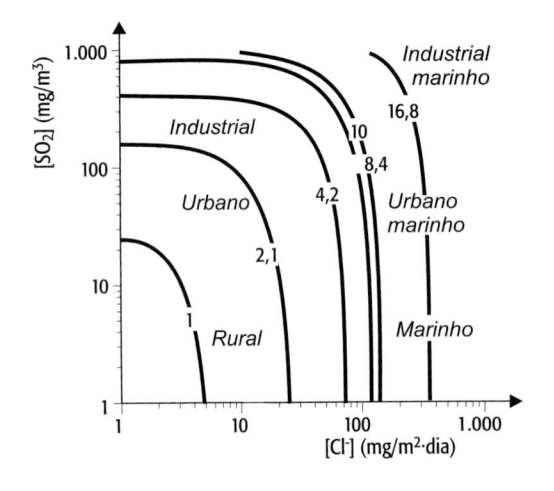

Fig.4.10 Relação entre concentração de SO_2 na atmosfera, velocidade de depósito dos cloretos sobre a superfície e velocidade de corrosão do zinco (μm/ano) (Pedeferri e Bertolini, 1996)

4.4.3 Proteção ativa do aço

Pequenos defeitos no revestimento de zinco podem ser tolerados, já que o zinco exerce uma proteção ativa do aço nas eventuais zonas descobertas. Basicamente, o zinco se comporta

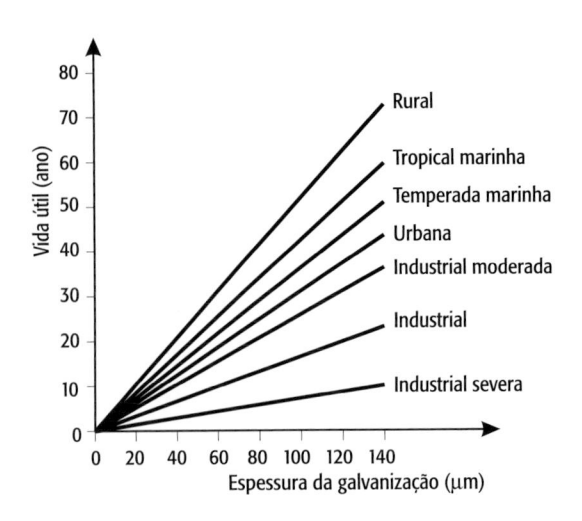

Fig.4.11 Vida útil da galvanização, em função da sua espessura e do ambiente de exposição

4.4.4 Tratamentos posteriores à galvanização

Depois da galvanização, é possível fazer tratamentos para melhorar a proteção oferecida à estrutura. Em alguns casos, faz-se um tratamento de cromatação, que favorece a passivação do zinco e reduz sua velocidade de consumo. A galvanização pode até ser associada a um ciclo de pintura, no qual a galvanização é protegida pela tinta; a combinação da galvanização e de uma tinta permite obter uma sinergia e, portanto, estender a duração total do tratamento. Quando a galvanização é seguida pela aplicação de uma tinta, é necessário atentar para as modalidades de aplicação. De fato, as tintas à base de óleos podem reagir com o zinco, com redução da aderência e risco de descolamento. Em geral, o problema não ocorre se a tinta é aplicada sobre a camada de zinco depois de um certo período de exposição à atmosfera (que permita sua passivação). Se a superfície do zinco não é envelhecida, pode-se fazer tratamentos preliminares (fosfatação, cromatação ou aplicação de *primers* específicos), que promovam a aderência e evitem reações que possam comprometer a aderência.

5 Estruturas de aço enterradas ou imersas

5.1 Corrosão nos solos

Diversas estruturas de aço são enterradas, como as tubulações (aquedutos, oleodutos, metanodutos) ou os reservatórios. Nestes casos, o ambiente agressivo em contato com o metal é constituído pelo solo. Um solo é constituído de partículas sólidas, formadas por desagregação e maturação das rochas sob a ação física, química e biológica exercida pelo ambiente; em geral, além disso, contém substâncias orgânicas. Nos vazios presentes entre as partículas que constituem o solo, está contida uma solução aquosa.

A agressividade de um solo em contato com o aço depende, antes de mais nada, da sua retenção de água, ou seja, a capacidade de reter uma solução líquida no seu interior. A capacidade de um solo para reter a água depende das dimensões das partículas que o constituem. As partículas de um solo são diferenciadas em: pedrisco ou cascalho, quando sua dimensão média é de 2-20 mm; areia, quando é de 0,07-2 mm; silte, se é de 5-70 μm; argilas, se a dimensão média é inferior a 5 μm. Entre as partículas de dimensões maiores, criam-se vazios de grandes dimensões que não retêm água por capilaridade; os solos constituídos por estas partículas permitem, portanto, a drenagem da água (como no caso de cascalho e pedrisco). À medida que diminui a dimensão das partículas, aumenta a capacidade do solo para reter água. No caso dos siltes e das argilas, o conteúdo de água pode ser elevado; neste caso, são possíveis até fenômenos de elevação capilar, que vão buscar a água de zonas mais profundas.

À medida que aumenta o conteúdo de água, tende a diminuir a quantidade de oxigênio presente em um solo, já que sua difusão através dos poros saturados é muito lenta. Em consequência, na superfície de um aço imerso em solos com partículas muito finas (argilas e siltes) a disponibilidade de oxigênio é reduzida; muitas vezes, criam-se condições anaeróbicas.

Já que as condições de corrosão dependem da presença de água e de oxigênio, a dimensão do ataque é, em geral, modesta nos solos com boa drenagem (pela ausência de água) e nos solos saturados de água (pela ausência de oxigênio). Todavia, as efetivas condições de corrosão dependem da composição da solução presente no solo – do seu pH ou dos sais nele dissolvidos, por exemplo. A velocidade de corrosão dos aços nos solos é, assim, variável. Além disso, pode-se criar condições em que a corrosão é possível até com um pequeno aporte de oxigênio.

5.1.1 Corrosão generalizada nos solos aerados

Quando o solo não está saturado de água, o ar (e, portanto, o oxigênio) pode penetrar através dos poros e chegar à superfície do aço. Se o solo não é ácido (pH > 5), a reação catódica é, em geral, a redução do oxigênio. Neste caso, a velocidade de corrosão do aço é determinada pela quantidade de oxigênio que pode chegar às armaduras e, portanto, pela corrente-limite de difusão de oxigênio, ou pela resistividade elétrica do solo.

Quando o solo é úmido, o fator determinante é representado pela disponibilidade de oxigênio: com efeito, a resistividade elétrica é, em geral, modesta e não é um fator relevante com relação à velocidade de corrosão. A velocidade de corrosão é substancialmente governada pela corrente-limite de difusão de oxigênio (item 3.2.4), como demonstrado na Fig. 5.1. Na prática, pode-se medir velocidade de corrosão da ordem de algumas dezenas de μm/ano. Com o tempo, porém, a formação de óxidos próximos à sua superfície, depois da corrosão do aço, constitui uma barreira adicional à difusão do oxigênio.

A velocidade de corrosão diminui, assim, depois de alguns anos de exposição e chega a valores uma ordem de grandeza inferiores (Fig. 5.1).

Quando a umidade do solo é baixa, a difusão do oxigênio não é fator determinante. Neste caso, a queda ôhmica entre as zonas anódicas e catódicas assume um papel prevalecente. À medida que aumenta a resistividade elétrica do solo, diminui, portanto, a velocidade de corrosão do aço (Aprofundamento 4.1). A Fig. 5.2 demonstra a variação da resistividade dos solos em função de seu conteúdo de umidade. Em geral, à medida que aumenta a umidade, diminui a resistividade elétrica. Todavia, em solos arenosos, constituídos por grandes partículas, a resistividade pode permanecer elevada (> 1.000 Ω·m) mesmo em condições úmidas. Nos solos argilosos, constituídos de partículas extremamente finas, a resistividade elétrica apresenta valores inferiores diversas ordens de grandeza. Nos solos agrícolas comuns, constituídos de uma fração arenosa e outra argilosa, tem-se um comportamento intermediário.

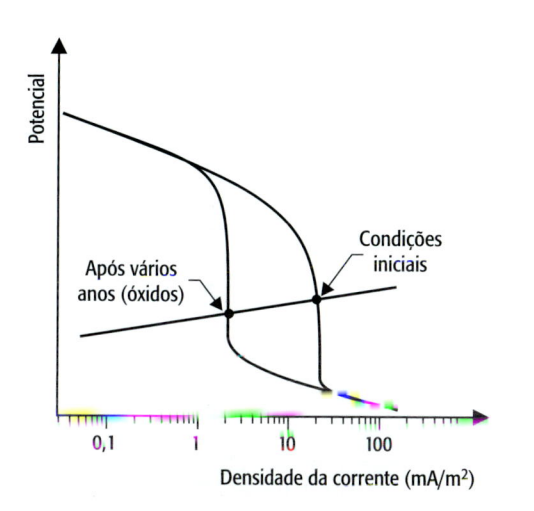

Fig. 5.1 Condições de corrosão do aço em um solo aerado úmido

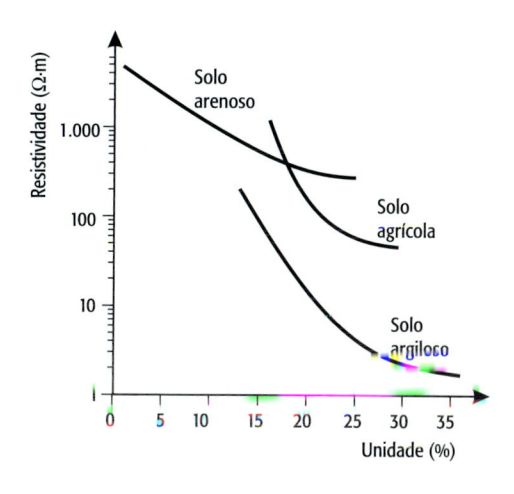

Fig. 5.2 Resistividade de um solo em função do conteúdo de umidade e da granulometria das partículas (valores indicativos) (Pedeferri e Bertolini, 1996)

A influência da resistividade elétrica do solo sobre a velocidade de corrosão do aço permitiu formular correlações empíricas entre as duas grandezas. A Tab. 5.1, por exemplo, reporta uma dessas correlações, úteis para uma primeira avaliação da agressividade de um solo em contato com os aços, com base em uma simples medida da resistividade elétrica do solo (Cap. 14).

Tab. 5.1 Correlação empírica entre resistividade do solo e velocidade de corrosão do aço

Resistividade ($\Omega \cdot m$)	Corrosividade
< 5	muito severa
5-10	severa
10-30	moderada
30-100	leve
100-250	rara
> 250	negligenciável

Quando o solo tem um pH inferior a 5, o parâmetro de controle pode ser a acidez do solo. Se o solo é úmido, a corrente-limite de difusão de oxigênio é baixa e a resistividade do solo é negligenciável. O processo determinante pode, assim, tornar-se uma reação catódica de desenvolvimento de hidrogênio.

Como demonstrado na Fig. 5.3, à medida que diminui o pH a curva de polarização da reação catódica de desenvolvimento de hidrogênio migra para potenciais mais elevados (por causa do aumento do potencial de equilíbrio neste processo, item 3.2.3). Em consequência, a velocidade de corrosão do aço aumenta quando diminui o pH.

Os sais dissolvidos no solo podem contribuir para aumentar a velocidade de corrosão do aço. Em particular, estando iguais outras condições, assiste-se a um aumento marcante da velocidade de corrosão quando estão presentes quantidades significativas de íons de cloreto e sulfato. Estes íons, com efeito, reduzem a proteção oferecida pela camada de produtos calcários e de óxidos que se forma na superfície do aço e permitem a formação de ataques localizados sob esta camada.

Como consequência da formação de uma camada não protetora, por um lado não se observa a diminuição no tempo da velocidade de corrosão e, por outro, formam-se zonas onde o ataque tem uma elevada penetração. A Fig. 5.4, por exemplo, demonstra a evolução da velocidade de corrosão do aço em função do conteúdo dos cloretos e sulfatos. Nos dois casos, observa-se um aumento progressivo da

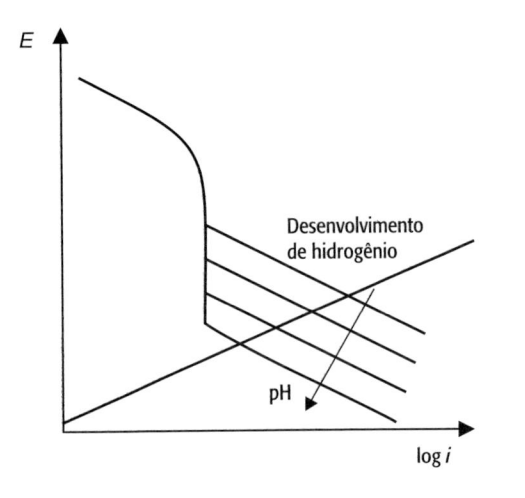

Fig. 5.3 Efeito do pH de um solo (ácido) sobre a velocidade de corrosão do aço

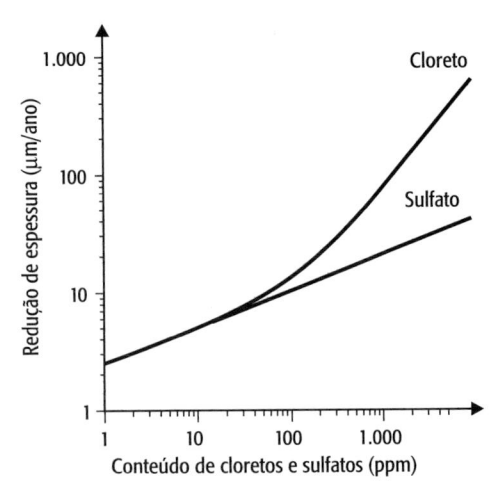

Fig. 5.4 Efeito dos cloretos e dos sulfatos na corrosão do aço nos solos (Pedeferri e Bertolini, 1996)

velocidade de redução da espessura, à medida que aumenta a concentração dos íons dissolvidos na solução presente no solo. A aceleração mais marcante do ataque é determinada pelos cloretos, quando estão presentes em concentrações superiores a cerca de 200 ppm.

5.1.2 Corrosão por contato galvânico

As estruturas em aço imersas no solo podem entrar em contato com outros materiais metálicos enterrados e sofrer um ataque por contato galvânico. No item 3.2.3, viu-se como os processos de dissolução dos metais apresentam potenciais de equilíbrio diferentes (Tab. 3.1). Quando dois metais são expostos a uma solução aquosa, portanto, podem apresentar potenciais diferentes e, se estão em contato elétrico, uma corrente pode circular entre eles. O sistema constituído pelos dois metais vai a um potencial intermediário entre os potenciais dos dois metais isolados. Diminui, assim, o potencial do metal com potencial mais alto (metal *mais nobre*); diz-se, neste caso, que este metal sofre uma *polarização catódica*. Inversamente, aumenta o potencial do metal com potencial menor (metal *menos nobre*), ou seja, sofre uma *polarização anódica*. A este fenômeno dá-se, também, o nome de *macropilhas*, já que ocorre, no nível macroscópico, uma separação entre as zonas anódicas e catódicas. Na *macropilha*, os eletrodos são constituídos por dois materiais: sobre o mais nobre ocorre (preferencialmente) a reação catódica, enquanto sobre o menos nobre ocorre (preferencialmente) a reação anódica. O resultado dessa pilha galvânica é, em geral, um aumento da velocidade de corrosão do metal polarizado anodicamente e uma diminuição da velocidade de corrosão do metal polarizado catodicamente (Aprofundamento 5.1). A corrosão por contato galvânico, em geral, pode ocorrer sobre um metal em contato elétrico com um material metálico mais nobre, quando ambos estão imersos em um eletrólito (solo, água do mar etc.). Um caso prático importante de corrosão para as estruturas de aço enterradas resulta do contato com o cobre, pela presença, por exemplo, de cabos de aterramento. Quando, inversamente, o contato ocorre com um metal menos nobre como, por exemplo, o zinco, o aço é protegido pela pilha galvânicia; este princípio é explorado pela proteção catódica (item 5.3).

Os efeitos da pilha galvânica e, em particular, o aumento da velocidade de corrosão sobre o metal menos nobre dependem de fatores ligados aos materiais, ao ambiente de exposição e à geometria da estrutura.

Aprofundamento 5.1 **Macropilhas**

No item 3.2.1, ilustrou-se o mecanismo eletroquímico da corrosão, esclarecendo os quatro processos necessários para a produção da corrosão: as reações anódica e catódica e o transporte de corrente no ambiente e no metal (Fig. 3.5). Quando um metal entra em contato com uma solução, as condições de corrosão são determinadas pela igualdade entre a corrente anódica e a catódica e podem ser especificadas pela interseção das curvas de polarização anódica e catódica (Aprofundamento 3.2), a menos que se tornem significativas as contribuições de natureza ôhmica (Aprofundamento 4.1). Em geral, as zonas onde ocorrem os processos anódico e catódico não são diferentes. Em alguns casos, porém, pode-se formar áreas diferentes (a nível macroscópico) sobre as quais ocorrem os dois fenômenos. Fala-se, neste caso, de *macropilhas*. Para a formação de uma macropilha, é necessário que:

a) existam dois metais com potencial diferente ou haja um metal que apresenta, sobre sua superfície, zonas com potencial diferente (para diferentes condições de aeração, por exemplo, item 5.1.3);

b) os dois metais estejam em contato, para que seja garantida a continuidade elétrica e os elétrons possam circular de um metal para outro;

c) os dois metais sejam expostos a um ambiente que permita a circulação da corrente (iônica) necessária para fechar o "circuito" da Fig. 3.5.

A Fig. A-5.1a ilustra, como exemplo, o caso de dois metais de comportamento ativo expostos ao mesmo ambiente. O metal *1*, que apresenta um potencial de equilíbrio maior que o do metal *2* ($E_{eq,1} > E_{eq,2}$), é chamado de *mais nobre* no jargão dos especialistas em corrosão. Supondo que, no ambiente considerado, as curvas de polarização anódica e catódica dos dois metais sejam aquelas representadas na Fig. A-5.1a, os dois metais terão um potencial de corrosão igual respectivamente a $E_{corr,1}$ e $E_{corr,2}$. Entre os dois metais haverá, portanto, uma diferença de potencial:

$$\Delta E = E_{corr,1} - E_{corr,2}$$

Se os dois metais estão em contato (seja metálico, seja através do ambiente), esta diferença de potencial gera a circulação de uma corrente. Para compreender os efeitos desta corrente, deve-se considerar todos os processos representados na Fig. A-5.1a e, assim como foi ilustrado no Aprofundamento 3.2, deve-se considerar que o sistema, constituído pelos dois metais em contato e pelo ambiente, chegue a uma condição de equilíbrio, na qual a soma das correntes catódicas iguale a das correntes anódicas ($\Sigma I_c = \Sigma I_a$). Supondo que os dois metais tenham a mesma área exposta ao ambiente (A), esta condição vale também para as densidades de corrente ($\Sigma i_c = \Sigma I_c/A = \Sigma I_a/A = \Sigma I_a$). Caso se suponha que o ambiente tenha uma elevada condutibilidade elétrica (e que, portanto, se pode desprezar as contribuições ôhmicas), deve-se, além disso, supor que os dois metais atinjam o mesmo potencial.

A Fig. A-5.1a mostra como as duas condições precedentes são verificadas no ponto de intersecção da curva catódica do metal mais nobre e da curva anódica do metal menos nobre (como já ilustrado no Aprofundamento 3.2, pode-se desprezar a contribuição dos outros processos anódicos e catódicos). Especificam-se, assim, um potencial comum (E_{macro}) e uma densidade de corrente comum (i_{macro}). Os dois metais, quando coligados entre si, assistem assim a uma variação de seu potencial:

◢ o metal mais nobre sofre uma *polarização catódica* de dimensão igual a $E_{corr,1} - E_{macro}$;
◢ o metal menos nobre sofre uma *polarização anódica* de dimensão igual a $E_{macro} - E_{corr,2}$.

A polarização catódica do metal *1* determina uma diminuição da atividade anódica sobre este metal (e, assim, uma diminuição da velocidade de corrosão), enquanto a polarização anódica do metal *2* determina um aumento da atividade anódica (e, assim, um aumento da velocidade de corrosão).

O metal *1* se beneficia (proteção catódica, item 5.3), enquanto o metal *2* sofre um incremento do ataque corrosivo (pilha galvânica). Observa-se como a formação da macropilha – e, portanto, a necessidade dos dois metais de operar com um potencial E_{macro} – determina o surgimento do processo catódico sobre o metal mais nobre com uma velocidade igual a E_{macro} e o surgimento do processo anódico sobre o metal menos nobre, com uma velocidade também igual a E_{macro} (a rigor, isto só é verdade se as contribuições dos outros processos ligados ao potencial E_{macro} forem efetivamente desprezíveis).

Na Fig. A-5.1a, viu-se como a diferença de potencial ocasionada pela macropilha é determinada mediante os potenciais de corrosão dos dois metais no ambiente. Caso se considerem os potenciais de equilíbrio dos dois metais, pode-se cometer erros grosseiros. Por exemplo, a Fig. A-5.1b mostra o caso de empilhamento entre dois metais que, no ambiente considerado, têm um comportamento eletroquímico diferente. O metal 1 tem um potencial de equilíbrio superior $E_{eq,1}$ e um comportamento anódico ativo que o leva (na ausência da pilha galvânica) a ter o potencial de corrosão $E_{corr,1}$. O metal 2, que tem um potencial de equilíbrio inferior ($E_{eq,2}$), pode atingir um potencial de corrosão superior ao do metal 1 ($E_{corr,2} > E_{corr,1}$), graças ao seu comportamento ativo-passivo.

Em seguida à formação da pilha galvânica, atinge-se o potencial E_{macro}; assim, o metal 2 é polarizado catodicamente, enquanto o metal 1 é polarizado anodicamente e sofre um incremento da velocidade de corrosão.

Este exemplo mostra como os efeitos de uma macropilha não dependem apenas de considerações termodinâmicas (e, portanto, só dos potenciais de equilíbrio), mas dependem da efetiva cinética de surgimento dos processos anódicos e catódicos.

Variações ambientais que levam a modificações no comportamento eletroquímico de um dos dois metais podem modificar os efeitos de uma macropilha e, em alguns casos, até inverter o sentido de funcionamento. O zinco, por exemplo, que em geral protege o ferro, em temperaturas elevadas pode causar ataque galvânico sobre os aços (depois da inversão da macropilha).

Ao avaliar os efeitos de uma macropilha, só se podem desprezar as contribuições de natureza ôhmica devidas à circulação de corrente no ambiente (como suposto nos exemplos precedentes) quando o ambiente tem uma resistividade elétrica muito baixa e um volume elevado. Estas condições apresentam-se, por exemplo, nas estruturas marinhas, onde os efeitos de macropilha galvânica são, em geral, muito marcantes (pelo mesmo motivo, porém, é favorecida a aplicação da proteção catódica). Em ambientes com resistividade elevada, como os solos secos ou as águas doces, os efeitos das macropilhas podem ser notavelmente reduzidos justamente pelas contribuições da queda ôhmica. No caso das estruturas expostas à atmosfera, onde o volume de eletrólito é reduzido, as consequências das pilhas galvânicas são, em geral, limitadas a pequeníssimas distâncias (no máximo, alguns mm).

Fig. A-5.1a Combinação das curvas de polarização de dois metais que foram uma macropilha

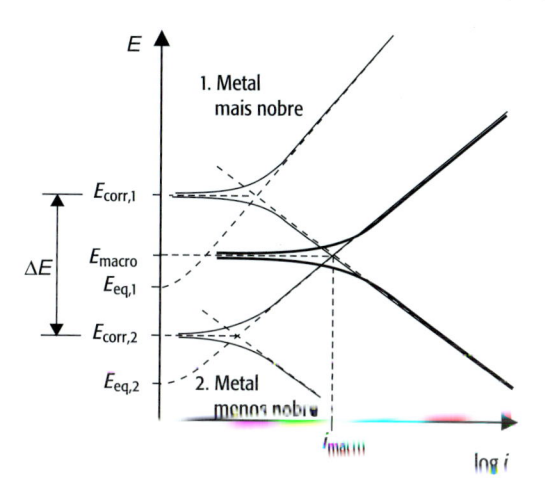

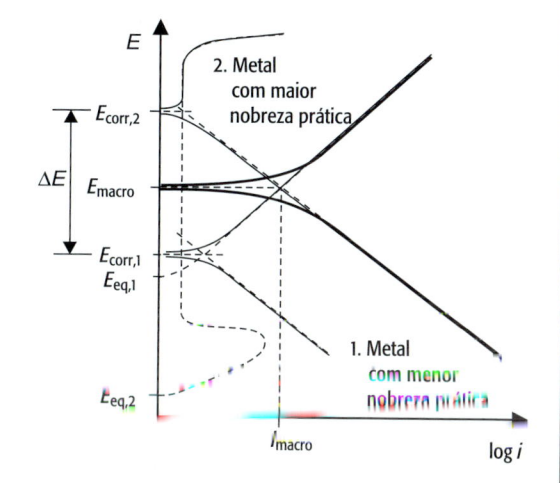

Fig. A-5.1b Macropilha entre um material ativo e um passivo

No que se refere à natureza dos metais, o fator mas importante é a diferença de potencial. Como ilustrado no Aprofundamento 5.1, a força eletromotriz para o funcionamento da macropilha (ΔE) é fornecida pela diferença entre os potenciais de corrosão dos dois metais. Já que o potencial de corrosão de um metal depende também das condições ambientais, ΔE deve ser avaliado em função do ambiente. Não sendo possível referir-se à escala de nobreza dos metais fornecida pela série eletroquímica dos potenciais de equilíbrio padrão (Tab. 3.1), foram construídas séries de nobreza prática, que classificam os metais em função dos potenciais que, em geral, eles assumem nos diferentes ambientes.

A Tab. 5.2, por exemplo, reporta os valores típicos de potencial que alguns metais utilizados nas construções assumem nos solos ou na água do mar. À medida que cresce a diferença de potencial entre os dois metais, aumenta, assim, a força eletromotriz da macropilha; todavia, o incremento efetivo da velocidade de corrosão do metal com nobreza prática inferior depende da evolução das curvas de polarização anódica e catódica (Aprofundamento 5.1).

Um segundo fator de notável importância em relação aos efeitos da pilha galvânica é a relação entre as áreas anódica e catódica. A necessidade de garantir que os elétrons produzidos pelos processos anódicos sejam consumidos pelos processos catódicos requer a imposição de que a corrente anódica I_a seja igual à catódica I_c. Caso a área de metal que se comporta como anodo (A_a) seja igual à do metal que se comporta como catodo (A_c), a igualdade estende-se também às densidades de corrente:

$$i_a = I_a/A_a = I_c/A_c = i_c$$
$$(I_a = I_c \text{ e } A_a = A_c)$$

(5.1)

As condições de corrosão podem, assim, ser determinadas através das curvas de polarização.

Quando as duas áreas são diferentes, inversamente, as condições de corrosão dependem de sua relação, como ilustrado na Fig. 5.5. A intensidade do ataque sobre o metal menos nobre aumenta quando diminui a relação entre área anódica e área catódica. Neste caso, a densidade de corrente anódica é maior do que a da catódica. Como se viu, em muitas situações a velocidade de corrosão do processo catódico é determinada pela corrente-limite de difusão de oxigênio e portanto: $i_c = i_L$ (Fig. 3.10). Se $A_a << A_c$, então tem-se $i_a >> i_c$ e, assim, sobre o metal menos nobre, $i_{corr} = i_a >> i_L$. Com efeito, a velocidade de corrosão está ligada, através da lei de Faraday, à densidade de corrente anódica. Mesmo em condições de aporte

Tab. 5.2 Valores de potenciais "práticos" de alguns metais nos solos e na água do mar (valores em mV vs. Cu/CuSO$_4$)

Metal	No solo	Na água do mar
Magnésio	-1,7 / -1,5	-1,5
Zinco	-1,04 / -0,95	-1
Aço galvanizado	-0,95 / -0,8	-
Aço revestido	-0,7 / -0,55	-
Aço não revestido	-0,55	-0,55
Aços inoxidáveis (passivos)	0	0
Cobre	0	-0,2

Fonte: Pedeferri (1978).

reduzido de oxigênio, portanto, a velocidade de corrosão do metal menos nobre pode sofrer um incremento notável. Caso a área anódica seja maior que a área catódica, os efeitos da pilha galvânica são modestos; a velocidade de corrosão do metal será, assim, semelhante à que se obteria na ausência da macropilha.

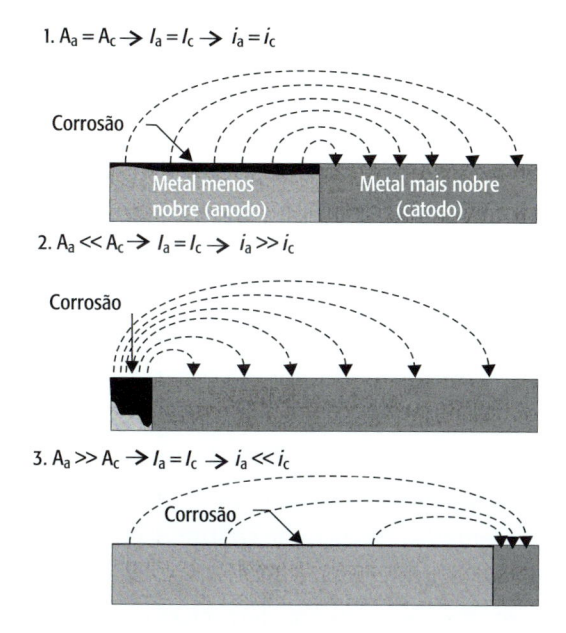

1. $A_a = A_c \rightarrow I_a = I_c \rightarrow i_a = i_c$

2. $A_a \ll A_c \rightarrow I_a = I_c \rightarrow i_a \gg i_c$

3. $A_a \gg A_c \rightarrow I_a = I_c \rightarrow i_a \ll i_c$

Fig.5.5 Efeito da dimensão relativa das áreas anódica e catódica numa pilha galvânica: (1) áreas equivalentes implicam corrosão generalizada e superficial; (2) áreas anódica pequena e catódica grande implicam corrosão intensa e profunda; (3) áreas anódica grande e catódica pequena implicam corrosão superficial leve e generalizada

A efetiva extensão das zonas de comportamento anódico e catódico depende também da resistividade elétrica do ambiente. Com efeito, a circulação de corrente no ambiente das zonas anódicas para as catódicas determina uma queda de potencial de natureza ôhmica, que dissipa parte da força eletromotriz disponível. A queda ôhmica depende da resistividade elétrica da solução em contato com os dois metais e de fatores geométricos. Quando o ambiente tem uma baixa resistividade (e, assim, uma alta condutibilidade), os efeitos do par galvânico podem manifestar-se a uma grande distância (Fig. 5.6). Inversamente, se a resistividade do ambiente é elevada, as contribuições da queda ôhmica podem limitar, de fato, a circulação de corrente para as zonas mais próximas dos dois metais.

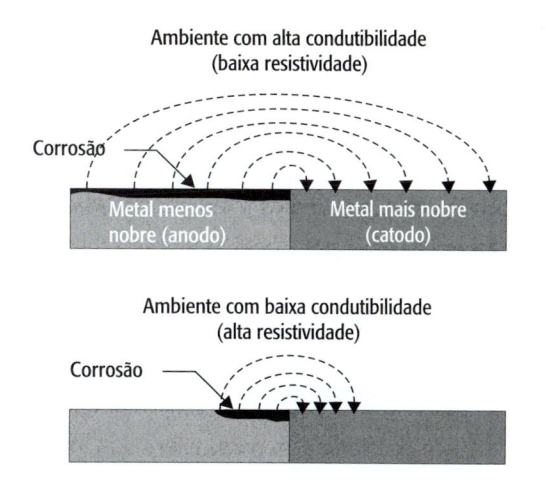

Fig.5.6 Efeito da dimensão relativa das áreas anódica e catódica num par galvânico, dependente da condutibilidade iônica do ambiente

As consequências do par galvânico são, assim, mais graves quando.

- os metais têm uma elevada diferença de nobreza prática;
- a superfície exposta do metal menos nobre é menor do que a do metal mais nobre (por exemplo, deve-se evitar o uso de elementos de junção, como parafusos ou arrebites, em material menos nobre do que o metal utilizado para a estrutura);
- o ambiente tem uma baixa resistividade e não é confinado, como no caso dos solos úmidos e da água do mar; as consequências são, porém, modestas em ambientes com elevada resistividade (como os solos secos e as águas doces) ou quando a espessura do eletrólito é pequena (como no caso da corrosão atmosférica).

5.1.3 Corrosão por aeração diferencial

Às vezes, sobre a superfície das estruturas enterradas, criam-se condições de aeração diferencial. Estas podem ser produzidas, por exemplo, pela passagem através de solos de composições diferentes. A Fig. 5.7 mostra um elemento de aço que atravessa um solo em parte arenoso e em parte argiloso. A granulometria diferente das partículas que constituem os dois tipos de solo determina diferentes condições de umidade e, assim, de conteúdo de oxigênio: a zona arenosa será caracterizada por menor umidade e maior aeração do que a zona argilosa.

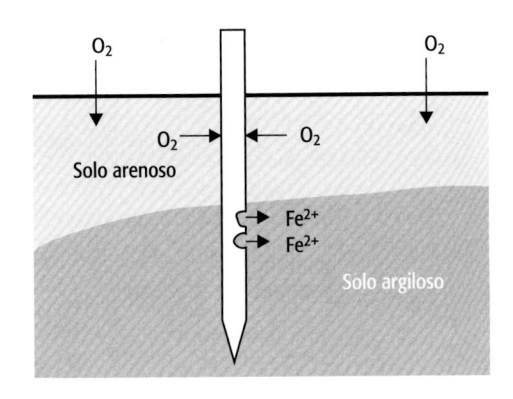

Fig. 5.7 Corrosão de um elemento em aço em um solo de composição variável

Quando se criam condições de aeração diferencial, como já ilustrado na experiência de Evans (Aprofundamento 3.3), o ataque tende a localizar-se na zona com menor aporte de oxigênio. Com efeito, o menor conteúdo de oxigênio determina um potencial inferior nesta zona em relação à zona aerada; gera-se, assim, uma macropilha. Na parte aerada, ocorre principalmente a reação anódica (e, assim, esta se corrói mesmo que não seja atingida diretamente pelo oxigênio).

5.1.4 Corrosão por correntes de fuga

Nos solos circulam, com frequência, *correntes de fuga* por linhas de trem ou de bonde, por instalações de proteção catódica, de aterramento, de linhas de alta tensão. A corrente de fuga pode atravessar até estruturas metálicas enterradas (tubulações, reservatórios, estruturas industriais e marinhas), alterando seu estado elétrico (fala-se de *interferência elétrica*). As correntes de fuga nos solos podem ser contínuas ou alternadas. As correntes alternadas podem ter consequências apreciáveis sobre a corrosão dos aços só em casos específicos, nos quais se atingem densidades de corrente extremamente elevadas; não serão, portanto, consideradas.

As correntes contínuas são, em geral, produzidas por instalações de tração (a maior parte das linhas de trem e de bonde na Itália é alimentada por corrente contínua) ou por instalações de proteção catódica (item 5.3). A alimentação dos sistemas ferroviários prevê um circuito constituído pelo cabo aéreo e pelos trilhos, fechado através do próprio trem ou de uma subestação de alimentação através dos trilhos (Fig. 5.8). A corrente de volta à subestação de alimentação através dos trilhos pode, em parte, abandonar a ferrovia e fluir para o solo e, portanto, para as estruturas metálicas presentes nele (em geral, tubulações), se estas puderem fornecer um circuito de volta com menor resistência elétrica. Cria-se, assim, um circuito no qual a corrente:

- abandona os trilhos para passar pelo solo (ocorre uma reação anódica);
- passa do solo para a tubulação de aço (ocorre uma reação catódica);
- atravessa tubulação e volta ao solo (através de uma nova reação anódica) nas imediações da subestação de alimentação;
- enfim, volta aos trilhos (reação catódica).

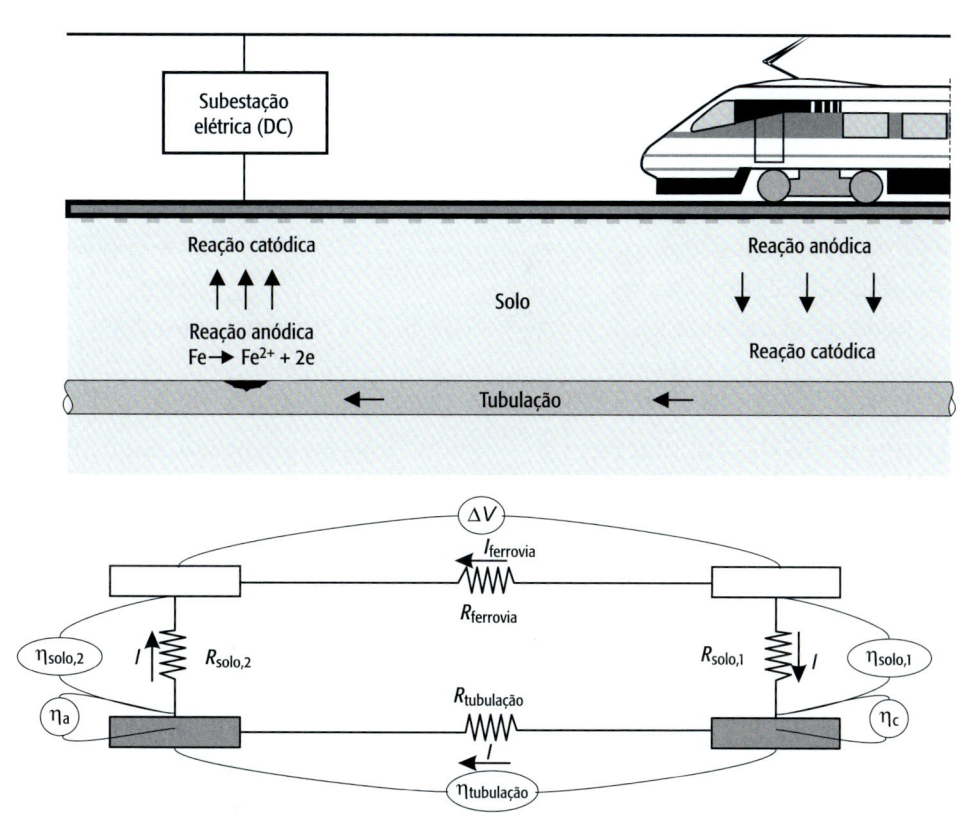

Fig. 5.8 Interferência de uma tubulação enterrada por efeito da corrente de fuga por uma ferrovia e circuito elétrico equivalente (Pedeferri e Bertolini, 1996)

No ponto onde a corrente abandona a tubulação, verifica-se uma reação anódica que determina a corrosão da tubulação. Em geral, a tubulação é revestida e, portanto, o ataque pode concentrar-se em pequenas áreas onde há defeitos no revestimento, determinando elevadas velocidades de penetração. O processo anódico nos trilhos não produz danos significativos, já que o movimento do trem distribui estes efeitos ao longo de toda a ferrovia.

Os efeitos da interferência na zona anódica estão ligados à dimensão da corrente I que atravessa a tubulação e a área A, sobre a qual se distribui a reação anódica (e, portanto, a densidade da corrente anódica $i_a = I/A$).

A corrente I, em primeira aproximação, pode ser calculada igualando a queda de tensão ΔV ao longo dos trilhos (caracterizado pela circulação da corrente $I_{ferrovia}$ e pela resistência elétrica $R_{ferrovia}$) e ao longo do percurso alternativo (caracterizado pela corrente I e pela resistência elétrica $R_{solo,1} + R_{tubulação} + R_{solo,2}$):

$$\Delta V = I \cdot (R_{solo,1} + R_{tubulação} + R_{solo,2}) = I_{ferrovia} \cdot R_{ferrovia} \quad (5.2)$$

A corrente de interferência I pode ser mitigada mediante a redução da resistência elétrica da ferrovia (isto é, garantindo um bom contato elétrico entre os trilhos) e o aumento da resistência elétrica em direção ao solo (por exemplo, isolando a ferrovia do solo).

5.1.5 Corrosão bacteriana

Nos solos saturados, instauram-se condições anaeróbicas e, assim, não pode surgir a reação catódica de redução de oxigênio. Quando se instauram condições anaeróbicas, todavia, a corrosão é possível mesmo em solos neutros ou básicos, se estes forem ricos em material orgânico e contiverem sulfatos. Nestas condições, com efeito, podem desenvolver-se bactérias capazes de promover reações catódicas através da redução de sulfatos a sulfetos (bactérias sulfato-redutoras). Nestas condições, o aço pode sofrer velocidades de corrosão muito elevadas (até 1 mm/ano).

5.1.6 Proteção das tubulações de aço enterradas

As tubulações enterradas, sobretudo se transportam gás ou líquidos inflamáveis, devem ser protegidas da corrosão de modo eficaz, para prevenir tanto o adelgaçamento uniforme da parede do cano quanto o desenvolvimento de ataques corrosivos penetrantes que possam resultar em furos.

O sistema de proteção mais eficaz é baseado em uma dupla proteção, garantida por um revestimento e pela aplicação da proteção catódica (Lazzari e Pedeferri, 2006). Os revestimentos das estruturas enterradas agem, em geral, com um efeito barreira, análogo ao dos revestimentos das estruturas expostas à atmosfera (item 4.3.2). Mas, no caso das obras enterradas, utilizam-se revestimentos de maior espessura. Em geral, não havendo algum requisito estético, pode-se empregar revestimentos à base de betume e alcatrão. No caso de tubulações para as quais é necessário garantir um revestimento o mais eficiente possível (gasodutos, por exemplo), pode-se aplicar revestimentos à base de epóxi ou fitas de polietileno. Uma proteção particularmente eficaz pode ser obtida com um revestimento polimérico (de polietileno ou polipropileno) expelido diretamente sobre a tubulação.

Nenhum tipo de revestimento é, no entanto, capaz de garantir a ausência de defeitos com o tempo. Por este motivo, além do revestimento, pode-se aplicar a proteção catódica (item 5.3). Esta técnica é capaz de proteger o aço exposto onde há falha de revestimento. Na Itália, a proteção catódica é exigida por lei para as tubulações que transportam substâncias inflamáveis.

5.2 Corrosão nas águas

Os aços podem estar em contato direto com águas naturais tanto quando integram obras imersas quanto ao serem utilizados em tubulações para o transporte das águas (por exemplo, aquedutos ou circuitos de aquecimento ou resfriamento). A ação corrosiva das águas depende de diferentes fatores. Para facilitar, é melhor separar o caso das águas doces e da água do mar.

5.2.1 Águas doces

As águas doces compreendem:
- a água de chuva: em teoria, trata-se de água pura, mas, na realidade, as precipitações carreiam as substâncias presentes na atmosfera (particularmente os óxidos de enxofre e nitrogênio) e, portanto, apresentam características de acidez;
- as águas superficiais, que correm nos riachos, rios ou lagos; em contato com a atmosfera e o solo e devido aos dejetos urbanos e industriais, elas se enriquecem, em concentrações muito variáveis, de substâncias orgânicas e minerais;
- as águas subterrâneas: a percolação através do solo elimina as substâncias suspensas e as bactérias; mas a água solta também as substâncias minerais contidas no solo e nas rochas, enriquecendo-se dos íons dos sais presentes (por exemplo, Ca^{2+} e Mg^{2+} e CO_3^{2-}, no caso dos solos calcários).

Estas águas podem ser coletadas e, depois de uma eventual depuração, podem ser distribuídas na rede hídrica de água potável. As águas doces podem corroer os aços caso contenham oxigênio (ou um outro reagente catódico, como, por exemplo, o cloro usado para sua esterilização). Na ausência de oxigênio, podem ocorrer ataques de corrosão por bactérias do tipo anaeróbico, em particular por bactérias sulfato-redutoras.

Do ponto de vista da corrosão das tubulações de aço (ou de outro material metálico), as águas naturais caracterizam-se por diversos parâmetros, descritos no Aprofundamento 5.2. A dimensão da corrosão depende, com frequência, do poder de incrustação da água, isto é, de sua capacidade de formar, sobre a superfície metálica, um depósito calcário, constituído principalmente de carbonato de cálcio. As águas incrustantes, que tendem, pois, a depositar $CaCO_3$, são, em geral, pouco agressivas. O poder incrustante de uma água depende dos equilíbrios químicos de saturação dos carbonatos e, assim, do pH, CO_2, temperatura, alcalinidade, conteúdo salino.

Para as águas não incrustantes, a velocidade de corrosão depende da velocidade com a qual o oxigênio pode chegar à superfície do aço (que depende da quantidade de oxigênio dissolvido na água e das condições de agitação). A presença de sais dissolvidos na água pode estimular a corrosão do aço, sobretudo se estão presentes íons de cloreto e sulfato.

APROFUNDAMENTO 5.2 **Principais características das águas**

Para avaliar a agressividade de uma água doce, são considerados diversos parâmetros. Aqui, estão listados os fatores mais importantes.

Alcalinidade e acidez. A alcalinidade ou acidez de uma água mede a sua capacidade de neutralizar soluções respectivamente ácidas ou básicas. A alcalinidade é ligada essencialmente ao conteúdo de íons OH^-, CO_3^{2-}, HCO_3^-. A medida da alcalinidade de uma água, com respeito ao pH, dá informações sobre seu *poder tamponante*, isto é, sua capacidade de receber adições de substâncias ácidas sem modificar significativamente o seu pH. Na prática, pode-se determinar uma alcalinidade total (AlkM), que mede os equivalentes de ácido necessários para atingir o ponto de equivalência do alaranjado de metila (pH 4,5) ou uma alcalinidade AlkP, que mede os equivalentes de ácido necessários para atingir o ponto de equivalência da fenolftaleína (pH 8). A acidez da água está ligada à quantidade de CO_2 livre presente e é medida por titulação com uma solução básica, até o ponto de viragem da fenolftaleína.

Dureza. A dureza de uma água expressa o conteúdo de cálcio e magnésio, isto é, dos elementos que concorrem para a formação das incrustações calcárias (carbonato de cálcio, $CaCO_3$, ou carbonatos mistos de cálcio e magnésio, ou seja, $Mg(OH)_2$ por decomposição do carbonato de magnésio). Distinguem-se três tipos de dureza: total, temporária e permanente. A dureza total determina-se imediatamente após a coleta e exprime o conteúdo total de cálcio e magnésio; a dureza permanente é aquela que persiste depois de fervida e filtrada a água; a temporária é determinada pela diferença entre as duas primeiras. Usualmente, a dureza é medida em mg/ℓ de $CaCO_3$ (equivalente ao conteúdo de Ca e Mg). Usam-se também os graus franceses (°fH), onde 1°fH corresponde a 10 mg/ℓ de $CaCO_3$ (equivalentes à soma de Ca e Mg) e os graus alemães (°dH), onde 1°dH corresponde a 10 mg/ℓ de CaO equivalentes. As águas doces são classificadas com base na dureza em: muito moles (0-7°fH), moles (7-15° fH), duras (15-22°fH), muito duras (22-35°fH) e duríssimas (>35°fH).

Poder incrustante. Por poder incrustante das águas entende-se a tendência a formar depósitos mais ou menos compactos sobre paredes metálicas. Como já se disse, esta tendência é de notável importância porque, muitas vezes, a formação de um depósito fino e compacto pode desempenhar a função de proteger as superfícies em contato com as águas doces. O principal componente dos depósitos é o $CaCO_3$, cuja precipitação é regulada pelas características incrustantes da água. Nas águas aeradas, a reação de redução de oxigênio sobre as paredes metálicas, como efeito do processo de corrosão, favorece a precipitação do carbonato, como consequência do aumento local do pH. A avaliação do poder incrustante de uma água requer o conhecimento dos equilíbrios químicos de saturação dos carbonatos, que, por sua vez, dependem de todos os parâmetros químico-físicos do sistema, entre os quais: pH, pCO_2, temperatura, alcalinidade, conteúdo salino, força iônica da solução. Foram criados numerosos índices para a avaliação do poder incrustante de uma água doce, que apresentam diversos graus de complexidade (o mais conhecido é o índice de saturação de Langelier). Através destes índices, é possível estabelecer, de modo semiquantitativo, a capacidade ou não de uma água para formar um depósito calcário potencialmente protetor das paredes metálicas. Note que tais índices, embora muito utilizados, nem sempre são precisos, porque não consideram todos os equilíbrios químicos de solubilidade presentes na água.

Tubulações. Os problemas de corrosão ligados às águas doces, na maioria dos casos, referem-se a tubulações. Neste caso, as consequências do ataque podem ser tanto o aparecimento de furos na tubulação, com consequente perda do líquido transportado, como a contaminação do fluido com os produtos de corrosão. Nos canos de água potável, por exemplo, podem ser liberados íons de Fe^{2+} por tubulações de aço ou íons Pb^{2+} por tubulações de chumbo (utilizadas no passado, sobretudo na Europa do Norte).

O oxigênio dissolvido na água é, com frequência, um fator importante para determinar a velocidade da corrosão. Se a água se renova continuamente, como no caso dos aquedutos, a quantidade de oxigênio dissolvida é, em geral, elevada. No caso das instalações de recirculação, como nos circuitos das instalações de aquecimento, a ausência de aporte de oxigênio pode determinar, em tempos relativamente breves, uma marcante redução do conteúdo de oxigênio (que é logo consumido pelo processo catódico de redução do oxigênio); a menor quantidade do reagente catódico pode, portanto, levar à interrupção da corrosão.

Muitas vezes, a agressividade de uma água em contato com uma tubulação depende do seu poder incrustante, determinado pelos equilíbrios: $CO_2 \leftrightarrow CO_3 = \leftrightarrow HCO_3 =$ (Aprofundamento 5.2). Uma água que não tende a formar carbonatos é agressiva no contato com o aço (se contém oxigênio). Por outro lado, uma água que leva à precipitação de grande quantidades de calcário sobre a superfície do metal pode levar, com o tempo, a uma redução da seção livre da tubulação e, portanto, a uma diminuição de eficiência. A melhor situação é representada por uma água que possa formar um filme fino de carbonato, aderente à tubulação, que possa ser suficiente para tornar negligenciável a velocidade de corrosão.

Outros dois fatores importantes são o pH e a temperatura. O pH de uma água doce, em geral, varia entre 4,5 e 8,5. A redução do pH da água tende a aumentar a solubilidade e diminuir a aderência dos produtos de corrosão que se formam na superfície do aço; em consequência, aumenta a velocidade do ataque. O aumento da temperatura da água, em geral, aumenta a velocidade de corrosão do aço; todavia, pode diminuir o conteúdo de oxigênio dissolvido nela e, portanto, também a agressividade da água.

5.2.2 Água do mar

A água do mar é caracterizada por um elevado conteúdo de sais dissolvidos. A salinidade, isto é, a quantidade total de sal dissolvido, é de, em média, cerca de 35 g/ℓ; todavia, pode mudar sobretudo nos mares fechados (por exemplo, é de 39 g/ℓ no Mediterrâneo, 44 g/ℓ no Golfo Pérsico e de apenas 7,8 g/ℓ no mar Báltico). A concentração salina deve-se principalmente aos sais à base de cloretos e, em menor quantidade, de sulfatos (os cátions são constituídos, na maior parte, por Na^+ e, em menor quantidade, por Mg^{2+}, K^+ e Ca^{2+}).

Graças ao elevado conteúdo salino, a água do mar apresenta uma baixa resistividade elétrica, 200-300 vezes inferior à da água doce. O efetivo valor de resistividade depende tanto da salinidade como da temperatura. A baixa resistividade elétrica da água do mar, além de favorecer a corrosão do aço, estimula também a corrosão por contato galvânico (item 5.1.2). O par galvânico de materiais de nobreza prática diferente pode provocar sérios ataques corrosivos sobre o metal menos nobre. A elevada concentração de cloretos, além disso, promove a corrosão por pites (item 3.4.2) nos metais suscetíveis a este tipo de ataque.

A velocidade de corrosão dos aços imersos em água do mar é, com frequência, limitada pela quantidade de oxigênio dissolvido (e é, portanto, igual à corrente-limite de difusão de oxigênio, item 3.2). Nas camadas superficiais, o oxigênio deriva da atmosfera, enquanto em profundidade ele é gerado por processos biológicos. A quantidade de oxigênio dissolvido na água do mar depende da salinidade e da temperatura; por exemplo, considerando a salinidade média, a 0°C o conteúdo é de cerca de 8 ppm e a 30°C é de 5,4 ppm. A corrente-limite de difusão de oxigênio depende sobretudo das condições de agitação da água e pode variar notavelmente de mares calmos para mares agitados. O pH da água do mar é próximo da neutralidade (7,4-8,4).

Na superfície das estruturas marinhas, pode-se desenvolver acréscimos vegetais ou animais (*fouling*). Estes podem gerar condições de aeração diferencial sobre a superfície do metal (item 5.1.3) e podem promover o ataque por parte de bactérias sulfato-redutoras, quando se criam condições anaeróbicas (item 5.1.5).

Zonas. Para as estruturas que estão em água do mar, pode-se distinguir quatro zonas:
- *zona atmosférica*: é a parte emersa da estrutura, que já não é molhada pelo borrifar das ondas; o aço é sujeito à corrosão atmosférica (mesmo que se considere o papel dos cloretos transportados pelo vento);
- *zona dos borrifos e das marés*: estende-se do nível da maré baixa até a zona atmosférica e tem uma amplitude determinada pelo movimento das ondas e pelo regime das marés. Nos mares fechados e calmos, pode ser apenas uma modesta faixa da estrutura, mas nos mares abertos e agitados, pode atingir alturas de diversos metros. Na zona dos borrifos, pode-se atingir velocidades de corrosão muito elevadas (até de uma ordem de grandeza superior às da zona imersa), graças à elevada disponibilidade de oxigênio e à ação mecânica das ondas sobre os revestimentos e sobre os depósitos protetores. Na zona das marés, em geral, a superfície do

aço é recoberta por acréscimos biológicos (*fouling* marinho);

- *zona imersa*: é constituídas pelas partes em contato contínuo com a água do mar; a velocidade de corrosão típica para o aço em condições de imersão é de 0,1 - 0,2 mm/ano (Tab. 5.3);

Tab. 5.3 Velocidade de corrosão média (mm/ano), coletada em alguns metais imersos em água mar

Tempo de exposição (meses)	Aço-carbono	Cobre	Alumínio
1	0,33	-	-
2	0,25	-	-
3	0,19	-	-
6	0,15	-	-
12	0,13	0,034	0,0043
24	0,11	0,019	0,0021
48	0,11	0,018	0,0017

Fonte: Shreir, Jarman e Burnstein (1995).

- *zona de lodo*: é a parte sob o fundo marinho, onde o conteúdo de oxigênio é muito baixo; a velocidade de corrosão é modesta, a menos que haja bactérias sulfato-redutoras (que se desenvolvem justamente em condições anaeróbicas).

A proteção das estruturas marinhas em aço é feita, em geral, por revestimentos na parte emersa. Na zona imersa, inversamente, recorre-se em geral à proteção catódica (item 5.3). Como no caso das estruturas enterradas, esta técnica pode ser associada a um revestimento, de forma que a proteção catódica tenha apenas a função de proteger o aço nas áreas onde há defeitos do revestimento. Nas estruturas marinhas, o revestimento pode até ser produzido espontaneamente pela formação de depósitos calcários na superfície do aço (item 5.3.3).

5.3 Proteção catódica

A proteção catódica é uma técnica eletroquímica de prevenção da corrosão que se pode aplicar aos materiais metálicos assentados no solo ou imersos nas águas. Faz-se circular uma corrente contínua entre um eletrodo (anodo) posto no ambiente e na superfície da estrutura a ser protegida (catodo). A corrente catódica recebida pela estrutura determina, no aço, uma polarização catódica, ou seja, um rebaixamento do potencial (Lazzari e Pedeferri, 2000).

A Fig. 5.9 mostra os efeitos de uma corrente catódica ($i_{externa}$) sobre as condições de corrosão de um metal ativo (como o aço-carbono nos solos ou na água do mar). Graças à presença da fonte externa de corrente, o metal vai ao potencial E, no qual se verifica:

$$i_c = i_a + i_{externa} \tag{5.3}$$

que garante que os elétrons consumidos pelo processo catódico (referentes à unidade de tempo e de superfície e, portanto, medidos pela densidade de corrente catódica i_c) sejam iguais à soma daqueles produzidos pelo processo anódico que ocorre na superfície do metal (i_a) e pelo processo anódico que ocorre no anodo externo ($i_{externa}$).

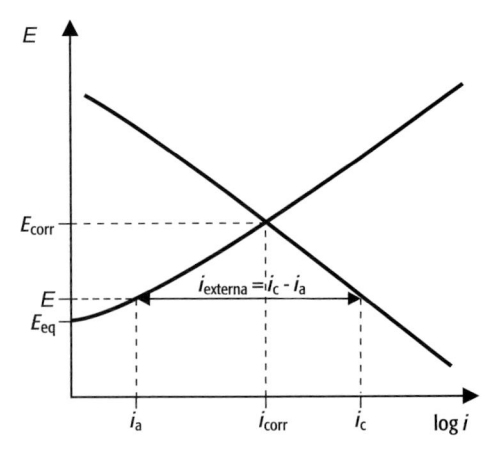

Fig.5.9 Efeito de uma corrente catódica (produzida, por exemplo, por uma instalação de proteção catódica)

O metal sofre, portanto, uma polarização catódica:

$$\Psi_c = E_{corr} - E \quad (5.4)$$

Ao mesmo tempo, a velocidade de corrosão do metal (i_a) se reduz.

5.3.1 Potencial e corrente de proteção

Quando aumenta a densidade de corrente externa, aumenta também a polarização catódica sofrida pelo metal e se reduz cada vez mais a velocidade de corrosão. Se a densidade de corrente externa é suficiente para levar o potencial E a valores inferiores ao potencial de equilíbrio do metal ($E_{eq,a}$), a velocidade de corrosão se anula, já que o metal atinge as condições de imunidade (item 3.2.3).

Em geral, a proteção catódica não leva os aços a condições de imunidade, mas se limita a atingir um valor de potencial superior a $E_{eq,a}$, no qual a velocidade de corrosão torna-se negligenciável. Estas condições, ditas de *quase-imunidade*, são atingidas tanto nos solos como nas águas, correspondendo a um *potencial de proteção* igual a cerca de -850 mV com relação ao eletrodo de referência a Cu/CuSO$_4$ (a medida do potencial e os eletrodos de referência são descritos no item 13.3.2).

A densidade de corrente trocada com o ambiente ($i_{externa}$) deve chegar a um valor, chamado *densidade de corrente de proteção*, suficiente para permitir que o metal atinja o potencial de proteção. A Fig. 5.9 mostra como essa densidade de corrente depende da evolução da curva de polarização catódica. Muitas vezes, para estruturas enterradas ou submersas, em correspondência ao potencial de proteção, a curva de polarização catódica é governada pela corrente limite de difusão do oxigênio. Nesses casos, a densidade da corrente de proteção (i_P) coincide com a densidade da corrente limite (Fig. 5.10).

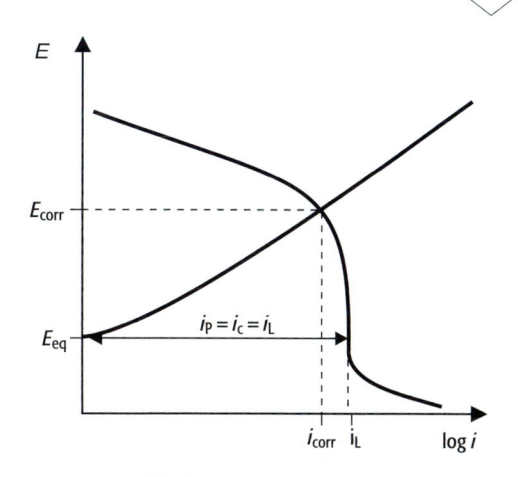

Fig. 5.10 Densidade de corrente de proteção do aço em presença de corrente-limite de difusão de oxigênio

A Tab. 5.4 mostra as densidades de corrente de proteção típicas em vários ambientes. Para que a estrutura inteira seja protegida, a densidade de corrente de proteção deve ser garantida sobre toda a superfície do metal. Para esse fim, a corrente de proteção deveria ser distribuída de maneira uniforme sobre a superfície da estrutura. Na verdade, os anodos são localizados e, por causa da queda ôhmica no ambiente (solo ou água), a densidade de corrente sobre a estrutura diminui quando aumenta a distância do anodo.

Para garantir que mesmo as zonas mais distantes sejam atingidas pela densidade de

Tab. 5.4 Densidade típica de corrente de proteção do aço-carbono (não revestido) em alguns ambientes

Ambiente	i_P (mA/m²)
Solo neutro aerado	20 – 30
Solo úmido	5 – 20
Solo (tubulações quentes)	0,2 – 2
Água doce	30 – 160
Água quente	50 – 160
Água do mar	50 – 550

Fonte: Lazzari e Pedeferri (2000).

corrente de proteção, deve-se, portanto, destinar uma densidade de corrente superior às zonas mais próximas. A Fig. 5.11 ilustra, por exemplo, a distribuição de corrente e de potencial ao longo de uma tubulação protegida com anodos colocados a uma distância regular. Uma fase importante do projeto das instalações de proteção catódica refere-se justamente ao dimensionamento do sistema anódico. Os anodos devem estar em condições tais que garantam uma distribuição da corrente capaz de proteger toda a superfície e, ao mesmo tempo, evitar que se atinjam condições de superproteção ao seu redor.

Uma excessiva densidade de corrente, com efeito, pode criar problemas para a estrutura, sobretudo se o potencial atinge valores que permitam o desenvolvimento de hidrogênio (que pode promover a fragilização por hidrogênio dos aços suscetíveis ou danificar os revestimentos).

Para verificar o correto funcionamento de um sistema de proteção catódica, pode-se fazer medidas de potencial ao longo da superfície protegida, com o fim de verificar se o potencial de proteção foi atingido. Se o eletrodo de referência para a medida do potencial não é colocado na proximidade da superfície do metal, como costuma ocorrer para as estruturas enterradas, onde o eletrodo é colocado sobre a superfície externa, a medida do potencial é alterada pela presença de uma contribuição de queda ôhmica no ambiente. Para eliminar esta contribuição, fazem-se, em geral, provas de desligamento (*on-off*); o potencial medido imediatamente depois do desligamento da corrente é o potencial da armadura (já que as quedas ôhmicas se anulam quando a corrente é interrompida).

5.3.2 Modalidades de aplicação

A proteção catódica pode ser aplicada, seja por meio de anodos de sacrifício, seja com um sistema de correntes induzidas ou impressas (Fig. 5.12). No primeiro caso, a estrutura de aço é protegida graças à ligação elétrica com anodos constituídos por um metal (ou uma liga) menos nobre que o ferro. A diferença de potencial entre o aço e o metal que constitui o anodo gera uma macropilha (Aprofundamento 5.1), na qual o aço é polarizado catodicamente, graças à corrosão induzida sobre o anodo. No caso da proteção catódica com correntes induzidas, usa-se, em geral, um anodo insolúvel (isto é, um material sobre o qual ocorre uma reação anódica que não seja a dissolução do metal, como, por exemplo, a reação de desenvolvimento de oxigênio: $2H_2O \rightarrow O_2 + 4H^+ + 4e^-$); a corrente catódica é induzida por um gerador de corrente contínua.

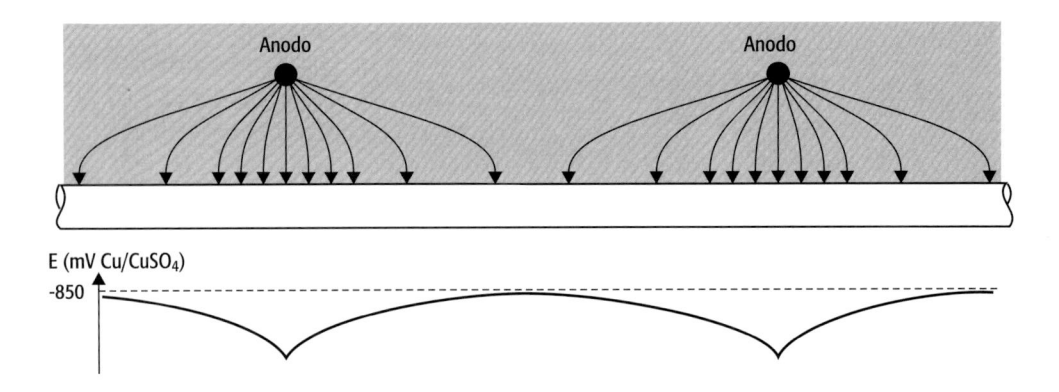

Fig.5.11 Distribuição da corrente e do potencial (E) ao longo de uma tubulação submetida à proteção catódica

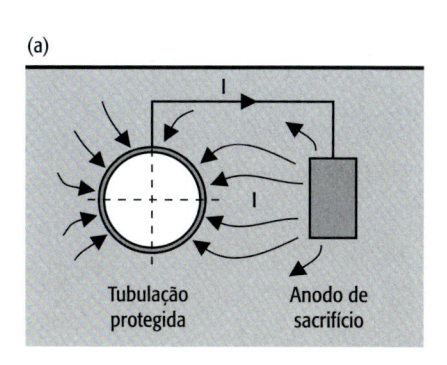

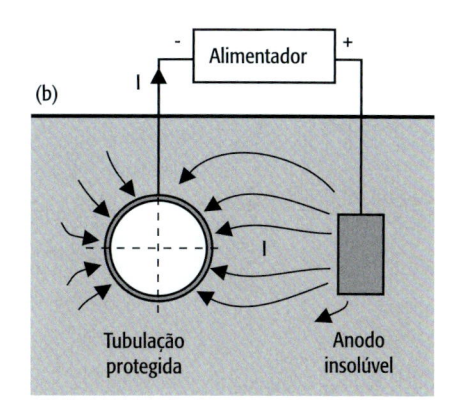

Fig.5.12 Representação esquemática da proteção catódica de uma tubulação enterrada com anodos de sacrifício (a) ou com correntes induzidas (b)

A proteção catódica com anodos de sacrifício é conveniente em ambientes com uma elevada condutibilidade (como no caso da água do mar) ou quando são requeridas pequenas correntes mesmo em ambientes com baixa condutibilidade (como no caso da proteção das tubulações revestidas enterradas). A tensão que induz a circulação de corrente é dada pela diferença de potencial entre o aço e o anodo; escolhido o anodo de sacrifício, a tensão decorrente é fixa e própria desse par.

Os anodos de sacrifício para a proteção das estruturas de aço são constituídos por ligas à base de alumínio, zinco ou magnésio. No caso dos solos de baixa condutibilidade, o anodo pode ser colocado em um leito de assentamento constituído por um material condutivo.

Os sistemas a corrente induzida ou impressa são preferíveis em ambientes com elevada resistividade (como os solos e o concreto), quando se devem proteger estruturas muito extensas (os metanodutos, por exemplo). Neste caso, a tensão e, portanto, também a corrente enviada, podem ser reguladas em função das exigências de proteção; estes sistemas permitem, portanto, uma maior flexibilidade.

5.3.3 Revestimentos

Muitas vezes, a proteção catódica é associada a um revestimento superficial. Uma camada isolante sobre a superfície do metal reduz a demanda de corrente para proteger a estrutura, porque a corrente é trocada só nas zonas não recobertas pelo revestimento (poros, defeitos, danos). A densidade de corrente de proteção com relação à superfície da estrutura revestida (i_R) é, portanto, igual a:

$$i_R = i_P (1 - \varepsilon) \qquad (5.5)$$

onde i_P é a densidade de corrente de proteção do metal nu (Tab. 5.4) e ε é a fração de superfície recoberta pelo revestimento. O parâmetro ε mede a eficiência do revestimento; no caso ideal de um revestimento perfeito, ε seria igual a 1 e não seria necessária nenhuma corrente de proteção. Na verdade, o revestimento pode apresentar defeitos e, portanto, $\varepsilon < 1$. A eficiência de um revestimento orgânico tende a diminuir com o tempo; em consequência, a corrente requerida pela estrutura aumenta com o tempo.

Para revestir as estruturas de aço protegidas catodicamente, em geral utilizam-se tintas, seja nos solos (item 5.1.6), seja na água do mar (nos navios, por exemplo). No caso de estruturas marinhas, às vezes se pode evitar a aplicação de um revestimento, já que estas, com o tempo, se revestem espontaneamente de um depósito calcário. A reação catódica induzida sobre a superfície do metal pela corrente de proteção catódica determina a produção de alcalinidade – de acordo com a reação (3.2) –, que favorece a precipitação de carbonato de cálcio. Esta camada protege a estrutura, pois constitui uma barreira à difusão de oxigênio e favorece o posterior aumento de pH (e, portanto, a passivação do aço). No caso de estruturas marinhas não revestidas, o sistema de proteção catódica deverá, portanto, ser dimensionado para emitir uma elevada densidade de corrente na fase inicial, quando a estrutura de aço está nua e requer as densidades de corrente de proteção mostradas na Tab. 5.4, e depois manter ao longo do tempo uma densidade de corrente notavelmente inferior, uma vez que se tenha formado o depósito calcário.

Na prática, a densidade de corrente de proteção de uma estrutura revestida é da ordem de 0,01–1 mA/m² nos solos e de 0,1–10 mA/m² na água do mar. São, portanto, necessárias densidades de corrente notavelmente menores, se comparadas com as necessárias para as estruturas nuas (Tab. 5.4). A redução da corrente requerida permite reduzir o consumo dos anodos (e, portanto, aumentar a duração do sistema de proteção catódica), mas sobretudo permite que a proteção catódica atinja as zonas mais distantes do anodo.

5.3.4 Proteção catódica por passividade perfeita

A proteção catódica também pode ser aplicada a materiais de comportamento ativo--passivo para prevenir a corrosão localizada por pites. Também neste caso a proteção pode ser obtida levando o potencial do aço a valores de quase-imunidade. Todavia, como ilustrado no item 3.4.2, para interromper a corrosão localizada e renovar as condições de passividade, é suficiente atingir o potencial de proteção (E_{pro}).

A Fig. 5.13 mostra a densidade de corrente externa necessária para fazer retornar à condição de passividade um metal de comportamento ativo-passivo sujeito à corrosão por pites. A densidade de corrente necessária neste caso é muito inferior à necessária para atingir as condições de imunidade. O sistema de proteção catódica pode, assim, ser projetado de modo mais econômico e mais eficaz, se o objetivo é *repassivar* o metal. Além disso, a menor densidade de corrente e os valores de potencial mais elevados requisitados para a passivação relativa à proteção catódica para quase-imunidade permitem reduzir os riscos de superproteção para as zonas mais próximas dos anodos e, assim, atingir mais facilmente as zonas distantes (aumenta, assim, o *poder penetrante* da proteção catódica).

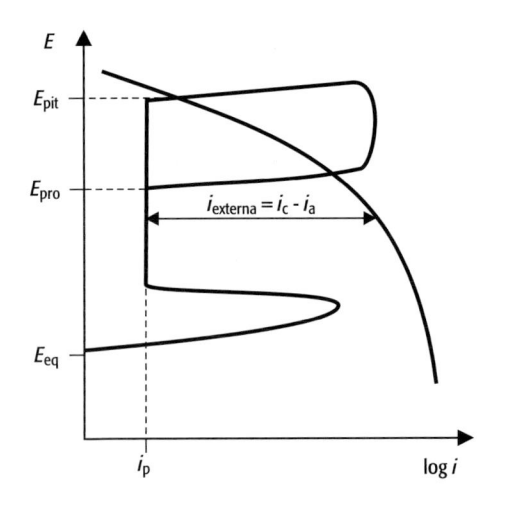

Fig.5.13 Proteção catódica por passividade perfeita de um metal de comportamento ativo-passivo

APROFUNDAMENTO 5.3 Proteção anódica

Além da proteção catódica, em alguns casos, pode-se proteger um material com uma técnica que se chama *proteção anódica*. Esta técnica pode ser aplicada somente a materiais de comportamento ativo-passivo expostos a ambientes pouco oxidantes (isto é, caracterizados por uma curva de polarização catódica direcionada para baixos valores de potencial, como mostra a Fig. A-5.3).

Se o metal for caracterizado por um elevada atividade e o ambiente for pouco oxidante, a velocidade de corrosão pode ser elevada (Fig. A-5.3). Se fosse aplicada a proteção catódica para interromper a corrosão, seria necessário levar o material a condições de imunidade (ou de quase-imunidade).

Na Fig. A-5.3, observa-se como, por meio de uma pequena polarização no sentido anódico, é possível levar o metal a condições de passividade. A proteção anódica, assim, graças a um eletrodo externo (que, desta vez, é um *catodo*), polariza anodicamente a estrutura para levá-la a condições de passividade.

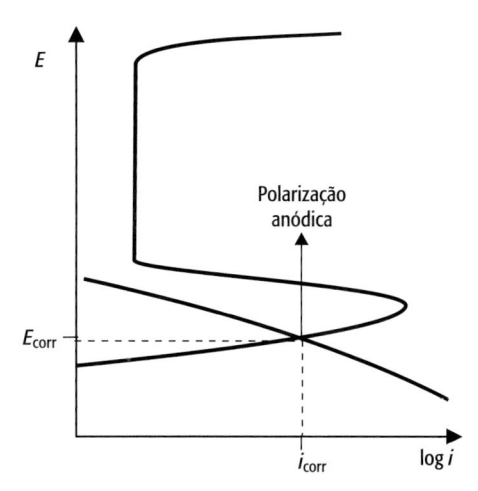

Fig.A-5.3 Proteção anódica

Esta técnica não é aplicada a materiais de construção. É, por exemplo, utilizada para proteger os aços inoxidáveis em ambientes ácidos. É importante observar como uma aplicação errada da proteção anódica pode ser perigosa; com efeito, se a densidade de corrente aplicada é insuficiente para levar o metal à zona de passividade, a polarização anódica pode determinar um aumento de velocidade da corrosão. O projeto de uma instalação de proteção anódica deve, assim, garantir que toda a superfície da estrutura seja atingida por uma densidade de corrente suficiente.

6 Aços inoxidáveis e metais não ferrosos

No setor das construções civis e de edifícios, utilizam-se com frequência, sobretudo para aplicações não estruturais, materiais metálicos com uma resistência à corrosão maior que a dos aços-carbono comuns. Neste capítulo, analisa-se o comportamento sob corrosão dos aços inoxidáveis e das ligas não ferrosas empregadas em edificações.

6.1 Aços inoxidáveis

Os aços inoxidáveis são aços caracterizadas por um conteúdo elevado de cromo ($\geq 13\%$), que permite atingir a passividade em muitos ambientes. A proteção da corrosão é garantida justamente pela formação, sobre a superfície, de um filme de óxidos de cromo.

O conteúdo de carbono nos aços inoxidáveis é, em geral, muito baixo. Outros elementos de liga (como Ni, Mo, N, Cu) podem contribuir para melhorar a estabilidade do filme de passividade. Na Fig. 6.1, mostra-se, de modo esquemático, o efeito de diversos elementos metálicos na curva de polarização anódica de um aço inoxidável. Pode-se observar como, com os vários elementos de liga, é possível diminuir a densidade de corrente de passividade (i_p) e, sobretudo, a corrente crítica de passivação (i_{cp}); além disso, é possível alargar o campo de potenciais de passividade, diminuindo o potencial de passivação (E_p) e aumentando o potencial de pites (E_{pit}).

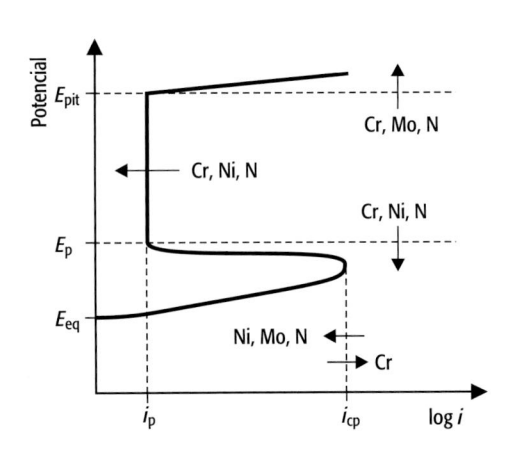

Fig. 6.1 Efeito de alguns elementos de liga sobre a curva de polarização anódica dos aços inoxidáveis

Os elementos de liga determinam também a microestrutura do aço. Em função do conteúdo dos elementos de liga ferritizantes (Cr, Mo, Si, Nb) e austenitizantes (Ni, Mn, C), os aços inoxidáveis podem assumir uma microestrutura austenítica, ferrítica, martensítica ou duplex austeno-ferrítica.

As características de um aço inoxidável, seja em relação à resistência à tração ou em relação à resistência à corrosão, dependem da específica composição química e dos tratamentos aos quais foi submetido. Pode-se, no entanto, buscar delinear, em primeira aproximação, as peculiaridades de cada classe de aços inoxidáveis.

No setor das construções, em geral, são empregados os aços inoxidáveis de estrutura austenítica. Estes caracterizam-se por uma baixa carga unitária de escoamentos, mas por alta ductilidade. A liga mais utilizada por esta família contém 18% Cr e 8-10% Ni; a combinação destes dois elementos permite obter uma boa resistência à corrosão em muitos ambientes naturais. Este aço é apropriado para aplicações nas quais é importante a resistência à corrosão, sobretudo à corrosão atmosférica, mas não é essencial a resistência mecânica (que pode, no entanto, ser aumentada com o endurecimento ou o encruamento por deformação plástica). O acréscimo de 2%-3% Mo aumenta também a resistência à corrosão localizada e, assim, permite utilizar o aço em ambientes com cloretos, como as atmosferas marinhas (item 6.1.1). Os aços inoxidáveis austeníticos diferenciam-se por algumas propriedades físicas dos aços-carbono (que, em geral, têm estrutura ferrítica) e dos aços inoxidáveis ferríticos: têm um coeficiente de dilatação térmica maior ($16\text{-}17 \cdot 10^{-6}\,°C^{-1}$ em vez de $10\text{-}11 \cdot 10^{-6}\,°C^{-1}$), uma condutibilidade térmica menor e uma permeabilidade magnética muito baixa.

Quando é requerida uma maior resistência mecânica, diante de uma menor ductilidade e de uma menor resistência à corrosão, pode-se empregar aços inoxidáveis de estrutura ferrítica ou martensítica. Os aços inoxidáveis martensíticos têm um conteúdo de cromo de cerca de 13% e um elevado porcentual de carbono; em geral, são submetidos a têmpera e revenimento. Pode-se acrescentar resistências elevadas (até superiores a 1.000 MPa; a estes valores de resistência, o aço tem, porém, uma tena-

cidade muito baixa). A resistência à corrosão é modesta, mesmo se os aços inoxidáveis martensíticos podem passivar-se quando expostos a atmosferas não agressivas.

Os aços de estrutura ferrítica têm um teor de cromo superior a 13% e um baixo conteúdo de carbono; o aço mais difundido desta família contém 17% de cromo. Os aços inoxidáveis ferríticos têm uma resistência à tração superior à dos aços austeníticos, mas a temperatura ambiente têm uma modesta ductilidade. A resistência à corrosão é menor do que a dos aços austeníticos; a Fig. 6.2, por exemplo, mostra como a curva de polarização anódica de um aço ferrítico com 17% Cr tem um traço ativo mais amplo e uma maior densidade de corrente de passividade do que a curva do aço austenítico com 18% Cr e 10% Ni.

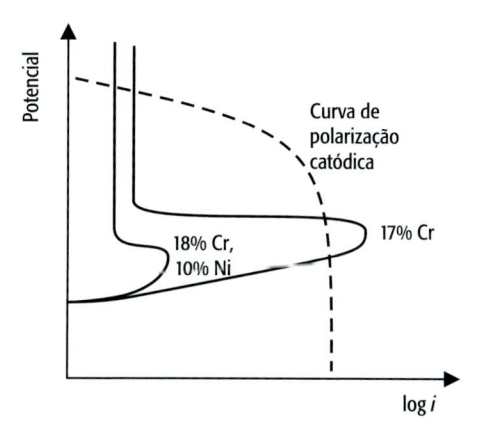

Fig. 6.2 Comparação das curvas de polarização anódica na água de um aço inoxidável austenítico com 18% Cr e 10% Ni e de um aço ferrítico com 17% Cr (Pedeferri, 2003)

Os aços duplex austeno-ferríticos são caracterizados por uma estrutura bifásica com quantidades semelhantes de austenita e de ferrita. São obtidos pelo equilíbrio dos conteúdos dos elementos de liga, particularmente cromo, níquel e molibdênio. Caracterizam-se por uma interessante combinação de propriedades mecânicas (comparáveis às dos aços ferríticos) e de resistência à corrosão (comparáveis ou mesmo melhores que as dos aços austeníticos). Apresentam, além disso, uma melhor resistência à corrosão sob tensão nos ambientes que contêm cloretos.

6.1.1 Resistência à corrosão por pites e frestas

Não obstante a peculiaridade dos aços inoxidáveis seja a possibilidade de manter condições de passividade em muitos ambientes, estes aços podem sofrer corrosão. Duas formas de corrosão às quais são suscetíveis os aços inoxidáveis são a corrosão por pites (item 3.4.2) e a corrosão por frestas (item 3.4.3).

A corrosão por pites produz-se quando os aços inoxidáveis entram em contato com ambientes que contêm cloretos. A resistência a esta forma de corrosão, que pode ser avaliada por meio do potencial de pites (E_{pit}, item 3.4.2), é estreitamente ligada à composição do aço. A experiência demonstrou que o potencial de pites de um aço inoxidável (em um determinado ambiente) cresce à medida que aumentam os elementos da liga e, sobretudo, o conteúdo de cromo, molibdênio e nitrogênio. Por este motivo, para avaliar a resistência à corrosão localizada de um aço inoxidável, foram propostos índices empíricos que exprimem uma ampla soma destes elementos. Para os aços inoxidáveis austeníticos, por exemplo, usam-se com frequência o índice de resistência a pites (*pitting resistance equivalent, PRE*):

$$PRE = \%Cr + 3{,}3 \cdot \%Mo + 16 \cdot \%N \quad (6.1)$$

A Fig. 6.3, por exemplo, mostra a evolução do potencial de pites em função do PRE do aço em uma solução com cloretos. Observa-se como, com o aumento do PRE, aumenta progressivamente o potencial de pites. Os dois aços inoxidáveis austeníticos mais empregados no setor das construções são o aço 18% Cr 8%-10% Ni (indicado com o número 304, de acordo com a norma estadunidense AISI) e o aço com mais 2%-3% Mo (indicado com o número 316).

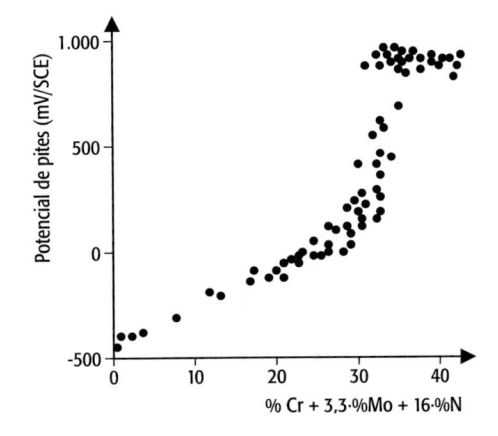

Fig. 6.3 Evolução do potencial de pites em uma solução 0,6 M NaCl a 25°C em função do PRE (Shreir, Jarman e Burnstein, 1995)

O acréscimo do molibdênio leva a um aumento marcante do *PRE* e, portanto, da resistência à corrosão por pites. As Figs. 6.4 e 6.5, por exemplo, mostram como o aço com molibdênio tem sempre um potencial de pites superior ao aço sem molibdênio. Em ambientes com significativas quantidades de cloretos, portanto, os aços do tipo 316 são preferíveis aos do tipo 304. Se o teor de cloretos aumenta, serão preferíveis os aços com 3% Mo em vez daqueles com apenas 2%.

O potencial de pites, além de depender do conteúdo de cloretos no ambiente e da composição do aço inoxidável, depende também de outros fatores ambientais. A Fig. 6.4 mostra como E_{pit} diminui quando diminui o pH; passando de ambientes alcalinos para ambientes neutros ou ácidos, a resistência à corrosão localizada diminui. A Fig. 6.5 mostra, inversamente, como o potencial de pites diminui quando aumenta a temperatura.

Desse modo, aumenta a probabilidade de início da corrosão por pites, para um

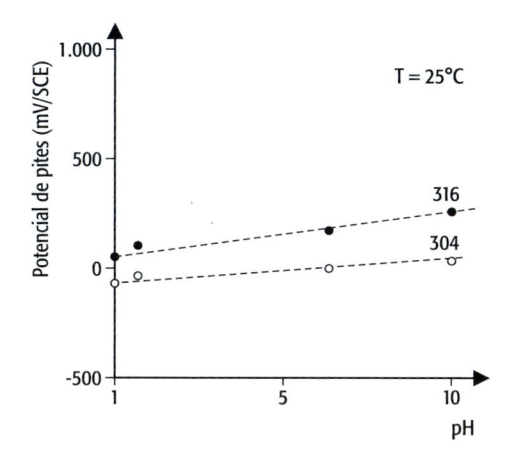

Fig. 6.4 Evolução do potencial de pites dos aços 304 e 316, em uma solução 0,6 M NaCl, em função do pH (Shreir, Jarman e Burnstein, 1995)

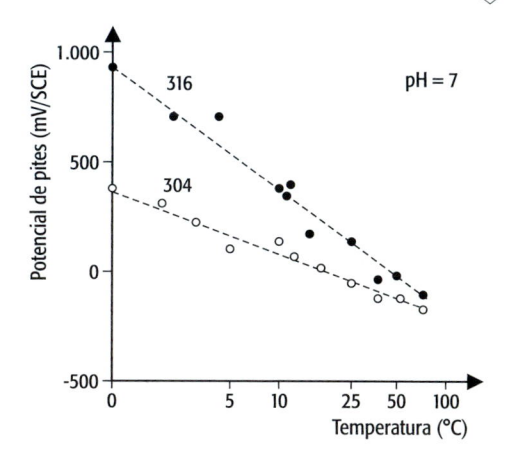

Fig. 6.5 Evolução do potencial de pites dos aços 304 e 316, em uma solução 0,6 M NaCl, em função da temperatura (Shreir, Jarman e Burnstein, 1995)

determinado aço inoxidável, com o aumento do conteúdo de cloretos, a diminuição do pH, o aumento da temperatura ou a diminuição do PRE.

Quando as variáveis ambientais (Cl⁻, pH e T) forem definidas, a escolha do tipo de aço a ser utilizado em um certo ambiente pode ser feita com base no *PRE*. Por exemplo, pode-se utilizar correlações parecidas com as das Figs. 6.3-6.5 para escolher um aço com um valor de *PRE* suficientemente elevado para garantir um potencial de pites superior ao potencial que o aço atinge no ambiente considerado.

Inversamente, quando já foi definido o aço a ser utilizado, pode-se especificar as condições críticas para o início da corrosão por meio de vários parâmetros:

- um *conteúdo crítico de cloretos*, que expressa o conteúdo de cloretos no ambiente (com pH e temperatura fixadas), no qual o potencial do aço é igual ao potencial de pites;
- a *temperatura crítica de pites*, ou seja, a temperatura mínima em que os pites têm início no aço (fixado o pH e o conteúdo de cloretos no ambiente).

Além da corrosão por pites, os aços inoxidáveis são sensíveis à corrosão por fresta, ilustrada no item 3.4.3. No projeto dos componentes em aço inoxidável, deve-se prestar atenção especial para evitar frestas ou interstícios, sobretudo se o ambiente contém cloretos. Com efeito, embora o ataque em fresta possa ocorrer mesmo na ausência de cloretos, uma pequena concentração de cloretos é suficiente para estimular o ataque corrosivo.

A Tab. 6.1, por exemplo, compara as concentrações de cloretos necessárias para dar início à corrosão por pites e à corrosão por frestas nos aços inoxidáveis mais utilizados. Observa-se, em particular, como, no caso do aço 304 (sem molibdênio), é suficiente uma concentração muito baixa de cloretos para dar início à corrosão por frestas mesmo em temperatura ambiente.

A corrosão por frestas é muito perigosa em água do mar; em caso de água do mar estagnada (poças), até os aços que têm um alto *PRE* são suscetíveis. Além das frestas introduzidas na fase do projeto, deve-se evitar interstícios produzidos por causa de deposições na superfície do aço, por exemplo.

Tab. 6.1 Comparação da concentração de cloretos necessária para dar início à corrosão por pites e por frestas em alguns aços inoxidáveis em contato com águas naturais

Aço	C	Cr	Ni	Mo	PRE	Pites (mg/ℓ)	Fresta (mg/ℓ)	T (°C)
1.4301 (304)	0,05%	18%	10%	-	17	200	20	25
1.4404 (316)	0,02%	17%	13%	2%	23	1.000	200	35
1.4435 (316)	0,02%	18%	14%	3%	25	5.000	1.000	35

Fonte: Schütze (2000).

6.1.2 Sensibilização e corrosão intergranular

Os aços inoxidáveis podem sofrer uma corrosão seletiva, do tipo intergranular, logo após as operações de soldagem. Na zona termicamente alterada, com efeito, podem sofrer o fenômeno da *sensibilização*, que consiste na precipitação de carburetos de cromo para a borda do grão durante o aquecimento. Este fenômeno ocorre sobretudo nos aços inoxidáveis austeníticos, mas também pode se manifestar nos aços martensíticos e ferríticos.

O cromo acrescentado aos aços inoxidáveis para aumentar a resistência à corrosão deve ser dissolvido em solução sólida na rede cristalina do ferro. Para isto, os aços inoxidáveis austeníticos, ao final do processo produtivo, são aquecidos a 1.050°C e em seguida resfriados rapidamente, de modo que tanto o cromo como o carbono fiquem em solução sólida na rede do ferro (este tratamento chama-se *têmpera de solubilização*). Se, em seguida, os aços inoxidáveis são submetidos a certos intervalos de temperatura por um tempo suficientemente longo, o cromo pode reagir com o carbono presente na rede e formar carburetos, que se precipitam para a beira do grão. A formação das partículas de carbureto determina um empobrecimento em cromo da rede cristalina na zona em volta da borda do grão, como ilustrado na Fig. 6.6a. Nesta zona, o teor de cromo desce abaixo do valor mínimo necessário para garantir as condições de passividade. Ocorre, assim, um ataque corrosivo que se localiza nas bordas dos grãos (corrosão intergranular) e pode provocar o descolamento dos grãos cristalinos (Fig. 6.6b).

A sensibilização pode ocorrer nos aços austeníticos somente se, depois da têmpera

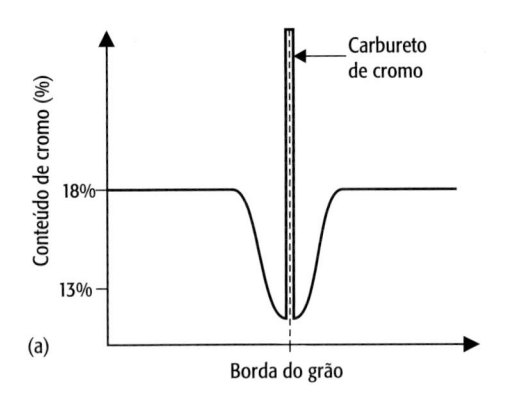

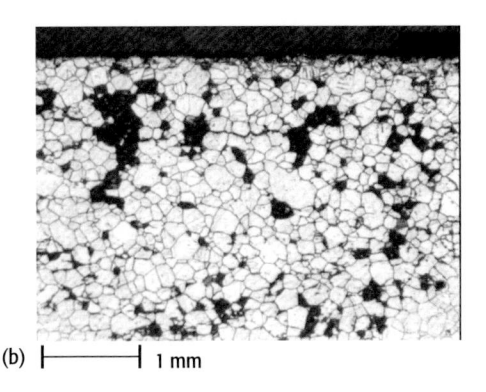

Fig. 6.6 Precipitação do carbureto de cromo na borda do grão de um aço austenítico (a) e efeitos da corrosão intergranular (b)

de solubilização, são novamente submetidos a temperatura elevada. A precipitação dos carburetos de cromo depende da temperatura, do tempo de manutenção a tal temperatura e do conteúdo de carbono no aço.

A Fig. 6.7, por exemplo, mostra as curvas de sensibilização de dois aços austeníticos com diferente conteúdo de carbono. Para cada aço, especifica-se um intervalo de temperatura dentro do qual pode ocorrer a sensibilização e uma temperatura específica na qual, por um tempo mínimo, ela pode ocorrer; por exemplo, para os dois aços da figura, o fenômeno pode ocorrer a temperaturas compreendidas entre 550°C e 850°C e, para ambos, o tempo mínimo é obtido à temperatura de cerca de 750°C. A redução do conteúdo de carbono no aço alonga o tempo necessário para causar a reação; assim, para o aço com 0,05% C basta um minuto a 750°C, enquanto para o aço com 0,02% C são necessárias várias dezenas de minutos à mesma temperatura.

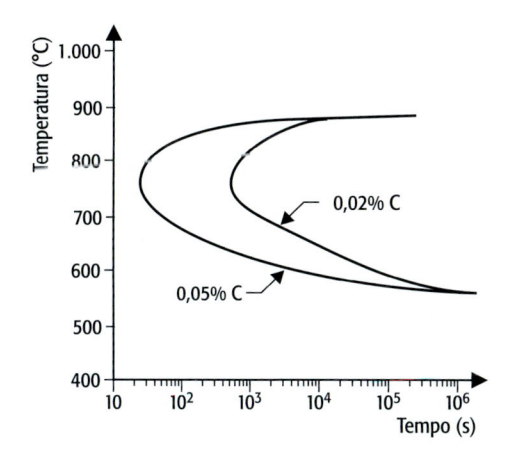

Fig. 6.7 Curvas de sensibilização de dois aços inoxidáveis austeníticos com diferente conteúdo de carbono

No caso dos aços inoxidáveis utilizados nas construções, o risco é limitado às operações de soldagem, nas quais a zona termicamente alterada pode atingir as temperaturas críticas por tempos suficientemente longos para a sensibilização. Foram desenvolvidos aços soldáveis, que não são suscetíveis à sensibilização durante operações de soldagem efetuadas corretamente. Estes são baseados:

◢ na redução do conteúdo de carbono a valores próximos ou inferiores a 0,03%; estes aços são muito mais resistentes à sensibilização durante as operações normais de soldagem; na classificação AISI são identificados pela letra L acrescentada ao número do aço (por exemplo, 304L ou 316L);

◢ no acréscimo de elementos de liga que estabilizam o carbono, formando eles mesmos carburetos e evitando a formação de carbureto de cromo; os mais utilizados são os aços estabilizados a titânio (AISI 321) e a nióbio-tântalo (AISI 347).

6.1.3 Exposição atmosférica

Os aços inoxidáveis, sobretudo os de estrutura austenítica, têm um ótimo comportamento em relação à corrosão atmosférica, pelo menos em ambientes que não sejam particularmente poluídos. São, em geral, utilizados quando se quer construir componentes que não requeiram manutenção ao longo do tempo.

Para exposição em interior, em geral, qualquer tipo de aço inoxidável é capaz de manter a passividade e o aspecto brilhante, sem marcas de ferrugem. Quando são expostas no exterior, porém, a situação é mais crítica; por exemplo, os aços martensíticos tendem a se manchar de ferrugem e, portanto, não podem ser utilizados onde é importante o aspecto superficial. Os aços ferríticos podem ser empregados se o ambiente não é muito poluído; caso contrário, tendem rapidamente a perder o brilho por causa da formação de pequenos ataques localizados.

Os aços inoxidáveis austeníticos representam, em geral, a melhor escolha para as aplicações atmosféricas. Todavia, é preciso escolher com cuidado o tipo de material a ser utilizado em função do ambiente de exposição. A Fig. 6.8 mostra uma das primeiras aplicações dos aços inoxidáveis em edificações, o edifício da Chrysler em Nova York que, por volta de 1930, foi revestido com um aço do tipo AISI 302 (com 18% Cr e 10% Ni, semelhante ao atual 304, mas com um conteúdo de carbono mais elevado). A escolha foi obviamente ditada pela dificuldade de atingir zonas mais altas do arranha-céu e, portanto, pela impossibilidade de efetuar manutenção. Não obstante a exposição a um ambiente poluído, as placas de revestimento deste aço mantiveram a passividade ao longo do tempo.

Fig. 6.8 Revestimento em aço inoxidável no prédio da Chrysler em Nova York

Em ambientes industriais muito poluídos, com elevadas concentrações de SO_2, e sobretudo em ambientes marinhos, nos quais os cloretos podem depositar-se sobre a superfície da estrutura, os aços sem molibdênio (como os aços AISI 304 ou 304L) tendem, com o tempo, a sofrer minúsculos ataques localizados que, mesmo não sendo visíveis a olho nu, reduzem a reflexibilidade e, assim, alteram o aspecto superficial. Nestas condições de exposição, é melhor utilizar os aços da série AISI 316, com 2%-3% de molibdênio; a um maior custo inicial corresponde, com efeito, uma duração maior. Por exemplo, as Torres Petronas, recentemente construídas na Malásia, foram revestidas com este tipo de aço.

O comportamento de um aço inoxidável depende também das condições de uso. Em particular, é melhor preferir as condições em que sua superfície é diretamente exposta à chuva; a água pluvial pode lavar a superfície e exercer uma limpeza natural periódica. O depósito de sujeira e pó sobre a superfície dos aços inoxidáveis, com efeito, reduz sua resistência à corrosão, seja porque pode promover a corrosão intersticial, seja porque pode reter as substâncias agressivas (sobretudo cloretos e óxidos de enxofre). Em condições de exposição à chuva, como no caso do revestimento da Fig. 6.8, até um aço sem molibdênio pode apresentar um bom comportamento em atmosfera poluída. Em zonas protegidas e, sobretudo, zonas de interstícios, é melhor empregar os aços com molibdênio. Para as zonas protegidas da chuva, a limpeza regular das superfícies tem um efeito benéfico; dever-se-á, portanto, recorrer a aços mais resistentes à corrosão nos casos em que a limpeza seja complicada (por exemplo, porque o componente é de difícil acesso).

Os aços inoxidáveis para aplicações arquitetônicas estão disponíveis com diferentes acabamentos superficiais, que vão do aspecto brilhante ao aspecto rugoso e a diversos desenhos superficiais obtidos, seja pela deformação plástica da chapa, seja pela intervenção mecânica superficial. O acabamento superficial influi na possibilidade de acúmulo de pó e na facilidade de limpeza do aço. Para exposição em interiores, em geral, não há diferença entre os vários tipos de acabamentos superficiais. Mas, na exposição a atmosferas poluídas, as superfícies lisas e fáceis de limpar têm uma resistência maior à corrosão.

Quando se utilizam elementos de junção em aço inoxidável (parafusos, porcas etc.) em ambientes com cloretos, pode-se criar condições críticas, que promovem a corrosão em fresta e, sobre os aços de alta resistência, podem promover corrosão sob tensão (item 3.5.1). Nestes casos, é necessário utilizar aços inoxidáveis com um elevado conteúdo de molibdênio.

6.2 Alumínio e ligas de alumínio

O alumínio é um metal muito reativo que, em ambientes úmidos, tende rapidamente a reagir com o oxigênio. Se o pH do ambiente está em torno da neutralidade (pH ≈ 4-9), porém, o alumínio pode passivar-se (Aprofundamento 3.3). A superfície do alumínio, nestas condições, recobre-se instantaneamente de uma camada finíssima (cerca de 1 nm) de óxido de alumínio inerte e isolante (por exemplo, de $Al_2O_3 \cdot 3H_2O$).

O alumínio é um metal dúctil e de resistência mecânica modesta; foram desenvolvidas ligas de alumínio com vários elementos que, usufruindo do mecanismo de reforço por precipitação, garantem um amplo espectro de desempenho, seja em termos de resistência mecânica, seja de resistência à corrosão. O filme de passividade forma-se também sobre as ligas de alumínio; mas os precipitados que garantem o aumento da resistência mecânica também enfraquecem o filme de passividade e, assim, reduzem a resistência à corrosão.

6.2.1 Pites

O alumínio e suas ligas, assim como os aços inoxidáveis, são suscetíveis ao ataque por pites em ambientes que contenham cloretos. As ligas de alumínio corroem-se em água do mar (por isto, uma vez ativadas, elas são utilizadas como anodos para a proteção catódica do aço). A corrosão por pites e por frestas pode ocorrer mesmo nas águas naturais se houver pequenas concentrações de cloretos. Neste caso, pode ser deletéria a presença de cobre ou de íons Cu_2^+, mesmo provenientes de partes que não estejam em contato direto com o alumínio, sobretudo em águas duras e contaminadas com cloretos. Os cloretos podem causar a corrosão das ligas de alumínio mesmo quando estas são expostas à atmosfera. Para aplicações críticas, como no campo aeronáutico, pode-se aumentar a resistência à corrosão com um processo de chapeamento que reveste a superfície da liga com uma camada fina de alumínio. Obtém-se, assim, um material de boa resistência mecânica, graças ao núcleo de liga de alumínio, e de boa resistência à corrosão, graças ao alumínio colocado na superfície. No caso da construção civil, inversamente, a proteção é geralmente garantida por um tratamento de anodização.

6.2.2 Anodização

As ligas de alumínio são muitas vezes utilizadas para componentes expostos à atmosfera, como chapas, esquadrias, elementos estruturais leves etc. A resistência do filme de passividade à ação dos poluentes e dos cloretos presentes na atmosfera é geralmente aumentada com um processo de anodização. Este consiste na produção de uma camada superficial de óxido duro, compacto e aderente, que aumenta notavelmente a resistência à corrosão (Aprofundamento 6.1). Esta camada é transparente, mas pode ser colorida (quimicamente ou por eletrodeposição).

Uma espessura de anodização de pelo menos 15 µm pode permitir alongar significativamente a duração de uma liga de alumínio, em relação tanto ao aspecto estético (e, assim, ao surgimento de ataques localizados) como à perda de características mecânicas.

A limpeza regular da superfície aumenta ainda mais a duração.

No caso do emprego de ligas de alumínio, é importante evitar o contato com compostos de cimento; com efeito, o alumínio não é passivo ao pH elevado produzido pela hidratação do cimento e se corrói rapidamente se o concreto ou o aglomerante estão úmidos. Os riscos são elevados, sobretudo quando o

---

APROFUNDAMENTO 6.1 **Anodização das ligas de alumínio**

O tratamento de anodização tem a finalidade de formar um revestimento resistente, compacto e bem aderente à superfície do alumínio, fazendo funcionar como anodo a superfície do metal imerso em uma solução ácida. O procedimento para a realização da anodização das ligas de alumínio prevê as fases descritas a seguir.

Depois da limpeza da superfície, o processo é iniciado com um tratamento eletroquímico em um banho ácido. Nesta fase, forma-se uma camada de óxido poroso. O tratamento, em geral, prevê a imersão do componente em um banho com 5%-10% H_2SO_4 (pode-se, porém, utilizar banhos à base de ácido crômico ou oxálico).

Aplica-se, em seguida, uma densidade de corrente anódica de 110-160 A/m², com uma tensão de 12-24 V, por um tempo entre 15 minutos e uma hora. A temperatura do banho é constante (17-20°C). Assim, pode-se formar uma camada de óxido com espessura de 3-25 µm, que é constituída por uma fina camada contínua em contato com o metal e por uma camada porosa com estrutura celular, como esquematizado na Fig. A-6.1. Para reduzir a porosidade desta camada, é necessário reduzir a temperatura, aumentar a tensão e reduzir a concentração do ácido. Se o tratamento tem por objetivo garantir uma boa resistência à corrosão atmosférica, busca-se obter uma espessura de pelo menos 15 µm.

Em seguida, a peça é retirada do banho e cuidadosamente enxaguada para remover o ácido; se necessário, pode ser submetida a coloração com pigmentos (que são acolhidos nos poros do revestimento); utilizando soluções específicas para a anodização, é possível obter diretamente uma camada de óxido colorido.

A fase final do tratamento consiste na vedação dos poros, que pode ser obtida com um processo de imersão em água fervente ou por contato com vapor; nestas condições, muda a estrutura dos óxidos, com um aumento de volume que leva ao fechamento dos poros. Esta operação melhora claramente a resistência à corrosão.

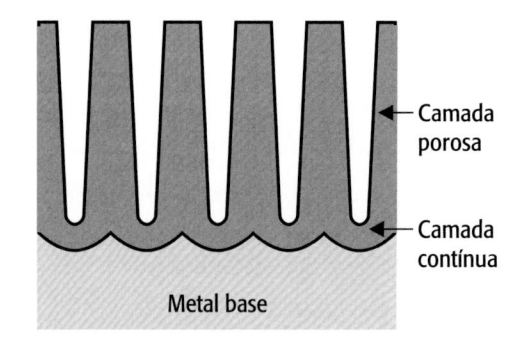

Fig. A-6.1 Estrutura do revestimento produzido pelo tratamento eletroquímico de anodização do alumínio

alumínio ou suas ligas (mesmo anodizadas) entram em contato com compostos frescos de cimento; neste caso, não só o alumínio se corrói rapidamente mas o processo catódico é o desenvolvimento das bolhas de hidrogênio, que podem ficar presas no composto fresco de cimento. O dano não é, portanto, limitado ao alumínio, mas se estende também ao composto de cimento em contato com o metal que, depois do endurecimento, será poroso, fraco e permeável. Mesmo no concreto endurecido, a corrosão do alumínio pode produzir aluminatos que, exercendo uma ação expansiva, podem danificar o concreto.

6.3 Cobre e ligas de cobre

O cobre é utilizado no campo das construção para as aplicações elétricas e também como material exposto à atmosfera e para o transporte de fluidos (água, gás etc.). Em geral, é empregado em chapas – para a realização de coberturas, revestimentos, calhas etc. – ou como tubulação. O cobre apresenta uma boa resistência à corrosão atmosférica por dois motivos. Antes de mais nada, é um metal pouco reativo e, portanto, tem uma velocidade de corrosão muito baixa (o seu potencial de equilíbrio é elevado e, assim, a força eletromotriz para o processo de corrosão é modesta, item 3.2.3). Além disso, pode passivar-se.

Justamente por causa da baixa reatividade do cobre, a passivação ocorre com um processo lento que leva ao recobrimento da superfície do metal com uma pátina verde. A composição desta pátina depende do ambiente de exposição; em geral, é constituída de $CuSO_4 \cdot Cu(OH)_2$, mas pode conter também outros sais, como $CuCO_3 \cdot Cu(OH)_2$, ou $CuCl_2 \cdot 3Cu(OH)_2$. Depois da formação da primeira pátina protetora, o cobre apresenta uma ótima resistência à corrosão atmosférica.

A pátina é, além disso, capaz de proteger o cobre nos solos e nas águas, mesmo na presença de cloretos e, portanto, de água do mar. O cobre apresenta uma baixíssima suscetibilidade à corrosão por pites em ambientes com cloretos (todavia, podem ocorrer ataques localizados pouco penetrantes quando está em contato com água de mar empoçada). Sobretudo quando está endurecido ou encruado, pode sofrer corrosão sob tensão em ambientes que contenham amoníaco e nitratos.

A composição do cobre não tem efeitos sobre a resistência à corrosão e não se observam diferenças relevantes entre os vários tipos de cobre.

Por sua elevada ductilidade e pela baixa resistência, o cobre é frequentemente usado sob forma de ligas; as mais difundidas são os latões (Cu-Zn), os bronzes (Cu-Sn), os cupralumínios (Cu-Al) e os cuproníqueis (Cu-Ni). As ligas de cobre têm um comportamento semelhante ao do cobre com relação à corrosão. O comportamento pode até ser melhor quando estão presentes elementos resistentes à corrosão (como níquel e estanho) ou que promovam a formação de filmes de óxidos protetores (como Al e Be).

O cobre e suas ligas sofrem de algumas formas específicas de corrosão:

- uma forma de corrosão-erosão (denominada *impingement*), causada pela ruptura do filme protetor no interior das tubulações que transportam água em movimento; a dimensão do ataque aumenta quando aumenta a velocidade da água, sobretudo se ocorrem turbulências;
- a densificação dos latões é um ataque seletivo do zinco no interior do latão, que deixa uma massa porosa de cobre e, assim, determina um progressivo enfraquecimento da liga; para aumentar a resistência a este tipo de ataque, foram

desenvolvidas composições específicas, como o latão almirantado (70% Cu, 29% Zn, 1% Sn);

◢ a corrosão no interior das tubulações, por causa de ataques sob depósitos (calcários, por exemplo), que produzem aeração diferencial, ou de ataques por pites, promovidos pela presença de resíduos carbonosos gerados pelo processamento do cobre (este fenômeno, muito frequente no passado, é hoje raríssimo, pois as tubulações, depois de trabalhadas, são polidas novamente para eliminar os resíduos carbonosos).

6.4 TITÂNIO E LIGAS DE TITÂNIO

O titânio, embora seja um metal muito reativo, é caracterizado por uma elevada resistência à corrosão, devido à formação de um filme protetor estável e aderente. Se este filme de passividade é danificado, bastam pequenas quantidades de oxigênio e água para regenerá-lo. O titânio tem uma resistência excepcional à corrosão em muitos ambientes. Por exemplo, tem uma ótima resistência, em ambientes ácidos, à corrosão por pites (o seu potencial de pites é extremamente elevado: 5-10 V) e na água do mar. Sofre de poucas formas de corrosão: pode sofrer corrosão em fresta em ambientes com cloretos e sulfatos, sobretudo em alta temperatura; é suscetível à corrosão sob tensão em ambientes com metanol.

Para melhorar as propriedades mecânicas, pode-se empregar ligas; a mais difundida é a liga com 6% Al e 4% de vanádio, que apresenta uma boa resistência à tração e à fadiga, mas menor resistência à corrosão quando comparada com o titânio puro. Estas ligas são, por exemplo, empregadas para aplicações aeronáuticas.

Em construção civil, o emprego do titânio é modesto, até por conta de seu custo elevado. Recentemente, foram encontradas aplicações sobretudo para o revestimento das fachadas, onde é possível desfrutar tanto de sua elevadíssima resistência à corrosão como da possibilidade de colorir a superfície do metal (Aprofundamento 6.2); o exemplo mais famoso de emprego do titânio em edificações é o Museu Guggenheim de Bilbao.

APROFUNDAMENTO 6.2 **A coloração do titânio**

Pietro Pedeferri desenvolveu a tecnologia para a coloração do titânio, obtendo resultados importantes tanto no campo científico-tecnológico como no campo artístico. De um de seus textos recentes, extraímos algumas notas sobre a coloração do titânio.

A origem das cores sobre a superfície dos metais. Só dois metais são naturalmente coloridos: o ouro e o cobre. Todos os outros têm tonalidades mais ou menos claras, todas entre o cinza e o branco. As coisas mudam quando se consideram as ligas. Além das conhecidas ligas de cobre – como os latões e os bronzes – e daquelas à base de ouro, utilizadas em joalheria, pouquíssimas outras são coloridas. Mas, nos casos em que isto ocorre, as cores são preciosas e vão do amarelo ao rosa e ao azul profundo das ligas de índio, respectivamente com a platina, o paládio e o ouro, até o violeta de uma liga cobre-antimônio e o púrpura de uma liga ouro-alumínio. No entanto, o caráter de compostos intermetálicos destes materiais torna difícil seu processamento e emprego. A presença de cor nos metais é, portanto, um fenômeno raro. Muitas vezes, porém, sua superfície aparece colorida. Às vezes, isso se verifica porque, reagindo com atmosferas ou líquidos agressivos, os metais se recobrem de pátinas de produtos de corrosão. Outras vezes, inversamente, a cor é devida à presença, sobre a superfície, de camadas finas e transparentes, capazes de dar lugar ao fenômeno da interferência da luz. Qualquer que seja sua origem, estas cores são tão fascinantes como as das flores, dos cristais, dos animais ou dos espetáculos naturais como o arco-íris, as auroras e os ocasos.

As cores da interferência. As cores da interferência são produto da presença, sobre a superfície dos materiais, de finos filmes incolores, transparentes e capazes de refletir e de refratar a luz. Estas cores são observadas em todos os três reinos da natureza: "O reino animal apresenta, porém, por número e por beleza, os campeões mais interessantes, como as asas das borboletas, as escamas dos peixes e de certos insetos e, sobretudo, as penas de muitas aves. Quem não conhece, por exemplo, as cores das penas do pavão?" (Leopoldo Nobili, 1830). Mas também as cores iridescentes das bolhas de sabão ou das manchas de óleo sobre a água ou o asfalto molhado são deste tipo. E, afinal, "todos conhecem as cores da íris, que o aço e o cobre assumem sob a ação do calor". Para isto, as cores de interferência são frequentemente vistas nas imediações de soldagens, na superfície de lascas produzidas pelo torneamento, nas peças submetidas a tratamentos térmicos ou que operam em alta temperatura.

Para evitar que a explicação sobre sua origem tenha, no leitor, o efeito de reduzir o encanto ou a poesia, como parece que ocorreu com Keats quando lhe explicaram as cores do arco-íris, limitar-nos-emos a uma brevíssima descrição do fenômeno que produz as cores. Quando observamos um objeto recoberto de uma fina película transparente e iluminado com luz branca – que, como se sabe, contém todas as cores – o nosso olho é atingido por ondas luminosas sobrepostas: uma reflete a face da película em contato com a atmosfera e a outra, a face em contato com o metal. A segunda onda luminosa atravessa duplamente a película e atinge nosso olho com atraso em relação à primeira onda. Este fato provoca a eliminação de um componente cromático e, assim, o surgimento da cor complementar – qual, definitivamente, depende da espessura da película. Por exemplo: se o componente amarelo é eliminado, a superfície aparece azul; se for o vermelho, a superfície será verde. Pode-se ver isto no círculo de cores – o de Goethe ou aquele, de Newton menos preciso, mas mais fascinante – onde as cores complementares são especificadas a partir dos extremos de cada diâmetro. Na verdade, o fenômeno é mais complexo. A interferência não tem lugar somente para uma cor, mas para uma ou mais faixas de cores e, se algumas faixas são eliminadas, outras são apenas enfraquecidas, razão pela qual a cor resultante ressente-se destas e de outras circunstâncias.

Como colorir o titânio. O principal meio para colorir o titânio é oxidá-lo por via eletroquímica. Quando um metal troca corrente em sentido anódico com uma solução eletrolítica, recobre-se de uma película de óxido, de cuja espessura depende a cor que assume. Se não se seguem advertências específicas, as cores obtidas formam a chamada "primeira escala cromática". Se, porém, se opera em condições ambientais e eletrolíticas específicas, pode-se obter também outras cores, não necessariamente de interferência.

Damos algumas sugestões para obter as cores da primeira escala. O titânio a ser colorido é imerso em uma solução eletrolítica e coligado com o polo positivo de um gerador de corrente, cujo polo negativo é conectado a uma chapa metálica, de aço inoxidável, por exemplo, em contato direto com a solução. Muitíssimas soluções neutras ou ácidas são próprias para esse fim. Pode-se empregar, por exemplo, soluções de ácido fosfórico ou sulfúrico (1%-5% em peso), de sulfato de amônia ou de bicarbonato de sódio (5%-15% em peso). Se o potencial aplicado à câmara é levado de alguns volts a 140 volts, a espessura da película passa de poucos milionésimos de milímetro (nanômetros, indicados com nm) a algumas centenas, e as cores mudam em sequência: amarelo, púrpura, azul, azul-profundo, prata, amarelo, rosa, violeta, cobalto, verde, verde-amarelado, rosa e verde. Utilizando banhos neutros ou alcalinos específicos – à base de silicatos, bicarbonatos ou álcalis, por exemplo – ou recorrendo a tratamentos especiais, pode-se obter pátinas com tonalidades cinzentas, castanhas ou negras. Obviamente, não se trata de cores de interferência. Algumas pátinas mostram reflexos de azul profundo, amarelo, rosa ou verde, dependendo do ângulo de observação. [Citado da referência (Pedeferri, 1999)]

6.5 Níquel e ligas de níquel

O níquel é principalmente empregado como elemento de liga para os aços inoxidáveis austeníticos. Todavia, este metal encontra outros empregos importantes, já que o níquel e suas ligas têm uma elevada resistência à corrosão e são empregados em ambientes extremamente agressivos. Algumas ligas de níquel foram desenvolvidas para uso em alta temperatura, enquanto outras são próprias para empregos a baixa temperatura para resistir à corrosão úmida. As ligas de níquel conservam a estrutura cristalina *cfc* do níquel e, portanto, apresentam uma elevada ductilidade.

A Tab. 6.2 mostra os principais tipos de ligas de níquel e os nomes comerciais com os quais são conhecidas. Estes materiais não são, em geral, utilizados no setor da construção civil, mas sim para aplicações em ambientes muito agressivos, onde é justificado o seu custo elevado. O níquel de pureza comercial é, por exemplo, empregado em contato com soluções cáusticas quentes ou a temperatura ambiente. As ligas níquel-cobre (conhecidas com o nome de *Monel*) são empregadas, por exemplo, em contato com ácidos redutores a temperaturas até os 70°C. As ligas níquel-molibdênio (conhecidas como *Hastelloy B*) foram desenvolvidas para resistir em ácido clorídrico a qualquer temperatura; as ligas Ni-Cr-Mo (conhecidas como *Hastelloy C*) têm um bom comportamento tanto em ambientes redutores, graças à ação do molibdênio, como em ambientes oxidantes, graças à ação passivadora do cromo; as ligas Ni-Cr-Fe apresentam uma resistência à corrosão intermediária entre os aços inoxidáveis e os Hastelloy.

Tab. 6.2 Principais ligas de níquel

Família	Liga	Ni (%)	Cr (%)	Mo (%)	Fe (%)	Outros (%)
Ni	Ni 200	99,6	-	-	-	0,2 Mn, 0,2 Fe
Ni-Cu	Monel 400	67	-	-	1,2	31,5 Cu
Ni-Mo	Hastelloy B-2	72	-	28	-	-
	Hastelloy B-2	68,5	1,5	28,5	1,5	-
Ni-Cr-Mo	Hastelloy C-276	59	16	16	5	4W
	Hastelloy C-4	68	16	16	-	-
	Hastelloy C-22	59	22	13	3	3W
	Hastelloy C-2000	59	23	16	1	-
Ni-Cr-Fe	Incomel 600	76	15,5	-	8	-
	Incoloy 825	43	21	3	30	2,2 Cu, 1 Ti
	Hastelloy G-30	44	30	5	15	2 Cu, 2,5 W, 4 Co

Degradação das obras em concreto armado e protendido 7

No passado, era opinião comum que as estruturas de concreto armado (CA) fossem intrinsecamente duráveis e – mesmo quando feitas sem cuidados particulares e expostas a ambientes agressivos – imunes à degradação. A partir dos anos 1980, diante dos crescentes casos de degradação, riscos de segurança e altos custos de manutenção, a perspectiva mudou drasticamente e se compreendeu a importância de prevenir a degradação do concreto e, sobretudo, a corrosão das armaduras (Bertolini et al., 2004; Pedeferri e Bertolini, 2000).

A ação do ambiente nas estruturas de concreto armado pode determinar um dano progressivo da estrutura, tanto no próprio concreto como nas armaduras (Fig. 7.1). Pode ser do tipo físico (por exemplo, devido ao efeito da temperatura), químico (por causa das substâncias presentes no ambiente), biológico ou mecânico (por exemplo, como efeito da abrasão ou das cargas aplicadas à estrutura). No primeiro caso, há uma degradação direta do concreto, que pode ocorrer tanto na pasta de compostos de cimento como nos agregados, dependendo da causa; em seguida, a degradação do concreto pode induzir também a corrosão das armaduras. Em outros casos, ao contrário, o ambiente determina a corrosão das armaduras e o concreto pode ser afetado somente em um segundo momento. A experiência demonstra que a corrosão das armaduras é a causa mais frequente da degradação das obras de concreto armado. Neste capítulo, analisam-se as principais causas de degradação direta do concreto e de corrosão das armaduras. No capítulo subsequente, tratar-se-á dos métodos de prevenção.

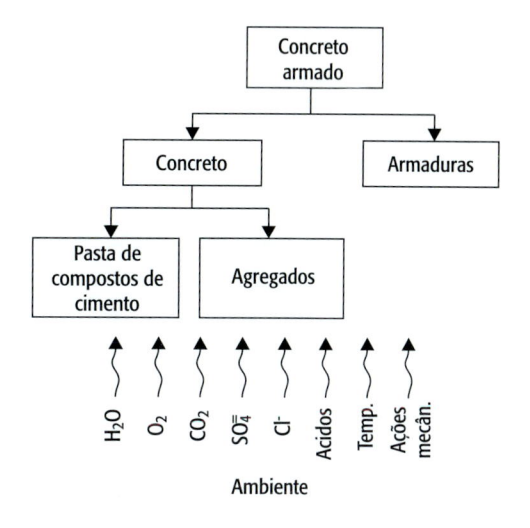

Fig. 7.1 Ação do ambiente em uma estrutura de concreto armado

7.1 Degradação do concreto

A degradação direta do concreto pode ser consequência de vários fenômenos (Pedeferri e Bertolini, 2000; Neville, 1995; CEB, 1992; Collepardi,

2003 e 2005). Se o projeto da estrutura, a mistura do concreto ou a execução da obra não forem feitos corretamente, pode ocorrer uma degradação *precoce* da estrutura, com a aparição de fissuras ou danos já nos primeiros dias ou nas primeiras semanas depois do lançamento (item 7.1.1). Com frequência, porém, a degradação é produzida pela ação do ambiente e se manifesta em longo prazo, provocando um dano que se inicia na superfície do concreto e avança progressivamente para o interior do material (itens 7.1.2-7.1.5). Pode também, além disso, ser produzido por ações mecânicas imprevistas (sobrecargas, pancadas, explosões); estas causas não serão analisadas aqui. A degradação do concreto por exposição à alta temperatura durante um incêndio é discutida no Cap. 12.

7.1.1 Degradação precoce

O concreto pode fissurar-se já nas primeiras horas ou nos primeiros dias depois de seu lançamento na obra. Estes fenômenos são devidos a erros de projeto ou de construção. Às vezes, na fase do projeto, não se consideram corretamente as ações presentes nos primeiros períodos depois da construção; nesta fase, frequentemente, são irrelevantes as ações mecânicas sobre a estrutura, mas podem ser críticos os seguintes fenômenos:

- a presença de *retração restringida*, seja na fase plástica (*retração plástica*, nas primeiras horas depois do lançamento), seja ao final da cura (retração higrométrica), pode causar a fissuração do concreto; a retração dimensional do concreto (ou dos aglomerantes), logo após a secagem, aumenta quando cresce a relação água/cimento (a/c), do teor de cimento, quando diminui a quantidade e o módulo de elasticidade dos agregados etc.; quando a retração é bloqueada – por vínculos externos ou pelas armaduras – criam-se tensões no concreto que podem causar sua fissuração;
- a *acomodação plástica*, devida à acomodação do concreto depois do adensamento, pode provocar fissuração, em geral nos pontos de contato com as armaduras;
- o *calor de hidratação*, em grandes lançamentos, pode determinar um aquecimento maior do núcleo com relação à zona superficial (que troca calor com o ambiente), suficiente para gerar tensões capazes de fissurar o concreto (se, por exemplo, a diferença de temperatura superar 20°-25°C); o calor de hidratação depende do tipo de cimento empregado (por exemplo, é menor no caso de cimentos de hidratação mais lenta, como os pozolânicos) e da dosagem do cimento;
- o *congelamento precoce* da massa de concreto nas primeiras horas depois do lançamento pode provocar graves danos ao concreto, inclusive sua completa desagregação.

Estes processos, mesmo quando não produzem danos relevantes na estrutura, favorecem a penetração dos agentes agressivos e tornam a estrutura mais vulnerável à subsequente ação do ambiente. Estes fenômenos podem ser previstos na fase do projeto e podem ser prevenidos com um planejamento correto da composição do concreto.

A prevenção da degradação precoce do concreto requer, obviamente, cuidado e atenção também durante a construção da obra, quando se deve evitar a criação de condições térmicas ou higrométricas que possam permitir o desenvolvimento dos processos acima descritos.

7.1.2 Ação do gelo-degelo

Em baixa temperatura, a água contida nos poros do concreto congela e aumenta seu volume em cerca de 9%, gerando tensões de tração capazes de provocar fissuras ou descolamentos do concreto, até atingir sua completa desagregação. A Fig. 7.2 mostra os efeitos do gelo-degelo no concreto de uma estrutura em uma estrada alpina.

Fig. 7.2 Efeito do gelo-degelo em uma mureta de concreto situada em ambiente alpino

O congelamento da água contida nos poros do concreto ocorre gradualmente. O resfriamento das zonas mais internas é retardado pela baixa condutibilidade térmica do concreto; além disso, o congelamento da água determina um aumento gradual da concentração dos íons dissolvidos na solução ainda líquida, reduzindo sua temperatura de congelamento. A temperatura de congelamento também diminui com o diâmetro dos poros; portanto, o congelamento tem início nos poros de maiores dimensões e se estende aos menores só se a temperatura abaixar ainda mais (por exemplo, nos poros do gel C-S-H, com dimensões inferiores a 10 nm, a água só congela a temperaturas inferiores a $-35°C$).

As consequências deste tipo de degradação, além de depender da microestrutura do concreto, dependem também das condições ambientais, em particular do número de ciclos de gelo-degelo, da velocidade de congelamento e da temperatura mínima atingida. A presença de sais de degelo, como os cloretos de cálcio e de sódio, em contato com o concreto promove um agravamento da degradação. A experiência mostra, de fato, como as camadas superficiais nas quais estão presentes estes sais ressentem-se mais do efeito do gelo, não obstante a redução da temperatura de congelamento, provavelmente por causa de um maior teor de água determinado pela higroscopicidade dos sais.

A ação do gelo manifesta-se principalmente na água contida nos poros capilares. Já os vazios de dimensões maiores (sobretudo os introduzidos intencionalmente, utilizando aditivos para aeração), em geral, não ficam saturados de água e, pelo menos inicialmente, não se ressentem da ação do gelo.

Foram propostas várias teorias para explicar o mecanismo de degradação por gelo-degelo. A da pressão hidráulica, proposta por Powers, prevê que a formação do gelo no interior dos poros capilares pressiona a água que permanece líquida. Esta pressão só pode ser aliviada se houver, nas imediações, poros vazios para os quais a água possa fluir. O vínculo entre a pressão e o fluxo de água pode ser descrito pela lei de Darcy (item 2.2.2), que mostra como a pressão cresce quando diminui a seção dos poros, aumenta o caminho a ser percorrido pela água e cresce o fluxo de água (proporcional à velocidade com que se forma o gelo no interior dos próprios poros). Em consequência, um resfriamento brusco comporta um dano maior do que um resfriamento mais lento (com frequência, os ensaios de laboratório, que se desenvolvem mediante o aquecimento e resfriamento do concreto muito mais rapidamente do que pode ocorrer na realidade, podem superestimar a sensibilidade do concreto ao gelo-degelo).

Além da pressão hidráulica, pode-se criar uma pressão osmótica: à medida que o congelamento evolui nos poros capilares, os íons concentram-se na solução restante, o que gera uma diferença de concentração entre a solução presente nos capilares e a que está nos poros do gel. Nestas condições, a água tende a se deslocar dos poros do gel para diluir a solução dos poros capilares, onde, em consequência, a pressão aumenta. Há, enfim, uma contribuição do transporte de água dos poros menores para o gelo já formado nos poros maiores, onde essa água adicional também congela, aumentando a quantidade de gelo e, logo, a pressão.

Resistência ao gelo-degelo. A resistência de um concreto ao gelo é avaliada pelo número de ciclos de gelo e degelo que podem ser suportados antes de se atingir um determinado nível de degradação. Em geral, assumem-se como índices de degradação a perda de massa ou a diminuição do módulo de elasticidade dinâmico (mensurável pela velocidade de propagação dos ultrasons no concreto). A resistência ao gelo é fortemente influenciada pelo grau de saturação dos poros; em geral, existe um valor crítico característico para cada tipo de concreto (indicativamente igual a 80%-90%), abaixo do qual o concreto pode suportar um elevado número de ciclos de gelo-degelo, conquanto, acima dele, uns poucos ciclos seriam suficientes para danificar o concreto.

Um outro parâmetro importante é a porosidade da matriz do cimento. Os poros cheios de ar podem recolher água jogada para fora dos capilares por causa do acréscimo de cristais de gelo, com a consequente redução da pressão.

Todavia, o espaço disponível para receber esta água deve ser facilmente acessível e próximo ao ponto onde o gelo está se formando. Um concreto com elevada porosidade capilar facilita o movimento da água e pode prover mais espaço para o acréscimo de cristais de gelo. Por outro lado, fica rapidamente saturado de água e é, portanto, sensível à ação do gelo. Na prática, os concretos com baixa porosidade capilar, obtidos com uma baixa relação a/c (Fig. 7.3), tornam-se resistentes ao gelo. Uma cura prolongada do lançamento, antes de ser submetido à ação do gelo, é benéfica, porque melhora a resistência mecânica do concreto e reduz a água livre no seu interior. Para obter um concreto resistente ao gelo, é também necessário que os agregados empregados possam suportar este tipo de ataque.

O uso de um aditivo para aeração pode melhorar notavelmente a resistência do concreto ao gelo-degelo (Fig. 7.3). O ar aprisionado ao concreto e não removido pela vibração não consegue melhorar sua resistência ao gelo, pois está distribuído em bolhas relativamente grandes, pouco numerosas e distribuídas de uma forma não uniforme. Inversamente, os aditivos para aeração geram um sistema de pequenas bolhas (0,05-0,1 mm) distribuídas uniformemente no interior da pasta de compostos de

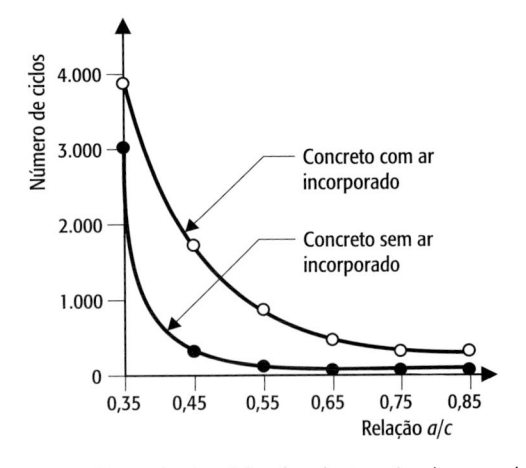

Fig. 7.3 Exemplo do efeito da relação a/c sobre a resistência ao gelo em concretos maturados a úmido por 28 dias (número de ciclos que levam a uma perda de peso da ordem de 25%)

cimento (Fig. 7.4), de modo que a distância entre as bolhas seja da ordem de alguns décimos de milímetro. O volume de ar incorporado no concreto para resistir à ação de gelo-degelo é, em geral, da ordem de 4%-6% do volume de concreto; todavia, para cada mistura existe um teor mínimo de ar, abaixo do qual a presença das bolhas é ineficaz.

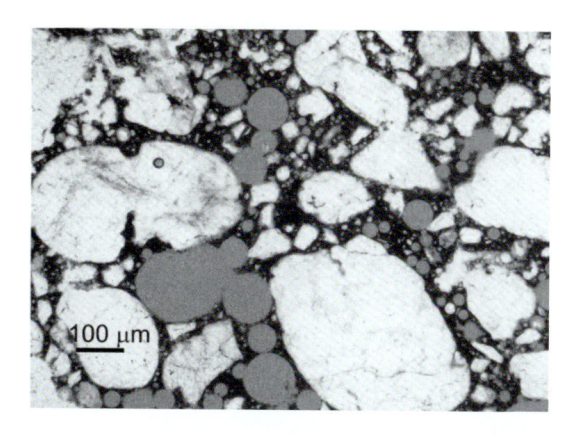

Fig. 7.4 Exemplo de microestrutura de um concreto aerado (em seção muito fina, observam-se as bolhas no interior da pasta de compostos de cimento, mais escura, e os agregados, mais claros)

É importante considerar que os concretos acrescidos de aditivos para aeração, em paridade com a relação a/c, têm sua resistência mecânica reduzida. Em primeira aproximação, pode-se considerar que cada ponto porcentual de ar incorporado corresponda a uma redução de 5% na resistência à compressão. No projeto das misturas, portanto, dever-se-á compensar a redução da resistência com uma menor relação a/c.

7.1.3 Ataque por sulfatos

Os íons de sulfato podem penetrar no concreto quando este está em contato com águas ou solos nos quais são dissolvidos tais íons. Quando os sulfatos reagem com os componentes da matriz de cimento, geram produtos expansivos. Podem, assim, produzir-se dilatações que, partindo das arestas e dos ângulos das peças, geram fissuras e desagregação do concreto. Em geral, o ataque por sulfatos ocorre em três estágios:

- a penetração dos íons de sulfato na matriz de cimento;
- sua reação com o hidróxido de cálcio para formar gesso ($CaSO_4 \cdot 2H_2O$);
- a reação do gesso com os aluminatos para resultar em compostos expansivos como a etringita ($3CaO \cdot Al_2O_3 \cdot 3CaSO_4 \cdot 32H_2O$).

A reação mais perigosa é ligada à formação de etringita, que ocasiona os maiores efeitos expansivos, devidos tanto ao acréscimo de cristais de etringita como à dilatação resultante da absorção de água por parte da etringita pouco cristalina.

A dimensão do ataque depende tanto do teor de sulfatos no solo e na água em contato com o concreto como das características do concreto. A agressividade do ambiente, obviamente, aumenta à medida que cresce o teor de sulfatos. Observa-se, além disso, que, em paridade de concentração, os sulfatos são mais agressivos quando dissolvidos na água; além disso, o sulfato de magnésio tem um efeito mais marcado do que os outros sulfatos, porque ataca também os silicatos hidratados de cálcio. O comportamento de um concreto com relação à penetração dos sulfatos é, em geral, avaliado através de ensaios com os quais se mede a expansão de um corpo de prova imerso em uma solução de sulfatos. A Fig. 7.5, por exemplo, mostra a expansão medida em corpos de prova imersos em uma solução 0,5 M Na_2SO_4, um deles feito com cimento portland e o outro com um cimento misturado com 30% de cinzas volantes. A Fig. 7.6 mostra o estado dos corpos de prova ao término do ensaio.

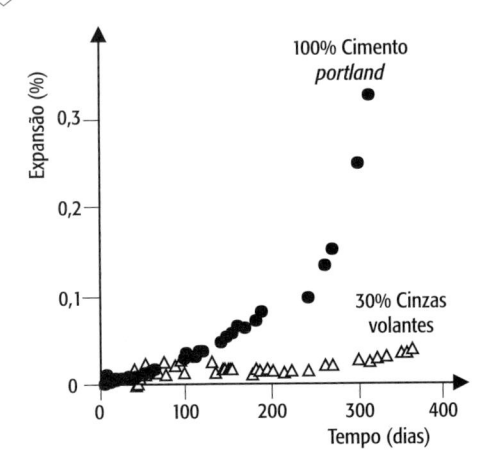

Fig. 7.5 Expansão de dois corpos de prova imersos em uma solução 0,5 M Na_2SO_4 (relação $a/c = 0,5$)

Fig. 7.6 Efeito dos sulfatos em um corpo de prova imerso em uma solução de Na_2SO_4

Em ambientes contendo sulfato, uma baixa permeabilidade do concreto é a melhor defesa contra este tipo de ataque; a penetração dos sulfatos e o ataque consequente podem ser notavelmente reduzidos pela diminuição da relação a/c ou pelo emprego de cimentos com adições pozolânicas (Fig. 7.5). A reação pozolânica consome o hidróxido de cálcio produzido pela hidratação do *clinker*, reduzindo as consequências do ataque, e leva a um refinamento da microestrutura da pasta de compostos de cimento, o qual reduz a velocidade da penetração dos sulfatos. Além disso, é possível empregar cimentos com um baixo teor de C_3A e C_4AF; as normas preveem cimentos resistentes aos sulfatos, para os quais a quantidade de C_3A é, em geral, inferior a 3%-5%.

Uma reação ainda mais deletéria da formação de etringita é a produção de taumasita ($CaCO_3 \cdot CaSO_4 \cdot CaSiO_3 \cdot 15H_2O$). Para a formação deste composto, em vez dos aluminatos, são usados os silicatos de cálcio que constituem o gel *C-S-H*; ocorre, assim, a transformação da pasta de compostos de cimento em um material incoerente (neste caso, a degradação pode ocorrer mesmo sem efeitos expansivos). A reação é complexa e, além da presença de sulfatos, requer a presença de cal e de dióxido de carbono (a reação pode ser escrita da seguinte forma: $Ca(OH)_2 + CO_2 + gesso + C\text{-}S\text{-}H + água \rightarrow CaCO_3 \cdot CaSO_4 \cdot CaSiO_3 \cdot 15H_2O$). O CO_2 pode estar dissolvida na solução que penetra no concreto; todavia, já foi demonstrado que pode derivar simplesmente dos agregados calcários (a transformação foi observada em concretos com agregados calcários mesmo na ausência de CO_2 externo). Felizmente, a formação de taumasita requer condições de elevada umidade e de baixa temperatura (inferior a 15°C) para ocorrer com velocidade apreciável (normalmente, os efeitos são mais marcantes abaixo de 5°C). O risco desta reação é, portanto, limitado a situações particulares.

7.1.4 Reações álcali-agregado (AAR)

Alguns tipos de agregados podem reagir com os íons Na^+, K^+ e OH^- dissolvidos na solução dos poros da matriz de cimento (item 7.2.1) e gerar produtos expansivos, que degradam o concreto. Em geral, o ataque pode ocorrer em agregados contendo certas formas de sílica amorfa (reação álcali-sílica) e com agregados de natureza dolomítica (reação álcali-carbonatos). Aqui se considera só a reação álcali-sílica, mais importante em relação ao número de estruturas envolvidas.

Os álcalis derivam, antes de mais nada, do cimento; o clinker contém baixos teores de Na_2O e K_2O que, depois da hidratação, passam para a solução sob a forma de hidróxidos:

$$Na_2O + H_2O \rightarrow 2Na(OH)$$
e (7.1)
$$K_2O + H_2O \rightarrow 2K(OH)$$

O teor de álcalis no cimento é expresso como porcentual equivalente de Na_2O em massa: $\%Na_2O_{eq} = \%Na_2O + 0{,}659 \cdot \%K_2O$. Considera-se que um cimento tem baixo teor de álcalis quando Na_2O_{eq} não supera 0,6%. A maior parte da fase líquida, presente nos poros de um concreto produzido com cimento portland, é constituída de uma solução de NaOH e KOH.

A concentração destes hidróxidos cresce com o porcentual equivalente de álcalis, como ilustrado pela Fig. 7.7. As adições pozolânicas ou de escória de alto-forno reduzem o pH e o teor de álcalis na solução dos poros.

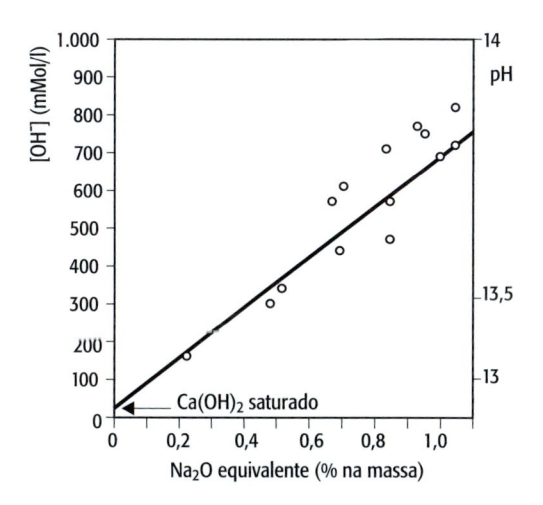

Fig. 7.7 Relação entre o porcentual equivalente de álcalis no cimento e o teor de OH⁻ na solução dos poros de uma pasta de compostos de cimento (Nixon e Page, 1987)

Além do cimento, também os outros componentes do concreto (água, agregados, aditivos e adições) podem secretar álcalis na solução dos poros, embora em teores muito menores. O teor total de álcalis do concreto (expresso em kg/m³) é obtido mediante a multiplicação do porcentual eficaz de Na_2O em cada componente da mistura para a dosagem relativa (em kg/m³) e a divisão por 100. O risco de reação álcali-agregado é elevado sobretudo para as estruturas que contêm uma dosagem elevada de cimento ou nas zonas onde o teor de cimento sofre um aumento localizado (como na superfície das pavimentações industriais com acabamento de tipo "queimado", ou seja, com cimento pulverizado e alisado).

O mecanismo da reação entre os álcalis e os agregados de sílica é complexo e requer a presença de íons hidroxila ou íons de metais alcalinos. Com efeito, os primeiros provocam a destruição das ligações da estrutura sílica, enquanto os íons de metais alcalinos reagem para formar um gel de silicatos de cálcio e álcalis, o qual pode se dilatar ao absorver a água com que entra em contato. Esta dilatação pode induzir solicitações de tração no concreto e levar ao aparecimento de um estado vulnerável à fissuração, influenciado pela presença de vínculos (geometria da estrutura, disposição das armaduras) e por solicitações mecânicas externas. Em geral, a fissuração apresenta-se distribuída casualmente (*map cracking*) e as fissuras podem expelir o gel branco. Outro fenômeno típico é o *pop-out*, isto é, a expulsão de pequenas porções de concreto de forma tronco-cônica nos pontos onde há agregados.

Fatores. O desenvolvimento da reação álcali-sílica é muito lento e os efeitos podem manifestar-se até em longo prazo. Um primeiro fator importante é a reatividade dos minerais de sílica, que depende da sua estrutura; em geral, a reatividade é baixa para as estruturas cristalinas da sílica (como o quartzo) e alta para as estruturas amorfas. A proporção de sílica reativa no interior das partículas de agregado tem um papel importante na determinação da periculosidade do ataque. Existe uma concentração na qual ocorre um efeito expansivo máximo. Por exemplo, para a sílica completamente amorfa, esta condição pode ser verificada nos teores de 2%-10%; para outros tipos de sílica menos reativa, nos teores ao redor de 30%.

O emprego de um concreto com baixo teor de álcalis pode, de fato, prevenir a reação álcali-agregado. A Fig. 7.8 mostra como o efeito expansivo induzido pela reação entre álcalis e agregados com sílica amorfa torna-se irrelevante se o teor equivalente de Na_2O no concreto for inferior a 3 kg/m³. Todavia, é bom lembrar que o teor de álcalis no concreto pode derivar não apenas do próprio concreto, mas também de substâncias que o penetram do exterior, como nas estruturas marinhas ou em pontes onde são usados sais de degelo (por exemplo, o pH da camada aquosa é mais elevado com o acréscimo de cloreto de sódio do que com o acréscimo de cloreto de cálcio). O uso de cimentos pozolânicos ou de alto-forno ou, ainda, a adição de pozolana (cinzas volantes ou sílica ativa) ou de escória de alto-forno finamente subdividida permitem prevenir os danos provocados pela reação.

De fato, as adições minerais, além de ter um efeito diluente (já que são constituídos principalmente de sílica amorfa), tendem a reduzir a concentração dos íons OH^- na solução dos poros da pasta de compostos de cimento, por efeito do consumo de tais íons durante a evolução da reação entre a portlandita e as próprias adições minerais.

Para o avanço do ataque, é essencial a presença de umidade; em ambientes com umidade relativa inferior a 80%-90%, os álcalis podem coexistir com agregados reativos sem provocar nenhum dano. A temperatura também influencia a reação, que é favorecida quando aquela aumenta.

A prevenção da reação álcali-agregados é de fundamental importância na fase do projeto, através de uma correta escolha da composição da massa de concreto; com efeito, ainda não existem métodos confiáveis para interromper o ataque quando já está em curso. Para prevenir a reação álcali-agregados é preferível, obviamente, recorrer aos agregados não reativos. Todavia, nem sempre é possível utilizar agregados não reativos, em termos de disponibilidade local. Além disso, ainda não existem métodos rápidos e seguros para prever a reatividade dos agregados, sobretudo porque, com frequência, os agregados reativos estão localizados apenas em alguns grânulos e a coleta de uma amostra para os ensaios poderia não ser suficientemente representativa. Caso não se possa excluir a presença de agregados reativos, é necessário limitar o teor de álcalis no concreto, controlando sobretudo o porcentual de álcalis do cimento e o teor de cimento, ou utilizando cimentos de mistura com adições pozolânicas ou de alto-forno. Se possível, deve-se procurar limitar o teor de umidade do concreto, mesmo sendo difícil isolá-lo de todas as possíveis fontes de umidade.

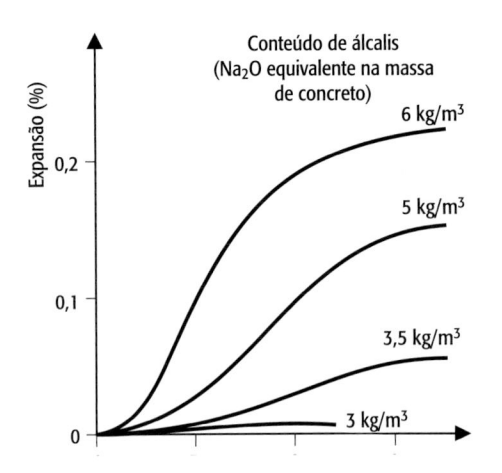

Fig. 7.8 Comportamento de concretos feitos com agregados reativos contendo calcedônia com diferentes teores de álcalis (Sibbick e Page, 1992)

7.1.5 Outras formas de ataque

Erosão pela água. As águas puras, quando correm constantemente sobre o concreto, são agressivas, porque tendem a dissolver lentamente os compostos à base de cálcio. Inicialmente, é afastado o hidróxido de cálcio, mas em seguida são atacados também os outros constituintes, com possíveis efeitos negativos sobre a resistência mecânica. Na presença de fissuras ou retomadas de lançamento, a água é filtrada através do concreto e, quando aflora, deixa na superfície depósitos calcários devidos à reação do hidróxido de cálcio com o dióxido de carbono do ar. A dimensão da erosão pela água depende, em larga medida, da permeabilidade do concreto; os concretos feitos com cimentos pozolânicos ou com escória de alto-forno têm uma resistência maior à erosão pela água.

Ataque ácido. Quando o concreto entra em contato com soluções ácidas, os constituintes alcalinos são atacados. Baixos teores de pH podem ser atingidos nas águas que contêm CO_2, sulfatos, cloretos ou íons de H^+ dissolvidos. A velocidade do ataque da matriz de cimento depende da solubilidade dos sais que se formam em seguida à dissolução dos componentes da pasta de compostos de cimento e, portanto, da natureza dos íons presentes.

Ataque por sulfatos. Uma forma particular de ataque ácido ocorre quando o concreto está em contato com águas residuais (como no caso das redes de esgoto ou das estruturas de instalações para tratamento de água). Quando se criam condições anaeróbicas no líquido, a presença de bactérias sulfato-redutoras pode reduzir os sulfatos presentes nas águas a sulfeto de hidrogênio (H_2S); este é liberado sob forma gasosa no interior da estrutura e, à medida que atinge zonas aeradas, pode oxidar-se a ácido sulfúrico devido às bactérias aeróbicas que vivem na superfície do concreto, acima do nível da água. O ácido sulfúrico produzido, em geral na cabota superior das galerias de esgoto, pode atacar severamente o concreto, levando à formação de gesso e causando a perda de diversos milímetros de espessura por ano.

Água do mar. A água do mar, além de ser perigosa para a corrosão das armaduras (item 7.2.3), também pode agir diretamente sobre o concreto, causando: erosão superficial, provocada pelas ondas ou pela maré, dilatação causada pela cristalização dos sais, ataque químico por parte dos sais dissolvidos (sulfatos, cloretos). A zona mais crítica é aquela acima do nível da maré, onde a evaporação provoca a cristalização, nos poros, dos sais dissolvidos na água do mar. À ação expansiva devida à cristalização pode-se acrescentar o movimento das ondas, que favorece o desgaste do concreto danificado. A sensibilidade dos concretos à ação da água do mar está ligada sobretudo à presença do hidróxido de cálcio e dos aluminatos de cálcio hidratados. Em consequência, os cimentos mais apropriados para estruturas na água do mar são os cimentos de alto-forno e os pozolânicos, já que há menos hidróxido de cálcio nos produtos de hidratação destes últimos.

Ação dos sais à base de cloreto. Os sais à base de cloreto são perigosos sobretudo porque, penetrando no concreto, podem induzir a corrosão das armaduras (item 7.2.3). Em algumas circunstâncias, podem até ter efeitos negativos diretamente sobre o concreto. O cloreto de sódio pode estimular a reação álcali-agregado, determinando o aumento do teor de sódio ou da concentração de íons OH^- (determinada por reações entre os cloretos e os produtos de hidratação). O cloreto de cálcio, quando está presente nas soluções extremamente concentradas, pode exercer uma ação desagregadora sobre a pasta de compostos de cimento.

Abrasão e erosão. O concreto pode sofrer abrasão, quando está em contato com sólidos em movimento, e erosão, quando está em contato com fluidos. Estes fenômenos levam a um consumo do material, partindo da superfície do concreto. A erosão é, muitas vezes, importante para as obras hidráulicas, onde a água que escorre sobre a superfície do concreto pode conter partículas sólidas (areia, por exemplo). A efetiva velocidade de erosão depende do tipo de partículas transportadas (especialmente sua forma, quantidade e dureza), da velocidade da água e das propriedades do concreto. Em primeira aproximação, a resistência do concreto à abrasão e à erosão é correlacionada a sua resistência à compressão. Todavia, a presença de grandes agregados e de material de elevada dureza melhora o comportamento do concreto a igual resistência à compressão.

7.2 Corrosão das armaduras

As armaduras de aço no concreto são protegidas da corrosão graças às condições de passividade que se desenvolvem em contato com a solução alcalina contida nos poros da pasta de compostos de cimento. A corrosão das armaduras pode, porém, ser induzida pela carbonatação do concreto ou pela penetração de cloretos (Pedeferri e Bertolini, 1996; 2000; Tuutti, 1982; Schiessl, 1988; European Cooperation in Science and Technology, 1996, 2000). Em um número muito reduzido de casos, a corrosão pode até ser provocada por correntes de fuga ou, no caso de aços de alta resistência empregados para concreto protendido, por fragilização por hidrogênio.

7.2.1 Concreto alcalino e sem cloretos

Depois da hidratação do cimento, a solução nos poros do concreto tem um caráter alcalino. A Tab. 7.1 mostra o teor dos íons dissolvidos na solução dos poros de concretos feitos com diversos tipos de cimento. Observa-se como esta solução é constituída principalmente de hidróxidos de sódio e de potássio, mesmo quando varia a concentração de íons de Na^+, K^+ e OH^-, em função do tipo de cimento utilizado para fazer o concreto. Na solução, há uma modesta quantidade de hidróxido de cálcio; este, presente em grande quantidade, encontra-se sob a forma de cristais (portlandita), já que a solubilidade deste composto é muito baixa. Além dos hidróxidos e na ausência de poluentes, a solução dos poros só contém quantidades significativas de sulfatos.

Tab. 7.1 Concentração dos íons presentes na solução dos poros do concreto, em função das adições minerais utilizadas para fazer o concreto (dados obtidos a partir de medidas efetuadas por diversos autores na solução extraída de aglomerantes e pastas de compostos de cimento)

Adição mineral	$[OH^-]$	$[Na^+]$	$[K^+]$	$[Ca^{++}]$	$[SO_4^=]$
100% portland	250-830	40-270	230-630	<1	8-38
–70% escória de alto-forno	100-170	60-90	40-70	<1	8-15
–30% cinzas volantes	330	75	260	<1	18
–10% sílica ativa	270	110	210	<1	32

Fonte: Pedeferri e Bertolini (1996).

O pH da solução nos poros está entre 13 e 13,8; os valores mais baixos coletam-se nos concretos com acréscimos de escória de alto-forno ou de pozolana (sobretudo de sílica ativa). Em geral, o pH nunca desce abaixo de 13 e nem pode descer abaixo de 12,5 (valor correspondente à solubilidade do Ca(OH)$_2$).

Em contato com esta solução, o aço é passivo; a sua curva de polarização anódica está esquematizada na Fig. 7.9.

No intervalo de potenciais entre cerca de –800 e +600 mV *vs.* SCE, o aço está em condições de passividade. No intervalo de potenciais entre o valor de equilíbrio e –800 mV, o filme protetor não se forma; no entanto, dada a proximidade do potencial de equilíbrio, a velocidade do ataque permanece irrelevante. Para potenciais superiores a 600 mV, as armaduras estão em condições de transpassividade; na sua superfície, pode desenvolver-se oxigênio, de acordo com a reação anódica de desenvolvimento de oxigênio:

$$K_2O + H_2O \rightarrow 2K(OH) \quad (7.2)$$

A Fig. 7.9 mostra como a velocidade de corrosão, quando as armaduras são passivas, permanece irrelevante tanto em concreto aerado como em concreto imerso em água (no qual a difusão do oxigênio é dificultada pelos poros saturados de água). A densidade de corrente anódica pode atingir valores elevados só no campo de transpassividade. As armaduras podem atingir esses potenciais só quando são polarizadas anodicamente (por exemplo, no caso de interferência por correntes dispersas). Todavia, como a reação anódica que ocorre a estes potenciais é o desenvolvimento de oxigênio, mesmo neste caso não ocorre dissolução do ferro e, portanto, corrosão das armaduras (o filme passivo não é destruído). Só se a acidez produzida pela reação anódica (7.2) for suficiente para neutralizar a alcalinidade do concreto em contato com as armaduras, o filme passivo pode ser destruído e, assim, dar início à corrosão.

7.2.2 Corrosão por carbonatação

O dióxido de carbono presente na atmosfera pode reagir com os compostos alcalinos presentes na solução dos poros do concreto (NaOH, KOH), mas também na matriz de cimento sob a forma de Ca(OH)$_2$ (portlandita) e de sílico-aluminatos hidratados. A reação de carbonatação, que se produz em solução aquosa através de várias reações intermediárias, pode ser resumida assim:

$$(7.3)$$
$$CO_2 + Ca(OH)_2 \xrightarrow{H_2O, NaOH} CaCO_3 + H_2O$$

A carbonatação leva o pH da solução dos poros a valores próximos da neutralidade (a solução nos poros do concreto carbonatado é constituída por água substancialmente pura). Portanto, o aço no concreto carbonatado não é mais protegido pelo filme de passividade (Aprofundamento 3.3).

Se o concreto está contaminado por cloretos, a carbonatação também causa a libe-

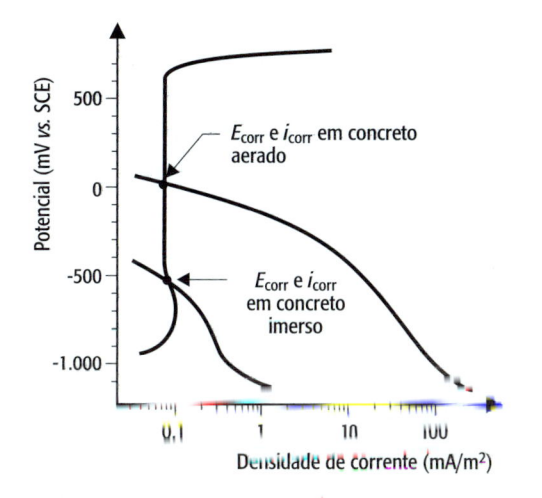

Fig. 7.9 Condições de corrosão das armaduras no concreto não carbonatado e sem cloretos, em função da umidade

ração, na solução dos poros, dos cloretos que estavam ligados à matriz do cimento.

A Fig. 7.10 mostra os efeitos da corrosão, em função do tempo, em um elemento estrutural submetido à carbonatação. Em uma primeira fase, a armadura é passiva e não se corrói. A carbonatação, porém, a partir da superfície do concreto, penetra no cobrimento. A corrosão inicia-se quando a frente de carbonatação chega à superfície da armadura. A ativação da corrosão, mesmo que, por si mesma, não influa na funcionalidade ou na estabilidade do elemento estrutural, é um momento crítico na vida da estrutura. Com efeito, o aço despassivado torna-se suscetível à corrosão, com uma velocidade que depende das condições de exposição ambiental. Com o tempo, os produtos de corrosão poderão causar a fissuração e o destacamento do cobrimento, comprometendo assim o desempenho da estrutura. Os produtos de corrosão, com efeito, em função dos óxidos que se formam, ocupam um volume de duas a seis vezes superior ao do ferro do qual provêem. À medida que ocorrem estes fenômenos, a dimensão da degradação pode atingir condições capazes de comprometer a estabilidade da estrutura. Já se propôs considerar estes fenômenos no projeto estrutural, junto com a ativação da corrosão, como estados-limite dependentes do tempo.

A vida útil de uma estrutura pode, assim, ser definida como a soma de um *tempo de ativação* – também conhecido por tempo de iniciação – e de um tempo de propagação. O tempo de ativação ou iniciação pode ser definido como o tempo necessário para que a profundidade de carbonatação iguale a espessura do cobrimento. O *período de propagação* começa quando a armadura está despassivada e termina no momento em que é atingido um determinado estado-limite, além do qual as consequências da corrosão já não podem ser toleradas (como a fissuração do cobrimento ou seu desplacamento, com o consequente risco de queda de fragmentos de concreto). Esta distinção entre período de ativação e de propagação é útil no projeto dos elementos estruturais de concreto armado, já que se deve considerar processos e fatores diferentes para descrever o avanço das duas fases.

Ativação ou Iniciação. A fase de ativação da corrosão é determinada pela velocidade de penetração da carbonatação e pela espessura do cobrimento. A reação de carbonatação tem início na superfície externa do concreto e penetra com uma evolução aproximadamente proporcional à raiz quadrada do tempo:

$$x = K \cdot \sqrt{t} \qquad (7.4)$$

onde x é a profundidade de carbonatação e t, o tempo. A evolução no tempo da profundidade de carbonatação é, assim, medida pelo coeficiente de carbonatação K (expresso em mm/ano$^{1/2}$).

O coeficiente K depende tanto de fatores ambientais como de fatores ligados ao

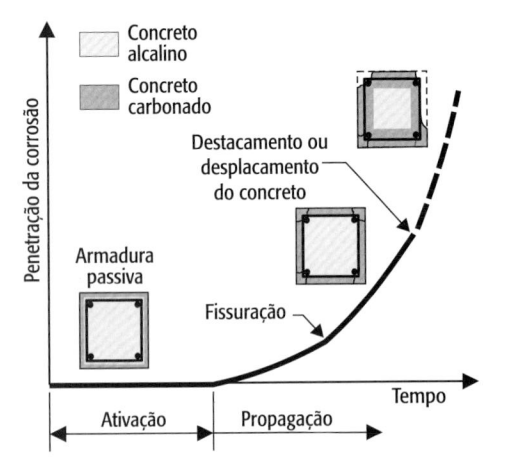

Fig. 7.10 Evolução no tempo da degradação de uma estrutura de concreto armado, devida à corrosão por carbonatação

concreto. O teor de umidade do concreto tem o papel mais importante. A velocidade de carbonatação é irrelevante tanto em concreto saturado de água como em concreto seco; no primeiro caso, é impedida a difusão do dióxido de carbono através dos poros saturados de água, enquanto, no segundo caso, o dióxido de carbono não pode reagir com os constituintes alcalinos do concreto por causa da ausência de umidade. O valor de K é maior no caso de valores intermediários de umidade. A velocidade de carbonatação mais elevada está normalmente no concreto protegido da chuva e em equilíbrio com uma atmosfera com 60%-80% de umidade relativa (Fig. 7.11).

parede de concreto armado é, em geral, maior no interior do que no exterior (Fig. 7.12).

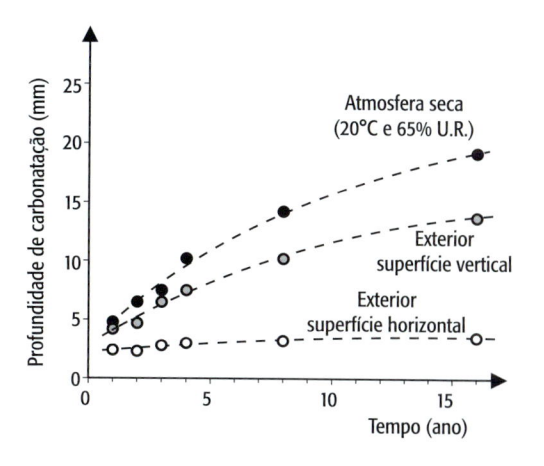

Fig. 7.12 Exemplo de avanço da carbonatação no concreto em função das condições de umidade (Wierig, 1984)

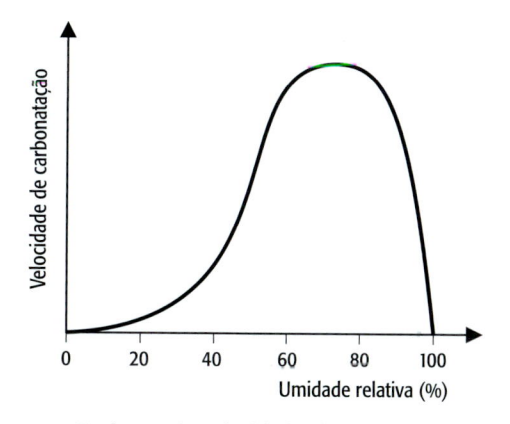

Fig. 7.11 Evolução da velocidade de carbonatação em função da umidade relativa do concreto, na ausência de água de molhagem (Tuutti, 1982)

Todavia, mesmo neste intervalo de umidade, que corresponde aos valores frequentemente encontrados em muitos ambientes, se o concreto é molhado periodicamente – porque está exposto à chuva, por exemplo – a velocidade de carbonatação reduz-se. Por exemplo, no caso de uma parede externa de um edifício, a velocidade de penetração é maior em uma zona protegida da chuva do que em uma zona não protegida. Pelo mesmo motivo, a velocidade de penetração da carbonatação em uma

Quando o concreto é periodicamente molhado, K depende da frequência e da duração dos ciclos de alternância entre períodos secos e molhados. Como a absorção de água pelo concreto é muito mais rápida do que a evaporação, a velocidade de carbonatação é menor quando os ciclos molhados são mais frequentes e de menor duração do que quando são menos frequentes e de maior duração. Nas estruturas reais, é muito importante o microclima; a carbonatação pode variar notavelmente nas diferentes partes de uma estrutura que estejam submetidas a diferentes condições de umectação.

A porosidade do concreto tem um papel importante na penetração da carbonatação. Uma baixa porosidade capilar da pasta de compostos de cimento, garantida por uma relação água/cimento suficiente baixa, permite reduzir a difusão do dióxido de carbono.

Por exemplo, a Fig. 7.13 mostra o efeito da relação água/cimento sobre o avanço da carbonatação de concretos expostos em laboratório a 20°C e a 50% de umidade relativa por seis anos. Para obter estas vantagens, todavia, o concreto deve ser curado adequadamente; uma maturação insuficiente a úmido não permite uma correta hidratação e, portanto, leva a uma estrutura excessivamente porosa (como se vê, na Fig. 7.13, ao comparar concretos curados por apenas um dia com concretos curados por 28 dias). Uma cura malfeita tem consequências mais graves justamente sobre a camada de concreto que protege as armaduras; com efeito, o cobrimento, sendo a parte mais externa, é a zona mais suscetível à evaporação da água.

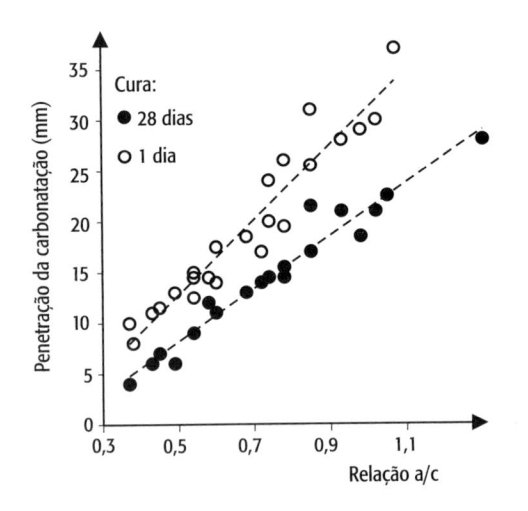

Fig. 7.13 Influência da relação a/c sobre a profundidade de carbonatação, para concretos de cimento portland, mantidos por seis anos a 20°C e a 50% UR (Page, 1992)

Também o tipo de cimento utilizado para fazer o concreto pode influir na velocidade de carbonatação; nos cimentos compostos, a hidratação dos materiais pozolânicos ou da escória de alto-forno leva a um menor teor de $Ca(OH)_2$ na pasta de compostos de cimento; isto pode determinar um aumento da velocidade de carbonatação. Como exemplo da variabilidade da profundidade de carbonatação nas estruturas reais e da influência da composição do concreto, a Fig. 7.14 compara

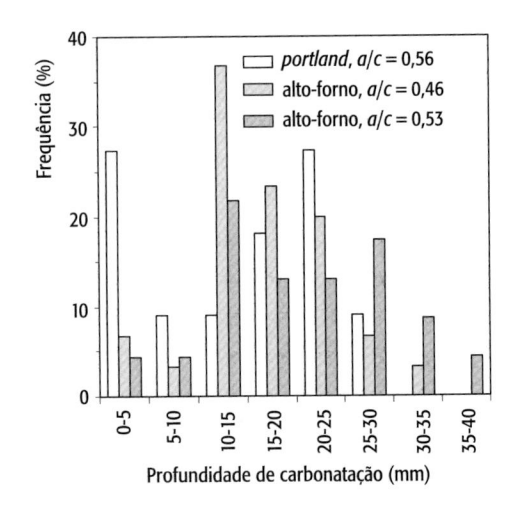

Fig. 7.14 Distribuição de frequência da penetração da carbonatação medida em paredes verticais construídas com concreto de diversas composições, depois de 30 anos de exposição ao ar livre

a distribuição de frequência da profundidade de carbonatação medida nas paredes externas de edifícios com concretos de diferentes composições, depois de cerca de 30 anos de exposição ao mesmo ambiente (Vale do Pó).

A velocidade de carbonatação aumenta quando crescem a temperatura e a concentração de dióxido de carbono na atmosfera (por exemplo, avança mais rapidamente nos ambientes fechados e poluídos, como os túneis nas estradas).

Propagação. Quando a frente de carbonatação atinge a armadura – e, portanto, o aço é despassivado – a velocidade de corrosão é determinada pela disponibilidade de oxigênio e de água na superfície do aço. Só em condições de completa e permanente saturação de água o oxigênio não consegue atingir as armaduras (nestas condições, por outro lado, nem o CO_2 consegue penetrar o concreto e, assim, o concreto nem sequer se carbonata).

Em todas as outras condições de exposição, a velocidade de corrosão é governada pela resistividade elétrica do concreto e diminui à medida que ela aumenta (Fig. 7.15), mesmo que não seja possível especificar uma correlação de validade geral entre estes dois parâmetros (a correlação varia em função da composição do concreto e da presença de cloretos).

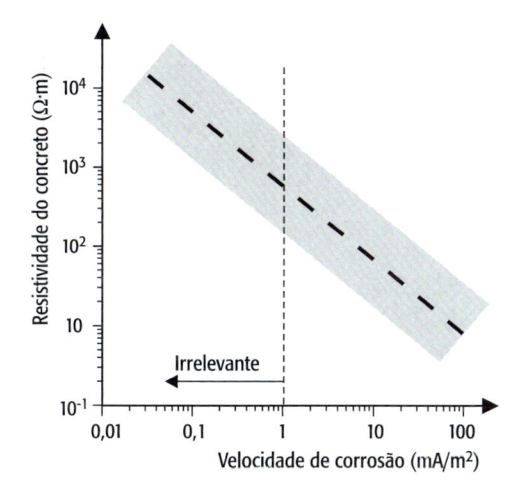

Fig. 7.15 Evolução aproximada da correlação entre a velocidade de corrosão e a resistividade do concreto carbonatado

O teor de umidade é o fator principal para determinar a resistividade do concreto carbonatado. No concreto seco, a resistividade é elevada e a velocidade de corrosão é irrelevante; em compensação, quando aumenta a umidade, diminui a resistividade do concreto e aumenta, em consequência, a velocidade de corrosão das armaduras. Por esse motivo, a evolução no tempo da velocidade de corrosão das armaduras é estreitamente ligada às variações locais de umidade do concreto na profundidade das armaduras. Em geral, nas condições em que a velocidade de carbonatação é máxima (Fig. 7.11), a velocidade de penetração da corrosão é modesta e vice-versa.

Por exemplo, em estruturas expostas em ambientes internos ou protegidos da chuva, o fato de que o concreto no nível das armaduras seja carbonatado raramente constitui um problema, porque eventuais presenças momentâneas de vapores ou de umidade na superfície do concreto não se traduzem em aumentos do teor de água a nível das armaduras. Obviamente, a velocidade de corrosão não seria mais irrelevante se o concreto carbonatado é molhado por qualquer motivo – por exemplo, uma infiltração ou um vazamento na tubulação. As piores situações são caracterizadas pela alternância de condições de baixa umidade com as de alta umidade, como sucede no caso de concreto exposto à chuva.

A experiência mostrou que o potencial de corrosão das armaduras em concreto carbonatado depende do teor de umidade no concreto, uma vez que se medem valores de potencial muito positivos em concreto seco. Além disso, no concreto carbonatado, a velocidade de corrosão aumenta quando o potencial diminui. Para explicar a variação do potencial de corrosão em função da velocidade de corrosão, foi proposto partir da premissa de que as contribuições de queda ôhmica estejam localizadas no anodo. Este mecanismo, denominado *controle anódico resistivo*, baseia-se na hipótese de que a velocidade esteja sob controle anódico, isto é, que a reação anódica controle a velocidade de corrosão; mas, por sua vez, a reação anódica é governada pela resistividade do concreto, como ilustra a Fig. 7.16.

Para uma umidade fixa do concreto, a velocidade de corrosão das armaduras pode ser aumentada pela presença de pequenos teores de cloretos na solução dos poros. A presença de modestos teores de cloretos no concreto pode ser devida tanto ao emprego de matérias-primas poluídas (no caso de estruturas construídas no passado, podem ter sido introduzidas com a água da massa, os agregados ou os aditivos) como à penetração destes íons a partir do ambiente externo

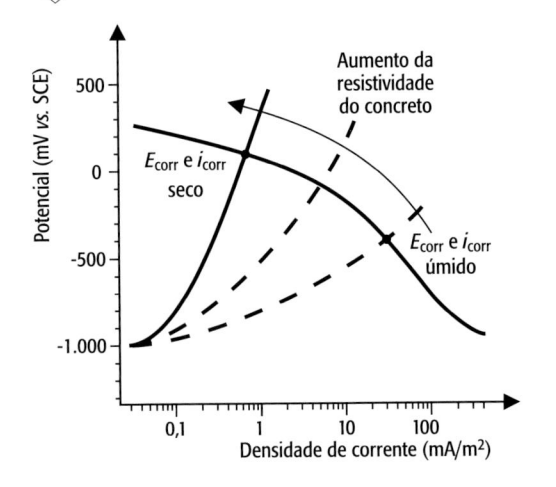

Fig. 7.16 Controle anódico-resistivo da corrosão das armaduras no concreto carbonatado (Page, 1992)

(ambiente marinho, sais de degelo). Por exemplo, a Fig. 7.17 mostra a evolução da velocidade de corrosão de barras de aço imersas em argamassas carbonatadas artificialmente, às quais foram acrescentados modestos teores de cloretos. Pode-se notar como, na presença de cloretos, a velocidade de corrosão é elevada mesmo com baixa umidade.

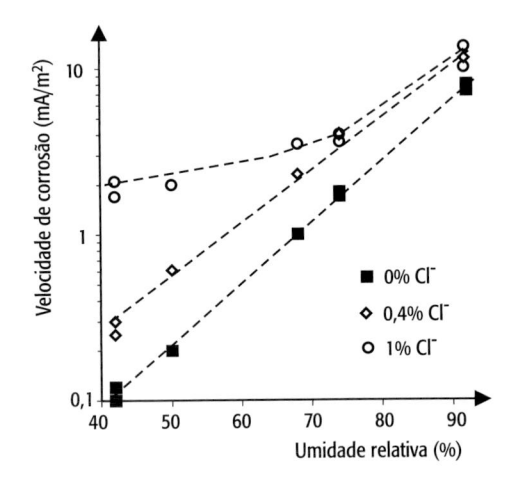

Fig. 7.17 Relação entre a umidade relativa e a velocidade de corrosão em argamassas carbonatadas, com e sem pequenos teores de cloretos (Page, 1992)

7.2.3 Corrosão por cloretos

A presença de cloretos na solução dos poros do concreto pode induzir a corrosão por pites (item 3.4.2) sobre as armaduras. Em concreto alcalino (não carbonatado), o ataque ocorre quando a concentração de íons de cloreto na solução dos poros em contato com a superfície do aço atinge um valor-limite suficiente para romper o filme de passividade (teor crítico de cloretos). Hoje, as normas de projeto impõem limites estritos à quantidade de cloretos que podem ser introduzidos no concreto durante a construção (através do cimento, da água da massa, dos agregados ou dos aditivos). O risco de corrosão por cloretos é, assim, associado à penetração dos cloretos através do cobrimento.

O período de ativação da corrosão depende da velocidade de penetração dos cloretos, do teor crítico e da espessura do cobrimento. A corrosão por pites ativa-se quando a penetração dos cloretos é suficiente para atingir um teor crítico na superfície das armaduras e, assim, chegar a uma profundidade igual à espessura do cobrimento. Na prática, porém, a avaliação do tempo de ativação é uma operação complexa, devido a um grande número de variáveis que influenciam tanto a cinética de penetração dos cloretos como o teor crítico.

Penetração dos cloretos. A penetração dos cloretos do ambiente produz no concreto um perfil, caracterizado por um elevado teor próximo à superfície externa e teores decrescentes a maiores profundidades. O perfil efetivo que pode ser obtido em um ponto específico de uma estrutura de concreto armado depende de vários fatores, entre os quais os principais estão ligados: às propriedades do concreto, ao mecanismo de transporte das soluções em que são dissolvidos os cloretos e à concentração de cloretos no ambiente. Em função das condições locais de exposição, o transporte de cloretos através do cobrimento pode ocorrer por difusão, absorção capilar, permeação e migração (item 2.2).

Em princípio, a penetração dos cloretos no concreto pode ser estudada mediante a especificação do mecanismo de penetração e pela definição de um valor apropriado do parâmetro que descreve a cinética de penetração (D, S, k etc.). Infelizmente, porém, mesmo se as equações que descrevem os diversos fenômenos são relativamente simples, esta tarefa não é fácil (Hetek, 1996). Todos os parâmetros que descrevem o transporte dos cloretos dependem, antes de mais nada, da microestrutura do concreto. Por exemplo, a redução da porosidade capilar do concreto produzida pela diminuição da relação água/cimento pode levar a uma diminuição de D, S e k e determinar um aumento da resistividade (ρ). Todavia, deve-se também considerar a influência do tempo, já que a hidratação pode prosseguir por um longo tempo, sobretudo no caso dos cimentos compostos com adições pozolânicas ou de escória de alto-forno. Os coeficientes determinados com base em ensaios de breve duração podem não ser representativos dos desempenhos de longo prazo do concreto.

Às vezes, graças à sua dependência da microestrutura do concreto, é possível encontrar correlações entre os vários coeficientes de transporte ou entre um destes coeficientes e a resistência à compressão. Em vários casos, foi demonstrado como a resistência à compressão de um concreto curado por 28 dias pode ser correlacionada ao seu coeficiente de difusão de cloretos (D) ou ao coeficiente de permeabilidade à água (k). Estas correlações não são, todavia, de validade geral, mas variam em relação à composição ou a outras propriedades do concreto. Por exemplo, passando de um cimento portland a um cimento de composto, pode-se observar uma redução de uma ordem de grandeza no coeficiente de difusão dos cloretos (graças ao refinamento da estrutura dos poros), sem nenhuma melhora significativa da resistência à compressão.

A penetração dos cloretos também é influenciada pela sua interação com os produtos de hidratação; os cloretos, com efeito, podem ser adsorvidos (por exemplo, no gel C-S-H) ou podem reagir quimicamente com os componentes da pasta de compostos de cimento (por exemplo, com os aluminatos). Entre os cloretos dissolvidos e os fixados, instaura-se, em geral, um equilíbrio que depende da composição do concreto e, portanto, da sua capacidade de fixar cloretos (Fig. 7.18). A capacidade de fixar os cloretos aumenta com o aumento do teor de aluminato tricálcico no *clinker* do cimento portland e do teor de pozolanas ou de escória. Estas interações alteram a concentração dos íons de cloreto dissolvidos na solução dos poros, modificando a cinética de penetração e, assim, os coeficientes de transporte. As capacidades ligantes de um concreto variam em função da sua composição, em particular com o teor de aluminato

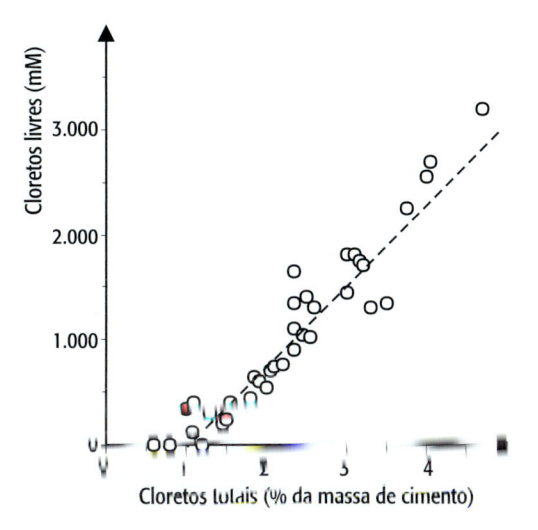

Fig. 7.18 Relação entre os cloretos totais e os cloretos livres em um concreto com cimento portland (Page, 1992)

tricálcico no *clinker* do cimento portland e com o teor de sílica ativa, cinzas volantes ou escória de alto-forno (cujos produtos de hidratação favorecem a adsorção dos cloretos).

Nas estruturas reais, o transporte de cloretos no concreto muitas vezes ocorre por uma combinação de mecanismos de transporte. A Fig. 7.19 mostra, por exemplo, os mecanismos envolvidos na penetração dos cloretos em uma estrutura parcialmente imersa no mar. Analogamente, um elemento estrutural exposto a ciclos de seco-molhado é submetido à absorção capilar da solução que contém os cloretos durante os períodos de umectação, enquanto, durante os períodos de seca, a evaporação da água leva ao acúmulo de cloretos próximo à superfície. A exposição às precipitações, ao contrário, pode lavar os cloretos nas camadas superficiais. A penetração dos cloretos em uma estrutura de concreto armado depende, portanto, da geometria, da exposição, do ambiente e da composição do concreto.

A complexa natureza do transporte de cloretos e as dificuldades para determinar valores apropriados para os parâmetros de transporte levou à adoção de metodologias simplificadas. A experiência tanto em estruturas marinhas como em obras viárias afetadas por sais de degelo mostrou que, em geral,

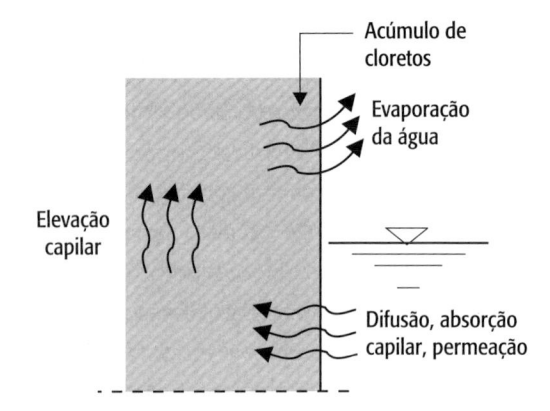

Fig. 7.19 Exemplo de penetração dos cloretos por diversos mecanismos em uma estrutura marinha

os perfis de penetração dos cloretos podem ser descritos pela seguinte equação:

$$C_S(x,t) = C_S \left[1 - erf\left(\frac{x}{2\sqrt{Dt}} \right) \right] \quad \text{(7.5)}$$

onde $C(x,t)$ é o teor de cloretos na profundidade x e no tempo t. Esta equação é uma solução da segunda lei de Fick, integrada na hipótese de que o concreto não contenha cloretos inicialmente, de que a concentração dos cloretos medida sobre a superfície do concreto seja constante no tempo e igual a C_s (concentração superficial), de que o coeficiente de difusão D seja constante no tempo e não varie ao longo da espessura do concreto (item 2.2.1). Na realidade, só em um concreto completamente saturado de água os cloretos penetram por difusão pura (Collepardi e Turriziani, 1972). Na maior parte dos casos, ao contrário, outros mecanismos de transporte contribuem para a penetração dos cloretos (por exemplo, a absorção capilar); além disso, as ligações que se formam entre os cloretos e a pasta de compostos de cimento podem alterar a concentração dos cloretos livres na solução dos poros (e, assim, modificar sua penetração).

Não obstante isto, diversos estudos mostraram que, mesmo em condições de exposição nas quais o transporte dos cloretos ocorre por fenômenos diferentes da difusão, os perfis de cloretos coletados experimentalmente podem ser bem interpolados com a equação (7.5), desde que se especifiquem valores apropriados para C_s e D (Fig. 7.20). Todavia, quando há outros fenômenos de transporte ocorrendo junto com a difusão, a segunda lei de Fick não pode ser aplicada. Nestes casos, a Eq. (7.5) não pode ser utilizada para estimar a evolução futura dos perfis dos cloretos. Para esclarecer que a Eq. (7.5) é utilizada simplesmente como instrumento matemático para análise dos perfis dos cloretos, o valor de D, interpolado com os dados experimentais, é normalmente chamado de *coeficiente de difusão aparente* (D_{ap}). Com efeito, foi demonstrado como os valores de C_s e D_{ap}, calculados a partir da interpolação dos perfis experimentais coletados sobre uma estrutura, mudam com o tempo (enquanto as hipóteses na base da integração da segunda lei de Fick, que levam à fórmula (7.5), preveem que esses valores sejam constantes).

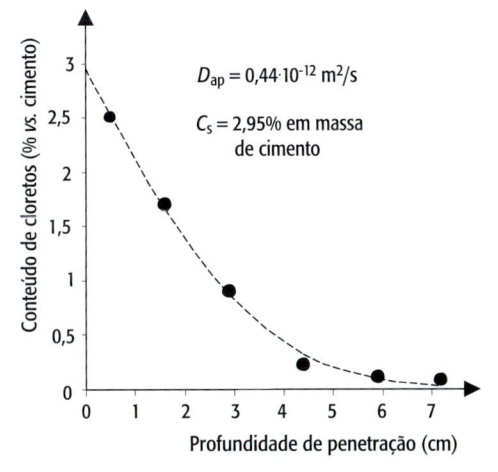

Fig. 7.20 Perfil do teor de cloretos coletado na zona dos borrifos de uma estrutura marinha, após cerca de 30 anos de exposição e interpolação com a Eq. (7.5)

C_s depende da composição do concreto, da localização da estrutura, da orientação da superfície, do microambiente, da concentração de cloretos no ambiente e das condições gerais de exposição à chuva e aos ventos. Nas estruturas marinhas, os valores mais elevados de C_s estão na zona dos borrifos, onde a evaporação da água leva a um aumento do teor de cloretos junto à superfície do concreto (Fig. 7.21). Observou-se também que C_s depende do teor de cimento no concreto. Já D_{ap} depende da estrutura dos poros do concreto e de todos os fatores que a determinam, como: a cura, a relação água/cimento, a compactação e a presença de microfissurações. Até o tipo de cimento tem um papel importante: de concretos de cimento portland a concretos feitos com quantidades crescentes de pozolana ou escória de alto-forno, D_{ap} pode ser notavelmente reduzido.

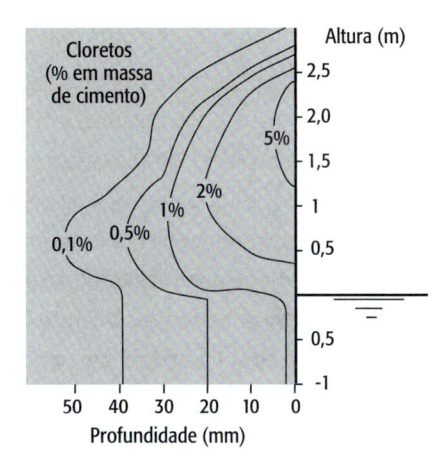

Fig. 7.21 Exemplo de distribuição do teor de cloretos em uma estrutura marinha, em função da altura do nível médio do mar (mar calmo)

É de particular interesse a adição, ao cimento portland, de elevados porcentuais de escória de alto-forno, que pode reduzir o coeficiente de difusão aparente em uma ordem de grandeza. O coeficiente de difusão aparente diminui com o tempo, sobretudo na presença de pozolana ou de escória de alto-forno. Por exemplo, a Fig. 7.22 mostra evoluções qualitativas do coeficiente de difusão aparente em função do tempo e das propriedades do concreto (os traçados partem dos dados coletados em estruturas reais).

O uso da Eq. (7.5) para descrever os perfis dos cloretos medidos sobre estruturas reais é hoje uma prática comum e, muitas vezes, os perfis são resumidos pelos valores de C_s e D_{ap} obtidos na interpolação dos dados experimentais. Esta abordagem, porém, requer cautela (Aprofundamento 7.1).

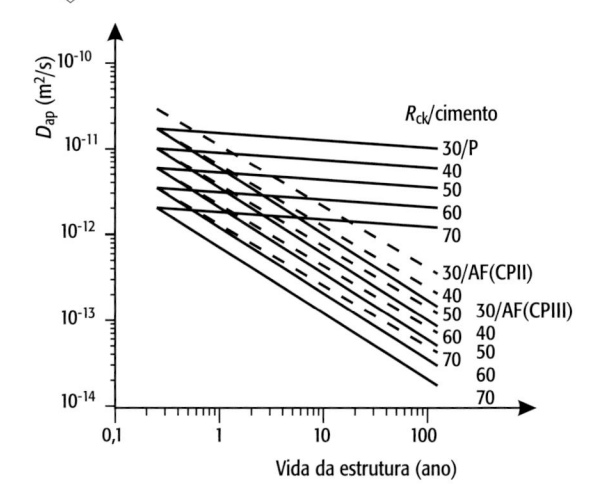

Fig. 7.22 Evolução qualitativa do coeficiente de difusão aparente dos cloretos, em função do tipo de cimento (P = portland, AF (CPII) = 30% cinzas volantes, AF (CPIII) = 70% escória de alto-forno) e da resistência característica do concreto (Bamforth e Chapman-Andrews, 1994)

O coeficiente de difusão aparente, obtido tanto de amostras coletadas em estruturas reais como nos ensaios de laboratório, é frequentemente utilizado para comparar a resistência à penetração dos cloretos nos diversos concretos. Assume-se que um valor menor de D_{ap} corresponde a uma maior resistência à penetração dos cloretos. Deve-se, porém, observar que, embora o coeficiente de difusão dos cloretos obtido com ensaios de difusão pura possa ser considerado uma propriedade do concreto, ele também depende de outros fatores (como as condições ou o tempo de exposição). Portanto, os resultados obtidos em condições particulares – por exemplo, com ensaios acelerados de laboratório – podem não ser aplicáveis a outros ambientes ou a períodos mais longos de exposição. A Fig. 7.23, por exemplo, mostra os valores de C_s e D_{ap} medidos com interpolação dos perfis dos cloretos em concretos e aglomerantes de composição diversa, depois de vários tempos de exposição, em condições que simulavam a zona das marés (ciclos de seco e molhado, com uma solução de 3,5% NaCl). Na figura, pode-se observar como o coeficiente de difusão aparente varia de cerca de uma ordem de grandeza, passando dos valores obtidos nos primeiros meses àqueles obtidos após um ano de exposição.

A Eq. (7.5) foi proposta também para a previsão do comportamento em longo prazo de estruturas expostas a ambientes com cloretos. Para esse fim, é importante sublinhar de novo que C_s e D_{ap}, em geral, não podem ser tomados como constantes no caso das

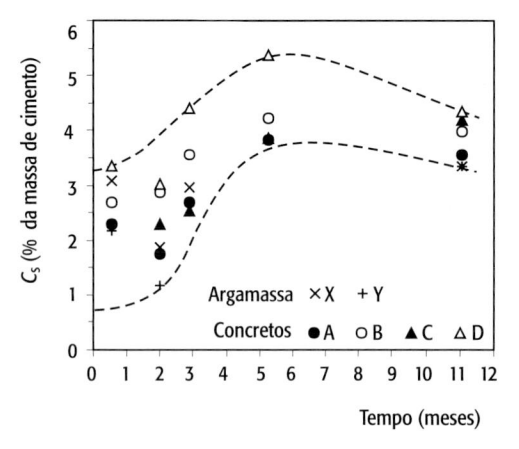

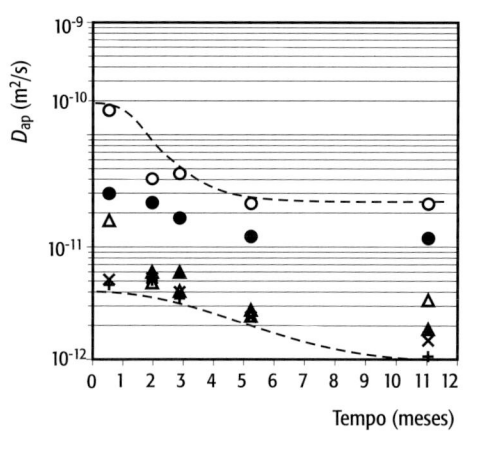

Fig. 7.23 Evolução no tempo de C_s e D_{ap}, determinados mediante a interpolação dos perfis de concentração, medidos depois de vários períodos de exposição a ciclos de seco e molhado, com uma solução de 3,5% NaCl. A: cimento portland, a/c = 0,5; B: cimento portland, a/c = 0,65; X: cimento pozolânico, a/c = 0,4 (argamassa); Y: argamassa comercial

estruturas reais (voltar-se-á a este ponto no item 8.3).

Teor crítico de cloretos. Quando há cloretos no concreto, a curva de polarização anódica é limitada pelo potencial de pites, cujo valor diminui quando há aumento do teor de cloretos (Fig. 3.12). Se o potencial em que opera a estrutura é conhecido, é possível definir um teor crítico de cloretos. Teoricamente, só os cloretos dissolvidos na solução dos poros podem induzir a corrosão por pites, enquanto os cloretos fixados aos componentes da pasta de compostos de cimento não contribuem. Portanto, o teor crítico de cloretos para ativar a corrosão deveria ser expresso em termos de cloretos livres, isto é, pela concentração de cloretos na solução dos poros. Todavia, estudos recentes sobre as interações físico-químicas entre os cloretos e a pasta de compostos de cimento mostraram como até os cloretos fixados podem ter um papel importante na ativação da corrosão (já que podem ser liberados na fase inicial da ativação); prefere-se, assim, considerar o teor total de cloretos, inclusive os cloretos fixados ou adsorvidos à pasta de compostos de cimento. Levando em conta que os cloretos totais podem ser determinados mais facilmente do que os cloretos livres (basta dissolver o concreto em uma solução ácida), na prática o limiar crítico é expresso como valor crítico do teor de cloretos totais (Cl_{cr}, medido em porcentual da massa de cimento).

APROFUNDAMENTO 7.1 **Determinação de C_s e D_{ap} a partir de um perfil dos cloretos**

Os perfis experimentais dos cloretos são muitas vezes interpolados com a Eq. (7.5), de modo a determinar o coeficiente de difusão aparente D_{ap} e a concentração superficial C_s. Da interpolação são excluídas, em geral, as medidas efetuadas nos primeiros 5-10 mm, para evitar possíveis efeitos marginais; de fato, a camada superficial de concreto sofre a ação da água (por exemplo, das chuvas) e é, assim, sujeita à erosão. Quando estão disponíveis poucos dados, a escolha dos pontos a serem considerados para efetuar a interpolação pode ser problemática e os valores de C_s e D_{ap} são extremamente ligados a essa escolha. Por exemplo, a Fig. A-7.1a reporta um perfil medido em um edifício à beira-mar depois de 40 anos de exposição. A interpolação foi feita tanto considerando todos os pontos (curva 1) como omitindo o primeiro ponto (curva 2); no primeiro caso, obtém-se C_s = 0,85% da massa de cimento e D_{ap} = 0,24·10⁻¹² m²/s, no segundo C_s = 2,8% e D_{ap} = 0,07·10⁻¹² m²/s. Os parâmetros interpolados dos perfis experimentais não são, portanto, objetivos.

Nas estruturas reais, encontram-se muitas vezes evoluções "anômalas" (como a representada na Fig. A-7.1-b). Nas estruturas expostas à erosão superficial pela água, com efeito, a concentração máxima dos cloretos não é atingida na superfície externa, mas sim em uma certa profundidade, por causa dos complexos fenômenos de transporte que se verificam no interior da estrutura ao longo do ano. Nestes casos, pode ser necessário omitir mais pontos da interpolação; por exemplo, alguns autores propõem considerar só os pontos que descrevem uma superfície côncava.

Foi até proposto efetuar a interpolação movendo a origem dos eixos que correspondem ao valor da profundidade em que se apresenta a concentração máxima de cloretos. Além disso, a escolha dos pontos a serem interpolados pode ser feita também com o objetivo de maximizar o valor do coeficiente de correlação (R^2). Todavia, a ausência de regras a respeito introduz uma certa aleatoriedade na estimativa do coeficiente D_{ap}, sobretudo no caso de interpretações efetuadas por diferentes técnicos.

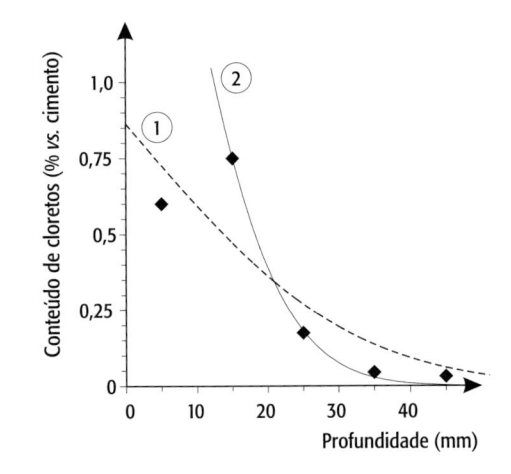

Fig. A-7.1a Duas interpolações diferentes de um perfil de concentração de cloretos

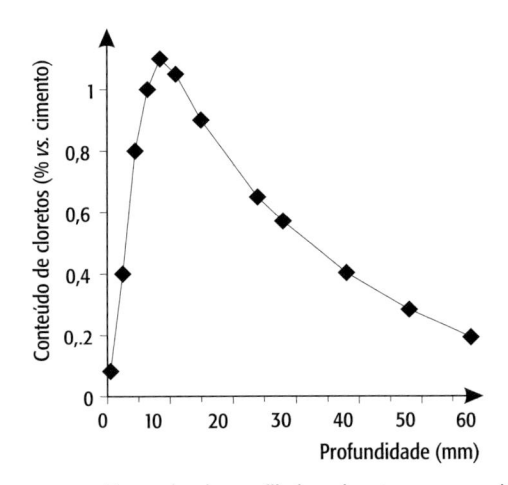

Fig. A-7.1b Exemplo de perfil dos cloretos com evolução não monotônica

O teor crítico depende de numerosos fatores. Os três mais importantes são: o potencial do aço, o pH da solução nos poros do concreto e a presença de bolhas de ar incorporado à interface entre a armadura e o concreto.

O potencial da armadura é ligado principalmente ao teor de umidade do concreto, o qual determina a disponibilidade de oxigênio na superfície do aço. Em estruturas expostas à atmosfera, o oxigênio pode facilmente chegar à superfície da armadura através dos poros não saturados de água; o potencial da armadura é da ordem de −100/+100 mV $vs.$ SCE. Desde as primeiras pesquisas sobre estruturas reais, observou-se que o risco de corrosão por pites (em concreto não carbonatado) pode ser considerado baixo para teores de cloretos inferiores a 0,4% da massa do cimento (teor total de cloretos) e elevado para teores superiores a 1% (Fig. 7.24). Para as estruturas aeradas, assim, considera-se com frequência que o teor crítico caia no intervalo entre 0,4% e 1% da massa de cimento.

Quando um elemento de concreto armado está saturado de água, o transporte de oxigênio em direção às armaduras é modesto e, em consequência, o potencial da armadura atinge valores muito negativos (por exemplo, menores do que −500 mV $vs.$ Cu/CuSO$_4$). Neste caso, o teor crítico de cloretos é maior nas estruturas expostas à atmosfera; às vezes, atinge valores de uma ordem de grandeza mais elevados. Por este motivo, raramente se ativa a corrosão por pites nas partes da estrutura marinha permanentemente imersas em água do mar. O que ocorre é que a ligação entre o teor crítico para a ativação da corrosão

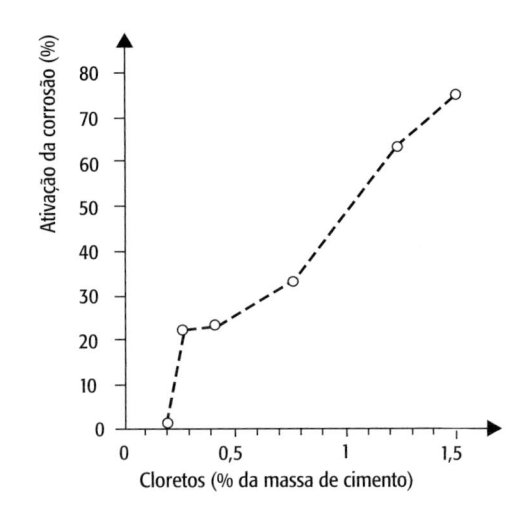

Fig. 7.24 Relação entre o teor de cloretos coletado na superfície das armaduras e o porcentual corroído da armadura (resultados de pesquisa sobre pontes inglesas) (Vassie, 1984)

e o potencial da armadura faz com que o Cl_{cr} aumente ou diminua cada vez que as armaduras são polarizadas respectivamente em sentido anódico ou catódico – por causa de uma macropilha (item 7.2.4), de correntes de fuga (item 7.2.5) ou da aplicação da prevenção catódica (item 8.4.6), por exemplo.

O teor crítico de cloretos diminui quando diminui o pH da solução dos poros no concreto. O ataque por pites, com efeito, pode ativar-se somente quando a relação entre a concentração dos íons de cloreto e a dos íons hidroxila, na solução dos poros em contato com as armaduras, atinge valores suficientemente altos. O pH da solução dos poros depende do tipo de cimento e das adições minerais que tendem a diminuí-lo (item 7.2.1). Os dados da literatura são, porém, controversos com relação ao efetivo papel das adições minerais no teor crítico.

Observou-se, enfim, como o teor crítico é ligado à presença de bolhas de ar aprisionado ao concreto em contato com a armadura. Observou-se, por exemplo, como o Cl_{cr} pode aumentar de 0,2% para 2% da massa de cimento quando se reduz o volume de ar aprisionado à zona de interface de 2% para 0,2% do volume, por causa de uma vibração não completada, por exemplo (Fig. 7.25). Este fenômeno é explicado pela ausência, no interior das bolhas, do efeito benéfico da cal (que tende a manter elevado o pH mesmo nas fases iniciais da ativação de pites). A presença de bolhas de ar, de interstícios e de microfissuras também pode explicar os motivos pelos quais, nas estruturas reais, tende-se a encontrar valores de Cl_{cr} menores do que os determinados nos mesmos concretos com corpos de prova de laboratório (em geral, bem vibrados).

Ao avaliar o teor crítico de cloretos, não se deve esquecer que a ativação da corrosão por pites é um fenômeno aleatório e, portanto, o Cl_{cr} também só pode ser definido em base estatística.

Propagação da corrosão. Quando se ativa a corrosão por pites, cria-se um ambiente muito agressivo no interior do ataque localizado, enquanto o filme passivo é reforçado sobre a superfície externa (item 3.4.2). A velocidade de penetração dos ataques localizados pode atingir valores muito elevados (até 1 mm/ano em concreto úmido e com elevado teor de cloretos), de forma que, em um tempo relativamente breve, pode-se produzir uma redução inaceitável da seção resistente da armadura (Fig. 7.26). As consequências desta corrosão, neste caso, estão ligadas não apenas à redução da seção resistente da armadura, mas também à perda de ductilidade produzida pelo ataque localizado (que pode, por exemplo, ter consequências graves sobre o comportamento sísmico das estruturas). Assim, é possível ver consequências estrutu-

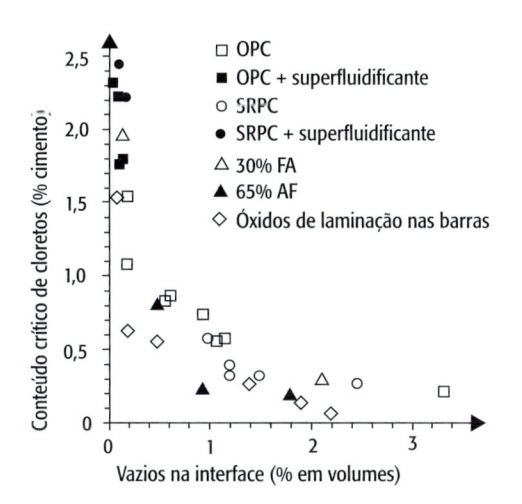

Fig. 7.25 Teor crítico dos cloretos em função do teor de ar na interface armadura-concreto (concretos feitos com vários tipos de cimento. CPI = cimento portland, SRPC = cimento portland resistente aos sulfatos, AF(CPII) = 30% cinzas volantes, AF (CPIII) = 70% escória de alto-forno (Glass e Buenfeld, 2000)

rais mesmo antes de os efeitos da corrosão se manifestarem sobre a superfície do concreto. Quando o teor de cloretos é elevado, todavia, o ataque corrosivo tende a se estender a uma porção maior da superfície da armadura; os produtos de corrosão podem, então, como para a corrosão induzida pela carbonatação, determinar a fissuração do cobrimento.

Mesmo que seja possível avaliar, o tempo de propagação da corrosão pela especificação de um ou mais estados-limite (redução de seção ou ductilidade, fissuração), em geral este período é irrelevante. Esta opção conservadora é consequência tanto da elevada velocidade de penetração do ataque localizado como da dificuldade de prever os seus efeitos sobre o comportamento estrutural.

Fig. 7.26 Ataque localizado por pites em uma barra de armadura retirada de um concreto contaminado com cloretos

7.2.4 Macropilhas

Nas estruturas em concreto armado, pode-se formar macropilhas (Aprofundamento 5.1) quando há zonas de armadura em condições eletroquímicas diferentes. Estas, por exemplo, podem instaurar-se em zonas onde as armaduras estão ativas (porque se atingiram a carbonatação ou os cloretos) e em zonas onde as armaduras ainda são passivas (Fig. 7.27). A corrente que circula entre as primeiras, que são menos nobres e, por isso, funcionam como anodo, e as segundas, que são mais nobres e, portanto, fornecem as áreas catódicas, acelera o ataque das superfícies ativas e torna mais estável o estado de proteção das zonas passivas.

A experiência mostra que, no caso das

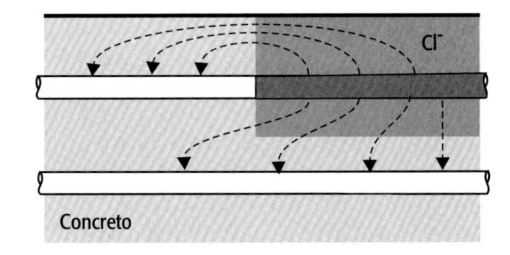

Fig. 7.27 Esquema de uma macropilha entre uma zona onde as armaduras estão ativas e as zonas onde as armaduras ainda são passivas

obras de concreto, o aumento de velocidade de corrosão induzido pelas macropilhas é geralmente modesto, por causa, principalmente, da elevada resistividade elétrica do próprio concreto, que gera uma elevada contribuição de natureza ôhmica (ηohm, Fig. 7.28). Só em concreto muito úmido e com um elevado teor de cloretos é possível obter efeitos marcantes das macropilhas, com um notável aumento da velocidade de corrosão sobre as armaduras ativas.

No caso de estruturas de concreto enterradas ou imersas, os efeitos das macropilhas podem ser relevantes, já que o solo ou a água (sobretudo se é água do mar) que circundam a estrutura facilitam a circulação de corrente entre as zonas anódicas e catódicas. Nestes casos, todavia, a elevada umidade do concreto reduz a quantidade de oxigênio que atinge a superfície das armaduras passivas (que se comportam como catodo) e atenua os efeitos da macropilha.

Graves efeitos podem ocorrer quando as macropilhas estão próximas da área ativa das zonas com armaduras passivas e em conta-

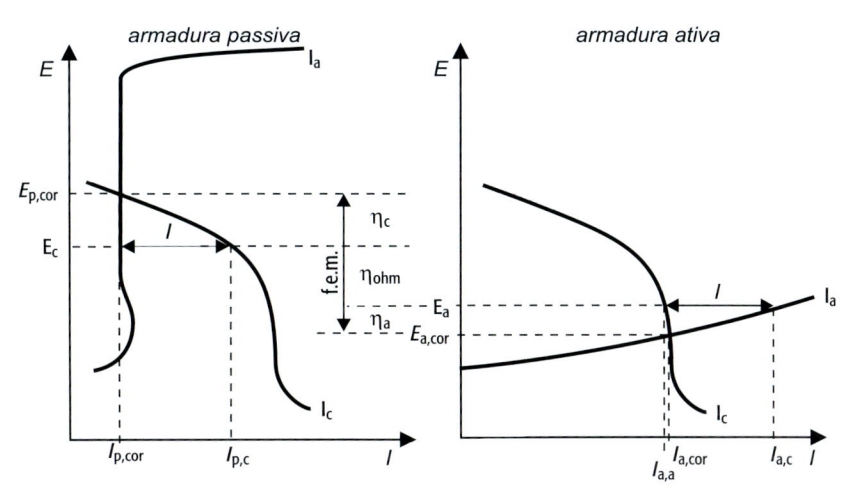

Fig. 7.28 Condições de funcionamento da macropilha entre armaduras passivas e ativas e determinação das dissipações que ocorrem no anodo (η_a), no catodo (η_c) e no concreto (η_{ohm}) (Pedeferri e Bertolini, 2000)

to com concreto não saturado de água. Esta situação ocorre, por exemplo, nas estruturas ocas, quando a parte interna está seca, como esquematizado na Fig. 7.29. O ataque concentra-se nas armaduras ativas que, na ausência de macropilha, não se corroeriam pela falta de oxigênio. Com efeito, as armaduras externas são ativas porque estão em concreto saturado de água do mar, enquanto as internas são passivas porque estão em contato com concreto seco e sem cloretos e são atingidas pelo oxigênio.

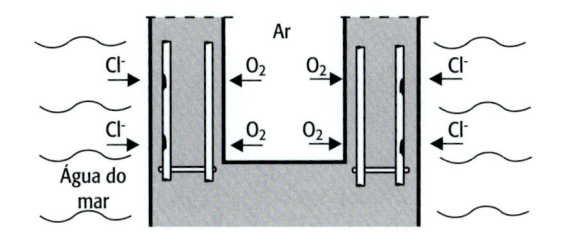

Fig. 7.29 Exemplo de macropilha em uma estrutura oca imersa na água do mar

7.2.5 Correntes dispersas

Os fenômenos de interferência, mencionados no item 5.1.4, podem ocorrer também nas estruturas em concreto armado e pro-

tendido. Neste caso, o concreto é o eletrólito, como o solo no caso das estruturas enterradas, e a corrente de interferência pode chegar às armaduras (Fig. 7.30). Todavia, diferentemente das estruturas metálicas enterradas, no caso das armaduras a circulação de corrente dispersa não tem, em geral, efeitos relevantes, pelo menos quando as armaduras estão em condições de passividade em concreto alcalino e sem cloretos. Com efeito, na zona de saída da corrente das armaduras, a corrente só pode circular se o potencial das armaduras atingir valores muito elevados, de cerca de 600 mV vs. $Cu/CuSO_4$ (Fig. 7.9); a potenciais inferiores, pode circular só uma corrente desprezível (dependente da densidade de corrente de passividade). Além disso, a potenciais superiores a +600 mV vs. $Cu/CuSO_4$, o processo anódico que determina o aumento da densidade de corrente não é a dissolução do ferro, mas sim o processo de desenvolvimento de oxigênio (7.2). Assim, mesmo que a interferência seja de dimensão capaz de levar o potencial a este campo, a armadura não se corrói. O processo corrosivo pode ativar-se, mas só se a interferência prossegue no tempo, já que o

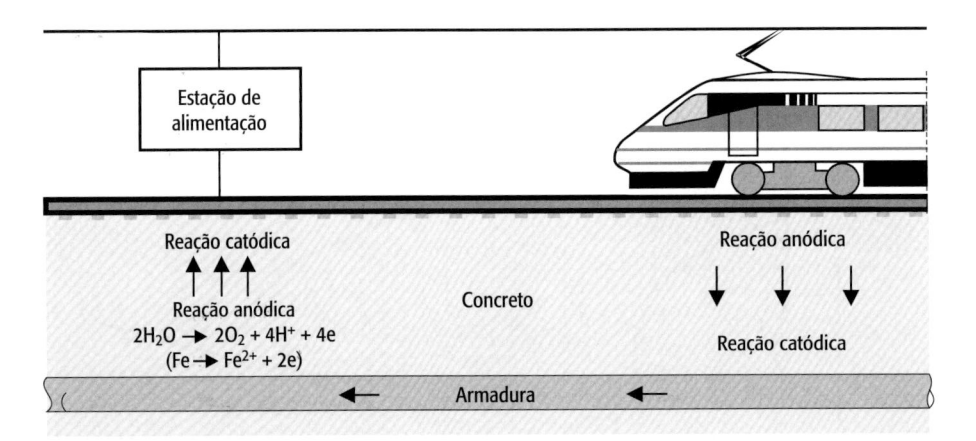

Fig. 7.30 Esquema de interferência elétrica de um sistema ferroviário sobre uma estrutura de concreto armado (Pedeferri e Bertolini, 2000)

processo de desenvolvimento de oxigênio determina a produção de acidez; quando a acidez é suficiente para neutralizar a alcalinidade do concreto, as armaduras perdem sua passividade e, assim, começa a dissolução do ferro. Ensaios de laboratório mostraram que estas condições podem ser atingidas somente com correntes de interferência muito elevadas (>1 A/m^2), mantidas por tempos muito longos (vários meses). Estas condições não ocorrem praticamente nunca.

Os efeitos das correntes de fugas podem, porém, ser significativos caso as armaduras já se estejam corroendo – por causa da carbonatação ou dos cloretos, por exemplo. Neste caso, não sendo mais protegidas pelo filme de passividade, podem sofrer efeitos análogos aos das estruturas enterradas.

7.2.6 Efeitos da corrosão sobre os aços para concreto protendido

A corrosão pode ter consequências muito graves nas armaduras para concreto protendido. No caso das estruturas protendidas, a corrosão pode ser devida à penetração da carbonatação ou dos cloretos no cobrimento, enquanto nas estruturas pós-tensionadas a corrosão deriva, em geral, de uma ineficaz injeção das bainhas com materiais compostos ou com outros materiais protetores (ceras, graxas etc.). As cargas elevadas aplicadas às armaduras para concreto protendido e a baixa tenacidade à fratura que caracteriza os aços de alta resistência tornam mais perigosas as consequências dos ataques corrosivos sobre estas armaduras em comparação com as armaduras normais. Sobretudo os ataques localizados podem determinar condições suficientes para a propagação crítica, com consequente ruptura frágil (item 3.5.1). A proteção dos aços para concreto protendido requer, assim, uma atenção ainda maior do que a das armaduras normais.

A falha dos aços de alta resistência pode envolver, além das estruturas em CP (edifícios, pontes, tubulações, reservatórios), também os suportes nos solos ou expostos à atmosfera. Adicionalmente aos efeitos normais da corrosão, as armaduras para concreto protendido podem estar sujeitas à fragilização por hidrogênio. Na realidade, este tipo de corrosão ocorre só em consequência de outros ataques corrosivos e, assim, as falhas dos aços para concreto protendido verificam-se somente quando estão presentes defeitos no momento do seu assentamento na obra ou se não são adequadamente protegidos durante o transporte e a montagem na obra ou, ainda, durante sua vida útil. Portanto, em geral, são resultado de erros de projeto ou de negligência na fase da construção e manutenção das estruturas. Ainda que o número dessas falhas seja muito baixo em relação ao número de estruturas existentes, as suas consequências podem ser muito graves, já que podem comprometer a estabilidade estrutural.

Já se viu, no item 3.5.1, como a ruptura causada pela fragilização por hidrogênio ocorre em três etapas: a ativação das fissuras, a sua propagação (subcrítica) e, enfim, a ruptura repentina (em seguida à propagação instável da fissura). A ruptura dos aços de alta resistência devida à corrosão sob tensão por fragilização por hidrogênio apresenta-se, portanto, frágil e tem início na superfície do aço, no ponto onde está a fissura por corrosão sob tensão. A dimensão do defeito que ativa a fratura frágil depende da tenacidade do material (K_{IC}) e da carga aplicada. Em geral, junto à fissura que ativou a fratura frágil, observam-se outras fissuras de dimensões menores. O aspecto microscópico das zonas atingidas pela fissura por corrosão sob tensão e o da fratura instável são notavelmente diferentes. Para a corrosão sob tensão, as fissuras são intercristalinas e, para a fratura instável, transcristalinas (clivagem). Para fios metálicos trefilados, a fissura por corrosão sob tensão inicialmente procede perpendicularmente aos grãos da estrutura, fortemente deformados no sentido do comprimento, e é transcristalina; em seguida, procede longitudinalmente por um trecho.

No item 3.5.1, viu-se como a presença de hidrogênio atômico é um pré-requisito essencial para o desenvolvimento da fragilização por hidrogênio em um aço suscetível. Na maior parte dos casos, o hidrogênio é produzido pela reação catódica que ocorre na superfície do aço. A Fig. 7.31 compara o domínio de pH e potencial em que é possível o desenvolvimento de hidrogênio com as condições que se pode encontrar nas armaduras no concreto. No concreto não carbonatado (pH~13), as armaduras passivas têm um potencial superior a −200 mV (campo A); o desenvolvimento de hidrogênio não é, portanto, possível. Só em concreto saturado de água seria possível, em teoria, atingir valores de potencial baixos o suficiente para permitir o desenvolvimento de hidrogênio neste pH.

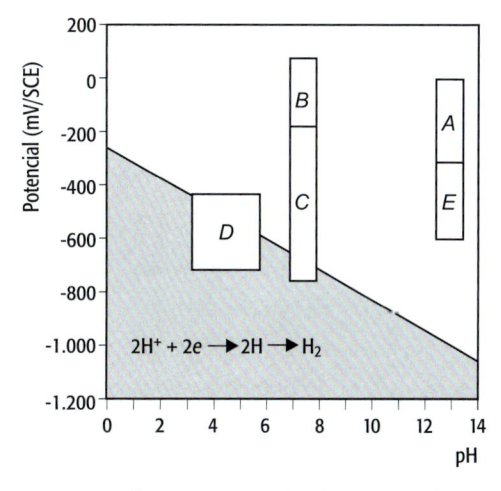

Fig. 7.31 Indicação esquemática dos campos de potencial e pH para armaduras passivas (A), em concreto carbonatado seco (B) e molhado (C), em concreto contaminado por cloretos na zona dos pites (D) e nas zonas passivas circunstantes (E)

O desenvolvimento de hidrogênio pode, porém, ocorrer quando se ativa a corrosão por causa da carbonatação e dos cloretos. No concreto carbonatado, o pH da solução dos poros fica em torno de 8 e as condições de potencial das armaduras são representadas pelos campos B e C, respectivamente em concreto seco e úmido. Só concreto muito úmido, onde o teor de oxigênio na superfície das armaduras é muito baixo, o hidrogênio pode desenvolver-se. Situações semelhantes às que se verificam em concreto carbonatado não aerado existem também em estruturas recobertas por compostos betuminosos ou aglomerantes que não incluam cimento, onde o revestimento permite a passagem da umidade, mas não do oxigênio (o desabamento da cobertura do Kongresshalle de Berlim em 1983 foi causado pela presença de defeitos deste tipo).

A condição mais crítica, todavia, é atingida em concreto contaminado por cloretos, onde ocorre a corrosão por pites. Nos ataques localizados, o pH pode chegar a valores baixos e o potencial do ferro é negativo, devido à ausência de oxigênio (campo D da Fig. 7.31), enquanto a zona passiva no exterior do pite é representada pelo campo E. A experiência mostra que, em geral, as rupturas por fragilização por hidrogênio são efetivamente ativadas e precedidas por um ataque corrosivo localizado. É importante observar que o hidrogênio atômico pode ser absorvido na rede cristalina do metal, mesmo na ausência de demandas mecânicas; neste caso, não há a ativação de fissuras, mas estas poder-se-iam ativar se, em seguida, o aço recebesse carga.

Observe, também, que a suscetibilidade de um aço varia com sua resistência mecânica e com sua microestrutura (item 3.5.1). Os aços temperados e revenidos, utilizados no passado em alguns países, foram abandonados e, portanto, os riscos de fragilização por hidrogênio sobre estruturas novas deveriam ser modestos; todavia, podem restar problemas nas estruturas existentes.

APROFUNDAMENTO 7.2 **Suscetibilidade à corrosão sob tensão (ensaio fib)**

Existem ensaios qualitativos para comparar a suscetibilidade da fragilização por hidrogênio de diversos tipos de aço para concreto protendido. O mais utilizado é o chamado *ensaio FIB*. Embora muitos especialistas não considerem este ensaio nem confiável nem aplicável a ambientes diferentes daquele onde é realizado, diversas normas internacionais o indicam.

O ensaio consiste em solicitar a armadura para concreto protendido a 80% de sua resistência à ruptura, em uma solução de 20% de tiocianato de amônia (NH_4SCN) a 50°C, e medir quanto tempo a peça leva para quebrar. O tempo para ruptura entre 1 e 500 horas é tomado como índice da suscetibilidade do aço à fragilização; caso não ocorra a ruptura dentro de 500 horas, o ensaio é interrompido e são determinadas as propriedades mecânicas do material, para depois compará-las com as propriedades anteriores ao ensaio. Com base nos resultados obtidos com este ensaio, Stolte mostrou, em 1968, que, para cada tipo de aço, entre o tempo de ruptura (T_r) e a resistência à ruptura (σ_r) existe a seguinte correlação:

$$T_r = C \cdot \sigma^{-3} \cdot \sigma_r^{-9}$$

onde C é uma constante e σ é a demanda à qual é submetido o aço durante o ensaio. Como o ensaio prescreve que $\sigma = 0{,}8 \cdot \sigma_r$ a equação acima pode ser simplificada:

$$T_r = C_1 \cdot \sigma_r^{-12}$$

onde C_1 é uma outra constante, que caracteriza todos os tipos de aço. Esta constante é utilizada para caracterizar a suscetibilidade à corrosão do aço na solução de tiocianato: são mais suscetíveis os aços com os valores mais baixos de C_1. As equações acima mostram que, no que se refere à resistência à corrosão, ao escolher um aço dentro de uma mesma família, dever-se-ia dar preferência ao aço com menor resistência à ruptura, mesmo que ele venha a ter de operar com uma demanda porcentualmente mais alta do que a da carga de ruptura.

Na Alemanha, foi proposto um ensaio (*DIB-test*) que utiliza uma solução com 5 g/ℓ de sulfatos, 0,5 a/ℓ de cloretos e 1 g/ℓ de tiocianato de enxofre. Esta solução é menos agressiva do que a prevista pelo ensaio *FIB* e a quantidade de hidrogênio desenvolvido durante o ensaio é parecida àquela produzida na prática sobre a superfície dos vazios de concreto protendido quando há bainhas defeituosas. Um aço é considerado suscetível se chega à ruptura em 2.000 horas. Segundo alguns autores, este ensaio é mais eficaz que o ensaio *fib* para avaliar a suscetibilidade à fragilização por hidrogênio.

8 Prevenção nas estruturas em concreto armado e protendido

Este capítulo foi escrito em colaboração com F. Lollini e E. Redaelli

Os recentes códigos de projeto europeus requerem que, na fase do projeto de uma estrutura de concreto armado, sejam adotadas as providências necessárias para que cada elemento estrutural de concreto armado possa garantir os requisitos de funcionalidade, resistência e estabilidade ao longo da vida útil atingida, sem que haja uma perda significativa da utilidade ou que seja necessária uma excessiva manutenção não programada (UNI EN 1990, 2004). Assim, é necessária uma definição preliminar da vida útil da obra; esta pode ser requerida diretamente pelo cliente ou pode-se fazer referência a valores normalmente atingidos.

Hoje, considera-se que os valores razoáveis para a vida útil atingida sejam iguais a pelo menos 50 anos para obras comuns; estes podem aumentar para 75-100 anos no caso de obras de relevância social e econômica (pontes, por exemplo) e, em casos particulares, podem também ser solicitadas vidas úteis ainda mais longas. Definida a vida atingida, será necessário garantir que os efeitos da degradação sobre a estrutura continuem irrelevantes pelo menos nesse período. As recentes *Norme tecniche sulle costruzioni* (normas técnicas das construções), pela primeira vez em uma regulamentação italiana, atribuem responsabilidade ao projetista com relação à durabilidade e requerem expressamente a definição de uma vida útil do projeto, em comum acordo entre o projetista e o cliente. Segundo estas normas técnicas, prevê-se uma vida de projeto de 50 anos (classe 1) ou de 100 anos (classe 2). O projetista deve prever todas as ações que ocorrem sobre a estrutura, inclusive as advindas do ambiente de exposição, e adotar soluções adequadas de projeto para garantir a vida útil dele, como ilustrado no Aprofundamento 8.1.

A prevenção da degradação começa no projeto da obra, continua durante a construção e pode prosseguir durante sua vida útil com intervenções programadas de inspeção e manutenção. Neste capítulo, ilustram-se as abordagens possíveis para o projeto de estruturas duráveis, com particular atenção para a prevenção da corrosão das armaduras.

APROFUNDAMENTO 8.1 **Normas técnicas para as construções e vida útil de projeto**
Em 23 de setembro de 2005, foram publicadas no *Gazetta Ufficiale* as novas *Norme tecniche sulle costruzione*, que devem substituir todas as normas relativas ao projeto estrutural. No momento da preparação deste livro, estavam sendo adotadas experimentalmente por um período de 18 meses, coexistindo com as normas precedentes. Uma novidade relevante é a introdução da vida útil e a exigência de um projeto comprometido também com a durabilidade da obra. O decreto ministerial anterior, de 9 de janeiro de 1996, referia-se simplesmente à exigência de garantir a durabilidade do conglomerado, estudando adequadamente sua composição, mas não atribuía nenhuma responsabilidade.

Nas novas *Norme tecniche*, de acordo com as modernas orientações de projeto estrutural, a durabilidade da estrutura assume um papel importante no projeto. Desde o primeiro parágrafo, relativo aos princípios fundamentais, afirma-se: "A durabilidade, definida como conservação das características físicas e mecânicas dos materiais e das estruturas, é uma propriedade essencial para que os níveis de segurança sejam garantidos durante toda a vida útil do projeto da obra. A durabilidade é função do ambiente onde a estrutura vive e do número de ciclos de carga a que a estrutura poderá ser submetida". Este conceito é levado em conta da seguinte forma, quando se define a vida útil de projeto de uma estrutura: "o período de tempo no qual a estrutura, desde que sujeita a uma manutenção comum, deve poder ser usada para o fim ao qual foi destinada".

A vida útil de projeto da estrutura deve ser definida em acordo entre o cliente e o projetista e deve ser declarada na relação geral do projeto. Com a única exclusão das obras provisórias ou dos componentes estruturais substituíveis, são previstas estas alternativas: a) estruturas com vida útil de 50 anos (classe 1); b) estruturas com vida útil de 100 anos (classe 2). A classe 1 é prevista essencialmente para construções comuns, enquanto a classe 2 é para obras públicas, estratégicas ou relevantes do ponto de vista da segurança (em casos particulares, são admitidas até vidas úteis superiores). Projetista e cliente devem, assim, definir *a priori* a classe da obra; a ela estará vinculada a atividade de projeto, já que o projetista deve garantir os níveis de segurança, em termos de probabilidade anual de colapso, impondo um limite superior ao valor dessa propriedade (esse limite fica entre 10^{-5} e 10^{-4}, em função da classe da obra e dos custos das medidas para melhorar a segurança). O projetista deve, assim, prever todas as ações passíveis de ocorrer sobre a estrutura, incluindo as exercidas pelo ambiente de exposição, e adotar soluções de projeto adequadas para garantir esse requisito. O projeto também pode prever a avaliação do risco de atingir estados-limite ao longo do tempo que não impliquem a possibilidade de perda de vidas humanas; para estes, são previstos limites superiores de probabilidade mais elevados (por exemplo, 10^{-1} ou 10^{-2}).

As *Norme tecniche* afirmam que "é dever do projetista caracterizar qualitativa e quantitativamente o ambiente, especificando e documentando claramente o ambiente de projeto, que constituirá o quadro de referência geral para a definição das diferentes situações de projeto: estas, em termos mais amplos, são organizadas por cenários de contingência". Para manter o desempenho da obra ao longo do tempo requer-se, portanto, o "desenvolvimento de modelação do ambiente com respeito a: a) características mecânicas dos materiais e dos solos; b) características geométricas do organismo estrutural", considerando também "o mecanismo de retroação que se pode criar entre a configuração estrutural e o mecanismo de ação ambiental".

A explicitação da ação do ambiente e dos seus reflexos na configuração estrutural não é, em geral, uma operação simples. Por outro lado, as normas não fornecem nenhum modelo e insistem na capacidade discricionária do projetista para escolher o nível de sofisticação do modelo da ação e esclarecem que ele permanece, de qualquer forma, responsável por todas as premissas conceituais e quantitativas.

A fiscalização também é responsável por verificar o requisito de durabilidade, já que deve "receber e examinar o plano de manutenção da obra sob controle, fornecido pela direção dos trabalhos, com referência à vida útil da obra e de suas partes estruturais" e pode requerer a tomada de "providências, estudos, pesquisas, experimentos e investigações úteis para formar a convicção da segurança, da durabilidade e da manutenção da obra".

Assim, as normas técnicas são muito claras ao definir o requisito de durabilidade e ao atribuir as responsabilidades. Todavia, são menos explícitas ao esclarecer os possíveis efeitos do ambiente sobre materiais e estruturas e ao propor procedimentos de cálculo e possíveis opções de projeto com o fim de garantir esse requisito. Obviamente, em princípio, as ações ambientais incluem-se entre as que afetam a estrutura e podem ser tratadas como as outras nas equações de estado-limite (Aprofundamento 1.3), definindo um modelo matemático apropriado que correlacione a ação com seu efeito. Todavia, a análise das ações físico-químicas produzidas pelo ambiente de exposição apresenta substanciais diferenças, em especial: a) requer a avaliação dos efeitos do tempo e, logo, é necessário que a função do estado-limite seja explicitada em função do tempo; b) ainda não estão disponíveis modelos de cálculo consensuais das ações ambientais sobre materiais e estruturas (os múltiplos modelos propostos na literatura, em geral, ainda não superaram o estágio da pesquisa). Estas duas limitações tornam difícil um projeto de desempenho que permita transformar os efeitos do ambiente em um modelo de cálculo probabilístico do risco de atingir, com o tempo, certos estados-limite de exercício ou últimos (um exemplo será ilustrado no Aprofundamento 8.3).

As normas técnicas preveem, porém, que, quando não for possível uma abordagem do desempenho, o projetista poderá satisfazer os requisitos de durabilidade por meio das seguintes estratégias de prevenção:

- podem ser utilizados *materiais que não degenerem durante a vida útil do projeto*; isto é possível quando se especificam materiais para os quais o ambiente determina uma redução irrelevante da resistência e da seção resistente, de forma que sejam mantidos, ao longo do tempo, os requisitos de segurança estrutural; este seria o caso de paredes expostas em condições para as quais se possa excluir um efeito significativo do ambiente;
- pode-se *incrementar as dimensões das partes estruturais expostas a danos*; isto vale nos casos em que a degradação produz uma lenta e uniforme redução da seção resistente, mas não altera a resistência do material mantido na obra; será, portanto, suficiente verificar que, no tempo t_u, a seção resistente residual seja suficiente; este procedimento pode ser, por exemplo, aplicado a estruturas em aço caracterizadas por uma velocidade de corrosão muito baixa, como as estruturas realizadas com aços patináveis (item 4.2); é, todavia, importante sublinhar que o aumento da seção resistente é de pouca utilidade nos casos em que a degradação é localizada (particularmente caso ela se manifeste sob a forma de fissuras ou frestas); um outro exemplo é o das estruturas em concreto armado, onde

o incremento das dimensões das partes estruturais pode também ser entendido como aumento da espessura do cobrimento, para retardar a ativação da corrosão das armaduras por causa da penetração de cloretos ou da carbonatação; neste caso, o aumento não pretende bloquear o consumo do material ou a redução de sua resistência, mas sim aumentar a proteção das armaduras (o parâmetro de referência para o superdimensionamento será, portanto, a resistência do concreto à carbonatação ou à penetração dos cloretos);

- pode-se prever a *utilização de elementos com vida útil menor que a da estrutura*, que podem ser periodicamente inspecionados e economicamente substituídos quando cheguem a estado-limite apropriado; obviamente, neste caso, deverão ser previstas no projeto as inspeções e as modalidades de intervenção para a substituição, com as relativas previsões temporais;

- pode-se recorrer a um *programa de monitoramento e manutenção programada para o organismo estrutural em sua totalidade*, como nos casos em que é necessária uma proteção dos materiais ou da estrutura e essa proteção tem uma duração menor do que a vida útil do projeto; este é o caso, por exemplo, das estruturas em aço protegidas por pintura, para as quais o projetista deverá prever um programa de manutenção que garanta a eficiência do revestimento protetor ao longo do tempo e, assim, uma resistência constante do elemento em aço ao longo do tempo.

Estas abordagens encontram guarida, com frequência, nas normas técnicas italianas e internacionais relacionadas com as diversas tipologias construtivas, às quais as *Norme tecniche* fazem referência; as principais são discutidas neste capítulo.

8.1 Projetando para a durabilidade

No projeto das estruturas de concreto armado e protendido devem ser considerados os efeitos de longo prazo da exposição ambiental, de forma a evitar que a estrutura sofra danos relevantes ao longo da vida útil requerida. Com esse fim, é necessário definir um estado-limite apropriado, que especifique o fim da vida útil da estrutura. Ele pode coincidir, por exemplo, com a fissuração ou o destacamento do cobrimento no caso da corrosão por carbonatação, que ocorre de modo uniforme (Fig. 7.10); para a corrosão por cloretos, normalmente toma-se como referência a ativação da corrosão, já que a natureza localizada do ataque e a natureza estatística da sua ativação tornam extremamente difícil a previsão do desenvolvimento dos efeitos da corrosão ao longo do tempo (releva-se, portanto, o período de propagação). Para outras fontes de degradação, como o gelo-degelo, o ataque por sulfatos e a fissuração do concreto, pode-se definir estados-limite ligados à quantidade de concreto desplacado da estrutura. No entanto, embora tenham sido propostos na literatura diversos modelos e abordagens para o projeto da durabilidade das estruturas em concreto armado, o alto número de variáveis que influem no efetivo comportamento em exercício da estrutura torna complexa a previsão de seu comportamento. Ainda não existem, portanto, métodos padronizados (e sobre os quais haja consenso).

O projeto da durabilidade, como o tradicional projeto estrutural, deve concentrar-se no elemento estrutural isolado. A Fig 8.1 mostra os fatores que determinam a vida útil de um elemento estrutural, incluindo:

- as cargas aplicadas à estrutura, ligadas não apenas às ações mecânicas mas também às ações ambientais (carbona-

tação, cloretos, temperatura, umidade etc.); como ilustra o Cap. 7, a agressividade ambiental é função de numerosos fatores, que podem ter complexas interações ligadas tanto ao macroclima como às condições microclimáticas locais que a própria estrutura pode criar;
- as propriedades do concreto: composição (relação água/cimento, tipo de cimento, aditivos), consistência, compactação, cura, fissuração etc.;
- a espessura do cobrimento;
- o projeto estrutural e os detalhes construtivos;
- o emprego de eventuais proteções adicionais;
- a adoção de um programa de inspeção e de manutenção programada.

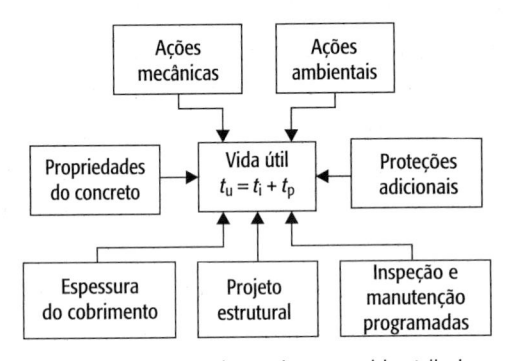

Fig. 8.1 Fatores que determinam a vida útil de um elemento de concreto armado

As diversas opções disponíveis na fase de projeto são analisadas em detalhe neste capítulo.

8.1.1 Agressividade ambiental

As ações ambientais sobre um elemento estrutural dependem de forma complexa dos diversos fatores ilustrados no Cap. 7. As condições climáticas em que é colocada a estrutura definem as condições externas de umidade e de temperatura, além da presença ou ausência de substâncias agressivas (a água do mar, por exemplo, contém tanto sulfatos como cloretos). A efetiva condição em que se encontra o concreto, todavia, não depende só do ambiente externo, mas também das condições microclimáticas locais que a própria estrutura cria (com relação a umidade, temperatura e presença de cloretos, por exemplo) e da variabilidade dessas condições microclimáticas. Em linhas gerais, as condições de exposição podem ser classificadas assim:

- o ambiente não é agressivo quando o concreto está seco; tanto a corrosão das armaduras como os fenômenos de degradação do concreto requerem a presença de umidade para poder manifestar efeitos significativos;
- o ambiente não é agressivo quanto à corrosão das armaduras se o concreto está em condições de total e permanente saturação, já que o oxigênio não pode chegar à superfície das armaduras; o concreto poderia, porém, ser submetido à ação do gelo-degelo ou das substâncias que atacam a matriz do cimento (sulfatos, por exemplo);
- em condições de umidade intermediária, os elementos estruturais podem ser submetidos tanto à corrosão das armaduras como à degradação direta do concreto; em geral, os efeitos da degradação aumentam quando a temperatura sobe e quando cresce a umidade do concreto (só no que concerne a corrosão, esses efeitos voltam a diminuir quando o concreto se aproxima da saturação, graças à difusão reduzida de CO_2 e O_2 através dos poros saturados de água);
- as condições em que o concreto sofre ciclos de molhagem e secagem são, em geral, as mais críticas para a corrosão das armaduras, pois permitem, mesmo que em momentos diferentes, a penetração

tanto da água (e dos sais eventualmente dissolvidos nela, como os cloretos) como das substâncias em estado gasoso (como o dióxido de carbono e o oxigênio).

8.1.2 Qualidade do concreto

A resistência de uma estrutura à ação dos agentes agressivos depende das propriedades do concreto e sobretudo da sua capacidade de bloquear sua penetração. A camada de concreto que recobre as armaduras, além disso, fornece a natural proteção contra a corrosão. Com efeito, é suficiente que, em contato com a superfície do aço, o concreto permaneça alcalino e sem cloretos para garantir as condições de passividade. Para prevenir a corrosão das armaduras, portanto, deve-se ter como objetivo primário a realização de um concreto de baixa porosidade. Em Bertolini (2006) estudam-se os fatores que influem na resistência do concreto à penetração dos agentes agressivos, aqui enumerados:

- *relação água/cimento (a/c)*: é o fator-chave para determinar a porosidade capilar da pasta de compostos de cimento e, assim, a resistência à penetração dos agentes agressivos;
- *tipo de cimento e adições*: as adições pozolânicas ou de escória de alto-forno podem melhorar claramente a resistência à penetração dos íons agressivos (em particular, Cl^- e $SO_4^=$); os cimentos compostos têm, além disso, efeitos benéficos em relação ao ataque por sulfatos e à reação álcali-agregados e são caracterizados por um baixo calor de hidratação;
- *cura*: uma cura inadequada impede a hidratação do cimento e leva a uma porosidade capilar elevada, sobretudo no cobrimento; os cimentos compostos são mais sensíveis que o portland aos efeitos de uma cura de má qualidade;
- *teor de cimento*: o aumento do teor de cimento, para uma dada relação a/c, permite o emprego de maior quantidade de água na massa e, assim, maior moldabilidade; todavia, um aumento da dosagem de cimento pode favorecer a fissuração, devido ao calor de hidratação ou à contração higrométrica, ou ainda devido à reação álcali-agregado;
- *aditivos*: os superfluidificantes são indispensáveis para obter um concreto fresco trabalhável, caso se requeira uma baixa relação a/c para garantir a resistência à compressão ou os requisitos de durabilidade; para estruturas sujeitas a gelo-degelo é necessário empregar aditivos aeradores;
- *consistência*: a trabalhabilidade do concreto deve ser especificada na fase do projeto, para evitar o risco de má compactação ou de acréscimo de água no canteiro de obras; é necessário considerar também a perda de moldabilidade ao longo do tempo;
- *resistência à compressão*: além de ser requerida por razões estruturais, está correlacionada às exigências de durabilidade; escolhido o tipo de cimento, as prescrições sobre a máxima relação a/c podem até ser expressas em termos de mínima classe de resistência (item 8.2);
- *adensamento do concreto na obra*: a durabilidade de uma estrutura pode ser garantida somente se o concreto for corretamente misturado, transportado e vibrado; o requisito de uma alta moldabilidade do concreto permite tornar o material menos sensível aos efeitos da qualidade da mão de obra; analogamente, todas as práticas de canteiro de obras que garantam a obtenção de um concreto bem curado e bem adensado são indis-

pensáveis para não tornar vãs todas as prescrições formuladas na fase do projeto; para isso, os projetistas não podem agir passivamente, mas devem prever especificações adequadas em relação aos controles de qualidade durante a construção; possivelmente, estes controles de qualidade deveriam referir-se a propriedades correlatas à durabilidade da estrutura (por exemplo, o respeito de um valor máximo para o coeficiente de difusão de cloretos, medido segundo um procedimento apropriado, Aprofundamento 8.1);

- *concretos especiais*: o emprego de alguns concretos especiais pode ter implicações positivas para a durabilidade; os concretos de alto desempenho (*HPC*) têm uma relação água/cimento muito baixa e podem ser imunes aos agentes agressivos; os concretos autocompactantes (*SCC*), graças à sua alta fluidez e coesão, não requerem vibração e podem permitir melhorar a homogeneidade do concreto (caso se utilizem materiais pozolânicos como adições finas, pode-se até obter um notável aumento da resistência à penetração dos cloretos e dos sulfatos).

8.1.3 Espessura do cobrimento

O aumento da espessura do cobrimento permite alongar o tempo necessário para a ativação dos fenômenos corrosivos, aumentando a profundidade que a carbonatação ou os cloretos devem atingir para despassivar as armaduras. Quando se projeta uma estrutura de concreto armado, é possível, assim, determinar a espessura que vai garantir um tempo de ativação/iniciação suficientemente longo. À medida que cresce a agressividade ambiental, é possível, em teoria, com um aumento da espessura do cobrimento, manter constante o grau de confiabilidade das estruturas. Na prática, porém, as espessuras não podem superar certos limites por motivos econômicos e técnicos; para elevadas espessuras de cobrimento, aumenta notavelmente o risco de fissuração, por causa da contração higrométrica do concreto ou das cargas de projeto. A prescrição de espessuras de cobrimento superiores a 50-60mm pode ser contraproducente, já que pode levar a uma maior fissuração e, em consequência, a uma maior vulnerabilidade à ação ambiental. Quando são requeridos cobrimentos tão elevados, em geral, prevê-se uma armadura superficial (armadura de pele, de preferência com material resistente à corrosão), com a única função de controlar a fissuração do cobrimento.

É necessário observar que a espessura do cobrimento deve ser garantida em todos os pontos da estrutura. Mesmo uma redução modesta da espessura pode determinar uma redução significativa da vida útil da estrutura. Como a penetração da carbonatação e dos cloretos é, *grosso modo*, proporcional à raiz quadrada do tempo, uma redução da espessura do cobrimento leva a uma redução do tempo de ativação da corrosão muito mais que proporcional. Se, em algumas zonas de uma estrutura, o cobrimento tem a metade do cobrimento nominal, o tempo de ativação reduz-se a cerca de um quarto do previsto. Os controles de canteiro de obras e o emprego de medidas adequadas para garantir o respeito às espessuras do cobrimento durante o lançamento são, portanto, uma importante medida de prevenção.

8.1.4 Controle da fissuração

Muitas vezes, as fissuras no concreto são a primeira manifestação da degradação em uso e, por isso, constituem um sinal importante na fase de inspeção das estruturas (item 14.2.1).

Além disso, no caso de erros de projeto ou de realização da obra, elas podem aparecer até na fase inicial, devido aos motivos descritos no item 7.1.1. Qualquer que seja a causa, a fissuração do concreto pode favorecer a penetração dos agentes agressivos e, assim, acelerar a evolução posterior da deterioração.

No que se refere à corrosão das armaduras, as fissuras podem reduzir o tempo de ativação/iniciação, já que se tornam vias preferenciais para a entrada da carbonatação ou dos cloretos. Por outro lado, se as dimensões das fissuras forem modestas depois da ativação do ataque corrosivo, é possível que os produtos de corrosão consigam, primeiro, vedar as fissuras, pelo menos na zona mais próxima das armaduras, e, mais tarde, até restaurar o filme protetor. Caso a corrosão seja causada por carbonatação, por exemplo, a repassivação ocorre se a alcalinidade vinda do concreto circundante levar o pH dos produtos de corrosão (ou melhor, da solução presente nos poros destes produtos) a valores alcalinos, conferindo-lhes características passivadoras. A repassivação das armaduras ocorre mais dificilmente, ou pode simplesmente não ocorrer, se as fissuras são de grandes dimensões, se o concreto está sujeito a cargas cíclicas (que determinam a abertura e fechamento periódicos das fissuras) ou se os cloretos estão presentes.

Em geral, para avaliar a periculosidade das fissuras com relação à corrosão das armaduras, recorre-se à medida da sua abertura na superfície do concreto. Várias normativas consideram irrelevantes as fissuras de amplitude inferior a 0,1-0,3mm (em função do tipo de estrutura e das condições de exposição). Com efeito, a presença de fissuras de pequena abertura não modifica substancialmente o comportamento das estruturas, que continua a depender das condições ambientais (particularmente o teor de umidade), da porosidade do concreto e da espessura do cobrimento.

8.1.5 Detalhes construtivos

Muitos aspectos ligados à concepção estrutural e aos detalhes construtivos podem ter uma grande influência no tempo de ativação ou de propagação da corrosão. Algumas escolhas de projeto, por exemplo, podem influir nas condições locais de umidade e de contaminação por cloretos. A durabilidade de uma estrutura pode ser melhorada quando se prevê a estagnação ou a percolação de águas agressivas, quando se limita a fissuração, quando se evitam complexas geometrias inúteis ou uma geometria das armaduras que obstaculize a vibração. O desenho da estrutura deve, além disso, favorecer ao máximo possível as operações de inspeção ou manutenção.

8.1.6 Controle de qualidade no canteiro de obras

As escolhas de projeto devem ser confirmadas por controles adequados de qualidade na hora de executar as obras. Os benefícios de uma alta espessura de cobrimento ou do emprego de um cimento composto, por exemplo, podem ser obtidos só se o concreto for adequadamente vibrado e curado. É importante destacar que os efeitos de uma cura de má qualidade influem negativamente justamente no cobrimento, portanto na parte da estrutura que se destina a proteger as armaduras. Uma carência de controles do respeito à espessura do cobrimento pode ter efeitos drásticos no tempo de ativação da corrosão. O acréscimo de água ao concreto, no canteiro de obras, para superar a falta de trabalhabilidade (ou a perda de moldabilidade durante o transporte), deve ser absolutamente proibido (além de prevenido, pela correta prescrição da consistência requerida). O projetista deve formular prescrições adequadas para as propriedades do concreto e para os detalhes construtivos; deve também prever controles apropriados no canteiro de obras.

8.1.7 Manutenção programada

Uma inspeção regular da estrutura pode ajudar a manter constante no tempo o nível de confiabilidade, permitindo notar de imediato eventuais fenômenos não previstos e de remediá-los rapidamente. Com efeito, a experiência mostra que o custo das intervenções de manutenção aumenta à medida que a degradação avança. De Sitter propôs a seguinte regra prática, por exemplo: para cada euro gasto no projeto de uma estrutura realizada corretamente, gastam-se 5 euros quando a estrutura foi construída mas a corrosão ainda não foi ativada, 25 euros quando a corrosão se manifesta em alguns pontos e 125 euros quando a corrosão é extensa. Deste ponto de vista, os procedimentos de inspeção podem ser definidos desde a fase de projeto. Em alguns casos, pode-se até prever um sistema de monitoramento que, graças ao emprego de sondas imersas no concreto, pode constatar eventos ligados à corrosão das armaduras (o momento da ativação da corrosão, por exemplo). Também a manutenção pode ser programada com antecipação, prevendo, por exemplo, a substituição periódica de elementos não críticos da estrutura. Em alguns casos, foi proposta a adoção de uma *certidão de nascimento* da estrutura, que contenha todos os dados relevantes para a durabilidade, da fase de projeto até a fase de construção (aí incluídos os controles de qualidade de materiais e estruturas no canteiro de obras), e que inclua as operações periódicas de inspeção, monitoramento ou manutenção programada, necessárias para garantir a vida útil do projeto.

8.2 Prevenção de acordo com as normas

A exigência de instrumentos para o projeto da durabilidade foi colhida nas normas europeias desde 1990, quando foi emitida a norma provisória ENV 206, agora substituída pela UNI EN 206-1 (2001). Esta norma, que se refere às propriedades do concreto, é baseada no eurocódigo 2 (UNI EN 1992-1, 2005), que se refere ao projeto das estruturas de concreto, e na UNI ENV 13670-1 (2001), que se ocupa das execuções das estruturas.

Em primeira instância, pede-se ao projetista que especifique as condições de exposição ambiental da estrutura e a causa da degradação atingida. Estão previstas as seguintes classes: 1) nenhum risco de corrosão ou de ataque; 2) corrosão por carbonatação; 3) corrosão causada por cloretos não provenientes da água do mar; 4) corrosão causada por cloretos provenientes da água do mar; 5) ataque de gelo-degelo; 6) ataque químico. Cada classe subdivide-se em subgrupos que especificam as diversas condições de exposição no âmbito de cada tipo de ataque. O Quadro 8.1 contém a completa subdivisão.

Estas normas também requerem a prescrição de vínculos na relação *a/c*, teor de cimento e espessura de cobrimento, levando em conta, além das condições de exposição ambiental, também a vida útil requerida para a estrutura. A decisão fica com o projetista, que conhece a obra e os fenômenos de degradação que pode sofrer. Entre os requisitos de durabilidade, além da relação *a/c*, a norma também sugere a prescrição de uma resistência mínima à compressão. Isto permite converter os requisitos de durabilidade (máxima relação *a/c*) em termos de demanda de resistência mecânica (mínima resistência característica). Desta forma, obtém-se um duplo benefício: acima de tudo, torna-se explícita

Quadro 8.1 Classificação da exposição ambiental segundo a norma UNI EN 206-1

Classe	Sub-grupo	Descrição do ambiente	Exemplos
1 – *Nenhum risco de corrosão ou ataque*	X0	Muito seco	Concreto no interior de edifícios, com umidade do ar muito baixa
2 – *Corrosão por carbonatação* Onde o concreto que contém armaduras ou inserções metálicas é exposto ao ar e à umidade	XC1	Seco ou permanentemente molhado	Interior de edifícios com baixa umidade do ar Concreto constantemente imerso em água
	XC2	Molhado, raramente seco	Partes que retêm água; fundações
	XC3	Umidade moderada	Interior de edifícios com umidade do ar moderada ou elevada; exteriores protegidos da chuva
	XC4	Ciclicamente molhado e seco	Superfícies em contato com água que não se encaixem no subgrupo de exposição XC2
3 – *Corrosão causada por cloretos, com exceção daqueles provenientes da água do mar* Onde o concreto que contém armaduras ou outros metais está em contato com água com cloretos, incluídos os sais de degelo, de proveniência diferente da marinha	XD1	Umidade moderada	Superfícies de concreto expostas diretamente a borrifos que contêm cloretos
	XD2	Molhado, raramente seco	Piscinas; concreto exposto a águas industriais que contêm cloretos
	XD3	Ciclicamente molhado e seco	Partes de pontes; pavimentação; lajes de garagens ou estacionamentos
4 – *Corrosão causada por cloretos provenientes da água do mar* Onde o concreto que contém armaduras ou outros metais é submetido ao contato com cloretos provenientes da água do mar ou do ar que transporta sais provenientes do mar	XS1	Exposição à maresia, mas não em contato direto com a água marinha	Estruturas no litoral ou próximas do litoral
	XS2	Permanentemente submerso	Partes de estruturas marinhas
	XS3	Partes expostas à maré ou às ondas	Partes de estruturas marinhas
5 – *Ataque de gelo-degelo* Onde o concreto é exposto a um significativo ataque de ciclos de gelo-degelo enquanto está úmido	XF1	Moderada saturação de água, sem agentes de degelo	Concreto com superfície vertical exposto a chuva e gelo
	XF2	Moderada saturação de água, com agentes de degelo	Concreto de obras viárias com superfície vertical exposto a gelo e borrifos com cloreto
	XF3	Elevada saturação de água, sem agentes de degelo	Concreto com superfície horizontal exposto a chuva e gelo
	XF4	Elevada saturação de água, com agentes de degelo ou água do mar	Lajes de pontes expostas a agentes de degelo e a gelo

Quadro 8.1 Classificação da exposição ambiental segundo a norma UNI EN 206-1 (continuação)

Classe	Sub-grupo	Descrição do ambiente	Exemplos
6 – *Ataque químico* Onde o concreto é exposto a ataque químico, nos modos indicados na Tab. 8.5, que ocorre nos solos naturais, nas águas doces e do mar	XA1	Ambiente químico pouco agressivo, segundo a Tab. 8.5	
	XA2	Ambiente químico moderadamente agressivo, segundo a Tab. 8.5	
	XA3	Ambiente químico muito agressivo, segundo a Tab. 8.5	

Tab. 8.1 Valores sugeridos pela UNI EN 206-1 para as prescrições de concreto em função da classe de exposição. Os valores referem-se ao emprego de um cimento tipo CEM-I; a resistência à compressão (R_{ck}) é relativa a um cimento de classe 32,5

Classe de exposição	Subgrupo	Máx. a/c	Mín. classe resistência (MPa)	Mín. cimento (kg/m³)	Ar incorporado (%)
1 – Nenhum risco	X0	-	C12/15	-	-
2 – Corrosão por carbonatação	XC1	0,65	C20/25	260	-
	XC2	0,60	C25/30	280	-
	XC3	0,55	C30/37	280	-
	XC4	0,50	C30/37	300	-
3 – Corrosão por cloretos não provenientes de água do mar	XD1	0,55	C30/37	300	-
	XD2	0,55	C30/37	300	-
	XD3	0,45	C35/45	320	-
4 – Corrosão por cloretos de água do mar	XS1	0,50	C30/37	300	-
	XS2	0,45	C35/45	320	-
	XS3	0,45	C35/45	340	-
5 – Ataque de gelo-degelo	XF1	0,55	C30/37	300	-
	XF2	0,55	C25/30	300	4%
	XF3	0,50	C30/37	320	4%
	XF4	0,45	C30/37	340	4%
6 – Ambientes químicos agressivos	XA1	0,55	C30/37	300	-
	XA2	0,50	C30/37	320	-
	XA3	0,45	C35/45	360	-

a) Quando não foi acrescentado ar ao concreto, o seu desempenho deve ser verificado de acordo com um método de ensaio apropriado, relativo a um concreto para o qual está provada a resistência ao gelo-degelo para a relativa classe de exposição.

b) Embora a presença de sulfatos esteja prevista nas classes de exposição *XA2* e *XA3*, é essencial utilizar um cimento resistente aos sulfatos. Se o cimento é classificado como de moderada ou alta resistência aos sulfatos, o cimento deveria ser utilizado na classe de exposição *XA2* (e na classe de exposição *XA1*, se aplicável), enquanto o cimento de alta resistência aos sulfatos deve ser utilizado na classe de exposição *XA3*.

a necessidade de um concreto pouco poroso – e, portanto, com uma mínima resistência (embora não necessária para exigências estruturais) – quando uma estrutura opera em um ambiente agressivo.

Em segundo lugar, permite-se o controle de qualidade; com efeito, a verificação posterior da relação a/c com a qual foi feito um concreto é dificilíssima – é muito mais simples verificar a resistência à compressão (de resto, já obrigatória). Para ajudar na definição dos requisitos de durabilidade, um anexo à norma contém os valores de referência válidos para garantir, nos diversos ambientes, uma vida útil "tradicionalmente atingida" da ordem de 50 anos (Tab. 8.1). Estes valores referem-se ao emprego de um cimento portland (CEM I, conforme a norma UNI EN 197-1); também valem caso a espessura do cobrimento respeite os valores mínimos prescritos pelo Eurocódigo 2. A norma UNI 11104 (2004) traz as instruções complementares para a aplicação da EN 206-1 na Itália; esta norma modifica ligeiramente alguns dos valores máximos de relação a/c e introduz novas classes de resistência, como ilustrado na Tab. 8.2, além de

Tab. 8.2 Valores sugeridos pela UNI 11104 para as prescrições para concreto em função da classe de exposição

Classe de exposição	Subgrupo	Máx. a/c	Mín. classe resistência (MPa)(*)	Mín. cimento (kg/m³)	Ar incorporado (%)(a)
1 – Nenhum risco	X0	-	C12/15	-	-
2 – Corrosão por carbonatação	XC1	0,60	C25/30	300	-
	XC2	0,60	C25/30	300	-
	XC3	0,55	C30/37	320	-
	XC4	0,50	C30/37	340	-
3 – Corrosão por cloretos não provenientes de água do mar	XD1	0,55	C28/35	320	-
	XD2	0,50	C32/40	340	-
	XD3	0,45	C35/45	360	-
4 – Corrosão por cloretos de água do mar	XS1	0,50	C32/40	340	-
	XS2	0,45	C35/45	360	-
	XS3	0,45	C35/45	360	-
5 – Ataque de gelo-degelo	XF1	0,50	C32/40	320	-
	XF2	0,50	C25/30	340	3%
	XF3	0,50	C25/30	340	3%
	XF4	0,45	C28/35	360	3%
6 – Ambientes químicos agressivos (b)	XA1	0,55	C28/35	320	-
	XA2	0,50	C32/40	340	
	XA3	0,45	C35/45	360	

(*) No prospecto 7 da UNI EN 206-1 há a classe C0/10, que corresponde a concretos específicos destinados a subfundações e a cobrimentos. Para esta classe, deveriam ser definidas as prescrições de durabilidade com relação a águas ou solos agressivos.
a) Quando o concreto não contém ar incorporado, o seu desempenho deve ser verificado em relação a um concreto aerado para o qual está provada a resistência ao gelo/degelo, a ser determinada segundo a UNI 7087, para a relativa classe de exposição.
b) Embora a presença de sulfatos compreenda as classes de exposição *XA2* e *XA3*, é essencial utilizar um cimento resistente aos sulfatos, segundo a UNI 9156.

prever um (pouco compreensível) aumento do teor mínimo de cimento.

Além disso, a UNI EN 11104 prevê que os valores da Tab. 8.2 são válidos para qualquer cimento previsto pela UNI EN 197-1; logo, equipara os desempenhos, em termos de durabilidade, do cimento portland e dos cimentos compostos. Esta posição é altamente discutível, sobretudo no caso dos cimentos com calcário, aliás muito difundidos na Itália, nos quais a substituição do *clinker* com calcário moído, embora possa garantir os requisitos de resistência mecânica, tem indubitáveis efeitos negativos sobre a durabilidade. As prescrições não se exaurem com as restrições que concernem a composição do concreto, mas incluem também restrições referentes à espessura do cobrimento. Na Tab. 8.3, publicam-se os valores mínimos de espessura de cobrimento previsto pelo Eurocódigo 2 para a classe estrutural S4, cuja intenção é garantir uma vida útil de 50 anos (na realidade, o eurocódigo prevê a possibilidade de aumentar em 10 mm a espessura do cobrimento, utilizando a classe estrutural S6, para uma vida útil de 100 anos; este aumento é, porém, insuficiente).

O quadro normativo europeu completa-se com a norma UNI ENV 13670-1, que contém as recomendações para a execução das estruturas em concreto; esta prevê, em particular, um tempo mínimo de cura do concreto igual ao tempo necessário para atingir uma resistência igual à metade da prevista aos 28 dias. A Tab. 8.4 contém os tempos mínimos de cura em função da relação r entre a resistência à compressão média aos 2 dias e aos 28 dias de cura.

As prescrições formuladas de acordo com as normas europeias aqui mencionadas devem ser entendidas como prescrições mínimas no caso das aplicações estruturais. Com efeito, os valores constantes das Tabs. 8.1 e 8.3 foram formulados com o objetivo de garantir uma vida de serviço "tradicionalmente atingida" da ordem de

Tab. 8.3 Valores mínimos para a espessura do cobrimento em relação à proteção as armaduras, propostos pelo Eurocódigo 2 para a classe estrutural S4

Classe de exposição	Subgrupo	Espessura mínima de cobrimento (mm)	
		CA	CP
Nenhum risco	X0	10	10
Corrosão por carbonatação	XC1	15	25
	XC2, XC3	25	35
	XC4	30	40
Corrosão por cloretos	XS1, XD1	35	45
	XS2, XD2	40	50
	XS3, XD3	45	55

Tab. 8.4 Tempos mínimos de cura (em dias), segundo a UNI ENV 13670

Temperatura da superfície do concreto (T)	Desenvolvimento da resistência do concreto: $r = R_{cm2} / R_{cm28}$			
	Rápido $r \geq 0{,}50$	Médio $r = 0{,}30$	Lento $r = 0{,}15$	Muito lento $r \leq 0{,}15$
$T \geq 25$	1,0	1,5	2,0	3,0
$25 > T \geq 15$	1,0	2,0	3,0	5
$15 > T \geq 10$	2,0	4,0	7	10
$10 > T \geq 5$	3,0	6	10	15

50 anos (no caso de emprego de cimento portland). A prescrição do requisito de durabilidade, de acordo com tais normas, pode ser atendida pela simples indicação da classe de exposição ao lado das demais prescrições. Por exemplo: com a sigla *C30/37 XC4 S3* D_{max}=25 mm, prescreve-se um concreto destinado a uma estrutura armada que será realizada em um ambiente sujeito à alternância entre seco e molhado, onde a corrosão pode ser induzida só pela carbonatação, e para o concreto requer-se uma resistência característica à compressão sobre o cubo de 37 MPa, uma classe de consistência *S3* (abatimento do cone de 100-150 mm) e com um diâmetro máximo do agregado de 25 mm. Estas prescrições são suficientes para o projeto da composição do concreto (*mix design*).

8.2.1 Corrosão das armaduras

As normas pedem ao projetista a especificação da classe de exposição da estrutura (ou do elemento estrutural). No caso de corrosão por carbonatação, a norma UNI EN 206-1 prevê (Quadro 8.1):

- a classe *XC1*, que agrupa duas condições de baixa agressividade, correspondentes respectivamente a um concreto seco e a um concreto saturado; no primeiro caso, mesmo que o concreto se carbonate, a velocidade de corrosão das armaduras é baixa e, assim, o tempo de propagação é longo; no segundo caso, ao contrário, o tempo de ativação da corrosão tende a ser elevado, já que a carbonatação avança lentamente no concreto saturado;
- a classe *XC2*, onde o concreto está em um ambiente que, embora não seja saturado de água, é frequentemente umido; nestas condições, típicas, por exemplo, das obras enterradas, a velocidade de carbonatação é modesta;
- a classe *XC3*, que se refere a obras expostas em ambientes úmidos, mas sem molhagem direta do concreto; a velocidade de avanço da carbonatação será, portanto, maior do que na classe de exposição *XC2*;
- enfim, a classe *XC4*, que se refere às condições de maior agressividade, em que o concreto é sujeito a ciclos de seco e molhado; a alternância de condições úmidas e secas favorece, ainda que seja em tempos diferentes, tanto a penetração da carbonatação como a subsequente propagação da corrosão.

Para cada classe de exposição, a norma UNI EN 206-1 prevê recomendações para a composição do concreto, relatadas na Tab. 8.1; o máximo valor autorizado para a relação *a/c* vai de 0,65 no caso da classe de exposição *XC1* a 0,5 para a classe *XC4*. Entre os requisitos de durabilidade, indica-se a resistência mínima à compressão, no caso de concretos feitos com cimentos da classe de resistência 32,5 (com cimentos da classe 42,5, a resistência requerida seria ainda maior). Para a classe de exposição *XC4*, por exemplo, a restrição na relação *a/c* máxima é equivalente à exigência de uma resistência característica à compressão medida sobre o cubo de 37 Mpa, mesmo que se empregue um cimento com a mínima classe de resistência (32,5). Obviamente, o projetista poderá projetar a estrutura em conformidade com este valor de resistência característica. Enfim, a UNI EN 206-1 prevê um teor mínimo de cimento, que varia de 260 kg/m³ para a classe *XC1* a 300 kg/m³ para a classe *XC4* (Tab. 8.1). Na Tab. 8.3 estão os valores mínimos de espessura do cobrimento previstos pelo Eurocódigo 2, que variam de 15 mm a 30 mm entre a *XC1* e a *XC4* (vida útil de projeto de 50 anos).

Nas estruturas sujeitas à corrosão induzida por cloretos não provenientes de água do mar – caso das obras viárias em contato com sais de degelo –, as condições de agressividade dependem da concentração de cloretos e das condições de umidade do concreto (os cloretos podem penetrar no concreto só quando dissolvidos na fase aquosa). A sua penetração pode, assim, ocorrer em concreto seco e é favorecida no concreto com elevado teor de umidade (classe *XD2*), mais do que no concreto menos úmido (classe *XD1*). A alternância de ciclos de seco e molhado (classe *XD3*) cria as condições de maior penetração, já que favorece a penetração de cloretos nos períodos úmidos e a sua concentração logo depois da evaporação da água, nos períodos secos. Com base na norma UNI EN 206-1 (Tab. 8.1) e no Eurocódigo 2 (Tab. 8.3), a máxima relação a/c reduz-se de 0,55 para as classes *XD1* e *XD2* a 0,45 para a classe *XD3*; os valores mínimos da resistência característica e do teor de cimento variam respectivamente de 37 a 45 MPa e de 300 a 320 kg/m³. Enfim, a espessura mínima do cobrimento é de 35 mm para a classe *XD1*, 40 mm para a classe *XD2* e 45 mm para a classe *XD3*.

Para as estruturas marinhas, a subdivisão é baseada na posição de um elemento estrutural em relação ao mar:

- a classe *XS1* refere-se às estruturas colocadas na costa e não em contato direto com o mar; dentro de algumas centenas de metros do mar, o concreto é atingido por ventos provenientes do mar e pode ser contaminado com cloretos (além de estar sujeito à carbonatação);
- a classe *XS2* refere-se às partes permanentemente imersas das obras marinhas; nestas condições, o concreto está sempre saturado de água e, assim, o teor de oxigênio é muito baixo; a corrosão, em geral, não se manifesta, já que o teor crítico de cloretos é muito elevado e, mesmo que houvesse corrosão, a velocidade de propagação seria desprezível;
- a classe *XS3* agrupa as condições de maior agressividade, correspondentes às zonas das marés, das ondas e dos borrifos; nos mares italianos, estas zonas estão a poucos metros do nível médio do mar, enquanto em mares mais agitados podem atingir várias dezenas de metros de altura.

Também neste caso, as prescrições da norma UNI EN 206-1 e do Eurocódigo 2 têm a finalidade de considerar prescrições mínimas para garantir uma vida útil razoável para a estrutura (Tabs 8.1 e 8.3). Por outro lado, muitos estudiosos mostraram como estas simples regras não são suficientes para garantir uma vida útil de 50 anos na parte mais críticas – a zona dos borrifos. Mesmo que não seja explicitamente previsto pela UNI EN 206-1, em ambiente marinho é aconselhável o uso de um cimento composto; especificamente com um cimento de alto-forno do tipo CEM III/B é possível, com relação a/c igual e depois de uma cura correta, reduzir o coeficiente de difusão em cerca de uma ordem de grandeza.

8.2.2 Degradação do concreto

A classe de exposição 5 prevê os ambientes em que o concreto é sujeito à ação de gelo-degelo; a subdivisão baseia-se na umidade do concreto e na presença de cloretos (Quadro 8.1):

- a classe *XF1* refere-se a condições de exposição em que o concreto, sujeito à ação de gelo-degelo, é moderadamente úmido e não contém cloretos provenientes de sais de degelo; estas condições verificam-se, em geral, nas estruturas verticais, onde a água não se estagna;

- a classe *XF2* refere-se a condições de moderada saturação, associadas à presença de cloretos, os quais, além de agravar os efeitos do gelo, podem induzir a corrosão nas armaduras;
- as classes *XF3* e *XF4* referem-se a concretos com elevada umidade, como no caso das estruturas horizontais sujeitas à estagnação da água, respectivamente na ausência e na presença de sais de degelo (ou de água do mar).

Para estas classes de exposição, além das prescrições para a relação *a/c* máxima (variável de 0,55 para *XF1* a 0,45 para *XF4*), para a mínima classe de resistência e para o mínimo teor de cimento, prevê-se o emprego de um aditivo aerador, que permita a incorporação de pelo menos 4% de ar ao volume (com a única exceção da classe *XF1*).

A classe de exposição 6 prevê os ambientes em que o concreto é sujeito à ação dos agentes químicos que possa degradá-lo; estes incluem os sulfatos (dissolvidos no solo ou nas águas) ou outros íons ou gás. Em função da concentração do agente agressivo na água ou no solo, medida segundo procedimentos padronizados, e dos valores-limite estabelecidos na Tab. 8.5, o ambiente é dividido em: pouco agressivo (*XA1*), moderadamente agressivo (*XA2*) e muito agressivo (*XA3*). A máxima relação *a/c* varia de 0,55 para a classe *XA1* a 0,45 para a classe *XA3*.

Tab. 8.5 Valores-limite para as classes de exposição a ataque químico, segundo a UNI EN 206-1

Os ambientes quimicamente agressivos, classificados em seguida, são baseados em solo natural e para água no solo a temperaturas de água/solo entre 5°C e 25°C e a uma velocidade da água suficientemente baixa para poder ser aproximada a condições estáticas. As condições mais danosas para cada uma das condições químicas determinam a classe de exposição. Se duas ou mais características de agressividade pertencem à mesma classe, a exposição será classificada na classe mais elevada subsequente, a menos que um estudo específico prove que isso não é necessário.

Característica química	Método de ensaio de referência	XA1	XA2	XA3
Água no solo				
SO_4^{2-} mg/ℓ	EN 196-2	≥ 200 e ≤ 600	> 600 e ≤ 3.000	> 3.000 e ≤ 6.000
pH	ISO 4316	$\geq 6,5$ e $\geq 5,5$	$< 5,5$ e $\geq 4,5$	$< 4,5$ e $\geq 4,0$
CO_2 mg/ℓ agressivo	pr EN 13577	≥ 15 e ≤ 40	> 40 e ≤ 100	> 100 até a saturação
NH_4^+ mg/ℓ	ISO 7150-1 ou ISO 7150-2	≥ 15 e ≤ 30	> 30 e ≤ 60	> 60 e ≤ 100
Mg^{2+} mg/ℓ	ISO 7980	≥ 300 e ≤ 1.000	> 1.000 e ≤ 3.000	> 3.000 até a saturação
Solo				
SO_4^{2-} mg/kg[a] total	EN 196-2[b]	≥ 2.000 e ≤ 3.000[c]	> 3.000[c] e ≤ 12.000	> 12.000 e ≤ 24.000
Acidez mℓ/kg	DIN 4030-2	≥ 200 Baumann Gully	Não encontrado na prática	

a) Os solos argilosos com uma permeabilidade inferior a 10⁻⁵ m/s podem ser classificados em uma classe inferior.

b) O método de ensaio prescreve a extração de SO_4^{2-} mediante ácido clorídrico; como alternativa, pode-se usar a extração com água, se há esta prática no local de emprego do concreto.

c) O limite de 3.000 mg/kg deve ser reduzido a 2.000 mg/kg se há o risco de acúmulo de íons de sulfato no concreto, causado por ciclos de seco/molhado ou absorção capilar.

8.3 Abordagem por desempenho

Para as estruturas expostas a ambientes agressivos, principalmente na presença de cloretos, as simples regras propostas pela norma UNI EN 206-1 não são suficientes para garantir a proteção dos elementos estruturais expostos às condições ambientais mais críticas (juntas, zona dos borrifos etc.). Os valores das Tabs. 8.1 e 8.3 não são próprios nem mesmo para as outras classes de exposição a corrosão por carbonatação, quando é requerida uma vida útil significativamente superior a 50 anos. Por outro lado, o rigor dos requisitos em termos de máxima relação *a/c* e mínima espessura do cobrimento leva a requisitos excessivos para as zonas que não são expostas às condições mais agressivas.

Nestas circunstâncias, o projetista pode, com base tanto nas condições gerais de exposição da estrutura (definidas pela classe de exposição) como pelas condições locais criadas pela geometria da estrutura (microclima), projetar cada elemento estrutural isolado de modo que possa tolerar as efetivas condições locais de exposição ao longo da vida útil atingida. Para isso, todavia, é necessário um modelo para descrever a evolução no tempo da degradação, em função dos fatores mostrados na Fig. 8.1.

A literatura científica propõe um grande número de modelos para descrever a evolução da degradação por corrosão. Estes variam de simples fórmulas, que descrevem, por exemplo, uma evolução ligada à raiz quadrada do tempo (como para o avanço da carbonatação), a modelos muito complexos, que partem de equações descritivas dos fenômenos de transporte dos agentes agressivos, da ativação da corrosão e da sua propagação até atingir um determinado estado-limite.

Em geral, o emprego destes modelos é limitado pela ausência de valores confiáveis para os parâmetros utilizados na previsão da vida útil. Para a prevenção da corrosão por carbonatação, por exemplo, pode-se descrever o tempo de ativação por meio da Eq. (7.4), para especificar um valor confiável para o coeficiente de carbonatação K. Quanto à penetração da corrosão, muitas vezes considera-se um valor-limite no qual se atinge o estado-limite de referência.

Em geral, para a estrutura sujeita a corrosão por carbonatação, considera-se como condição-limite a fissuração do concreto. No caso mais simples, assume-se que a velocidade de corrosão seja constante no tempo (v_{corr}, µm/ano) e que o estado-limite de fissuração seja atingido quando o adelgaçamento do ferro chega a uma certa penetração-limite (P_{lim}, por exemplo 100 µm). O tempo de propagação da corrosão (t_p) depende, assim, da velocidade de corrosão do aço e da penetração-limite do ataque:

$$t_p = \frac{P_{lim}}{v_{corr}} \qquad (8.1)$$

Na realidade, a avaliação é mais complexa, porque a velocidade de corrosão não é constante. Pode-se, então, calcular um valor médio durante o ano. Com uma outra abordagem simplificada, semelhante à adotada para a corrosão atmosférica (item 4.1.2), pode-se introduzir um *tempo de umectação* (número de horas/ano em que o concreto está úmido) e trabalhar com a hipótese de que a corrosão só ocorra nesta fração do ano.

No caso da corrosão por cloretos, utiliza-se com frequência uma abordagem baseada no emprego da Eq. (7.5). Todavia, este método só pode fornecer uma avaliação razoável do tempo de ativação da corrosão por pites quando são introduzidos valores realísticos para o coeficiente de difusão (D_{ap}), para a concentração superficial (C_s) e para o teor crítico de cloretos (C_{cr}). No Cap. 7, viu-se como estes parâmetros dependem de muitos fatores que dificilmente são avaliáveis na fase de projeto de uma estrutura e que apresentam uma notável variabilidade. Em particular, os valores determinados com ensaios de curto prazo dificilmente podem ser utilizados diretamente para as previsões em longo prazo (Aprofundamento 8.2). Além disso, o grande número de parâmetros que influem na penetração dos cloretos torna possível apenas uma abordagem probabilística.

Várias organizações internacionais estão procurando formular procedimentos de cálculo da vida útil das obras em concreto armado com abordagens baseadas no desempenho (ou orientadas para garantir, com uma probabilidade bem precisa, que se atinja a vida útil esperada, em função de um estado-limite específico). Os resultados desses estudos ainda não atingiram um nível de aprofundamento que permita sua introdução nas normas (e, assim, um uso extenso e generalizado); todavia, alguns desses procedimentos já foram aplicados a alguns projetos. Em particular, um recente projeto europeu, chamado DuraCrete, propôs um procedimento para a avaliação quantitativa da vida útil de uma estrutura com relação à corrosão das armaduras (DuraCrete, 2000). Este método propõe equações por meio das quais se pode chegar a uma estimativa da probabilidade de atingir um determinado estado-limite, em função das condições ambientais (consideradas como cargas), das propriedades dos materiais (resistências) e do tempo. O modelo do DuraCrete foi aplicado a algumas estruturas importantes na Europa do Norte; mas é preciso verificar a credibilidade dos parâmetros introduzidos no modelo (para isso, será importante, no futuro, a observação do comportamento das estruturas projetadas com este modelo).

APROFUNDAMENTO 8.2 **Medida do coeficiente de difusão dos cloretos**

A penetração dos cloretos no concreto é um dos principais fatores ligados à durabilidade das estruturas em concreto armado. Para prever a vida útil de uma estrutura, costuma-se recorrer a modelos que descrevem o transporte dos cloretos no concreto, tipicamente a Eq. (7.5). Esta equação foi proposta desde 1972 para descrever a difusão pura dos cloretos no concreto e é atualmente utilizada para calcular, em função do tempo, a concentração de cloretos a diferentes profundidades, de modo a prever o tempo necessário para que a concentração na superfície das armaduras atinja o teor crítico para a ativação da corrosão. A confiabilidade deste modelo depende da credibilidade dos parâmetros utilizados para caracterizar o concreto, tipicamente pela definição de um coeficiente de difusão. Atualmente, não se dispõe de um procedimento experimental reconhecido internacionalmente para o estudo da penetração dos cloretos no concreto. Para fornecer aos projetistas de obras em concreto armado os instrumentos necessários para avaliar a vida útil das estruturas, é portanto necessário realizar ensaios experimentais que permitam avaliar uma grandeza de forma a caracterizar o comportamento do concreto com relação à penetração dos cloretos. Em seguida, ilustram-se alguns métodos propostos por vários autores, que permitem calcular o coeficiente de difusão em condições estacionárias (D_e, de acordo com a primeira lei de Fick) ou em condições não estacionárias (D_{ne}, de acordo com a segunda lei de Fick).

Ensaios de difusão pura. Nos ensaios de difusão pura, o transporte dos cloretos ocorre como resultado de um gradiente de concentração. Um primeiro tipo de ensaio (difusão em câmara) prevê um corpo de prova cilíndrico, de espessura entre 10 mm e 20 mm, colocado entre dois compartimentos de uma câmara de difusão (Fig. A-8.2a) contendo uma solução 1 M de NaCl e um volume conhecido de solução sem cloretos. A concentração de cloretos no compartimento inicialmente sem cloretos é medida periodicamente. Após um tempo inicial t_0, observa-se que esta concentração cresce linearmente porque, através da amostra, instaura-se um fluxo constante de cloretos. O coeficiente de difusão pode ser extraído da solução da primeira lei de Fick (condições estacionárias), que pode ser escrita assim:

$$D_e = \frac{C_2 \cdot V \cdot L}{C_1 \cdot A \cdot (t - t_o)}$$

(A-8.2-1)

onde C_2 e C_1 são respectivamente as concentrações nos compartimentos diluído e concentrado (ppm), V é o volume do compartimento diluído (m³), L é a espessura da amostra de concreto (m) A é a sua seção (m²), t o tempo a partir do início do ensaio (s) e t_0 o tempo inicial durante o qual a concentração se mantém nula (s).

Um segundo tipo de ensaio prevê a imersão de uma amostra de concreto de espessura de 50 mm, isolada na superfície lateral e em uma das bases, em uma solução contendo 165 g/ℓ de NaCl, de forma que os cloretos penetrem no interior do corpo de prova somente através da face não revestida (Fig. A-8.2b). Após 35 dias de ensaio, determinam-se os perfis de concentração dos cloretos, interpolam-se mediante a (7.5) e se obtêm D_{ne} e C_s.

Um terceiro método prevê que uma das faces planas de um corpo de prova de espessura de 60 mm seja posicionada em uma bacia, na qual há uma solução de 1 M de NaCl (Fig. A-8.2c).

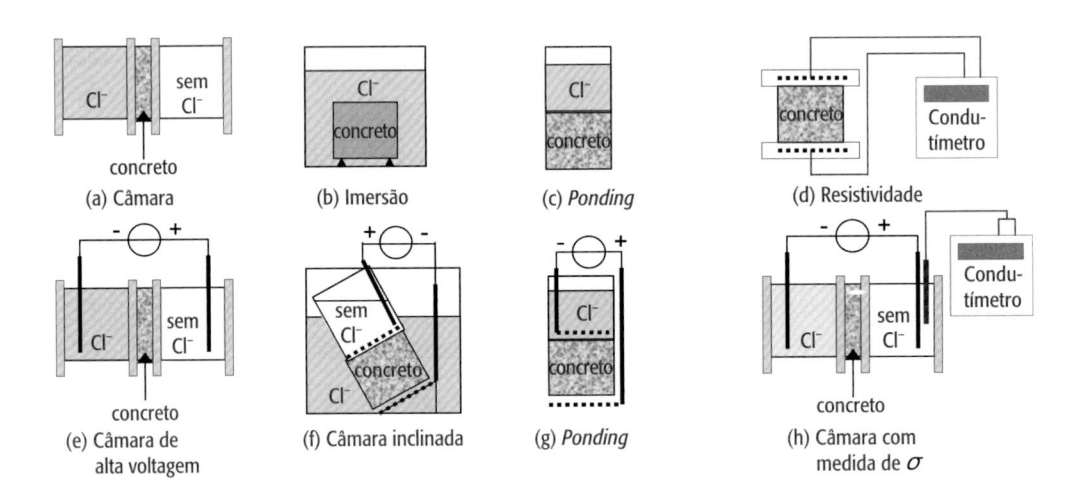

Fig. A-8.2 Representação esquemática dos ensaios de difusão, migração e medida da resistividade

O ensaio dura 90 dias, ao fim dos quais se determina o perfil de concentração dos cloretos, que é interpolado com a (7.5) para obter D_{ne} e C_s.

Ensaios de migração. Nos ensaios de migração, o transporte dos cloretos é acelerado mediante a aplicação de um campo elétrico. No ensaio da Fig. A-8.2e, uma amostra de concreto de espessura de cerca de 50 mm é montada sobre os dois compartimentos de uma câmara, que contêm respectivamente uma solução de 3% de NaCl e uma solução de 0,3 M NaOH. Utilizando dois eletrodos, aplica-se uma diferença de potencial de 60 V por 6 horas, durante as quais se mede a corrente. Conhecida a carga total circulada Q, obtém-se a penetrabilidade, que é irrelevante se $Q < 100$ C, muito baixa se $100\ C < Q < 1.000\ C$, baixa se $1.000\ C < Q < 2.000\ C$, moderada se $2.000\ C < Q < 4.000\ C$ e alta se $Q > 4.000\ C$.

Um segundo ensaio prevê o uso de uma câmara inclinada (Fig. A-8.2f). Este ensaio consiste em montar coaxialmente no corpo de prova um cilindro oco de plástico, uma parte do qual sai do corpo de prova, destinado a acolher uma solução sem cloretos. O corpo de prova é, em seguida, posicionado em um recipiente contendo uma solução de 10% de massa de NaCl, apoiando-o sobre um suporte de plástico inclinado. Aplica-se uma diferença de potencial de 30 V, mede-se a corrente inicial e, com base nesta, modifica-se a tensão aplicada e se estabelece a duração do ensaio (6 a 96 horas). Ao término do ensaio, rompe-se o corpo de prova axialmente. Sobre a superfície fraturada borrifa-se uma solução de 0,1 M de $AgNO_3$ e mede-se a profundidade média da penetração dos cloretos x_m (m), da qual se obtém o coeficiente D_{ne}:

$$D_{ne} = \frac{RT}{zFE} \cdot \frac{x_m - \alpha\sqrt{x_m}}{t} \quad \text{(A-8.2-2)}$$

onde R é a constante dos gases (J/K mol), T é a média entre a temperatura inicial e final na solução anódica (K), z é o valor absoluto da valência, F é a constante de Faraday (96.500 C/mol), t é o tempo (s), E é igual a $(U-2)/L$ (onde U é a tensão aplicada em V; L é a espessura do corpo de prova em m) e α é definido como:

$$\alpha = 2\sqrt{\frac{RT}{zFE}}\ erf^{-1}\left(1 - \frac{2c_d}{c_o}\right) \quad \text{(A-8.2-3)}$$

onde c_d é a concentração para a qual se verifica a mudança de cor (que se assume ser igual a 0,07 N) e c_o é a concentração da solução com cloretos (2 N).

Um terceiro método consiste em colocar sobre a face superior do corpo de prova um vasilhame em plástico contendo uma solução 1 M NaCl (Fig. A-8.2g). Aplica-se uma tensão de 12 V por um período de 24 a 70 horas. O corpo de prova é rompido e borrifado alternadamente com nitrato de prata e fluoresceína (que evidenciam, com cores diversas, as zonas penetradas por cloretos), de modo a determinar a penetração média x_m e, dela, obter o coeficiente D_{ne}:

$$D_{ne} = \frac{2}{\sqrt{10/L}} \frac{x_m^2}{tv^2}\left[v\coth\frac{v}{2} - 2\right] \quad \text{(A-8.2-4)}$$

onde L é a espessura da amostra (cm), t é a duração da prova (s) e x_m é a profundidade de penetração (cm). O parâmetro v é definido como $v = ze\Delta E/kT$, onde e é a carga do elétron, ΔE é a tensão aplicada, k é a constante de Boltzmann e T, a temperatura (K).

Um quarto método prevê a migração em câmara com medida da condutibilidade (Fig. A-8.2h). Um corpo de prova de concreto é montado entre dois compartimentos em uma câmara, um deles cheio de água destilada e o outro, com uma solução de 1 M de NaCl. Aplica-se uma tensão de 12 V a 13 V e obtém-se a concentração de cloretos no compartimento diluído, medindo a condutibilidade da solução. Calcula-se o fluxo de cloretos J_{Cl} (mol/cm²·s) e, daí, o coeficiente de difusão em estado estacionário (D_e):

$$D_e = \frac{J_{Cl}RTL}{zFC_1\Delta E} \qquad \text{(A-8.2-5)}$$

onde L é a espessura do corpo de prova (cm), C_1 é a concentração de cloretos no compartimento catódico (mol/cm^3) e ΔE é a tensão aplicada à amostra (V). Do *time-lag* t_0 (s) obtém-se, desta vez, o coeficiente de difusão em estado não estacionário D_{ne}:

$$D_{ne} = \frac{2L^2}{t_0 v^2}\left[v\coth\left(\frac{v}{2}\right) - 2\right] \qquad \text{(A-8.2-6)}$$

Medida da resistividade. A condutância C (S) é medida por um amperímetro ao qual são ligados dois eletrodos metálicos, em contato com as duas faces planas do corpo de prova saturado, interpostos por esponjas úmidas (Fig. A-8.2d). A resistividade ρ ($\Omega\cdot$m) é calculada como $\rho = A/CL$, onde A é a área das placas (m^2) e L, a altura do corpo de prova (m).

Comparação dos métodos. Os coeficientes de difusão obtidos com as diversas técnicas expostas acima têm valores muito diferentes entre si. Os ensaios feitos com um método bem preciso permitem comparar os desempenhos de vários concretos. Em geral, observa-se uma diminuição do coeficiente de difusão quando se reduz a relação *a/c*; todos os métodos permitem evidenciar a clara diminuição do coeficiente de difusão quando se utilizam cimentos com adições de cinzas volantes, sílica ativa ou escória de alto-forno. Estes ensaios fornecem, portanto, parâmetros úteis para comparar os desempenhos de materiais diferentes e podem ser utilizados também para fazer controles de qualidade para garantir o cumprimento das prescrições de projeto. Todavia, comparando estes dados com os que são registrados pela literatura, relativos à penetração dos cloretos em estruturas reais expostas a ambientes marinhos ou a sais de degelo, observa-se que os parâmetros obtidos por estes ensaios não podem ser utilizados diretamente para prever a evolução dos perfis de concentração dos cloretos nas estruturas reais. Com efeito, é preciso considerar que, nestes últimos casos, o mecanismo de transporte dos cloretos não se restringe apenas à difusão, pois outros mecanismos também intervêm, como a absorção capilar e a evaporação. Para um emprego destes métodos no projeto das estruturas, deve-se, portanto, definir fatores corretivos que permitam converter os coeficientes de difusão obtidos em laboratório em parâmetros de projeto. Um exemplo é descrito no Aprofundamento 8.3.

Aprofundamento 8.3 A abordagem *DuraCrete*

Um projeto de pesquisa europeu chamado *Probabilistic Performance Based Durability Design of Concrete Structures* (projeto de durabilidade baseada em desempenho para estruturas de concreto) ou *DuraCrete*, realizado no final dos anos 1990 dentro do programa *BRITE EuRam* (*Basic Research in Industrial Technologies in Europe - European Research in Advanced Materials*), desenvolveu uma abordagem ao projeto da vida útil das estruturas em concreto armado que, partindo das bases científicas do fenômeno, segue as premissas típicas do projeto estrutural. O modelo proposto prevê uma série de equações baseadas nos modelos de deterioração das estruturas e na natureza probabilística das variáveis consideradas. A abordagem probabilística do modelo *DuraCrete* prevê o emprego de valores característicos para as variáveis e de fatores parciais para o projeto da vida útil baseado no método dos coeficientes de majoração das ações e de minoração das resistências.

No projeto estrutural, as solicitações e as resistências são independentes do tempo. As solicitações são, por exemplo, as ações do tráfego e do vento. As resistências são propriedades dos materiais, como a tensão de escoamento do aço e a resistência à compressão do concreto. O projeto da vida útil requer, porém, a formulação de solicitações e de resistências dependentes do tempo. As solicitações, em geral, são as ações do ambiente, como, por exemplo, a presença de sais de degelo. A progressiva deterioração determina a dependência das resistências com relação ao tempo, como, por exemplo, a redução da seção resistente das barras por causa da corrosão.

Na sua formulação mais simples, uma equação no estado-limite g seria:
$$g = R(t) - S(t) > 0$$
onde $R(t)$ é a resistência e $S(t)$ é a solicitação, ambas funções do tempo. A função no estado-limite só é positiva se a estrutura considerada puder garantir o comportamento esperado, de forma a oferecer o desempenho requerido. A solicitação sobre a estrutura pode continuar constante no tempo, mas também pode variar, como, por exemplo, devido a uma mudança nas condições de uso. A resistência $R(t)$ diminuirá por causa da degradação. Tanto $S(t)$ como $R(t)$ são variáveis aleatórias e devem ser descritas a cada instante de uma distribuição de probabilidade (aprofundamento 1.3). A distribuição da vida útil pode ser determinada pela convolução de $S(t)$ e $R(t)$, isto é, a probabilidade de a solicitação ser maior do que a resistência da estrutura (probabilidade de falha P_f).

Para dar uma ideia da abordagem proposta pelo modelo *DuraCrete*, ilustram-se as equações propostas para a ativação e a propagação da corrosão e os parâmetros considerados; não seria oportuno relatar aqui todos os valores propostos para os diversos parâmetros (cuja validade ainda deve ser verificada).

Ativação da corrosão por cloretos. Para a definição do tempo de ativação da corrosão por cloretos, considera-se uma equação de projeto (g) que assume valor negativo quando a concentração de cloretos em torno das armaduras supera a concentração crítica:

$$g = c_{cr}^d - c^d(x,t) = c_{cr}^d - c_{s,cl}^d \left[1 - erf\left(\frac{x^d}{2\sqrt{\frac{t}{R_{cl}^d(t)}}}\right)\right] \quad \text{(A-8.3-1)}$$

onde: c_{cr}^d = valor de projeto da concentração crítica de cloretos, $c_{s,cl}^d$ = valor de projeto da concentração superficial de cloretos, x^d = valor de projeto da espessura do cobrimento, R_{cl}^d = valor de projeto da resistência à penetração de cloretos, t = tempo. O valor de projeto da concentração crítica de cloretos é:

$$c_{cr}^d = c_{cr}^c \cdot \frac{1}{\gamma_{c_{cr}}} \quad \text{(A-8.3-2)}$$

onde γ_{ccr} é o fator parcial da concentração crítica de cloretos. O valor de projeto da concentração superficial de cloretos é:

$$c_{s,cl}^d = A_{c_{s,cl}} \cdot (A/AG) \cdot \gamma_{c_{s,cl}} \quad \text{(A-8.3-3)}$$

onde $A_{c_{s,cl}}$ é um parâmetro de regressão que descreve a relação entre a concentração superficial de cloretos e a relação água/aglomerante (A/AG), e onde $\gamma_{c_{s,cl}}$ é o fator parcial para a concentração superficial. O valor de projeto da espessura do cobrimento é:

$$x^d = x^c - \Delta x \quad \text{(A-8.3-4)}$$

onde x^c é a espessura nominal do cobrimento e Δx é a variação atingida da espessura do cobrimento. Enfim, o valor de projeto da resistência, que é função do tempo, é:

$$R_{cl}^d(t) = \frac{R_{cl,0}^c}{k_{e,cl}^c \cdot k_{c,cl}^c \cdot \left(\dfrac{t_o}{t}\right)^{n_{cl}^c} \cdot \gamma_{R_{cl}}} \qquad \text{(A-8.3-5)}$$

onde: $R_{cl,0}$ = resistência à penetração dos cloretos determinada com base em provas experimentais $k_{c,cl}$ = fator de cura, $k_{e,cl}$ = fator ambiental, t_0 = idade do concreto quando é efetuado o ensaio experimental, n_{cl} = fator da idade, $\gamma_{R_{cl}}$ = fator parcial da resistência à penetração dos cloretos. $R_{cl,0}$ é avaliado como o recíproco do coeficiente de difusão, obtido com a prova de migração com câmara inclinada (Aprofundamento 8.2). Os coeficientes parciais são definidos em função de um fator de atenuação, definido como a relação entre o custo de construção para prevenir a degradação e o custo de uma eventual restauração.

Ativação da corrosão por carbonatação. Para a ativação da corrosão por carbonatação, considera-se a seguinte equação de projeto que compara a profundidade de carbonatação com a espessura do cobrimento:

$$g = x^d - x_c^d(t) = x^d - \sqrt{\frac{2 \cdot c_{s,ca}^d \cdot t}{R_{ca}^d}} \qquad \text{(A-8.3-6)}$$

onde: x^d = valor de projeto da espessura do cobrimento, determinado de acordo com a Eq. (A-8.3-4), x_c^d = valor de projeto da profundidade de penetração da carbonatação, $c_{s,ca}^d$ = valor de projeto da concentração de CO_2 no ambiente, t = tempo, R_{ca}^d = valor de projeto da resistência à carbonatação em função do tempo:

$$R_{ca}^d(t) = \frac{R_{ca,0}^c}{k_{e,ca}^c \cdot k_{c,ca}^c \cdot \left(\dfrac{t_o}{t}\right)^{2n_{ca}^c} \cdot \gamma_{R_{ca}}} \qquad \text{(A-8.3-7)}$$

onde: $R_{ca,o}$ = resistência à penetração da carbonatação determinada com base em ensaios experimentais (em geral, um ensaio de carbonatação acelerada em corpos de prova expostos em ambiente com 2% de CO_2 e 65% UR), $k_{c,ca}$ = fator de cura, $k_{e,ca}$ = fator ambiental, t_0 = idade do concreto quando é realizado o ensaio experimental, n_{ca} = fator da idade, $\gamma_{R_{ca}}$ = fator parcial da resistência à penetração da carbonatação.

Fissuração e destacamento do concreto. Para definir o tempo de propagação no modelo *Dura-Crete*, considera-se o destacamento do cobrimento, que se supõe ocorrer quando a abertura da fissura excede o limite crítico de 1 mm. A equação de projeto requer que a abertura das fissuras (w) não exceda o limite crítico (w_{cr}):

$$g(x) = w_{cr} - w^d \qquad \text{(A-8.3-8)}$$

O valor de projeto da abertura da fissura, w^d, pode ser estimado com base na seguinte expressão:

$$w^d = \begin{cases} w_0 & p^d \leq p_0^d \\ w_0 + b^d\,(p^d - p_0^d) & p^d \geq p_0^d \end{cases} \qquad \text{(A-8.3-9)}$$

onde: w_0 = abertura inicial da fissura visível, b^d = parâmetro que depende da posição da armadura, p^d = penetração da corrosão em μm, p_0^d = penetração da corrosão necessária para produzir a primeira fissura visível.

O valor de projeto da penetração da corrosão necessário para produzir a primeira fissura (p_o^d) é determinado com base na seguinte expressão:

$$p_o^d = a_1 + a_2 \frac{x^d}{d} + a_3 f_{c,sp}^d \qquad \text{(A-8.3-10)}$$

onde a_1, a_2, a_3 são parâmetros de regressão, x^d = valor de projeto da espessura do cobrimento, d = diâmetro das barras da armadura, $f_{c,sp}^d$ = valor de projeto da resistência à tração em MPa. A penetração da corrosão, p^d, pode ser determinada assim:

$$p^d = \begin{cases} 0 & t \leq t_i^d \\ V^d w_t (t - t_i^d) & t \geq t_i^d \end{cases} \qquad \text{(A-8.3-11)}$$

onde: V^d = valor de projeto da velocidade de corrosão, w_t = tempo de molhagem ou umectação, t_i^d = tempo de iniciação ou ativação. O valor de projeto da velocidade de corrosão é dado por:

$$V^d = \frac{m_0}{\rho^c} \cdot \alpha^c \cdot F_{cl}^c \cdot \gamma_v \qquad \text{(A-8.3-12)}$$

onde: m_0 = constante para a velocidade de corrosão em relação à resistividade elétrica do concreto, F_{cl}^c = valor característico do fator de velocidade de corrosão, α^c = valor característico do fator de pites (localização do ataque), ρ^c = valor característico da resistividade, γ_v = fator parcial para a velocidade de corrosão. A resistividade (ρ^c) é dada por:

$$\rho^c = \rho_0^c \cdot \left(\frac{t_{hydr}}{t_0}\right)^{n_{res}^c} \cdot k_{c,res}^c \cdot k_{T,res}^c \cdot k_{R,res}^c \cdot k_{cl,res}^c \qquad \text{(A-8.3-13)}$$

onde: ρ_0^c = valor característico da resistividade elétrica, t_0 = idade do concreto quando foi feito o ensaio, t_{hydr} = idade do concreto, máximo valor um ano, n_{res}^c = fator da idade para a resistividade, $k_{c,res}^c$ = valor característico do fator de cura para a resistividade, $k_{T,res}^c$ = valor característico da temperatura para a resistividade, $k_{R,res}^c$ = valor característico do fator de umidade para a resistividade, $k_{cl,res}^c$ = valor característico do fator que leva em conta a presença de cloretos. O fator da temperatura para a resistividade elétrica é dado por:

$$k_{T,res}^c = \frac{1}{1 + K^c (T - 20)} \qquad \text{(A-8.3-14)}$$

onde K^c é um fator que descreve a dependência da temperatura da condutibilidade. O valor de projeto do parâmetro, b, que depende da posição das barras da armadura, é determinado por: $b^d = b^c \cdot \gamma_b$, onde b^d e b^c são o valor de projeto e o valor característico do parâmetro e γ_b é o fator parcial de b.

Parâmetros. O modelo *DuraCrete* oferece alguns dos parâmetros necessários para o cálculo das diversas grandezas descritas neste item. Todavia, estes são limitados a alguns tipos de concreto e de condições ambientais. Por ora, o modelo é interessante mais pela premissa do que por sua utilidade prática. No futuro, quando as pesquisas em andamento em muitos laboratórios permitirem ter à disposição dados suficientes para definir de forma confiável os valores dos parâmetros de cálculo, então o modelo poderá tornar-se verdadeiramente uma referência para os projetistas.

Problema 8.1 Projeto de um elemento estrutural em ambiente marinho

Verificar a vida útil de um pilar de concreto feito com cimento portland e relação água/cimento igual a 0,5, exposto à zona de marés em um embarcadouro. Por meio de um ensaio de migração em câmara inclinada (Aprofundamento 8.2), determinou-se que o coeficiente de difusão deste concreto, depois de 7 dias de cura, é igual a $3,5 \cdot 10^{-12}$ m^2/s. O valor da espessura de cobrimento nominal é igual a 50 mm. Assuma que o fator de atenuação seja médio.

Solução

A corrosão, neste caso, será causada pela penetração dos cloreto. Pode-se assumir que o tempo de propagação seja irrelevante. A vida útil será dada pelo tempo de ativação ou iniciação da corrosão, que pode ser estimada explicitando o tempo na Eq. (A-8.3-1):

$$t_i = \left[\left(\frac{2}{x^c - \Delta x} \cdot erf^{-1}\left(1 - \frac{c_{cr}^c}{\gamma_{c_{cr}}} \cdot \frac{1}{A_{c_{s,cl}}^c \cdot \frac{a}{c} \cdot \gamma_{c_{s,cl}}} \right) \right)^{-2} \cdot \frac{R_{0,cl}^c}{k_{e,cl}^c \cdot k_{c,cl}^c \cdot t_0^{n_{cl}^c} \cdot \gamma_{R_{cl}}} \right]^{\frac{1}{1 - n_{cl}^c}}$$

O modelo *DuraCrete* fornece tabelas com os valores característicos das variabilidades de carga e de resistência e dos coeficientes corretivos envolvidos na relação precedente.

O teor crítico de cloretos, por exemplo, é considerado função da relação água/cimento e das condições ambientais, conforme a Eq. (A-8.3-2): para um concreto tendo *a/c* de 0,5 e exposto à zona de marés, o valor característico do teor crítico de cloretos é igual a 0,5% em relação à massa de cimento (Tab. P-8.1a). Se a relação *a/c* diminui, o teor crítico aumenta (para a/c igual a 0,4, por exemplo, ele é igual a 0,8%); o teor crítico também aumenta se a condição de exposição é de contínua imersão em água de mar, onde o aporte de oxigênio é limitado (item 7.2.3).

A concentração superficial de cloretos é obtida pela Eq. (A-8.3-3), multiplicando o parâmetro de regressão $A_{cs,cl}^c$ pela relação a/c.

Para um concreto com cimento portland exposto à zona de marés, este parâmetro vale 7,76% da massa de cimento (Tab. P-8.1b). O valor característico da resistência à penetração dos cloretos $R_{0,cl}^c$, igual ao inverso do coeficiente de difusão, é 0,088 anos/mm^2.

Supondo que o concreto seja curado por um período de 28 dias, o fator de cura $k_{c,cl}$ é igual a 0,79 (Tab. P-8.1c). Admite-se que o fator ambiental $k_{e,cl}$, que considera o efeito

Tab. P-8.1a Valores característicos da concentração crítica de cloretos c_{cr} (% da massa de cimento) para concretos com cimento portland

Condição	c_{cr}
a/c = 0,5, imerso	1,6
a/c = 0,4, imerso	2,1
a/c = 0,3, imerso	2,3
a/c = 0,5, borrifos/maré	0,5
a/c = 0,4, borrifos/maré	0,8
a/c = 0,3, borrifos/maré	0,9

Fonte: Duracrete (2000).

Tab. P-8.1b Valores característicos do fator ambiental $K_{e,cl}$ do parâmetro de regressão da concentração superficial $A^c_{c_{s,cl}}$ (% em massa de cimento) e do fator de idade n_{cl} para concretos com cimento portland

Condição	$K_{e,cl}$	$A^c_{c_{s,cl}}$	n_{cl}
Imerso	1,32	10,3	0,30
Borrifos/marés	0,27/0,92	7,76	0,37
Zona atmosférica	0,68	2,57	0,65

Fonte: Duracrete (2000).

Tab. P-8.1c Valores característicos do fator de cura $k_{c,cl}$

Condição	$k_{c,cl}$
1 dia de cura	2,08
7 dias de cura	1
28 dias de cura	0,79

Fonte: Duracrete (2000).

Tab. P-8.1d Coeficientes parciais para estruturas expostas a ambiente marinho

Fator de atenuação	Alto	Médio	Baixo
Δx (mm)	20	14	8
$\gamma_{c,cr}$	1,20	1,06	1,03
$\gamma_{c_{s,cl}}$	1,70	1,40	1,20
$\gamma_{R_{cl}}$	3,25	2,35	1,50

Fonte: Duracrete (2000).

do ambiente sobre a resistência à penetração dos cloretos, seja igual a 0,92; enfim, o fator da idade é igual a 0,37 (Tab. P-8.1b). Substituindo estes parâmetros na expressão do tempo de ativação e introduzindo os coeficientes parciais relativos a um fator de atenuação médio (Tab. P-8.1d), obtém-se um valor de projeto igual a cerca de 23 anos. Segundo esta abordagem, portanto, e com as simplificações feitas, a vida útil de 50 anos não pode ser garantida.

Problema 8.2 PROJETO DE UM ELEMENTO ESTRUTURAL SUJEITO À CARBONATAÇÃO

Calcular o tempo de ativação de um pilar de concreto armado em um edifício exposto a um ambiente externo protegido, com concentração de dióxido de carbono igual a 0,04%. Suponha que o elemento construtivo seja feito com um cimento portland, com relação água/cimento 0,5 e tenha uma espessura de cobrimento nominal de 30 mm. Por meio de um ensaio de carbonatação acelerada, determinou-se que o coeficiente de resistência à penetração da carbonatação deste concreto, após 7 dias de cura, é igual a $2,114 \cdot 10^{-4}$ anos$\cdot (kg/m^3)/mm^2$. Assuma que o fator de atenuação seja alto.

Solução

O pilar estará sujeito à corrosão por carbonatação. O tempo de ativação ou iniciação pode, portanto, ser estimado pela Eq. (A-8.3-6), impondo que o estado-limite, ou seja, a ativação da corrosão, seja atingido quando a equação de projeto g for igual a zero. Dos dados de uso pode-se determinar, pela Eq. (A-8.3-4), o valor de projeto da espessura do cobrimento, assumindo que a variância esperada seja de 20 mm (Tab. P-8.1d), já que o fator de atenuação é alto. Ao porcentual de dióxido de carbono de 0,04% corresponde uma concentração $c_{s,ca}$

igual a 7,8·10⁻⁴ kg/m³. Em ambientes fechados, como os túneis, esse valor é mais elevado, por causa da estagnação dos gases de descarga dos veículos.

A resistência à penetração da carbonatação, determinada com o ensaio acelerado, não pode ser utilizada diretamente para extrapolar o comportamento futuro, já que difere daquele que seria obtido em condições reais de exposição (para um ambiente externo protegido da chuva). A estimativa do comportamento em caso de penetração por carbonatação ao longo do tempo pode ser feita com a Eq. (A.8.3-7), considerando as efetivas condições da estrutura e introduzindo os parâmetros ligados à exposição ambiental, cura e idade.

Supondo que, na obra, o concreto seja curado 28 dias, a resistência à penetração da carbonatação deverá ser superior àquela medida no ensaio acelerado, já que uma cura maior leva a uma porosidade menor; o fator de cura proposto pelo modelo *DuraCrete* é, com efeito, inferior a 1 (valor que corresponde a uma cura de 7 dias) e vale 0,76 (Tab. P-8.2a). Se fosse curado por apenas um dia, o concreto seria, ao contrário, mais poroso e, portanto, ofereceria uma resistência inferior. O parâmetro ligado ao ambiente é considerado igual a 0,86 (Tab. P-8.2b); isto leva em conta o fato de que, em um concreto exposto em ambiente externo, comparado a um ambiente interno, a penetração da carbonatação é mais lenta. O fator da idade, função do tipo de cimento e de exposição, é igual a 0,098 (Tab. P-8.2b). Enfim, o fator parcial de segurança γ_R, relativo a um fator de atenuação elevado, é igual a 3,0 (seria igual a 2,1 ou 1,3 se o fator de atenuação fosse médio ou baixo, respectivamente). Conhecidas todas as grandezas, explicita-se a Eq. (A-8.3-6) em função do tempo:

$$t_i = \left(\frac{(x^c - \Delta x) \cdot R^c_{0,ca}}{2 \cdot c^c_{s,ca} \cdot k^c_{e,ca} \cdot k^c_{c,ca} \cdot t_0^{2n^c_{ca}} \cdot \gamma_{R_{ca}}} \right)^{\frac{1}{1-2n^c_{ca}}}$$

e se obtém um tempo de ativação igual a cerca de 21 anos. A vida útil será superior a este valor, já que se deve considerar a contribuição do tempo de propagação (presumivelmente elevado, já que o pilar está protegida da chuva).

Tab. P-8.2a Valor característico do fator de cura $k_{c,ca}$

Condição	$k_{c,ca}$
1 dia de cura	4,05
7 dias de cura	1,00
28 dias de cura	0,76

Fonte: Duracrete (2000).

Tab. P-8.2b Valor característico do fator ambienteal ($k_{e,ca}$) e do fator da idade (n_{ca}) para concretos com cimento portland

Condição	$k_{c,ca}$	n_{ca}
T = 20°C e U.R. = 65%	1,00	0
Ambiente externo protegido	0,86	0,098
Ambiente externo não protegido	0,48	0,4

Fonte: Duracrete (2000).

8.4 As proteções adicionais

A definição da qualidade e da espessura do cobrimento é o primeiro passo em direção ao projeto de uma estrutura durável; todavia, podem também ser consideradas as outras possibilidades descritas na Fig. 8.1. Em condições ambientais muito agressivas e/ou quando é requerida uma vida útil longa (100 anos, por exemplo), o projetista pode beneficiar-se do emprego de proteções adicionais. Por exemplo: em ambientes com cloretos, é possível aumentar o teor crítico para a ativação da corrosão por meio de armaduras resistentes à corrosão (aços inoxidáveis ou barras galvanizadas, por exemplo) ou reduzindo o potencial do aço, pela aplicação da prevenção catódica. As proteções adicionais, embora aumentem o custo inicial da estrutura, podem levar a uma redução dos custos totais ao longo da vida útil requerida (os seus benefícios podem, portanto, ser avaliados com uma análise do tipo *life-cycle cost*, Aprofundamento 1.4). Uma redução significativa dos custos pode ser obtida com a aplicação de proteções adicionais apenas nas partes mais críticas da estrutura, podendo se delegar à espessura do cobrimento a proteção das outras zonas (expostas em condições menos agressivas).

Além dos aspectos econômicos, o recurso às proteções adicionais pode permitir aumentar a confiabilidade da estrutura, reduzindo o risco de ativação da corrosão mesmo nas zonas onde o cobrimento, por qualquer razão, não conseguisse mais garantir uma proteção duradoura.

8.4.1 Armaduras em aço galvanizado

As armaduras galvanizadas podem permitir prevenir ou retardar a corrosão em obras de concreto sujeitas à carbonatação ou em presença de modestas contaminações por cloretos. A galvanização das armaduras é obtida por imersão a quente (item 4.4.1) e produz uma camada externa de zinco puro, deixada pela simples solidificação do banho, e uma sequência de camadas internas, cada vez mais ricas em ferro. As características protetoras da galvanização no concreto são devidas à camada externa de zinco puro, já que é só na sua presença que se pode formar o filme protetor. A camada de zinco puro deve ter uma espessura suficientemente elevada; com efeito, a corrosão que ocorre antes da sua passivação determina o consumo de uma espessura de cerca de 10 μm (se a espessura é insuficiente, as camadas inferiores de liga Zn-Fe ficam tão expostas que não se passivam).

O comportamento do aço galvanizado é, em primeiro lugar, ligado ao teor de álcalis no concreto, que determina o pH da solução dos poros (item 7.2.1). Para pH entre 12 e 12,8, formam-se, na superfície do zinco, cristais de hidróxido e óxido de zinco, que recobrem a superfície, dando origem a um filme protetor e compacto, que consegue proteger o metal mesmo que, em seguida, o pH aumentasse; para pH entre 12,8 e 13,3, formam-se cristais de dimensões maiores, que cobrem com dificuldade a superfície do metal, dando lugar a uma proteção menos eficaz; enfim, para valores superiores a 13,3, a dimensão dos cristais é tal que eles não conseguem recobrir toda a superfície do metal e impedir a corrosão do zinco. O pH da solução nos poros do concreto mantém-se, em geral, inferior ao valor de 13,3 durante as primeiras horas depois do lançamento, devido à presença de gesso como regulador de pega. Só pode aumentar, depois disso, quando os sulfatos desaparecem da solução, devido à reação com os aluminatos. É, portanto, possível a formação de uma camada protetora, tanto mais estável quanto maior for o tempo durante o qual o pH se mantém baixo.

Resistência à corrosão. O filme protetor que se forma sobre o zinco não apenas reduz o processo anódico de corrosão, mas também dificulta os processos catódicos de redução do oxigênio e, nas condições em que é possível, de desenvolvimento de hidrogênio. Em condições de passividade, o potencial de corrosão das armaduras galvanizadas tem valores mais negativos (−600/−500 mV SCE) do que, em geral, os valores medidos nas armaduras normais (−200/0 mV SCE).

As armaduras galvanizadas têm um bom comportamento em concreto carbonatado, graças à estabilidade do filme protetor mesmo em ambientes neutros (Fig. 4.10). Por isso, a velocidade de correção em concreto carbonatado mantém-se em valores inferiores aos observados nas armaduras não galvanizadas; o bom comportamento é mantido mesmo na presença de pequenos teores de cloretos.

Na presença de cloretos no concreto alcalino, o revestimento de zinco pode ficar sujeito a um ataque localizado por pites por um teor de cloretos superior a 1%-1,5% (Fig. 8.2). A maior resistência à ação dos cloretos, em comparação com o aço não galvanizado, decorre em boa parte do baixo valor de potencial de corrosão do aço galvanizado (que, portanto, requer um maior teor de cloretos para ativar a corrosão). Em todo caso, mesmo quando a corrosão localizada se ativa, a velocidade de corrosão tende a ser menor no caso do zinco do que do aço, já que as superfícies galvanizadas constituem um péssimo catodo. O revestimento, no entanto, deve ser contínuo, já que o zinco no concreto, pelo menos quando está em condições de

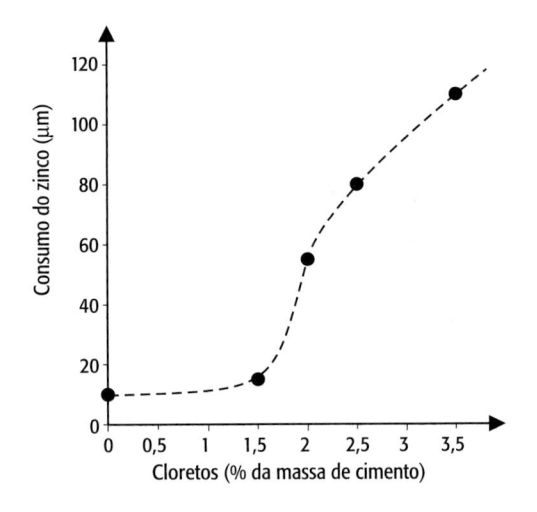

Fig. 8.2 Redução da espessura das barras galvanizadas, após 2,5 anos de exposição, em concretos com diversos teores de cloretos

passividade, tem uma capacidade reduzida de proteção ativa em comparação com o aço e, portanto, de eventuais zonas deixadas sem a cobertura do revestimento.

8.4.2 Armaduras em aço inoxidável

A elevada resistência à corrosão dos aços inoxidáveis (item 6.1) pode ser aproveitada também pelas armaduras no concreto. Os aços inoxidáveis austeníticos e duplex são, em geral, recomendados para as barras da armadura no concreto, graças à sua elevada resistência à corrosão. Os aços austeníticos são os mais utilizados, tanto sem molibdênio (AISI 304L) como com 2%-3% de Mo (AISI 316L). Os aços austenoferríticos para armaduras são, em geral, produzidos com 22%-26% de Cr, 4%-8% de Ni e 2%-3% de Mo.

As armaduras de aço inoxidável devem ter características mecânicas equivalentes às das armaduras comuns em aço-carbono, em termos de carga de escoamento, módulo de elasticidade e ductilidade. No mercado italiano, estão disponíveis barras de armadura de aço inoxidável austenítico e duplex, com características mecânicas que satisfazem os requisitos do tipo FeB44k (ou do tipo B450, de acordo com as novas *Norme tecniche*). Enquanto a estrutura austenoferrítica das barras duplex permite obter a resistência mecânica requerida após simples laminação, no caso dos aços austeníticos a resistência obtida depois do processamento a quente é modesta e é necessário um encruamento obtido por deformação plástica a frio ou tratamentos termodinâmicos específicos.

Os aços inoxidáveis e duplex têm um coeficiente de dilatação térmica maior do que os aços ferríticos das armaduras comuns; isto, porém, não causa problemas de dilatação diferencial com o concreto, já que a condutibilidade térmica do aço inoxidável é muito inferior à do aço comum e, portanto, as armaduras em aço inoxidável tendem a aquecer-se mais lentamente.

O custo das armaduras de aço inoxidável cresce com o aumento do teor dos elementos de liga. Como referência, se o custo das armaduras em aço-carbono é 1, o das armaduras em aço inoxidável tipo 304 é 5-8 e o das armaduras em aço inoxidável 316 e duplex é 7-10.

O elevado custo inicial das armaduras em aço inoxidável é, muitas vezes, um obstáculo ao seu emprego como proteção adicional nas obras em concreto; contudo, em obras expostas a ambientes muito agressivos (em geral associados à presença de cloretos) ou quando são requeridas vidas úteis muito longas (superior a 100 anos), os aços inoxidáveis podem ser a escolha mais conveniente com relação a todo o ciclo de vida da estrutura.

Resistência à corrosão. Em concreto sem cloretos, os aços inoxidáveis mantêm-se em condições de passividade mesmo quando o concreto é carbonatado. Nesse caso, pode produzir-se a corrosão localizada por pites;

todavia, o teor crítico para a ativação da corrosão é muito mais elevado do que nas armaduras comuns. A Fig. 8.3, por exemplo, mostra as curvas de polarização medidas em concreto com 5% de cloretos da massa de cimento em armaduras de diversos tipos de aço inoxidável. Observa-se como, mesmo com um teor de cloretos tão elevado, o potencial de pites dos três aços é muito elevado (superior ao potencial de corrosão, que, em geral, fica em torno de 0 mV SCE). Vários autores mostraram como o teor crítico de cloretos para os aços 304 e 316 (decapados e passivados) é superior, respectivamente, a 5% e 8% da massa de cimento.

Nas condições de acabamento utilizadas na prática, os valores para os dois aços são mais reduzidos e mais próximos entre si; eles podem reduzir-se a 3,5% para ambos, quando a superfície das armaduras é recoberta de óxidos de laminação ou produtos do processo de soldagem. Estes óxidos têm, com efeito, uma resistência à corrosão localizada inferior à do óxido de cromo, que se forma a temperatura ambiente. Portanto, se os óxidos produzidos a alta temperatura não são removidos por decapagem, a zona em torno da soldagem apresenta uma resistência inferior à corrosão.

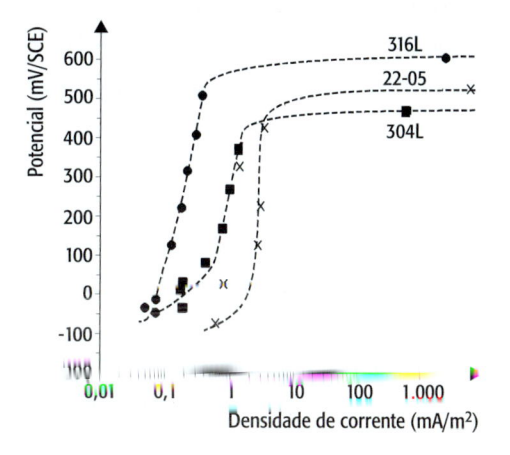

Fig. 8.3 Curvas de polarização de diversos tipos de barras em aço inoxidável em concreto contaminado com 5% de cloretos

Em todo caso, o teor crítico dos aços inoxidáveis tem valores elevados (superiores em uma ordem de grandeza aos dos aços-carbono das armaduras comuns) e dificilmente atingíveis durante a vida útil de estruturas reais. No concreto carbonatado, o teor crítico de cloretos é ligeiramente reduzido com relação aos valores precedentes. Todavia, são raras as situações em que estão presentes simultaneamente a carbonatação e altos teores de cloretos.

As barras de aço inoxidável, que são homogêneas, não apresentam problema se são cortadas ou danificadas no canteiro de obras, diferentemente das armaduras galvanizadas ou revestidas com epóxi.

Combinação com o aço-carbono. Muitas vezes, o uso das armaduras em aço inoxidável é limitado à parte superficial da estrutura ou às suas partes mais críticas, enquanto o resto da estrutura utiliza armaduras de aço-carbono. Diferentemente de outros ambientes, no concreto o acoplamento do aço inoxidável com o aço-carbono não produz efeitos significativos de par galvânico. O emprego de barras de aço inoxidável conectadas eletricamente a barras de aço-carbono não leva a um aumento significativo da velocidade de corrosão do aço-carbono com relação ao que se verificaria em presença apenas de barras de aço-carbono. Se os dois aços estão passivos, seu potencial é semelhante e não ocorrem macropilhas. Só quando o aço-carbono já está em condições de corrosão (pela penetração de carbonatação ou de cloretos), a corrente de macropilha é mensurável. Todavia, já que o aço inoxidável passivo apresenta uma maior sobretensão catódica do que o aço-carbono passivo, as consequências do acoplamento entre armaduras de aço-carbono ativas e armaduras de aço inoxidável (passivas) são modestas e, seja como for, são irrelevantes com relação às consequências do acoplamento com o aço-carbono passivo que circunda a área corroída. O aumento da velocidade de corrosão no aço-carbono em concreto contaminado por cloretos devido ao par galvânico com o aço inoxidável é, portanto, notavelmente inferior ao aumento produzido pelo acoplamento com o aço-carbono passivo (que está praticamente sempre presente nas proximidades das zonas corroídas). Por outro lado, a corrente de macropilha produzida pelo aço inoxidável cresce quando este está coberto por óxidos de soldagem, atingindo valores da mesma ordem de grandeza ou maiores do que os gerados pelo aço-carbono passivo. Também por este motivo, portanto, é oportuno remover os óxidos de soldagem.

8.4.3 Armaduras revestidas com epóxi

Estão disponíveis no comércio armaduras nervuradas revestidas com resina epóxi para aumentar a resistência à corrosão. Embora não sejam completamente impermeáveis a oxigênio, água e cloretos, os revestimentos epóxi podem garantir uma boa proteção contra a corrosão das armaduras em concreto contendo cloretos. As propriedades protetoras do revestimento dependem, em primeiro lugar, da sua espessura (em geral, entre 0,1 mm e 0,3 mm para garantir uma proteção suficiente contra a corrosão e, de qualquer forma, não comprometer a aderência ao concreto). A eficácia da proteção depende principalmente da integridade do revestimento; com efeito, os danos à resina expõem o metal nu ao ambiente agressivo. A situação é crítica no caso de concreto poluído com cloretos, porque o ataque, além de avançar a velocidades elevadas, tende a penetrar sob o revestimento.

Nos Estados Unidos, onde estas armaduras foram amplamente utilizadas, houve alguns graves insucessos em estruturas realizadas em zonas com climas tropicais; poucos anos depois da construção, foram encontrados profundos ataques nas armaduras revestidas. Expressaram-se sérias dúvidas, mesmo na ausência de danos, sobre a capacidade do revestimento epóxi assegurar a proteção por longo tempo em ambientes fortemente contaminados por cloretos, sobretudo na presença de molhagem contínua ou frequente do concreto.

As armaduras são, além disso, isoladas eletricamente entre si pelo revestimento epóxi e este não permite a aplicação de técnicas eletroquímicas de inspeção (como o mapeamento de potencial), nem permite, caso a proteção do revestimento já não seja suficiente, aplicar os métodos eletroquímicos de restauração (como a proteção catódica).

8.4.4 Tratamentos superficiais do concreto

A aplicação de um revestimento impermeável sobre a superfície do concreto pode impedir a penetração dos agentes agressivos; todavia, uma camada impermeável não permite nem mesmo a evaporação da água presente no concreto. Muitas vezes, a ação do vapor de água, associada às variações dimensionais e aos efeitos das radiações ultravioleta, pode levar rapidamente à degradação dos revestimentos impermeáveis. Por este motivo, foram desenvolvidos tratamentos superficiais que, embora não façam um revestimento compacto e impermeável, permitem desacelerar o ingresso de agentes agressivos.

O comportamento dos tratamentos superficiais do concreto depende, assim, da relação entre sua densidade (isto é, a sua compactação e impermeabilidade) e a sua abertura (isto é, a sua capacidade de permitir a evaporação da água no interior do concreto). Em geral, prefere-se recorrer a tratamentos que reduzem a entrada da água do exterior, mas permitem a evaporação, para que o concreto possa atingir, ao longo do tempo, valores inferiores de umidade, como ilustrado esquematicamente na Fig. 8.4. A redução do teor de água no concreto permite bloquear os efeitos de todas as formas de ataque do concreto e a corrosão das armaduras. A eficácia de um revestimento é, assim, com frequência avaliada com base na sua capacidade de reduzir o teor de água do concreto. Todavia, os tratamentos que permitem a evaporação da água para o exterior, em geral, não oferecem nenhuma proteção contra o ingresso de gases e, por exemplo, não são eficazes contra a carbonatação; podem, porém, ser eficazes para reduzir a velocidade de corrosão depois que a carbonatação atingiu as armaduras e, assim, podem aumentar o tempo de propagação.

A escolha do tratamento superficial deve ser, assim, específica para cada caso considerado, distinguindo entre o período de ativação/iniciação e o de propagação. Nesta

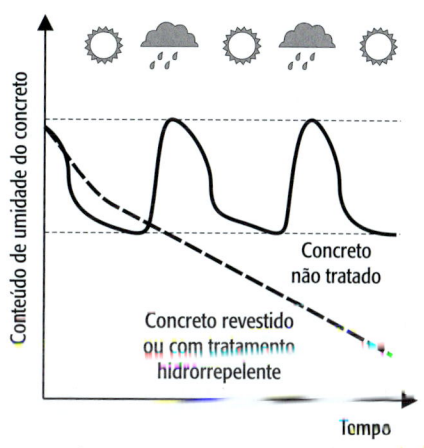

Fig. 8.4 Evolução no tempo do teor de umidade de um concreto não tratado e de um concreto tratado com um revestimento que permite a evaporação da água

avaliação, deve-se considerar também a duração do tratamento superficial; em primeira aproximação, pode-se assumir que a eficácia de um tratamento ou de um revestimento seja notavelmente reduzida depois de um período de cerca de 10 anos e, assim, dever-se-á prever a sua renovação. Além disso, como já observado para os revestimentos protetores dos materiais metálicos (item 4.3.4), também neste caso a aplicação de um bom produto pode levar a resultados desastrosos se feita de maneira incorreta ou sobre um substrato não adequadamente preparado ou, sobretudo no caso dos revestimentos orgânicos, não suficientemente seco. A Fig. 8.5 ilustra os quatro tipos de tratamentos superficiais do concreto:

- os *revestimentos orgânicos* (Fig. 8.5a) são utilizados para desacelerar o ingresso da carbonatação ou dos cloretos; formam um filme contínuo sobre a superfície do concreto, de espessura em geral compreendida entre 100μm e 300 μm; são utilizados polímeros compatíveis com a alcalinidade do concreto (por exemplo, de base acrílica, de poliuretano, de epóxi); hoje, preferem-se os tratamentos com os de acrílico, que são relativamente abertos e permitem uma evaporação parcial da água (pelo menos quando comparados com revestimentos impermeáveis, com os de epóxi, utilizados frequentemente sem sucesso no passado);

- os *tratamentos hidrorrepelentes* preveem a aplicação de uma substância (em geral baseada em silanos ou siloxanos) que, penetrando nos poros (Fig. 8.5b), permite tornar a superfície do concreto hidrorrepelente (Figs. 2.7 e 8.6); um tratamento hidrorrepelente permite reduzir a absorção capilar de água e, assim, reduzir também as substâncias agressivas nela dissolvidas; todavia, secando os poros, pode-se favorecer a entrada do dióxido de carbono e, assim, da carbonatação; estes tratamentos são, assim, adequados para estruturas expostas aos cloretos, ou para reduzir a velocidade de corrosão, uma vez que a carbonatação já tenha atingido as armaduras; para que o tratamento permaneça eficaz ao longo do tempo, é necessário que penetre nos poros capilares, de modo que o concreto deve estar relativamente seco no momento da aplicação;

- alguns tipos de tratamento superficial levam ao fechamento dos poros (Fig. 8.5c), graças à ação de substâncias como os silicatos ou os fluossilicatos, que, penetrando no interior dos poros, reagem com os constituintes do concreto, em particular com o hidróxido de cálcio; neste grupo entram também os tratamentos, em geral a vácuo, com substâncias orgânicas, capazes de penetrar nos poros e em seguida endurecer (por exemplo, de base epóxi ou acrílica);

- finalmente, pode-se utilizar revestimentos de espessura, em geral de

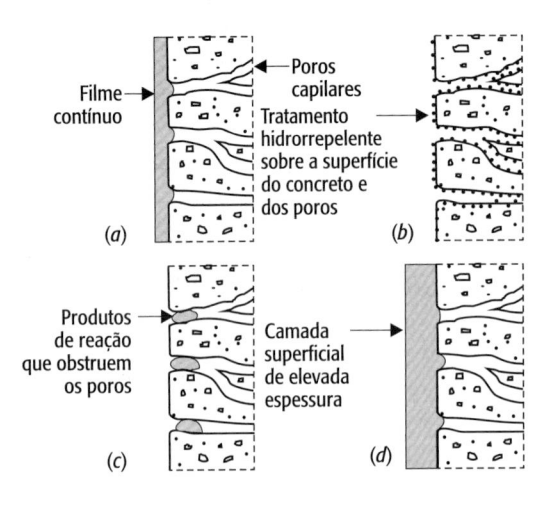

Fig. 8.5 Tipos de tratamento superficial do concreto

Fig. 8.6 Superfície de um concreto no qual se aplicou algum tratamento hidrorrepelente

natureza cimentícia (Fig. 8.5d); com frequência, empregam-se argamassas modificadas com polímeros para diminuir a permeabilidade, aumentar a adesão do suporte e diminuir o módulo de elasticidade (às vezes, utilizam-se produtos que fazem um revestimento flexível, que pode recobrir as fissuras sem se estragar); observe que, pelo menos no caso da corrosão por carbonatação e em condições de exposição à atmosfera (típicas das fachadas dos edifícios), um simples reboco pode permitir desacelerar o ingresso de umidade no concreto, mantendo, ao longo do tempo, um valor de umidade médio inferior, de forma a reduzir a velocidade média de corrosão das armaduras e aumentar o tempo de propagação.

8.4.5 Inibidores de corrosão

Os inibidores de corrosão são substâncias adicionadas em pequenas quantidades à massa do concreto, com a finalidade de retardar a corrosão das armaduras, em geral em ambientes com cloretos. Estão disponíveis no mercado muitos produtos comerciais deste tipo, cuja composição é patenteada e cuja eficácia é, muitas vezes, dúbia. Todavia, algumas substâncias têm claramente mostrado melhoras na resistência à corrosão das armaduras, sobretudo no caso de estruturas bem projetadas e bem-construídas.

Os inibidores de corrosão são normalmente empregados, com sucesso, para a proteção dos metais em ambientes extremamente agressivos (como no campo químico ou petrolífero). Nestes casos, devem prevenir a corrosão generalizada do aço; existem *inibidores anódicos*, que permitem a manutenção de condições de passividade na superfície das armaduras, e *inibidores catódicos*, que agem tanto sobre o processo catódico como sobre o anódico. Os inibidores de corrosão no concreto, em geral, são utilizados para estruturas poluídas por cloretos; assim, são destinados a prevenir a ativação da corrosão por pites. Embora, a rigor, um inibidor de corrosão seja uma substância que age diretamente sobre a velocidade de corrosão do metal, para os produtos empregados no concreto especificam-se, com frequência, três efeitos: o aumento do teor crítico de cloretos, a desaceleração da penetração dos cloretos através do concreto e a redução da velocidade de corrosão quando as armaduras já estão despassivadas.

O nitrito de cálcio é o inibidor de corrosão para armaduras no concreto utilizado há mais tempo; contribui para reforçar o filme de passividade das armaduras, aumentando o teor crítico. É adicionado durante a preparação do concreto; a quantidade depende do teor de cloretos que se prevê atingir na superfície das armaduras. Para prevenir a ativação da corrosão, é necessário, com efeito, que a relação $[NO^{2-}]/[Cl^-]$ seja superior a um valor mínimo entre 1 e 1,25. Na prática, quando se usa a dosagem máxima recomendada pelos fabricantes, os aditivos à base de nitrito de cálcio podem aumentar o teor crítico de cloretos de 0,4%-1% com relação ao cimento fino até cerca de 3%. Muitas vezes, porém, utilizam-se, por motivos econômicos, concentrações inferiores e, assim, as vantagens são menores.

A manutenção, ao longo do tempo, da ação inibidora do nitrito não é garantida em concretos de qualidade decadente, já que o concreto poroso ou fissurado pode favorecer a eliminação do nitrito, levando a uma progressiva diminuição da relação $[NO^{2-}]/[CL^-]$. Há provas experimentais que demonstram como a diminuição do teor de nitrito pode não apenas reduzir a eficácia, mas até acelerar a corrosão das armaduras. Por isso, este inibidor é empregado apenas em concretos de boa qualidade, com relação *a/c* inferior a 0,5 e com cobrimento de pelo menos 30 mm.

Outros tipos de inibidores utilizados no concreto são baseados em misturas de substâncias orgânicas, em particular aminas, alcanolaminas e seus sais com ácidos orgânicos; estes podem levar, nas concentrações em que são normalmente utilizados, a um significativo aumento do teor crítico de cloretos (por exemplo, a 1,2%-1,5% da massa de cimento).

Em geral, a eficácia de um inibidor de corrosão depende de muitos fatores, entre os quais: a sua concentração na superfície das armaduras, a permeabilidade do concreto, o pH da sua camada aquosa, a temperatura etc. Em particular, qualquer inibidor de corrosão é caracterizado por uma concentração mínima, abaixo da qual não é eficaz. Além disso, alguns inibidores anódicos (como o nitrito de cálcio), se estiverem presentes em quantidade insuficiente em algum ponto da superfície a ser protegida, podem simplesmente aumentar a velocidade do ataque. Por isso, quando se usa um inibidor de corrosão, é necessário estabelecer a concentração mínima que deve atingir a superfície das armaduras para ser eficaz. Além disso, é necessário considerar os fatores que podem provocar sua diminuição com o tempo (como a lixiviação do concreto pela água, sobretudo nas fissuras) e garantir que a concentração mínima seja mantida por toda a vida útil da estrutura.

Os inibidores de corrosão são, com frequência, acrescentados também às argamassas de reparo ou aos produtos aplicados diretamente sobre as armaduras. Recentemente, foram propostas até substâncias chamadas *inibidores migrantes*, que são aplicadas sobre a superfície do concreto de estruturas existentes, com o objetivo de migrar em direção às armaduras e de protegê-las; não existem ainda resultados experimentais que demonstrem a eficácia destes produtos.

8.4.6 Prevenção catódica

No caso de estruturas sujeitas à corrosão por cloretos, é possível aumentar o teor crítico de ativação da corrosão por meio da redução do potencial das armaduras, com uma proteção catódica por passividade perfeita (item 5.3.4). Esta técnica, no caso das armaduras no concreto, é chamada *prevenção catódica*; diante da semelhança com a proteção catódica, será descrita no Cap. 16. A técnica da prevenção catódica foi inicialmente proposta na Itália por P. Pedeferri e foi aplicada a diversas pontes viárias; agora é utilizada em várias estruturas importantes no mundo.

8.5 Prevenção da corrosão dos aços para concreto protendido

A prevenção da corrosão das armaduras de concreto protendido baseia-se nos mesmos princípios vistos para as armaduras normais. A prevenção da carbonatação e da penetração dos cloretos é o melhor modo de prevenir até a corrosão dos aços de alta resistência (incluída a fragilização por hidrogênio). No caso das estruturas de concreto armado pós-tensionadas é de fundamental importância o preenchimento das bainhas que revestem as armaduras com materiais protetores (graxas, ceras, pasta de cimento); até as cabeças de ancoragem do concreto protendido devem ser protegidas da corrosão (estes são, com frequência, os pontos mais críticos, onde a água contaminada por cloretos passa facilmente). O controle do efetivo preenchimento das bainhas é muito difícil; por isso, foram desenvolvidas tecnologias que preveem a utilização de bainhas de plástico, que garantem o completo isolamento elétrico da armadura e permitem, com simples medidas de resistência elétrica, verificar a eficácia desse isolamento (quando a bainha já não garante o isolamento, seria medida uma clara diminuição da resistência entre os vazios de protensão e as armaduras externas).

9 Alvenaria

As paredes são elementos estruturais complexos, caracterizados pela presença de diversos materiais (tijolos, pedras, argamassas etc.). A sua degradação pode ser devida a ações de natureza mecânica ou ao efeito do ambiente (Massari e Massari, 1985; Binda, Anti e Baronio, 1991; Lal Gaury e Bandyopadhyay, 1999; Feiffer, 1990; Amoroso, 1996; Blanco, 1991; Gasparoli, 1992; Collepardi e Coppola, 1996; Associazione Italiana di Ingegneria dei Materiali, 2004; Scherer, 2004). Os fenômenos de degradação físico-química da alvenaria, com poucas exceções, podem ocorrer só na presença de água ou se o teor de umidade na alvenaria é elevado. Assim, a permanência de água na alvenaria não só pode comprometer a funcionalidade dos edifícios, mas é também a principal causa de sua degradação. Neste capítulo, após uma revisão dos materiais utilizados para alvenaria, serão analisadas as causas da umidade e serão descritos os principais mecanismos de degradação.

9.1 Materiais para a alvenaria

As paredes são, em geral, constituídas de elementos de dimensão regular (tijolos ou blocos) unidos por uma argamassa; a sua superfície é normalmente revestida com argamassa (reboco).

A degradação das paredes pode advir de quaisquer dos diversos materiais que as constituem. Estes materiais têm uma microestrutura porosa, através da qual a água pode penetrar. Como já se ilustrou no Cap. 2, diversos parâmetros definem a estrutura porosa de um material. Os mais importantes são: o *volume porcentual* dos poros, que mede a fração de volume ocupada por vazios; a *distribuição dimensional*, que define a repartição dos poros em função da sua amplitude; o *grau de interconexão*, que especifica a presença de coligações entre os poros e, assim, a possibilidade de realizar um per-

Fig. 9.1 Exemplos de alvenaria realizada com diversos materiais

curso contínuo no interior do material; a tortuosidade, que define o comprimento do percurso que, através dos poros, une dois pontos no interior do material; a abertura, que define a probabilidade de que um poro seja coligado diretamente com a superfície externa e, assim, possa ser atingido pelas substâncias presentes no ambiente. Estas grandezas têm um papel fundamental em relação à penetração da água e à consequente degradação.

Os materiais utilizados na alvenaria, em geral, têm poros interconectados e abertos; em consequência, podem ser atravessados pela água e pelos agentes agressivos. Todavia, tijolos, pedras, argamassa e concretos são caracterizados não apenas por suas composições químicas, também por microestruturas diferentes. Até para uma mesma classe de materiais se pode observar diferenças notáveis e comportamentos profundamente diferentes em relação à umidade e aos seus efeitos em um determinado ambiente, que influem, por exemplo: na quantidade de água presente em uma parede, na profundidade de penetração, na velocidade de absorção e de evaporação, na temperatura de congelamento da água etc.

9.1.1 Tijolos e blocos

Os tijolos e os blocos das paredes podem ser em tijolo de barro, em pedra ou em conglomerado de cimento. Os blocos em concreto são, em geral, realizados com agregados monodispersos, de modo a realizar uma porosidade elevada entre os grânulos de agregado (concreto alveolar).

A porosidade dos tijolos de barro varia em função da composição das matérias-primas (particularmente, o teor de fundente), da temperatura de cozimento e da finura da argila. A microestrutura dos tijolos é caracterizada pela presença de poros de

Fig. 9.2 Microestrutura de um tijolo de barro, observada no microscópio eletrônico de varredura

dimensões da ordem dos μm ou de dezenas de μm, como mostra a Fig. 9.2. Como estes poros são interconectados e abertos em direção à superfície, a porosidade total pode ser determinada por ensaios de absorção de água. Em geral, a absorção de água nos tijolos é da ordem de 18%-25% da massa, o que corresponde a porosidades porcentuais de cerca de 30%-40% (Problema 2.2). Para garantir um bom comportamento em uso, mesmo nos ambientes úmidos, é importante que o carbonato de cálcio utilizado como fundente seja introduzido na massa moído finamente; partículas mais grossas, com efeito, durante o cozimento podem formar cal viva que, em seguida, pode hidratar-se, desagregando o tijolo. O teor de sulfatos nas matérias-primas deve ser irrelevante, já que estes sais seriam solúveis nos poros do tijolo e poderiam contribuir para os fenômenos de cristalização e eflorescências descritos no item 9.3.2.

9.1.2 Pedras

As pedras podem ser utilizadas nas paredes como blocos recortados ou como elementos irregulares (Fig. 9.1). No que concerne a degradação da alvenaria, as pedras de natureza calcária, em geral, são mais sensíveis à ação das substâncias ambientais do que as pedras de natureza silicosa. Todavia, a porosidade também tem um papel importante. Pedras compactas, com níveis de absorção de água inferiores a 1%-2%, são, em geral, mais resistentes à degradação do que as pedras mais porosas.

9.1.3 Argamassas de assentamento e de reboco

A união dos tijolos ou dos blocos que constituem a alvenaria é garantida por uma argamassa; além disso, as argamassas são empregadas para a realização do acabamento e do reboco da alvenaria. O Aprofundamento 9.1 resume os principais requisitos para as argamassas de reboco e de assentamento.

As *argamassas de assentamento* devem possibilitar uma colocação confortável dos tijolos e permitir a absorção das variações dimensionais; para isso, são importantes a moldabilidade/trabalhabilidade e a coesão da argamassa em estado fresco. Além disso, devem garantir uma resistência suficiente da alvenaria, resistir à ação do ambiente e da água e devem permitir as variações dimensionais da alvenaria em exercício. Hoje, as argamassas resultam da mistura de determinadas proporções de cimento (com eventuais acréscimos pozolânicos), cal ($Ca(OH)_2$), areia e água. A resistência da argamassa aumenta quando se aumenta a quantidade de cimento e quando se reduz a quantidade de cal e de água. Em geral, não se requer uma resistência elevada, já que uma resistência menor da argamassa permite absorver sem danos, eventualmente por sua microfissuração, as variações dimensionais às quais é sujeita a alvenaria.

As *argamassas de reboco* têm a função de criar uma camada superficial que reveste e protege os paramentos, realizando um acabamento regular e garantindo as funções higiênicas, estéticas e de proteção do ambiente. Em geral, os requisitos da argamassa são diferentes para os rebocos externos e os internos. Para os rebocos externos é preponderante a função protetora, embora continue significativa a função decorativa. Para a formação dos rebocos para o exterior, preferem-se as argamassas que oferecem uma defesa eficaz contra os agentes atmosféricos; para isso, empregam-se cimento e/ou cal hidráulica como ligante, pelo menos nas primeiras camadas do reboco. As argamassas à base apenas de cal aérea, graças às propriedades de baixa absorção e de rápida restituição da água, são às vezes utilizadas para a formação de argamassas para exteriores; todavia, é muito importante garantir que a área permaneça seca nos primeiros meses depois da colocação (para permitir a carbonatação).

Nos rebocos internos, os aspectos estéticos, higiênicos e de segurança (por exemplo, para evitar contatos abrasivos com a aspereza das paredes sem acabamento) têm um papel determinante. Para garantir uma boa moldabilidade da argamassa, facilitar a realização de uma superfície plana e evitar o aparecimento de microfissurações, pode-se utilizar argamassas à base de gesso ou à base de gesso e cal aérea, que apresentam contrações higrométricas modestas e uma discreta moldabilidade. Com frequência, sobrepõe-se a esta primeira camada uma outra à base de gesso.

Em geral, usam-se ligantes hidráulicos também nas argamassas destinadas aos ambientes internos, dada a simplicidade da sua aplicação. Além disso, em ambientes internos secos não se manifestam as incompatibilidades entre o gesso e os compostos de cimento (item 9.3.1).

Para os rebocos, utilizam-se argamassas comuns feitas no canteiro de obras ou,

Alvenaria 197

APROFUNDAMENTO 9.1 **Propriedades das argamassas de reboco e de assentamento**

A idoneidade de uma argamassa para emprego em alvenaria depende de várias propriedades tanto no estado fresco (ligadas, portanto, à sua aplicação) como no estado endurecido (ligadas, portanto, ao seu comportamento ao longo do tempo). No caso das argamassas pré-misturadas, estas propriedades são, em geral, descritas na ficha técnica do produto.

Propriedades no estado fresco. No estado fresco, as propriedades de maior interesse são:
- o tempo útil de moldabilidade: é o tempo durante o qual é possível trabalhar a massa e aplicá-la, sem que ela endureça ao ponto de prejudicar uma aplicação correta;
- o teor porcentual de ar incorporado: influencia a moldabilidade, a tendência à exsudação (*bleeding*), a resistência à compressão e o módulo de elasticidade, a resistência ao gelo-degelo e a transpirabilidade (permeabilidade ao vapor);
- a retenção de água: é a capacidade da massa de não ceder depressa demais a água necessária ao seu endurecimento, nem em direção ao suporte, nem em direção ao ambiente;
- a densidade.

Propriedades no estado endurecido. Requerem-se da argamassa endurecida as seguintes propriedades:
- propriedades mecânicas: resistência à compressão (segundo a UNI EN 998-1, que trata das argamassas de reboco, são previstas as seguintes classes de resistência: CS1 = 0,4 a 2,5 MPa, CS2 = 1,5 a 5,0 MPa, CS3 = 3,5 a 7,5 MPa e CS4 > 6 MPa; segundo a UNI EN 988-2, que trata das argamassas de alvenaria, são previstas as classes de resistência M1, M2.5, M5, M10, M15 e M20, em que o número indica a resistência à compressão a 28 dias), o módulo de elasticidade (importante para determinar a tendência à fissuração), a dureza (que determina a resistência ao risco, abrasão etc.), a resistência a colisões;
- a adesão ao suporte: esta depende das propriedades do suporte (limpeza, aspereza, propriedades mecânicas e térmicas, absorção de água, umidade no momento da colocação), da composição e das propriedades da massa (contração, dilatação térmica, módulo de elasticidade) e das condições atmosféricas;
- absorção de água por capilaridade: efetuando um ensaio de elevação capilar (Cap. 13), pode-se determinar o coeficiente de absorção capilar (S); a norma UNI EN 988-1 prevê as seguintes classes de absorção capilar: W0 quando o coeficiente S não é especificado, W1 quando $S \leq 0{,}40$ kg/m²min^{0,5} e W2 quando $S \leq 0{,}20$ kg/m²min^{0,5};
- a permeabilidade à água e ao vapor, que influencia a transpirabilidade do reboco;
- a resistência à penetração da chuva;
- a condutibilidade térmica (K); a norma UNI EN 998-1 prevê as seguintes classes: T1 se $K \leq 0{,}10$ W/(m·K) e T2 se $K < 0{,}20$ W/(m·K).

muito mais frequentemente, argamassas especiais pré-misturadas. Os produtos pré-misturados contêm os ligantes, os agregados e os aditivos, em doses pré- estabelecidas e controladas. São adequados para uso na aplicação automatizada (por projeção) da argamassa de reboco, porque apresentam fórmulas adrede estudadas para este tipo de aplicação. A aplicação mecânica do reboco à base de argamassas pré-misturadas sobre substratos regulares e sãos prevê, em geral, a colocação de duas camadas, uma de fundo (corpo do reboco) e outra de acabamento. Entre as argamassas pré-misturadas, há também as argamassas especiais com características termoisolantes, acústicas, de resistência ao fogo, impermeabilizantes e macroporosas.

9.2 Umidade na alvenaria

A umidade pode induzir diversos fenômenos de degradação na alvenaria, entre os quais o ataque de gelo-degelo, a formação de eflorescências e subflorescências, o ataque por sulfatos. A permanência de umidade nas paredes pode também comprometer a funcionalidade do edifício – com relação à habitabilidade, por exemplo – por causa de inconvenientes de natureza higiênica e econômica (mofo, consumo energético etc.) ou da redução da propriedade de isolamento térmico.

A umidade na alvenaria pode ter numerosas origens, nem sempre facilmente identificáveis. Se é possível especificar a proveniência, distingue-se entre (Aprofundamento 9.2): a) *umidade de construção*, gerada pela água utilizada para a colocação ou a cura dos materiais, que em alguns casos pode permanecer na alvenaria por longo tempo; b) *umidade descendente*, devida ao contato direto com a água pluvial, em geral por erros de projeto ou infiltrações; c) *umidade por vapor*, devida à condensação da água na superfície da alvenaria ou no interior dos poros capilares; d) *umidade por elevação*, ligada ao fenômeno da absorção capilar e produzida pelo contato direto da parte mais baixa da alvenaria com água ou solos úmidos. Por outro lado, a água pode abandonar a alvenaria graças à evaporação. O teor de umidade é, assim, dado pelo balanço entre os contributos dos diversos fenômenos (Fig. 9.3).

Fig. 9.3 Causas do aporte e da remoção da água nas alvenarias

9.2.1 Mecanismos de ingresso da água

A umidade pode derivar tanto da exposição a uma atmosfera úmida como do contato direto da sua superfície com água líquida. No primeiro caso, a água forma-se nos poros em seguida à *condensação capilar*; no segundo, entra no material poroso por causa da *absorção capilar*; e, às vezes, também por *permeação*. Inversamente, a umidade pode abandonar a alvenaria por meio da *evaporação*. Para avaliar o real teor de umidade em alvenaria exposta a determinadas condições ambientais, é necessário considerar a ação combinada destes mecanismos. Quando o material poroso é exposto à atmosfera, em condições de equilíbrio e na ausência de contato direto com água líquida, o teor de umidade depende essencialmente das condições ambientais e da estrutura dos poros. Destas, com efeito, dependem a condensação e a evaporação, além da difusão do vapor através dos poros, necessária para que a água que evapora nos poros mais internos possa efetivamente

Aprofundamento 9.2 Origem da umidade nas paredes

É tradição subdividir a umidade nas paredes em função da causa que a gera, da maneira descrita a seguir (Massari e Massari, 1985).

Umidade por elevação. A umidade por elevação, ligada ao fenômeno da capilaridade (item 2.2.3), resulta da presença de aquíferos superficiais, águas dispersas de redes hídricas ou redes de esgoto defeituosas, mais do que águas pluviais estagnadas. Muitas vezes, a umidade de elevação manifesta-se sob forma de manchas nas paredes, de modo diferenciado ao longo do tempo e de zona a zona. Este comportamento denota heterogeneidade nos materiais constituintes da alvenaria e, em particular, variações locais de porosidade. Este tipo de umidade é a mais frequente nos velhos edifícios, pois no passado as fundações enterradas eram raramente protegidas da elevação capilar da água contida no solo. A elevação capilar é uma causa de umidade insidiosa, porque é muito difícil removê-la.

Umidade por vapor. Se a parede está em contato com um ambiente úmido, podem ocorrer fenômenos de condensação capilar (item 2.1.3). Em certas condições termo-higrométricas, além disso, pode-se formar um véu de vapor sobre a superfície da parede. A dimensão da umidade produzida pela condensação é ligada à microestrutura dos poros dos materiais da alvenaria, à quantidade de vapor de água presente no ambiente (e, portanto, à umidade relativa), à temperatura das duas superfícies da parede e à temperatura do ambiente externo e interno. À medida que se sucedem diversas condições ambientais externas, a umidade contida no ar condensa sobre a superfície do material, na qual atinge a temperatura de orvalho e é, assim, absorvida por capilaridade.

Umidade descendente. Por umidade descendente entende-se a umidade da água pluvial, que pode ser provocada por uma ação direta da água, em seguida a infiltrações devidas, por exemplo, a fissurações do reboco ou defeitos e erros de projeto de cobertura ou beirais.

Umidade de construção. A umidade de construção deve-se à água empregada para a aplicação e a cura dos materiais utilizados na realização da alvenaria. Depois da colocação, a alvenaria apresenta um elevado teor de água, que é em seguida cedido lentamente ao ambiente. As condições ambientais influenciam a velocidade de secagem, que é ligada à temperatura, à umidade e à velocidade do ar. Se o ambiente é fechado ou é úmido, a secagem pode ser muito lenta. Também a aplicação precoce de revestimentos impermeáveis dificulta a evaporação da água da construção, que pode, além disso, causar o descolamento e a degradação dos próprios revestimentos.

abandonar a alvenaria através dos poros mais externos, já secos. Os fatores que governam a condensação capilar e a evaporação nos materiais porosos são descritos no item 2.1.3, no qual se mostra como, em equilíbrio com uma atmostera com uma certa umidade relativa, existe uma dimensão crítica dos poros abaixo da qual os poros ficam cheios de água; por exemplo, na Fig. 2.2 observa-se como a água condensa a 20°C e com 90% U.R. nos poros de dimensões inferiores a 0,01 μm. Em ambientes não saturados, a condensação capilar determina, assim, um teor modesto de umidade, porque só ocorre nos poros de dimensões extremamente reduzidas.

O ingresso da água, porém, é favorecido quando as camadas superficiais da alvenaria estão molhadas, por exemplo, pela chuva ou por causa de uma condensação superficial. Neste caso, a água é absorvida nas camadas mais internas por causa da absorção capilar, descrita no item 2.2.3. Assim, podem saturar-se rapidamente até os poros sob a superfície úmida. A Eq. (2.17) mostra como um material com poros capilares de maiores dimensões absorve a água mais rapidamente. Nas partes imersas ou enterradas em profundidade, o ingresso da água é, mais tarde, favorecido pela pressão da água, pelo mecanismo da permeação (item 2.2.2).

9.2.2 Elevação capilar

A absorção capilar é a causa de um dos fenômenos mais insidiosos e difíceis de controlar na alvenaria: a *elevação capilar*. A depressão P_{cap} produzida no interior dos poros capilares, conforme a Eq. (2.14), pode também bloquear a ação da força da gravidade e determinar uma elevação da água em relação ao nível de equilíbrio (superfície freática). Este fenômeno apresenta-se frequentemente nos materiais porosos colocados em contato com água ou com solos úmidos, e determina a possibilidade de encontrar umidade, por exemplo, em uma parede, mesmo à altura de alguns metros acima do nível da água ou do solo.

Quando se considera um único poro retilíneo e disposto na vertical (como mostra a Fig. 2.7), é possível estimar a altura máxima de elevação ($h_{máx}$) igualando a pressão da gravidade (P_g, que tende a atrair o líquido para baixo) e a da ação capilar (P_{cap}, que tende a atrair o líquido para o interior do poro e, assim, para o alto, como define a Eq. (2.14):

$$\delta \cdot g \cdot h_{max} = \frac{2\sigma \cdot \cos\theta}{r} \quad (9.1)$$

onde δ é a densidade da água (kg/m³), g é a aceleração da gravidade (9,81 m/s²), h é a altura de equilíbrio e $P_g = \delta \cdot g \cdot h$. Obtém-se, assim (equação de Jurin):

$$h_{max} = \frac{2\sigma \cdot \cos\theta}{r \cdot \delta \cdot g} \quad (9.2)$$

Na Fig. 9.4, em que se traça a evolução da Eq. (9.2) em função do raio do capilar, observa-se como, nos poros capilares de dimensões inferiores ao µm, a altura de elevação pode atingir várias dezenas de metros. Como já observado no item 2.2.3, existem, porém, também os efeitos cinéticos a serem considerados: a Eq. (9.2) descreve uma situação de equilíbrio e, assim, não considera a velocidade com que ocorre a elevação (Vos, 1971; Associazione Italiana di Ingegneria dei Materiali, 2004). Para avaliar a velocidade com que ocorre a elevação, pode-se usar a equação de Poiseuille (2.15), mas é preciso considerar que, quando a água sobe de uma altura h, a efetiva pressão que a atrai para o alto é igual à pressão capilar (P_{cap}) menos a pressão determinada pelo peso da coluna de água (P_g):

$$\Delta P = P_{cap} - P_g = \frac{2\sigma \cdot \cos\theta}{r} - \delta \cdot g \cdot h \quad (9.3)$$

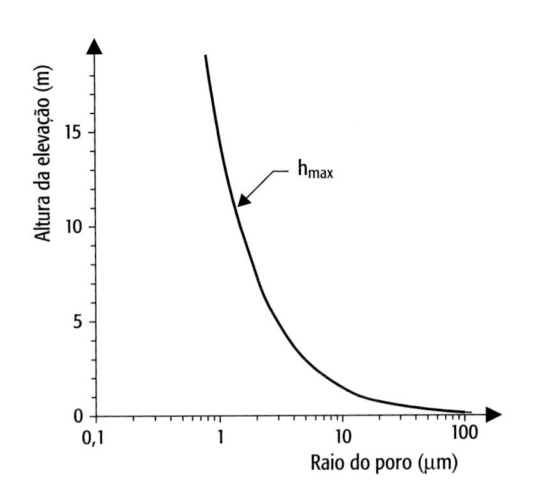

Fig. 9.4 Atura máxima de elevação em um capilar, em função do seu raio (considerando $\sigma = 7{,}2 \cdot 10^{-2}$ N/m, $\mu = 10^{-3}$ N·s/m² e $\theta = 0°$)

Combinando a (9.3) e a (2.15), obtém-se:

$$v = \frac{dh}{dt} = \frac{r^2}{8\mu \cdot h}\left(\frac{2\sigma \cdot \cos\theta}{r} - \delta \cdot g \cdot h\right) \quad (9.4)$$

Resolvendo esta equação com relação a t, pode-se escrever:

$$t = \frac{16 \cdot \mu \cdot \sigma \cdot \cos\theta}{r^3 \cdot \delta^2 \cdot g^2} \cdot \left[-\frac{p \cdot \delta \cdot h}{2\sigma \cdot \cos\theta} - \ln\left(1 - \frac{r \cdot \delta \cdot g \cdot h}{2\sigma \cdot \cos\theta}\right)\right] \quad (9.5)$$

Recordando as definições de h_{max} (Eq. 9.2) e de K_{cap} (Eq. 2.17), pode-se escrever:

$$t = \frac{2h_{max}^2}{K_{cap}^2}\left(\ln\frac{h_{max}}{h_{max} - h} - \frac{h}{h_{max}}\right) \quad (9.6)$$

A Fig. 9.5 mostra, como exemplo, a evolução no tempo da elevação capilar que se pode traçar com base na Eq. (9.6) em um capilar de raio 1 µm e outro de raio 3 µm.

Mesmo que a Eq. (9.6) e as evoluções da Fig. 9.5 refiram-se a um único poro vertical, pode-se extrair indicações úteis para compreender a elevação capilar da água no interior de uma parede (onde a situação é muito mais complexa, com a presença de poros de dimensões diversas e com diferentes orientações, evolução tortuosa e diferentes graus de interconexão). Pode-se resumir o papel da dimensão dos poros da seguinte maneira:

◢ quando diminui a dimensão dos poros, aumenta a altura máxima que pode ser atingida pela água; da Eq. (2.16) pode-se obter, para poros de dimensões entre 0,1 µm e 1 µm (10^{-6} m), típicos de muitos materiais de construção, uma altura de elevação da água de várias dezenas de metros (Fig. 9.4);

◢ mas, quando diminui a dimensão dos poros, também diminui a velocidade de elevação e, assim, é menor a altura atingida após um tempo pré-fixado de exposição (Eq. 9.6). Isto significa que um material com poros de dimensões maiores, quando está em contato com um ambiente úmido, tende a saturar-se mais rapidamente do que um material com poros menores.

A Fig. 9.6 mostra a altura de elevação da água prevista com base na Eq. (9.6), em função do raio do capilar, após tempos variados. A linha contínua representa a altura máxima que pode ser atingida pela água; em poros capilares de dimensões inferiores a 1 µm, a água pode elevar-se por várias dezenas de metros. Todavia, os tempos necessários para atingir tais alturas podem ser muito longos. Na figura, observa-se como, por períodos compreendidos entre um dia e um mês, a maior elevação é observada nos capilares de dimensões compreendidas entre 1 µm e 5 µm (evidenciados com a faixa cinzenta).

Generalizando os resultados ilustrados na Fig. 9.6, pode-se concluir que a elevação capilar se manifesta mais velozmente

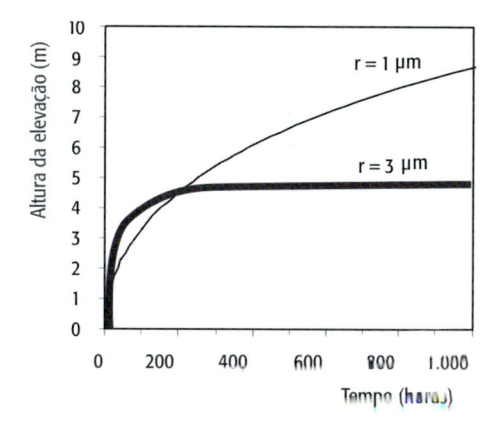

Fig. 9.5 Evolução no tempo da altura de elevação da água em dois capilares dispostos verticalmente de raio diferente (σ = 7,2·10^{-2} N/m, µ = 10^{-3} N·s/m² e θ = 0°)

nos materiais que têm poros capilares de dimensões intermediárias (1-5 μm, típicas, por exemplo, dos tijolos e das argamassas). Nos poros de dimensões menores, a água, embora possa atingir alturas muito elevadas, tem uma velocidade de elevação muito baixa. Nos macroporos, de dimensões superiores a 100 μm, inversamente, mesmo se a absorção é rápida, a altura de elevação é modesta, porque a depressão que se cria no interior do poro é irrelevante.

Nas fases iniciais da elevação capilar, portanto para pequenos valores da equação h/h_{max}, pode-se relevar o efeito da força de gravidade e a Eq. (9.5) pode ser aproximada com a Eq. (2.17). Além disso, a própria relação é válida caso a absorção ocorra em direção horizontal (por exemplo, quando a água pluvial é absorvida por uma parede vertical). Por isso, em geral, a comparação dos desempenhos de materiais diversos é feita com ensaios experimentais que, estabelecendo a evolução da elevação capilar ao longo do tempo, determinam o coeficiente de absorção capilar S (Aprofundamento 9.3).

Na realidade, a altura da elevação da água nas paredes expostas à atmosfera não atinge os valores teóricos da Fig. 9.6 e dificilmente supera de 1 a 2 metros. Com efeito, a elevação capilar compete com a evaporação da água através das paredes em contato com a atmosfera. Se a alvenaria está em um ambiente seco e a água pode evaporar para a superfície, a altura da elevação é determinada pelo balanço entre a quantidade de água que sobe e aquela que evapora na unidade do tempo.

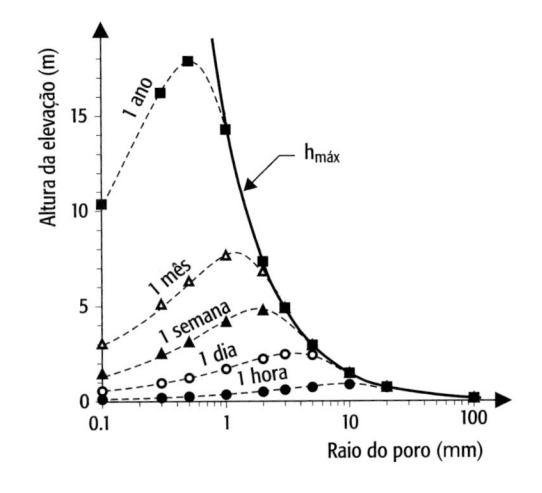

Fig. 9.6 Evolução da altura da elevação da água em função do raio do capilar ($\sigma = 7{,}2 \cdot 10^{-2}$ N/m, $\mu = 10^{-3}$ N·s/m² e $\theta = 0°$)

APROFUNDAMENTO 9.3 **Ensaios de absorção capilar**

Os ensaios práticos para estudar a absorção capilar em um material são realizados colocando a superfície inferior de um corpo de prova desidratado em contato com água (Fig. A-9.3a). É visível a elevação da água no interior do corpo de prova. O ensaio prevê obter a evolução no tempo da massa do corpo de prova e, assim, calcular a evolução da quantidade de água absorvida em função do tempo. Para muitos materiais porosos, a evolução no tempo da variação de massa pode ser interpolada com a equação:

$$i = S\sqrt{t}$$

onde i é a massa de água absorvida pela unidade de área molhada (g/mm²) e t é o tempo (s). Pode-se, assim, obter experimentalmente o coeficiente de absorção capilar S (g/m²·s^{1/2}), definido com a Eq. (2.18); este é utilizado como parâmetro para descrever a cinética da absorção capilar e para comparar os desempenhos de materiais diferentes.

A Fig. A-9.3b reporta os resultados obtidos com o ensaio de absorção capilar em diversos tipos de materiais. Os resultados foram traçados em função da raiz quadrada do tempo, de maneira que a equação precedente seja representada por um reta. No caso de dois tijolos de barro, constatou-se uma rápida absorção capilar nas primeiras horas, que levou à elevação na altura toda do corpo de prova. Além disso, a figura mostra também as evoluções obtidas para dois concretos com relação a/c diferente. No caso do concreto com relação a/c 0,65, obteve-se uma evolução linear, mesmo se a quantidade de água absorvida foi claramente inferior àquela dos dois tijolos. No caso do concreto com relação a/c 0,5, a quantidade de água absorvida é ainda mais baixa e a evolução no tempo se afasta da linearidade (em geral, em concretos e argamassas com relação a/c relativamente baixa, os dados experimentais não seguem uma evolução linear).

Fig. A-9.3a Exemplo de ensaio de elevação capilar em corpos de prova de argamassa

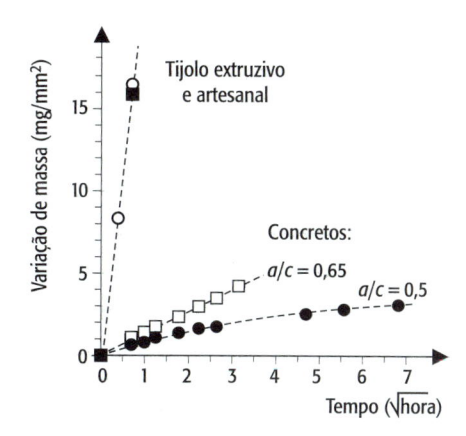

Fig. A-9.3b Resultados de provas de absorção capilar em tijolos e concretos

Interpolando os dados experimentais obtidos com os diversos materiais, é possível calcular a inclinação do traço inicial; esta representa o coeficiente S. No caso dos dois tijolos, obtém-se $S = 373$ g/(m²·s^½), enquanto para o concreto com $a/c = 0,5$ obtém-se $S = 12$ g/(m²·s^½); neste último caso, dada a não linearidade da curva experimental, calculou-se o valor de S, seguindo as indicações da normativa, considerando a quantidade de água elevada depois de 24 horas e dividindo pela raiz quadrada do tempo. Os valores de S descrevem quantitativamente a maior tendência dos tijolos a absorver água por capilaridade do que os concretos; no caso dos dois concretos, evidencia-se a maior absorção do concreto com a/c mais alto e, portanto, mais poroso.

Além das condições ambientais (temperatura e umidade relativa), a evaporação da água através de um material poroso, como já observado no item 2.1.3, depende também da estrutura dos poros. Quando a frente úmida atinge a superfície do material, a evaporação da água ocorre diretamente na atmosfera. Neste caso, a velocidade de evaporação depende da pressão de saturação do vapor e da umidade relativa do ar; um aumento de temperatura, levando a um aumento da pressão de saturação, determina um aumento da velocidade de evaporação. Se a frente úmida, ao contrário, está no interior do material poroso, como se verifica durante a secagem do material poroso, a evaporação é desacelerada pela difusão do vapor através dos poros secos. A velocidade de evaporação é elevada na presença de poros abertos e de grandes dimensões (maiores que 100 μm, por exemplo), que são caracterizados por uma baixa resistência à difusão do vapor.

Se as condições ambientais são constantes, com o tempo, a altura da elevação da água em uma parede chega a um valor de equilíbrio (h_{eq}). Em primeira aproximação, este valor pode ser estimado conhecendo o coeficiente de absorção S do material de que é feita a parede, a espessura da parede (b) e a quantidade de água que evapora na unidade de tempo e de superfície (a), pela equação:

$$h_{eq} = k \cdot \frac{S \cdot \sqrt{b}}{a} \qquad (9.7)$$

onde k é uma constante de proporcionalidade. h_{eq} será, assim, mais elevado para paredes feitas de material com elevado coeficiente de absorção capilar, de elevada espessura e com superfícies que não permitam a evaporação.

9.2.3 Distribuição da umidade no interior de uma parede

A distribuição da umidade no interior de uma parede depende da causa e das condições ambientais. No caso de umidade por elevação capilar, a umidade tende a distribuir-se da maneira representada na Fig. 9.7a; na parte em contato com o solo e no início do trecho fora do solo, a inteira espessura tende a ficar saturada de água. Em função das condições de evaporação da água das superfícies da parede, nas partes mais elevadas observar-se-á um progressivo deslocamento no interior da frente úmida. Para reduzir a altura de elevação da água, será, pois, apropriado favorecer a evaporação da parede. A Fig. 9.7b mostra como um revestimento impermeável pode aumentar a altura de elevação. Em uma parede afetada por elevação capilar, em geral, o teor de umidade mais elevado é medido em profundidade. Quando a umidade é produzida por condensação ou por infiltração (umidade descendente), ao contrário, obtém-se um teor de umidade mais elevado na superfície ou, pelo menos, nas camadas mais próximas da superfície.

9.3 Mecanismos de degradação

Na presença de umidade, pode-se produzir fenômenos de degradação dos materiais da parede, como consequência de interações do tipo químico, causadas tanto por uma ação direta da água como pelos sais dissolvidos nela. Outras vezes, a ação degradante é do tipo físico, gerada por tensões que se produzem após fenômenos de cristalização no interior dos poros. Além disso, a água pode favorecer o desenvolvimento de agentes biológicos na superfície da parede ou a corrosão de eventuais insertos metálicos. Mesmo que estes fenômenos sejam em seguida analisados isoladamente, é importante lembrar que, muitas vezes, eles se desenvolvem simultaneamente ou se alternam, determinando uma ação lenta mas progressiva no tempo.

9.3.1 Ações químicas

A umidade pode favorecer o desenvolvimento de reações químicas que alteram a composição dos constituintes dos materiais da alvenaria ou determinam a formação de novos compostos no interior de seus poros.

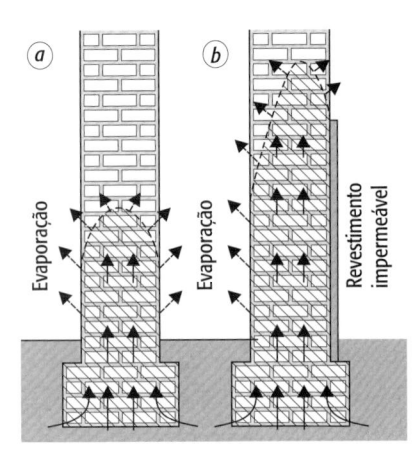

Fig. 9.7 Distribuição da umidade em uma parede sujeita à elevação capilar

Por exemplo, a própria água pode levar à dissolução de fases com elevada solubilidade e à sua erosão(Fig. 9.8), como no caso de argamassas de cal ou de gesso. No entanto, as ações químicas mais importantes estão relacionadas com os sais dissolvidos na água absorvida pela alvenaria.

Fig. 9.8 Desagregação de um reboco por ação da água e dos agentes atmosféricos

Ataque por sulfatos. Um fenômeno importante é a reação entre sulfatos e compostos de cimento. Com efeito, em condições úmidas e na presença de sulfatos, as argamassas baseadas em cimento podem sofrer os processos de degradação descritos no item 7.1.3 para o concreto. A formação de gesso por reação com a cal viva presente na argamassa, mas sobretudo a produção de etringita e, em casos particulares, de taumasita, pode levar à fissuração ou à desagregação da argamassa. A ação dos sulfatos é mitigada em argamassas com ligante de cimento e adições do tipo pozolânico, sobretudo se o teor de cal residual é modesto. O ataque por sulfatos pode derivar também do emprego de gesso sobre suportes de cimento; os rebocos de gesso em paredes de concreto ou com argamassas baseadas em cimento, por exemplo, podem, em ambientes úmidos, levar à formação de etringita e, a baixa temperatura, até de taumasita.

Ataque atmosférico em pedras e argamassas. A umidade pode permitir o ataque por parte dos poluentes atmosféricos que, dissolvidos na água, tendem a formar soluções ácidas. Um caso comum é o da água sobre pedras, sobretudo de natureza calcária (Fig. 9.9), e sobre o reboco (Fig. 9.8). A água da chuva, dissolvendo os poluentes presentes na atmosfera, assume um pH ácido (em geral, compreendido entre 6 e 6,5) que pode levar à transformação dos compostos que constituem estes materiais em outros de maior solubilidade. No caso do carbonato de cálcio que constitui as rochas calcárias ou as argamassas de cal, por exemplo, os gases presentes na atmosfera podem determinar as seguintes transformações (escritas de forma simplificada):

$$CO_2 : CaCO_3 + CO_2 + H_2O \rightarrow Ca(HCO_3)_2 \quad (9.8)$$

$$NO_x : CaCO_3 + 2HNO_3 \rightarrow Ca(NO_3)_2 + CO_2 + H_2O \quad (9.9)$$

$$SO_2 : CaCO_3 + H_2SO_4 + H_2O \rightarrow CaSO_4 \cdot 2H_2O + CO_2 \quad (9.10)$$

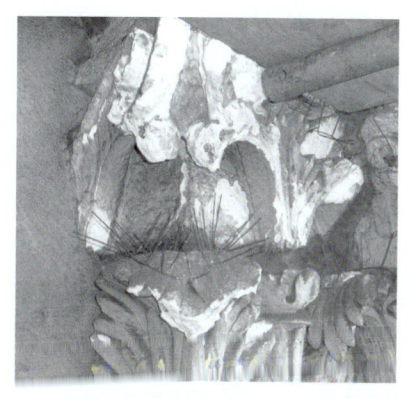

Fig. 9.9 Degradação de um capitel em pedra dolomítica (pedra d'Angera) por ação da atmosfera

Em todos os casos formam-se compostos de alta solubilidade (que podem ser facilmente erodidos pela própria água) ou de baixa coesão (que podem ser arrastados pela ação da água ou do vento).

O gesso produzido pela reação (9.10) nos períodos de seca pode precipitar-se sobre a superfície e incorporar as partículas mais finas presentes na atmosfera, sobretudo as partículas de natureza carbônica produzidas pelos processos de combustão. Neste caso, formam-se pátinas escuras de espessura e porosidade variável, comumente chamadas crostas pretas. Nas zonas atingidas pela ação erosiva da chuva, estas pátinas são removidas e aparece a cor original da pedra, tornando ainda mais evidente a presença da pátina nas zonas mais protegidas. As crostas pretas produzem-se na superfície da pedra e, embaixo delas, está a pedra original com cavidades; as crostas não aderem ao substrato e, assim, não são protetoras, mas simplesmente escondem a degradação que pode continuar embaixo.

As pedras de natureza silícica têm uma elevada resistência aos agentes atmosféricos; todavia, em alguns casos podem sofrer o ataque de soluções ácidas. Por exemplo:

$$2KAlSi_3O_8 + H_2O + H^+ \rightarrow Al_2Si_2O_5(OH)_4 + 4SiO_2 + 2K^+ \quad (9.11)$$

Os tijolos, em geral, não são agredidos de modo significativo pelos agentes atmosféricos (Fig. 9.8), já que são constituídos principalmente de quartzo, além de silicatos que apresentam uma discreta resistência também em condições moderadamente ácidas.

9.3.2 Ações físicas

A umidade pode degradar uma parede mesmo na ausência de reações químicas. Em geral, a absorção da água em um material poroso, por exemplo, provoca uma expansão que pode levar à degradação na zona superficial, sobretudo se a parede sofre ciclos de seco-molhado. Também as variações de temperatura podem gerar tensões internas que podem levar à fissuração dos rebocos e das paredes. A ação física mais frequente e perigosa, porém, está ligada a fenômenos de cristalização. A formação de cristais no interior dos poros, com efeito, pode produzir tensões muito elevadas, que, por sua vez, podem gerar fissurações, descolamentos de fragmentos ou a desagregação dos materiais da parede.

Cristalização dos sais solúveis. Um fenômeno importante é a cristalização dos sais dissolvidos na água. Os sais podem ser introduzidos na alvenaria pela própria água (se ela sobe do solo, por exemplo), estar nos materiais de construção (os sulfatos, por exemplo, muitas vezes estão presentes nos tijolos ou derivam de produtos à base de gesso), formar-se por reação com os poluentes atmosféricos ou ser criados pelas atividades metabólicas de microorganismos. Os sais mais difundidos nas paredes são os carbonatos, os sulfatos, os cloretos e os nitratos. Em alguns casos, sais podem ser introduzidos na alvenaria até por restaurações ou operações de limpeza incorretas.

Ao longo de seu percurso de elevação, a água transporta estes sais e os deposita sob a forma de *eflorescências* na superfície da qual evapora. Caso a evaporação da água seja veloz, isso pode ocorrer antes mesmo que ela atinja a superfície externa. O depósito de sais arrastado pela água líquida pode, assim, ocorrer no interior da parede, provocando a formação de cristais nas zonas de passagem da zona úmida à seca. Ocorre, assim, a formação de *subflorescências* na parede. A cristalização dos sais nos poros pode exercer pressões muito elevadas, que superam a resistência à tração dos tijolos e das argamassas.

As condições de cristalização e a consequente degradação dependem de um número muito elevado de parâmetros ligados ao material poroso, aos sais presentes e às condições ambientais. As condições de supersaturação, por exemplo, são função do tipo de sal, da velocidade de evaporação da água e da velocidade de aporte da solução. A pressão que se instaura no interior dos poros depende também das suas dimensões. Se uma solução salina está em contato com a atmosfera, o sal precipita-se, formando cristais, quando a umidade relativa desce abaixo de um valor de equilíbrio que depende da natureza do sal e da temperatura (na Tab. 4.1, por exemplo, estão os dados relativos a alguns sais a 20°C). A cristalização dos sais pode, assim, repetir-se ciclicamente no tempo se variam as condições de umidade.

A formação de cristais não é, em si mesma, suficiente para justificar a ação destrutiva dos sais, mas é necessário que se forme uma pressão entre o cristal e a superfície do poro que o encerra. Para isso, é preciso haver um véu líquido da solução supersaturada, senão o cristal entra em contato direto com a superfície do poro e para de crescer. Em geral, a ação repulsiva entre as superfícies do cristal e do poro é suficiente para manter um filme líquido da espessura de alguns nm. O crescimento do cristal nestas condições confinadas exerce uma pressão sobre o líquido que depende da velocidade de crescimento do cristal. Quando o cristal está circundado pela solução, a força exercida sobre os poros depende do seu raio de curvatura; nestas condições, atingem-se tensões significativas (da ordem dos MPa) só nos poros de dimensões da ordem dos nm. A maior pressão é gerada quando um cristal de grandes dimensões é confinado a crescer em um poro de pequenas dimensões.

Se o filme líquido que circunda o cristal é interrompido durante a secagem, a solução continua intrapolada entre a superfície do poro e do cristal. Como a solubilidade do sal aumenta quando cresce a pressão exercida pelo cristal em crescimento, pode-se atingir condições em que o sal não pode mais cristalizar. A solução supersaturada, neste caso, pode exercer uma pressão elevada até sobre os poros maiores. É possível demonstrar que se podem atingir pressões da ordem de dezenas de MPa. A morfologia dos cristais depende das condições em que se formam. Quando são produzidos no interior de um véu líquido, tendem a assumir uma forma poliédrica e, quando se formam sobre superfícies mais secas, tendem a assumir formas de coluna ou acicular, já que os íons são acrescentados só na base dos cristais que se formam sobre a superfície. Os cristais em forma de coluna, quando crescem nas paredes de uma fissura, podem exercer forças que determinam o posterior avanço da fissura.

A Fig. 9.10 descreve a evolução típica da umidade e da cristalização dos sais solúveis em uma parede sujeita à elevação capilar. Como se observou no item 9.2.2, a elevação capilar da água ocorre com velocidade decrescente à medida que aumenta a altura a partir do solo, enquanto a evaporação ocorre com velocidade uniforme através das superfícies externas. Próximo ao solo, onde a velocidade de elevação é elevada, a parede fica saturada de água e tende a manter um véu líquido também sobre sua superfície. A evaporação tende a aumentar a concentração da solução salina na proximidade da superfície externa. Todavia, o gradiente de concentração que se instaura entre a zona superficial e o líquido contido nos poros mais profundos determina a retirada dos sais para o interior da parede e, assim, uma redução da sua concentração na superfície. Muitas vezes, próximo ao solo, observam-se paredes úmidas, mas não se veem formações salinas.

Subindo ao longo da parede, a retrodifusão dos sais tende a diminuir devido ao aporte mais lento de água de elevação e ao progressivo acúmulo de sais também nas camadas internas (o que diminui a diferença de concentração).

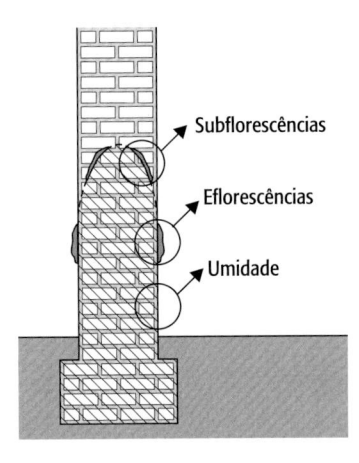

Fig. 9.10 Efeitos da cristalização dos sais solúveis em uma parede sujeita à elevação capilar

Fig. 9.11 Exemplo de degradação de uma parede devida à elevação capilar

Na superfície, a solução tende, assim, a atingir mais facilmente a supersaturação em seguida à evaporação da água. Nesta zona, podem formar-se cristais no véu de água superficial e se produzem eflorescências. Ainda mais para cima, atingem-se condições em que a velocidade da evaporação na superfície supera a da elevação da água. Na superfície externa, especifica-se uma altura acima da qual não se observa mais umidade. Na realidade, a evaporação continua no interior da parede; o vapor de água deverá, assim, atravessar os poros secos antes de sair para a atmosfera. Nesta zona, a cristalização dos sais corresponde à frente úmida e forma subflorescências que podem danificar a parede ou o reboco (Fig. 9.11).

Um fator importante para determinar os efeitos de um sal sobre uma parede é sua solubilidade. Os sais com baixa solubilidade, como os carbonatos, tendem a cristalizar na proximidade do solo, enquanto os sais de solubilidade maior cristalizam a alturas tanto mais elevadas quanto maior for sua solubilidade. Os cloretos e nitratos, por exemplo, que têm uma elevada solubilidade e podem formar soluções líquidas mesmo em atmosferas com baixa umidade relativa, podem continuar em solução até em alturas elevadas, onde o aporte de água para elevação capilar é lento. Estes sais, justamente por causa da elevada solubilidade, raramente produzem eflorescências e subflorescências; todavia, devido à sua higroscopicidade, podem manter úmida a parede mesmo em ambientes secos, impedindo a evaporação da água até com uma baixa umidade relativa do ar. Os sais mais responsáveis por eflorescências e subflorescências são os sulfatos, já que apresentam uma solubilidade intermediária (Fig. 9.12).

A alternância de condições secas e úmidas pode repetir ciclicamente o fenômeno ou determinar variações no estado de hidratação dos cristais, provocando a periódica retomada das ações expansivas com um consequente desenvolvimento progres-

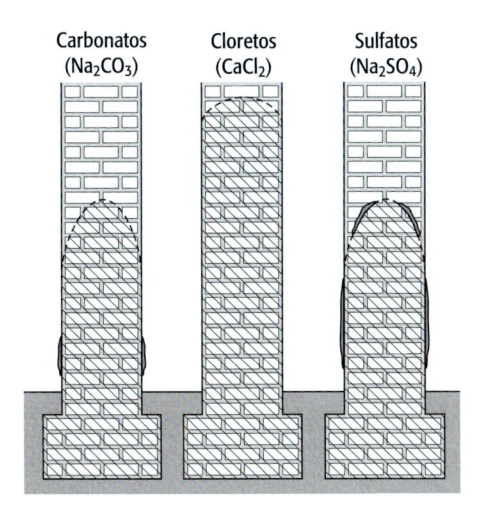

Fig. 9.12 Comparação dos efeitos de alguns sais solúveis em uma parede

sivo da degradação. Quando, em vez da elevação capilar, a umidade é produzida pela molhadura periódica da parede (por causa da chuva ou de condensações superficiais geradas por variações termo-higrométricas do ambiente), a cristalização dos sais e sua transformação em solução podem alternar-se no tempo. Nestas circunstâncias, com efeito, os sais presentes nas paredes ou depositados nas camadas superficiais, depois da reação com os poluentes ambientais, podem cristalizar-se cada vez que a água evapora e dissolver-se quando a parede se molha de novo. Os efeitos da cristalização podem, assim, repetir-se ciclicamente, sobretudo nas camadas mais próximas da superfície.

Nestas circunstâncias, a ação expansiva pode também ser produzida por variações do estado de hidratação do sal. Em relação a estes fenômenos, os sais mais perigosos são, em geral, os sulfatos, em particular o sulfato de sódio, que pode assumir a forma anídrica (Na_2SO_4) e várias formas hidratas (em particular $Na_2SO_4 \cdot 10H_2O$). Em condições úmidas, o sal tende a cristalizar-se na segunda forma (pelo menos em temperaturas inferiores a cerca de 30°C), mas se transforma na primeira quando a parede seca e a umidade relativa desce abaixo de 75%. Durante o período úmido, o sal volta à forma hidrata, aumentando de volume; pode-se, assim, observar, de forma aparentemente estranha, que a degradação ocorre no período de molhagem e não durante a seca. A transformação não ocorre diretamente: a água que penetra a parede inicialmente libera os cristais da forma anídrica, formando uma solução saturada; esta solução é, porém, supersaturada com relação à forma hidrata que, portanto, se precipita, formando novos cristais. Deste mecanismo deriva a ação particularmente destrutiva do sulfato de sódio nas paredes sujeitas a ciclos de seco-molhado. Além disso, a maior periculosidade dos sais à base de sulfato está ligada ao risco de promover o ataque por sulfatos descrito no item 7.1.3, no caso dos compostos de cimento (as argamassas, por exemplo).

Gelo-degelo. A cristalização da água, ou seu congelamento, também pode produzir efeitos análogos aos da cristalização dos sais. A alternância de *ciclos de gelo-degelo* pode, assim, produzir uma progressiva fissuração e, em seguida, a desagregação das argamassas, dos tijolos e das pedras. O fenômeno, ligado ao maior volume específico do gelo quando comparado à água líquida, ocorre com mecanismos análogos aos já ilustrados para o concreto (item 7.12); por outro lado, os vários materiais que constituem a alvenaria podem ter diferentes estruturas porosas e, portanto, reações diferente ao gelo-degelo. Como a degradação pode ocorrer somente acima de um certo grau de saturação dos poros, os efeitos do gelo-degelo são maiores nos poros que tendem a saturar-se de água e, portanto, nos poros com raio de dimensões da ordem de grandeza do µm, que são mais suscetíveis à absorção capilar. Nos poros de dimensões menores, além de ser mais lento o aporte de água, o congelamento ocorre a temperaturas inferiores (em poros de raio inferior a 10 nm, por exemplo, a redução da temperatura de congelamento pode ser superior a 10°C). Os poros de maiores dimensões, ao contrário, tendem a reter menos água e, além disso, mesmo que a água congele no interior deles, suas dimensões são tais que limitam as tensões induzidas sobre o material. Como para as estruturas em concreto, a degradação do gelo-degelo nas paredes começa na superfície, já que as zonas mais internas se resfriam só em um segundo tempo, atingindo mais dificilmente as temperaturas necessárias para o congelamento da água no interior dos poros; a presença de sais solúveis tende a reduzir posteriormente a temperatura de congelamento.

9.3.3 Alterações biológicas

Nas superfícies úmidas dos rebocos e das pedras, podem insidiar-se agentes biológicos. Em geral, assiste-se à formação de algas, fungos ou liquens. As algas, diferentemente dos fungos, são organismos capazes de fazer fotossíntese para converter em nutrientes as substâncias inorgânicas. Desenvolvem-se em ambiente úmido, em zonas não expostas ao sol, e formam uma pátina sobre a superfície do material, que inicialmente tem uma coloração esverdeada e depois tende progressivamente ao marrom e ao preto. Embora alterem o aspecto estético do paramento, as algas geralmente não provocam uma ação desagregadora do reboco. Os liquens derivam de uma ação combinada das algas com os fungos (as primeiras fornecem o nutriente para os segundos) e podem sobre-viver mesmo em condições secas. Os liquens podem atacar as camadas mais superficiais dos materiais de construção, a uma profundidade de diversos mm, por causa das soluções ácidas produzidas por seu metabolismo, às quais se adiciona a ação mecânica devida ao seu crescimento. Menos perigosos que os liquens são os musgos, que se desenvolvem em depósitos de terra produzidos sobre a superfície dos materiais, sem interagir significativamente com estes últimos, podendo, portanto, ser facilmente removidos sem danificar o material; por outro lado, a presença de musgo é indício de elevada umidade. Uma particular manifestação biológica é o mofo, que se cria geralmente em paredes úmidas no interior de locais pouco arejados, alterando o aspecto estético das paredes e criando problemas higiênicos.

Também a degradação produzida pelo crescimento das plantas e de suas raízes pode ser incluída no campo da degradação biológica. Neste caso, porém, a ação é do tipo mecânico.

9.3.4 Corrosão dos insertos metálicos

Com frequência, inserem-se nas paredes elementos metálicos de reforço (chaves, correntes, parafusos etc.) ou outros componentes metálicos (canos, por exemplo). Os metais incorporados às paredes úmidas estão em contato com a solução líquida presente nos seus poros e, em consequência, podem corroer-se.

Normalmente, o fenômeno se manifesta com a fissuração da alvenaria, causada pela ação expansiva dos óxidos produzidos pela corrosão de insertos em aço (Fig. 9.13). A água e o oxigênio, necessários para promover a corrosão, entram através dos poros dos tijolos, das pedras e sobretudo das argamassas. A umidade das paredes é fator determinante para a degradação. Com efeito, estes materiais, diferentemente do concreto, não são alcalinos e, portanto, não conseguem proteger o aço. Em termos gerais, as condições de corrosão dos insertos de aço nas paredes são semelhantes às descritas no item 7.2.2 para as armaduras de concreto carbonatado. Mesmo as argamassas de natureza cimentícia, que são alcalinas em um estágio inicial, não conseguem garantir a proteção dos insertos metálicos, já que, devido à sua elevada porosidade, são rapidamente carbonatadas.

Fig. 9.13 Degradação produzida pela corrosão dos insertos metálicos

10 Obras em madeira

A degradação das obras em madeira ocorre, em geral, em condições aeróbicas, por causa dos fatores climáticos e, sobretudo, dos organismos animais ou vegetais (insetos, fungos, bactérias) (Tsuomis, 1991; Liotta, 2003; Villari, 2004; Tampone, 1996; Unger, Schniewind e Unger, 2001; Tampone, Manucci e Macchioni, 2002). Em condições anaeróbicas, que se instauram quando a madeira está enterrada ou imersa em água, ocorre somente uma lenta decomposição da camada superficial. Neste capítulo, ilustram-se os mecanismos de degradação das obras e das estruturas em madeira, analisando particularmente o papel da umidade e a ação dos agentes biológicos (bactérias, fungos e insetos). Além disso, abordam-se brevemente os métodos de proteção e, em particular, os tratamentos superficiais da madeira.

10.1 Umidade e variações dimensionais

A madeira é um material higroscópico que pode absorver umidade tanto da água líquida diretamente como da atmosfera. As suas células podem conter água na sua cavidade (água livre no cerne) e nas paredes (água absorvida). A água nas paredes das células da madeira, além de influir sobre as propriedades mecânicas e físicas (Bertolini, 2006), tem um papel importante no comportamento em uso da madeira, já que regula suas variações dimensionais e é determinante para o ataque biológico (item 10.2).

Depois do corte, a umidade da madeira verde diminui para chegar a um valor de equilíbrio com o ambiente; este processo ocorre durante a cura e, se não é completado, prossegue mesmo durante a exposição subsequente ao ambiente em uso. O teor de umidade da madeira, em geral definido como porcentual em massa U_m segundo a Eq. (2.5), em condições de equilíbrio e na ausência de água de molhagem, depende da umidade relativa do ambiente e da temperatura, como ilustrado na Fig. 10.1. Por exemplo: em condições protegidas da chuva e em um ambiente com

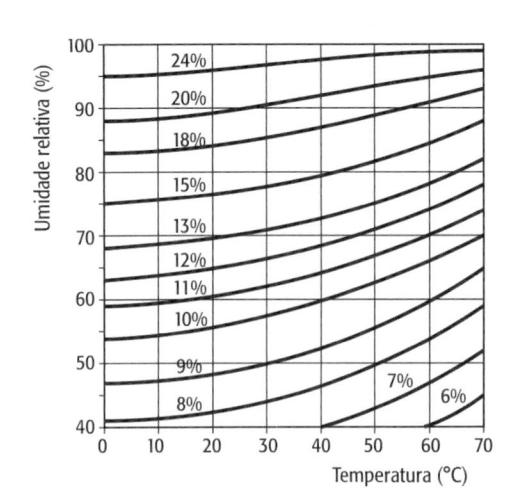

Fig. 10.1 Umidade na madeira em equilíbrio com um ambiente em função da temperatura e da umidade relativa (Tsuomis, 1991)

umidade relativa constante de 70% e temperatura de 25°C, o teor de umidade é de cerca de 12% (esta representa a *condição normal*, muitas vezes tomada como referência para o estudo das propriedades da madeira).

A umidade da madeira, mesmo depois da cura, não é constante e pode variar em função das condições ambientais (temperatura, umidade, velocidade do ar etc.). Em uso, portanto, os elementos da madeira podem sofrer variações periódicas de umidade e, assim, podem variar suas dimensões. Partindo da superfície, a água é absorvida se a madeira tem um teor de umidade inferior ao de equilíbrio com o ambiente em que se encontra, mas é cedida no caso contrário. Para obras protegidas da chuva, as variações sazonais de umidade dependem essencialmente da variação de umidade e de temperatura da atmosfera. A Fig. 10.2 mostra um exemplo das mudanças de umidade durante o ano em um viga de madeira exposta ao ar livre e protegida da chuva; o teor de umidade é mais elevado no inverno (frio e úmido) do que no verão.

Quando a umidade é inferior a cerca de 30% (ponto de saturação das fibras), a água é somente adsorvida no interior das paredes das células e não há água livre no cerne. O motivo principal da adsorção do vapor de água nas paredes das células é a sua atração por hidrólise com os constituintes químicos da madeira, sobretudo a celulose. A camada de moléculas de água que se interpõe às macromoléculas de celulose determina assim a expansão da madeira. Quando a umidade do ambiente é elevada ou a madeira está em contato com água líquida, a água também pode entrar, por condensação capilar ou absorção capilar, nos vazios das paredes celulares.

A adsorção e a evaporação da água nas paredes das células da madeira, abaixo do ponto de saturação das fibras, são acompanhadas por variações dimensionais, respectivamente de dilatação e de contração. A madeira tem um comportamento anisótropo no caso destas variações dimensionais, como mostra a Fig. 10.3a, por exemplo, onde se observa uma contração irrelevante na direção longitudinal e uma contração maior na direção tangencial quando comparada à radial (isto causa a deformação dos elementos de madeira durante a cura). A contração depende, porém, também das características da madeira e, em particular, da sua densidade; a Fig. 10.3b, por exemplo, mostra a evolução da contração volumétrica da madeira verde, em função do teor de umidade e da densidade, para uma madeira de pinho. Observa-se que as madeiras de maior densidade sofrem mais variações dimensionais durante a secagem ou a molhagem (mesmo que se atenuem as diferenças entre contração radial e tangencial).

As variações dimensionais induzidas pelas variações de umidade e temperatura, sobretudo se repetidas ao longo do tempo, podem levar à degradação da madeira mesmo em uso. Nos elementos estruturais, podem ocorrer defeitos como a abertura de fissuras, a variação da forma da secção transversal, a abertura de juntas etc. Os fenômenos podem ser acentuados pela presença de defeitos na madeira, como os nós.

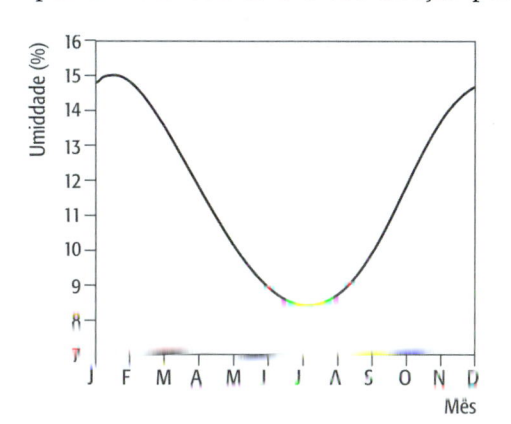

Fig. 10.2 Evolução da umidade de uma viga de madeira exposta ao ar livre

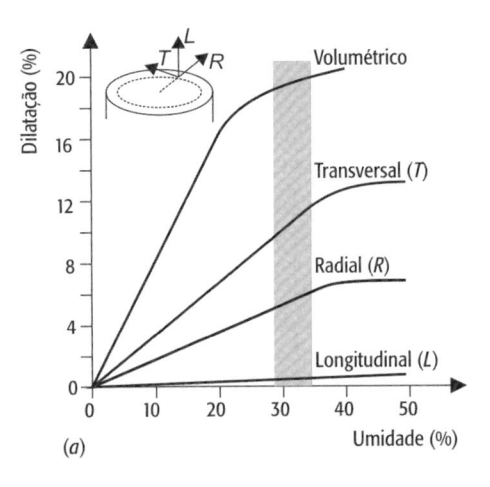

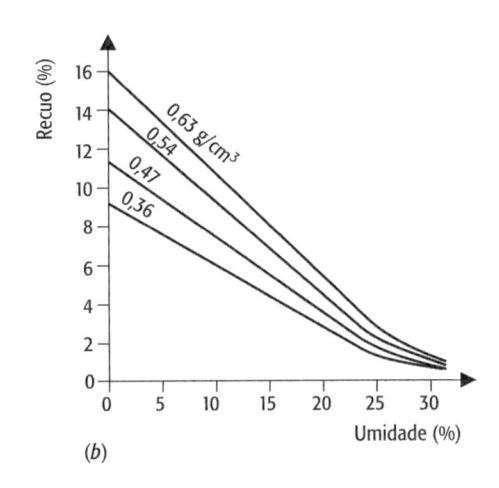

Fig. 10.3 Exemplos de variações dimensionais da madeira devidas a variações de umidade: a) dilatação da madeira em comparação com a madeira seca, em função da direção; b) contração volumétrica de uma madeira de pinho durante a secagem, em função de umidade e densidade (Tsuomis, 1991)

As consequências podem ser de vários tipos, desde efeitos apenas estéticos até dificuldades de abertura e fechamento de esquadrias, desenvolvimento de tensões internas etc.

Para controlar as variações dimensionais da madeira, é possível conter as variações de umidade e temperatura. A aplicação de pinturas sobre a superfície da madeira, por causa de sua permeabilidade à água, não modifica significativamente o teor de umidade de equilíbrio; todavia, pode retardar as variações de umidade e, portanto, as dimensionais também, no caso de alternância de condições de seco e molhado. Pode-se também aplicar substâncias hidrorrepelentes, que penetram nas células e oferecem melhor proteção contra a água. Como alternativa, pode-se bloquear as variações dimensionais mantendo a madeira em condições de elevada umidade. Impregnando a madeira com soluções de sais à base de cloretos, por exemplo, a contração só pode iniciar-se com umidades ambientais muito baixas; pode-se também utilizar substâncias poliméricas como o glicol de polietileno, resinas fenol-formaldeído ou monômeros metacrilatos ou vinílicos, que são em seguida polimerizados a alta temperatura. Enfim, pode-se empregar ceras que preenchem os vazios das células, impedindo o ingresso da água. No entanto, estes métodos são caros e aplicados somente a peças artesanais de grande valor. O método mais eficaz para obstar as variações dimensionais da madeira é fazer uma cura cuidadosa até o valor de umidade médio atingido no ambiente de exposição (já que os maiores problemas devem-se ao elevado teor de umidade inicial na madeira verde) e evitar, se possível, a exposição a ciclos de seco e molhado.

10.2 Ataque biológico

Os mais importantes agentes agressivos para a madeira são os organismos vivos, cujo ataque é chamado biológico (ou biótico). Estes agentes são fungos, insetos ou bactérias, e sua ação é geralmente possível só na presença de umidade.

10.2.1 Insetos

Os insetos podem atacar a madeira e causar sérias perdas de resistência das estruturas. Apenas algumas espécies de insetos atacam a madeira, mas a presença dessas espécies é possível em quase todos os ambientes. A dimensão do ataque depende das condições climáticas, do tipo de madeira e da idade da peça atacada.

Os insetos que atacam a madeira (xilófagos) são divididos em coleópteros e isópteros. Os *coleópteros* depositam os ovos na superfície da madeira ou na casca, nas fissuras etc. (Fig. 10.4); estes se transformam em uma larva que escava galerias de diâmetro variável entre 1,5 mm e 10 mm, não visíveis na superfície; a degradação se manifesta na superfície só quando o inseto adulto abandona a madeira através do furo de saída. Mesmo que este seja o único sinal visível na superfície da madeira, o dano maior é produzido pelas galerias que as larvas escavam por vários anos antes de desenvolver-se e abandonar a madeira como adultos. As galerias escavadas pelas larvas estão dentro da madeira e o seu diâmetro aumenta à medida que a larva cresce. Às vezes, as galerias ficam cheias com o material erodido (pó de serra ou serragem) outras vezes ficam vazias e o "pó de serra" se acumula na superfície (este é um indício da relevância do ataque em curso). O número de galerias não é ligado diretamente ao número de furos de saída, já que o mesmo furo pode ser utilizado por vários insetos. No Aprofundamento 10.1, são ilustrados os principais tipos de coleópteros que atacam a madeira.

Os *isópteros*, mais conhecidos como térmitas ou cupins, são insetos que atacam a madeira quando estão no estado adulto. Vivem em colônias em que os indivíduos têm diversas funções (reprodutores, soldados, operários) e cavam a madeira para obter nutrientes da celulose. Estes insetos geralmente nidificam no solo, onde se nutrem de raízes ou de outros materiais lenhosos. Quando o ninho está formado, as térmitas começam a atacar a madeira e podem mover-se em busca de nova madeira, chegando inclusive a alturas elevadas através das paredes dos edifícios. Estes insetos não gostam de luz: para mover-se em busca de madeira, escavam galerias no solo ou nas paredes (quando a parede não é fácil de cavar, para fugir da luz, criam uma galeria externa).

Para evitar a luz, também o ataque à madeira ocorre só internamente: a superfície continua inalterada, como mostra a Fig. 10.5. Às vezes, só se nota o ataque dos cupins quando há um cedimento de um elemento estrutural. As térmitas se desenvolvem

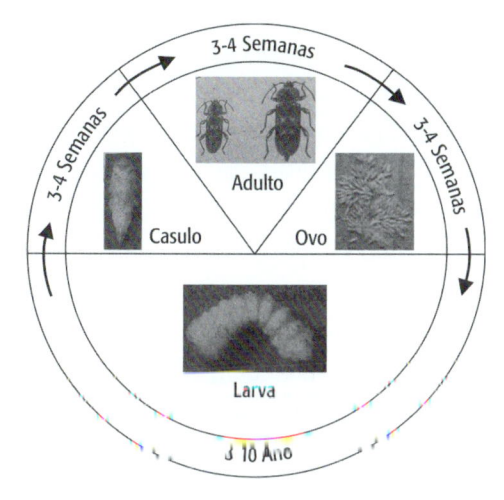

Fig. 10.4 Exemplo de ciclo de vida de um inseto (*Hylotrupes bajulus*) no interior da madeira (Unger, Schniewind e Unger, 2001)

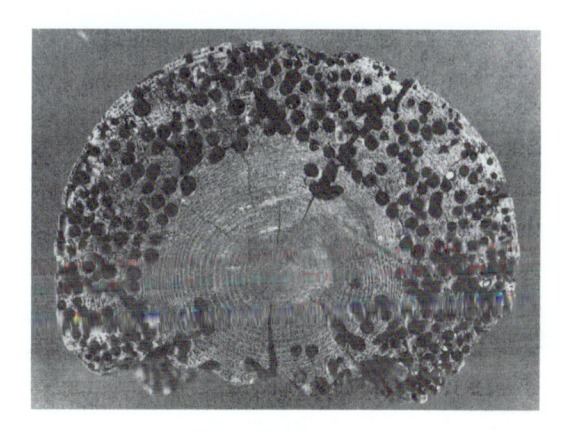

Fig. 10.5 Ataque da madeira por isópteros (Tsuomis, 1991)

sobretudo em ambientes quentes ou temperados e em madeira úmida; seu ataque, normalmente, concentra-se nos pontos onde a umidade é mais elevada, como as zonas de contato dos elementos de madeira com a alvenaria ou os pontos de infiltração de água pluvial. O ataque por insetos pode atingir sobretudo o elemento estrutural, mesmo que o dano, em geral, seja limitado ao alburno. Os especialistas podem reconhecer o tipo de inseto em função da forma e da dimensão do furo de saída e do tipo de madeira.

Aprofundamento 10.1 **Coleópteros**

Os coleópteros são insetos que, no estado adulto, se caracterizam por um revestimento externo (exoesqueleto) muito esclerificado. A esclerificação ocorre também nas asas anteriores (élitros), que muitas vezes perdem sua funcionalidade e servem para recobrir as asas posteriores, que são as que permitem o movimento do inseto de um ponto a outro para difundir as eventuais infestações. As espécies de coleópteros que vivem às custas da madeira são diversas e comumente indicadas com os nomes de carunchos, brocas, bromas, capricórnios, gorgulhos etc. Pertencem a poucas famílias, entre as quais *Anobidae*, *Lyctidae*, *Curculionidae*, *Cerambycidae*.

Anóbios. São pequenos coleópteros (2 a 9 mm de comprimento), popularmente conhecidos como brocas ou carunchos. São eles os responsáveis pelos conhecidos "relógios da morte", que são rápidas pancadas repetidas a intervalos frequentes, obtidas pelo adulto batendo a cabeça nas paredes da galeria e que são interpretadas como chamados sexuais. Sua cor varia do avermelhado ao marrom escuro e atacam tanto a madeira e seus derivados como o papel e outros materiais de origem vegetal. São a família mais presente nas estruturas e também nas estátuas, nos caixilhos nos cavaletes de telas de pinturas e nos artefatos lenhosos da cultura material. A sua capacidade de digerir a madeira não é ligada à atividade das secreções intestinais, que conseguem atacar a lignina e a celulose, mas sim à ação de certos microorganismos hospedados nas células epiteliais do ceco intestinal. Ocorre uma verdadeira simbiose, que neste caso é chamada de endosimbiose, porque os microorganismos estão hospedados no corpo do inseto. Esses microorganismos podem ser de diferentes naturezas: fungos, protozoários ou bactérias, que são "herdados" de uma geração para a outra porque os ovos são lambuzados por um líquido produzido pelas glândulas anexas ao ovopositor. A larva que nasce, nutrindo-se de parte do casulo, ingere os microorganismos, que se multiplicam ativamente e vão colocar-se nas células da parede do ceco intestinal. A sua atividade é lenta, embora constante. Nas estruturas lenhosas das construções, a atividade das larvas ocorre em profundidades modestas, pois envolve geralmente a zona do alburno e não ultrapassa, portanto, 4 ou 5 cm: nas estruturas não decoradas, o dano pode não ser preocupante, porque pode limitar-se à redução modesta da secção útil das vigas; nas estruturas decoradas, porém, ocasiona problemas em virtude da alteração das decorações.

Lictídeos. Os lictídeos são coleópteros achatados e alongados de pequenas dimensões (3 a 5 mm de comprimento), que atacam as madeiras de espécies não resinosas; preferem o carvalho, mas se encontram com frequência também em cicômoro, choupo, castanheira, nogueira, cerejeira, acácia etc. Diferentemente dos demais anóbios, a cabeça é bem visível na parte superior. As antenas, de 11 artículos, têm os últimos artículos maiores, formando a chamada clava. A parte dorsal do primeiro segmento do tórax (pronoto), de forma retangular ou trapezoidal, tem um sulco longitudinal mediano, característico de cada espécie. As asas anteriores (élitros) são duas vezes e meia mais longas que largas. A fêmea põe os ovos dentro dos vasos da madeira; para isso, busca as madeiras cujos vasos têm diâmetro maior do que o do ovopositor. Os lictídeos constituem um sério problema em algumas zonas, onde provocam sérios danos às estruturas, que são reduzidas a um pó finíssimo. Também atacam peças móveis, principalmente os cavaletes de suporte de telas de pintura.

Curculionídeos. Os curculionídeos são coleópteros com a cabeça alongada anteriormente, formando o chamado rostro, que termina com o aparato bucal, cujas pequenas mas muito robustas mandíbulas são capazes de erodir a madeira. Encontram-se principalmente nas madeiras úmidas e atacadas por fungos. Nas estruturas, podem causar gravíssimos danos, especialmente nas texturas das vigas embutidas nos muros. Tanto as larvas como os adultos são xilófagos. A cor dos adultos, que têm de 2 a 4 mm de comprimento, varia do avermelhado ao preto. Põem os ovos na madeira, depois de ter escavado o ninho com o rostro. As larvas escavam galerias em todas as direções. Podem ter diversas gerações em um ano. Movem-se pouco, já que não voam, e assim se acumulam na zona infestada, reduzindo a madeira a uma massa de retraço em pó. As texturas das vigas podem ser totalmente destruídas. [N. da T.: os curculionídeos, conhecidos como gorgulhos, são comuns no Brasil sobretudo em plantações de algodão (gorgulho do algodão).]

Cerambicídeos. Os cerambicídeos são insetos de grande dimensão em comparação com os anóbios: quando adultos, chegam a medir até alguns centímetros de comprimento. Entre os coleópteros, são os mais perigosos para as estruturas em madeira pelos seguintes motivos: as larvas escavam galerias que chegam a até 1 cm de largura; o sentido dessas galerias é muito variado, podendo chegar até ao centro da secção da viga; teoricamente, uma única larva trabalhando no mesmo plano ortogonal no eixo da viga poderia rompê-la. Mesmo que, na realidade, esse caso seja improvável, a presença de uma única larva em uma viga deve ser considerada extremamente perigosa. A presença dos cerambicídeos (atual ou remota) é detectada pela massa farinhenta e amarelada do retraço (ou seja, excrementos e o produto da erosão da madeira), que obstrui as galerias, e pelos furos de saída, que são ovais e muito maiores do que os dos anóbios (podem chegar a 0,5×1 cm). Muitas vezes, na mesma viga encontram-se muitas larvas ao mesmo tempo. A infestação, que é favorecida pela presença da casca, decresce notavelmente com a idade da madeira.

Este Aprofundamento foi extraído de Liotta (2003).

10.2.2 Fungos

Muitos tipos de fungos alimentam-se da madeira e levam à sua decomposição após o ataque químico a alguns ou todos os componentes das células (podridão). Este ataque prevê uma fase *vegetativa*, durante a qual depositam os esporos e se formam filamentos constituídos por células tubulares (*ife*), que penetram na madeira com consequente degradação da estrutura lenhosa e reagrupam-se para ramificar e formar um *micélio*, que cresce principalmente sob a superfície da madeira. O micélio tem a função de decompor a madeira e, assim, de fornecer o nutriente para o crescimento do fungo. As ife, ao penetrar na madeira, produzem enzimas que convertem celulose, hemicelulose e, em parte, a lignina em açúcares e compostos aromáticos de baixa massa molecular; estes são depois utilizados para o crescimento do fungo e como fonte de energia. Na fase da propagação, o fungo produz novos esporos e, assim, formam-se novos assentamentos (por difusão através do ar).

As consequências do ataque podem limitar-se à variação de cor (como o *azulado* das coníferas), sem consequências sérias sobre a resistência. Em outros casos, porém, pode acarretar uma degradação em profundidade. A *podridão parda*, por exemplo, é produzida por fungos (ex., *Serpula lacrimans*) que, nos primeiros estágios do ataque, despolimerizam a celulose e, em seguida, removem celulose e hemicelulose, deixando somente a lignina (que se oxida ao ar e assume uma cor marrom). Em pouco tempo, a decomposição da estrutura polimérica da madeira produz uma redução da resistência mecânica da madeira e uma contração.

O ataque manifesta-se com a fissuração da madeira tanto paralela como perpendicularmente à direção das fibras, com a formação de fragmentos cúbicos (Fig. 10.6). No estágio seguinte de decomposição, os cubos são destruídos para formar um pó feito principalmente de lignina. Os fungos responsáveis pela *podridão branca* atacam principalmente a lignina; todos os tecidos atingidos pela podridão perdem rapidamente a resistência mecânica. Para que ocorra um ataque por fungos, a madeira deve ter um teor de umidade superior a 20%; em seguida, o próprio fungo pode contribuir para manter a madeira úmida (em alguns casos, até mesmo transportando a água para a zona de ataque).

10.2.3 Bactérias

O ataque por bactérias é geralmente muito menos importante do que o de fungos ou insetos, já que é muito mais lento (seus efeitos são visíveis em achados arqueológicos que não foram sujeitos a outros tipos de ataque). A principal consequência deste ataque é o aumento da permeabilidade da madeira, por causa da degradação das membranas presentes entre as células. Algumas bactérias podem sobreviver em condições anaeróbicas, mesmo na madeira imersa em água.

10.2.4 Outros fatores

A resistência de uma madeira ao ataque biológico depende de muito fatores, entre eles o ambiente, o tipo de madeira e o período de corte. Para que ocorra o ataque biológico, é necessária a presença de nutrientes para os insetos ou os fungos, de umidade, de ar e de calor. Certos tipos de inseto preferem nutrir-se de alguns tipos de madeira e não de outros; outros insetos preferem insidiar-se em madeiras já atacadas por fungos. Portanto, só é possível fornecer algumas indicações com relação aos fatores que determinam o risco de ataque.

Os principais fatores ambientais são:
- a presença no ambiente dos organismos que podem degradar a madeira;
- a idade da estrutura; muitas vezes, depois de um período de pelo menos 50 anos, algumas substâncias nutritivas degradam-se e já não permitem mais o desenvolvimento da maior parte das larvas e dos fungos;

Fig. 10.6 Exemplo de madeira com podridão parda

- a temperatura: para cada espécie de fungo pode-se definir um intervalo entre uma temperatura máxima e uma mínima, fora do qual não há crescimento; existe também uma temperatura intermediária, à qual corresponde a máxima velocidade de crescimento; a máxima velocidade do ataque geralmente fica entre 20°C e 30°C; muitas vezes a atividade dos fungos cessa abaixo de 0°C e acima de 40°C, mas eles ainda podem sobreviver (para eliminá-los deve-se levar a madeira a 65°-70°C);
- a presença de oxigênio: a sobrevivência dos fungos e dos insetos requer ar; todavia, alguns microorganismos conseguem sobreviver com quantidades muito baixas de oxigênio;
- a umidade da madeira (devida a infiltrações, contato com alvenaria úmida, vapores): para os insetos é necessária uma umidade mínima entre 7% e 15%, enquanto para os fungos são necessárias umidades maiores (não há ataques abaixo de 20%; a condição mais perigosa é entre 35% e 50% de umidade, mas acima de 80%-100% não há ataque, por causa do escasso aporte de oxigênio). Particularmente críticos são, portanto, os ambientes caracterizados por ar muito úmido e sobretudo aqueles em que a madeira é sujeita a ciclos de seco-molhado. Com efeito, na madeira úmida podem desenvolver-se insetos e fungos a ponto de decompô-la, enquanto as variações cíclicas de umidade produzem modificações dimensionais que causam fissurações, nas quais os agentes destrutivos penetram mais facilmente.

Quanto às características da madeira, geralmente o alburno é suscetível a ataques de fungos e insetos, enquanto a resistência aos fungos do cerne varia em função da espécie de madeira (e, em particular, da presença de camadas tóxicas). Na árvore, o cerne é a parte morta, protegida pelas toxinas presentes nas camadas que se formam cada vez que um anel de crescimento se transforma de alburno em cerne. O alburno, além de ser protegido pela casca, pode exercer uma reação ativa contra os agentes biológicos. Quando a árvore é convertida em produto de madeira, o cerne mantém a sua durabilidade natural, enquanto o alburno morre e não pode mais reagir para se proteger. Como não contém toxinas e, ainda por cima, é rico em nutrientes, o cerne é suscetível a ataques por parte dos fungos. Deverá, portanto, ser protegido nas condições ambientais em que a degradação biológica possa ocorrer.

10.3 Outros tipos de ataque

Os *agentes atmosféricos* podem degradar a madeira. A exposição direta às radiações solares causa uma degradação muito superficial que determina uma mudança de cor da madeira (que se acinzenta) e torna solúvel a lignina. A chuva contribui para a variação de cor da madeira, pode erodir a lignina danificada pelas radiações ou algumas camadas e, enfim, determina uma ação erosiva. Na ausência de ataque biológico, no entanto, os fatores atmosféricos limitam seus efeitos a uma camada superficial; a dimensão do ataque aumenta à medida que diminui a densidade da madeira. O resultado limita-se, normalmente, apenas à variação de cor. Particularmente críticos, porém, são os ambientes caracterizados por ar muito úmido e sobretudo aqueles em que a madeira está sujeita a ciclos de seco-molhado. Com efeito, as variações cíclicas de umidade produzem modificações dimensionais que ocasionam fissurações, onde os esporos dos fungos e os ovos dos insetos são depositados com mais facilidade.

Em condições anaeróbicas, criadas quando a madeira está imersa em solos úmidos ou em água, pode-se verificar um processo lento de decomposição da madeira, a partir de sua superfície. Em muitos casos, observa-se uma clara transição entre a camada superficial decomposta e a parte interna inalterada. A decomposição ocorre por hidrólise e começa com o enfraquecimento da estrutura superficial das paredes das células, com o ataque das microfibrilas; em seguida, assiste-se a uma dilatação das paredes das células, e o ataque pode iniciar até do cerne. Este processo é, porém, extremamente lento e geralmente se limita a alterar o aspecto superficial da madeira (de pouca importância no caso de elementos enterrados ou imersos), sem influir nas propriedades mecânicas da madeira em profundidade; de fato, pode ter efeitos significativos só nos achados arqueológicos.

Geralmente, poucos *agentes químicos* podem atacar a madeira. A solução no interior das células da madeira é ligeiramente ácida. Em consequência, a madeira tem uma boa resistência química em ambientes levemente ácidos, mesmo se o efeito dos ácidos sobre a madeira depende de diversos fatores (o tipo de ácido, a concentração, a temperatura etc.). Geralmente, os ácidos oxidantes são mais agressivos do que os não oxidantes e as madeiras duras são mais atacadas do que as moles. Inicialmente, os ácidos determinam apenas uma variação de cor; à medida que aumenta sua concentração, a temperatura e a duração da exposição, porém, pode-se assistir à hidrólise dos componentes das paredes das células, com consequente diminuição da resistência a partir da superfície. Por outro lado, a madeira tem uma resistência menor às substâncias alcalinas; estas causam inicialmente uma dilatação e, em seguida, a dissolução da hemicelulosee da lignina. Em geral, deve-se, pois, evitar o contato da madeira com o concreto úmido.

A madeira exerce uma ação corrosiva sobre os metais, pois a sua camada aquosa é ligeiramente ácida, com pH geralmente entre 4 e 5 (algumas madeiras secretam ácido fórmico ou acético, por exemplo). Alguns tratamentos podem aumentar a agressividade da madeira aos metais e, em particular, ao aço-carbono. O ataque só ocorre, porém, se a madeira tem um elevado teor de umidade, como se verifica nas estruturas sujeitas à ação direta da chuva.

Enfim, uma forma de ataque particularmente grave é o incêndio, que será abordado no Cap. 12.

10.4 Prevenção da degradação das obras em madeira

A prevenção da degradação nas estruturas novas em madeira e a restauração de estruturas existentes depende sobretudo da escolha de uma espécie de madeira adequada para as condições ambientais. Além disso, na fase do projeto devem-se remover as possíveis causas de degradação e, em especial, eliminar as fontes de umidade. No caso do apoio de vigas, por exemplo, é importante evitar o contato direto com a alvenaria úmida, criando um microambiente úmido dentro da própria alvenaria; o ponto de apoio da viga pode ser isolado com materiais impermeáveis. Mesmo nas coberturas em madeira, onde é possível que, com o tempo, ocorram infiltrações de água, é uma boa ideia favorecer a recirculação do ar e, assim, manter as condições secas.

10.4.1 Tratamentos da madeira

Nos casos em que não é possível remover a umidade da madeira, pode-se fazer tratamentos de preservação para protegê-la do ataque biológico. Com o tempo, foram desenvolvidos diversos tipos de tratamento que podem ser aplicados tanto como métodos de prevenção como para controlar a degradação já em curso. Os tratamentos podem ser classificados em:

- métodos *estruturais*, que compreendem a escolha do tipo de madeira e o projeto dos detalhes construtivos para proteger a madeira das fontes de umidade e da ação do ambiente;
- métodos *químicos*, que preveem a impregnação da madeira com substâncias que bloqueiam o desenvolvimento dos insetos e dos fungos; estes métodos são descritos no item 10.4.2;
- métodos *físicos*, que têm por objetivo criar condições ambientais hostis à sobrevivência dos organismos agressivos e interromper sua multiplicação; incluem a aplicação de temperaturas altas e baixas ou de ondas eletromagnéticas, como as microondas ou os raios gama; estes métodos têm menores efeitos ambientais e de toxicidade, mas devem ser aplicados com cuidado para evitar danificar a madeira;
- em certos casos, utilizam-se também métodos *biológicos*, que preveem o emprego de organismos vivos (insetos, bactérias ou vírus) para exterminar os organismos agressivos.

Com frequência, usa-se uma combinação de diversos métodos com o fim de obter benefícios econômicos ou de eficácia do tratamento, além de considerar também os aspectos ambientais e de toxicidade para as pessoas.

10.4.2 Tratamentos químicos

Os tratamentos químicos podem ser realizados com substâncias líquidas ou com vapores ou gases. As primeiras contêm biocidas capazes de prevenir o ataque por parte dos organismos agressivos ou podem, em todo caso, mantê-los sob controle. Devem ser capazes de penetrar na madeira e se distinguem dos hidrorrepelentes normais pela presença de substâncias tóxicas para os organismos responsáveis pela degradação.

O veículo que contém o agente biocida pode ser a água ou um solvente orgânico. Os tratamentos com água preveem, em geral, a impregnação da madeira com uma solução aquosa de biocidas orgânicos (sais ou compostos salinos); este método é mais adequado para madeiras parcialmente secas (com teor de umidade entre 20% e 30% da massa) e úmidas (umidade superior a 30%). Os sais podem ser divididos entre os que se fixam por reação com a madeira, como os cromados, e aqueles que permanecem em solução e, assim, podem ser eliminados pela água, como os compostos de boro e de flúor. Geralmente, os tratamentos com água não tem cheiro, mas podem determinar uma dilatação da madeira. Na ausência de emulsões, penetram menos do que os tratamentos com solvente.

Geralmente, os tratamentos com solvente são constituídos de um biocida orgânico dissolvido em um solvente orgânico. Em geral, são adequados para a aplicação à madeira seca ou muito pouco úmida sob várias formas (*primer*, revestimentos decorativos, impregnados). O solvente evapora depois da aplicação e deixa o biocida na madeira, que não deve ser lavada com água. Devem ser usados com cuidado e por especialistas, considerando os riscos ligados à sua manipulação e as consequências para a peça de madeira e para o ambiente circunstante. Por causa da pressão de vapor relativamente alta, alguns biocidas orgânicos, com efeito, podem contaminar o ar e poluir ambientes fechados.

As substâncias utilizadas para tratar as madeiras são muitíssimas, cada uma das quais é destinada a resolver um problema específico. A sua escolha é subordinada à especificação da causa exata da degradação. Neste contexto, só é possível dar algumas indicações gerais, deixando para a literatura especializada a solução de casos específicos.

Contra os insetos, pode-se utilizar inseticidas, em geral dissolvidos em solventes orgânicos; o tratamento é específico para cada tipo de ataque (para os coleópteros, por exemplo, pode-se utilizar produtos à base de pentaclorofenol aplicados com pincel ou borrifados); no caso das térmitas, pode ser necessário tratar com produtos específicos também as trilhas no solo, onde vivem, para atingir seu ninho. É importante considerar que, muitas vezes, os inseticidas não conseguem penetrar a madeira mais do que alguns milímetros e, assim, dificilmente atingem as larvas ou os insetos; além disso, a sua eficácia é limitada no tempo.

Contra os fungos, se não se pode remover a umidade rapidamente, pode-se aplicar um tratamento de preservação que penetre em profundidade. Para isso, no passado, utilizaram-se sobretudo substâncias à base de:
- óleos: creosoto, por exemplo (solução de sais metálicos e betume), usado desde 1836 e hoje empregado em ambiente marinho e para dormentes ferroviários;
- solventes orgânicos: o pentaclorofenol, por exemplo, usado desde 1930, é um biocida capaz de prevenir a degradação por fungos e insetos, mas é uma substância muito tóxica e há o risco de emissão de dioxinas;
- soluções aquosas, desenvolvidas nos anos 1950-1960: cobre-cromo-arsênico (CCA, geralmente composta por 47% CrO_3, 19%

CuO e 34% As_2O_5), por exemplo, confere uma cor verde à madeira; é necessário verificar a ausência do elemento cromo, que pode poluir o ambiente.

Na realidade, foram estudadas e utilizadas muitíssimas outras substâncias que não se pode enumerar aqui. A toxicidade destas substâncias aconselha seu uso somente em condições controladas. Os tratamentos da madeira estão em contínuo desenvolvimento, em particular no que se refere ao estudo de substâncias eficazes contra os agentes biológicos, mas de baixa toxicidade para as pessoas e para o ambiente.

O método de aplicação do tratamento de preservação é importante, já que determina tanto a quantidade de substância absorvida como a profundidade da penetração. As substâncias líquidas de preservação aplicadas com pincel não conseguem penetrar a madeira e, na maior parte dos casos, limitam sua ação a uma profundidade de 1 mm a 2 mm. Os métodos mais eficazes são aqueles sob pressão a vácuo, que preveem, por exemplo:
- o condicionamento do material (cura ao ar e a vapor), para remover a água das cavidades das células; a umidade deve ser levada a valores ao redor de 25%;
- os pré-tratamentos: o corte definitivo do elemento e a realização de incisões (fendas) superficiais para melhor penetração do tratamento (que só interessa na camada superficial);
- o tratamento a pressão de acordo com determinados ciclos (o vácuo, por exemplo, seguido da aplicação da substância sob pressão e novamente o vácuo, para remover o excesso de substância), seguido por um processo de condicionamento-fixação, que consiste em um tratamento a vapor para desacelerar a perda da substância.

Os tratamentos a pressão sob vácuo podem conseguir impregnar completamente o cerne. Em geral, podem ser aplicados somente em processos industriais e não são aplicáveis à restauração de estruturas existentes.

Alguns tratamentos de preservação podem ter efeitos indesejáveis sobre o elemento de madeira ao qual são aplicados. Os biocidas, por exemplo, podem ser alterados por variações de pH, temperatura ou umidade, ou ainda por radiações ou por íons metálicos das tintas ou revestimentos metálicos; em seguida a essas alterações, podem até agredir a madeira. Muitos compostos halogenados orgânicos, por exemplo, não são estáveis em ambiente alcalino ou os compostos fluoretados podem agredir os metais. Se os biocidas não estão bem fixados na madeira, podem migrar para a superfície por causa das variações de umidade; em consequência, podem ser absorvidos pelo pó superficial ou serem dispersos no ar. Muitos dos tratamentos de preservação usados no passado, sobretudo os pentaclorofenóis ou o *DDT*, podem ser expelidos da madeira com sérias consequências de poluição e de toxicidade para as pessoas. Alguns destes tratamentos podem até formar um depósito sobre a superfície da madeira, que altera o seu aspecto (no caso dos bens culturais, às vezes é necessário remover o tratamento).

No caso das obras existentes, em vez de utilizar substâncias líquidas de preservação (que poderiam ser aplicadas só com pincel e, portanto, seriam de escassa eficiência), pode-se aplicar tratamentos de *fumigação*, que preveem o emprego de vapores ou gases (por exemplo: dióxido de enxofre, cianetos, brometos, dióxido de carbono, nitrogênio etc.), destinados sobretudo à eliminação dos insetos. Estas substâncias penetram muito mais rapidamente na madeira, mas a abandonam também rapidamente ao final do tratamento (e, portanto, não podem ser empregadas para prevenção). A sua eficácia depende da natureza da substância utilizada, da sua concentração, da duração da exposição, da temperatura, da pressão e do teor de umidade da madeira. Algumas dessas substâncias são tóxicas também para as pessoas e devem, por isso, ser utilizadas em condições controladas. Objetos de pequenas dimensões podem ser tratados em recipientes herméticos; já no caso do tratamento de estruturas, deve-se isolar o ambiente.

11 Degradação dos polímeros

Ao contrário do que se pensa, os polímeros não são materiais estáveis em todos os ambientes; certos polímeros seriam inutilizáveis mesmo em condições ambientais normais se não se acrescentassem a eles substâncias que previnam a sua degradação. Os materiais poliméricos comerciais são formulações complexas, que contêm muitos tipos de aditivos com a finalidade de melhorar os desempenhos mecânicos do produto, favorecer sua manipulação, prolongar sua vida útil, protegê-lo de situações extremas como o fogo etc. Todavia, mesmo os materiais poliméricos comerciais podem, com o tempo, sofrer alterações na sua estrutura e nas suas propriedades, que podem comprometer sua utilização (Rink, 2002; Strong, 1996; Callister, 1997). Antes de mais nada, são muito mais sensíveis à temperatura do que todos os outros materiais usados nas construções; as variações normais de temperatura ambiental podem modificar substancialmente o desempenho de certos materiais poliméricos (por exemplo, porque passam de um comportamento vítreo a um comportamento viscoso). Mesmo as substâncias presentes no ambiente ou as demandas mecânicas podem levar a uma degradação dos polímeros. Uma consequência típica da degradação dos polímeros é a alteração da cor, com um amarelecimento dos polímeros transparentes ou a variação de cor dos opacos. Um segundo efeito importante é o aumento da rigidez (e, portanto, a perda da flexibilidade), geralmente acompanhado da perda de tenacidade; estes dois efeitos podem levar à formação de *crazing* superficial (isto é, uma rede de microfissuras e vazios) e à ruptura da peça.

As propriedades dos polímeros derivam da estrutura das suas macromoléculas e das interações que se instauram entre elas. Os fatores que alteram a estrutura das macromoléculas, a sua conformação e as ligações intermoleculares influem nas propriedades dos polímeros. Mesmo a perda de substâncias de baixo peso molecular, acrescentadas para modificar as propriedades físicas dos polímeros comerciais (plasticizantes, estabilizantes, agentes antiestáticos etc.), ou sua degradação química podem alterar, com o tempo, as propriedades do material polimérico. Variações do comportamento podem derivar também do contato com substâncias de baixo peso molecular (em forma líquida). Portanto, as propriedades do material podem variar mesmo na ausência de reações químicas e de variações de temperatura.

Em princípio, a degradação dos polímeros pode ser dividida entre fenômenos de tipo físico, que não comportam a modificação das ligações fortes no interior das macromoléculas, e de tipo químico, que comportam a ruptura ou a formação de novas ligações fortes (Fig. 11.1). Os primeiros fenômenos são reversíveis, pois, ao menos teoricamente, o polímero pode recuperar as propriedades originais quando é removida a causa da degradação. Os processos químicos são irreversíveis: a fragilização do polímero é a consequência prática mais importante de qualquer reação que leve tanto a uma modesta redução do peso molecular como à formação de craqueamento superficial.

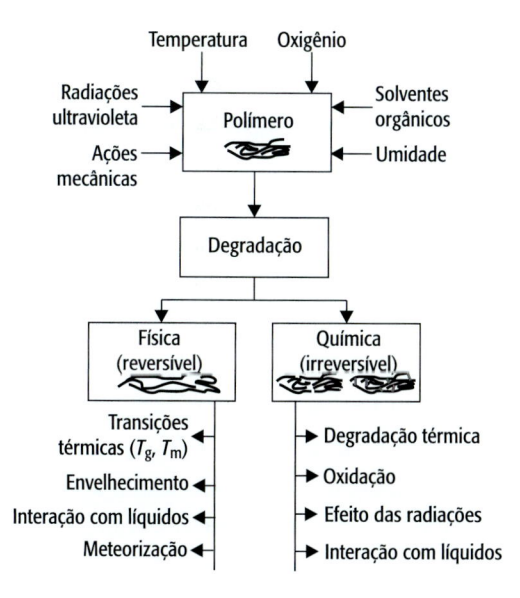

Os fenômenos de degradação podem ocorrer tanto em polímeros em massa como em materiais poliméricos utilizados em espessuras finas para a proteção de outros materiais (pinturas, revestimentos etc.), vedação e adesão. O estudo da degradação dos polímeros é, assim, de interesse também para compreender o comportamento em exercício dos revestimentos protetores, dos selantes e dos adesivos.

Neste capítulo, abordam-se os principais fatores e mecanismos de degradação dos materiais poliméricos, resumidos na Fig. 11.1. Analisam-se, em seguida, os materiais poliméricos utilizados para os adesivos (item 11.5), as pinturas (item 11.6) e os selantes (item 11.7), ilustrando as variáveis que influem na sua durabilidade. Os materiais utilizados como impermeabilizantes são descritos no item 15.2.1.

11.1 Efeitos da temperatura

Quando a temperatura aumenta, também aumenta a energia interna do polímero. Inicialmente, atenuam-se as ligações fracas entre as macromoléculas com um consequente aumento da mobilidade interna, que determina uma diminuição do módulo de elasticidade do material e, assim, um aumento da flexibilidade. Em temperaturas elevadas, pode-se romper até as ligações covalentes, de modo a ocorrer uma degradação química. A Fig. 11.2 esquematiza o comportamento

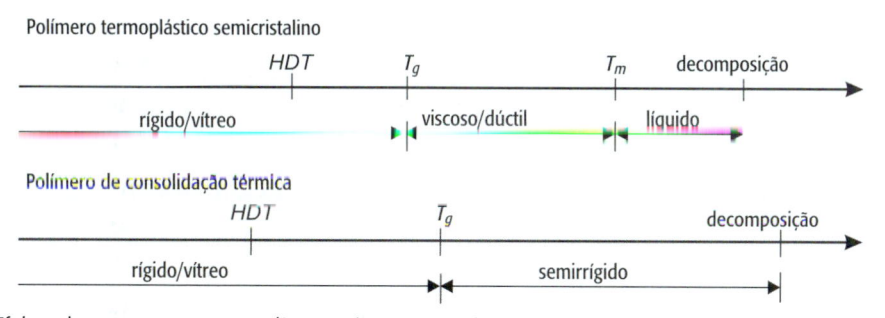

Fig. 11.1 Principais mecanismos de degradação dos materiais poliméricos

Fig. 11.2 Efeitos da temperatura nos polímeros (Strong, 1996)

dos polímeros termoplásticos e termoestáveis ou termofixos, em função da temperatura, e especifica os valores críticos.

11.1.1 Transformações físicas

Em Bertolini (2006), discute-se como os materiais poliméricos amorfos são caracterizados por uma temperatura de transição vítrea (T_g), à qual passam de comportamento vítreo a viscoso. O módulo de elasticidade do polímero no estado vítreo, abaixo da T_g, é várias ordens de grandeza superior ao módulo do polímero no estado viscoso. Esta transição determina, assim, uma drástica mudança das propriedades do material. Um revestimento protetor, que deve ser flexível, abaixo da T_g torna-se rígido e frágil; da mesma forma, um elemento do qual se requer baixa suscetibilidade à deformação, torna-se inutilizável acima da T_g (para evitar estes problemas, nas aplicações em que o material deve ser "rígido" geralmente se escolhem polímeros com T_g superior a 80°C). Estas mudanças são reversíveis, já que é suficiente levar o polímero de volta às condições de temperatura iniciais para atingir o estado viscoso ou vítreo. Todavia, a reversibilidade atinge somente o material – o elemento pode sofrer alterações permanentes (por exemplo, quando um revestimento se rompe porque se tornou rígido ou frágil abaixo da T_g ou quando uma peça se deforma porque se tornou flexível acima da T_g). A temperatura de transição vítrea, além de depender do polímero, depende também da velocidade de resfriamento, como ilustrado no item 2.3.3.

Os materiais termoplásticos semicristalinos, acima da T_g, diminuem o módulo de elasticidade, mas mantêm um comportamento dúctil, graças às frações cristalinas; somente acima da temperatura de fusão T_m o polímero torna-se líquido e perde completamente as propriedades mecânicas.

As profundas variações no comportamento mecânico de um polímero na sua T_g requerem o conhecimento desta temperatura para determinar as condições corretas de utilização do material em função da aplicação específica. Muitas vezes, em vez da temperatura de transição vítrea, prefere-se considerar um valor "prático", que define a máxima temperatura à qual o material pode ser utilizado sem sofrer perda significativa de resistência ou rigidez. Esta temperatura chama-se *Heat Distortion Temperature* (*HDT*) e é estabelecida por meio de ensaios empíricos padronizados. Uma amostra do material plástico é carregado em flexão em três pontos, dentro de um banho termoestático. A temperatura do banho é aumentada lentamente com o tempo e se coleta a deflexão da amostra. A *HDT* é definida como a temperatura em que a deflexão atinge um valor-limite. Este é, obviamente, um ensaio empírico e o valor da *HDT* é influenciado pela geometria da amostra, pela carga aplicada, pela velocidade de aumento da temperatura e pelo valor-limite da deflexão (valores padrão são propostos em várias normativas).

Mesmo os materiais de consolidação térmica podem ser caracterizados por uma temperatura de transição vítrea, que especifica a passagem do estado vítreo a viscoso das cadeias macromoleculares compreendidas entre os pontos de reticulação. Abaixo da T_g, o material será rígido e vítreo (frágil); acima da T_g, a rigidez depende do grau de reticulação do polímero.

11.1.2 Degradação térmica

A uma certa temperatura, mesmo na ausência de oxigênio e de radiações (cujos efeitos serão analisados em seguida), as ligações químicas do polímero adquirem suficiente energia para romper-se espontaneamente; verifica-se, assim, uma degradação térmica das macromoléculas. Para os polímeros termoplásticos, em geral, a degradação térmica em atmosfera inerte ocorre acima da temperatura de fusão, portanto no polímero em estado líquido (Fig. 11.2). Os polímeros de consolidação térmica, graças à reticulação das macromoléculas, não têm uma temperatura de fusão; a degradação térmica ocorre, portanto, no material sólido.

A degradação térmica comporta uma perda irreversível dos desempenhos mecânicos, em termos de resistência, rigidez e durabilidade. A ruptura das ligações das macromoléculas leva à liberação de substâncias voláteis, por causa da formação de moléculas de pequenas dimensões, que se encontram no estado gasoso (no Cap. 12, ver-se-á como esta é a primeira fase da combustão do polímero na presença de oxigênio). Uma outra consequência da degradação térmica é a variação de cor do polímero; inicialmente, o material tende a amarelar e, em um estágio mais avançado da degradação, escurece devido à presença de resíduos carbônicos.

Em geral, a degradação térmica é pouco importante para o uso dos polímeros, já que, em condições normais de exposição, prevalecem os efeitos da oxidação; pode, porém, ser muito importante na produção das matérias plásticas. Os materiais termoplásticos são trabalhados a quente, acima da T_m (ou da T_g), e podem sofrer degradação térmica durante a modelagem. Por este motivo, com frequência acrescentam-se substâncias estabilizadoras, como os pós inorgânicos (calcário, talco, alumina etc.).

11.2 Envelhecimento físico

O envelhecimento físico é um fenômeno reversível, que ocorre nos polímeros amorfos e na porção amorfa dos polímeros semicristalinos. Consiste em um progressivo adensamento da estrutura, por causa do rearranjo das macromoléculas com consequente aumento de rigidez e fragilidade do material. O fenômeno deve-se ao fato de que, abaixo da T_g, o polímero amorfo sai da condição de equilíbrio. Como demonstrado na Fig. 11.3, durante o resfriamento abaixo da temperatura de transição vítrea, um polímero amorfo tem um volume específico maior do que o de equilíbrio (representado pela linha tracejada). Quanto mais elevada for a velocidade de resfriamento, maiores são a T_g e o volume específico atingidos pelo material em temperatura ambiente (Fig. 2.10). Com o tempo, o polímero tende a atingir de novo o volume de equilíbrio, tanto mais rapidamente quanto mais elevada for a temperatura ambiental. A redução do volume específico modifica o comportamento mecânico do material. Mesmo pequenas variações do volume específico podem levar a relevantes aumentos do módulo de elasticidade e da capacidade de carga; o material se torna, assim, mais rígido e resistente, mas diminui sua tenacidade e, portanto, se fragiliza. O envelhecimento físico comporta até variações de permeabilidade e das propriedades ópticas e elétricas.

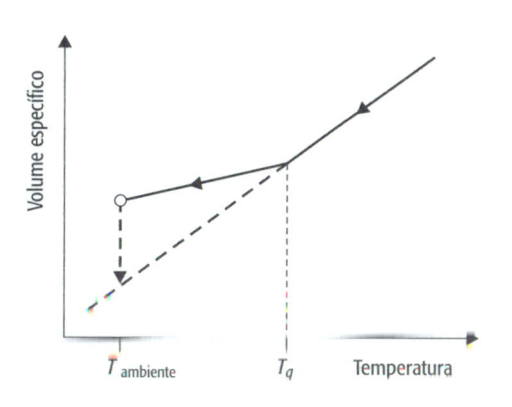

Fig. 11.3 Variações do volume específico de um polímero amorfo

11.3 Interação com substâncias líquidas

O contato com substâncias líquidas (água, solventes orgânicos etc.) pode modificar a estrutura do polímero, determinando sua dilatação ou amolecimento. Em certos casos, pode-se até chegar à dissolução do polímero no líquido ou à reação entre os dois (Fig. 11.4). O tipo de interação depende da combinação específica entre polímero e líquido. Em alguns casos, além disso, pode-se verificar a ruptura frágil do material polimérico, por causa dos fenômenos de meteorização (ou, em inglês, *environmental stress crazing*).

11.3.1 Ação dos solventes

A interação entre um polímero e um líquido é favorecida quando a natureza química de ambos é semelhante. Os solventes polares, por exemplo, podem interagir com os polímeros polares. Já que, em geral, nos polímeros prevalecem as ligações apolares, estes materiais são resistentes à água (cujas moléculas são polares).

Quando o líquido e o polímero são afins, podem formar-se entre eles ligações secundárias (do tipo hidrogênio ou van der Waals), que levam as moléculas de solvente a acumular-se em sítios favoráveis do polímero, onde possam romper as ligações secundárias entre as macromoléculas. A presença do solvente modifica, assim, a estrutura física das macromoléculas, determinando uma dilatação do polímero. Pequenas quantidades de um solvente em um polímero podem até levar a uma significativa diminuição da temperatura de transição vítrea. Para certas combinações de polímero e solvente de elevada afinidade, o acúmulo de solvente nos sítios favoráveis pode romper as ligações secundárias entre as macromoléculas ao ponto de dissolvê-las. Este tipo de interação, porém, ocorre em casos raros, pois a quantidade de solvente e os tempos de contato não são normalmente suficientes para a completa dissolução.

A ação dos solventes ocorre também na produção dos polímeros. Um exemplo são os *plastificantes*, ou seja, substâncias que se comportam como solventes no polímero e que, acrescentadas em modestas quantidades como aditivos, causam sua ligeira dilatação, diminuindo a temperatura de transição vítrea. Com estas substâncias é possível, assim, transformar em viscoso um material que, em temperatura ambiente, teria um comportamento vítreo (um exemplo típico é o cloreto de polivinila utilizado para encapar cabos elétricos). A ação dos solventes é utilizada, em alguns casos, também para soldar plásticos. Aplicando o solvente nas duas superfícies poliméricas a serem unidas, determina-se a dissolução das macromoléculas superficiais; assim, unem-se as duas superfícies e, quando o solvente evapora, os dois pedaços se soltam.

Nenhuma interação	Dilatação Amolecimento	Dissolução	Reação
Polietileno e água	Náilon e água	Álcool polivinílico e água	Celulóticos e ácidos

Interação entre polímero e líquido →

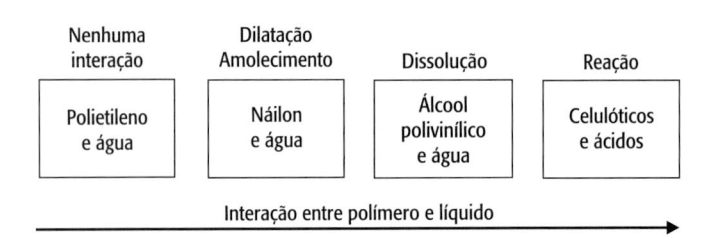

Fig. 11.4 Exemplos de interação entre os materiais poliméricos e as substâncias líquidas (Strong, 1996)

11.3.2 Meteorização

Alguns polímeros de comportamento dúctil, devido à ação combinada de determinados líquidos orgânicos e de forças de tração, podem romper-se fragilmente a níveis de esforços notavelmente inferiores àqueles que seriam necessários para a ruptura no ar. A interação com o líquido permite, assim, transformar de dúctil em frágil a modalidade de ruptura do polímero, com o mecanismo do *crazing* (Bertolini, 2006). Este fenômeno é chamado de meteorização.

Para que ocorra este tipo de degradação, o líquido deve agir como solvente sobre o polímero, levando, em particular, à dilatação do polímero no ápice das fissuras. A presença de uma força de tração leva à concentração dos esforços no ápice da fissura, enfraquecido pelo solvente, rompem-se, assim, as ligações secundárias entre as macromoléculas. Deste modo, formam-se as microfissuras típicas do *crazing*, que, propagando-se, levam à ruptura frágil do material.

Os principais fatores que determinam o surgimento deste fenômeno são:
- a combinação entre polímero e líquido: as condições mais críticas encontram-se no caso de líquidos que se comportam como solventes do polímero (por exemplo, detergentes no caso do polietileno, soluções salinas no caso do náilon, solventes cloretados ou gasolina no caso de policarbonato, álcool no caso do polimetilmetacrilato);
- o esforço aplicado: como as fissuras avançam, é necessário um esforço de tração; todavia, podem ser suficientes os esforços residuais induzidos pela contração da peça durante sua produção;
- a capacidade do líquido de penetrar no polímero: se o líquido tem uma baixa viscosidade, pode penetrar mais facilmente no polímero (não é necessário que o líquido ataque toda a superfície; é suficiente que atue na região deformada ao redor do ápice das fissuras);
- o tempo de contato: a ativação e a propagação das fissuras requerem um certo tempo, função também do esforço aplicado.

11.4 Ação do ambiente

A exposição dos polímeros à atmosfera pode determinar uma degradação química devida à ação das radiações solares, do oxigênio ou de ambos.

Os polímeros são sensíveis à ação do componente ultravioleta (com comprimento de onda de cerca de 300 nm) das radiações solares. Esta ação determina um aquecimento do polímero, que pode assim produzir uma degradação térmica, mas sobretudo excita os elétrons das ligações covalentes a níveis energéticos maiores, com consequente possibilidade de ruptura das ligações. A resistência de um material plástico a este fenômeno depende do tipo de polímero e da presença de aditivos específicos. Um filme de polietileno sem aditivos que absorvam as radiações UV ao ar livre pode degradar-se ao ponto de tornar-se pó em poucos meses; os polímeros do tipo acrílico (como o polimetilmetacrilato) têm, ao contrário, uma elevada resistência às radiações ultravioleta e não amarelam nem depois de anos de exposição à luz. Para contrapor o fenômeno, pode-se acrescentar ao polímero cargas que absorvam preferencialmente as radiações UV, como as partículas de negro-de-fumo e/ou de dióxido de titânio. Quando a transparência é requerida, pode-se utilizar moléculas específicas, que absorvam as radiações ultravioleta sem tornar opaco o material (a maior parte delas é à base de hidrobenzofenona ou benzotriazola). São adicionadas, por exemplo, aos vernizes transparentes para a proteção superficial da madeira ou em camadas superficiais de alguns polímeros, como o policarbonato que reveste o lado exposto ao exterior com uma camada finíssima, de poucos μm (é por isso que se marca, nas vidraças de policarbonato, o lado que deve ficar para fora).

O oxigênio pode degradar os polímeros mesmo a temperaturas em que a degradação térmica é irrelevante. A reação com o oxigênio (oxidação) pode determinar a ruptura das ligações covalentes das macromoléculas ou vice-versa, a formação de novas ligações entre as macromoléculas e, portanto, a reticulação do polímero. Os efeitos destes fenômenos são, em geral, um aumento da temperatura de transição vítrea e uma consequente fragilização do polímero. Em temperatura ambiente, a oxidação dos polímeros ocorre em tempos muito longos, já que o oxigênio deve difundir-se através do polímero para produzir um dano significativo (a difusão, em geral, ocorre somente no componente amorfo do polímero). Os efeitos da fragilização são marcantes nas aplicações em que o material está sob a forma de camada fina (como nas pinturas); nas amostras espessas limita-se à camada superficial (que exerce uma ação protetora sobre as partes mais internas e pode tornar irrelevantes os efeitos da oxidação sobre os desempenhos globais da peça). A ação do oxigênio é notavelmente acelerada quando aumenta a temperatura e na presença de radiação ultravioleta. Na prática, a degradação química dos polímeros é, muitas vezes, determinada pela ação combinada do oxigênio, da temperatura e das radiações UV.

Os materiais poliméricos não são, em geral, sujeitos ao ataque biológico. A maior parte dos polímeros de síntese tem um comportamento hidrorrepelente e absorve muito menos água do que as substâncias orgânicas naturais, como as proteínas e os polissacarídeos. Os organismos vivos ainda não desenvolveram enzimas capazes de atacar estes materiais. Em particular, os polímeros que resistem à hidrólise são também resistentes à biodegradação, já que as enzimas operam em ambiente úmido. Os polímeros de uso comum, portanto, só podem ser atacados por microorganismos se, antes, foram pesadamente degradados pela oxidação, de modo que sua massa molecular esteja substancialmente reduzida. A resistência dos polímeros à degradação biológica e, portanto, às bactérias, torna-os adequados para empregos no campo alimentar e sanitário. Todavia, cria problemas para o escoamento dos resíduos.

11.5 Adesivos

A colagem é uma operação com a qual se realiza a junção de duas superfícies de um mesmo material ou de dois materiais diferentes. Comparado com outras técnicas de junção, a colagem permite uma união muito rápida de duas peças, distribui de modo uniforme os esforços através de toda a área de junção (evitando as concentrações de esforços que se criam, por exemplo, com rebites e parafusos), permite a união de materiais com propriedades mecânicas diferentes (por exemplo, materiais flexíveis com materiais rígidos ou frágeis), consegue adaptar-se às irregularidades geométricas das superfícies a serem unidas, pode permitir amortecer as vibrações e é econômica. As aplicações das junções coladas são, todavia, limitadas pelas características do material polimérico e do seu comportamento viscoso. Um *adesivo* pode ser definido como uma substância que, aplicada às superfícies de dois materiais diferentes entre si, consegue uni-los e resistir às forças que tendem a separá-los. No setor da construção civil, são muitas vezes utilizados *adesivos estruturais*, constituídos de um material polimérico de consolidação térmica, rígido e tenaz, capaz de formar uma junção que transmite esforços consideráveis (de compressão, tração e corte) (Panek e Cook, 1991; Mays e Hutchinson, 1992; Kinlock, 1983; Taylor, 2001; Gierenz e Karmann, 2001).

11.5.1 Mecanismos de adesão

A resistência de uma junção colada depende da resistência dos materiais envolvidos (coesão dos materiais colados e do adesivo) e da resistência da zona de interface entre os materiais colados e o adesivo (adesão).

A ruptura da junção, devido, por exemplo, a uma força de tração, pode ocorrer em diversas modalidades, em função de onde ocorre o descolamento (Fig. 11.5):

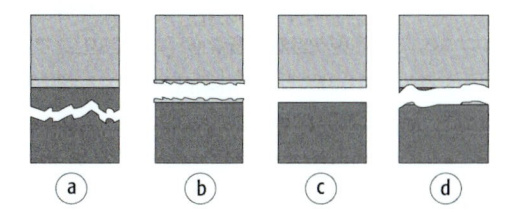

Fig. 11.5 Modalidade de descolamento de uma junção submetida a tração: a) coesivo em um dos materiais colados; b) coesivo no adesivo; c) adesivo; d) misto

- fala-se de descolamento do tipo *coesivo*, quando a separação ocorre por ruptura por tração de um dos materiais colados ou do adesivo;
- o descolamento é do tipo *adesivo*, quando ocorre na superfície de interface entre um dos dois materiais colados e o adesivo;
- há, enfim, um descolamento *misto*, quando a separação ocorre em parte de modo adesivo e em parte de modo coesivo.

A resistência de uma colagem pode ser avaliada, por exemplo, por meio de ensaios de arrancamento (*pull out*), que preveem a colagem de um disco metálico sobre material de base, utilizando o adesivo estudado. Quando o adesivo endurece, mede-se a força necessária para descolar o disco metálico. Em geral, requer-se de um adesivo estrutural que o descolamento ocorra na modalidade coesiva no material sobre o qual foi realizada a colagem. Por exemplo, a Fig. 11.6 mostra o ensaio de arrancamento de uma resina epóxi por tração sobre um corpo de prova de concreto, no qual houve uma ruptura do concreto por tração (isto significa que o adesivo conseguiu transmitir um esforço maior do que a resistência do concreto à tração).

Fig. 11.6 Exemplo de ensaio de arrancamento sobre concreto

Para explicar a modalidade pela qual ocorreu a adesão, foram propostos diversos mecanismos (Fig. 11.7): *a)* o *agarramento mecânico ou por atrito* prevê que o adesivo no estado líquido penetre no interior da cavidade do substrato e, uma vez solidificado, permaneça ali incrustado mecanicamente; este mecanismo é importante no caso de colagem de materiais porosos, já que o adesivo pode entrar no interior dos poros; *b)* a *adsorção física* prevê que, entre o adesivo e o substrato, se instaurem ligações fracas de vários tipos; mas, para gerar estas ligações, é preciso que a distância entre as moléculas do adesivo e do substrato seja da ordem das dimensões moleculares (Fig. 11.7) e requer, assim, que o adesivo seja estendido completamente sobre a superfície; *c)* outro mecanismo de adesão é a difusão de moléculas na interface; verifica-se apenas no caso de colagem sobre polímeros, em seguida à interação entre as macromoléculas do adesivo e do substrato polimérico.

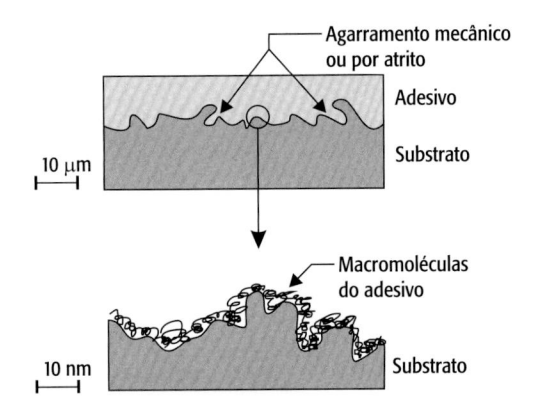

Fig. 11.7 Representação esquemática da aderência a) por atrito mecânico e b) por adesão físico-química (Kinlock, 1983)

A aderência depende tanto das características do adesivo como do substrato. Além da composição química do substrato, que pode influenciar os tipos de ligações químicas que se formam com o polímero que constitui o adesivo, também são importantes:
- a rugosidade superficial: quando aumenta a rugosidade do substrato, também aumenta a superfície efetiva de contato e, assim, a possibilidade de transmitir as forças; além disso, a colagem sobre uma superfície rugosa consegue garantir a aderência através de superfícies de contato orientadas diferentemente e, assim, melhora, posteriormente, a transmissão dos esforços;
- a limpeza da superfície: para que a colagem seja eficaz, é essencial remover os poluentes da superfície, especialmente óleos, graxas e pós; no caso das colagens estruturais, é essencial remover (ou consolidar antes da colagem) as eventuais camadas superficiais fracas (por exemplo, as partes superficiais degradadas);
- a umidade do substrato: pode interferir com os processo de endurecimento do adesivo, comprometendo sua eficácia; o problema é, muitas vezes, crítico no caso de substratos porosos, como os tijolos ou o concreto, nos quais a umidade pode ser atraída do interior do material para a superfície.

11.5.2 Tipos principais de adesivo

Hoje são utilizados muitíssimos tipos de adesivos no setor das construções, para os fins mais variados. Estes são constituídos de uma resina, que determina sua adesividade e resistência interna (coesão), e de aditivos que modificam suas propriedades finais ou durante a aplicação (como plasticizantes, *fillers*, solventes, endurecedores). Este item limita-se a uma breve descrição das tipologias de adesivos mais utilizados.

Adesivos naturais. A humanidade já empregava adesivos naturais muito antes do desenvolvimento de polímeros de síntese (Aprofundamento 11.1). Os adesivos naturais, hoje pouco utilizados, derivam de resinas vegetais, da caseína, de betumes ou asfaltos naturais, ou ainda de colas animais. Estas últimas são proteínas animais que se comportam como líquidos viscosos a temperaturas superiores a 40°C (obtidas, por exemplo, mediante o aquecimento da cola em água) e solidificam-se a temperaturas inferiores; podem ser aplicadas sobre materiais porosos (como a madeira), que permitam a evaporação da água e, assim, a perda da fluidez do adesivo.

APROFUNDAMENTO 11.1 **Desenvolvimento histórico dos adesivos**

A colagem é utilizada pelo ser humano desde a idade da pedra para fazer armas e outros utensílios, usando betumes minerais ou resinas de madeira. O asfalto foi utilizado para construir a torre de Babel. Colas animais eram utilizadas no Egito antigo para os móveis, enquanto os romanos utilizavam adesivos à base de farinha ou de caseína. Adesivos de origem vegetal, como a resina da madeira, eram utilizados também na China, como a goma arábica e a borracha nas regiões tropicais da América do Sul e da Ásia. Na Idade Média, desenvolveram-se as primeiras instalações para a produção a quente de colas a partir de matérias primas animais (glutina dos ossos, albumina do sangue ou da clara do ovo, caseína do leite) ou vegetais. A tecnologia da colagem sofreu um rápido crescimento a partir do início do século XX, quando os desenvolvimentos da química levaram à formulação de adesivos sintéticos: as resinas fenólicas (aprox. 1900), aquelas à base de ureia (aprox. 1929) e melanina, as resorcinol-formaldeído (1943), as resinas epóxi (1938) e os cianoacrilatos (1957). As primeiras aplicações estruturais dos adesivos remontam aos anos 1930, quando as resinas fenol-formaldeído foram empregadas para produzir madeira compensada para aplicações aeronáuticas; as resinas à base de formaldeído são ainda hoje utilizadas para colagem de madeira. Para aplicações em concreto ou alvenaria, a partir da Segunda Guerra Mundial, foram utilizadas as resinas epóxi e poliéster.

Adesivos de consolidação térmica. Os adesivos de consolidação térmica são formados pela reação de reticulação de dois compostos (geralmente líquidos). Entre eles, são frequentemente utilizados adesivos à base de:

- *ureia-formaldeído*: utiliza-se uma solução aquosa de formaldeído e ureia (ou pó) e um endurecedor; podem ser utilizadas somente espessuras finas (<1 mm), por causa do risco de microfissuração por contração durante o endurecimento; para espessuras superiores, é possível atingir cargas inertes; para realizar a colagem, é necessário exercer uma pressão entre as superfícies e mantê-la durante o endurecimento; o endurecimento pode ser acelerado pelo aquecimento do adesivo (utilizando radiofrequências, bastam poucos segundos); este tipo de adesivo é utilizado para a colagem da madeira (madeira laminar, laminados de madeira, aglomerados etc.) e apresenta uma boa resistência à água em temperatura ambiente;
- *melamina-formaldeído*: é produzido em pó e, misturado com água, endurece a cerca de 100°C; o adesivo tem uma boa resistência depois da exposição à atmosfera;
- *fenol-formaldeído*: é constituído de um líquido que polimeriza a uma temperatura superior a 100°C (existem também versões que endurecem a frio, com pH ≈ 1); é utilizada, por exemplo, para colagem de madeira compensada (são necessários cerca de cinco minutos sob pressão); apresenta uma ótima resistência à umidade, mas é frágil (riscos de ruptura com espessuras elevadas); as resinas *resorcinol-formaldeído* têm características análogas às das resinas fenol-formaldeído, mas podem endurecer à temperatura ambiente e pH neutro;
- *resinas poliuretanas*: conseguem unir as borrachas vulcanizadas aos metais; têm resistência à água intermediária entre

adesivos à base de ureia e fenólicos (mas não emitem formaldeído);
- *resinas epóxi*: têm uma boa adesão a quase todos os materiais (com exceção de alguns termoplásticos, como o polietileno); têm uma série de características que as tornam apropriadas para as colagens estruturais sobre vários materiais de construção (vidros, metais, tijolos, concreto etc.), entre as quais: uma baixa contração durante o endurecimento (que determina o surgimento de baixa pressão de corte na interface), uma elevada resistência à tração e ao *creep*, resistência à água, aos ácidos e aos álcalis;
- *resinas de poliéster* insaturadas: conseguem endurecer rapidamente, mesmo a baixas temperaturas, apresentam uma contração marcante durante o endurecimento e têm uma baixa resistência em ambiente alcalino;
- *cianoacrilatos de alquila*: polimerizam muito rapidamente sob a forma de filme fino na presença de água (é suficiente a umidade do substrato); são, porém, muito caros e utilizados apenas para a junção de pequenos objetos.

Adesivos termoplásticos. No caso dos adesivos termoplásticos, não ocorre uma reticulação do polímero. Geralmente, o adesivo é constituído por um único componente e o endurecimento ocorre após transformações físicas; pode ser, por exemplo, produzido por um resfriamento, pela evaporação de um solvente ou pela coalescência de uma emulsão (látex). Estes adesivos são menos resistentes e apresentam uma deformação viscosa mais elevada que os adesivos de consolidação térmica; por isso, não são utilizados para aplicações estruturais. Os principais tipos são:

- *acetato de polivinila*: é solúvel em água e, portanto, não é necessário um endurecedor; é usado para a madeira (para usos internos) ou para melhorar a adesão de um concreto novo a um concreto velho;
- *adesivos poliestirênicos*: são utilizados para a junção de alguns materiais plásticos (PS, PVC, PMMA);
- *adesivos betuminosos*: são emulsões aquosas, com adição de solventes, e são aplicados a quente (item 15.2.1);
- *adesivos à base de borracha*: compreendem as borrachas autoaderentes (por exemplo, faixas autoaglomerantes); os adesivos de contato, com os quais se aplica o adesivo sobre duas superfícies e, depois da evaporação do solvente, unem-se os dois pedaços (assim, o adesivo adere primeiro às duas superfícies e depois a si mesmo); ou os látex (p. ex.: borrachas estireno-butadieno, SBR), argamassas modificadas com látex (p. ex.: para a colocação de pastilhas cerâmicas).

11.5.3 Adesivos epóxi para aplicação *in situ*

Uma tipologia de adesivo importante para as colagens estruturais são as resinas epóxi capazes de reagir e polimerizar a temperatura ambiente e, assim, formar juntas resistentes sem requerer o aquecimento (sem contar o autoaquecimento natural, produzido pelas reações de polimerização). Estes adesivos, embora apresentem características mecânicas inferiores às dos sistemas epóxi polimerizados a alta temperatura, permitem obter, diretamente na obra, juntas de resistência suficiente para muitas aplicações.

Estes sistemas são obtidos mediante a mistura de diversas substâncias, cada uma com uma função específica:

- um *pré-polímero*: trata-se de um polímero linear, cuja estrutura está esquematizada na Fig. 11.8; os elementos característicos são os dois anéis epóxi nos extremos, que permitem a reticulação do sistema, e o grau de polimerização n, que determina o comprimento das cadeias; reduzindo n, é possível obter um adesivo muito fluido no estado fresco, capaz de molhar facilmente o substrato e penetrar nos seus poros, mas o material endurecido tende a ser rígido e frágil; inversamente, aumentando n, pode-se melhorar as características mecânicas do produto endurecido, conferindo maior tenacidade; o produtor do sistema epóxi pode, assim, adaptar as propriedades do adesivo às exigências do caso específico;

- um *endurecedor* que, quando é misturado com o pré-polímero, abre os anéis epóxi e forma a estrutura reticulada; para adesivos que polimerizam à temperatura ambiente, geralmente se usam endurecedores à base de poliamina;
- *catalisadores*: permitem unir as macromoléculas do pré-polímero, determinando um aumento da distância de reticulação; com os catalisadores, é possível realizar um sistema fluido no estado fresco (já que as macromoléculas de pré-polímero são "curtas") e tenaz no estado endurecido (quando as macromoléculas são endurecidas e, portanto, aumentam de comprimento);
- *aditivos* com diversas funções, por exemplo: plasticizantes para reduzir o módulo de elasticidade do produto reticulado (como os polímeros vinílicos) ou diluentes (para reduzir a viscosidade da resina fresca) e agentes umedecedores para facilitar a aplicação do adesivo;
- *cargas inertes (filler)*: geralmente são partículas de materiais inorgânicos (p. ex.: calcário ou quartzo), que podem influir em diversas propriedades do adesivo. Podem conferir um comportamento tixotrópico (p. ex.: no caso dos estuques epóxi, que podem ser aplicados com espátula), reduzir a contração e o desenvolvimento do calor durante a reticulação, aumentar a resistência à compressão (em geral, porém, diminui a resistência à tração), reduzir o coeficiente de dilatação térmica do adesivo ou, simplesmente, reduzir o custo.

11.5.4 Propriedades dos adesivos estruturais

Do ponto de vista prático, para a aplicação do adesivo é necessário conhecer diversas características, que em geral são declaradas pelo fabricante na ficha técnica do adesivo. As principais são:

- o período de estocagem (*shelf life*), isto é, o período de tempo durante o qual não ocorrem modificações nos reagentes a ponto de comprometer a qualidade do

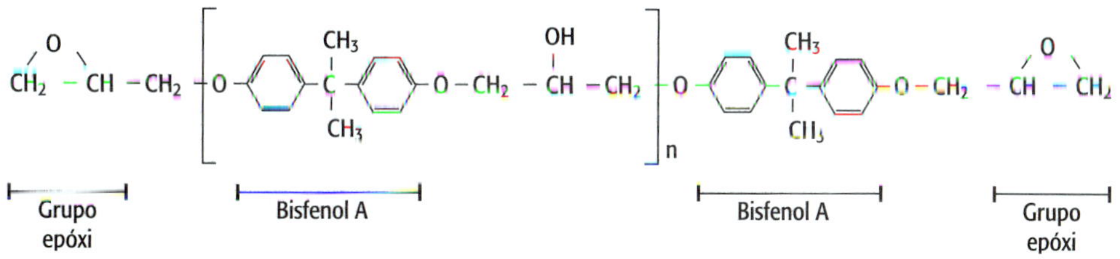

Fig. 11.8 Estrutura do pré-polímero de um adesivo epóxi

produto final; este período representa o tempo pelo qual se pode conservar o adesivo, em condições corretas, antes de aplicá-lo (geralmente, as embalagens fechadas são garantidas por 12-24 meses a temperaturas inferiores a 30°C);

- a viscosidade: uma baixa viscosidade facilita as operações de mistura e de aplicação e permite ao adesivo penetrar em substratos porosos (Fig. 11.9); uma viscosidade maior, todavia, favorece a aplicação de espessuras maiores mesmo sobre superfícies verticais ou de cabeça para baixo (nestes casos, utilizam-se adesivos com comportamento tixotrópico);
- o tempo de manuseio ou pega (*pot life*) é o tempo disponível para a aplicação do adesivo a partir da sua mistura; para os adesivos por consolidação térmica, esse tempo é ligado à velocidade com que ocorre a reticulação e depende da temperatura de aplicação (para os sistemas epóxi, geralmente, é de 1-2 horas a 10°C-20°C e da ordem de 30 minutos a temperaturas de cerca de 30°C); às vezes, são produzidos adesivos com formulações específicas para aumentar o *pot life* em climas quentes;
- o tempo de colagem (*open time*) é o tempo máximo entre a aplicação do adesivo e a junção das duas partes às quais foi aplicado;
- os tempos de liga e de endurecimento: são respectivamente o tempo que o adesivo leva para solidificar-se e o tempo que leva para atingir as características mecânicas declaradas pelo fabricante;
- a resistência à tração do adesivo e o módulo de elasticidade: com frequência, para os sistemas epóxi, os fabricantes declaram valores de resistência à tração superiores a 20 MPa, enquanto o módulo de elasticidade varia em função do grau de reticulação e da presença de cargas (geralmente compreendido entre 6 e 20 GPa).

11.5.5 Efeitos ambientais nos adesivos estruturais

Requer-se dos adesivos estruturais a transmissão dos esforços, sem que suas propriedades se alterem durante a vida útil prevista para a estrutura à qual são aplicados. A durabilidade de um adesivo estrutural depende da natureza do adesivo, dos fatores ambientais (radiações UV, oxigênio, agentes químicos, água, temperatura) e das variações que podem ocorrer na fina camada de interface das forças de adesão.

Nas aplicações práticas, os dois fatores mais importantes são a umidade e a temperatura. Quando a colagem é realizada em um ambiente úmido, o adesivo pode absorver água e esta pode determinar sua plasticização (ou uma diminuição da temperatura de transição vítrea, T_g), por causa tanto dos fenômenos de hidrólise (que levam à danificação das cadeias poliméricas) como da dilatação do próprio adesivo. A Fig. 11.10, por exemplo, mostra a diminuição do módulo de elasticidade de resinas epóxi com diferentes

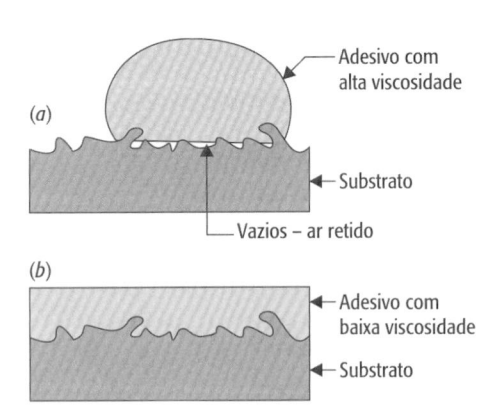

Fig. 11.9 Comparação de um adesivo com elevada viscosidade no estado fresco (a) e de um com baixa viscosidade (b)

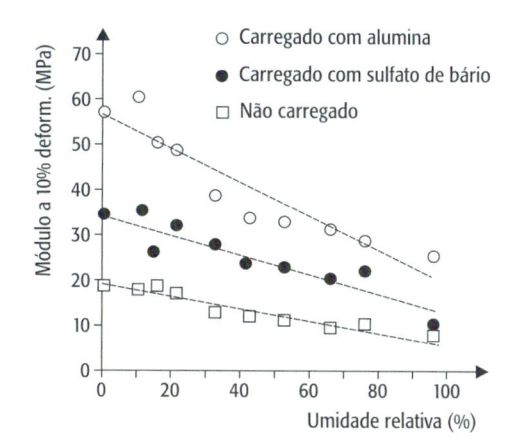

Fig. 11.10 Variações do módulo de elasticidade em função da umidade (a 20°C) para resinas epóxi reticuladas a temperatura ambiente (adesivos estruturais)

excipientes, à medida que aumenta a umidade do ambiente de exposição.

Nos materiais porosos, a água pode atingir o adesivo através dos poros do material; neste caso, o maior conteúdo de umidade é criado na superfície de contato entre o adesivo e o material úmido; em consequência, pode enfraquecer-se a própria interface e é possível que se passe de uma modalidade de ruptura do tipo coesivo para uma do tipo adesivo.

O desempenho do adesivo pode ser alterado também por ciclos térmicos que podem levar a uma degradação mecânica por causa da diferente dilatação térmica entre adesivo e substrato. Além disso, o aumento da temperatura leva a uma progressiva diminuição do módulo de elasticidade do adesivo, até que, quando a temperatura se aproxima da temperatura de transição vítrea (T_g) do adesivo, o desempenho da colagem é drasticamente reduzido e existe a possibilidade de escorrimento da junção; para os adesivos estruturais epóxi, isto ocorre a temperaturas próximas ou superiores a 50°C.

Há um efeito de sinergia entre temperatura e umidade; em ambientes úmidos, a contração do desempenho da junção observa-se a temperaturas menores do que a temperatura de transição vítrea medida em condições secas. Por exemplo, na Fig. 11.11, observa-se como a resistência ao arrancamento de um adesivo estrutural aplicado a concreto pode levar à ruptura do concreto por tração até a temperaturas de cerca de 50°C em ambiente seco (50% de umidade relativa); em ambientes úmidos, inversamente, a força de descolamento diminui rapidamente já a 40°C ou a temperaturas que podem ser atingidas mesmo em condições não extremas. Em ambientes quentes e úmidos, a resistência de uma colagem estrutural pode ser comprometida.

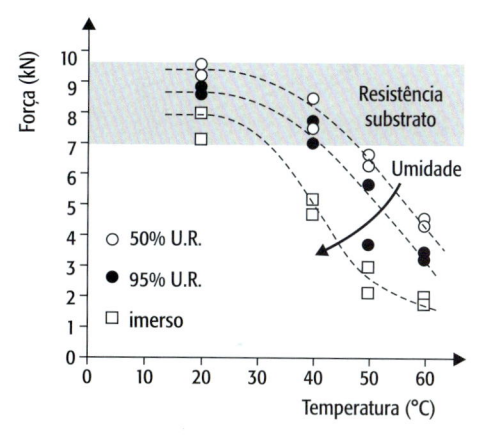

Fig. 11.11 Efeito de temperatura e umidade na resistência ao arrancamento (*pull out*) de um adesivo epóxi aplicado a concreto (Bertolini et al., 2004)

11.6 Pinturas e revestimentos protetores

Muitos materiais de construção devem sua durabilidade a um tratamento superficial que os protege da ação dos agentes agressivos presentes no ambiente. Na maior parte dos casos, o tratamento consiste na aplicação de uma fina camada de uma substância polimérica sobre a superfície, com o fim de formar uma película protetora ou de modificar o comportamento físico-químico do material (tornando-o, por exemplo, hidrorrepelente).

Os revestimentos protetores são, em geral, constituídos de um selante polimérico, no qual são dissolvidos pigmentos, solventes e aditivos; em alguns casos, podem faltar um ou mais destes componentes. A análise aprofundada do comportamento dos diversos revestimentos protetores requereria o estudo das substâncias poliméricas utilizadas como resina (por exemplo, resinas e óleos naturais, substâncias alquídicas, vinílicas, epóxi, poliuretânicas), como pigmentos (inorgânicos e orgânicos), como solventes ou como aditivos. Seria, portanto, necessário analisar as diversas misturas formuladas, em função do material a ser protegido e das características requeridas ao revestimento. Obviamente, isto não pode ser feito neste texto, que se deve limitar a algumas considerações gerais sobre revestimentos orgânicos, remetendo aos outros capítulos para a descrição dos tratamentos específicos para as diferentes classes de materiais e seus relativos ciclos de aplicação.

A aderência ao substrato é um requisito essencial para que um revestimento protetor seja eficaz e duradouro; mesmo para estes materiais, portanto, valem as considerações feitas para os adesivos. Em particular, para uma correta aplicação é necessário que a pintura seja capaz de molhar o substrato e que este seja adequadamente preparado. A aplicação incorreta é muitas vezes a causa da falência do sistema protetor (ver, por exemplo, o item 4.3.5). Um outro requisito importante é a coesão do material de revestimento; esta pode ser comprometida por uma dosagem excessiva de pigmentos. Para cada combinação selante-pigmento, é possível especificar um conteúdo crítico acima do qual diminui notavelmente a coesão, com o consequente risco de ruptura do revestimento, mesmo com esforços modestos de tração. Acima do conteúdo crítico de pigmento, aumenta também a permeabilidade do revestimento, já que o selante não é mais capaz de selar eficazmente os espaços entre as partículas.

Há muitas causas que podem levar à falência de um revestimento orgânico (Weldon, 2001; Lannutti e Broccolo, 1996); muitas vezes, podem ter sua origem na aplicação incorreta, no emprego de um revestimento defeituoso ou não apropriado ou ainda na exposição excessivamente precoce ao ambiente. O revestimento torna-se ineficaz quando se danifica – por exemplo, quando se fissura, descola-se do substrato ou aumenta a sua permeabilidade. Em todos os casos, o efeito protetor do substrato reduz-se.

A danificação do revestimento pode ser produzida por demandas mecânicas aplicadas ciclicamente ao revestimento, como, por exemplo, por causa de: expansões/contrações térmicas ou higrométricas do suporte, deformação ou vibração do substrato, pancadas, abrasão. Estas demandas podem levar à fissuração do revestimento (sobretudo se este é caracterizado por uma baixa coesão), ao descolamento do substrato (se há pouca adesão) ou à separação das várias camadas do revestimento (se a sua aderência é modesta). No caso dos suportes porosos, as pressões no revestimento podem até ser geradas pela dilatação produzida pelo vapor de água que vem do substrato.

As demandas mecânicas podem ser geradas também no interior do revestimento, por causa da sua contração durante a liga, devido à evaporação do solvente ou à reticulação do polímero. Nas fases iniciais, o polímero é líquido ou tem uma T_g inferior à temperatura ambiente e a contração não produz danos, enquanto nas fases finais da liga o revestimento é mais rígido e geram-se tensões maiores no seu interior. Se o revestimento tem uma boa adesão ao substrato, mas uma má coesão, as tensões internas podem fissurá-lo; se, ao contrário, a adesão ao substrato não é boa, o revestimento vai laminar-se; enfim, se tanto a aderência como a coesão são elevadas, o revestimento não se fissura, mas as tensões podem permanecer no seu interior (eventualmente reduzidas no tempo de relaxamento) e somar-se às demandas mecânicas externas.

Enfim, o dano do revestimento pode ser consequência da degradação do material polimérico. As formas de degradação ilustradas nos itens 11.2-11.4 podem agir também sobre polímeros que constituem os revestimentos protetores, determinando a sua falência após a alteração das propriedades mecânicas ou o aumento da permeabilidade. É importante recordar que, por causa da baixa espessura e, portanto, da elevada relação superfície/volume, os revestimentos são mais suscetíveis à ação ambiental e, particularmente, aos efeitos da radiação ultravioleta, quando comparados aos componentes plásticos massivos. Também materiais poliméricos com elevada resistência química, como as resinas fenólicas, vinílicas ou epóxi podem degradar-se em tempos rápidos. Algumas resinas têm uma baixa estabilidade em contato com ambientes alcalinos úmidos e, assim, não são apropriadas para a aplicação em concreto; por exemplo, as resinas alquídicas tendem a sofrer hidrólise da ligação poliéster, rompendo as ligações carbono-oxigênio e dando lugar a um amolecimento, chamado saponificação.

11.7 Selantes

Os selantes são utilizados no campo das construções para isolar do ambiente externo as aberturas presentes nas juntas entre os componentes construtivos e estruturais. Com este fim, necessitam-se materiais que consigam aderir às paredes da junta e sejam caracterizados por uma flexibilidade suficiente para permitir os movimentos da junta (produzidos, por exemplo, por cargas aplicadas, vibrações, vento, dilatações térmicas, variações de umidade). Os selantes devem opor-se ao ingresso da água, do ar e da sujeira através da junta. Além disso, devem ter uma durabilidade suficiente para bloquear, em particular, a ação da água, do oxigênio e da radiação ultravioleta (Panek e Cook, 1991; Wolf, 1999).

Nas juntas, o selante é sujeito a esforços de tração ou compressão para seguir as variações dimensionais da junta (Fig. 11.12a). O selante não deve aderir ao fundo da junta, para garantir a capacidade de alongamento e recuperação. Quando a dimensão da junta é modesta e a junta pode aderir ao fundo das paredes, inserem-se materiais de descolamento (filme de polietileno ou faixas) que permitam o escorrimento, sem atrito do selante (Fig. 11.12b).

As juntas podem também ser sobrepostas (Fig. 11.12c); neste caso, o selante é submetido a demandas de corte e, sendo mais protegido pelos agentes externos, tende a durar mais. A durabilidade de uma junta selada não depende só das propriedades do selante, mas também das propriedades do primer, dos substra-

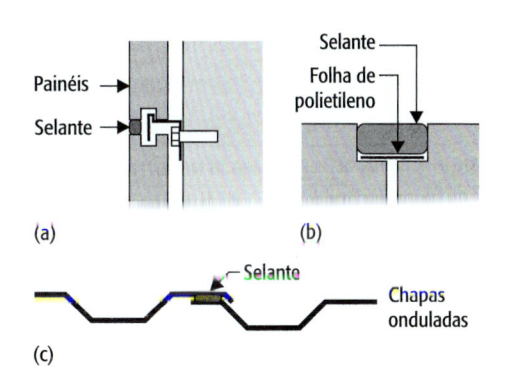

Fig. 11.12 Exemplos de juntas selantes

tos etc. A experiência mostra que alguns selantes, se aplicados corretamente, podem continuar eficientes por mais de 30 anos; inversamente, um selante mal aplicado pode tornar-se ineficaz em poucos meses. A falência das juntas seladas pode ser do tipo adesivo, quando ocorre o descolamento do substrato; coesivo, quando a ruptura é dentro do selante; ou superficial-coesivo, quando o selante se rompe mas resta uma fina camada na superfície do substrato. A duração de uma junta selada depende de fatores ambientais (radiações solares, umidade, temperatura, poluentes, microorganismos etc.) e de fatores ligados ao funcionamento da junta (tensões aplicadas, deformações requeridas, incompatibilidade com o substrato, exposição, etc.).

A aplicação a substratos porosos pode ser crítica por várias razões. O conteúdo de umidade do substrato pode interferir com a adesão do selante; além disso, as superfícies rugosas são difíceis de polir antes da aplicação do selante e o pó, muitas vezes, fica entremeado nos poros. Os poros podem também favorecer a migração da água e da sujeira para o selante.

Há uma enorme variedade de materiais propostos como selantes. Para a escolha do material a ser utilizado, pode-se considerar vários fatores, entre os quais: a dimensão do espaço a ser preenchido, o movimento máximo da junta, a natureza superficial dos materiais a serem unidos, o ambiente de exposição, a eventual presença de fenômenos de abrasão, a vida útil requerida. No passado, utilizaram-se materiais frágeis (p. ex.: compostos de cimento ou gesso) ou massa de vidraceiro (substâncias baseadas em misturas de betume e borracha que, em geral, não endurecem). Hoje, no campo da construção civil, utilizam-se cada vez mais os selantes elastoméricos sintetizados, que, embora sejam mais caros, são mais tenazes do que a massa de vidraceiro e podem suportar movimentos notavelmente mais elevados.

Os selantes elastoméricos podem ser classificados com base: a) na capacidade de movimento, que mede a deformação máxima que podem permitir à junta em tensão e em compressão; b) no mecanismo de endurecimento, que comporta o emprego de um material mono ou bicomponente, c) na possibilidade de recuperar-se de deformações, da qual depende a possibilidade de o selante suportar variações dimensionais cíclicas da junta. Com base no comportamento mecânico, os selantes podem ser subdivididos em: *plásticos*, se absorvem as deformações, principalmente por escorrimento viscoso; *elastoplásticos*, nos qual a recuperação elástica prevalece sobre a viscosa, o que os torna capazes de absorver deformações tanto permanentes como variáveis no tempo; *elásticos*, caracterizados por uma recuperação quase completa da deformação, o que os torna apropriados para juntas dinâmicas com movimentos cíclicos e rápidos.

Alguns exemplos de selantes:
- *polisulfetos* (mono ou bicomponentes): foram os primeiros selantes elastoméricos a serem utilizados nos edifícios, no final dos anos 1950; endurecem ao ar só com o efeito da umidade e permitem deformações de até 25%;
- à base de *borrachas butílicas* (copolímeros isobutano-isopreno, *IIR*); endurecem por evaporação do solvente; têm, em geral, uma longa duração se não forem expostos ao sol; são próprios para juntas entre esquadrias e paredes e resistem a baixas temperaturas;
- à base de *betume*, aplicados a quente, próprios para ambientes úmidos e juntas com movimentos limitados;

- à base de *látex de polímeros acrílicos*, que endurecem por simples evaporação de água; resistem bem às radiações ultravioletas e à umidade; endurecem rapidamente e são envernizáveis; já que aderem também a superfícies úmidas, são utilizados ao ar livre;
- *silicônicos*: são monocomponentes e endurecem por reação com a umidade do ar; aderem bem ao metal e ao vidro, mas em superfícies porosas é preciso um *primer*; conseguem acomodar movimentos de -50% a +100%; têm uma ótima resistência ao calor, à umidade e à radiação UV; os selantes silicônicos de alto módulo de elasticidade são usados para vidraças e fachadas contínuas (são os únicos que têm a estabilidade suficiente para esta aplicação); os de baixo módulo conseguem deformar-se notavelmente e, assim, são próprios para seguir os movimentos térmicos e os causados pela umidade;
- *poliuretânicos*, mono e bicomponentes; os bicomponentes são próprios até para selagem em contato permanente com água.

Os selantes, em geral, são caracterizados por uma elevada viscosidade e podem ter dificuldades para umedecer o substrato e, portanto, aderir a ele. Às vezes, utilizam-se *primers*, constituídos por polímeros de baixa viscosidade, que penetram nos poros do substrato e aderem ao selante. Alguns *primers* têm também a função de formar uma película que impede a elevação da água dos poros do substrato em direção à interface com o selante ou para isolar o selante da alcalinidade do concreto. Para algumas aplicações, a selagem da junta pode ser obtida também com guarnições pré-fabricadas, em material elastomérico, que são forçadas na junta e trabalham por atrito.

12 Comportamento dos materiais ao fogo (incêndio)

Os incêndios são eventos excepcionais, que podem ter consequências muito graves nos edifícios. Os materiais de construção sujeitos à ação do fogo podem amolecer, fundir-se, decompor-se ou carbonizar-se; além disso, podem agravar as consequências do incêndio por entrarem em combustão, produzirem calor, desenvolverem chamas, emitir fumaças ou substâncias tóxicas (Harper, 2004). Neste capítulo, analisam-se os principais efeitos do fogo sobre diferentes tipos de materiais e as suas consequências com relação à segurança das pessoas e à estabilidade das estruturas.

12.1 Riscos de incêndio

A prevenção dos riscos ligados aos incêndios concentra-se sobretudo em três objetivos: a) reduzir a probabilidade de ocorrência de processos de combustão; b) assegurar-se de que, caso ocorra uma combustão, esta seja delimitada e não possa propagar-se em ambientes diferentes daquele em que se ativou; c) permitir o abandono seguro do edifício para as pessoas presentes nos ambientes incendiados.

Durante um incêndio, os danos aos materiais podem causar uma deformação estrutural ou permitir a propagação do fogo. A estabilidade de um elemento construtivo ou estrutural específico, em função do tempo de exposição ao fogo, é portanto uma propriedade importante tanto para os materiais estruturais como para os materiais que dividem os ambientes. Esta propriedade depende essencialmente da geometria do elemento estrutural e dos materiais que o constituem. A *resistência ao fogo* é definida como a atitude de um elemento de construção que conserva, por um tempo definido durante um incêndio, a estabilidade, a capacidade resistente ou a vedação e o isolamento térmico. Para garantir a estabilidade, é necessário que as variações das propriedades do material e a modificação das seções resistentes sejam capazes de conservar a resistência mecânica e prevenir o colapso. A vedação é assegurada se as chamas, vapores ou gases quentes não atingem o lado não exposto ao fogo, seja porque não podem atravessar o elemento construtivo, seja porque são emitidas pelos materiais que o constituem. O isolamento térmico é importante para garantir que o calor produzido na zona do incêndio não seja transmitido aos ambientes circunstantes. As normas de prevenção dos incêndios preveem os tempos mínimos durante os quais as estruturas devem conseguir permanecer funcionais durante um incêndio. Geralmente, indica-se com R a resistência ao fogo, com E a vedação e com I o isolamento, e prescrevem-se as propriedades requeridas do material com uma sigla composta por uma combinação destas letras, seguidas por um número que indica o tempo, em minutos, pelo qual devem ser garantidas essas propriedades durante um incêndio. Por exemplo: um elemento estrutural que deva garantir as três propriedades por pelo menos duas horas é indicado com *REI* 120.

Alguns materiais de construção, além de sofrer as consequências do incêndio, podem se tornar promotores dele. Com efeito, à alta temperatura, podem transformar-se em combustíveis; isto ocorre, em geral, com os materiais de natureza polimérica, como a madeira e as matérias plásticas, que, por degradação térmica, emitem substâncias voláteis combustíveis. Por *reação ao fogo*, entende-se o grau de capacidade de um material combustível para participar do fogo ao qual é submetido. Esta participação é importante tanto para os materiais estruturais como para os não estruturais; em geral, os materiais para aplicações não estruturais (tecidos, revestimentos etc.) têm maior reação ao fogo.

Uma terceira característica importante dos materiais é o risco de emissão de fumaça ou de gases tóxicos para as pessoas. Este risco concerne os materiais que apresentam uma reação ao fogo e que, assim, podem sofrer uma combustão. A fumaça produzida por essa combustão pode ser fonte de perigo para as pessoas, seja porque dificulta a respiração, seja porque obscurece o ambiente e torna mais difícil a evacuação.

12.2 Resumo sobre a combustão

Uma combustão é uma reação exotérmica de oxidação de um *combustível* com um *comburente* (em geral, o oxigênio). Trata-se, pois, de um processo de oxidação rápida, que ocorre com emissão de *calor* e pode ser esquematizado como:

$$combustível + comburente \rightarrow \\ produtos\ de\ combustão + calor \quad (12.1)$$

As reações de combustão associadas aos incêndios podem ocorrer com *chama* e, assim, com emissão de luz (as chamas, que são caracterizadas por temperaturas superiores a 1.200°C, permitem uma rápida propagação do incêndio) ou sem chama. As combustões com chama ocorrem com os gases, mas podem ocorrer também com os combustíveis líquidos ou sólidos, se o calor determina a evaporação (pirólise) das moléculas do combustível (que, em seguida, reagem em fase gasosa com o oxigênio).

12.2.1 Combustíveis

As combustões ocorrem, de modo controlado, por uma longa série de motivos (aquecimento, produção de energia, cozimento de alimentos etc.). Nestes casos, usam-se combustíveis que podem ser subdivididos em:

- *sólidos naturais*: compreendem tanto os combustíveis naturais, representados por todos os tipos de madeira, como os combustíveis transformados ou fósseis (a turfa, a lignita, o litantraz, o antracito) e também combustíveis que derivam do tratamento da fração seca dos resíduos (CDR);
- *líquidos*: são derivados de petróleo (querosene, óleo combustível etc.) ou combustíveis naturais (etanol) que são utilizados tanto para empregos térmicos como para os motores de combustão interna.
- *gasosos*: compreendem os gases fósseis naturais (misturas de propano, propileno, butano e butileno); não incluem os combustíveis líquidos que são vaporizados antes da combustão.

Um combustível é caracterizado pelo seu *poder calorífico*, isto é, a quantidade de calor que consegue desenvolver no curso de sua combustão completa, com relação à unidade de massa no caso dos sólidos e dos líquidos (kJ/kg) ou à unidade de volume em condições normais no caso do gás (kJ/Nm^3). Por combustão completa entende-se um processo durante o qual, qualquer que seja a composição inicial do combustível, ocorrem as seguintes transformações:

(12.2)

$$C \rightarrow CO_2 \quad H \rightarrow H_2O \quad S_{combustível} \rightarrow SO_2$$

A água produzida pela combustão geralmente evapora, levando parte da energia produzida pela combustão. Assim, o poder calorífico é avaliado como poder calorífico superior (Q_s) quando se considera que, ao final da combustão, a água (inicialmente presente no combustível ou produzida pela própria combustão) está em estado líquido. Inversamente, o poder calorífico inferior (Q_i) é avaliado ao considerar-se a energia perdida pela evaporação da água. Por exemplo, o metano (CH_4) tem um poder calorífico superior Q_s = 39.800 kJ/Nm^3 e a reação de combustão é a seguinte:

$$CH_4 + 2O_2 \rightarrow CO_2 + 2H_2O \quad \textbf{(12.3)}$$

portanto um mol de metano produz dois mols de água, isto é, 22,4 Nm^3 de metano produzem 36 kg de água (peso molecular 18), portanto 1 Nm^3 de metano produz 1,61 kg de água. Sabendo que a entalpia de evaporação da água é igual a 2.440 kJ/kg, obtém-se o poder calorífico inferior do metano:

(12.4)

$$Q = 39.800 - 1,61 \times 2.440 = 35.870 kJ / Nm^3$$

12.2.2 Ar teórico e composição da fumaça

A combustão é uma reação química que requer uma quantidade mínima de oxigênio para que possa ocorrer. O projeto de uma instalação onde ocorre uma combustão requer, portanto, o cálculo da quantidade de oxigênio (e, em consequência, de ar) necessária para permitir a combustão completa. Esta grandeza é chamada ar teórico. A Eq. (12.3), por exemplo, mostra que, para queimar um mol de metano, são necessários dois mols de oxigênio; considerando que o ar é composto por 79% de nitrogênio e 21% de oxigênio, pode-se calcular que, para queimar 1 m^3 de metano, são necessários 9,6 m^3 de ar, iguais a 2 m^3 de oxigênio e 7,6 m^3 de nitrogênio (que não participa da combustão). O mesmo cálculo pode ser feito para qualquer combustível, em função de seu conteúdo de carbono, hidrogênio, enxofre e oxigênio. Na realidade, para garantir uma combustão eficiente, será necessário garantir um excesso de ar maior do que a quantidade de ar teórico.

A partir da reação de combustão também é possível calcular o volume teórico da fumaça, ou seja, o volume de gases produzidos por uma combustão completa com a quantidade de ar teórico. Por exemplo: para a combustão de 1 Nm^3 de metano, produzem-se: 1 Nm^3 de dióxido de carbono + 7,6 Nm^3 de nitrogênio + 2 Nm^3 de vapor de água. Este tipo de informação é importante para avaliar os efeitos do incêndio sobre as pessoas. Se a combustão não ocorre completamente – devido à carência de ar, por exemplo – os materiais não queimados permanecem na fumaça. Mesmo o eventual excesso de ar permanece inalterado na fumaça. No caso das combustões controladas, determina-se geralmente um valor de excesso de ar que permite otimizar a eficiência da combustão, garantindo um compromisso entre a possibilidade de aproveitar ao máximo o combustível e de reduzir a quantidade de calor liberado com a fumaça.

Por fumaça, entende-se o conjunto dos gases e das partículas líquidas e sólidas suspensas, que se desenvolvem a partir de uma combustão, além do ar misturado a estas substâncias. A fumaça representa um aspecto importante em relação aos riscos conectados ao incêndio dos materiais, por diversas razões. Antes de mais nada, determina um obscurecimento visual do ambiente onde ocorre o incêndio; este fenômeno ocorre já nas fases iniciais da combustão e pode dificultar a fuga das pessoas presentes no ambiente, aumentando o tempo de distanciamento devido à redução da visibilidade, a desorientação, a impossibilidade de ver os sinais que indicam as saídas de segurança etc. A fumaça pode, além disso, retardar a especificação do foco do incêndio e, assim, as operações de extinção do fogo.

A visibilidade pode ser ainda mais reduzida pelo efeito irritante da fumaça nos olhos. A fumaça pode também conter substâncias irritantes e substâncias tóxicas capazes de causar a morte de pessoas expostas a concentrações suficientemente altas por tempo suficiente. O monóxido de carbono (CO), produzido por combustões incompletas devido a carência de oxigênio, é a substância tóxica mais frequentemente produzida por incêndios e é a principal causa das mortes.

12.2.3 Combustão de gases e líquidos

As substâncias combustíveis, em forma gasosa, de gotas líquidas ou de poeira suspensa no ar, oferecem um sério perigo de incêndio e podem até levar a uma explosão se estas substâncias ou seus vapores são dispersos na atmosfera com suficiente concentração de oxigênio (a ponto de penetrar os limites de inflamabilidade). Se ocorre a ativação (ignição), com efeito, estas misturas podem propagar uma chama a velocidade muito elevada e, se estão em um ambiente confinado, podem gerar pressões suficientes para danificar as estruturas e as pessoas presentes. Em certas condições, a propagação do fogo pode atingir a velocidade do som, passando-se, portanto, de uma deflagração a uma detonação.

Nem todas as misturas de substâncias gasosas (ou suspensões líquidas ou sólidas) e de ar são capazes de propagar o fogo. A reação de combustão pode ocorrer só dentro de um certo intervalo da relação entre combustível e comburente; um excesso de combustível ou de comburente não permite a combustão. É, portanto, possível definir, para cada combustível, os limites de inflamabilidade inferior e superior; estes limites podem variar com a temperatura. Uma mistura gasosa dentro dos limites de inflamabilidade pode ativar a combustão se estiver presente uma fonte de energia concentrada (por exemplo, uma faísca elétrica ou uma chama). Todavia, a combustão também pode ativar-se espontaneamente acima de uma certa temperatura, chamada *temperatura de ignição*.

Quando evaporam, os combustíveis líquidos queimam de forma parecida com os combustíveis gasosos. Para lidar com os riscos ligados ao transporte, geralmente são divididos em líquidos inflamáveis e combustíveis. Substancialmente, os primeiros diferenciam-se dos segundos pelo fato de que, mesmo em temperatura ambiente normal, podem liberar uma mistura de vapores dentro dos limites de inflamabilidade.

12.2.4 Combustão dos sólidos

A maior parte dos combustíveis potenciais que contribuem para os incêndios nas residências são os materiais em estado sólido. Os riscos ligados ao incêndio dos materiais sólidos são de difícil avaliação porque dependem de diversos fatores ligados à forma e à orientação da peça, à composição e às propriedades físico-químicas do material e às condições ambientais (em particular o fluxo de calor e a quantidade de oxigênio disponível).

A ativação do fogo e a combustão de um material sólido podem ocorrer só se este produz gás voláteis; diferentemente dos líquidos, os sólidos podem emitir substâncias gasosas apenas quando se degradam por efeito do calor. Isto ocorre após um aquecimento que induz uma degradação térmica das moléculas do material sólido, com um processo chamado *pirólise*. Os gases combustíveis devem ser emitidos da superfície do sólido a uma velocidade suficientemente elevada para formar uma mistura com o ar, cuja composição penetre os limites de inflamabilidade desses gases. Além disso, estes gases são continuamente distanciados da superfície por fenômenos convectivos e devem ser constantemente renovados por novos vapores emitidos pelo material sólido, de modo que se mantenha sempre uma mistura dentro dos limites de inflamabilidade.

A quantidade de gases emitidos por um material sólido aumenta com a elevação da temperatura; portanto, se o material é exposto a temperaturas crescentes, pode formar-se uma mistura combustível na sua superfície. Mesmo neste caso, porém, a combustão não ocorre se não houver uma fonte de ignição. A ignição espontânea pode ocorrer só quando a mistura com os gases voláteis é aquecida acima da sua temperatura de ignição. O contato com uma chama, porém, pode permitir a combustão, já que a chama fornece tanto o calor necessário para degradar termicamente o material como a fonte de ignição. Em seguida, o processo pode ser capaz de autossustentar-se (como será ilustrado no item 12.3.4).

12.3 Comportamento de alguns tipos de materiais ao fogo

A situação ideal para projetar um edifício resistente ao fogo seria representada pelo uso de materiais não combustíveis, capazes de aquecer-se lentamente e de conservar, mesmo em altas temperaturas, uma alíquota consistente de sua resistência. Embora isto não seja possível, deve-se especificar as combinações de materiais que, garantindo todas as outras funções requeridas dos elementos construtivos, permita também tornar mínimos (ou pelo menos aceitáveis) os riscos associados aos incêndios. Naturalmente, esta operação pressupõe o conhecimento do comportamento dos vários materiais ao fogo. Neste item, delineiam-se os principais efeitos do fogo nos materiais comuns de construção.

12.3.1 Aços

Os materiais metálicos não apresentam nenhuma reação ao fogo e, portanto, não contribuem para o desenvolvimento de calor e de chamas. Não obstante, o comportamento dos metais e, em particular, dos aços de construção ao fogo deixa a desejar. Isto significa que os elementos construtivos realizados em materiais metálicos, quando entram em contato com o fogo, conseguem propagar o calor rapidamente. Os efeitos do incêndio não se limitam, portanto, somente à zona próxima do foco, mas se estendem rapidamente a todo o elemento estrutural. Mesmo quando o aquecimento não é suficiente para danificar o elemento metálico, a transmissão do calor pode permitir a promoção da degradação de outros materiais em contato com o metal mesmo em zonas remotas.

No que concerne os efeitos da temperatura sobre os metais, Bertolini (2006) descreve como o aumento da temperatura leva a uma diminuição da capacidade de carga e a um aumento do módulo de elasticidade e da ductilidade. Um aumento progressivo da temperatura leva, portanto, a uma resistência menor e a uma maior suscetibilidade à deformação dos elementos construtivos. Além disso, em altas temperaturas, ocorrem fenômenos de recuperação e de recristalização que podem modificar a estrutura cristalina dos metais, alterando, em consequência, seu comportamento mecânico mesmo depois do resfriamento. Os efeitos das altas temperaturas podem, portanto, ser tanto transitórios (isto é, manifestar-se apenas durante o incêndio) como residuais (que permanecem depois do resfriamento da estrutura).

No caso dos aços de construção, tanto as variações de resistências durante o incêndio como os efeitos residuais dependem da microestrutura inicial do aço, da temperatura atingida, da velocidade de resfriamento etc. Em geral, no entanto, os efeitos residuais dos incêndios não são mais irrelevantes quando a temperatura supera 500°C, como mostra a Fig. 12.1. As variações microestruturais que ocorrem acima desta temperatura (em particular, a perda do encruamento, a recristalização e o progressivo engrossamento do grão cristalino) conseguem anular os efeitos dos tratamentos termomecânicos de reforço.

A perda da resistência das estruturas em aço durante os incêndios pode levar rapidamente ao colapso de uma estrutura. A proteção dos elementos estruturais em aço é assegurada, em geral, com revestimentos de vários tipos. A proteção pode ser garantida, por exemplo, se os elementos metálicos forem imersos em materiais porosos e isolantes, como alvenaria ou concreto. Quando as estruturas em aço podem ser expostas diretamente à ação do fogo, elas podem ser protegidas com vernizes intumescentes ou revestimentos de espessura (em geral aplicados com borrifos/*spray*).

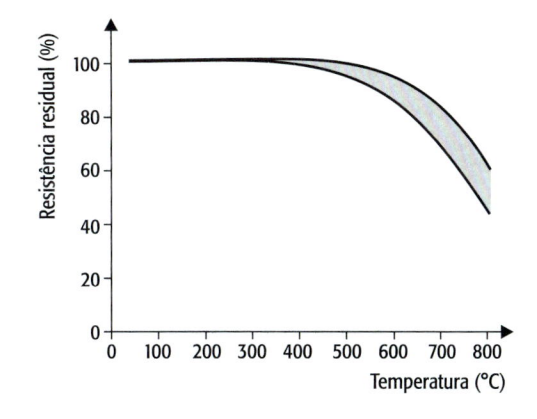

Fig. 12.1 Exemplo de resistência residual (medida em temperatura ambiente) de aços de construção que foram precedentemente aquecidos à temperatura indicada na abscissa

12.3.2 Concreto armado

A ação do fogo nas estruturas de concreto armado pode manifestar-se tanto diretamente sobre o concreto como sobre as armaduras de aço. O concreto não reage ao fogo e tem uma baixa condutibilidade térmica. Em consequência, os efeitos do incêndio manifestam-se nas zonas em contato com o fogo e se propagam lentamente para o interior (American Concrete Institute, 1994).

Durante a exposição à alta temperatura, o concreto pode fissurar-se, por causa das tensões induzidas pela deformação diferente da pasta de cimento e pela presença de transformações expansivas. Durante o aquecimento acima de 300°C, por exemplo, a pasta de cimento sofre uma contração notável devido ao distanciamento da água presente nas camadas do gel, enquanto os agregados se expandem; surgem, assim, tensões internas. A temperaturas mais elevadas, podem ocorrer transformações que comportam as variações de volume de alguns constituintes do concreto. As mais frequentes são: a decomposição da portlandita a 450°C-550°C, a expansão do quartzo (presente nos agregados silícios) a 575°C ou a decomposição dos agregados calcários a temperaturas superiores a 800°C ou 900°C.

Estas transformações podem levar a uma danificação do concreto, que depende de vários fatores:

- as condições de umidade iniciais: quando o concreto está úmido, mesmo se o aumento da temperatura é inicialmente desacelerado (graças à evaporação da água na superfície), os efeitos do incêndio podem ser mais severos: a evaporação da água contida nos poros mais profundos produz um vapor que, se não consegue atingir a superfície, desenvolve uma pressão nos poros que contribui para a fissuração dos concretos; no caso de concreto de porosidade muito baixa, como os concretos de alta resistência, o acúmulo do vapor pode desenvolver pressões tão elevadas a ponto de causar um perigoso comportamento explosivo, caracterizado pelo rápido descolamento de fragmentos superficiais (isto pode ser prevenido mediante a inserção de fibras de polipropileno que, queimando-se durante o incêndio, criam o espaço necessário para acomodar o vapor);
- os danos sofridos pelo concreto aumentam à medida que o incêndio atinge sua máxima temperatura e com a duração da exposição à alta temperatura; durante um incêndio, o concreto muda de cor (assume uma coloração rosa quando atinge temperaturas entre 300°C e 600°C, cinza até 900°C e marrom a temperaturas superiores) e, muitas vezes, a simples observação visual de uma estrutura permite saber a temperatura atingida nas diversas profundidades; a observação da variação de cor pode permitir especificar as zonas que sofreram maiores efeitos do incêndio ou estimar até qual profundidade o material foi danificado;
- a composição do concreto e dos agregados e as características dos agregados; o fator principal são os agregados: se o quartzo cristalino está presente, a perda de resistência ocorre a temperatura inferior, como mostra a Fig. 12.2;

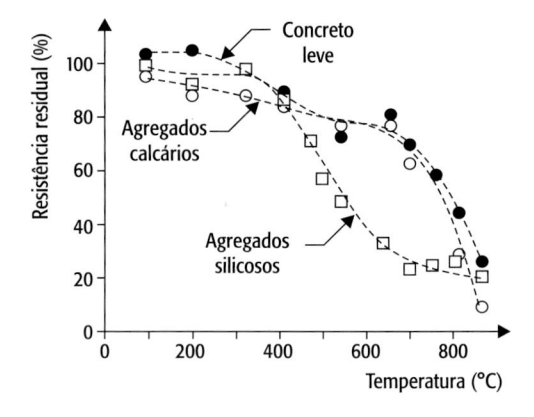

Fig. 12.2 Resistência residual do concreto em função do tipo de agregados (calcários, silícios e leves) e da temperatura atingida durante um incêndio (American Concrete Institute, 1994)

- os esforços aplicados ao concreto durante os ciclos térmicos: a presença de esforços de compressão contém a expansão do concreto e atenua os efeitos da alta temperatura (Fig. 12.3).

A fissuração do concreto ocorre também depois do incêndio; o óxido de cálcio produzido pela alta temperatura da degradação da pasta de cimento ou dos agregados pode hidratar-se a hidróxido de cálcio quando

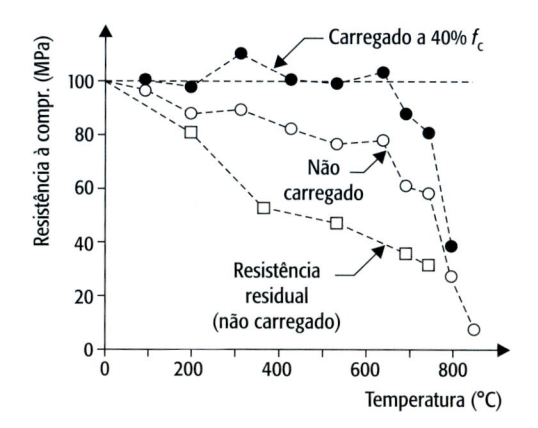

Fig. 12.3 Evolução da resistência do concreto em função da temperatura (na abscissa) e da solicitação de compressão (resistência original f_t = 27 MPa) (American Concrete Institute, 1994)

entra em contato com a água (utilizada, por exemplo, para apagar o incêndio ou absorvida lentamente do ambiente ao longo do tempo). Esta reação expansiva pode levar a uma ulterior fissuração do concreto, contribuindo, mais tarde, para sua perda de resistência.

Quanto à resistência à compressão do concreto, normalmente assume-se que, até temperaturas de 500°C-600°C, pode-se manter uma coesão aceitável do material e considerar-se uma resistência mecânica residual pelo menos igual a 75% da original (mesmo se os fatores ilustrados acima podem modificar o intervalo crítico de temperatura). Em uma estrutura atingida por um incêndio, pode-se especificar essencialmente duas zonas:
- aquelas próximas do incêndio, onde a temperatura atingiu valores elevados (superiores a 500°C) e o concreto foi danificado;
- aquelas suficientemente distantes ou em pontos suficientemente profundos, onde, mesmo que tenham sido atingidas por temperaturas elevadas (100°C-500°C), não se alterou significativamente a resistência mecânica do concreto.

Nas primeiras, será necessário intervir imediatamente para substituir o concreto danificado e restaurar as condições de segurança da estrutura. Nas outras, ao contrário, a remoção do concreto não é necessária, já que a resistência residual pode ser suficiente para garantir as margens de segurança estrutural. Todavia, as modificações microestruturais do concreto submetido a altas temperaturas não se limitam a influenciar as características mecânicas. Mesmo a temperaturas relativamente baixas, pode-se observar um aumento da porosidade e da permeabilidade da pasta de compostos de cimento. O aumento acidental de temperatura, mesmo temporário, pode, assim, levar a uma maior sensibilidade da estrutura à ação dos agentes agressivos e, portanto, às formas de degradação descritas no Cap. 7.

No caso do concreto armado, o fogo pode comprometer também a resistência à tração das armaduras. Ao contrário das estruturas de aço, que ficam em contato direto com o fogo, as armaduras estão protegidas pela espessura do cobrimento, que as isola do fogo e contém o aumento de sua temperatura; em certos casos, pode-se também prever um ulterior revestimento protetor sobre o cobrimento. Em geral, como já se viu para as estruturas metálicas com relação à resistência residual, consideram-se críticas as condições quando as armaduras atingem temperaturas superiores a 500°C. Se o cobrimento é compacto, uniforme e não está fissurado, em princípio se pode considerar que, com exposição direta ao fogo, a armadura atinge a temperatura de 500°C em 40 ou 60 minutos com uma espessura de cobrimento de 20 mm e só depois de 3-4 horas se a espessura chega a 50 mm. Portanto, com o aumento da espessura do cobrimento é possível, pelo menos dentro de certos limites, retardar o momento em que as armaduras são afetadas pelo fogo. São essenciais, porém, a uniformidade da espessura do cobrimento e a ausência de defeitos que comprometam a sua continuidade (vazios, ninhos de concretagem e fissuras, por exemplo). Por causa da elevada condutibilidade térmica do aço, é suficiente que o fogo atinja um único ponto da armadura pra que uma extensa zona da estrutura seja aquecida e, assim, comprometa a resistência das armaduras mesmo nas zonas onde a espessura do cobrimento é elevada.

12.3.3 Gesso e produtos à base de gesso

O gesso e uma grande quantidade de produtos comerciais que derivam do gesso têm um bom comportamento ao fogo e são muitas vezes utilizados para realizar elementos de suporte (paredes, forros etc.) ou camadas protetoras. Os elementos em gesso não queimam e não são substancialmente danificados pelo fogo; além disso, a microestrutura e a composição química do gesso permitem bloquear a propagação do calor. Depois da hidratação, os produtos de gesso são caracterizados por uma estrutura porosa constituída essencialmente por cristais de sulfato de cálcio di-hidratado ($CaSO_4 \cdot 2H_2O$). Em seguida ao contato com o calor e o consequente aumento de temperatura, o gesso pode liberar tanto a água presente nos seus poros capilares, por evaporação (até 100°C-110°C), como a água de cristalização, por transformação química em hemi-hidratado ($CaSO_4 \cdot \frac{1}{2}H_2O$, a partir de 130°C) e anidro ($CaSO_4$, a partir de cerca de 180°C) e consequente evaporação. O calor produzido pelo incêndio é, portanto, consumido por estas transformações; com efeito, tanto a evaporação da água como as transformações de desidratação do gesso são endotérmicas. O material só atinge temperaturas elevadas quando se exaurem estas transformações. Assim, uma parede de gesso é capaz de manter a temperatura do lado não exposto ao fogo dentro de valores modestos por um tempo que depende da espessura da parede. Mesmo depois de liberada a água de cristalização, a parede de gesso consegue garantir a sustentação. É, pois, possível garantir a sustentação da parede por um tempo prefixado, desde que se dimensione adequadamente sua espessura.

12.3.4 Materiais plásticos

Os materiais plásticos e as borrachas representam uma consistente fração dos materiais utilizados nos edifícios. Os polímeros sintetizados são produzidos a partir dos hidrocarbonetos e, assim, como os combustíveis tradicionais, são formados principalmente por átomos de carbono e hidrogênio. Por isso, são substâncias combustíveis. A combustão é um processo que segue a degradação térmica descrita no item 11.1.2 e diferencia-se desta porque, durante a combustão, ativa-se um mecanismo que consegue fazer prosseguir o processo mesmo que seja removida a fonte de calor que o ativou.

A Fig. 12.4 mostra o mecanismo com o qual se produz a combustão de um material polimérico. Antes de mais nada, é necessário que o material seja levado a uma temperatura suficientemente elevada (~300°C) para produzir degradação térmica do polímero. Esta leva à produção de substâncias voláteis (moléculas "pequenas" no estado gasoso, produzidas por cisão das macromoléculas do polímero). A composição química dos gases voláteis produzidos por esta degradação térmica depende, obviamente, da composição química do polímero. Se a temperatura atinge valores suficientes para permitir

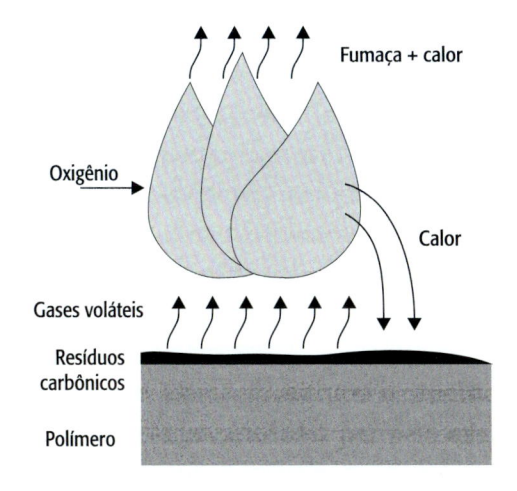

Fig. 12.4 Esquema da combustão de um polímero

a ascensão destes gases e se a relação em massa entre estes gases e o oxigênio no ar está dentro dos limites de inflamabilidade, os gases voláteis podem queimar e, assim, gerar calor; o processo também pode ser ativado por contato direto com uma chama. O calor produzido pela combustão dos gases voláteis pode ser suficiente para promover a degradação do polímero e, assim, permitir a propagação do processo mesmo na ausência de um aporte posterior de calor do exterior. Uma vez ativada a combustão, pode se especificar três zonas na superfície do polímero:

- uma zona de pirólise, onde as macromoléculas do polímero degradam-se, produzindo substâncias voláteis; as eventuais partes do polímero que não queimam (por exemplo, as cargas minerais) deixam na superfície um depósito sólido de resíduos carbônicos;
- uma zona onde ocorre a transferência das substâncias voláteis para cima e do calor para baixo;
- uma zona superior, onde ocorre a combustão dos gases voláteis por reação com o oxigênio e o intenso calor produzido pode gerar uma chama; os produtos da combustão e os eventuais gases voláteis que não reagem são emitidos no ambiente, como fumaça;

A possibilidade de queima dos materiais poliméricos torna muito importante a avaliação do seu comportamento em caso de incêndio. Em certos casos, é requerido que o polímero não consiga ativar a combustão, mesmo quando se atingem temperaturas elevadas em que o polímero sofre degradação térmica. Este requerimento é importante, por exemplo, para o revestimento isolante dos cabos elétricos, já que o calor desenvolvido por um eventual curto-circuito não deve ativar uma reação não controlada que leve à combustão do isolante. Para avaliar a resistência dos materiais poliméricos à ativação do fogo, considera-se normalmente o *índice de oxigênio*, ou seja, a concentração de oxigênio necessária para sustentar o fogo. Como a concentração de oxigênio no ar é de cerca de 21%, um polímero pode manter o fogo somente se é caracterizado por um índice de oxigênio inferior a 21%. O cloreto de polivinila plastificado, com o qual se revestem os cabos elétricos comuns, tem um índice de oxigênio claramente superior a 21% e é, portanto, auto-extintivo (degrada-se a alta temperatura, mas não consegue sustentar a combustão na ausência de fontes externas de calor).

Para as matérias plásticas utilizadas em ambientes com risco de incêndio também é necessário conhecer seu comportamento na presença de um incêndio já ativado. Para isso, foram desenvolvidos numerosos ensaios experimentais, que permitem estimar a quantidade de material produzido em um certo tempo, a quantidade e o tipo de substâncias emitidas ou a densidade das fumaças.

As matérias plásticas podem ser aditivadas com substâncias que retardem o fogo, que podem ter o objetivo de aumentar a resistência do material à ativação do fogo ou reduzir sua velocidade de propagação. Estes aditivos não impedem a combustão do polímero, mas permitem prolongar os tempos necessários para que se incendeie ou queime ou fazem-no desenvolver menos calor durante a combustão. Este resultado pode ser obtido ao dificultar a evolução de um dos processos ilustrados na Fig. 12.4. Pode-se reduzir o fluxo de calor em direção ao polímero acrescentando cargas inorgânicas ou aditivos que não queimam e aumentam a quantidade de resíduos carbônicos na superfície; estes tendem a separar o material do fogo, reduzindo a quantidade de calor que atinge o polímero e, assim, retardando a sua degradação térmica. Como alternativa, pode-se acrescentar substâncias que produzem reações endotérmicas ou compostos hidratados ($Al(HO)_3$ e $Mg(OH)_2$, por exemplo), nos quais a evaporação da água subtrai calor do material. Outros aditivos fazem com que a degradação térmica emita gases voláteis menos inflamáveis, porque, por exemplo, são expelidos água e nitrogênio, que diluem os gases. Enfim, utilizam-se substâncias halogênicas, em geral junto com óxido de antimônio; estas substâncias, ditas inibidoras da combustão, agem sobre a fase gasosa, dificultando a evolução da reação química de oxidação.

De qualquer forma, a periculosidade do incêndio ou mesmo de suas fases preliminares, que podem não evoluir para um incêndio, refere-se também à formação dos produtos de degradação térmica e dos subprodutos da combustão (sobretudo o CO, por combustão incompleta), já que estes têm geralmente um efeito irritante e/ou tóxico para a saúde.

12.3.5 Madeira

A madeira é um material polimérico e, como se sabe, pode queimar; a sua combustão ocorre por meio de um mecanismo análogo ao descrito no item anterior para materiais plásticos, em seguida à decomposição térmica da celulose (240°C-350°C), da hemicelulose (200°C-260°C) e da lignina (280°C-500°C). A estrutura das suas células torna a madeira um material com discretas características de isolamento térmico; assim, quando ocorre uma combustão na sua superfície, as zonas internas não atingem temperaturas muito elevadas. Além disso, a decomposição térmica dos componentes da madeira, particularmente da lignina, não é completa e pode deixar na superfície um depósito carbônico que, posteriormente, isola a madeira da zona onde ocorre a combustão dos gases voláteis (Tsoumis, 1991).

Em um elemento lígneo submetido à combustão pode-se, em um determinado instante, especificar três zonas distintas (Fig. 12.5): uma zona externa carbonizada, fissurada e erodida; uma zona intermediária, onde ocorrem as reações de dissociação das macromoléculas; e uma zona interna, onde ainda não se atingiu a temperatura de degradação térmica. A zona interna está, portanto, inalterada e ainda consegue resistir mecanicamente. A camada externa

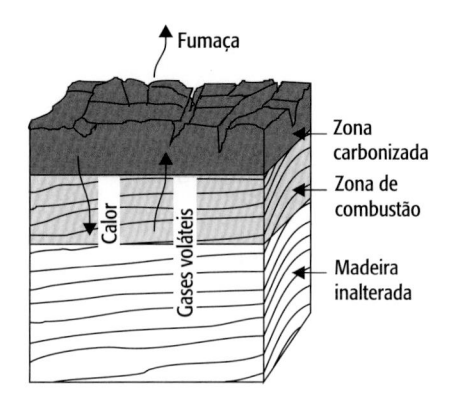

Fig. 12.5 Transformações sofridas pela madeira em contato com o fogo

carbonizada tende a proteger as camadas internas e a limitar o aumento de temperatura nelas, reduzindo a velocidade do processo de degradação e de cedimento estrutural. A compactação e, logo, as capacidades isolantes da camada carbonizada dependem das condições em que ocorre a combustão; na ausência de ar, obtém-se um resíduo carbônico mais compacto, enquanto em ambiente aerado a madeira pode ser completamente consumida (restam somente cinzas).

Com a madeira, é possível realizar estruturas resistentes ao fogo ou capazes de suportar as consequências do incêndio pelo tempo requerido. Com efeito, a perda de eficiência de um elemento estrutural em madeira ocorre por redução da seção resistente e não por uma decadência global das características mecânicas do material. A carbonização é um processo relativamente lento e avança perpendicularmente à superfície externa. A velocidade de carbonização da madeira aumenta à medida que diminui sua densidade e seu conteúdo de umidade; em ambientes aerados, é da ordem de 0,5-0,8 mm/min; a efetiva velocidade depende também da disponibilidade de oxigênio e pode ser avaliada experimentalmente. Já que resistência e rigidez permanecem inalteradas nas zonas que não estão em combustão, conhecendo a velocidade de carbonização da madeira é possível estimar o tempo pelo qual a seção resistente residual ainda pode cumprir suas funções estáticas.

Pontos fracos das estruturas em madeira são as junções metálicas (pregos e parafusos), porque estão em contato com a superfície e aquecem rapidamente. Quando estão protegidos da própria madeira, porém, os elementos metálicos têm um comportamento melhor. Quando a madeira é colada, o fogo pode agir também sobre o adesivo; mas a experiência mostra que, pelo menos com os adesivos comumente utilizados para a madeira, o comportamento da madeira colada ao fogo (por exemplo, a madeira laminada) é substancialmente análogo ao da madeira maciça.

Para proteger a madeira do fogo, pode-se utilizar os retardantes de fogo, isto é, impregnar nela substâncias (à base de fosfato de amônia, sulfato de amônia, cloreto de zinco etc.) que reduzem a emissão de substâncias voláteis que sustentam o fogo, ou vernizes, pastas ou espumas intumescentes que criam uma barreira à propagação do fogo.

Parte II
Estudo dos materiais e das estruturas

Métodos de estudo dos materiais

13

Escrito em colaboração com F. Bolzoni, M. F. Brunella, D. Gelosa e A. Sliepcevich

Os métodos analíticos utilizados para a caracterização de um material são muitíssimos e podem ser subdivididos em função das propriedades que estudam e do princípio em que se baseiam (Cahn, Haasen e Kramer, 1994). Além dos ensaios mecânicos, pode-se fazer ensaios *químicos ou físico-químicos*, que permitem especificar os elementos químicos ou os compostos presentes no material; *análises microestruturais*, que permitem analisar a microestrutura do material e os constituintes microestruturais; e *ensaios físicos*, que avaliam os efeitos da umidade e da temperatura. Pode-se também fazer ensaios para estimar os efeitos do ambiente; estes preveem a exposição do material ao ambiente de exercício ou em ambientes mais agressivos e o monitoramento dos parâmetros ligados à evolução da sua degradação.

Os métodos de análise não são úteis apenas para o desenvolvimento de novos materiais, mas podem ser importantes também para quem opera no setor das construções, já que permitem efetuar controles de qualidade sobre o fornecimento de materiais ou estudar os materiais presentes em uma estrutura existente, para especificar, por exemplo, as causas da degradação ou para o projeto das intervenções de restauração. Neste capítulo, recordam-se alguns dos métodos mais difundidos para o estudo dos materiais de construção, ilustrando seu princípio de funcionamento e as informações que se podem obter.

13.1 Análises físico-químicas

O estudo de um material, seja para a realização de uma nova estrutura ou para intervenção em uma estrutura existente, em geral, começa com a avaliação da sua composição química. Estão disponíveis diversos métodos de análise química ou físico-química, com os quais se efetuam avaliações para especificar os constituintes químicos de um material (Cahn, Haasen e Kramer, 1994; Skoog e Leary, 1995).

Alguns permitem especificar os elementos químicos presentes no material, outros revelam determinados compostos. Além disso, estes métodos dividem-se em qualitativos e quantitativos: os primeiros permitem indicar simplesmente a presença de determinados elementos ou constituintes, os segundos fornecem uma medida da sua quantidade (em geral, expressa em porcentual com relação à massa do material). É importante observar que tanto a escolha do tipo de análise como a posterior avaliação dos resultados são muito mais simples quando se conhecem os elementos químicos que se pretende pesquisar. Inversamente, é muito mais complexo partir de um material desconhecido sem poder limitar o campo de análise, *a priori*, a um certo número de elementos e/ou compostos.

13.1.1 Análises químicas tradicionais

Por "tradicional", entende-se todas aquelas análises, conduzidas por via úmida ou seca, voltadas para a determinação da composição, mediante as técnicas comuns de laboratório, que preveem a determinação volumétrica ou gravimétrica de uma relação de equivalência com reações específicas. Muitas vezes, é útil a especificação dos elementos químicos presentes em um material e de sua quantidade. Em alguns casos, é necessário conhecer todos os elementos químicos presentes e, possivelmente, a sua quantidade. Por exemplo: para caracterizar um aço inoxidável, é necessário conhecer o conteúdo porcentual de Cr, Mo e Ni, para calcular o índice de resistência aos pites (item 6.1.1) e, assim, avaliar a resistência à corrosão deste aço em ambientes com cloretos. Em geral, a análise da composição química de um aço é efetuada pelo produtor depois de cada liga e colocada à disposição do usuário através do certificado de liga, que reporta também os resultados do ensaio de tração (Tab. 13.1).

Em geral, a composição química dos compostos de cimento ou dos materiais cerâmicos, embora seja avaliada por meio dos conteúdos dos elementos químicos presentes, é expressa em termos de óxidos. Por exemplo: para um cimento portland, uma vez medidos os conteúdos porcentuais dos elementos presentes (Ca, Si, Al etc.), a composição é expressa como porcentual de óxidos, como mostra a Tab. 13.2. Esta é só uma convenção: na realidade, o cimento será constituído de componentes minerais (C_3S, C_2S etc.), discutidos em maior profundidade em Bertolini (2006). A composição mineralógica do cimento, todavia, pode ser estimada utilizando as fórmulas de Bogue.

Nem sempre a análise química propõe-se a encontrar todos os elementos químicos presentes no material. Muitas vezes, é suficiente localizar um particular elemento químico; no diagnóstico da corrosão nas estruturas de concreto armado, por exemplo, é importante determinar o conteúdo de cloretos.

A abordagem tradicional para a realização das análises químicas por via úmida prevê que uma quantidade conhecida do

Tab. 13.1 Exemplo de análise química de liga e de propriedades mecânicas de armaduras de aço inoxidável austenítico Aisi 304L

Composição química (% em massa)							Propriedades mecânicas		
C	Si	Mn	Cr	Ni	P	S	R (Ma)	R_s (MPa)	A (%)
0,02	0,31	1,68	18,26	9,9	0,027	0,002	774	595	15

Tab. 13.2 Exemplo de análise química de um cimento CEM I 52.5 R

Composição (% em massa)								Perda no fogo
Fe_2O_3	Al_2O_3	SiO_2	CaO	MgO	SO_3	K_2O	Na_2O	
2,53	5,26	19,5	63,6	1,67	3,28	0,92	0,32	2,33

material a ser analisado (amostra de análise) seja dissolvida em uma quantidade conhecida de um solvente adequado. Obtém-se, assim, uma solução na qual os constituintes do material estão presentes sob a forma de íons. Analisa-se o conteúdo de íons presentes na solução e se calcula o conteúdo de cada elemento químico, com relação à massa da amostra analisada. O solvente utilizado para dissolver a amostra é específico para cada material e pode variar também em função do elemento químico procurado com a análise (eventuais compostos que não se dissolvam e que não interessam para os fins da análise podem ser removidos mediante filtragem). Para os compostos de cimento, pode-se utilizar ácidos, evitando usar ácido clorídrico quando se quer analisar o conteúdo de cloretos e ácido sulfúrico quando se quer analisar o de sulfatos. Para os materiais orgânicos, utilizam-se solventes orgânicos específicos para cada substância.

A determinação do conteúdo de um íon específico na solução pode ser efetuada por via volumétrica ou gravimétrica. Nos dois casos, é necessário introduzir uma substância que reaja com o íon objeto de análise, formando compostos de composição conhecida. A análise volumétrica é realizada através de uma *titulação* (Fig. 13.1). Esta operação consiste em coletar uma quantidade conhecida da solução, à qual são acrescentadas progressivamente pequenas quantidades de um composto Y que reage, através de uma reação conhecida e específica, com o elemento químico X a ser obtido. Com métodos adequados (por exemplo, com um indicador colorimétrico), será possível saber o instante em que o elemento X já não está presente na solução, tendo reagido completamente com o composto Y (este instante é chamado de ponto de equivalência). Conhecida a quantidade do composto Y introduzido na solução, poder-se-á calcular a quantidade do elemento químico X presente na solução, expressa, por exemplo, em porcentual (%) ou em partes por milhão (1 ppm = 1 mg/kg). Enfim, poder-se-á obter o conteúdo do elemento X no material estudado.

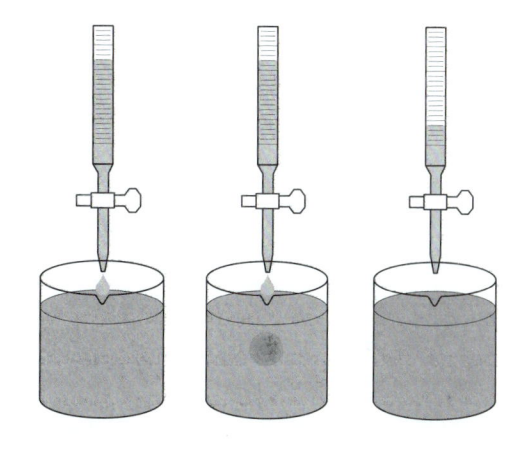

Fig. 13.1 Representação esquemática de uma titulação

No Aprofundamento 13.1, como exemplo, ilustra-se um método para a análise do conteúdo de cloretos no concreto.

Efetua-se a análise gravimétrica quando o reagente Y e o íon X formam um composto sólido, que se pode filtrar da solução, desidratar e pesar. Em alguns casos, o resultado da filtragem é, em seguida, tratado (por exemplo, pode ser calcinado a alta temperatura, para eliminar a água de cristalização e obter um sólido com estequiometria perfeitamente conhecida). Através de cálculos estequiométricos, pode-se obter a quantidade de íons presentes a partir da massa do composto.

A análise química tradicional, embora não requeira instrumentação complexa e seja de simples realização, é muitas vezes caracterizada por procedimentos longos e se torna particularmente laboriosa, sobretudo quando se pretende isolar um número elevado de elementos químicos. A análise deve ser feita para cada um dos elementos químicos que se pretende buscar no material, utilizando procedimentos específicos para cada elemento ou composto e avaliando atentamente a ausência de interferências entre os componentes da mistura.

APROFUNDAMENTO 13.1 **Análise do conteúdo de cloretos no concreto**

Um método utilizado com frequência para avaliar o conteúdo de cloretos no concreto é a análise química por via úmida, mediante titulação. Um fragmento de concreto, que inclua a pasta de cimento e os agregados, é moído e desidratado a 105°C, até se tornar uma massa constante. Do pó desidratado, retira-se uma amostra de poucos gramas, que é dissolvida em ácido (em geral, ácido nítrico diluído), e essa solução é aquecida até que todo o material esteja dissolvido (com exceção dos resíduos dos agregados de sílica). A solução assim obtida é filtrada e levada a um volume conhecido. Avalia-se, então, a concentração de cloretos na solução, mediante titulação com $AgNO_3$, que reage com os cloretos para formar AgCl:

$$AgNO_3 + Cl^- \rightarrow AgCl + NO_3$$

Em uma quantidade conhecida de solução, com uma bureta (Fig. 13.1), vertem-se progressivamente pequenas quantidades de nitrato de prata, registrando a quantidade total adicionada à amostra. Com indicadores adequados, é possível identificar o momento em que todos os cloretos reagiram (ponto de viragem); por exemplo, pode-se utilizar indicadores colorimétricos ou eletrodos de referência sensíveis aos cloretos (cujo potencial é influenciado pelo teor de cloretos na solução). Conhecida a quantidade de $AgNO_3$ adicionada à amostra, pode-se obter a quantidade de cloretos presentes na solução analisada; com efeito, com base na reação precedente, 1 mol de $AgNO_3$ reage com 1 mol de cloretos. Podem-se, portanto, obter a concentração de cloretos e, em seguida, o conteúdo de cloretos no concreto.

Por exemplo, suponha-se que se analisaram 5 g de concreto desidratado, que foram dissolvidos em 100 mℓ de ácido nítrico diluído. A análise química foi efetuada em 25 mℓ desta solução, utilizando uma solução de $AgNO_3$ com concentração de 0,01 M. Com a titulação, chegou-se ao ponto de viragem, introduzindo um volume de 8,9 mℓ de solução 0,01 N $AgNO_3$; portanto, o número de mols de $AgNO_3$ é igual a:

$$mols\ AgNO_3 = 8,9 \cdot 10^{-3}\ \ell \times 0,01\ mol/litro = 8,9 \cdot 10^{-5}\ mols$$

que corresponde ao número de mols de cloretos presente inicialmente na solução titulada. A concentração de cloretos na solução analisada é, portanto:

$$Cl^- = [(mol\ Cl^-) \times (peso\ atômico\ Cl^-)] / volume\ analisado =$$
$$8,9 \cdot 10^{-5}\ mols \times 35,45\ g/mol / 25 \cdot 10^{-3}\ litros = 0,126\ g/litro = 126\ mg/litro = 126\ ppm$$

O conteúdo de cloretos no concreto é obtido pela multiplicação da concentração da solução pelo volume em que foi dissolvido o pó de concreto (100 mℓ); divide-se o resultado pela massa de concreto dissolvida (5 g):

Cl^- (% massa concreto) = 0,126 g/litro × 100·10⁻³ litros/5 g = 0,252%

Se é conhecido o conteúdo de cimento na amostra, também é possível calcular o porcentual de cloretos no cimento. Em primeira aproximação, o conteúdo de cimento pode ser estimado pela receita do concreto (mesmo se os porcentuais de cimento e agregados na pequena amostra analisada não reflitam a receita média). Supondo que o concreto tenha uma densidade de 2.350 kg/m³ e tenha sido feito com 330 kg/m³ de cimento, o conteúdo de cloretos no cimento é igual a:

Cl^- (% massa cimento) = 0,252% × 2.350 kg/m³ / 330 kg/m³ = 1,79%

13.1.2 Métodos instrumentais

Além da análise química tradicional descrita, estão disponíveis muitos métodos instrumentais que permitem analisar a composição de um material, especificando, segundo os casos, os elementos ou compostos presentes. Essas metodologias, além de especificar eventuais reações características relacionadas com a determinação dos elementos ou dos componentes de uma mistura, especificam também as interações que estes – ou seus derivados obtidos após a reação – mantêm com certos "fenômenos físicos", como, por exemplo, as radiações eletromagnéticas, os campos magnéticos, feixes eletrônicos etc. Entre os principais métodos de análise instrumental estão a espectrofotometria (infravermelho ou IV, visível, ultravioleta ou UV, de absorção atômica, de emissão atômica), as análises cromatográficas, de difração, assim como as análises potenciométricas, polarográficas etc. Todos estes métodos têm campos de aplicação bem precisos e fornecem indicações muito claras, mas é importante sublinhar que não existe um método instrumental que permita, sozinho, determinar completamente a composição de um composto; esta informação deriva de uma combinação acurada das diversas metodologias que permitem obter todas as informações complementares para a caracterização completa. No estudo dos materiais de construção, são usadas com frequência técnicas como a espectrometria de emissão por plasma (*ICP-OES*), as técnicas cromatográficas, as análises térmicas e a espectrofotometria por infravermelho. Um método qualitativo de análise dos elementos muito utilizada para o estudo dos materiais é a análise com microssonda EDS (*Energy Dispersion Spectography*); esta é integrada ao microscópio eletrônico de varredura e será descrita no item 13.2.3.

Espectrometria de emissão por plasma. Em 1930, um químico disse, brincando, que gostaria de ter no laboratório 92 frascos contendo um reagente específico para cada um dos 92 elementos conhecidos então. Embora não sejam exatamente a mesma coisa, os modernos instrumentos *ICP-OES* (*Inductively Coupled Plasma Optical Emission Spectrometry*) aproximam-se muito do que aquele químico tinha em mente. Com efeito, esta técnica permite a determinação simultânea de cerca de 70 elementos até concentrações extremamente baixas (inferiores ao µg/ℓ).

Esta técnica prevê a transferência de energia para a amostra a temperaturas muito elevadas (até 10.000° C) e a quantificação da intensidade das linhas analisadas de emissão atômica. A energia transferida para a amostra determina uma excitação dos elétrons dos seus átomos, dos níveis energéticos fundamentais para estados excitados, e a subsequente emissão de energia (sob a forma de radiações eletromagnéticas) quando os elétrons voltam aos estados energéticos inferiores. O elemento-chave do equipamento *ICP* é a tocha na qual é produzido o plasma; nesta tocha, o argônio é alimentado enquanto uma serpentina aplica uma radiofrequência; uma descarga elétrica produz os primeiros elétrons livres, que são acelerados a partir do campo de radiofrequência, produzindo ionização subsequente e formando o plasma. A amostra, precedentemente submetida a um processo adequado de mineralização, que serve para transformá-la em solução aquosa, alimenta o centro do plasma como aerossol, onde é completamente atomizada, ocorrendo, então, a emissão das radiações características. A medida da frequência das radiações emitidas permite reconhecer qualitativamente os elementos presentes na amostra analisada; de uma medida acurada da sua intensidade, é possível, mediante uma calibração, extrair a concentração.

Análises térmicas. As análises térmicas permitem medir grandezas físicas de uma amostra quando submetida a um ciclo térmico controlado. A análise termogravimétrica (*TGA*), a análise térmica diferencial (*DTA*) e a análise calorimétrica diferencial (*DSC*) são os três métodos mais importantes.

A *análise termogravimétrica* (*TGA*) consiste em verificar as variações de peso sofridas por uma amostra à medida que aumenta a temperatura. Ela permite avaliar a estabilidade térmica, a velocidade de reação, os processos de reação e, em alguns casos, a composição da amostra. A instrumentação termogravimétrica deve compreender: uma balança precisa e acurada, um dispositivo de aquecimento, um sistema de medida e controle da temperatura, um sistema automático de registro da variação de massa e de temperatura e um sistema de controle da atmosfera ao redor da amostra. Submete-se a amostra a um ciclo térmico pré-definido e se registra a evolução do seu peso em função da temperatura. Operando em atmosfera inerte, será possível obter a diminuição de peso da amostra nas temperaturas em que ocorrem determinadas reações químicas que, em geral, preveem a formação de compostos gasosos. Se o ensaio é feito em atmosfera não inerte, porém, poder-se-ia até observar um aumento de massa em seguida à formação de novos compostos (por exemplo, por processos de oxidação).

Quando se conhece a temperatura em que ocorre uma determinada reação, com base na perda de peso é possível deduzir o conteúdo porcentual do composto que se transformou. Se os compostos presentes no material estudado não são conhecidos, a curva termogravimétrica pode fornecer importantes indicações para sua identificação. Na Fig. 13.2, como exemplo, reporta-se o resultado de uma análise termogravimétrica efetuada em uma mistura de gesso e

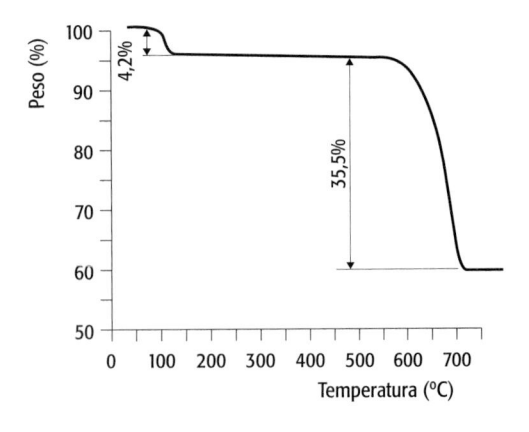

Fig. 13.2 Análise termogravimétrica de uma mistura com 20% de gesso e 80% de carbonato de cálcio

carbonato de cálcio (a massa inicial da amostra é de 5,8 mg). No intervalo de temperatura entre 70°C e 800°C observaram-se dois fenômenos conectados com evidentes variações de massa da amostra. No primeiro, ao redor de 100°C, houve uma diminuição de massa de 4,2%; isto corresponde à perda de água de cristalização do gesso, de acordo com esta reação:

$$CaSO_4 \cdot 2H_2O \rightarrow CaSO_4 + 2H_2O \quad (13.1)$$

Sabendo que a massa molecular da água é 18 e que a do gesso di-hidratado é 172,14, pode-se obter o porcentual de gesso presente na amostra inicial:

$$\%(CaSO_4 \times 2H_2O) = \%(H_2O) \times \frac{172,4}{36} = \quad (13.2)$$
$$4,2\% \times 4,78 = 20,1\%$$

A segunda variação de massa, igual a 35,5% (no intervalo de temperatura entre 600°C e 700°C), deve-se à decomposição do carbonato de cálcio (peso molecular = 100,09), de acordo com esta reação:

$$CaSO_3 \rightarrow CaO + CO_2 \quad (13.3)$$

e corresponde à perda do dióxido de carbono (peso molecular = 44,01). A quantidade calculada de carbonato de cálcio é, assim, igual a:

$$\%(CaCO_3) = \%(CO_2) \times \frac{100,09}{44,01} = 80,7\% \quad (13.4)$$

Na Tab. 13.3, reportam-se os intervalos de temperatura em que ocorrem as transformações típicas de alguns constituintes dos aglomerantes. Estes intervalos não dependem só da natureza da transformação, mas podem ser influenciados também pela quantidade de substância que se transforma, pela velocidade do aquecimento e pelas possíveis interferências de outras substâncias presentes. Este valor, por isso, não permite uma identificação direta da substância que se decompõe, mas é incluído no quadro geral das informações que se possuem sobre a amostra analisada.

Assim, a análise térmica deve ser integrada por outras análises (por exemplo, pela análise química dos elementos presentes). Para a interpretação dos resultados da análise TGA, podem ser muito úteis as informações obtidas através da análise DTA. Os instrumentos mais modernos permitem efetuar simultaneamente estas duas análises.

Tab. 13.3 Intervalos de temperatura em que ocorrem algumas transformações térmicas nos aglomerantes

Compostos	Intervalo de temperatura (°C)	Transformação TGA	Pico DTA
Gesso	75-150	perda de água	endotérmico
Carbonato de cálcio	550-750	perda de CO_2	endotérmico
Carbonato de magnésio	400-600	perda de CO_2	endotérmico
Hidróxido de cálcio	450-520	perda de água	endotérmico
Hidróxido de magnésio	400-420	perda de água	endotérmico
Oxalato de cálcio	180-900	várias	exo-endotérmico
Substâncias orgânicas	300-500	evaporação/combustão	endo-exotérmico
Água livre	60-120	evaporação	endotérmico
Água ligada aos silicatos	150-500	perda de água	endotérmico
Quartzo	530-570	–	endotérmico

Com a *análise térmica diferencial* (*DTA*), mede-se, durante o aquecimento, a diferença de temperatura entre a amostra analisada e uma substância de referência (por exemplo, alumina) que não sofre transformações no intervalo de temperatura considerado. Dessa forma, será possível avaliar os fenômenos endotérmicos (absorção de calor) ou exotérmicos (desenvolvimento de calor) que acompanham as transformações que caracterizam a amostra em análise. As curvas *DTA* são úteis tanto qualitativa como quantitativamente; com efeito, a posição e a forma dos picos podem ser utilizadas para determinar a composição da amostra, enquanto a área subtensa pelo pico é proporcional ao calor de reação e à quantidade de material presente. Alguns fenômenos são tipicamente endotérmicos (fusão, vaporização), outros sempre exotérmicos (oxidação), enquanto alguns podem ser exotérmicos ou endotérmicos (decomposição). Na Fig. 13.3, reporta-se, a título de exemplo, uma curva *DTA* característica de um material polimérico. A análise *DTA*, associada à análise *TGA*, permite obter ulteriores informações sobre transformações conectadas com uma certa temperatura e, dessa forma, simplifica a especificação dos compostos presentes no material estudado (Tab. 13.3).

A *análise calorimétrica diferencial* (*DSC*) apresenta grandes analogias com a *DTA*, com a única diferença de que, neste caso, amostra e referência são mantidos a exatamente a mesma temperatura e se mede o fluxo de calor necessário para manter constante esta condição. Caso se verifique, na amostra em análise, um fenômeno do tipo exotérmico ou endotérmico, o sistema deverá fornecer uma quantidade inferior ou superior de calor para manter a temperatura da amostra igual àquela de referência. A medida deste parâmetro pode ser correlacionada com o processo em exercício. Além das propriedades mencionadas para a *DTA*, a *DSC* pode fornecer valores mais precisos para os calores de reação e permite medidas quantitativas de efeitos que implicam pouco ou nenhum calor de reação; no entanto, ainda não existem equipamentos que permitam a realização simultânea da *DSC* e da *TGA*.

De qualquer forma, as análises térmicas apresentam seus limites, ligados sobretudo à análise qualitativa; um deles é a baixa *tipicidade do resultado*, pois no mesmo intervalo de temperatura podem ocorrer diversas transformações; outro é a eventual baixa *reprodutibilidade do resultado*, muitas vezes ligada às condições experimentais, já que o efeito térmico registrado é função de diversos parâmetros, como a velocidade de aquecimento, a quantidade de amostra, o tipo de recipiente empregado etc.

Análise de espectrofotometria por infravermelho (IV). Na análise infravermelha, submete-se a amostra em exame a radiações de infravermelho médio (com intervalo de comprimento de onda compreendido entre 2,5 e 50 µm), que, em deter-

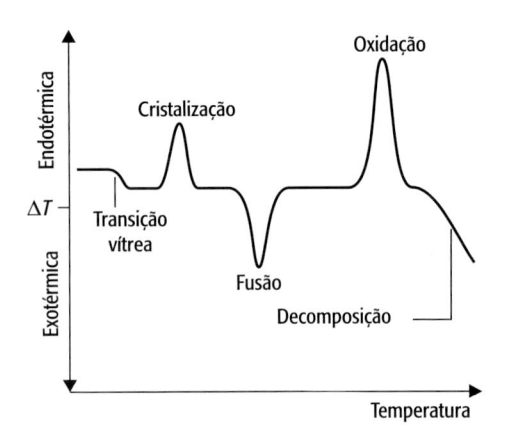

Fig. 13.3 Exemplo de análise *DTA* de um polímero, que ilustra diversos tipos de fenômenos

minadas condições, podem amplificar as variações periódicas naturais (oscilações) nas distâncias interatômicas e nos ângulos de ligação. O fenômeno traduz-se em uma absorção de radiações IV, registradas em um gráfico, em função do comprimento de onda. Da sequência das faixas de absorção em função do comprimento da onda (λ em μm) ou do número da onda (v em cm^{-1}), obtém-se um traçado chamado espectro de absorção infravermelha. Os parâmetros que caracterizam uma faixa de absorção IV são:

- a *posição* da faixa, indicada com sua $\lambda_{máx}$ (expressa em micrômetros). Como alternativa, usa-se o número de onda, que se indica com $v_{máx}$ (medido em cm^{-1}) e depende da constante de força da ligação em questão: quanto mais forte uma ligação, mais difíceis serão as oscilações e as vibrações; em consequência, a absorção cairá a $v_{máx}$ mais altos (energias mais altas);
- a *intensidade* de uma faixa (isto é, a altura do pico), que exprime a probabilidade de que o grupo funcional sofra uma transição energética do estado fundamental ao excitado e depende estreitamente do momento dipolar;
- a *forma* da faixa: pode ser estreita ou larga.

Como as sequências de ligação de um determinado grupo de átomos são caracterizadas pelo próprio grupo e, em primeira aproximação, são independentes do resto da molécula, segue-se que a presença dessas faixas de absorção no espectro é indício da presença de grupos funcionais bem precisos. Para poder facilmente especificar esses grupos, é útil subdividir o espectro IV em zonas características:

- *zona dos grupos funcionais*: estende-se de 3.800 cm^{-1} a 1.300 cm^{-1} e compreende as faixas de absorção devidas tanto aos estiramentos das ligações como às deformações; em particular, entre 3.800 cm^{-1} e 2.500 cm^{-1}, encontram-se os estiramentos das ligações que contêm hidrogênio (C-H, N-H, O-H etc.), enquanto entre 2.500 cm^{-1} e 1.600 cm^{-1}, encontram-se prevalentemente as faixas devidas às deformações dos mesmos grupos;
- *zona do IV distante*: estende-se de 650 cm^{-1} a 200 cm^{-1} e compreende estiramentos das ligações de átomos pesados e deformações de grupos privados de hidrogênio.

O reconhecimento das substâncias mediante análise IV pode ser efetuado com diferentes modalidades, mas com frequência é baseado na comparação do espectro em exame com aquele de substâncias conhecidas ou com espectros mencionados na literatura. Embora a espectrofotometria infravermelha seja principalmente dedicada aos compostos orgânicos, pode ser empregada também para compostos de natureza inorgânica. Por exemplo: os carbonatos apresentam faixas características de absorção, devidas principalmente à ligação C = O. Quando, porém, comparam-se os espectros da calcita e da aragonita (duas formas cristalinas do carbonato de cálcio diferentes entre si), nota-se que as faixas características são colocadas em posições ligeiramente diferentes (a aragonita tem suas faixas características em 1.469 cm^{-1}, 1.083 cm^{-1}, 857 cm^{-1}, 712 cm^{-1} e 700 cm^{-1}, enquanto a calcita tem suas faixas características a 1.422 cm^{-1}, 878 cm^{-1} e 712 cm^{-1}). Na Fig. 13.4, por exemplo, mostra-se a análise IV de uma amostra de carbonato de cálcio puro. Os espectros de emissão dos sulfatos dependem da oscilação da ligação S = O; o gesso e o anidrido mostram três faixas de absorção com forma e posição semelhante, ao redor de 1.160 cm^{-1}, 680 cm^{-1} e 600 cm^{-1}. Além disso, o gesso mostra faixas de absorção, devidas à água de hidratação, a 3.556 cm^{-1}, 3.414 cm^{-1} e 1.631 cm^{-1}.

No caso de cal contendo traços de material orgânico, as faixas do carbonato de cálcio, sobretudo a de 1.430 cm^{-1}, sofrem pesada interferência de algumas das substâncias orgânicas. Assim, para identificar os componentes orgânicos, é preferível primeiro extraí-los com solventes orgânicos. O espectro resultante fornecerá, sem dúvida, um maior número de informações.

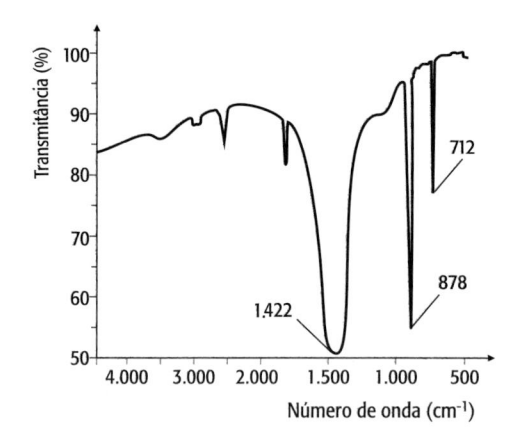

Fig. 13.4 Análise IV de uma amostra de carbonato de cálcio (calcita)

13.2 ANÁLISES MICROESTRUTURAIS

As propriedades de um material não são ligadas apenas à sua composição química; pode-se obter informações muito úteis também do estudo de sua microestrutura. Pode-se começar pela observação visual, eventualmente ajudada por instrumentos ópticos que permitam uma ampliação modesta da amostra. Pode-se, em seguida, passar a uma análise microestrutural, que pode ser feita com microscópios de vários tipos, ópticos ou eletrônicos. Neste item, resumem-se os métodos de caracterização macro e microestruturais normalmente utilizados para os materiais de construção (Cahn, Haasen e Kramer, 1994; American Society For Metals, 1986).

13.2.1 Observação macroscópica

A primeira observação a ser feita é a visual, eventualmente ajudada por lentes de aumento e sistemas de iluminação por foco concentrado. Desse modo, são mantidas as características de profundidade do campo (visão tridimensional) e é possível a identificação das cores típicas do olho. Esta primeira análise é fundamental para a programação das análises subsequentes, já que permite especificar os detalhes que necessitam de pesquisa adicional e identificar sua posição correta na peça, ou seja, manter uma visão de conjunto útil para as conclusões a serem tiradas. Para isso, é necessário que, durante a observação visual, se produza uma acurada documentação fotográfica, com eventual indicação da posição a partir da qual se coletam as amostras para posterior análise e a sua identificação.

Pode-se também utilizar instrumentos ópticos, que permitem obter ampliações maiores (geralmente, até o máximo de 50 vezes), mas que perdem a tridimensionalidade: os *estereomicroscópios*. Normalmente, este tipo de observação ocorre quando, na amostra a ser analisada, já foram identificadas algumas partes significativas ou quando a amostra tem dimensões muito pequenas. O exame torna-se mais acurado justamente porque já foi realizada uma seleção. O estereomicroscópio é utilizado quando não é necessária uma elevada resolução, mas ainda assim é preciso manter a profundidade do campo, a tridimensionalidade da imagem e um contraste elevado. O princípio no qual se baseia é o da visão estereoscópica, ou seja, são criados dois percursos ópticos inclinados de poucos graus um em relação ao outro, de modo que duas imagens gêmeas são transmitidas aos olhos, mas com uma inclinação relativa, em geral dos 10 aos 12 graus, e são recombinadas pelo cérebro na imagem tridimensional. Além disso, as ampliações destes instrumentos podem variar com *step* (combinando lentes de ampliação diferente) ou com *zoom*, geralmente de um mínimo de 6 vezes a um máximo de 50 vezes. As duas configurações possíveis de um microscópio estéreo são (Fig. 13.5): *Greenough*, em que existem dois grupos separados de lentes (ocular, lente intermediária, objetiva), e *CMO* (*Common Main Objective*), em que existe uma única objetiva comum às duas linhas ópticas paralelas (configuração que permite obter imagens mais luminosas e mais adequadas para fotografar).

13.2.2 Microscopia óptica

Embora a observação microscópica permita exaurir a pesquisa estrutural morfológica do material, normalmente é necessário proceder a uma observação que permita evidenciar detalhes cada vez menores, com dimensões que vão da escala micrométrica até a nanométrica ou a subnanométrica. Nesse caso, é preciso recorrer a instrumentação que tenha um poder de resolução decididamente mais elevado. O exame microscópico permite obter, com segurança, uma grande quantidade de informações, às vezes determinantes para a pesquisa, mas que não podem substituir o exame macroscópico, embora o complementem.

Os microscópios podem ser de tipo diferente, em função da fonte utilizada para obter um sinal com o qual construir a imagem do material.

Se a fonte é a onda eletromagnética no campo do visível, então existem os microscópios ópticos; se é um feixe de elétrons, têm-se os microscópios eletrônicos. Existem, além disso, os microscópios de varredura de sonda (mais comumente conhecidos como microscópios de força atômica), que permitem obter várias informações sobre a superfície de um material, entre as quais a imagem topográfica, e que se baseiam na interação de uma ponta com a superfície do material (querendo simplificar muito o princípio, pode-se compará-lo ao do velho toca-discos).

No *microscópio óptico*, o objeto a ser observado é colocado diante da objetiva, que fornece uma imagem real, de cabeça para

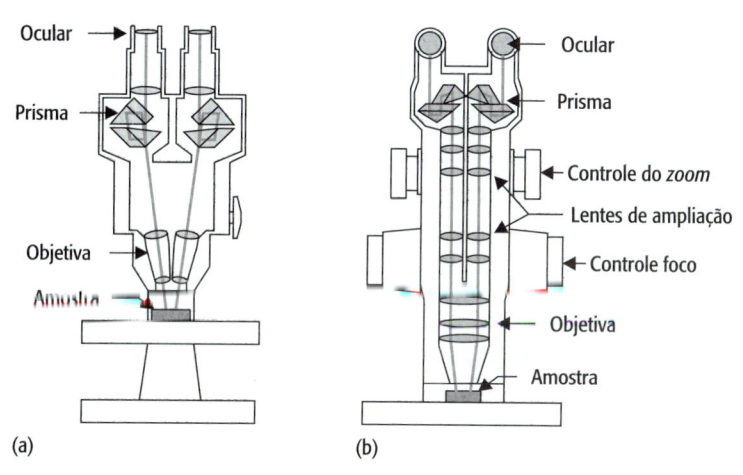

Fig. 13.5 Estereomicroscópio: as duas possíveis configurações: a) Greenough, b) *Common main objective* (CMO)

baixo e ampliada. Esta imagem cai diante da ocular, que gera uma outra, virtual, ampliada e de cabeça para baixo com relação ao original. A ampliação completa do microscópio é data pelo produto da ampliação pela objetiva com a da ocular. Nos microscópios ópticos tradicionais, as ampliações podem variar de 10 vezes a 1.000 vezes. É preciso, porém, atentar para o fato de que ampliação não significa resolução. Ampliar significa ver um detalhe maior, o que ocorre mediante a combinação de várias lentes, mas o que de fato interessa à pesquisa é a resolução.

O poder de resolução de um microscópio é um índice da riqueza de detalhes que se pode observar na estrutura da amostra. Suponha-se que uma certa estrutura contenha dois pequenos pontos muito próximos. Se as imagens destes dois pontos se sobrepõem, já não se pode vê-los como diferentes e sim como uma estrutura única. Se, ao contrário, a imagem ainda apresenta os dois pontos separados, pode-se dizer que o microscópio "resolveu" (separou) estes dois pontos. A distância mínima à qual dois pontos são vistos como diferentes chama-se *limite de resolução* (LR). Nos fatores que determinam o limite de resolução do microscópio intervêm o comprimento de onda da radiação utilizada (λ) e parâmetros de construção das lentes.

Usando luz branca, isto é, a parte do espectro magnético que é visível ao olho humano, e objetivas com elevada abertura numérica, o LR é igual a 0,2 mm, com um aumento de 1.000 vezes no poder de resolução com relação àquele do olho humano (que está ao redor de 0,2 mm). Por causa do poder de resolução finito, uma ampliação superior a um certo limite é totalmente ilusória, já que não ganha em detalhes; na prática, não se usam ampliações superiores a 1.000 vezes.

Para melhorar o poder de resolução, isto é, diminuir o LR e, assim, poder usar ampliações maiores, pode-se agir em três direções. Pode-se diminuir λ, isto é, utilizar luz ultravioleta, que tem um comprimento de onda menor do que a faixa de luz visível. Pode-se aumentar a abertura da objetiva, o que requer umas complexa combinação de lentes para eliminar as aberrações, que se tornam mais evidentes neste caso. Pode-se, enfim, interpor, entre objeto e objetiva, em contato com esta, um meio de índice de refração maior do que a unidade (objetivas de imersão em óleo).

Uma grande limitação do microscópio óptico é a reduzida *profundidade de campo* (resolução na vertical), ou seja, a capacidade de obter simultaneamente picos e vales da superfície da amostra. A profundidade de campo depende da ampliação utilizada e varia aproximadamente de 50 µm a 50 vezes a 0,2 µm a 1.000 vezes, valores decididamente muito baixos. Por isso, para ter uma observação neutra, as amostras devem ser adequadamente preparadas.

Para obter uma imagem nítida, não basta ter um elevado poder de resolução, mas é necessário um *contraste* suficiente. Em microscopia óptica, o contraste baseia-se em diferenças de intensidade luminosa ou de cor. As diferenças de contraste são geradas por diversos fatores e dependem do tipo de observação: em luz refletida ou em luz transmitida. Quando se opera em reflexão, as heterogeneidades da superfície provocam a reflexão da radiação luminosa em ângulos diferentes e, assim, criam contraste com base na relação entre a radiação que passa pela objetiva e a que é desviada para fora. Obtém-se o contraste necessário também se, na superfície da amostra, existem áreas com diferentes poderes de reflexão (por exemplo, inclusões não metálicas em uma matriz metálica). Em luz transmitida, o contraste é dado pelas diferentes densidades ópticas (absorção) dos vários componentes do material observado e pela cor. Existem diferentes providências para melhorar o contraste com relação à clássica observação em campo claro, que se baseiam em princípios físicos de interação da radiação visível com o material e envolvem guarnecer o microscópio com sistemas adicionais.

A possibilidade de observar uma amostra utilizando a luz refletida ou a luz transmitida depende do material que se está analisando. No caso dos metais, é possível observar apenas em reflexão; no caso dos materiais orgânicos, naturais ou sintéticos e os materiais cerâmicos, os dois tipos de observação são possíveis, desde que, em luz transmitida, a amostra seja reduzida a uma "secção fina", ou seja, tenha uma espessura da ordem de 30 μm-40 μm (função do tipo de material).

A preparação das amostras metálicas para a metalografia consiste em polir o espelho com lixas de granulometria decrescente e lustrá-lo com panos impregnados de pasta diamantada (eventualmente, até um lustro eletrolítico), ao que se segue um ataque químico ou eletroquímico que dê relevo aos constituintes do metal. Vê-se um exemplo na Fig. 13.6, onde se observa a estrutura ferrítico-perlítica de um aço, depois de um ataque químico em uma solução de ácido nítrico e álcool.

A preparação das secções finas é um pouco mais laboriosa se não se tem à disposição um micrótomo. O material a ser analisado, reduzido a uma fatia finíssima, é colado sobre um vidro; em seguida, procede-se ao adelgaçamento por remoção mecânica da seção excessiva da amostra. No caso de materiais porosos ou friáveis, a preparação deve ser precedida por impregnação da amostra com resinas (geralmente epóxi). Para as secções finas, não serve o ataque químico, já que, como foi dito, o contraste baseia-se na absorção diferenciada da luz, quando ela atravessa a secção. Em alguns materiais, como os compostos de cimento, podem-se usar corantes ou substâncias fluorescentes, que, absorvidas pela amostra, evidenciarão detalhes como microporos, fissuras na interface agregados-pasta de compostos de cimento, fendas. Na Fig. 13.7, mostra-se o exemplo da observação de uma amostra de *clinker* em luz refletida e transmitida.

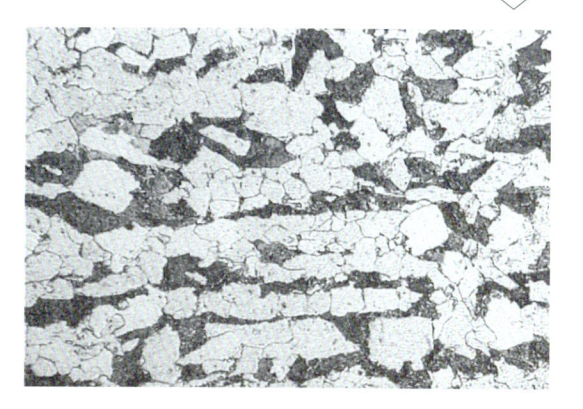

Fig. 13.6 Exemplo de microestrutura ferrítico-perlítica de um aço

13.2.3 Microscopia eletrônica

O limite físico do poder de resolução do microscópio óptico é ligado ao comprimento de onda da luz empregada. O poder de resolução cresce proporcionalmente à redução do comprimento de onda da radiação empregada. De acordo com a teoria ondulatória-corpuscular, os elétrons podem ser considerados radiação de baixíssimo comprimento de onda e, assim, se utilizados como fonte em um microscópio, permitem obter poderes de resolução bastante elevados. Dependendo do comportamento

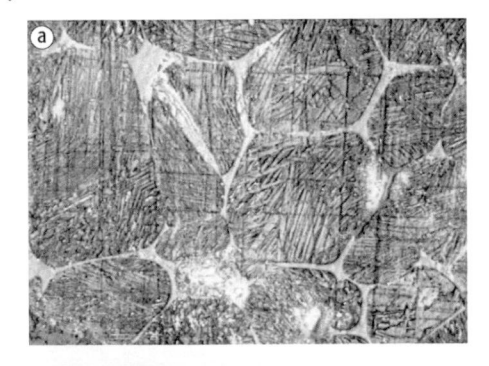

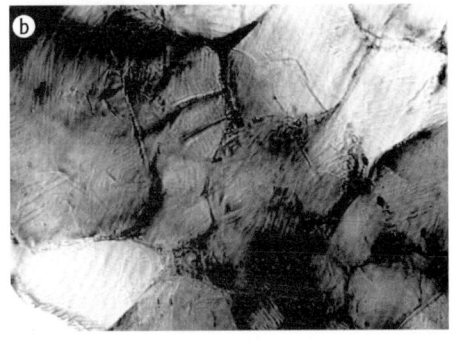

Fig. 13.7 Observação de um *clinker* em (a) luz refletida, (b) luz transmitida

dos elétrons do feixe incidente – se interagem com a superfície da amostra ou se a atravessam –, fala-se de microscópio eletrônico de varredura (*SEM, Scanning Electron Microscope*) ou de microscópio eletrônico de transmissão (*TEM, Transmission Electron Microscope*); ainda que de forma imprecisa, podem ser comparados à luz refletida ou transmitida vista pelo microscópio óptico.

Microscópio eletrônico de varredura.
No microscópio eletrônico de varredura, o feixe de elétrons – gerados por um filamento de W ou uma barrinha de LaB_6 por efeito termoiônico ou camadas de uma ponta de W por efeito de campo (*FEG, Field Emission Gun*) – é acelerado por uma diferença de potencial (de centenas de Volts a 30 kV), que confere ao feixe uma determinada energia e, assim, comprimento de onda. O feixe acelerado atravessa uma série de lentes eletromagnéticas que reduzem sua dimensão de modo a obter, sobre a superfície da amostra, um ponto de diâmetro da ordem do nanômetro (uma dimensão tão reduzida é importante para ter uma elevada resolução).

O impacto do feixe de elétrons na amostra dá lugar a diversos sinais que, adequadamente amplificados, servem para modular a intensidade do ponto em um monitor, para obter a imagem da zona da amostra que se quer observar. O feixe de elétrons que incide sobre a amostra tem um movimento sincronizado com o pincel que excita os elementos fluorescentes do monitor, permitindo assim visualizar a imagem (deste sistema de criação da imagem é que vem o termo "de varredura"), Fig. 13.8.

Nos microscópios tradicionais, a coluna eletrônica e a câmara em que estão alojados amostra e reveladores estão no vácuo (da ordem de 10-7 Torr); os modernos *ESEM* (*Environmental Scanning Electron Microscope*) permitem operar, na câmara da amostra, até em condições de pressão próxima à da atmosfera e na presença de gases (particularmente, vapor de água). O *SEM*

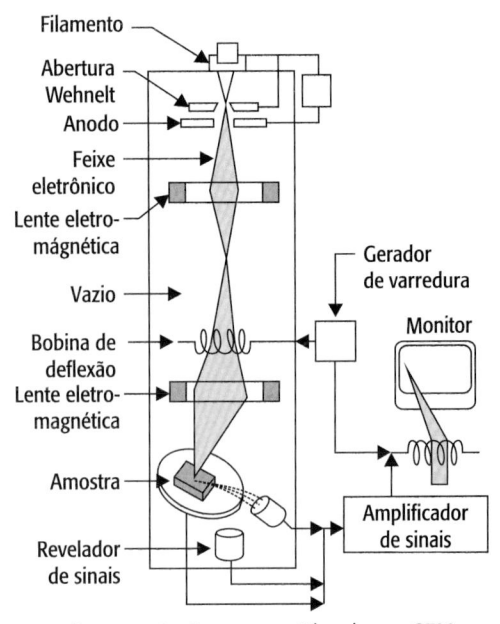

Fig. 13.8 Representação esquemática de um *SEM*

permite ampliações variáveis de 10 vezes a 300.000 vezes. A ampliação é dada pela relação entre a área de exibição (área na qual é projetada a imagem) e a área submetida a varredura (área à qual é endereçado o feixe de varredura). A resolução de um *SEM* é limitada a poucos nanômetros, em condições particulares de operação do instrumento e com amostras adequadas. A profundidade de campo é notável e, desse modo, com o *SEM* pode-se observar superfícies rugosas até em grandes ampliações. Se com o microscópio óptico a 1.000 vezes obtém-se uma profundidade de campo de 0,2 μm, com um *SEM* obtém-se 20 μm, portanto duas ordens de grandeza superior.

Os sinais comumente utilizados em microscopia eletrônica por varredura para criar as imagens são principalmente dois: os elétrons secundários e os retrodifusos (*backscattered*). Os *elétrons secundários* (sinal, *Secundary Electron Imaging*) provêm de uma profundidade de poucos nanômetros e são os que permitem obter a máxima resolução. Os elétrons secundários fornecem informações sobre a topografia das superfícies. A imagem fornecida por estes elétrons é de fácil interpretação, porque é igual à óptica: os picos aparecem muito claros e os vales,

escuros (Fig. 13.9). Os *elétrons retrodifusos* (sinal *BSE, Back-Scattered Electron*) são elétrons do feixe primário que, depois de uma série de choques com os átomos da amostra, reemergem com energia igual ou pouco inferior à dos elétrons incidentes. Provêm de uma profundidade na amostra maior do que a dos elétrons secundários e, assim, perdem resolução. Os elétrons retrodifusos fornecem informações sobre o número atômico médio da zona de proveniência. As regiões da amostra emitem tantos mais elétrons retrodifusos quanto maior for o seu número atômico médio e, por isso, aparecem mais claras na imagem (Fig. 13.10); desse modo, avaliando os tons de cinza, pode-se obter informações sobre a distribuição dos componentes de diferente composição química, evidenciando assim um *contraste químico*.

Fig. 13.10 Imagem em elétrons retrodifusos: superfície de fratura de um ferro-gusa esferoidal

Um outro sinal gerado pela interação entre o feixe eletrônico e a amostra é constituído por *raios X característicos*. Os raios X característicos têm energia, ou comprimento de onda equivalente, característica dos elementos presentes no ponto ou na área de interação. Coletando e analisando os raios X com espectrômetros adequados, obtém-se

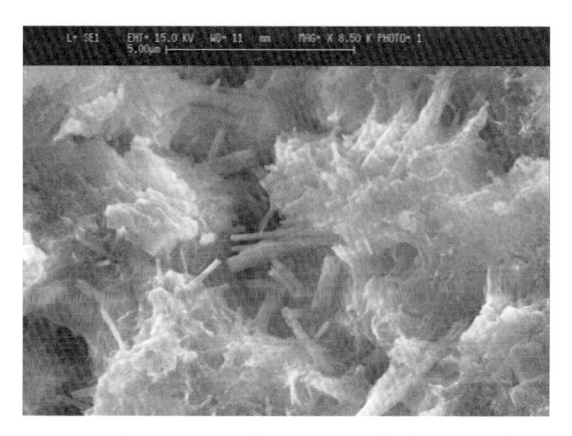

Fig. 13.9 Imagem em elétrons secundários: pasta de cimento

informações sobre elementos presentes na amostra. Com este tipo de sinal, podem ser conduzidas análises químicas elementais qualitativas e quantitativas.

O tipo de espectrômetro mais comumente utilizado em associação com um SEM é o espectrômetro *EDS* (*Energy Dispersive Spectrometer*). Com este espectrômetro, a análise e a representação dos raios X coletados é feita em função da sua energia e os espectros obtidos são diagramas da intensidade do sinal em função das energias. A vantagem de utilizar um feixe de elétrons é poder fazer uma análise pontual, ou seja, explorar uma certa zona superficial ponto a ponto (a zona de análise tem dimensões da ordem do μm).

Além da análise pontual, é possível obter imagens bidimensionais (mapas) ou lineares (perfis de concentração) da distribuição dos elementos químicos sobre a superfície da amostra.

Assim, a observação com o *SEM* permite estudar o aspecto morfológico dos materiais e as várias formas assumidas pelos compostos constituintes e simultaneamente realizar a análise química. No caso da Fig. 13.11, por exemplo, são mostrados a morfologia do gesso e o espectro *EDS* obtido com a análise da área exibida na imagem. A análise dos raios X característicos permite especificar os elementos O, S e Ca, que servem para confirmar que os cristais pertencem ao gesso, mas sozinha indicaria apenas os elementos, não o tipo de composto.

13.2.4 Difração de raios X

Os raios X são radiações eletromagnéticas com comprimentos de onda compreendidos entre 0,1Å e 10Å, capazes, portanto, de interagir com o material no nível atômico. A análise por difração dos raios X (*X-Ray Diffraction Analysis, XRD*) permite identi-

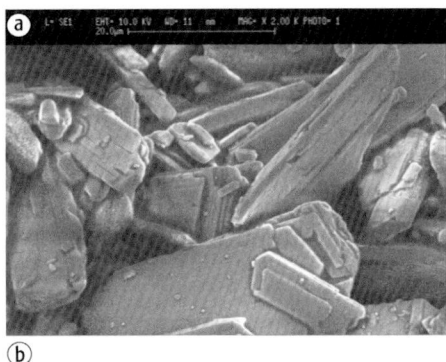

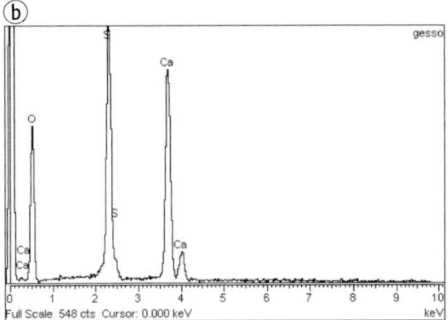

Fig. 13.11 Imagem em elétrons secundários de cristais de gesso (a) e seu espectro EDS (b)

ficar as substâncias cristalinas presentes na amostra. A análise pode ser, por exemplo, realizada para especificar as fases dos constituintes metálicos ou para identificar os compostos cristalinos presentes em um material cerâmico ou de compostos de cimento. No caso dos materiais de construção, a análise é geralmente realizada sobre a amostra reduzida a pó. Utiliza-se um instrumento chamado *difractômetro*, no qual a amostra é colocada em uma cuveta adequada, que roda junto com o eixo do goniômetro; na amostra assim alojada, incide o feixe de raios X que, no caso particular do difractômetro para pó, é monocromático. As intensidades dos raios difratados da amostra são coletadas por um revelador adequado. O revelador e a amostra se movem em velocidade angular constante e são solidários, de forma que, quando a amostra roda no ângulo θ, o revelador roda no ângulo 2θ. Desta forma, os ângulos de incidência e os de difração estão sempre em constante relação. O revelador envia os sinais coletados para um registrador, que traça os difractogramas, ou seja, diagramas que reportam na abscissa os valores dos ângulos de difração (2θ) e na ordenada, as contagens.

O princípio físico da técnica é o da difração dos raios X das redes cristalinas. Uma interpretação da difração de uma rede cristalina foi dada por Bragg, segundo o qual a difração da rede cristalina pode ser vista como um reflexo dos planos cristalográficos (Fig. 13.12). Com base nesta analogia, conhecida como *equação de Bragg*:

$$2d \cdot sen\theta = n\lambda \qquad (13.5)$$

onde λ é o comprimento da onda dos raios X incidentes, d é a distância entre dois planos reticulares sucessivos e θ é o ângulo de incidência.

Para um sólido cristalino caracterizado por uma série de planos cristalográficos e por um feixe de raios X monocromático, são conhecidos d e λ; logo, tem-se o pico de difração quando o ângulo de incidência, com relação aos planos cristalográficos, é capaz de satisfazer a lei de Bragg. O termo n é englobado em d, razão pela qual o reflexo de ordem n dos planos distantes d torna-se o reflexo de ordem 1 dos planos que têm distância interplanar $d' = d/n$. Da análise do difractograma, extraem-se as posições angulares dos picos e as suas intensidades. As posições angulares transformam-se em distâncias interplanares através da lei de Bragg e as intensidades se normalizam com relação à do pico mais alto. Com estes dados, é possível identificar os compostos cristalinos inorgânicos e orgânicos. Na Fig. 13.13, mostra-se, como exemplo, o difractograma obtido de uma amostra de calcita ($CaCO_3$ com estrutura cristalina hexagonal).

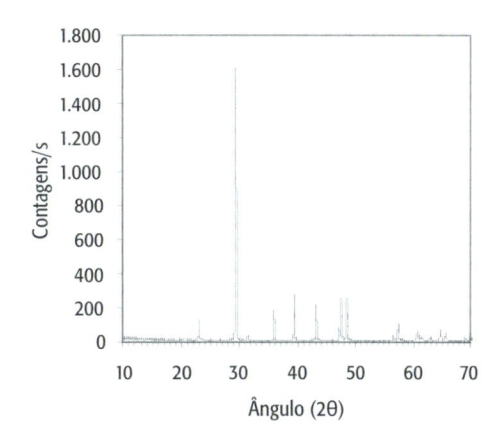

Fig. 13.13 Difractograma da calcita ($CaCO_3$)

A complexidade da interpretação dos difractogramas depende do número de componentes presentes no material analisado, porque cada fase cristalina tem um espectro próprio de difração, que se sobrepõe em parte ao das outras. Além disso, para os componentes menores, podem aparecer somente um ou dois picos, insuficientes para sua identificação. É necessário, portanto, fazer algumas hipóteses sobre a provável presença de compostos, hipóteses que depois são confirmadas ou rejeitadas, com base na comparação dos picos teóricos com o resultado experimental. As fases não cristalinas não determinam o aparecimento de picos claros, mas causam o aumento do fundo em regiões mais ou menos extensas. Os componentes amorfos, como, por exemplo, os silicatos amorfos que se formam pela hidratação

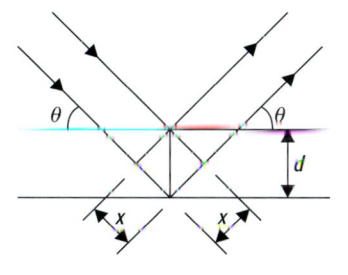

Fig. 13.12 Representação gráfica da lei de Bragg

dos cimentos, não são pois identificáveis e podem tornar complexo o reconhecimento das fases cristalinas presentes em quantidades menores.

13.3 Ensaios de corrosão

Os efeitos do ambiente de exposição sobre os materiais podem ser estudados com ensaios específicos, que permitem reproduzir a ação dos agentes agressivos em corpos de prova que são mantidos sob controle no período do ensaio. Em geral, ensaios deste tipo podem ser feitos com qualquer combinação de materiais e ambiente. Para obter resultados significativos em tempos aceitáveis, todavia, é em geral necessário acelerar os fenômenos de degradação, modificando alguns parâmetros ambientais (por exemplo, a concentração dos agentes agressivos, a temperatura, a umidade etc.). Estas variações com relação ao ambiente real podem alterar os resultados e torná-los pouco confiáveis para a previsão do comportamento do material em exercício. Os resultados de ensaios acelerados de exposição devem, portanto, ser interpretados com cautela.

Neste item, ilustram-se alguns ensaios de corrosão destinados ao estudo dos efeitos ambientais sobre materiais metálicos. Em particular, abordam-se os ensaios de exposição, que avaliam diretamente os efeitos do ambiente sobre o metal, e os ensaios eletroquímicos, que medem parâmetros característicos dos processos eletroquímicos que causam a corrosão (Kelly et al., 2003; Revie, 2000; Sheir, Jarman e Burnstein, 1995).

13.3.1 Ensaios de exposição

Um ensaio de corrosão muitas vezes utilizado é a perda de peso, que tem o objetivo de observar a variação de massa e, assim, a quantidade de material consumido pela corrosão, por unidade de tempo e de superfície. O ensaio consiste na imersão (completa ou parcial, contínua ou alternada) de uma amostra em uma determinada solução ou na sua exposição a uma certa atmosfera. A amostra é pesada antes da prova e ao final da exposição (depois de removidos, em geral com uma decapagem, os produtos da corrosão). Calcula-se, assim, a variação de massa da amostra (Δm) e, conhecidos o tempo de exposição e a superfície exposta da amostra, pode-se calcular a velocidade de perda de massa (v_m) e a velocidade de adelgaçamento (v_p), com as fórmulas (3.5) e (3.6). Por exemplo, se uma laje de aço (ferro) com superfície de 28 cm^2 é imersa em água potável por 7 semanas e se constata uma perda de massa de 0,19 g, pode-se calcular uma velocidade de corrosão de cerca de 500 g/m^2·ano, equivalente a uma velocidade de adelgaçamento de 64 µm/ano.

Os ensaios de perda de peso podem ser feitos também para avaliar os efeitos da corrosão atmosférica. Neste caso, os corpos de prova são expostos à atmosfera com diversas orientações e inclinações, para avaliar os efeitos do microclima. A vantagem destes ensaios consiste na medida direta do comportamento do material na atmosfera de interesse. Em outros casos, as amostras são inseridas no interior de aparelhos ou instalações técnicas para avaliar os efeitos dos fluidos presentes nas condições reais de exercício (temperatura, fluxo etc.) ou de tratamentos feitos para diminuir a velocidade de corrosão (por exemplo, inibidores de corrosão).

Um limite dos ensaios de perda de peso é a necessidade de longos períodos de exposição nos casos em que a velocidade de corrosão é modesta. Com efeito, períodos breves de exposição levariam a perdas de massa muito pequenas, que não podem ser apuradas com precisão nem mesmo pelas balanças analíticas (que têm uma acuidade de 10^{-5} g). Como regra prática, em geral, recomenda-se um tempo de exposição, expresso em horas, igual a $50.000/v_p$, onde v_p é a velocidade de corrosão atingida, expressa em μm/ano. Às vezes, para reduzir os tempos, são feitos ensaios de exposição em atmosfera artificial; algumas normativas, por exemplo, preveem os ensaios em "névoa salina", nos quais a amostra é colocada em uma câmara e submetida a ciclos alternativos de molhadura, com uma solução de cloretos, e de secagem, em várias condições de umidade e temperatura. Estes ensaios são utilizados como ensaios de aceitação de certos materiais, já que podem permitir estudar rapidamente os efeitos de variações na composição química ou de diversos tratamentos superficiais. Raramente, porém, os resultados destes ensaios podem ser utilizados para prever o efetivo comportamento de um material no ambiente de utilização.

As velocidades v_m e v_p são valores médios referentes à superfície exposta da amostra. No casso de corrosão localizada, a velocidade de penetração nos pontos de ataques corrosivos pode ser notavelmente mais elevada do que v_p. Nestes casos, a simples medida da perda de massa é de pouca utilidade. A análise da amostra pode ser completada com a observação da superfície, depois de terem sido removidos os produtos de corrosão, para especificar a efetiva porção de área atingida pela corrosão e, assim, calcular a velocidade de corrosão com relação especificamente a esta área. Também neste caso, todavia, o resultado é aproximado, já que a corrosão é raramente uniforme no interior das zonas corroídas. Muitas vezes, quando há ataques localizados, prefere-se documentar o resultado do ensaio anotando o número de ataques localizados (pites) por unidade de superfície ou a máxima velocidade de penetração (obtida mediante a divisão da profundidade do pite mais penetrante pelo tempo de exposição). Em alguns casos, calcula-se também o fator de pites, extraído da relação entre a maior profundidade de pites e a penetração média, calculada a partir da perda de massa. A observação da amostra pode ser completada por observações microscópicas e análises químicas nos produtos de corrosão.

Um exemplo de aplicação dos ensaios de exposição à corrosão localizada são os ensaios em cloreto férrico ($FeCl_3$), que torna o ambiente de ensaio muito agressivo e, assim, acelera notavelmente os fenômenos corrosivos. Estes ensaios, previstos, por exemplo, na normativa ASTM, permitem determinar a suscetibilidade à corrosão por pites (ou em fissura) de aços inoxidáveis e ligas de níquel, e particularmente a temperatura crítica de pites e/ou de frestas (item 6.1.1). A importância destes ensaios deriva também do fato de servirem para estabelecer o índice de resistência à corrosão localizada (*PRE*) (item 6.1.1). Mesmo neste caso, porém, convém ter muita cautela na hora de extrapolar os resultados destes ensaios para as condições reais.

13.3.2 Métodos eletroquímicos

As medidas eletroquímicas consistem na medida de parâmetros diretamente ligados à evolução do processo corrosivo. Os métodos utilizados mais frequentemente são a medida do potencial de corrosão e as provas de polarização

Medida do potencial. A medida do potencial é uma medida direta e fácil de fazer. Consiste na extração do potencial em que se encontra o metal, utilizando um eletrodo de referência. A Fig. 13.14 mostra o esquema da medida de potencial: liga-se o metal do qual se quer medir o potencial ao polo positivo de um voltímetro de alta impedância, enquanto o eletrodo é ligado ao polo negativo. O circuito fecha-se através do ambiente. A tensão líquida do voltímetro representa o potencial do metal, medido com relação ao eletrodo de referência utilizado.

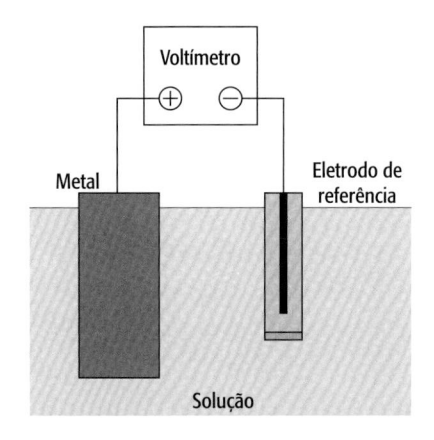

Fig. 13.14 Esquema de medida do potencial

Um eletrodo de referência é constituído por um metal imerso em uma solução adequada, de modo que, sobre a superfície do metal, ocorra uma determinada reação química. Se, durante a mensuração, não circula corrente, o eletrodo de referência terá um potencial constante, correspondente ao potencial de equilíbrio da reação que o caracteriza. Na Tab. 13.4, são descritos os principais tipos de eletrodo de referência utilizados para as medidas de potencial. No laboratório, utiliza-se, com frequência, o eletrodo de calomelano saturado, constituído de um recipiente no qual há mercúrio em equilíbrio com cloreto de mercúrio; uma solução saturada de KCl realiza, em seguida, através de um separador poroso, o contato eletrolítico com o ambiente. O potencial deste eletrodo é de +244 mV com relação ao eletrodo padrão de hidrogênio (SHE).

Para as medidas de metais no solo ou no concreto, utiliza-se o eletrodo de cobre, constituído por uma barra de cobre imersa em uma solução saturada de sulfato de cobre. Mesmo neste caso, o contato eletrolítico com o ambiente é realizado com um separador poroso (de madeira ou cerâmica); o potencial é de +318 mV *vs.* SHE. Para medidas em água do mar, usam-se com frequência os eletrodos de prata/cloreto de prata, constituídos por um fio de prata, sobre o qual foi depositada uma camada de AgCl. Este eletrodo, quando imerso em uma solução com cloretos, tem um potencial que depende da concentração de cloretos; às vezes, pode ser imerso em uma solução de 0,1 M de KCl e o seu potencial é de +288 mV *vs.* SHE. Quando é imerso diretamente na água do mar, tem um potencial de cerca de +250 mV *vs.* SHE. Na água do mar, utiliza-se também zinco imerso diretamente, o qual tem um potencial de cerca de –800 mV *vs.* SHE.

Tab. 13.4 Principais eletrodos de referência utilizados para as medidas de potencial

Eletrodo	Esquema de funcionamento	Reação	Potencial (mV vs SHE)
De hidrogênio (SHE)	H_2(1 atm) | H^+ (a=1)	$2H^+ + 2e \Leftrightarrow H_2$	0
De calomelano saturado (SCE)	Hg | Hg_2Cl_2, KCl (sat)	$Hg_2Cl_2 + 2e \Leftrightarrow 2Hg + 2Cl^-$	+244
Ag/AgCl/0,1M KCl	Ag | AgCl, KCl	$AgCl + e \Leftrightarrow Ag + Cl^-$	+288
Ag/AgCl/água do mar	Ag | AgCl, água do mar	$AgCl + e \Leftrightarrow Ag + Cl^-$	+250
$Cu/CuSO_4$ (CSE)	Cu | $CuSO_4$ sat	$Cu^{2+} + 2e \Leftrightarrow Cu$	+318
Zinco/água do mar	Zn | água do mar	$Zn^{2+} + 2e \Leftrightarrow Zn$	-800

Quando o metal não está polarizado por correntes externas ou por macropilhas, o potencial medido com o eletrodo de referência é o potencial de corrosão. A medida do potencial de corrosão pode permitir verificar o estado de corrosão do metal; um exemplo importante, no campo das construções, é a medida do potencial das armaduras no concreto, que será ilustrada no item 14.2.5.

As medidas de potencial são importantes também para verificar o funcionamento da proteção catódica; neste caso, o metal é polarizado catodicamente por uma corrente externa e o potencial medido é o valor E mostrado na Fig. 5.9. A medida permite, assim, obter o potencial efetivamente atingido pelo metal e verificar se foram atingidas as condições de proteção descritas no item 5.3.1. No entanto, quando circula corrente no ambiente, as medidas de potencial podem ser alteradas por contributos de queda ôhmica. Com efeito, a menos que o eletrodo esteja muito próximo da superfície do metal, obtém-se até a queda de tensão relativa à circulação de corrente na zona compreendida entre o ponto no qual foi colocado o eletrodo de referência e a superfície do metal. Para determinar o potencial efetivo do metal, pode-se realizar ensaios de corte, que consistem em interromper momentaneamente a corrente e constatar o potencial do metal logo depois do corte (potencial *instant-off*). Esta providência permite anular os contributos ôhmicos, que se anulam imediatamente depois do corte da corrente, mas não os efeitos da polarização do metal, que se recuperam gradualmente com o tempo.

Medidas eletroquímicas indiretas. A medida do potencial de corrosão não é suficiente para estabelecer a velocidade de corrosão do metal; com efeito, como demonstrado, por exemplo, na Fig. 3.7, não há nenhuma correlação direta entre o potencial e a velocidade de corrosão. Por outro lado, a velocidade de corrosão não pode ser medida diretamente, já que, como ilustrado no item 3.2.4, o ponto em que o metal se comporta espontaneamente quando se corrói corresponde a uma corrente líquida nula (as correntes anódica e catódica se igualam).

Existem, todavia, métodos eletroquímicos que, alterando as condições de corrosão do metal, através da aplicação de correntes externas, permitem chegar à velocidade de corrosão. Estes métodos preveem o emprego de um terceiro eletrodo, como mostrado na Fig. 13.15. Além do metal que se quer avaliar (eletrodo de trabalho, W) e do eletrodo de referência (ER), usa-se um contra-eletrodo (C), que tem a função de distribuir a corrente durante o ensaio, para polarizar o metal catódica ou anodicamente.

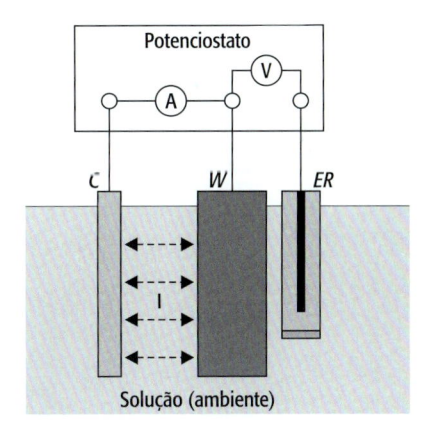

Fig. 13.15 Esquema de funcionamento do potenciostato

Para distribuir a corrente, utilizam-se instrumentos específicos; em geral, emprega-se um potenciostato que, graças a um circuito de retroação, consegue impor um determinado potencial ao metal, fazendo circular a corrente necessária para polarizá-lo a esse valor. Por exemplo, com referência à Fig. 5.9, se o metal tem um potencial de corrosão igual a E_{corr} e se deseja impor um potencial E, o potenciostato impõe, através do contra-eletrodo, uma corrente catódica igual a $i_{externa} = i_c - i_a$, de modo que, com o eletrodo de referência, se meça o potencial E.

Utilizando este instrumento, pode-se, por exemplo, com o método da polarização potenciodinâmica, traçar as curvas de polarização de um metal. O instrumento impõe uma varredura do potencial e traça a evolução da corrente externa (catódica ou anódica) em função do potencial imposto. Já que a esta corrente é, para cada potencial, igual à soma algébrica entre a corrente anódica i_a e a corrente catódica i_c, a curva traçada pelo potenciostato corresponde à curva contínua da Fig. A-3.2 e, assim, descreve a evolução da curva de polarização anódica para potenciais superiores a E_{corr} e a da curva de polarização catódica para potenciais inferiores a E_{corr} (Aprofundamento 3.2). A Fig. 13.16 mostra, por exemplo, os resultados de um ensaio de polarização potenciodinâmica em um material metálico com comportamento ativo. Em geral, a curva é traçada em escala semilogarítmica, como mostra a Fig. 13.16a, e se especifica, longe do potencial de corrosão, uma evolução linear, caracterizada pelas *retas de Tafel* anódica e catódica (item 3.2.4),

cujas inclinações são respectivamente b_a e b_c, medidas em mV/década. Representando os resultados em escala linear, obter-se-ia o gráfico da Fig. 13.16b. Conhecida a curva de polarização, pode-se deduzir graficamente a velocidade de corrosão (Fig. 13.16a) ou outros parâmetros úteis para a corrosão (por exemplo, o potencial de pites ou a corrente-limite de difusão de oxigênio). As curvas de polarização mostradas na Fig. 3.13a, por exemplo, foram traçadas com este método e permitiram obter os potenciais de pites mostrados na Fig. 3.13b.

As curvas traçadas com os ensaios de polarização potenciodinâmica podem ser muito influenciadas por parâmetros de ensaio (em particular, pelo potencial em que é preparado o ensaio e pela velocidade de variação do potencial). É preciso sublinhar, além disso, que o potencial de pites, dada a forte variabilidade do fenômeno (item 3.4.2) deve ser definido com uma abordagem estatística e representado com uma distribuição de valores.

Um segundo método eletroquímico indireto é a técnica da polarização linear. Esta permite medir a velocidade de corrosão do metal sem modificar significativamente o seu potencial. O ensaio prevê, com efeito, a

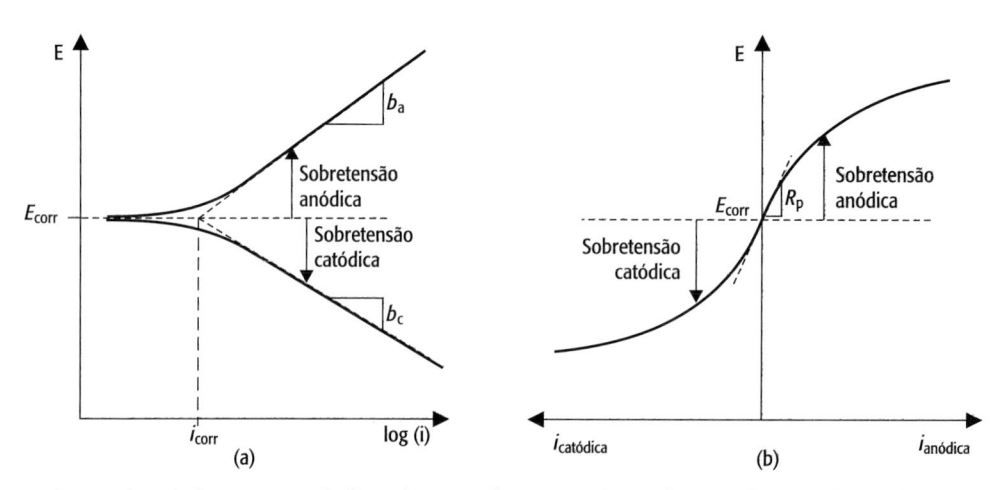

Fig. 13.16 Curvas de polarização potenciodinâmica, traçadas em escala semilogarítmica (a) e linear (b)

polarização do metal em um intervalo muito pequeno (± 10 Mv) ao redor de seu potencial de corrosão livre. Nesta zona, a ligação entre potencial (E) e corrente externa ($i_{externa}$) é quase linear (como se pode observar na Fig. 13.16b). Com base na teoria formulada por Stern e Geary, pode-se demonstrar que a inclinação da reta que liga E e i ao redor de E_{corr} (dita resistência de polarização, R_p, $\Omega \cdot m^2$) é inversamente proporcional à velocidade de corrosão (mA/m^2):

$$i_{corr} = B / R_p \qquad (13.6)$$

A constante B (mV) é característica de cada acoplamento material-ambiente e depende da inclinação das curvas de polarização anódica (b_a) e catódica (b_c): $B = b_a \cdot b_c / [2,3 \cdot (b_a + b_c)]$.

O método da polarização linear permite obter rapidamente até velocidades muito baixas de corrosão, como as de passividade (que não poderiam ser detectadas com ensaios de perda de peso). Além disso, é uma medida não destrutiva e, em alguns casos, pode ser realizada mesmo sobre estruturas reais (como no caso das armaduras do concreto, item 14.2.5). Na prática, a realização da medida pode ser complicada por diversos fatores, como a dificuldade para determinar a constante B, a impossibilidade de colocar o eletrodo de referência próximo à superfície do metal, a influência da velocidade de varredura sobre o resultado etc. Além disso, o método não consegue especificar a corrosão localizada e fornece só uma velocidade de corrosão média. Enfim, como todos os métodos eletroquímicos, restitui o valor de velocidade de corrosão efetivo no momento em que é realizado o ensaio (enquanto, com os ensaios de perda de peso, se obtém um valor médio relativo a todo o período de exposição). Se as condições de exposição do metal variam no tempo, pode-se efetuar o ensaio em tempos diversos para extrair a evolução no tempo.

13.4 Ensaios com materiais porosos

As propriedades dos materiais porosos podem ser estudadas com ensaios físicos, que permitem avaliar o comportamento do material com relação aos fenômenos de transporte descritos no Cap. 2.

A *densidade* do material é um parâmetro de simples revelação, que fornece muitas vezes uma informação útil para uma primeira avaliação tanto das suas propriedades mecânicas como da sua resistência aos agentes agressivos. Geralmente, para um material poroso, avalia-se a densidade aparente, dada pela relação entre a massa e o volume total do material, inclusive o dos poros (item 2.1.1). No caso de amostras com uma forma complexa, o volume pode ser obtido por diferença, imergindo a amostra em um recipiente de volume conhecido e medindo a quantidade de água (ou de um outro líquido) necessária para encher o recipiente; antes deste medida, porém, é necessário saturar os poros do material.

Uma segunda medida simples de fazer é a de *absorção de água*. Os corpos de prova são primeiro desidratados em uma estufa ventilada, para que atinjam um valor de massa constante (massa seca, M_{seca}). A temperatura de secagem não pode alterar a estrutura do material; no caso dos compostos de cimento, geralmente não supera 105°C, para evitar remover a água adsorvida no gel C-S-H; para aglomerantes antigos ou para materiais poliméricos, utilizam-se temperaturas inferiores, entre 40°C e 60°C. Quando o material está desidratado, é saturado com água. Para este processo, coloca-se a amostra em um recipiente no qual se realiza o vácuo, para remover o ar presente nos poros (que poderia dificultar a absorção de água). A amostra é, então, saturada a vácuo e deixada imersa até atingir um valor constante de massa ($M_{saturada}$). Com a fórmula (2.6), calcula-se então a absorção A_m ou A_v, se é conhecido o volume total da amostra.

Para avaliar diretamente o comportamento do material em relação aos fenômenos de transporte dos agentes agressivos, pode-se fazer ensaios de absorção capilar, difusão, migração e permeação. Os ensaios de elevação capilar estão descritos no Aprofundamento 9.3; alguns exemplos de ensaios de difusão e migração foram ilustrados no Aprofundamento 8.2. Os ensaios de permeação são realizados com aparelhos nos quais uma face de um corpo de prova do material é posta em contato com água sob pressão. Alguns tipos de ensaio preveem a medida do fluxo de água através do corpo de prova, medindo a quantidade de água que sai do lado oposto do corpo de prova. Calcula-se, assim, o fluxo de água dq/dt e, com as Eqs. (2.11) ou (2.12), pode-se determinar os coeficientes de permeabilidade da amostra (item 2.2.2). Em outros casos, sobretudo para materiais de baixa porosidade, para os quais é difícil obter um fluxo à saída da amostra, efetuam-se ensaios que medem a profundidade de penetração da água. Por exemplo, para os concretos utiliza-se com frequência o método de ensaio da norma DIN 1048, que prevê a aplicação em sequência de pressões de 1, 3 e 7 bar por 48, 24 e 12 horas; ao término, quebra-se o corpo de prova e mede-se a profundidade média de penetração da água; o concreto é considerado "impermeável" se a penetração média é inferior a 30 mm. Este ensaio, embora não forneça nenhum parâmetro quantitativo com relação à resistência do concreto à penetração dos agentes agressivos, pode ser útil para uma primeira comparação entre concretos de composição diferente.

Nos materiais porosos, efetuam-se com frequência medidas da estrutura porosa do material, da composição química da solução nos poros e do grau de saturação. Se a amostra for saturada de água, a medida da resistividade elétrica pode permitir comparar materiais com estruturas de poros diferentes ou avaliar a evolução no tempo das variações microestruturais. Por exemplo, a Fig. 13.17 mostra a evolução no tempo da resistividade elétrica medida, a partir do momento do lançamento, em corpos de prova saturados de um concreto de cimento portland e de um concreto feito com cimento pozolânico. Observa-se como a progressiva hidratação do cimento leva a um aumento da resistividade elétrica; além disso, no caso do cimento pozolânico, o aumento da resistividade é muito mais acentuado, porque reflete o refinamento da estrutura dos poros, típico da reação pozolânica.

No caso de corpos de prova de pequenas dimensões, a resistividade elétrica é medida pela resistência R (ou a condutância $G = 1/R$)

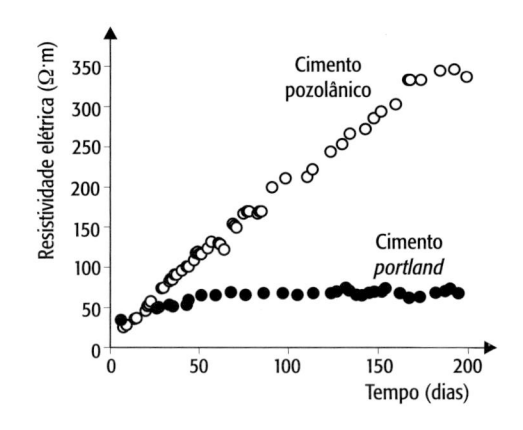

Fig. 13.17 Evolução da resistividade elétrica em dois corpos de prova de concreto em função da idade da amostra (a/c = 0,5)

entre dois eletrodos imersos no material ou postos sobre sua superfície. A medida é feita utilizando corrente alternada, para evitar polarizar os eletrodos. A religação entre a resistividade elétrica ρ ($\Omega \cdot m$) e a resistência R (Ω) é governada pela Eq. (2.2) e depende só de fatores geométricos (forma do corpo de prova e dos eletrodos, posição dos eletrodos etc.); em geral, a Eq. 2.2 pode ser escrita na forma:

$$\rho = \frac{R}{K} = \frac{1}{K \cdot G} \qquad (13.7)$$

A constante K (m^{-1}) pode ser determinada numericamente ou experimentalmente (efetuando, por exemplo, a medida em corpos de prova da mesma geometria e com resistividade conhecida). As medidas de resistividade podem ser também realizadas nos solos ou nas estruturas em concreto; neste caso, utiliza-se com frequência a técnica dos quatro eletrodos (de Wenner), mostrada na Fig. 13.18; os dois eletrodos externos emitem uma corrente (I) no solo ou no concreto, e os dois eletrodos internos medem a diferença de tensão induzida (V). Calcula-se, assim, a resistividade com a fórmula:

$$\rho = \frac{2\pi \cdot a \cdot V}{I} \qquad (13.8)$$

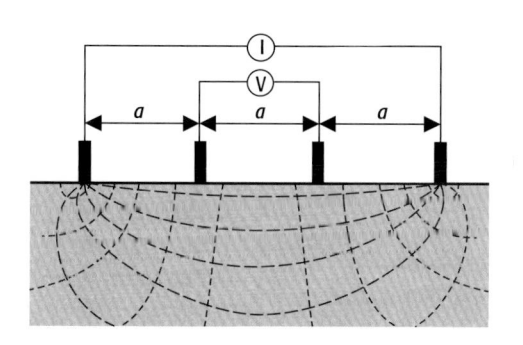

Fig. 13.18 Medida da resistividade com o método de Wenner

13.5 Medida das variações dimensionais

Vários fenômenos que podem levar à degradação dos materiais estão relacionados a variações dimensionais, produzidas por diversas causas. Para estudar estes fenômenos, em geral, utilizam-se corpos de prova esbeltos, que são colocados em condições ambientais que determinam a variação dimensional, e se medem, assim, as variações no tempo do comprimento dos corpos de prova. Sobre os corpos de prova são colocados pinos apropriados que permitem a inserção de um extensômetro calibrado e dotado de um comparador. O comparador, pela diferença com uma barra de comprimento conhecido, permite obter o comprimento do corpo de prova. A variação de comprimento ao longo do tempo, $\varepsilon(t)$, é expressa como variação porcentual com relação ao comprimento inicial do próprio corpo de prova (co):

$$\varepsilon(t) = \frac{c(t) - c_0}{c_0} \cdot 100 \qquad (13.9)$$

Estas medidas são feitas, por exemplo, para obter a evolução da retração higrométrica de concretos ou argamassas expostas em ambientes secos; os ensaios são, em geral, feitos a 20°C e 50% U.R. para comparar a retração dos materiais com composições diferentes; por exemplo, na Fig. 13.19 comparam-se as evoluções ao longo do tempo da retração higrométrica de uma argamassa e de um concreto. Ensaios análogos são efetuados para avaliar a expansão dos corpos de prova sujeitos a degradação, por exemplo, por ataque por sulfatos (Figs. 7.5 e 7.6) ou reações álcali-agregados (Fig. 7.8).

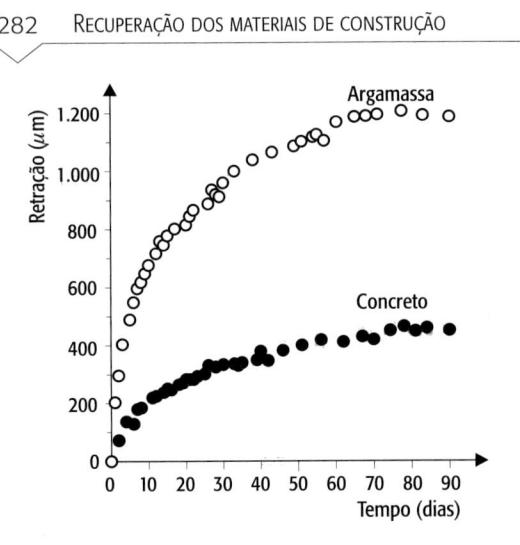

Fig. 13.19 Retração higrométrica a 50% U.R. e 20°C de uma argamassa e de um concreto de cimento portland com a/c 0,5. O consumo do cimento é de 550 kg/m³ para a argamassa e de 400 kg/m³ para o concreto

13.6 Análise de falhas

Por *análise de falhas* entende-se um conjunto de procedimentos, métodos e procedimentos empregados na determinação das causas que levaram à perda de funcionalidade de uma obra ou parte dela. O seu objetivo não é limitado apenas ao diagnóstico, mas, em geral, permite preestabelecer a solução do problema específico e é, assim, a base para futuras intervenções de prevenção. Muitas vezes, para a resolução do caso são necessárias competências multidisciplinares em vários setores da engenharia, da química, da física, das ciências naturais etc. Frequentemente, nos casos mais complexos, um trabalho de equipe bem coordenado dá os melhores resultados. Em cada caso, é sempre necessário programar com cuidado a investigação. Para isso, pode ser útil subdividir em diversos estágios o conjunto dos procedimentos mais comumente empregados. No Cap. 14, ilustram-se em detalhe as metodologias para a avaliação das obras civis e de edificações.

Exames preliminares. O exame preliminar é o exame conduzido em campo. Infelizmente, muitas vezes é impossível ou pouco prático estar presente, razão pela qual o exame acaba confiado a técnicos ou outro pessoal que esteja no local, que recolhem e transferem as informações e o material necessário a quem se ocupa do caso. Nestas situações, podem ocorrer incertezas e erros devidos à inexperiência dos operadores locais, ao erro de informação e, enfim, à maior facilidade com que as informações podem ser escondidas ou mascaradas, sobretudo quando há graves responsabilidades envolvidas. O exame preliminar começa com a coleta dos dados que descrevem a história da obra, da estrutura ou de um componente. É necessário ter informações sobre plantas, especificações de projeto, fabricação, aplicação e vida útil. Segue-se a observação a olho nu ou com o auxílio de lentes. Durante a observação em campo, é necessário não negligenciar nem mesmo o menor detalhe e fazer uma documentação fotográfica precisa, não só das partes danificadas mas da obra ou da estrutura no conjunto. Sobre os detalhes considerados fundamentais para as análises subsequentes é sempre útil comparar a documentação fotográfica de anotações, esboços e referências com outras observações ou dados. Além disso, pode-se obter informações com análises específicas realizáveis diretamente no campo, como os ensaios não destrutivos, ensaios de dureza, análises químicas baseadas na coloração de soluções adequadas com base no composto procurado etc. Completada a coleta de dados, pode-se proceder à escolha e coleta das amostras consideradas úteis para a investigação subsequente, tendo o cuidado de não causar muitos danos durante a coleta. As amostras recolhidas são adequadamente seladas e protegidas. É sempre útil acrescentar à identificação uma breve descrição que permita uma visualização clara, referindo-se também à documentação fotográfica e às anotações feitas durante a observação visual. Para completar o quadro preliminar, é aconselhável consultar a literatura específica e os bancos de dados disponíveis.

Ensaios de laboratório. Os ensaios de laboratório compreendem o exame macroscópico, o exame microscópico, as análises químicas e os ensaios padrão, cuja descrição está nos itens anteriores. Os ensaios padrão, os ensaios mecânicos, de corrosão etc. são os mais utilizados no campo da *failure analysis* pelas seguintes razões: são realizados de acordo com procedimentos bem claros, preveem tempos de execução relativamente breves e coincidem, às vezes, com os ensaios de controle de qualidade requeridos nas especificações do projeto. É preciso, porém, sempre ter presente que esses ensaios têm limites bem precisos e, no mais das vezes, fornecem resultados que não podem ser estendidos diretamente ao campo. Nos casos mais complexos, pode-se também lançar mão de ensaios de simulação das reais condições em serviço. Estes ensaios são usados mais raramente devido a tempos mais longos de execução, custos mais elevados e impossibilidade ou dificuldade objetiva para reproduzir algumas situações reais (por exemplo, dimensões de peças grandes demais, eventuais flutuações ambientais, componente biológico etc.).

Análises conclusivas. O último estágio da análise de falhas consiste em recolher e interpretar os resultados obtidos na investigação para chegar à determinação do mecanismo de dano. Em muitos casos, a causa do dano pode já estar evidente nos primeiros estágios da investigação e, assim, as eventuais análises posteriores servem apenas para confirmar a hipótese. Em outros casos, quando não está claro o mecanismo em questão, pode-se recorrer à pesquisa bibliográfica para encontrar casos de situações semelhantes à investigada. O último passo é escrever o relatório, que deve ser escrito com clareza, utilizando termos de fácil interpretação mesmo para quem não está familiarizado com o tema, conciso e estruturado com uma sequência lógica: introdução do problema, exames realizados e seus resultados, conclusões sobre o dano e, finalmente, muito importante, recomendações para prevenir a repetição de situações análogas.

14 Procedimentos de inspeção

A inspeção é necessária para o diagnóstico do estado de conservação das construções, a verificação da estabilidade e da segurança das estruturas, a previsão da vida residual e o projeto das intervenções de restauração. O estudo deveria compreender a avaliação tanto das características originais dos materiais utilizados como do seu estado de conservação atual. Para chegar a um diagnóstico correto, podem ser empregadas várias metodologias de ensaio, em função do seu objetivo e dos materiais aos quais são aplicadas. Neste capítulo, ilustram-se os principais procedimentos utilizados para avaliação das características dos materiais na obra, ilustrando os princípios nos quais se baseiam, as modalidades de aplicação e o significado dos parâmetros coletados. Se, junto com a investigação sobre os materiais, deve ser feita também uma avaliação do comportamento estrutural, serão necessárias observações geométricas, que permitam especificar as dimensões efetivas dos elementos estruturais. Além disso, para verificar o comportamento estrutural, pode-se fazer ensaios de prova de carga, que permitam avaliar o comportamento da estrutura quando é aplicada uma carga conhecida; estes ensaios não são considerados neste capítulo.

14.1 Programação da inspeção

A avaliação é, geralmente, realizada em duas fases. Com uma investigação preliminar, faz-se uma primeira avaliação global da obra e da extensão do dano, com base na qual se pode formular hipóteses sobre as possíveis causas da degradação. Em seguida, efetuam-se as investigações com diversos graus de aprofundamento (medidas não destrutivas na própria estrutura ou coleta de amostras de material, a serem submetidas a análise de laboratório), que podem fornecer parâmetros úteis para o diagnóstico (The Concrete Society, 1982; Bungeym e Millard, 1996; Malhotra, 1994; The Concrete Society, 1989).

14.1.1 Coleta de dados

Antes de fazer qualquer análise são necessárias avaliações preliminares, baseadas na coleta das informações disponíveis na obra e na inspeção visual. A coleta de dados sobre a *história* da construção, junto com os elementos recolhidos durante a análise visual, pode ser muito útil para a especificação das possíveis causas de degradação. A coleta de dados históricos deve incluir elementos relativos ao período de construção, aos materiais, às técnicas de construção, ao aparecimento dos primeiros sinais de degradação, às condições em serviço das partes da obra e a intervenções anteriores de manutenção. Informações deste tipo, eventualmente comparadas com as relativas a estruturas análogas no contexto considerado, podem ser de notável ajuda para definir uma primeira série de hipóteses sobre as formas de degradação atingidas e sobre suas causas. Um exemplo são as estruturas em concreto armado erguidas nas imediações do mar, em uma zona e em uma época em que se usava areia do mar para fazer o concreto, sem uma lavagem preventiva em água doce. Obviamente, neste caso, dever-se-á considerar o risco de corrosão por pites ou pelo menos o risco de elevada velocidade de corrosão. Às vezes, o simples período de construção, além de ser necessário para especificar o tempo decorrido desde a construção da obra, pode dar algumas indicações sobre a qualidade da própria obra.

Se possível, deve-se procurar recolher informações sobre os materiais utilizados. Também seriam úteis as informações relativas ao projeto (a disposição das armaduras, por exemplo, ou a espessura nominal do cobrimento nas estruturas de concreto armado) e à execução da obra (as técnicas construtivas ou os tipos de controles adotados, por exemplo). Enfim, dever-se-ia recolher informações relativas a eventuais acidentes ou manifestações de degradação antes daquela sob investigação. Todas estas informações permitiriam ter uma visão completa das características da estrutura e das demandas às quais ela foi submetida, limitando, assim, tanto as hipóteses sobre as causas da degradação como o número de análises a serem realizadas posteriormente.

Infelizmente, na maior parte dos casos, é muito difícil encontrar informações confiáveis sobre os materiais ou sobre a construção do edifício. Mesmo quando é possível rastrear as especificações de projeto, estas devem ser verificadas, já que, muitas vezes, não têm respaldo na realidade. Da mesma forma, informações genéricas ou relativas à zona geográfica onde está a obra devem ser consideradas com cautela, porque nem sempre podem ser aplicadas à estrutura em exame.

14.1.2 Inspeção visual e programação da inspeção

A inspeção visual é um momento essencial na avaliação de uma estrutura. Consiste em uma inspeção para determinar as condições da estrutura e fornece indicações úteis para a especificação preliminar do fenômeno, pelo menos em sua manifestação externa. A observação visual é limitada pela possibilidade de inspecionar somente as partes visíveis, de forma que não é possível investigar os defeitos internos e obter informações sobre as propriedades dos materiais (em certos casos, pode-se utilizar técnicas endoscópicas que permitem observar, por exemplo, o interior das cavidades nas paredes).

Durante a inspeção, deve-se determinar o tipo e a extensão dos danos sofridos pela obra. Para cada fenômeno observado, pode-se extrair a frequência, a extensão e a posição das áreas envolvidas, também em relação ao ambiente (por exemplo, se o dano é interno ou externo) e às condições microclimáticas (por exemplo, protegido/não protegido) e estruturais (por exemplo, ao longo do lado interno ou do lado externo de elementos fletidos). Comparando os fenômenos observados na obra com as informações sobre a estrutura e o ambiente, pode-se, geralmente, especificar as possíveis causas de degradação e formular um plano de inspeção da estrutura. Este deve ter por objetivo a confirmação de uma ou mais hipóteses formuladas sobre as causas da eventual degradação e deve permitir avaliar sua gravidade.

Nesta fase, devem ser definidos os procedimentos úteis para chegar a um diagnóstico confiável e devem ser especificados os pontos aos quais os diferentes métodos serão aplicados. Em geral, é melhor escolher pontos representativos das diferentes situações observadas, mas também pontos onde a degradação não é evidente. Estes últimos servem tanto para comparar o comportamento com as partes degradadas como para verificar as condições de conservação da estrutura nos pontos não atingidos pela degradação (que, no entanto, poderia estar presente, ainda que menos grave).

O estabelecimento de um plano de inspeção e a análise correta dos resultados obtidos são operações que requerem experiência. Um técnico especializado poderá concluir o trabalho rapidamente e com poucas investigações significativas.

14.2 Inspeção das estruturas de concreto armado

Neste parágrafo, serão analisados os procedimentos de investigação das estruturas de concreto armado (para as estruturas de concreto protendido, ver o Aprofundamento 14.1). As análises do próprio concreto podem ser úteis para avaliar as características do concreto utilizado para a realização da estrutura, para evidenciar as consequências da degradação e para avaliar a penetração dos agentes agressivos. Estas análises podem ser feitas diretamente na estrutura, utilizando técnicas não destrutivas, ou em amostras de concreto coletado na própria estrutura.

14.2.1 Inspeção visual

A observação visual das estruturas em concreto armado permite localizar erros construtivos que podem favorecer a ativação da corrosão, como espessuras variáveis de cobrimento, armaduras não adequadamente recobertas pelo concreto por causa da insuficiente trabalhabilidade do concreto fresco, da presença de ninhos de concretagem, da perda de argamassa devida à má estanqueidade das formas, das variações cromáticas da superfície que podem ser devidas às retomadas de lançamento, às variações da qualidade do concreto etc. A presença de eflorescências, que se manifestam através de um depósito salino, geralmente de cor branca, na superfície, as delaminações, os descolamentos ou a presença de pequenas cavidades sobre a superfície, como os *pop-out* (descolamentos do concreto de forma tronco-cônica onde há um agregado), indicam degradações no concreto que podem ter diferentes origens. Considerações parecidas podem ser estendidas ao registro da situação das barras de armadura descobertas ou embaixo das manchas de ferrugem aparentes na superfície da estrutura.

Aprofundamento 14.1 **Inspeção das estruturas em concreto armado e protendido**

As técnicas de inspeção descritas para as estruturas em concreto armado podem ser aplicadas também às estruturas de concreto protendido, nas quais os cabos pré-tensionados estão em contato com o concreto. Para as estruturas pós-tensionadas, podem ser utilizadas somente para avaliar o estado de corrosão das armaduras frouxas. A verificação dos cabos pós-tensionados no interior das bainhas é, no entanto, uma operação muito difícil. Não existem, de fato, métodos confiáveis e consolidados para a inspeção deste tipo de cabo. Com efeito, a bainha metálica ou de plástico constitui um impedimento à aplicação dos métodos eletroquímicos. Os principais objetivos da inspeção de uma estrutura pós-tensionada são a especificação de eventuais zonas não preenchidas pelo material de injeção nas bainhas ou nos pontos de ancoragem e a pesquisa dos consequentes ataques corrosivos nos cabos ou nas ancoragens.

Foram propostas diversas metodologias para o estudo dos cabos de pós-tensão, baseadas em diversos princípios. Nos pontos correspondentes às ancoragens, pode-se utilizar técnicas endoscópicas que permitem inserir fibras ópticas no interior de pequenos furos para observar a extensão dos vazios e a eventual corrosão dos cabos. Para localizar os vazios nas bainhas metálicas, foram propostas as metodologias do *Impact Echo*, do *Ground Penetrating Radar (GPR)*; estes métodos, porém, ainda estão em um estágio de desenvolvimento.

A única técnica segura consiste no teste visual da armadura, mas esta operação requer a remoção do concreto, da bainha e do material de proteção do seu interior (Fig. A-14.1). Assim, só pode ser realizada em poucos casos e permite investigar só um número reduzidíssimo de pontos; além disso, a exposição das armaduras pode ser perigosa, sobretudo se as operações de fechamento não forem realizadas de maneira acurada. A observação visual, eventualmente com o emprego de endoscópios, pode ser prevista nas zonas onde tipicamente se encontram os vazios, como atrás das ancoragens, na proximidade dos pontos altos (cristas) das bainhas, nas ancoragens intermediárias ou nos furos para saída de ar durante a injeção. Antes de fazer esta operação invasiva, é necessário especificar cuidadosamente a posição do cabo (com técnicas magnéticas parecidas com as utilizadas para as armaduras comuns ou com técnicas mais sofisticadas, como as técnicas radiográficas ou GPR).

Para avaliar a integridade total dos elementos estruturais pode-se fazer complexos ensaios de carga. Como alternativa, pode-se avaliar a integridade de um único cabo (mas não dos fios individuais que o compõem), coletando as suas frequências de vibrações devidas às demandas externas (ensaios passivos) ou às demandas impostas com acelerômetros adequados (ensaios ativos); no caso dos cabos externos, pode-se testar artificialmente o cabo com uma simples martelada. O registro sistemático das vibrações e a análise espectral dos dados, comparada com um modelo numérico, pode permitir a especificação de defeitos ou rupturas. Uma outra técnica proposta para avaliar o desempenho dos cabos é o monitoramento acústico (*acoustic monitoring*); este método coleta os sinais acústicos produzidos pela ruptura dos fios causada pela corrosão ou durante um ensaio de carga. Estas técnicas são extremamente sofisticadas (além de caras) e os resultados são de difícil interpretação.

Em casos extremos, quando estão presentes cabos não aderentes, pode-se chegar à remoção do cabo para verificação visual com posterior retorno à condição original.

Fig. A-14.1 Teste visual de cordoalha pré-tensionadas

São de particular importância as fissuras no concreto, que são a manifestação típica dos fenômenos de degradação. A presença de fissuras em uma estrutura de concreto armado pode ser imputada a diversas origens e pode estar limitada ao aspecto externo ou indicar problemas significativos de estrutura ou de degradação. Sua evolução – que pode ser paralela, perpendicular, irregular ou reproduzir todo o projeto das armaduras – constitui um guia para reconhecer as causas e origens da degradação (Fig. 14.1). Todavia, é difícil determinar com certeza as causas da formação das fissuras unicamente através da inspeção visual; em geral, são necessárias investigações adicionais, que podem ser escolhidas com base nos resultados da observação visual.

O aparecimento, por exemplo, de fissuras de forma irregular, superficiais, de profundidade variável, dispostas casualmente sobre a superfície ou que aparecem substancialmente paralelas uma à outra e localizadas nas pavimentações, mas não nas estruturas reticulares (vigas, pilastras etc.), pode ser o sintoma de uma fissuração induzida por retração plástica, devida à falta de cura imediatamente após o acabamento do pavimento. Já a presença de fissuras dispostas regularmente, correspondendo a determinadas barras de armadura, por exemplo, ao longo de estruturas reticulares, pode ser consequência de um assentamento plástico resultante de excessiva quantidade de água na massa do concreto. As fissuras longitudinais dispostas regularmente ao longo das barras e acompanhadas de expulsões do concreto geralmente indicam que a causa é a corrosão das armaduras. A presença de fissuras dispostas casualmente sobre a superfície do concreto e acompanhadas de um depósito branco pode ser devida a um ataque por sulfatos. As fissuras surgidas vários anos depois da construção e que se distribuem casualmente podem ser um sintoma de uma reação álcali-agregado.

14.2.2 Métodos não destrutivos

Os métodos não destrutivos podem ser empregados para determinar as propriedades do concreto endurecido, para localizar defeitos ou descontinuidades e para avaliar as condições das estruturas de concreto. Estes métodos não fornecem uma medida direta de uma propriedade mecânica do concreto, mas é necessário conhecer a correlação entre o resultado fornecido pelo ensaio e a propriedade a ser estimada. Na falta desta correlação, podem fornecer somente uma indicação quanto à homogeneidade do material examinado, sem chegar a uma determinação quantitativa. Os ensaios não destrutivos, por outro lado, permitem localizar eventuais zonas degradadas e, por isso, são úteis para localizar as zonas nas quais realizar investigações mais aprofundadas. Uma técnica não destrutiva banal, mas muito útil na prática, é a martelada na superfície do concreto, que permite, por meio do som emitido, estabelecer a presença de descolamentos sob a superfície (evidenciados por som cavo). Em seguida, descrevem-se dois métodos muito utilizados: as medidas esclerométricas e ultrassônicas; no Aprofundamento 14.2, abordam-se outros métodos utilizados menos frequentemente.

Medidas esclerométricas. O esclerômetro, um martelo de Schmidt, é baseado no princípio de retorno e utilizado para avaliar in situ a uniformidade do concreto, para delimitar as zonas de uma estrutura onde o concreto está degradado ou é de qualidade inferior e para estimar as variações das propriedades do concreto no tempo.

Procedimentos de inspeção 289

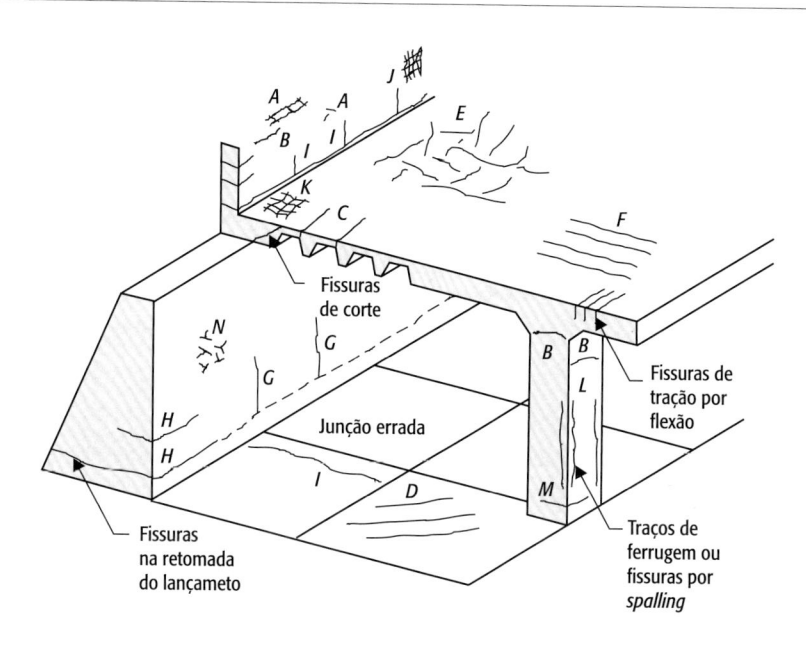

Labels on figure: Fissuras de corte; Fissuras de tração por flexão; Fissuras na retomada do lançameto; Junção errada; Traços de ferrugem ou fissuras por *spalling*

Tipo de fissuração		Subdivisão	Posição mais provável	Fator principal	Fatores secundários	Tempo de aparecimento
Assentamento plástico	A	acima das armaduras	secções espessas	exsudação elevada	rápida evaporação	de 10 minutos a 3 horas
	B	horizontal	alto das pilastras			
	C	variação da espessura	lajes finas			
Retração plástica	D	diagonais	pavimentações	secagem rápida	exsudação	de 30 minutos a 6 horas
	E	casuais	lajes c.a.			
	F	acima das armaduras	lajes c.a.	secagem rápida, baixo cobrimento		
Contrações térmicas prematuras	G	vínculos externos	muros de grande espessura	elevado calor de hidratação	rápido resfriamento	de 1 dia a 3 semanas
	H	vínculos internos	lajes de grande espessura	elevada diferença de temperatura		
Retração higrométrica	I		muros e lajes finos	juntas ineficazes	forte retração, cura insuficiente	várias semanas ou meses
Microfissuras	J	contra a forma	concreto aparente	formas impermeáveis	mistura rica em cimento, má cura	1 a 7 dias, às vezes muito depois
	K	concreto segregado	lajes	excesso de acabamento		
Corrosão das armaduras	L	natural	pilares e vigas	pouco cobrimento	concreto de má qualidade	após mais de 2 anos
	M	cloreto de cálcio	obras pré-fabricadas	excesso de $CaCl_2$		
Reação álcali-agregado	N		zonas úmidas	agregados reativos, elevado conteúdo de álcalis		após mais de 5 anos

Fig. 14.1 Exemplos e causas de fissuras em estruturas de concreto (The Concrete Society, 1982)

Aprofundamento 14.2 Outros métodos não destrutivos

Além do ultrassom e do esclerômetro, existem outros métodos sônicos e mecânicos que podem ser utilizados *in situ* para avaliar os defeitos e as descontinuidades presentes no concreto e a sua resistência. Estes métodos são aplicados sobretudo quando o objetivo primário é a estimativa da resistência do concreto. Os métodos combinados preveem a análise conjunta dos valores obtidos usando dois ou mais métodos não destrutivos, em geral o índice esclerométrico e o método do ultrassom. Combinando os dois métodos, é possível compensar os limites de ambas as técnicas, obtendo uma estimativa mais fidedigna da resistência. Por exemplo, enquanto o índice esclerométrico advém principalmente das propriedades da camada superficial, a velocidade de ultrassom é influenciada pelas camadas de maior profundidade. Foram, assim, propostas fórmulas empíricas que permitem obter uma estimativa da resistência que leva em conta os resultados dos dois métodos. Estas correlações têm, em geral, a seguinte estrutura: $R_c = K \cdot IR^x \cdot v^y$, onde R_c é a resistência a compressão, IR é o índice de resistência esclerométrica e v é a velocidade de transporte dos ultrassons. Para utilizar estes métodos combinados, é preciso definir as curvas de isorresistência. Essas curvas unem os pontos do plano índice de retorno – velocidade dos ultrassons (IR-v), para os quais se tem o mesmo valor de resistência a compressão. Diversos autores propuseram várias fórmulas (a mais conhecida é o método SonReb).

O método da frequência de ressonância baseia-se no fato de que a frequência natural de vibração de um sistema elástico é uma propriedade dinâmica que é correlata principalmente ao módulo de elasticidade e à densidade. Embora esta relação entre os dois parâmetros seja válida somente para um sistema sólido, homogêneo, isótropo e perfeitamente elástico, ela pode ser razoavelmente aplicada também aos elementos estruturais de concreto. Este método pode ser utilizado para investigar se uma peça de concreto sofreu uma degradação, já que o módulo de elasticidade dinâmico será alterado e, portanto, a frequência de ressonância mudará.

O método do *pull-out* (arrancamento) consiste em medir a força necessária para extrair do concreto uma cunha, que é colocada, no momento do lançamento, no interior da estrutura de concreto. Graças à sua forma particular, a cunha é extraída do concreto junto com um cone. A força da extração da cunha permite determinar a resistência mecânica à compressão mediante correlações que foram estabelecidas previamente.

O método do *pull-off* (da pastilha) baseia-se em um disco de aço que é colado sobre a superfície do concreto por meio de uma resina epóxi. Depois que a resina endureceu, aplica-se uma força de tração ao disco de aço. Utilizando para a colagem um adesivo com uma resistência à tração superior à do concreto, este último quebra-se com a tração. Conhecendo a área do disco e a força aplicada para ocasionar a ruptura, é possível estimar a resistência à tração do concreto.

É importante sublinhar que os resultados de todas estas análises são aproximados; além disso, ao avaliá-los é preciso levar em conta, além dos erros de medida, também a variabilidade intrínseca do material. Em geral, as diversas análises podem fornecer indicações confiáveis só se os resultados forem analisados em base estatística (obviamente, quando se tem à disposição um número suficiente de análises).

Embora não substitua a prova de compressão, este método também fornece uma estimativa aproximada da resistência do concreto à compressão. Para obter essa estimativa se recorre a curvas experimentais que correlacionam o índice de retorno e a resistência à compressão medida pelos testemunhos coletados da estrutura.

O esclerômetro consiste em uma massa pendular de aço, acionada por uma mola, que bloqueia uma haste de percussão, o pistão, em contato com a superfície de ensaio do concreto. Outros dispositivos do instrumento incluem um mecanismo de segurança, que fixa a massa do martelo ao pistão, e um cursor para medir o retorno da massa do martelo. A distância de retorno é registrada como índice de retorno ou de reflexão, que corresponde à posição do cursor na escala do instrumento. O ensaio é conduzido quando se solta o pistão de sua posição de partida, empurrando-o contra o concreto e movendo lentamente o corpo do aparelho para longe do concreto. Isto faz com que o pistão se estenda para longe do corpo e o mecanismo de segurança enganche a massa do martelo na barra do pistão. O pistão é mantido em posição ortogonal à superfície do concreto e lentamente o corpo é impactado contra a superfície do concreto (Fig. 14.2). Quando o corpo é apertado, a mola que o coliga à massa do martelo está na posição alongada. Quando o corpo é apertado até o limite, o mecanismo de segurança é automaticamente acionado e a energia armazenada pela mola empurra a massa do martelo em direção ao pistão. A massa golpeia o pistão por trás e retorna. Durante o retorno, o indicador registra a distância do retorno ou reflexão.

Segundo várias normativas, o ensaio deve ser conduzido sobre uma superfície de grandeza aproximada de 30×30 cm², sobre

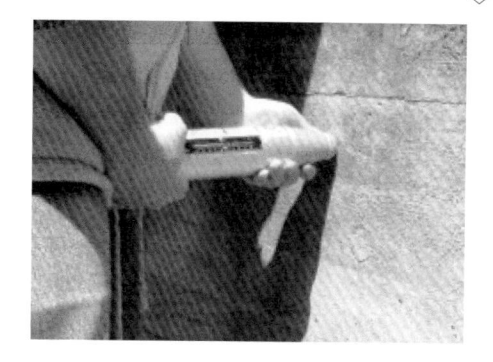

Fig. 14.2 Medida esclerométrica sobre uma parede de concreto

a qual devem ser feitas pelo menos 9-10 batidas, a uma distância de pelo menos 25 mm uma da outra e da borda externa. A superfície testada deve ser lisa (normalmente, é polida com uma pedra abrasiva). A medida pode ser conduzida sobre uma superfície horizontal ou vertical, mas, por causa do efeito diferente da aceleração da gravidade no retorno, o número do retorno muda.

A medida esclerométrica tem pouca validade no caso da previsão da resistência do concreto, já que não existe uma relação unívoca entre a dureza superficial e a resistência à compressão. O valor fornecido pelo instrumento, expresso em unidades esclerométricas (ou índices de reflexão), pode, de qualquer forma, ser transformado mediante curvas de correlação de natureza empírica ou curvas de aferição direta, no valor da resistência superficial (Fig. 14.3).

A medida esclerométrica é útil para controlar a uniformidade do concreto de estruturas existentes; com efeito, tomando a medida em várias zonas da estrutura, pode-se comparar a dureza superficial medida nos vários pontos. A medida perde significado quando os elementos estruturais são revestidos (por exemplo, por uma camada de reboque). A natureza do concreto e as mudanças das suas propriedades tornam a dureza uma função do tempo, do ambiente e da sua evolução; assim, o resultado da medida pode ser influenciado por vários fatores, como: o tipo de cimento, o conteúdo de cimento, o tipo de agregado, a aspereza da superfície, as condições de umidade, a carbonatação do concreto (por exemplo, na presença de uma significativa penetração da carbonatação, a prova esclerométrica tende a superestimar a resistência do concreto). Uma degradação superficial do concreto, mesmo não visível, pode ser constatada por uma diminuição do índice esclerométrico.

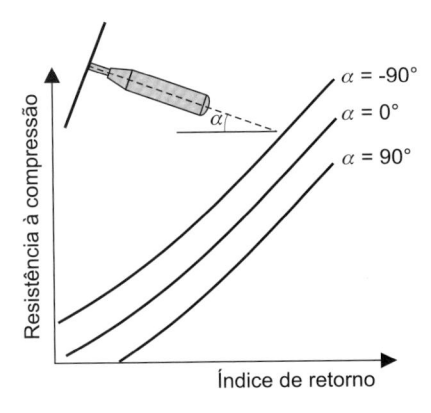

Fig. 14.3 Correlação entre o índice esclerométrico e a resistência do concreto à compressão

Velocidade de ultrassom. A medida da velocidade de transporte das ondas ultrassônicas através de uma peça de concreto permite constatar a homogeneidade e a qualidade do concreto, indicando a presença de fissuras. Com efeito, a velocidade de transporte das ondas mecânicas em um material é função das características elásticas do meio (módulo de elasticidade e módulo de Poisson) e da sua densidade; a presença de descontinuidade, sobretudo de vazios, modifica notavelmente essa velocidade. Este método pode ser utilizado também para estimar o módulo de elasticidade dinâmico e, em combinação com outras determinações, poderá estimar a resistência do concreto *in situ*. O aparelhamento para conduzir o ensaio é constituído de diversos dispositivos:

- um deles emite impulsos (sonda emissora) em sincronia com um sinal elétrico; este comanda o aviamento de uma unidade de medida de intervalos de tempo;
- outro recebe os impulsos e os transforma em sinais elétricos (sonda receptora);
- um dispositivo de amplificação regulável e de tratamento do sinal emitido pela sonda receptora;
- finalmente, um dispositivo de medida do intervalo de tempo entre o instante da emissão e o instante da recepção do impulso.

A medida dos tempos de propagação dos ultrassons pode ser feita em duas modalidades, segundo a direção de propagação dos impulsos com relação às superfícies de emissão e de recepção da estrutura (Fig. 14.4):

- método de *transmissão direta*: consiste na aplicação de duas sondas alinhadas sobre duas faces opostas do elemento em exame;
- método de *transmissão indireta ou espelhar*: consiste na aplicação das sondas em pontos diferentes de uma mesma face do elemento em exame.

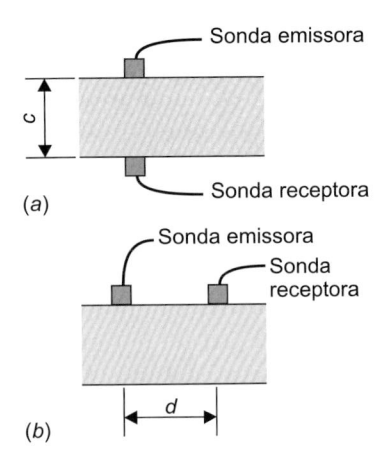

Fig. 14.4 Medida ultrassônica direta (a) e indireta ou espelhar (b)

A superfície sobre a qual é conduzido o ensaio deve ser limpa, polida e suficientemente plana, de forma a permitir um contato uniforme com as sondas. Sobre ela deve ser aplicado um material (geralmente, um gel) que evite a presença de ar entre a sonda e a superfície do concreto. As sondas devem ser pressionadas contra a superfície do concreto. Quando o emissor gera os impulsos, de frequência compreendida entre 20 kHz e 200 kHz, deve ser registrado o valor do tempo de propagação t. Conhecido o comprimento C do percurso dos impulsos, a velocidade dos impulsos (v) na medida direta pode ser calculada como:

$$v = C/t \qquad (14.1)$$

Utilizando o método direto, a velocidade dos impulsos pode ser correlacionada às características elásticas do meio e se pode extrair o módulo de elasticidade dinâmico (E_d, MPa). Por exemplo, a recomendação Rilem NDT 1 propõe a seguinte fórmula:

$$E = \frac{(1+\delta)(1-2\delta)}{(1+\delta)} \gamma \cdot v^2 \qquad (14.2)$$

onde: γ = densidade do concreto (kg/m³) e δ = coeficiente de Poisson. O módulo de elasticidade dinâmico é, geralmente, maior do que o módulo de elasticidade estático, medido com um ensaio mecânico de compressão. Além de ser feita *in situ*, a medida direta também pode ser feita em laboratório com testemunhos extraídos de uma estrutura ou com cubos, permitindo estimar assim o módulo de elasticidade dinâmico das amostras consideradas.

Na transmissão indireta ou espelhar não é possível conhecer o efetivo percurso de trânsito das ondas no interior da estrutura; deve-se, para isso, fazer uma série de medidas com as sondas a distâncias (d) diversas. O procedimento mais frequente prevê que a sonda emissora seja mantida em contato com a superfície do concreto em um ponto fixo, enquanto a receptora é progressivamente deslocada ao longo de uma reta; fazem-se leituras a distâncias diferentes. Assim, sobre um plano cartesiano, podem-se registrar os tempos de trânsito (t) em função da distância entre as sondas; a inclinação da reta que cruza os pontos obtidos permite estimar a velocidade dos ultrassons no material; esta velocidade é, porém, geralmente diferente daquela medida com o método direto. Este método pode também permitir constatar a presença de camadas diferentes no interior do concreto, já que camadas de características diferentes determinam uma variação da inclinação da curva.

Quando o objetivo da investigação é o estudo das propriedades mecânicas do concreto, as medidas ultrassônicas podem ser utilizadas de modo combinado com as medidas esclerométricas ou se pode recorrer a outros métodos (Aprofundamento 14.2).

As medidas ultrassônicas podem ser úteis para constatar defeitos internos no material. No caso do concreto, em particular, são úteis para verificar a presença de fissuras escondidas; com efeito, quando encontra uma fissura ortogonal na direção de trânsito dos ultrassons, a velocidade reduz-se notavelmente.

14.2.3 Coleta de amostras e análise do concreto

Para aprofundar o estudo das causas e origens da degradação e do estado de conservação da estrutura, pode-se coletar amostras de concreto sobre as quais efetuar análises de tipo destrutivo. A escolha das análises, por um lado, não pode levar a um desperdício inútil de recursos (razão pela qual só serão feitas análises úteis para confirmar ou desmentir as hipóteses formuladas na fase preliminar) e, por outro, deve ser suficiente para atingir um diagnóstico correto (para evitar desperdícios nas intervenções de restauração subsequentes).

As amostras podem ser coletadas para obter informações sobre as propriedades dos concretos de toda a estrutura, e assim devem ser coletadas casualmente em todos os elementos estruturais, ou para identificar eventuais características diferentes em determinas porções da estrutura, cujo comportamento anômalo foi identificado através da observação visual ou de medidas não destrutivas.

As amostras de concreto podem ser obtidas mediante extração de testemunhos, corte ou através da remoção de fragmentos de concreto. Deve ser usada muita cautela para reduzir ao mínimo o dano provocado pela extração da amostra e para evitar a contaminação com substâncias estranhas. Deve-se, além disso, evitar que a coleta da amostra possa ter efeitos apreciáveis na resistência da estrutura.

Ensaios de compressão em testemunhos.
O ensaio de compressão em testemunhos é o método direto para estimar a resistência à compressão; este ensaio também permite construir curvas de correlação entre a resistência do concreto e os resultados fornecidos através de ensaios indiretos, como o esclerômetro. Para que o ensaio de compressão em testemunho seja significativo, é preciso respeitar algumas condições; em particular, a relação entre a dimensão máxima do agregado e o diâmetro dos testemunhos deve ser de pelo menos 1:3; os testemunhos devem ser extraídos ortogonalmente à superfície da peça e não devem ser danificados; as superfícies dos testemunhos devem ser planas e perpendiculares ao eixo longitudinal. A resistência à compressão do testemunho:

$$R_{testemunho} = \frac{F}{A_c} \qquad (14.3)$$

onde F é a carga máxima que leva à ruptura do corpo de prova e A_c é a secção resistente do testemunho, depende da relação entre o comprimento (C) e o diâmetro (D) do testemunho. Para converter este valor no valor de resistência medido em cubo, utilizam-se geralmente correlações experimentais. Por exemplo, a norma inglesa (BS 1881) propõe, para testemunhos coletados horizontalmente, a fórmula:

$$R_{cubo} = \frac{2,5}{1,5 + \frac{1}{\lambda}} = R_{testemunho} \qquad (14.4)$$

onde: λ = C/D. Os resultados do ensaio de compressão podem ser influenciados por diversos parâmetros, alguns ligados às características do concreto, enquanto outros são inerentes à modalidade de execução do ensaio. A característica do concreto que influencia o valor de resistência é principalmente a umidade: em uma amostra saturada, pode-se obter valores 10% ou 15% inferiores aos de uma amostra seca. Mesmo os vazios no testemunho podem reduzir a resistência do concreto; todavia, este resultado é um índice importante da qualidade da aplicação do concreto. As variáveis que podem influenciar o ensaio são numerosas; as mais significativas são: o diâmetro do testemunho (a resistência geralmente diminui quando aumenta a dimensão da amostra), a posição e a direção da extração do testemunho, a ação da extração (que pode danificar o concreto), a planeza das superfícies de ensaio. Quando é necessário obter a resistência a compressão do concreto, deve-se efetuar um número suficiente de coletas e de ensaios, para poder avaliar os resultados em termos estatísticos (daí a referência às normas EN). O ensaio de compressão pode ser útil também com relação ao estudo da penetração de agentes agressivos, já que a resistência é correlata às características microestruturais do concreto e, assim, pode ser, ainda que dentro de certos limites, correlata aos parâmetros de transporte.

Medida da profundidade de carbonatação. A medida da profundidade de carbonatação consiste no borrifar de uma solução hidroalcoólica de fenolftaleína sobre a superfície do concreto: o concreto carbonatado não muda de cor, enquanto o concreto ainda não carbonatado assume a típica cor rosa da fenolftaleína em ambiente alcalino (Fig. 14.5). O ensaio deve ser efetuado sobre uma superfície sem rupturas ou cortes, ortogonal à superfície externa ao concreto, previamente seca e liberada de pó e partículas soltas sem o uso de água ou abrasivos. A profundidade da carbonatação é definida como a distância entre a superfície externa do concreto e a margem da região colorida. Na prática, a frente de carbonatação pode ser irregular; por isso, são registrados tanto a média como o máximo.

Fig. 14.5 Exemplo de medida da profundidade de carbonatação com o ensaio de fenolftaleína (a parte direita do testemunho está colorida de rosa e portanto não carbonatada)

Com base em uma extensa amostragem, é possível estimar a penetração da carbonatação nas várias partes da estrutura, onde podem mudar as condições de exposição e, portanto, também a velocidade de penetração. Através da comparação entre a penetração da carbonatação e a espessura do cobrimento, poder-se-ão identificar as zonas onde foi ativada a corrosão nas armaduras. Deve-se, porém, levar em conta a variabilidade das medidas, como mostra o exemplo da Fig. 7.14.

Medida do perfil de cloretos. A determinação da concentração de cloretos é geralmente feita em amostras de concreto coletadas a diversas profundidades, de modo que seja possível determinar os perfis do conteúdo total de cloretos. Podem-se utilizar testemunhos que são cortados em fatias ou amostras obtidas pela coleta de pó em diversas profundidades com uma furadeira ou outros instrumentos adequados. Alguns são rápidos, mas geralmente de baixa precisão, enquanto os de laboratório são mais precisos, embora requeiram mais tempo e tenham um custo mais alto.

Os métodos de laboratório preveem, em geral, a moagem da amostra, sua dissolução em ácido e a análise química (Aprofundamento 13.1). Desde que seja conhecida a concentração de cloretos em diversas profundidades, é possível construir um perfil do conteúdo de cloretos em função da profundidade. Isto permite verificar em qual profundidade foi atingido o teor crítico para a ativação da corrosão por pites. Os perfis de penetração dos cloretos muitas vezes são interpolados através da Eq. (7.5), de modo que é possível reportar, em vez de todos os pontos experimentais do perfil, somente os parâmetros C_s e D_{ap} obtidos pela interpolação (ver Fig. 7.20).

Para determinar a presença de cloretos, é possível também aplicar um método qualitativo, baseado no borrifo de uma solução à base de nitrato de prata (em geral seguido pelo borrifo de uma solução com fluoresceína). Com o tempo, a coloração assumida pela amostra permite identificar as zonas onde estão presentes os cloretos. O método pode ser utilizado para excluir a presença de cloretos; quando, inversamente, revela a presença deles, não permite avaliar o conteúdo em diversas profundidades. Este método é, portanto, adequado para uma verificação preliminar da eventual presença de cloretos nos casos em que há dúvida.

Ensaios físicos e análises microestruturais. A determinação de algumas propriedades físicas das amostras de concreto pode fornecer dados úteis para a formulação do diagnóstico. Por exemplo, pode-se extrair a densidade e a absorção de água, que são ligadas diretamente à porosidade do concreto; as amostras que apresentem uma menor densidade e uma maior absorção de água podem permitir identificar zonas onde o concreto é mais poroso (por exemplo, por causa de uma menor compactação e de uma maior relação água/cimento). Da mesma forma, medidas de resistividade elétrica do concreto saturado, do coeficiente de permeabilidade ou do coeficiente de absorção capilar (Cap. 2) podem permitir estimar a resistência do concreto à penetração dos agentes agressivos. Em alguns casos, pode ser útil fazer também análises microscópicas e químicas no concreto, para estudar sua microestrutura ou a presença de transformações devidas aos fenômenos de degradação (por exemplo, para verificar a presença de etringite em um concreto sujeito a ataque por sulfatos). Para este tipo de análise, utilizam-se os métodos descritos no Cap. 13.

14.2.4 Medida da espessura do cobrimento

O conhecimento da posição das barras de armadura e da espessura do cobrimento é necessário para determinar se as barras foram atingidas pela frente de carbonatação ou por cloretos e para avaliar a necessidade de intervenções corretivas.

Existem instrumentos que, sem danificar o concreto, medem a espessura do cobrimento, mediante a interação entre as barras e os campos magnéticas de baixa frequência (Fig. 14.6). O instrumento identifica a armadura, se ela está dentro de sua zona de influência; a resposta é máxima quando o instrumento é posicionado diretamente acima da própria barra. Estes instrumentos têm uma limitação, pois a amplitude do sinal é uma função do diâmetro da armadura e da espessura do cobrimento e, assim, não é possível determinar ao mesmo tempo os dois parâmetros. Para estimar tanto o diâmetro como a espessura do cobrimento é, portanto, necessária uma medida dupla: registra-se a amplitude do sinal, primeiro com o instrumento colocado sobre a superfície

Fig. 14.6 Exemplo de obtenção da espessura de cobrimento com método magnético

do concreto e, em seguida, a uma distância conhecida da superfície. A diferença entre as duas medidas é utilizada para estimar a espessura do cobrimento e o diâmetro das barras. Além disso, a relação que existe entre amplitude de sinal e espessura de cobrimento é válida somente quando as armaduras estão suficientemente distantes umas das outras, de modo que não interfiram.

Em alguns casos, é possível medir diretamente a espessura do cobrimento das armaduras, como quando as armaduras estão expostas por causa da expulsão do cobrimento ou quando, durante a coleta de amostras de concreto, atingem-se as armaduras. Estas medidas diretas podem ser utilizadas para verificar as medidas magnéticas e identificar o efetivo diâmetro das armaduras.

14.2.5 Medidas eletroquímicas

Os métodos de tipo eletroquímico ajudam a identificar as zonas de armadura que se corroem, já que permitem estabelecer as condições de corrosão do aço sem requerer a remoção do cobrimento. Derivam da experiência no campo do controle da corrosão das estruturas metálicas em ambientes aquosos, mesmo se a passagem destes ambientes ao concreto leva a medidas mais complexas e a resultados que requerem uma interpretação atenta. Alguns dos métodos eletroquímicos descritos no item 13.3.2 podem ser aplicados também nas estruturas de concreto armado para obter informações úteis para caracterizar o ataque corrosivo em curso. Alguns permitem estabelecer se as armaduras ainda são passivas (e, assim, ainda não terminou o período de ativação da corrosão, também conhecido como período de iniciação da corrosão) ou em condições de possível corrosão (período de propagação); outros fornecem uma estimativa da velocidade de corrosão.

Os métodos eletroquímicos também são úteis caso se queira fazer um monitoramento da estrutura (Aprofundamento 14.4).

Mapeamento do potencial. O método eletroquímico mais difundido é baseado na medida do potencial de corrosão das armaduras. Permite identificar, antes que o dano se torne evidente, as zonas onde as armaduras estão despassivadas. A medida é feita pela obtenção do potencial das armaduras com relação a um eletrodo de referência colocado em contato com a superfície do concreto, por meio de uma esponja embebida em água (Fig. 14.7).

Para a medida, é necessário utilizar um voltímetro de alta impedância (>10 MΩ). Em geral, faz-se um mapeamento do potencial de corrosão ao longo dos nós de uma rede traçada sobre a superfície do concreto (que represente a posição das armaduras internas) e se expressam as medidas através de mapas, com os quais se traçam as curvas isopotenciais.

Para a medida do potencial sobre estruturas em concreto armado, o eletrodo de referência mais utilizado é o eletrodo cobre/sulfato de cobre saturado (Cu/CuSO$_4$), conforme o item 13.3.2. Esta técnica baseia-se

Fig. 14.7 Medida de potencial de corrosão em uma parede em concreto armado

na observação de que o potencial das armaduras depende das suas condições de corrosão. Particularmente as armaduras passivas, ao menos em concreto aerado, apresentam valores de potencial de corrosão livre muito mais elevados do que as armaduras que se corroem. A presença sobre as armaduras de áreas em diferentes condições de corrosão (ativa ou passiva), e portanto de potencial diferente, leva a uma troca de corrente entre elas. No interior do concreto, ocorre um campo elétrico que é captado pelo eletrodo posto sobre sua superfície, como mostra a Fig. 14.8.

A experiência mostra que existe efetivamente uma correlação entre potencial medido sobre a superfície do concreto (E) e estado de corrosão das armaduras. Para identificar as condições de corrosão, por exemplo, a norma ASTM C876-91 propõe um critério que prevê uma probabilidade de corrosão irrelevante (<10%) se $E > -200$ mV $Cu/CuSO_4$ e uma probabilidade de corrosão muito elevada (>90%) se $E < -350$ mV $Cu/CuSO_4$. Na realidade, este simples critério nem sempre é aplicável, pois não existem valores absolutos de pontecial que indiquem com certeza o estado de corrosão das armaduras.

A interpretação das medidas deve ser efetuada com cautela, já que a um mesmo valor de potencial podem corresponder condições de corrosão diferentes, em função também do conteúdo de umidade e de cloretos no concreto (Fig. 14.9). Na presença de armaduras passivas em concreto exposto à atmosfera, medem-se potenciais compreendidos entre +100 mV e –200 mV $Cu/CuSO_4$. Quando o concreto está saturado de água (ou em qualquer outra condição de reduzido aporte de oxigênio), medem-se sobre as armaduras passivas potenciais tanto mais negativos quanto mais é reduzido o aporte de oxigênio; em total ausência de oxigênio, medem-se valores entre –400 mV e –700 mV $Cu/CuSO_4$, podendo-se atingir até valores inferiores a –800 mV. Quando as armaduras se corroem por causa da presença de cloretos, a corrosão por pites ou por macropilhas leva a medidas de potencial que podem passar de valores inferiores a –400 mV $Cu/CuSO_4$ nas áreas ativas a valores superiores a –200 mV $Cu/CuSO_4$ nas áreas passivas circunstantes. Nestes casos, é aconselhável

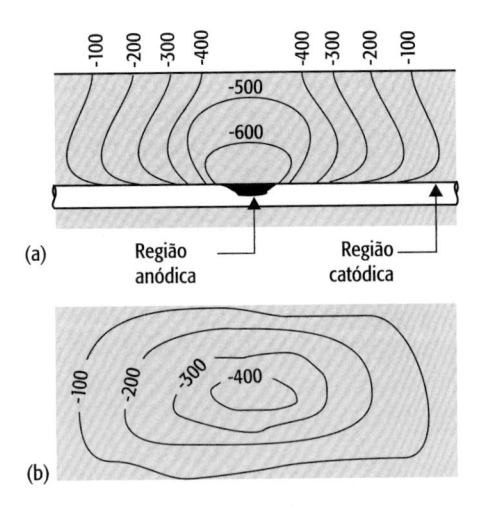

Fig. 14.8 Distribuição do potencial de corrosão no cobrimento ao redor de uma zona de corrosão (a) e mapeamento do potencial obtido na superfície externa (b)

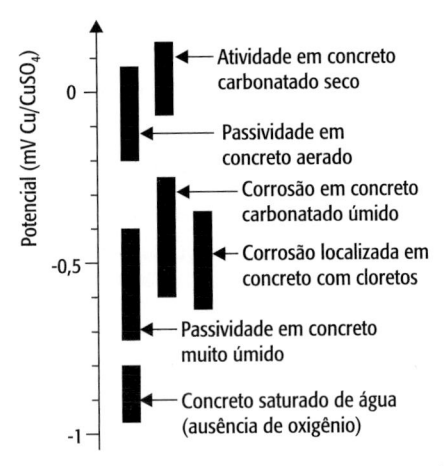

Fig. 14.9 Típicos intervalos de variação do potencial das armaduras de aço-carbono no concreto, em função da carbonatação, da presença de cloretos e da umidade

um mapeamento que, diferentemente das medidas pontuais, visualize os gradientes de potencial presentes na estrutura, identificando as áreas anódicas de provável corrosão nos pontos onde se atingem valores de potencial mais negativos.

Mesmo em concreto carbonatado, a medida do potencial pode permitir a identificação das zonas de corrosão. Se o concreto carbonatado está úmido, nas zonas de corrosão medem-se potenciais compreendidos entre –200 mV e –600 mV Cu/CuSO$_4$. Quando o concreto carbonatado está seco, inversamente, medem-se potenciais muito elevados, com os mesmos valores medidos sobre armaduras passivas (Fig. 7.16).

Os intervalos de potencial reportados na Fig. 14.9 referem-se a armaduras em aço-carbono em condições de livre corrosão, isto é, na ausência de fatores externos capazes de modificar seu potencial. Não são, portanto, aplicáveis a estruturas em concreto contendo inibidores de corrosão, a armaduras galvanizadas ou em aço inoxidável, a estruturas expostas a campos elétricos que provocam trocas de corrente entre armadura e concreto (devidas, por exemplo, a correntes de fuga).

Medidas de resistividade elétrica do concreto. Uma vez que as armaduras foram despassivadas, a sua velocidade de corrosão pode ser correlacionada com a resistividade do concreto. Mesmo não sendo possível encontrar uma correlação de validade geral, pelo menos no interior de uma estrutura pode-se identificar as zonas de corrosão que correspondem a pontos onde a resistividade é menor. A Tab. 14.1 mostra que a resistividade do concreto depende das condições ambientais e atinge valores mais elevados quando o concreto está seco, tem uma baixa relação a/c ou é obtido com cimentos com acréscimos pozolânicos ou de alto forno.

Foram propostos critérios empíricos para estimar a velocidade de corrosão com base no valor da resistividade do concreto, mas estes tampouco tem validade geral. Não valem, por exemplo, para armaduras passivas, porque estas não se corroem mesmo que o concreto esteja úmido e, assim, sua resistividade é baixa. De qualquer forma, como indicação, pode-se assumir que, uma vez despassivadas, as armaduras têm uma velocidade de corrosão irrelevante para resistividades superiores a 1.000 Ω.m, baixa para 1.000-500 Ω.m, moderada para 500-100 Ω.m

Tab. 14.1 Valores de referência para a resistividade elétrica do concreto em obras com idade superior a 10 anos. Entre parênteses são indicadas as correspondentes condições de laboratório

Ambiente	Resistividade do concreto (Ω · m)	
	Cimento portland	Cimento com adições*
Muito úmido, imerso, zona dos borrifos (neblina salina)	50-200	300-1.000
Externo, banhado pela chuva	100-400	500-2.000
Externo, protegido da chuva, revestido, hidrorrepelente [20°C, 80% UR], não carbonatado	200-500	1.000-4.000
Como acima, mas carbonatado	1.000 ou mais alta	2.000-6.000 ou mais alta
Clima interno [20°C, 50% UR], carbonatado	3.000 ou mais alta	4.000-10.000 ou mais alta

* condições representativas de cimentos com acréscimo de escória de alto-forno granulada (>65%), cinzas volantes (>20%) ou sílica ativa (>5%)

e alta para resistividades inferiores a 100 Ω.m. A medida da resistividade elétrica do concreto é útil sobretudo para identificar, no interior de uma estrutura, as zonas de maior corrosão ou para avaliar as variações sofridas pelo concreto ao longo do tempo (por exemplo, a penetração de cloretos ou a carbonatação). A medida da resistividade elétrica pode ser feita a partir da superfície da estrutura, mediante sondas apropriadas.

Medidas de velocidade de corrosão. Nos pontos onde os mapeamentos de potencial ou de resistividade evidenciaram o estado de atividade das armaduras, é possível fazer medidas de polarização linear (Cap. 13) que permitem estimar a velocidade de corrosão. Existem dispositivos que permitem efetuar medidas de polarização linear *in situ* nas armaduras no concreto; em particular, estes instrumentos permitem delimitar a superfície atingida pela corrente durante o ensaio e conhecer a área efetivamente medida. É importante recordar que a velocidade de corrosão é um valor médio na zona medida. Se a corrosão é de tipo localizado, a velocidade de corrosão na zona de ataque pode ser muito mais alta do que o valor médio.

14.2.6 Previsão da vida residual

Quando o diagnóstico evidenciou que uma estrutura pode ser danificada pela corrosão das armaduras, é necessário avaliar a vida residual da obra para decidir qual é o melhor momento para intervir. Pode-se recorrer a modelos parecidos com os que descrevem a penetração da carbonatação ou dos cloretos e a fase subsequente de propagação da corrosão (Cap. 8). No caso de uma estrutura existente, a previsão é facilitada pela possibilidade de medir diretamente os parâmetros que descrevem a evolução da degradação.

Corrosão por cloretos. No caso de uma estrutura atingida pela penetração dos cloretos, pode-se ignorar o período de propagação da corrosão e assumir como vida residual o tempo que resta antes que se atinja o conteúdo crítico de cloretos na superfície das armaduras. Dos perfis de difusão dos cloretos é possível extrair o conteúdo superficial e o coeficiente de difusão aparente dos cloretos. Na hipótese de que as condições ambientais não mudem a vida atual da estrutura, é possível assumir em primeira aproximação D_{ap} e C_s constantes e, assim, aplicar a fórmula (7.5) para prever a evolução da penetração dos cloretos. Pode-se, pois, verificar quando serão atingidas as condições críticas a uma certa profundidade e, em função da espessura efetiva do cobrimento, prever a vida residual. A análise deve ser efetuada sobre as diversas partes da estrutura, onde as condições de exposição (como até eventuais variações de qualidade do concreto) podem levar a diversas condições de penetração dos cloretos. Poder-se-ão, assim, identificar as zonas mais críticas, como nas juntas de pontes (por onde passa a água contaminada por cloretos), onde a vida residual é reduzida e será logo necessário intervir, enquanto em zonas menos críticas poderá ser garantida uma vida residual mais longa.

Corrosão por carbonatação. Quando a corrosão é devida à carbonatação do concreto, é necessário considerar tanto o tempo de iniciação como o de propagação. Com efeito, quando o concreto está seco, por exemplo, a corrosão pode ocorrer com velocidade irrelevante mesmo depois que a carbonatação atingiu as armaduras e, em consequência, a vida residual pode ser ainda muito longa. Também neste caso é necessário considerar separadamente as porções de estrutura que não são homogêneas por características do concreto ou por condições de exposição.

A primeira fase consiste em registrar a atual penetração da carbonatação e compará-la com a espessura do cobrimento (x). Pode-se verificar dois casos. Se a profundidade atual da carbonatação (s_{atual}) é inferior à espessura do cobrimento, então a corrosão ainda não foi ativada. Poder-se-á calcular o coeficiente K como: $K = s_{atual}/(t_{atual})^{1/2}$ e utilizar este valor para prever a vida residual através da fórmula:

$$t_{residual} = t_i + t_p - t_{atual} = \left(\frac{x}{K}\right)^2 + \frac{P_{lim}}{v_{corr}} - t_{atual}$$
(14.5)

onde P_{lim} é a penetração-limite da corrosão (caso se assuma o estado-limite da fissuração, em geral se considera um valor de 100 μm) e v_{corr} é a velocidade de corrosão no concreto carbonatado (que poderá ser escolhida com base nas efetivas condições de umidade encontradas na estrutura). Quando a penetração da carbonatação é maior do que a espessura do cobrimento, a ativação da corrosão já ocorreu $t_{atual} > t_{iniciação}$). De qualquer forma, será necessário calcular o valor de K, como no caso anterior, para estimar a vida residual, sempre com a fórmula (16.5).

Confiabilidade da previsão. É importante sublinhar que, tanto no caso de corrosão por carbonatação como no de corrosão por cloretos, a confiabilidade da previsão depende da confiabilidade dos parâmetros introduzidos. Em particular, mesmo em condições homogêneas de concreto e de exposição, todas as grandezas utilizadas (espessura de cobrimento, coeficiente de carbonatação ou coeficiente de difusão de cloretos) podem variar estatisticamente de um ponto a outro. A sua variabilidade, portanto, deverá ser levada em conta, fazendo-se um número suficiente de registros. O resultado da análise ressente-se desta variabilidade. Em geral, adotam-se valores cautelosos para os parâmetros, como valores mais baixos para a espessura do cobrimento ou valores mais altos para a profundidade da carbonatação, de modo a obter uma previsão conservadora.

14.3 INSPEÇÃO DAS ESTRUTURAS METÁLICAS

No campo das construções civis, a inspeção dos componentes metálicos concerne principalmente a análise do estado de conservação das estruturas de aço. A investigação pode ter o objetivo de caracterizar o material, verificar a presença de defeitos (por exemplo, ao redor das soldagens) ou avaliar o estado de conservação.

14.3.1 Caracterização do material

A caracterização de um material metálico é geralmente realizada em amostras coletadas da estrutura. Elas podem ser analisadas em laboratório, utilizando diversos modelos descritos no capítulo anterior. Antes de tudo, é possível determinar a composição química do aço, avaliando os elementos de liga e o seu teor (com instrumentos de tipo espectrográfico, é possível até fazer uma análise da composição química *in situ*). Através da microscopia metalográfica, pode-se estudar a microestrutura do aço, evidenciando a dimensão dos grãos cristalinos, os constituintes estruturais e suas relações porcentuais; além disso, pode se analisar os defeitos de liga (como inclusões, microfissuras etc.). A microestrutura do aço permite deduzir os tratamentos termomecânicos aos quais foi submetido o aço. Na presença de ataques corrosivos, a observação no microscópio óptico pode permitir o estudo da morfologia e da penetração dos ataques corrosivos localizados e, eventualmente, a análise de sua correlação com certas características microestruturais. A observação dos ataques corrosivos ou de outros fenômenos de degradação (por exemplo, o avanço das fissuras de fadiga) pode ser aprofundada com o microscópio eletrônico de varredura, que permite ampliações superiores e a observação tridimensional das superfícies de fratura.

As propriedades mecânicas podem ser avaliadas com os tradicionais ensaios mecânicos, como os ensaios de tração, de resiliência e de dureza (Bertolini, 2006). Para fazer estes ensaios, todavia, é necessário coletar quantidades significativas de material da estrutura. Os ensaios de dureza, não sendo destrutivos, podem também ser efetuados diretamente sobre a estrutura (utilizando esclerômetros portáteis).

14.3.2 Ensaios não destrutivos

Uma técnica não destrutiva utilizada frequentemente são as verificações de espessura; empregam-se, em geral, equipamentos que têm a velocidade do ultrassom. Dado um certo material metálico, com efeito, a velocidade com que é atravessado por ultrassom a uma certa frequência é constante. Utilizam-se equipamentos que emitem ondas ultrassônicas e registram a onda refletida; o tempo necessário para atravessar o componente depende da sua espessura. É, assim, possível registrar, com precisão até da ordem do décimo de mm, a espessura dos elementos metálicos. No caso de elementos danificados pela corrosão, é possível registrar a espessura residual; todavia, a medida é confiável sobretudo se a superfície é lisa e não revestida (deve-se, portanto, remover os produtos de corrosão).

Também estão disponíveis diversas técnicas que permitem identificar defeitos internos ao metal e fissuras. Estas investigações são largamente utilizadas na indústria mecânica para controle da produção e garantia de qualidade dos produtos, além de verificações em exercício dos equipamentos ou dos componentes mecânicos. No campo das construções civis, os ensaios não destrutivos podem ser utilizados para verificar as soldagens ou para a inspeção de estruturas degradadas, em particular para a pesquisa de fissuras devidas, por exemplo, a defeitos de construção, fadiga ou corrosão sob esforço. No Aprofundamento 14.3, são brevemente descritos os principais métodos de ensaio não destrutivo; só alguns podem também ser aplicados *in situ*, por pessoal qualificado.

Entre os ensaios não destrutivos, podem entrar também medidas destinadas a avaliar as condições de corrosão ou de proteção das estruturas. No caso das estruturas expostas à atmosfera, em geral, faz-se um teste visual para verificar o estado de conservação do revestimento protetor, a presença de produtos de corrosão etc. Nas estruturas enterradas ou imersas, não é possível a inspeção visual, mas, graças à presença do solo e da água, pode-se aplicar mesmo a estas estruturas os métodos eletroquímicos descritos no capítulo anterior, particularmente a medida do potencial de corrosão, da resistividade elétrica ou da velocidade de corrosão (com o método da polarização linear). As medidas de potencial são, além disso, necessárias para monitorar o funcionamento da proteção catódica ou para verificar a presença de correntes dispersas.

14.4 Inspeção da alvenaria

A inspeção da alvenaria é, antes de mais nada, baseada na observação visual, que permite, em geral, registrar os efeitos dos

APROFUNDAMENTO 14.3 **Ensaios não destrutivos para inspeção dos metais**
No campo da engenharia mecânica, é essencial o controle de qualidade dos componentes metálicos, para garantir a ausência de defeitos que possam alterar a segurança ou o funcionamento dos equipamentos. A simples observação visual não permite registrar defeitos internos ou superficiais; por outro lado, a operação de controle deve ser feita em cada componente e, assim, não se pode utilizar os métodos tradicionais de ensaio mecânico. Foram, portanto, desenvolvidas várias técnicas, em geral chamadas de ensaios não destrutivos (*END* ou *NDT: Non Destructive Testing*), que têm o objetivo de registrar a presença de defeitos no material sem inutilizar o componente. Estes métodos baseiam-se na medida de propriedades físicas do material que são influenciadas pela presença de inclusões, vazios, fissuras etc.

Ultrassons. Uma primeira técnica é baseada no emprego de ultrassons ou de vibrações mecânicas às quais corresponde uma frequência superior a 20 kHz. Como já foi visto para o concreto, pode-se aplicar tanto o método direto como o indireto. No caso dos materiais metálicos, os métodos ultrassônicos são utilizados principalmente para medir a espessura (em geral, com o método indireto e com uma única sonda) e para registrar defeitos internos ao material. No segundo caso, pode-se utilizar tanto o método direto como o indireto; quando uma onda incide sobre uma descontinuidade (fase diferente, inclusão, fissura etc.), pode ser em parte refletida e em parte transmitida. A presença da descontinuidade é portanto constatada por uma variação no sinal transmitido, no caso do método direto, ou do sinal refletido, no caso do método indireto. O método ultrassônico utilizado por especialistas pode permitir o registro até de defeitos de dimensões inferiores a 1 mm.

Líquidos penetrantes. A técnica dos líquidos penetrantes visa a evidenciar as fissuras presentes na superfície do metal e não visíveis a olho nu. O método consiste em borrifar a superfície com um líquido de cor viva e fluorescente, contendo tensoativos que favorecem o seu ingresso mesmo nos defeitos superficiais de dimensões extremamente reduzidas. Depois de alguns minutos, lava-se a superfície para remover o líquido, que será, porém, retido nas fissuras. Depois de enxugar a superfície, esparge-se um pó branco – talco (revelador), por exemplo – e se espera que, por elevação capilar, o líquido volte à superfície. Obtém-se, assim, uma imagem ampliada do defeito, que evidencia sua localização e extensão. Utilizando um líquido fluorescente e uma lâmpada de raios ultravioleta, é possível aumentar a sensibilidade do registro dos defeitos.

Outros métodos. No caso de peças de dimensões reduzidas (e, portanto, não no caso de estruturas reais), pode-se utilizar outros métodos. O método *magnetoscópico* aproveita as propriedades eletromagnéticas dos aços de construção (mas não dos aços inoxidáveis austeníticos). A peça é inserida em um campo eletromagnético; se, no material, há um defeito superficial ortogonal às linhas de força do campo magnético (uma fissura, por exemplo), gera-se um campo magnético secundário no interior da peça. Espargindo pó de magnetita sobre a superfície, esta tenderá a ser atraída por esse novo campo magnético e, em consequência, vai concentrar-se na zona do defeito, evidenciando sua presença. Pode-se, também, utilizar técnicas *radiográficas*, que registram o comportamento diferente do metal sob radiações X ou γ, com relação aos vazios ou às inclusões. A peça atravessa a radiação, que é enviada a uma placa fotográfica colocada atrás da peça. Obtém-se, assim, uma imagem ampliada dos defeitos (que, normalmente, absorvem a radiação menos do que o metal). Os métodos baseados nas *correntes induzidas* preveem a inserção da peça em

> um campo magnético variável, com o fim de induzir no metal a circulação de corrente que, por sua vez, gera um campo magnético oposto ao principal. Registra-se com um solenoide, por exemplo, o campo magnético total e se identifica, assim, a presença e a posição dos defeitos (em geral, por comparação com uma peça sem defeitos).

fenômenos de degradação em ação; com efeito, as principais formas de degradação da alvenaria (Cap. 9) começam a manifestar-se na superfície e podem, assim, ser identificadas com observação visual. Nesta fase, pode-se também localizar defeitos construtivos (devidos a uma colocação incorreta ou travamento dos elementos construtivos, por exemplo) ou fissurações produzidas por razões estruturais, cuja disposição pode permitir deduzir a causa do fenômeno. Quando os danos são internos à alvenaria – porque, por exemplo, foram produzidos por ações mecânicas ou sísmicas – é necessário fazer investigações invasivas que incluem a coleta de amostras (em geral, mediante extração de testemunhos). A coleta de amostras permite também fazer análises químicas, físicas ou mecânicas, úteis para caracterizar os materiais utilizados e para avaliar o seu desempenho residual (Binda, Saisi e Tiraboschi, 2000).

Para avaliar o estado de conservação dos materiais, pode-se também aplicar métodos destrutivos parecidos com os vistos para as obras de concreto. Por exemplo, pode-se fazer investigações superficiais como as medidas esclerométricas para avaliar o comportamento das juntas de argamassa ou vários tipos de ensaios de penetração ou de arrancamento (*pull out*). Os ensaios mais utilizados, porém, são os sônicos ou ultrassônicos, que preveem a imposição de uma vibração mecânica através da parede e o registro da onda em diversos pontos distantes da fonte. Estas técnicas permitem sobretudo a constatação de vazios ou defeitos no interior da parede. No caso de paredes heterogêneas, as medidas ultrassônicas são de pouca eficácia; nestes casos, preferem-se medidas sônicas que registram as ondas emitidas, por exemplo, por uma martelada. Nas paredes são aplicadas técnicas baseadas na propagação de sinais eletromagnéticos (*georadar*); movendo as antenas transmissoras e receptoras ao longo da superfície da parede, pode-se construir um mapa das ondas transmitidas ou refletidas, que permite identificar vazios ou inserções de material diferente; em certas condições, é até possível determinar a sua profundidade na parede. A interpretação destes dados é, porém, muito complexa.

Para uma avaliação global da alvenaria, pode-se fazer *investigações termográficas*. Estas análises baseiam-se na condutibilidade térmica dos materiais e obtêm as radiações térmicas emitidas durante um ciclo de variação térmica natural ou induzido. As radiações infravermelhas emitidas pelos materiais são registradas por uma máquina fotográfica sensível a este tipo de radiação; o resultado é uma imagem da parede, na qual são diferenciadas as zonas que têm condutibilidade térmica diferente (que, durante o ensaio, apresentam temperaturas diferentes e, assim, têm características de emissão diferentes). A análise termográfica pode identificar os vazios ou os elementos de material diferente dentro da parede, mesmo em profundidade (para isso, em geral, é preciso aquecer artificialmente a parede). A termografia por infravermelho permite também localizar as zonas mais úmidas, onde, durante um aquecimento, a temperatura tende a continuar inferior por causa da evaporação.

No Cap. 9, viu-se como a umidade é a causa principal dos fenômenos de degradação físico-química da alvenaria. Por isso, durante a inspeção, é importante registrar o conteúdo de umidade e a distribuição das zonas úmidas.

14.4.1 Medidas do conteúdo de umidade

A avaliação do conteúdo de umidade nas paredes é indispensável para estabelecer as origens da umidade na fase da investigação e para avaliar a eficácia dos métodos de saneamento na fase da intervenção. Existem diversos métodos de medida que preveem a coleta de uma amostra da alvenaria a ser examinada e a sua análise em laboratório; outros métodos são não destrutivos e podem ser utilizados diretamente *in situ*.

Ensaios de tipo destrutivo. Estes métodos baseiam-se na coleta de material das paredes (testemunhos, fragmentos, pós) e na análise das amostras em laboratório; em geral, o material é coletado em várias profundidades na parede, de forma que se possa determinar o perfil de umidade, útil para deduzir a causa da umidade (necessária para formular um diagnóstico exato e identificar uma tipologia de intervenção correta). Por exemplo: no caso de umidade por elevação capilar, o material é mais úmido em profundidade do que nas camadas superficiais; no caso contrário, o fenômeno deve ser imputado à condensação ou à chuva.

O *método ponderal* consiste em pesar a amostra tanto em condições de umidade, no momento da coleta, como depois de seca; a diferença entre as duas pesagens permite determinar o conteúdo de água na amostra (item 2.1.2). Este método permite uma medida acurada da umidade e pode ser usado também como referência nas comparações dos outros métodos. Como requer a secagem da amostra, não pode, em geral, ser feito *in situ*. A retirada da amostra de material a ser examinada deve ser feita com furadeiras ou máquinas extratoras de baixo número de giros, de modo a evitar um desenvolvimento de calor que poderia fazer evaporar uma parte da umidade e alterar os resultados da análise. Para conservar a quantidade de água presente na amostra no momento de sua extração, as amostras devem ser conservadas em recipientes hermeticamente fechado. Para a secagem das amostras, podem-se utilizar estufas normais. Sobretudo para as argamassas e os compostos de cimento, é fundamental que a temperatura de secagem não seja excessiva, para não alterar as fases presentes na amostra.

Para permitir a avaliação da umidade diretamente no local onde a amostra foi retirada da parede, foi desenvolvido um método indireto, baseado no emprego de *carbureto de cálcio*. Com uma furadeira, extrai-se pó, o qual é pesado e misturado com uma quantidade conhecida de carbureto de cálcio (CaC_2) em um recipiente hermético apropriado e dotado de um manômetro. O carbureto de cálcio reage com a água contida na amostra, produzindo acetileno C_2H_2 gasoso e hidróxido de cálcio $Ca(OH)_2$ em fase sólida, segundo esta reação:

$$CaC_2 + 2H_2O \rightarrow C_2H_2 + Ca(OH)_2 \quad (14.6)$$

Como a reação ocorre no interior de uma câmara hermética apropriada, a formação de gases é acompanhada por um aumento de pressão, diretamente proporcional à quantidade de água contida na amostra. Por meio do manômetro ligado à câmara de ensaio, mede-se a variação de pressão e é, assim, possível deduzir o conteúdo de umidade da amostra, através de curvas de calibração. Este método é menos preciso do que o método ponderal, mas pode fornecer resultados razoáveis se a medida for feita com cuidado, evitando analisar amostras com partículas grossas e misturando bem o pó com o carbureto de cálcio.

Métodos não destrutivos. Estes ensaios são feitos *in situ* em vários pontos da alvenaria, utilizando instrumentos específicos, e não incluem nenhuma coleta de material. Os *métodos elétricos* preveem a medida de propriedades elétricas dos materiais que constituem a alvenaria; distinguem-se com base no tipo de medida feita e no instrumento utilizado. Os mais difundidos baseiam-se na medida da resistividade elétrica (ou da condutibilidade), a qual depende do conteúdo de água do material poroso (item 2.2.4). O conteúdo de umidade pode, assim, ser estimado mediante a mensuração da resistividade elétrica e o emprego de curvas de correlação.

A condutibilidade elétrica não depende apenas do conteúdo de água, mas também da temperatura, dos sais dissolvidos e do tipo de material, cuja natureza não é sempre conhecida. Os medidores elétricos não conseguem fornecer, pois, valores precisos do conteúdo de umidade, mas sim medidas indicativas e qualitativas; estes instrumentos são úteis em uma primeira fase, para estabelecer se uma estrutura de alvenaria é seca ou se contém água em quantidade excessiva e para identificar a zona com maior conteúdo de umidade. O método pode, porém, tornar-se muito confiável se for necessário fazer um monitoramento da mesma parede ao longo do tempo, para verificar, por exemplo, a eficácia de um método de saneamento, para fazer uma calibração preliminar. A Fig. 14.10 mostra, por exemplo, as curvas de correlação entre a condutibilidade e o conteúdo de umidade de tijolos de olaria, determinados em laboratório.

Outros métodos elétricos baseiam-se na medida da constante dielétrica de uma porção de reboco (estas medidas são menos influenciadas pela presença de sais do que as medidas de resistividade) ou na medida da umidade relativa no interior de cavidades criadas na parede (a umidade relativa pode ser, dentro de certos limites, correlacionada com o conteúdo de umidade). Outros métodos ainda baseiam-se na velocidade de propagação das ondas ultrassônicas, detectando a atenuação da energia transmitida como efeito da umidade. Enfim, como já dito, a umidade pode ser determinada com a *termografia por raios infravermelhos*; através do mapeamento completo da parede, é possível revelar sobretudo a presença de umidade por elevação.

14.5 Inspeção das obras em madeira

Os ensaios nas estruturas em madeira têm geralmente o objetivo de identificar o tipo de madeira, suas propriedades e os danos

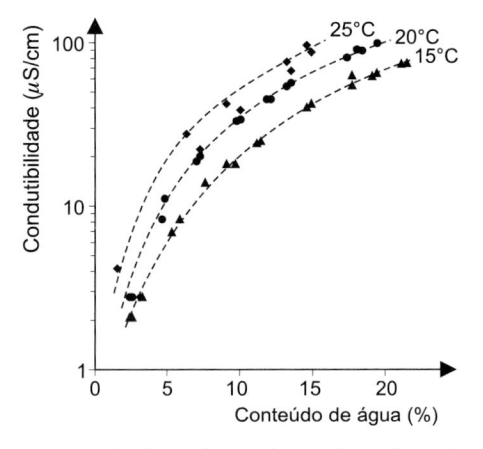

Fig. 14.10 Condutibilidade elétrica de tijolos de olaria em função do conteúdo de umidade

presentes, além de verificar o estado de conservação do elemento construtivo. A primeira fase da inspeção consiste na verificação visual dos sintomas e dos traços que podem indicar as várias formas de degradação descritas no Cap. 10. Se a madeira está sujeita à degradação biológica, será necessário estabelecer o tipo de inseto ou de fungo, a extensão do ataque e a dimensão dos danos sofridos pela estrutura. Além disso, dever-se-á verificar se o ataque ainda está em curso ou se já terminou. Será importante fazer testes mais acurados nas zonas de mais umidade – como as testeiras das vigas, já que são as zonas onde é mais provável o ataque e, além disso, é possível até a corrosão dos elementos metálicos de junção. Para o ataque de insetos, indícios importantes para definir o tipo de inseto são os furos de saída e das galerias, sua profundidade, a presença de serragem etc. A observação pode ser simplesmente visual ou se pode utilizar um endoscópio, que permitirá ver o interior dos defeitos ou danos produzidos pelos insetos.

Para aprofundar a inspeção e procurar obter informações também sobre a resistência residual do material, pode-se recorrer a uma classificação à *vista* ou a técnicas não destrutivas para a coleta de amostras. A classificação da madeira utilizada na obra deve ser feita por especialistas, para repartir a madeira em grupos homogêneos por qualidade (categorias), aos quais se associa uma determinada classe de características mecânicas. O procedimento prevê a constatação de nós, de fissurações de retração, de desvios do alinhamento das fibras, da espessura dos anéis de crescimento etc. Com base nestas observações, atribui-se a cada elemento estrutural uma categoria de resistência (para isso, existem vários sistemas de classificação).

A coleta de amostras pode ser feita por extração de testemunhos; extraem-se geralmente microtestemunhos que permitem avaliar a densidade da madeira (estreitamente ligada à sua resistência). Dos testemunhos, eventualmente coletados a diferentes profundidades, pode-se extrair o conteúdo de umidade, por meio de secagem. Em certos casos, pode-se extrair as resinas ou os extratos para fazer análises químicas. As amostras podem, além disso, ser utilizadas para ensaios mecânicos, como testes de compressão, ou para observação da microestrutura.

Também é possível recorrer a diversos métodos não destrutivos que avaliam as grandezas correlacionadas à resistência da madeira ou permitem estabelecer a eventual degradação em andamento. Foram propostos muitos métodos não destrutivos para a inspeção das estruturas em madeira; entre estes, pode-se mencionar:

- as medidas indiretas na superfície do elemento lenhoso, como a medida da força necessária para inserir ou extrair cunhas ou pregos na madeira; o *método Pilodyn*, por exemplo, prevê o uso de uma mola carregada com uma energia pré-definida para enfiar na madeira uma agulha de 0,5-3 mm de diâmetro; a profundidade de penetração, lida no instrumento, pode ser correlacionada à resistência da madeira e à presença de degradação;
- a medida da dureza superficial: por exemplo, o *método Turrini e Piazza* mede a força (F, em N) necessária para fazer penetrar uma esfera de 10 mm de diâmetro a uma profundidade igual ao raio e calcula o módulo de elasticidade (E, in MPa) através desta relação empírica: $E = 350 \cdot \sqrt{R}$;
- o uso de furadeiras instrumentadas, que medem a energia absorvida para permitir o avanço da ponta a velocidade constante ou a uma velocidade de avanço da ponta com uma pressão constante;

- as medidas sônicas, como a martelada (que emitirá um som surdo quando a madeira está danificada), ou a medida da velocidade de propagação das ondas ultrassônicas: a velocidade depende da densidade do meio e, portanto, pode ser correlacionada com as características mecânicas (por exemplo, também para a madeira se pode determinar um módulo de elasticidade dinâmico); além disso, permite identificar, através de sua redução, as zonas sujeitas a uma degradação não visível na superfície;
- a medida do conteúdo de umidade: pode ser feita com o método direto, nos testemunhos extraídos da estrutura, ou com o método indireto, com medidas não destrutivas (por exemplo, através da resistividade elétrica), como se viu no caso da alvenaria (item 14.4.1).

Em certos casos, sobretudo para bens culturais, mesmo nas estruturas em madeira podem ser utilizadas técnicas termográficas ou radiográficas (entre as quais, a tomografia computadorizada).

14.6 Monitoramento

Em vez de ser um evento ocasional antes de uma intervenção de restauração, a inspeção de uma estrutura pode ser inscrita em um plano de controle regular. Neste segundo caso, será possível recolher os resultados das investigações efetuadas ao longo do tempo e analisar a evolução do tempo dos eventuais fenômenos de degradação. Um procedimento planejado de controle pode permitir, assim, uma melhor gestão das construções. Este tipo de abordagem é utilizado sobretudo para as obras de grande relevância social, como as pontes ou as instalações industriais, para as quais os gestores dispõem de uma base de dados que abriga as informações recolhidas com as diversas inspeções e permite avaliar o estado geral de conservação.

Para estruturas críticas do ponto de vista da degradação e da segurança, pode-se incluir um sistema de monitoramento no programa de controles periódicos; o monitoramento mantém sob controle certas grandezas (químicas, físicas ou mecânicas) e permite determinar em tempo rápido o surgimento de fenômenos indesejados. Um sistema de monitoramento, em geral, requer:

- a identificação de um ou mais parâmetros a manter sob controle para garantir a segurança e a eficiência da obra;
- a instalação de sondas fixas sobre a estrutura, com o fim de obter automaticamente esses parâmetros; dever-se-ão identificar sondas adequadas e estabelecer o número de sondas necessárias e os pontos onde devem ser instaladas, de modo que as informações sejam suficientes para garantir a identificação das condições adversas; como exemplo, no Aprofundamento 14.4 são descritas algumas sondas utilizadas para o monitoramento das armaduras em estruturas de concreto;
- um sistema de aquisição de dados, que recolha automaticamente as medidas feitas pelas sondas; nos sistemas mais sofisticados, o sistema de aquisição de dados consegue transmitir as informações para um laboratório central;
- um procedimento para a elaboração dos dados e a definição de critérios para a interpretação de seu significado;
- a definição clara das situações críticas em que o sistema de monitoramento deverá indicar o evento e um procedimento de intervenção caso seja indicado pelo sistema um evento adverso.

A ausência de um dos requisitos acima pode tornar inútil o sistema de monitoramento. Além de obter os parâmetros ligados à evolução da degradação (isto é, as variações do desempenho do material ao longo do tempo), o monitoramento pode ser feito para avaliar parâmetros diretamente ligados à segurança estrutural (por exemplo, para a medida dos cedimentos ou o registro do comportamento vibracional da estrutura).

APROFUNDAMENTO 14.4 **Monitoramento da corrosão nas estruturas em concreto armado**

Para a corrosão das armaduras em obras expostas a condições ambientais agressivas, já que os custos para a recuperação aumentam significativamente quando aumenta a dimensão do dano sofrido, pode-se obter vantagens notáveis detectando o mais rápido possível os sinais da degradação, através de um monitoramento constante da obra em concreto armado (Bertolini et al., 2004). A frequência e a acuidade das análises podem ser fixadas, conforme o caso, em função da criticidade da estrutura e das condições de agressividade do ambiente (não existem indicações normativas ou práticas consolidadas a respeito).

A inspeção visual periódica é o método mais simples e econômico para o gestor de uma obra de concreto armado manter sob controle as condições de conservação; mas ela só permite constatar a degradação no estágio mais avançado, quando já se manifestaram a fissuração ou o descolamento do cobrimento. A medida do avanço ao longo do tempo da profundidade de penetração da carbonatação e dos cloretos permite fazer uma previsão da sua evolução no tempo e, assim, prever o momento em que haverá a ativação da corrosão (item 14.2.6). Em alguns casos, é também possível inserir na estrutura, no momento de sua construção ou logo em seguida, sondas apropriadas que poderão obter os parâmetros ligados à corrosão das armaduras. Por exemplo, foram desenvolvidos ou estão em estudo sensores que conseguem obter a evolução no tempo do conteúdo de oxigênio ou de cloretos, de pH ou da resistividade do concreto. Muito mais simples são os métodos que se baseiam em eletrodos fixos para a medida do potencial das armaduras e as sondas de macropilhas.

Eletrodos fixos de referência. Inserindo um eletrodo de referência no concreto, junto à superfície das armaduras, é possível obter a evolução do potencial das armaduras durante a vida da obra e, assim, identificar o momento em que se ativa a corrosão (através da rápida diminuição do potencial, como mostra a Fig. A-14.4).

Os eletrodos de referência precisam permanecer estáveis, em teoria, por períodos de tempo iguais à vida útil da estrutura (isto é, da ordem das dezenas ou centenas de anos). O eletrodo de referência fixo que mostrou maior estabilidade no concreto é o de dióxido de manganês (MnO_2), com dupla junção (o elemento ativo é imerso em uma solução de 0,5 M de hidróxido de potássio), cujo potencial é de cerca

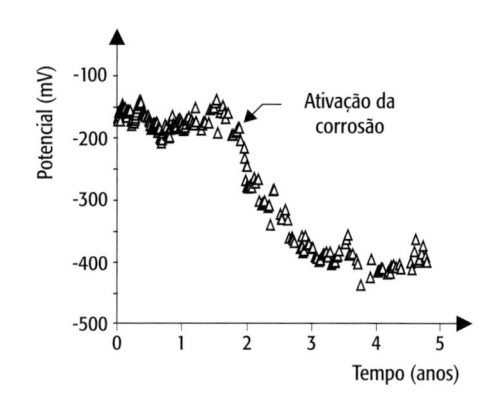

Fig. A-14.4 Monitoramento do potencial das armaduras de uma laje sujeita à penetração de cloretos (o eletrodo fixo de referência, de titânio ativado, evidenciou a ativação da corrosão depois de quase dois anos)

de 390 mV *vs.* SHE (150 mV *vs.* SCE). Um outro eletrodo fixo de referência que tem o elemento ativo imerso em um ambiente de composição constante, razão pela qual o potencial não depende da composição do concreto, é o eletrodo prata/cloreto de prata com dupla junção (constituído por um eletrodo Ag/AgCl, imerso em um gel de 0,5 M cloreto de potássio), que tem um potencial de cerca de 240 mV SHE (0 mV *vs.* SCE). Outros tipos de eletrodos fixos de referência (chamados também de "pseudo" eletrodos de referência) são obtidos mediante a imersão direta no concreto do elemento ativo, razão pela qual seu potencial pode depender das características do concreto (por exemplo, do pH ou da concentração de cloretos). Entre estes estão os eletrodos de grafite, de zinco, de titânio ativado com óxidos mistos de metais nobres (por exemplo, óxidos de cobalto e zircônio ou óxidos de irídio ou rutênio) ou de Ag/AgCl imerso em um aglomerante rico em cloretos.

Sondas de macropilhas. A sonda de macropilha é constituída por dois eletrodos de material igual (aço-carbono) colocados a profundidades diferentes, em zonas da estrutura onde a ativação da corrosão ocorrerá em tempos diferentes. O eletrodo mais próximo da superfície externa, quando começa a corroer-se, assume um comportamento anódico em relação ao outro (ainda passivo). Se os eletrodos entram em curto-circuito, haverá a passagem de uma corrente de macropilha. Se, ao contrário, os dois eletrodos não estão ligados, medir-se-á uma diferença de potencial. Versões mais evoluídas desta sonda preveem a utilização de mais eletrodos colocados em profundidades diferentes e de um catodo de aço inoxidável ou de outro material resistente à corrosão. Esta disposição permite o estabelecimento, ao longo do tempo, da penetração da frente despassivadora. Com efeito, à medida que esta avança, ativa os eletrodos colocados em diversas profundidades.

Parte III
Materiais e procedimentos de reparo

Procedimentos de intervenção 15

Nos países industrializados, os investimentos no patrimônio de edificações e na infraestrutura existentes continuam a aumentar e estão progressivamente superando os investimentos em novas obras. As intervenções de reabilitação, necessárias quando um edifício ou uma estrutura sofreram fenômenos de degradação capazes de comprometer sua segurança ou funcionalidade, devem ter o objetivo de colocar a obra em condições de segurança e funcionalidade adequadas ao uso e de sanar os fenômenos que determinaram a degradação. O projeto de uma intervenção de reabilitação é mais complexo do que o projeto de uma nova obra; com efeito, é necessário operar sobre uma estrutura existente, sobre a qual, na maioria das vezes, sabe-se muito pouco. É, assim, necessária uma fase preliminar de inspeção da estrutura para conhecer os materiais utilizados e fazer um diagnóstico sobre o estado de conservação integral da obra (Cap. 14). Os resultados desta inspeção são essenciais para definir de maneira correta as técnicas e as modalidades de intervenção corretiva e protetiva.

Dentro de certos limites, para a reabilitação pode-se utilizar os procedimentos de proteção e de prevenção descritas na parte I. Todavia, existem procedimentos de intervenção específicos para a reabilitação, que têm o objetivo de sanar os danos sofridos pelos materiais e pela estrutura, além de prevenir sua futura propagação. Este capítulo trata das abordagens e dos procedimentos de reabilitação de diferentes classes de materiais. As intervenções em estruturas de concreto armado danificadas pela corrosão são analisadas no Cap. 16.

15.1 Estruturas metálicas

As intervenções de reabilitação em obras metálicas, em geral, não são muito diferentes das intervenções de proteção nos novos empreendimentos. O método de proteção mais adequado depende do tipo de metal e do ambiente de proteção. Para as estruturas em aço expostas à atmosfera, é possível recorrer a revestimentos orgânicos, segundo os procedimentos ilustrados no item 4.3; outros tipos de proteção, como a galvanização (com a única exceção da galvanização a frio) não podem ser aplicados a estruturas existentes. No caso de estruturas existentes e danificadas pela corrosão, é necessário polir cuidadosamente a superfície metálica, para garantir a eficácia da proteção; infelizmente, a remoção dos óxidos no canteiro de obras é muito difícil e, muitas vezes, a má preparação da superfície torna os ciclos de pintura menos eficazes do que os aplicados a estruturas novas.

No caso das estruturas de aço enterradas ou imersas, é difícil verificar os efeitos da corrosão pela impossibilidade de inspecionar visualmente a obra. Para uma investigação sobre o estado da estrutura, pode-se recorrer a métodos eletroquímicos para localizar os fenômenos corrosivos em andamento e identificar as zonas onde é necessário substituir o revestimento. A proteção catódica (item 5.3) pode ser aplicada mesmo a estruturas existentes, para interromper a corrosão em andamento.

Todavia, antes de intervir para proteger uma estrutura corroída, é necessário verificar a eventual presença de fenômenos corrosivos em zonas escondidas, como os interstícios, as zonas internas das partes ocas, as zonas de junção, frestas etc. A proteção, nestas zonas, pode ser difícil com qualquer técnica, mesmo a proteção catódica, sobretudo se as condições ambientais favorecem a criação de uma câmara oclusa.

Em geral, o reforço das estruturas metálicas danificadas pela corrosão é fácil, já que as secções resistentes adelgaçadas pela corrosão podem ser facilmente reconstruídas, substituindo os elementos estruturais ou integrando-os, por exemplo, com elementos soldados. Mais complexo é sanar os ataques localizados, sobretudo pela dificuldade para identificar a localização e a dimensão, já que estão sempre nas zonas menos acessíveis da estrutura. Na presença de metais de diferentes tipos, deve-se considerar os riscos de formação de pares galvânicos e utilizar materiais adequados para prevení-los ou limitar seus efeitos.

Um problema de difícil solução é o dos metais que se corroem no interior de outros materiais de construção. Para o aço no concreto, consulte-se o Cap. 16. Quando o aço é inserido em alvenaria úmida, o único modo eficaz de sanar a corrosão e os outros efeitos expansivos sobre a alvenaria é a remoção e substituição do inserto por materiais passivos (por exemplo, aços inoxidáveis ou titânio). Como alternativa, pode-se procurar reduzir o conteúdo de umidade na alvenaria (item 15.2) e, assim, reduzir a velocidade da corrosão, para retardar o tempo de fissuração das paredes.

15.2 Alvenaria

No Cap. 9, viu-se como a degradação da alvenaria está estreitamente relacionada à presença de umidade. Como os processos de degradação não ocorrem quando o conteúdo de umidade na alvenaria é suficientemente baixo, a remoção da umidade acaba se tornando um dos principais objetivos das intervenções de reabilitação. O primeiro passo essencial para sanar o problema é a remoção, onde for possível, da causa da presença de água na proximidade da alvenaria. Enquanto, na alvenaria nova, pode-se reduzir a umidade mediante um projeto correto, que evite o contato direto da alvenaria com a água e favoreça a drenagem através do solo, nas estruturas existentes estas operações são de difícil execução. Às vezes, uma vez identificada a fonte da umidade, é possível realizar obras de drenagem ou interceptações aeradas, que reduzem ao mínimo a superfície de contato entre o solo úmido e a alvenaria. No caso da umidade por condensação, muitas vezes é suficiente garantir uma boa aeração do local ou, se possível, garantir um adequado aquecimento nos períodos frios.

Em certos casos, pode-se até utilizar sistemas para o controle da umidade ambiental.

As superfícies das paredes têm um papel importante na determinação do conteúdo de umidade, definido pelo balanço entre a água que entra na parede e a que evapora. Assim, para reduzir a umidade nas paredes, é possível agir sobre sua superfície de dois modos opostos: a) fazendo revestimentos impermeabilizantes nas zonas onde a alvenaria está em contato com água em estado líquido, e b) favorecendo a evaporação da água – com rebocos macroporosos, por exemplo – nas zonas onde a alvenaria está exposta à atmosfera. Esta estratégia é ilustrada no exemplo da Fig. 15.1; os materiais utilizados para a impermeabilização e os rebocos macroporosos são tratados respectivamente nos itens 15.2.1 e 15.2.2. Nos casos em que a umidade é devida à elevação capilar e a umidade relativa do ambiente é elevada, como ocorre com frequência nos edifícios históricos, é difícil tanto impedir o ingresso da água como favorecer sua evaporação através das paredes. Nestes casos, pode-se aplicar vários tipos de tratamento de desumidificação (item 15.2.3). Enfim, para sanar os danos sofridos pela alvenaria, podem ser necessárias intervenções de consolidação do material ou de reforço das paredes (item 15.2.4).

15.2.1 Impermeabilizações

A impermeabilização da superfície da alvenaria (das lajes ou de outros elementos construtivos) visa a evitar a absorção tanto da água líquida como do vapor de água. Para isso, utilizam-se materiais poliméricos naturais ou sintéticos, caracterizados por uma permeabilidade muito baixa à água; estes materiais são, por outro lado, caracterizados também por uma baixa permeabilidade ao vapor e, assim, impedem a secagem da alvenaria. Em geral, os impermeabilizantes são aplicados sobre superfícies em contato direto com a água ou com solos úmidos; é melhor evitar seu uso em paredes expostas às condições ambientais, nas quais a evaporação é possível.

Os materiais utilizados para impermeabilizar as superfícies são aplicados em forma de camadas ou membranas sobre a superfície da alvenaria e devem ter uma flexibilidade suficientes para seguir as deformações da alvenaria (por causa das variações de temperatura ou por solicitações mecânicas, por exemplo). Além disso, os impermeabilizantes são colocados diretamente em contato com o ambiente (atmosfera, solos ou águas) e devem resistir à ação das substâncias presentes nele.

Os materiais tradicionais para a impermeabilização são os *betumes*, constituídos de misturas de hidrocarbonetos de alta massa molecular, e os *asfaltos*, encontrados em rochas calcárias impregnadas de betume. Embora existissem na natureza, as reservas dos dois materiais estão exauridas e hoje eles são fabricados artificialmente com derivados da destilação do petróleo. Um outro material tradicional é o *alcatrão*, que se obtém como subproduto da destilação e gaseificação de vários tipos de carbonos. Hoje, utilizam-se

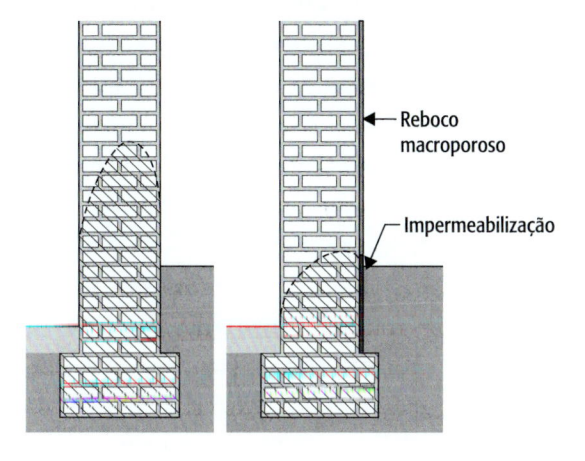

Fig. 15.1 Exemplo de emprego de revestimentos impermeáveis e rebocos macroporosos

principalmente produtos obtidos mediante a modificação de betumes e alcatrões com polímeros sintetizados. Podem ser produtos em estado fluido, eventualmente depois do aquecimento, que são aplicados por espalhamento ou são membranas estendidas sobre a superfície a ser impermeabilizada. Alguns exemplos de materiais utilizados são:

- *emulsões betuminosas*: são produtos líquidos ou em pasta, constituídos de mistura água-emulsionante-betume (na proporção de 50%-60%); em alguns casos, utilizam-se também emulsões com elastômeros ou resinas poliméricas;
- *membranas betuminosas*: são constituídas de folhas de 2 a 5 mm de espessura, que contêm uma *armadura*, constituída de fibras sintéticas (poliéster, náilon, polipropileno ou mesmo fibras de vidro, por exemplo), imersa em um material betuminoso; no passado, utilizavam-se sobretudo as membranas com betume oxidado e filerizado; as fibras podem formar tecidos (com trama trançada), podem ser tecidos não tecidos (sem urdidura) ou feltros (fibras prensadas);
- *membranas betume-polímero*: hoje, as membranas betuminosas são substituídas por membranas nas quais o betume é misturado com polímeros, como o polipropileno (que propiciam um comportamento prevalentemente plástico), as resinas estireno-butadieno-estireno (que conferem um comportamento substancialmente elástico) ou misturas dos dois (que conferem um comportamento elastoplástico);
- *membranas de base sintética*: constituídas por polímeros termoplásticos ou de consolidação térmica, como o PVC, poli-isobuteno ou polietileno cloretado (CPE), ou ainda elastômeros, como a borracha butílica (copolímero isopreno isobutileno), hypalon (polietileno clorosulfonado), EPDM (monômero de etileno, propileno, dieno) termoplástico ou vulcanizado; são finas (0,8 a 2 mm) e podem até não ser armadas.

A aplicação das membranas impermeabilizantes prevê várias fases:

- a preparação do superfície: deve ser suficientemente lisa e seca;
- a colocação dos panos de membrana: pode ser por aderência (com mantos colados à superfície; no caso das membranas betuminosas ou betume-polímero, a adesão é obtida por aquecimento com chama; para as membranas sintéticas, usa-se o betume espalhado por baixo da própria membrana), em independência (põe-se uma camada de escorrimento entre a membrana e o suporte; é necessária uma proteção pesada que mantenha a membrana em posição) ou em semi-independência (a membrana é fixada somente em alguns pontos, quando não se prevê uma proteção pesada);
- soldagem das juntas: os panos de membrana devem ser superpostos e juntados por soldagem térmica ou com fitas de dupla face adesiva; às vezes, usam-se membranas autosoldantes.

Recentemente, difundiu-se o emprego de membranas produzidas *in situ*, utilizando substâncias poliméricas de consolidação térmica, que são estendidas sobre a superfície e nas quais são incorporadas armaduras poliméricas sintéticas. Estas tecnologias apresentam uma simplicidade de aplicação, mesmo sobre superfícies complexas, e permitem evitar as junções. Além disso, aderem facilmente à maior parte das superfícies e até sobre as membranas pré-existentes. Os materiais utilizados podem ser as resinas epóxi ou substâncias elastoméricas, que têm a vantagem de seguir as deformações do suporte e garantir o fechamento de eventuais fissuras. A aplicação, em função da viscosidade do produto fresco, pode ser com espátula, pincel ou rolo; em geral, aplicam-se várias camadas.

As substâncias e as membranas impermeabilizantes, quando são expostas às radiações solares, devem ser protegidas das radiações ultravioleta com vernizes, revestimentos metálicos ou com cobertura com materiais pesados (brita, por exemplo).

15.2.2 Rebocos macroporosos

No campo da restauração da alvenaria são utilizados com frequência rebocos especiais, que têm a missão de favorecer o enxugamento do muro, através da evaporação da água das superfícies expostas à atmosfera. Embora limitem sua ação à superfície, estes rebocos – também chamados desumidificantes, transpirantes ou macroporosos – podem permitir a instauração de condições de equilíbrio, caracterizadas por um menor conteúdo de umidade na parede, como mostra o exemplo da Fig. 15.1.

As principais características destes rebocos são:
- uma elevada quantidade de ar retido (20%-45%), através de um aditivo aerante;
- o emprego de cal hidráulica ou de um cimento portland e de acréscimos pozolânicos, que permitem garantir uma maior impenetrabilidade da matriz de cimento (reduzindo a porosidade capilar) e aumentar a resistência aos sulfatos (item 7.1.3);
- a aplicação de um tratamento superficial de tipo hidrorrepelente, que reduz a entrada de água pluvial.

A microestrutura é caracterizada pela combinação de uma porosidade capilar muito fina, graças ao emprego de pozolana, e por bolhas de ar retido de dimensões superiores a 100 µm. Esta microestrutura particular permite limitar a absorção de água por capilaridade através do reboco, evitando o intervalo crítico de dimensões dos poros (item 9.2.2). Já a elevada quantidade de bolhas de ar, comunicantes entre elas, permite reduzir a resistência à difusão dos vapores e, assim, favorece a evaporação. As bolhas de ar têm também um efeito positivo nos fenômenos de cristalização que podem danificar as camadas superficiais da alvenaria, sobretudo quando estes se repetem com o tempo (item 9.3.2); as bolhas permitem, por exemplo, aumentar a resistência ao gelo-degelo e reduzir os efeitos da cristalização salina (os sais cristalizam no interior das bolhas, evitando as eflorescências e reduzindo ou retardando com o tempo as tensões no reboco).

A Tab. 15.1 compara as principais propriedades dos rebocos macroporosos com as de rebocos tradicionais obtidos com diversas argamassas. Observa-se que estes rebocos conseguem garantir propriedades mecânicas e físicas comparáveis às dos rebocos "tradicionais", como os dos aglomerantes de cal aérea, hidráulica ou pozolânica. Por outro lado, os rebocos de cimento ou cimento-cal apresentam uma resistência mais elevada à difusão do vapor.

Depois da remoção do reboco existente e da limpeza da superfície, os rebocos macroporosos podem ser aplicados em diversas camadas: a) um *chapisco*, para assegurar uma boa aderência entre o fundo e o reboco saneador, tornar homogênea a superfície a ser rebocada e, eventualmente, para funcionar como reservatório dos sais cristalizados;

Tab. 15.1 Comparação de algumas propriedades dos principais tipos de reboco (valores indicativos)

Tipo de reboco	Resistência a compressão (N/mm²)	Resistência à passagem do vapor (m equivalentes de ar)	Coeficiente de absorção capilar (kg/m²min^½)
Cal	1–2	0,2–0,4	>15
Cal e pozolana	2–4	0,6–1	>10
Cal hidráulica	3–6	1–1,5	>6
Cal e cimento	10–20	5–20	2–4
Cimento	25–40	40–60	0,5–1,5
Reboco macroporoso (conteúdo de ar entre 20% e 45%)	2–8	0,5–1,8	>10

b) um *corpo do reboco*: é o reboco macroporoso propriamente dito; é aplicado com uma ou duas mãos de espessura mínima de 20 mm;
c) um *acabamento*, que deve permitir a máxima difusão do vapor aquoso. O acabamento é constituído de pinturas com cal ou de tratamentos hidrorrepelentes; estes últimos permitem reduzir posteriormente a absorção de água pelo reboco, sem reduzir excessivamente a resistência à difusão do vapor.

No caso de paredes que apresentam eflorescências de sais solúveis, é aconselhável remover os sais, mediante lavagens ou compressas, antes da aplicação do reboco. Em alguns casos, antes do reboco macroporoso, é proposta a aplicação de um *primer* antissalino, com a função de tornar insolúveis os sais presentes ou tornar hidrorrepelentes os poros do substrato, dificultando a entrada da água e, assim, o movimento dos sais solúveis.

15.2.3 Técnicas de remoção da umidade

Foram propostos muitos métodos para a desumidificação das paredes, baseados em diversos princípios físicos e químicos. Estes métodos são utilizadas sobretudo para as intervenções em paredes com elevação capilar, mas nem sempre estão disponíveis dados técnicos que demonstrem a sua efetiva validade (ou, de qualquer forma, permitam identificar as situações em que podem ser eficazes).

Métodos que dificultam a elevação capilar da água. Uma primeira família de métodos tem o objetivo de reduzir ou eliminar a elevação capilar da água no interior da parede. A elevação capilar ocorre só quando a água encontra um percurso contínuo através de um material com poros de dimensões adequadas (item 9.2.2); ao interromper este percurso com um material não poroso ou com vazios, pode-se parar a elevação da água. No passado, por exemplo, faziam-se aberturas na parede, alternadas e a alturas diferentes, para impedir o fluxo contínuo da água de elevação; em outros casos, os edifícios eram feitos sobre pilotis, na proximidade do solo e em alvenaria contínua em alturas superiores, justamente para reduzir a superfície de escorrimento da água. Uma outra técnica previa a interrupção do fluxo de água de elevação com a inserção horizontal de chapas de chumbo, removendo e reaplicando as camadas de tijolos com a técnica do travamento ou "costura".

Para a reabilitação dos edifícios, hoje se utilizam outras técnicas. O método do *corte do muro* propõe-se a manter o nível da elevação abaixo de uma quota de cerca de

10 cm a 20 cm do piso, efetuando um corte longitudinal na alvenaria (com serras, fios diamantados ou máquinas de extração de testemunhos), inserindo uma barreira contínua impermeável (uma lâmina metálica ou em material polimérico) e preenchendo o corte, em seguida, com uma resina ou com aglomerantes expansivos. Embora seja eficaz para bloquear a elevação da água, este método é invasivo e pode gerar problemas estruturais se o corte for muito grande. Outros métodos, menos invasivos, preveem a realização de *barreiras químicas* através da injeção de substâncias poliméricas, como resinas epóxi ou poliuretânicas, em furos feitos na alvenaria, para tentar preencher os poros dos materiais que constituem a estrutura. Como alternativa, pode-se injetar substâncias que tornam a alvenaria hidrorrepelente (como os compostos à base de silanos, siloxanos ou silicones). A aplicação pode ser feita sob pressão atmosférica ou por injeção sob pressão. A eficácia destes métodos é estreitamente ligada à possibilidade de o material polimérico penetrar nos poros dos materiais que constituem a alvenaria e, assim, bloquear a elevação nas partes da alvenaria entre dois furos contíguos. A penetração depende também das condições de umidade da alvenaria, já que o polímero dificilmente pode entrar nos poros saturados de água; muitas vezes, para favorecer a absorção do material polimérico nos poros, as paredes são secas com ar quente antes do tratamento (a eficácia do tratamento poderá ser verificada só depois de muito tempo, quando a alvenaria tenderá novamente a absorver umidade).

Métodos que favorecem a evaporação. Uma segunda família de métodos tem por objetivo facilitar a evaporação no próprio corpo da alvenaria e, assim, reduzir a altura da elevação da água. Com este fim, normalmente, usam-se *sifões atmosféricos* para favorecer a troca de umidade entre o ar externo e a parede; estes são tubos porosos em terracota (sifões Knapen) inseridos na alvenaria para permitir a recirculação de ar e, assim, favorecer o enxugamento do muro. Os sifões têm comprimento igual a cerca de metade da espessura do muro e são fixados com um aglomerante poroso para evitar que venham a fechar as porosidades das paredes externas do sifão, impedindo o afluxo de umidade em direção ao canal central do próprio sifão. A eficácia desta técnica é dúbia.

Eletro-osmose. Entre as técnicas disponíveis para a desumidificação das paredes, existem métodos baseados na circulação de uma corrente contínua na parede, que afirmam tirar vantagem de fenômenos eletro-osmóticos. Estes métodos visam a inverter o fluxo da água que sobe pelas paredes, através da aplicação de uma corrente contínua. A eficácia deste tipo de método nunca foi demonstrada de maneira clara; ao contrário, como demonstrado no Aprofundamento 15.1, há várias indicações de que, embora seja possível induzir um fluxo eletro-osmótico nos materiais da alvenaria, são modestas as possibilidades de obter vantagens em termos de desumidificação

Outros métodos. Novos métodos para a desumidificação das paredes, baseados em princípios teóricos mais ou menos sólidos, são continuamente propostos e patenteados. Estão disponíveis comercialmente, por exemplo, técnicas que preveem a introdução de barras metálicas na parede para "inverter" o fluxo de elevação da água (designadas também como técnicas de eletro-osmose *passiva*) ou técnicas baseadas na aplicação de campos eletromagnéticos. Com muita frequência, a eficácia destas técnicas é reivindicada exclusivamente com base em medidas indiretas e ambíguas, e não se fornecem dados de comparação com paredes em condições análogas não submetidas ao tratamento. Além disso, a aplicação da técnica é, em geral, aliada a outras providências, como a utilização de rebocos macroporosos, e a efetiva contribuição da técnica proposta é dificilmente quantificável. Em geral, não existem métodos de desumidificação que garantam atingir o objetivo em quaisquer condições de aplicação. A única técnica certa é a remoção da causa da umidade; todavia, mesmo neste caso, podem ser necessários muitos anos até que a parede seque.

Aprofundamento 15.1 **Eletro-osmose e desumidificação**

Estes métodos requerem geralmente a inserção de eletrodos na parede e em posição remota (em geral no solo), como esquematizado na Fig. A-15.1a. A corrente é aplicada entre o eletrodo na parede, que funciona como anodo, e o eletrodo remoto, que funciona como catodo, de modo a deslocar a água em direção ao último e, assim, reduzir a umidade na parede. Estas técnicas têm um sólido fundamento na teoria eletroquímica da eletro-osmose, com base na qual uma corrente contínua que circula através de um material poroso pode forçar um fluxo da fase líquida nos seus poros.

O transporte de água resultante é correlato à intensidade do gradiente de tensão e às propriedades do material poroso. Com efeito, o fluxo eletro-osmótico é gerado pela interação elétrica entre a superfície da fase sólida e o líquido, que leva a uma separação das cargas na sua interface (a chamada "dupla camada"). Assim, a eletro-osmose é ligada às propriedades da dupla camada e, em consequência, à composição química do material poroso e da solução líquida, mas depende também da geometria dos poros. Nos materiais de construção, o transporte da água normalmente ocorre do anodo para o catodo.

Os princípios da eletro-osmose têm encontrado diversas aplicações tecnológicas nos solos argilosos, como na umidificação dos terrenos secos ou, ao contrário, na consolidação dos terrenos úmidos. Para estas aplicações, existem ensaios que têm evidenciado um transporte de água. Infelizmente, evidências experimentais análogas não estão disponíveis no caso da alvenaria. A eficácia da técnica é reivindicada exclusivamente com base nas variações de corrente ou tensão ao longo do tempo e não são fornecidos dados de comparação com paredes em condições análogas não submetidas ao tratamento. Muitas vezes, a utilização da técnica é reforçada com outras providências, como a utilização de rebocos macroporosos, que facilitam a evaporação, e a efetiva contribuição da eletro-osmose é dificilmente quantificável.

Ensaios de laboratório mostram que a aplicação de uma corrente contínua através de materiais de construção porosos determina efetivamente um fluxo de água proporcional ao gra-

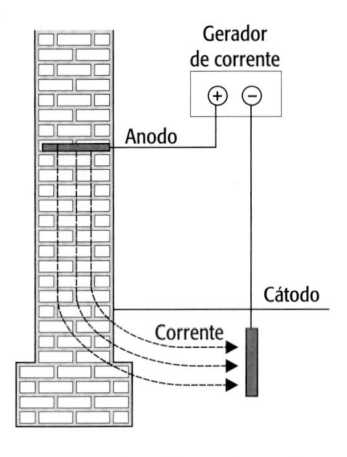

Fig. A-15.1a Esquema de aplicação das técnicas baseadas na eletro-osmose

diente de tensão (V/m) aplicado. Todavia, como mostra a Fig. A-15.1b, tanto a dimensão do fluxo como sua direção dependem do material. No caso dos tijolos, observa-se um fluxo em direção ao catodo (positivo, na figura), enquanto no caso de um aglomerante de assentamento de calcimento, o fluxo ocorre em direção oposta. As camadas de aglomerante de assentamento podem, assim, reduzir a eficácia da eletro-osmose; a confirmação veio com ensaios usando corpos de prova multicamada, obtidos mediante a união de duas camadas de tijolo artesanal com uma camada de aglomerante, nas quais não se constatou fluxo algum. Os dados destes ensaios referem-se a amostras mantidas saturadas de água (o fluxo ocorria entre duas câmaras separadas pela amostra). Em ensaios nos quais se esperou pela secagem das amostras logo depois do movimento da água por eletro-osmose, verificou-se que, até no caso de um único tijolo, o fluxo de água interrompe-se logo depois que os poros da camada superficial do material são enxutos (não obstante a corrente continuar a circular). Estes resultados mostram que a secagem gradual dos poros reduz progressivamente a eficiência da eletro-osmose e leva rapidamente à interrupção do fluxo. Pareceria, portanto, que as aplicações positivas da eletro-osmose aos solos argilosos não podem ser estendidas à alvenaria. De fato, os efeitos negativos induzidos pelo esvaziamento dos poros não ocorrem no solo, onde a remoção de água causa uma aproximação das partículas de argila (o enxugamento do solo justamente termina com sua consolidação).

Os solos argilosos podem ser vistos como materiais de porosidade variável, onde a aproximação das partículas de argila pode manter a maioria dos espaços entre as partículas cheios de água, mesmo quando o conteúdo de umidade diminui. Ao contrário, os materiais de construção são caracterizados por uma porosidade fixa e, assim, uma redução no conteúdo de água esvazia os poros, ativando fenômenos de capilaridade. Por isso, mesmo no caso dos materiais em que a eficiência eletro-osmótica é alta, como é o caso dos tijolos, é muito baixa a probabilidade de que os métodos baseadas na eletro-osmose possam ser eficazes para enxugar as paredes úmidas.

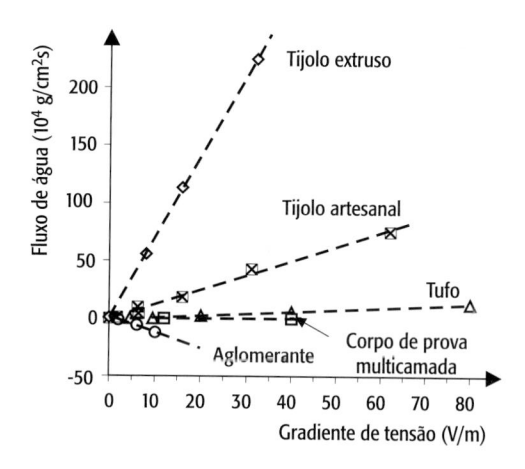

Fig. A-15.1b Fluxo de água gerado através de amostras de diversos materiais, em função do gradiente de tensão aplicado

15.2.4 Consolidação das paredes

A degradação das paredes, causada tanto pelos fenômenos descritos no item 9.2 como por causas de tipo mecânico (sobrecargas, pancadas, ações sísmicas etc.), pode requerer até intervenções de consolidação e de reforço. Estas intervenções podem variar de operações superficiais para restituir a coesão dos rebocos a intervenções de consolidação ou reparo de fissuras, com injeção de aglomerantes ou de substâncias poliméricas, aplicação de reforços externos ou internos e até reconstruções parciais da alvenaria. Para estas intervenções são utilizados muitos tipos de materiais que podem variar dos selantes inorgânicos (aglomerantes de cal, hidráulicos ou de compostos de cimento) e de resinas e adesivos de vários tipos até tijolos para substituir os elementos degradados etc. Dada a grande variedade de materiais que podem estar presentes na alvenaria, será necessário certificar-se de que os materiais utilizados para a restauração sejam adequados para esse fim, procurando prevenir incompatibilidades de tipo mecânico (por exemplo, em relação ao módulo de elasticidade), físico (p. ex.: diversos coeficientes de dilatação térmico ou absorção de água) ou químico (p. ex.: presença de reações que degradam o material ou produzem efeitos expansivos).

15.3 Obras em madeira

A madeira foi um dos materiais mais utilizados no passado tanto para os elementos estruturais (sobretudo sótãos, escadas e estruturas de cobertura) como para os elementos não estruturais (esquadrias, pavimentos etc.). Assim, este material está quase sempre presente entre os que requerem uma intervenção de restauração. A restauração das obras e dos elementos estruturais em madeira pode concentrar-se em diversos aspectos:

- pode ser necessário proteger a madeira para interromper os ataques em curso;
- pode ser necessário sanar os danos sofridos com o tempo e consolidar o material ou o elemento estrutural;
- além disso, no caso de enfeites e ornamentos (esquadrias, cantoneiras, acabamentos etc.), pode ser necessário utilizar técnicas de conservação, cujo objetivo primário é a salvaguarda do material original.

Para a proteção da madeira, pode-se recorrer aos métodos já ilustrados no item 10.4; no Aprofundamento 15.2, descreve-se a evolução histórica dos métodos de conservação da madeira. Os métodos de consolidação, conservação e reforço da madeira são abordados nos itens seguintes.

Aprofundamento 15.2 **História da conservação da madeira**

Graças à facilidade com que pode ser trabalhada com ferramentas simples, a madeira é um dos mais antigos materiais empregados para construir ferramentas, utensílios, abrigos, barcos, veículos. Os seres humanos perceberam rapidamente que a madeira é suscetível aos efeitos do fogo, dos agentes atmosféricos e de vários organismos. A Bíblia refere-se à degradação por fungos e insetos como uma peste. Portanto, não surpreende que as pessoas tenham experimentado vários modos de melhorar a durabilidade da madeira.

Observou-se, na natureza, que as madeiras de algumas plantas eram menos suscetíveis ou imunes ao ataque de fungos e insetos. Os aborígines australianos utilizaram madeiras resistentes aos cupins e aos fungos para suas tumbas, no final do ano 5000 a.C.; os maias, no ano 700 d.C., construíram na Guatemala um templo em madeira resistente aos cupins, enquanto Teofasto (371 - 287 a.C.) fez uma lista das madeiras duráveis. Acreditava-se, além disso, que a estação de corte influenciasse a durabilidade natural da madeira. A literatura antiga tem muitas referências à estação do ano e às fases lunares mais apropriadas para o corte das árvores; até Napoleão pediu, em 1810, que os navios de guerra fossem construídos com madeira cortada no inverno. Atualmente, acredita-se que estes critérios são irrelevantes. Foram até formuladas recomendações para a remoção da casca e para a conservação ao ar livre ou em água, para minimizar os ataques biológicos.

Grandes quantidades de madeira foram utilizadas para construir navios e edifícios, e é evidente pelos muitos detalhes estruturais que sempre se procurou proteger os componentes de madeira dos agentes destrutivos, com o fim de prolongar sua vida útil. As palafitas da idade da pedra, os templos maias e as igrejas norueguesas que duraram 800 anos são exemplos explícitos do contínuo desenvolvimento de métodos para preservar a madeira nas estruturas.

As primeiras tentativas de aplicação de tratamentos à madeira incluem a carbonização, a conservação em água salgada e recobrimento com óleos ou betumes. O relato de Cristóvão Colombo no quarto dia de viagem mostra como era séria a situação: "os carunchos atacaram os navios tão seriamente que parecem colmeias" e "não há remédio contra o ataque".

Durante a Idade Média, adotaram-se amplamente as receitas da antiguidade, mas se descobriram outras substâncias capazes de proteger a madeira. É sabido que, mais tarde, Leonardo da Vinci revestiu as telas de madeira dos seus quadros com cloreto de mercúrio e óxido de arsênico. O físico e químico Homberg também recomendou, em 1705, o uso do cloreto de mercúrio para proteger a madeira contra os insetos. Em 1718, foi patenteado um "bálsamo da madeira" e a Enciclopédia Britânica já continha uma lista de preservativos para a madeira. O químico inglês Kyan, depois de anos de ensaios experimentais, patenteou, em 1832, um tratamento para impregnar a madeira com cloreto de mercúrio, marcando assim o início das modernas técnicas de conservação da madeira. Em 1874, foi publicado o trabalho de R. Hartig sobre os principais fungos que atacam os edifícios na Europa, que esclarece como o ataque derivava justamente da invasão dos fungos. Este texto estimulou pesquisas posteriores no campo dos preservativos, que culminou no final do século em muitas novas formulações.

Os rápidos avanços, no tratamento industrializado da madeira para novas construções, não tiveram inicialmente nenhum impacto nas técnicas de conservação das peças em madeira. Entre 1852 e 1855, Adalbert Stifter tratou o altar da igreja da cidade de Kefermarkt, na Áustria, com sais que eram completamente ineficazes contra os insetos. Mesmo as tentativas de remover os insetos com petróleo e hexacloroetano, nos anos 1916-18, falharam. Só em 1929, o emprego do ácido cianídrico, que era usado nos Estados Unidos como pesticida nas plantações, deu resultados positivos. Desde então, os fumigantes desempenham um papel importante no tratamento das obras de arte para remover insetos. Mais recentemente, fizeram-se tentativas para substituir substâncias altamente tóxicas e poluentes, como o ácido cianídrico, o bromometano e o óxido de etileno, por gases inertes, como o dióxido de carbono, o nitrogênio e o argônio. A destruição dos insetos através da substituição do oxigênio vital por estes gases retoma um método aplicado na antiguidade, quando os grãos eram conservados em recipientes tão herméticos que, no interior deles, o conteúdo de oxigênio reduzia-se a tal ponto que os insetos não podiam sobreviver.

Nem o controle de fungos ou insetos xilófagos através do calor é novo. Na literatura antiga, todavia, não está claro se o tratamento tinha a finalidade de ressecar a madeira, destruir os insetos ou os dois. O tratamento (não poluente) com ar quente tem sido um método importante para controlar as larvas dos insetos xilófagos nos edifícios históricos. Objetos de museu atacados por insetos também podem ser tratados com baixas temperaturas, microondas ou radiações gama, enquanto outras radiações foram raramente utilizadas.

Quanto à consolidação da madeira degradada, é muito importante o conteúdo de umidade. Em consequência, deve-se fazer uma distinção fundamental entre os métodos de consolidação das estruturas, dos monumentos e dos museus, com relação à consolidação dos objetos molhados ou saturados de água que venham de escavações arqueológicas. Nos séculos XVIII e XIX, a estabilização dos bens culturais de madeira, danificados gravemente pelos insetos, era feita principalmente através da impregnação com cola. Às vésperas do século XX, acrescentaram-se óleos, vernizes, resinas naturais e ceras, utilizados isoladamente ou em misturas. Ao mesmo tempo, começou-se a utilizar, como consolidantes, também produtos novos baseados em nitrato de celulose ou acetato de celulose. O desenvolvimento, por D. Rosen, em 1930, do método de imersão em cera foi outro evento relevante no desenvolvimento das técnicas de consolidação das obras em madeira danificadas pelo ataque biológico. Depois da Segunda Guerra Mundial, houve um rápido desenvolvimento da indústria dos polímeros, e seus produtos também foram experimentados por restauradores de madeira. Cerca de dez anos depois, foram desenvolvidos produtos que combinam madeira e plástico, através da impregnação com monômeros e polimerização *in situ*; este método foi aplicado até na restauração de bens culturais. Durante a segunda metade dos anos 1980, foram publicados muitos artigos científicos com avaliações críticas dos diversos consolidantes para madeira.

Este aprofundamento foi extraído de Unger, Schniewind e Unger (2001).

15.3.1 Conservação e consolidação dos elementos em madeira

Os métodos de consolidação da madeira compreendem os tratamentos que podem restituir as adequadas propriedades mecânicas aos elementos danificados por ações de tipo mecânico, biológico ou químico. No caso de obras de interesse histórico e artístico, a intervenção é muitas vezes limitada ao restabelecimento da coesão do material e da estabilidade dos objetos.

Em função do grau de danificação do material e do destino do uso, pode-se prever a impregnação total ou parcial com consolidantes ou a simples consolidação superficial com substâncias adesivas. Estas operações devem procurar limitar ao mínimo a quantidade de substâncias estranhas introduzidas na madeira. O ingresso do consolidante depende da permeabilidade da madeira; todavia, a madeira degradada apresenta, em geral, uma elevada permeabilidade e, portanto, é receptiva ao consolidante. A presença de camadas superficiais (proteções da madeira, pinturas etc.) pode dificultar a entrada do consolidante. A aplicação dos consolidantes pode ser feita com pincel, por aspersão, através de compressas, por imersão a pressão atmosférica ou por impregnação a vácuo.

Em geral, os consolidantes são fluidos e se depositam só ou quase só fisicamente no interior dos poros da madeira. Podem ser ceras (como a cera de abelha), polímeros dissolvidos em solventes apropriados (como as parafinas) ou monômeros, em seguida polimerizados com radiações ionizantes. Também foram propostos consolidantes gasosos (fumigantes), que são destinados a modificar quimicamente os constituintes poliméricos das células. Com o tempo, foram estudados muitíssimos tipos de consolidantes para a madeira, mas, como não é possível abordar aqui todos os tipos propostos, recomenda-se consultar a literatura especializada. É, todavia, importante precisar que um consolidante ideal deve ter uma boa estabilidade em longo prazo para garantir a durabilidade da intervenção; garantir a estabilidade dimensional da peça, sobretudo se está em contato com ambientes úmidos; não alterar o aspecto da madeira e das eventuais camadas superficiais (p. ex.: pinturas); não induzir retração ou expansão da peça durante a aplicação; ser compatível com eventuais preservativos aplicados anteriormente; conseguir penetrar facilmente e homogeneamente a madeira; não ser tóxico para as pessoas; não aumentar a inflamabilidade da madeira; garantir uma adequada resistência da madeira aos insetos ou aos fungos; ser *reversível* (isto é, poder ser removido no futuro sem danificar o objeto). Obviamente, não existe um consolidante que consiga garantir todos estes requisitos e será preciso escolher a substância que garanta a melhor solução para uma aplicação específica.

15.3.2 Reforço dos elementos estruturais em madeira

No caso de intervenções de restauração em elementos estruturais de madeira, os métodos descritos no parágrafo precedente não são, em geral, suficientes para garantir propriedades mecânicas adequadas. Neste caso, pode-se recorrer a metodologias de consolidação, destinadas a reforçar elementos flexionados (com barras metálicas ou com materiais compostos), consolidar ou reconstruir apoios degradados, reforçar sótãos etc. Nestas operações, aproveita-se a boa moldabilidade da madeira e a sua facilidade de junção por via mecânica ou com adesivos. Assim, os elementos estruturais podem ser substituídos parcialmente ou integrados a novos elementos de madeira; com frequência, constroem-se verdadeiras próteses sobre as vigas existentes, como no caso da reconstrução de testeiras de vigas danificadas pelo contato com paredes úmidas. As técnicas baseadas no emprego de adesivos e de materiais compostos colados estão descritas no Cap. 17.

15.4 Conservação dos bens culturais

Uma área importante da restauração refere-se à conservação dos bens culturais ou de peças, edifícios ou estruturas que tenham relevância artística e histórica. Neste caso, prevalecem as exigências de conservação das peças, dos materiais e das tecnologias originais. As intervenções têm, assim, o objetivo principal de interromper a degradação em curso; em alguns casos, como para as peças de museu, é possível controlar o ambiente para manter o material em condições de umidade e temperatura que previnam diversas formas de ataque. Isto, porém, só é possível raramente; nos outros casos, é necessário proteger o material da ação do ambiente. Além disso, se a degradação comprometeu a resistência ou a coesão do material, pode ser necessária uma intervenção de consolidação.

A escolha das tecnologias de intervenção é difícil; deve-se buscar alterar o mínimo possível os materiais existentes e, para as integrações e as eventuais substituições, dever-se-ia tentar reproduzir os materiais originais. Infelizmente, com frequência, isto requer operar com materiais difíceis de encontrar hoje em dia ou que foram produzidos e/ou aplicados com tecnologias e mão de obra especializada já não disponíveis. A tentativa de "reproduzir" materiais históricos pode, portanto, ter consequências desastrosas. Como alternativa, pode-se, por exemplo, utilizar materiais mais recentes com a função de consolidar ou proteger a madeira; como se viu nos itens precedentes, pode-se recorrer a materiais poliméricos, que têm várias vantagens, entre as quais: facilidade de aplicação, baixa viscosidade (que permite a penetração nos poros dos materiais originais), características adesivas ou de formação de películas etc. Mesmo o uso de materiais "modernos" pode ter efeitos deletérios, tanto porque pode alterar o material como porque pode induzir novos fenômenos de degradação ou estimular os efeitos de formas de degradação que antes eram irrelevantes.

A intervenção nos bens culturais requer, assim, uma análise acurada dos materiais originais, para estudar as condições corretas de intervenção e verificar a compatibilidade dos eventuais materiais escolhidos para a consolidação ou a proteção. Em geral, na escolha destes, deve-se preferir os materiais e as técnicas que garantam a reversibilidade ou a possibilidade de voltar à situação pré-existente (permitindo, assim, remediar, mesmo no futuro, eventuais erros na escolha ou na aplicação dos materiais de restauração).

Na Itália, foram formuladas até recomendações específicas para a restauração dos bens culturais sob a direção Comissão Normal (Normativa para Manufaturados de Pedra), que foi instituída com o patrocínio do Instituto Central para a Restauração. Estas recomendações referem-se a pedras, estuques, rebocos, tijolos e cerâmicas. Têm o objetivo de estabelecer métodos para o estudo das alterações dos materiais de pedra e para o controle da eficácia dos tratamentos de conservação, com o fim de preservar os manufaturados de interesse histórico e artístico. Também é prevista a classificação e denominação dos fenômenos de alteração dos materiais de pedra (por exemplo, são definidos termos como alveolização, crosta, depósito superficial, descolamento, eflorescência etc.); esta classificação é puramente léxica e se baseia apenas na observação do aspecto visual da alteração, sem nenhuma correlação com as causas da degradação (cuja especificação não pode prescindir de estudos mais aprofundados sobre os materiais).

As argamassas empregadas para a construção das paredes e para os rebocos são um setor de particular interesse para a restauração dos bens culturais. Por causa da grande variedade de materiais utilizados no passado, é necessário caracterizar o material utilizado, com o fim de especificar os métodos mais apropriados de intervenção. As argamassas são, com efeito, sistemas complexos, formados por aglomerantes, agregados e, às vezes, aditivos. Muitas vezes, não fica claro se um composto presente no interior de uma argamassa é apenas um derivado do aglomerante ou é parte do inerte. As reações de liga e endurecimento dos ligantes e as transformações sofridas com o tempo no ambiente de exposição complicam adicionalmente a interpretação dos dados experimentais, porque pode-se chegar com diversos aglomerantes ao mesmo produto final, depois de um longo envelhecimento (por exemplo, a carbonatação pode produzir compostos semelhantes em uma argamassa de cal aérea e de cal de compostos de cimento). No Aprofundamento 15.3, descrevem-se alguns exemplos de estudo de argamassas antigas.

Aprofundamento 15.3 **Estudos de argamassas antigas**

O uso de ligantes nas técnicas construtivas remonta a épocas remotas. No Neolítico, o material mais usado era a argila, cujo emprego continua nas Idades do Bronze e do Ferro. Os primeiros ligantes genuínos foram o gesso e a cal aérea. É atribuída aos fenícios a descoberta do comportamento hidráulico das argamassas feitas com cal apagada e tijolo cozido ou com cal apagada e areia vulcânica. Estes conhecimentos sobre argamassas hidráulicas são primeiro recebidos pelos gregos e, em seguida, pelos romanos e toda a civilização mediterrânea ocidental. Na Roma Antiga, as técnicas de construção chegaram a níveis muito avançados e se difundiram rapidamente por todo o império. Nas épocas seguintes, não ocorreram desenvolvimentos substanciais nos materiais utilizados para fazer as argamassas ou os aglomerados. Mudanças significativas só vieram a ocorrer no século XIX, quando se desenvolveram primeiro a cal hidráulica e, depois, o cimento portland.

No âmbito arquitetônico, é bastante difundida uma classificação das argamassas com base na quantidade de ligante presente na pasta: argamassas *magras ou pobres*, quando o ligante não é suficiente para preencher os vazios existentes entre os grãos do inerte; argamassas *muito gordas ou ricas ou muito fortes*, quando o ligante é usado em grande quantidade com relação ao agregado; e argamassas *bastardas*, quando são usados mais ligantes para atender requisitos particulares de hidraulicidade, plasticidade e resistência. Mas esta classificação é puramente qualitativa e não reflete a efetiva composição do ligante e, portanto, as propriedades do aglomerante. Um estudo mas aprofundado requer o emprego de técnicas analíticas (Cap. 13). Em seguida, ilustram-se alguns exemplos de análise efetuadas em argamassas coletadas em edifícios históricos.

Argamassas de cal aérea. A Fig. A-15.3a mostra os resultados das análises feitas sobre uma argamassa de cal aérea do período romano, coletada da igreja de São Lourenço, em Milão. A imagem do microscópio eletrônico de varredura (SEM) mostra a morfologia do ligante (ponto 1), constituído principalmente de $CaCO_3$ (produzido pela carbonatação da cal apagada), como evidenciado pela análise química elementar da sonda EDS do microscópio. Observa-se também um pequeno agregado de silício (ponto 2). A presença do carbonato de cálcio foi confirmada pela análise de difração dos raios X (junto a outras substâncias devidas aos agregados). Às vezes, no passado, eram empregadas argamassas à base de cal e gesso. A Fig. A-15.3b, por exemplo, mostra a microestrutura do ligante de uma argamassa deste tipo. O ponto 2 indica uma partícula de gesso entremeada na matriz de carbonato de cálcio.

O gesso é evidenciado tanto pelos picos característicos na análise XRD como pelas perdas de massa na análise termogravimétrica (uma logo acima dos 100 °C correspondente à perda de

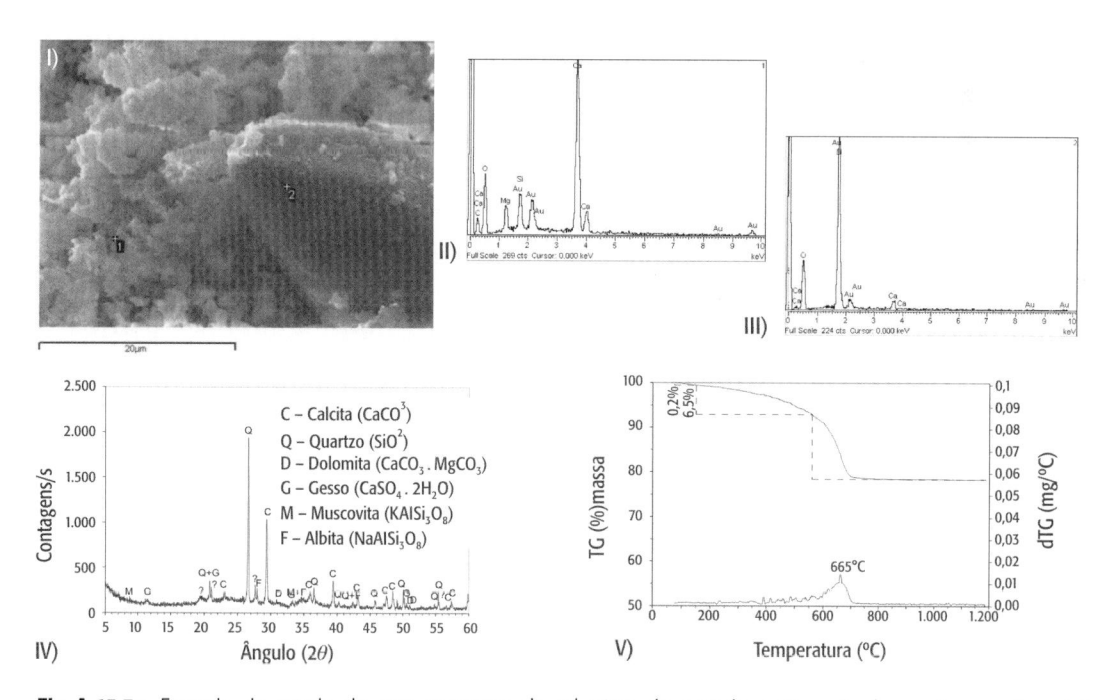

Fig. A-15.3a Exemplo de estudo de uma argamassa de cal aérea do período romano: I) observação no microscópio eletrônico de varredura (SEM); II) análise química elementar EDS do ponto 1; III) análise EDS do ponto 2; IV) análise de difração de raios X (XRD); e V) análise termogravimétrica (TGA)

água de cristalização, e uma a temperatura superior a 1.000 ºC correspondente à dissociação do sulfato em óxido de cálcio e dióxido de enxofre). A análise termogravimétrica confirmou, de novo, a presença do carbonato de cálcio, evidenciando uma perda de massa de 14,5%, correspondente à sua descarbonatação a temperaturas superiores a 500 ºC; a partir desta perda de massa, pode-se estimar um conteúdo de carbonato de cálcio da ordem de 33%. Quando a cal contém também óxido de magnésio, obtêm-se cal magnésica, que apresenta, em geral, uma resistência maior. No caso do aglomerante da Fig. A-15.3b, observa-se uma pequena presença de magnésio.

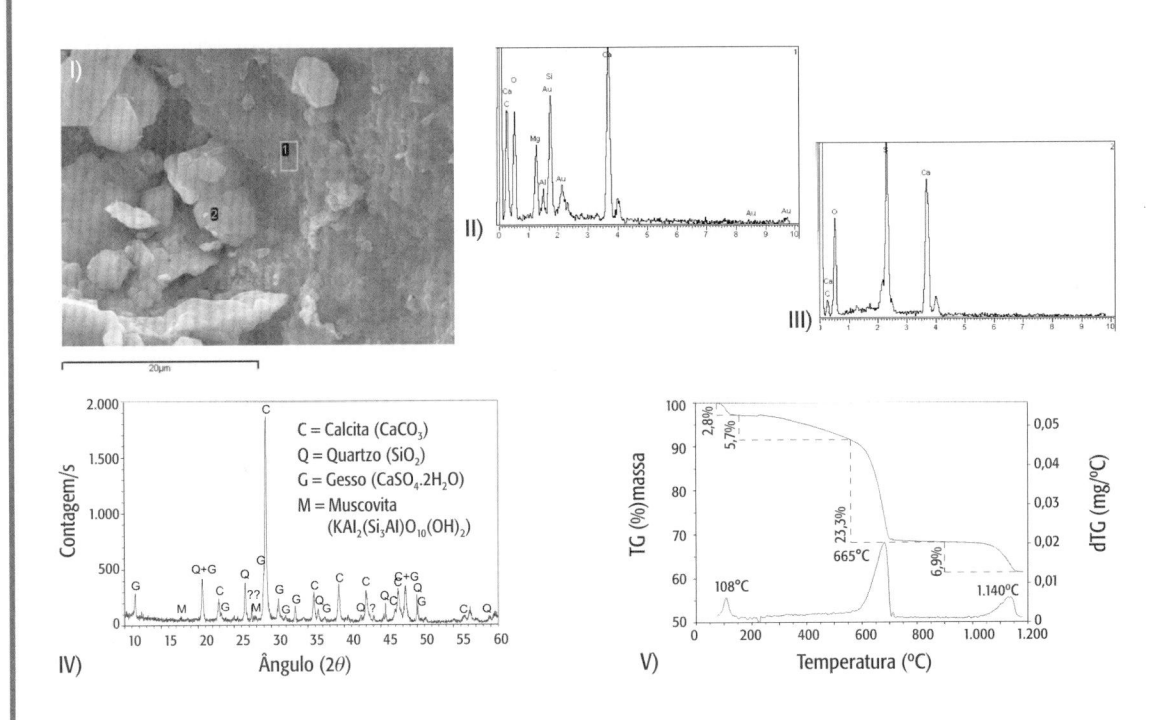

Fig. A-15.3b Exemplo de estudo de uma argamassa de cal aérea e gesso: I) observação no microscópio eletrônico de varredura (SEM); II) análise química elementar EDS do ponto 1; III) análise EDS do ponto 2; IV) análise de difração de raios X (XRD); e V) análise termogravimétrica (TGA)

Aglomerantes hidráulicos. Com frequência, para os rebocos externos e para as argamassas de assentamento, utilizavam-se no passado aglomerantes hidráulicos. Antes do século XVIII, estes aglomerantes eram obtidos mediante a mistura de cal aérea com substâncias capazes de a tornar hidráulica. Entre elas:

◢ a pozolana natural, que, através da reação pozolânica – $Ca(OH)_2$ + pozolana → *C-S-H* –, permitia a formação do gel *C-S-H*;
◢ a argila ou o tijolo queimado e moído, que têm efeitos análogos aos da pozolana (Fig. A15.3c);
◢ adição de argila diretamente à cal apagada.

A cal hidráulica foi produzida a partir do século XVIII (para cozimento de misturas de cal e argila); a partir do início do século XIX, utilizou-se largamente o cimento portland, até para fazer rebocos ou acabamentos que simulam pedra. A Fig. A-15.3d(I), por exemplo, mostra a secção de uma amostra do reboco que recobre as colunas da igreja de São Fidélis, em Milão. Este reboco foi feito no início do século XX com aglomerados de cimento e visava a simular a pedra de Angera (pedra dolomítica de colorações variadas, do rosa ao amarelo), material original das colunas, para sanar a degradação superficial sofrida por elas. O reboco aplicado à pedra de Angera (visível na parte inferior da amostra) é constituído de várias camadas de compostos de cimento. A camada superficial foi colorida com pó de pedra de Angera, como mostram as análises de difração de raios X, na Fig. A-15.3d(II), e de micrografia SEM, na Fig. A-15.3d(III), que revela a presença de minúsculas partículas de dolomitas ($CaCO_3 \cdot MgCO_3$), evidenciadas por Ca, Mg, C e O na análise EDS, na Fig. A-15.3d(IV).

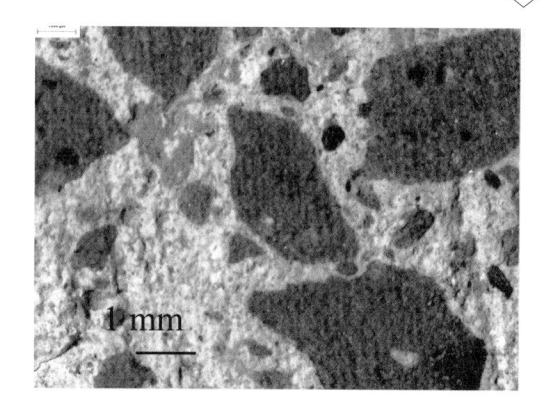

Fig. A-15.3c Exemplo de argamassa com uso de cal e de tijolo moído

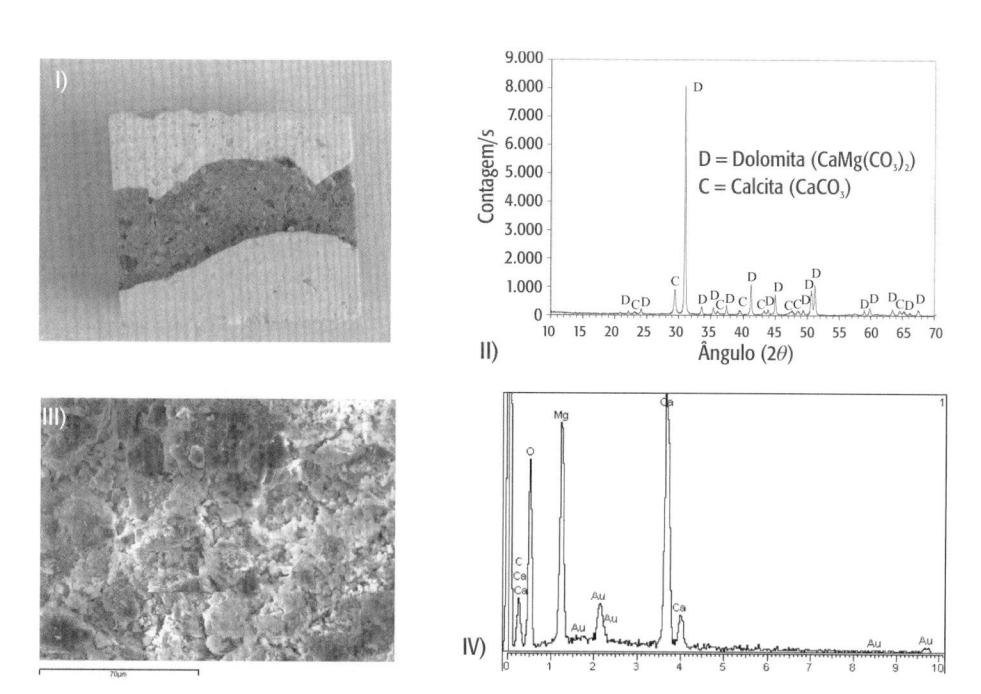

Fig. A-15.3d Análise de uma amostra do reboco de cimento que reveste as colunas da igreja de São Fidélis, em Milão: I) observação macroscópica; II) análise de difração de raios X; III) observação da microestrutura da camada mais externa no microscópio eletrônico de varredura; IV) análise EDS das partículas de pedra de Angera (mais escuras na micrografia)

15.5 Reforço externo com polímeros reforçados com fibras (FRP)

Em diversas circunstâncias, como durante as intervenções de reabilitação das estruturas degradas ou por ocasião de uma adequação sísmica, pode ser necessário aumentar a resistência de uma estrutura existente com reforços estruturais. Para isso, têm sido utilizados materiais e técnicas convencionais, mas existem também materiais específicos destinados a esta aplicação particular. Uma técnica muito difundida é o revestimento externo com mantas de materiais compostos com matriz polimérica (*Fiber Reinforced Polymers* ou *FRP*, polímeros reforçados com fibras) (Nanni, 1997; Minguzzi, 1998; Arduni, 1999; CNR-DT 106/98, 2000). A técnica de reforço estrutural com placas externas foi desenvolvida a partir dos anos 1960. Inicialmente, utilizaram-se chapas de aço de construção, coladas sobre a superfície da estrutura com adesivos estruturais; em seguida, para evitar problemas de corrosão, usaram-se elementos em aço inoxidável. O peso do reforço metálico não era suficiente para alterar de modo apreciável as cargas em ação sobre a estrutura; todavia, eram necessários sistemas mecânicos de elevação e ancoragens metálicas à própria estrutura, para garantir o posicionamento correto da chapa durante o tempo necessário para que o adesivo atingisse as características mecânicas finais.

No início dos anos 1980, começaram a ser utilizados materiais compostos de fibra longa (*FRP*), em substituição ao aço. Estes materiais têm rigidez parecida e cargas de ruptura até dez vezes superiores às do aço de construção, além de uma densidade cerca de cinco vezes inferior. Graças à leveza, a fase de colocação do reforço na obra é mais rápida e simples, sem necessidade de sistemas de ancoragem, já que o adesivo consegue sustentar o reforço imediatamente.

15.5.1 Tipos de reforço

As tipologias de intervenção mais difundidas são o reforço dos elementos flexionados, através das mantas externas no lado das fibras tensionadas, e a amarração dos elementos com demanda de compressão ou corte (cisalhamento).

Reforço para flexão. Uma intervenção de reforço em um elemento flexionado leva ao aumento da carga máxima e à redução da deformação por ruptura.

A Fig. 15.2 mostra, como exemplo, uma viga solicitada em três pontos por uma carga concentrada. No caso da viga que tem apenas armaduras de aço, observa-se, à medida que a carga aumenta na curva carga-flecha, um pequeno traço inicial em que a rigidez do elemento é determinada pelo módulo de elasticidade do concreto. A resistência à tração do concreto, porém, é modesta e este se fissura rapidamente. Além do valor da carga de fissuração do concreto, torna-se predominante a contribuição das armaduras metálicas. A inclinação da curva diminui e se mantém retilínea até a deformação das armaduras (depois dela, a curva é praticamente horizontal até o colapso da viga). Um elemento de reforço em material composto, aplicado à superfície inferior, contribui, junto com as armaduras, para a resistência aos esforços de tração. Observa-se um aumento da inclinação da curva carga-flecha, portanto um enrijecimento do elemento estrutural. Não se observa praticamente mais a variação de inclinação depois da carga de fissuração do concreto, e a carga cresce até a ruptura da viga (neste ensaio, a

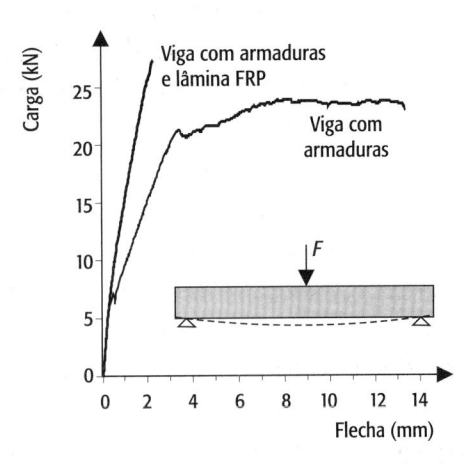

Fig. 15.2 Exemplo do efeito do reforço com lâmina ou manta de material composto (FRP), colada no lado das fibras fracionadas de uma viga flexionada em três pontos

viga não era reforçada contra corte e a ruptura ocorreu por corte, Fig. 15.3d).

O colapso do elemento reforçado com materiais compostos pode ocorrer por colapso do reforço em material composto (Fig. 15.3a), por colapso por compressão do concreto na zona de aplicação da carga concentrada (Fig. 15.3b), por descolamento do material composto (Fig. 15.3c) ou por colapso por corte-tração no concreto (Fig. 15.3d). Na fase do projeto, portanto, o reforço pode ser projetado de modo a garantir um aumento da capacidade de carga do elemento estrutural, evitando que atinja os estados-limite da Fig. 15.3.

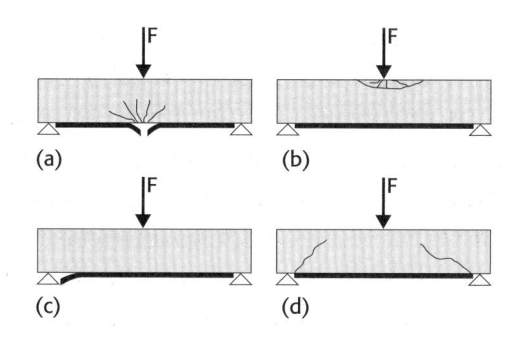

Fig. 15.3 Tipo de colapso de um elemento flexionado, reforçado com um material composto colado no lado das fibras tracionadas

Reforço para corte. Para aumentar a eficácia do sistema de reforço flexional e evitar que o colapso ocorra na modalidade mostrada na Fig. 15.3d, pode-se recorrer à aplicação de uma amarração nas zonas terminais do reforço flexional, que aumenta a resistência a corte do sistema e evita o descolamento do reforço. A máxima eficácia é obtida com a amarração completa em volta do elemento, mas, na prática, este tipo de intervenção não pode ser adotado por causa das estruturas apoiadas na viga; portanto, o que se faz, geralmente, é um reforço em "U" nos lados acessíveis.

Reforço para compressão. No caso de elementos comprimidos, para aumentar sua capacidade faz-se um cintamento (*wrapping*) do elemento, dispondo as fibras perpendicularmente ao eixo de carga, de modo a bloquear a dilatação transversal. Com efeito, a demanda axial comporta uma expansão lateral do elemento, à qual se opõe ao cintamento em material composto, vinculado à superfície. O papel do adesivo, nesta configuração, é menos crítico, menos na zona de superposição entre as duas orlas do tecido que dão origem ao revestimento composto, que deve garantir a transmissão dos esforços em presença de uma descontinuidade das fibras. Geralmente, não se considera aceitável uma falha que leve à abertura das camadas superpostas sem ruptura das fibras. O comportamento do elemento comprimido é determinado pelas características mecânicas das fibras utilizadas, pelo número de camadas e pela superposição da amarração do confinamento.

Na Fig. 15.4, reporta-se um exemplo da evolução da curva esforço-deformação por compressão em um cilindro de concreto não reforçado e em um cilindro reforçado com cintamento de FRP. Nota-se um aumento

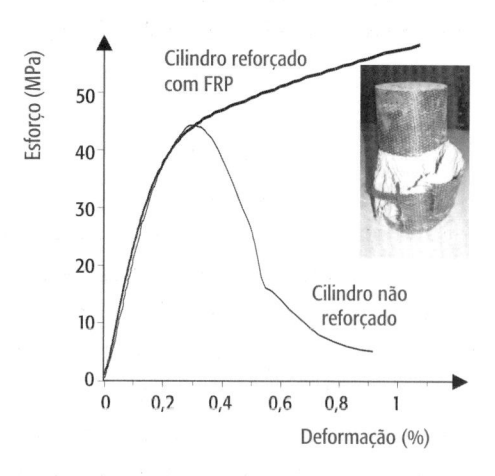

Fig. 15.4 Ensaio de compressão em um cilindro não reforçado e em outro com cintamento de FRP

marcante da carga máxima sustentada pelo corpo de prova reforçado. O tipo de ruptura ocorre, em geral, por colapso por ruptura súbita das fibras. Quando se fazem reforços em pilares de secção retangular, é necessário aparar as arestas, garantindo raios de curvatura superiores a dois centímetros, para evitar a intensificação dos esforços sobre as fibras que possam rompê-la prematuramente.

15.5.2 Materiais para o reforço estrutural

No campo do reforço de estruturas em concreto armado, os materiais compostos mais utilizados são materiais poliméricos reforçados com fibras longas (*Fiber Reinforced Plastics, FRP* – plásticos reforçados com fibras), que são classificados com base nas fibras de reforço, mas também com base na metodologia empregada para a colocação, que pode se basear em elementos de composto pré-formados ou em compostos formados diretamente em campo.

Fibras. As fibras utilizadas nos compostos para uso estrutural são principalmente fibras de carbono, fibras de vidro e fibras aramídicas (Kevlar). A Tab. 15.2 reporta as propriedades de algumas fibras.

O tipo de fibras é utilizado para identificar os compostos; distinguem-se em: CFRP (com fibras de carbono), GFRP (com fibras de vidro) e AFRP (com fibras aramídicas). Tanto para as fibras de carbono como para as aramídicas existem diversas classes de produto, nas quais se privilegiam, respectivamente, o módulo de elasticidade (HM) ou a resistência a tração (HT). Quanto às fibras de carbono para uso no concreto, também existem as de módulo ultra-alto (UHM). Nas fibras de vidro, a divisão em classes é baseada em critérios diferentes.

Compostos formados *in situ*. Em uma primeira série de compostos estruturais, as fibras são fornecidas diretamente sob a forma de tecidos que são impregnados *in situ* com a matriz polimérica. Existem dois métodos de aplicação. No primeiro, o método "a seco", aplica-se uma camada de resina sobre a superfície a ser reforçada, posiciona-se o tecido sobre esta primeira

Tab. 15.2 Exemplos de propriedades mecânicas de algumas fibras para reforço estrutural

Material	Densidade (g/cm³)	Módulo de elasticidade (GPa)	Resistência à tração (MPa)	Alongamento por ruptura (%)	Absorção de umidade (%)
Fibras de carbono de alta resistência (HT)	1,78	270	3.400	1,4	0,1
Fibras de carbono de alto módulo (HM)	1,83	530	2.250	0,5	0,1
Fibras de carbono de módulo ultra-alto (UHM)	–	640	1.900	0,3	–
Fibras aramídicas de alta resistência (HT)	1,39	81	3.470	4,5	3,2
Fibras aramídicas de alto módulo (HM)	1,45	125	2.800	2	2,5
Fibras de vidro E	2,58	73	2.000	3,5	0,5
Fibras de vidro S	2,53	86	3.500	4	0,3

camada de adesivo e, então, impregna-se o tecido com uma segunda mão do mesmo material polimérico. O segundo método, "a úmido", prevê a impregnação do tecido por imersão na resina, contida em tanques móveis especiais, possivelmente equipados com rolos que facilitam a completa impregnação e a subsequente aplicação do tecido ao substrato. Nos dois casos, o papel da resina é tanto de impregnar as fibras, funcionando como matriz do composto, como de aderir ao substrato. Às vezes, o substrato não é constituído diretamente do material a ser reforçado (concreto, por exemplo), mas sim de uma outra camada de adesivo, com características diferentes daquele utilizado para impregnar a fibra; este outro adesivo é aplicado antes para preparar e nivelar a superfície. A aplicação do tecido deve ocorrer antes que este material solidifique.

Este método permite reforçar estruturas de geometria complexa, já que as fibras são flexíveis e se adaptam à forma do suporte, a ponto de garantir raios de curvatura de 20 a 40 mm nas quinas. Além disso, as fibras podem ser orientadas ao longo das direções onde a demanda é maior, e o reforço pode ser aumentado com a aplicação de mais camadas de tecido. Uma desvantagem é que as características finais do composto dependem muito das condições de aplicação. A aplicação deve ocorrer a temperaturas entre 10°C e 30°C e em condições de baixa umidade relativa. Até a habilidade dos profissionais é importante: a inclusão de bolhas de ar no adesivo, a irregularidade na colocação das fibras ou a falta de respeito pelos tempos de aplicação influem negativamente no desempenho do composto.

Os tecidos utilizados para o reforço estrutural podem ser monoaxiais, biaxiais ou multiaxiais. Os tecidos monoaxiais são constituídos por feixes de fibra paralelos, mantidos em posição por uma trama de filamentos cujo único objetivo é garantir o alinhamento das fibras. A Tab. 15.3 reporta as características técnicas de alguns tecidos monoaxiais em fibra de carbono para reforços estruturais. No caso dos tecidos biaxiais, trama e urdidura são realizados com o material de reforço e podem apresentar características diferentes nas duas direções.

Os tecidos biaxiais são utilizados quando as dimensões ou a geometria da parte a ser reforçada não permitem estender diversas camadas sobrepostas de tecido monoaxial e é necessário intervir em diversas direções de demanda.

Algumas das características do tecido estão diretamente ligadas às das fibras, como o módulo de elasticidade e a resistência

Tab. 15.3 Exemplos de características técnicas de tecidos monoaxiais para reforços estruturais (intervalos de variação extraídos dos valores declarados por diversos produtores)

Tipo de fibra de carbono	HT	HM	UHM
Largura do tecido (cm)	10-100	5-50	50
Gramatura (g/m^2)	230-1.200	300	–
Espessura equivalente (mm)	0,165-0,67	0,16	0,143
Área resistente (mm^2/m)	130-670	160	143
Resistência à tração (MPa)	>3.400/>4.800	3.000	>1.900
Carga por unidade de largura (kN/m)	630-2.520	480-500	>2.700
Módulo por tração (GPa)	230	390	640
Alongamento por ruptura (%)	1,5–2,1	0,8-1,1	0,3

à tração, enquanto outras, como o alongamento por ruptura, podem variar com o tipo de tessitura utilizado. Nas características, é indicada a espessura equivalente do tecido, que permite avaliar a secção resistente efetiva das fibras de reforço para os cálculos estruturais. Como alternativa, na fase do projeto, pode-se utilizar a área resistente ou a carga por unidade de largura do tecido aplicado, dados normalmente fornecidos diretamente nas fichas técnicas.

Materiais pré-formados. Estes materiais compostos são geralmente comercializados sob a forma de lâminas extrudadas sob tração. Este processo garante um ótimo alinhamento das fibras e um maior controle da homogeneidade do próprio composto. Além disso, a formação ocorre a pressões e temperaturas controladas, para vantagem das características de interface entre as fibras e a matriz e das capacidades protetoras desta última, que, para as aplicações em concreto, é normalmente uma resina epóxi reticulada a alta temperatura. As dimensões das lâminas, constantes e calibradas, variam em largura para fornecer diversas secções resistentes, enquanto a espessura está geralmente ao redor de 1,4 mm.

Estes elementos são colados diretamente sobre as estruturas a serem reforçadas e podem ser utilizados só no caso de superfícies planas ou com raios de curvatura superiores a 3 metros. Assim, as lâminas extrudadas são utilizadas substancialmente no reforço flexional, onde sua aplicação é mais rápida do que a dos tecidos.

Na Tab. 15.4, são reportadas as características de algumas lâminas extrudadas em fibra de carbono; substancialmente, são divididas em duas classes: uma privilegia a resistência (HR) e a outro, o módulo de elasticidade (HM), como nas fibras de carbono que são a base destes elementos. Para o reforço estrutural em concreto armado, são privilegiados os elevados módulos elásticos destas fibras, comparáveis aos do aço para armaduras. Materiais à base de fibras de vidro ou de kevlar são utilizados no caso de reforços em estruturas tradicionais de alvenaria, que apresentam módulos elásticos mais baixos do que o do concreto. Existem comercialmente até lâminas pré-impregnadas com métodos diferentes da poltrusão e é possível encontrar placas pré-formadas com fibras orientadas em mais de um eixo ou com materiais de reforço não homogêneos (vidro/kevlar, vidro/carbono).

Adesivos. Em geral, para colar os reforços em FRP utilizam-se adesivos epóxi (item 11.5.3). Suas características, porém, são diferentes para materiais compostos pré-formados ou preparados no canteiro de obras. No primeiro caso, utilizam-se adesivos tixotrópicos, que ligam o elemento pré-formado diretamente à estrutura; no segundo, ao contrário, a colagem é composta geralmente de várias camadas: uma primeira

Tab. 15.4 Exemplos de características de lâminas extrudadas para o reforço estrutural (intervalos de variação extraídos dos valores declarados por diversos produtores)

Tipo	Módulo de elasticidade (GPa)	Resistência à tração (MPa)	Alongamento por ruptura (%)	Conteúdo de fibras (% volume)	Densidade (g/cm³)
HR	150-170	2.500-3.100	1,3-2	>68	1,5-1,6
HM	200-235	2.200-2.500	0,9-1,2	65–70	1,6

camada que adere ao substrato e torna regular a superfície de colocação e uma segunda que garante a adesão das fibras de reforço e, ao mesmo tempo, vai constituir a matriz do composto. Nos dois casos, é recomendável um pré-tratamento (*primer*) com um adesivo epóxi de baixa viscosidade, que tem maior penetração no substrato.

15.5.3 Métodos de aplicação

Antes de aplicar os materiais compostos, é necessário preparar a superfície, de modo que fique regular (com distâncias entre cristas e vales não superiores a 1 mm; caso contrário, é necessária uma raspagem, em geral com um estuque epóxi), seca, polida e endurecida (mediante jato de areia, escovação ou abrasão).

No caso dos tecidos, procede-se em seguida à aplicação do adesivo, normalmente em várias passadas; começa-se por um adesivo epóxi fluido (primer), que tem a função de penetrar os poros do suporte, e em seguida se passa aos materiais de maior viscosidade, que permitem realizar camadas de espessura. Aplica-se, em seguida, o tecido, procurando garantir o alinhamento das fibras na direção da demanda por tração. Finalmente, aplica-se uma nova camada de adesivo epóxi, que envolve as fibras (através de rolos específicos é possível favorecer a inserção das fibras no adesivo). No caso das lâminas pré-formadas, estende-se a camada de adesivo e se adere a lâmina a ela (a superfície da lâmina a ser colada é endurecida e protegida, até o momento da aplicação, por um filme polimérico). Depois da aplicação, será necessário esperar pelo endurecimento do adesivo antes de carregar a estrutura. Em condições ambientais normais, isto pode levar alguns dias.

15.5.4 Efeito de temperatura e umidade

A eficiência do reforço depende do substrato e das características do material composto, mas também da capacidade do adesivo para transmitir as demandas. Com efeito, a adesão ao concreto, sobretudo no caso do reforço flexional, é um aspecto crítico. No item 11.5.5, viu-se como os adesivos estruturais comumente utilizados sofrem uma redução das características mecânicas já a temperaturas em torno de 50°C em ambientes secos; a umidade reduz ainda mais esta temperatura e pode levar a uma drástica redução da adesão.

Em estruturas expostas a ambientes quentes e úmidos, portanto, pode-se verificar a perda de adesão entre o adesivo epóxi e o suporte, com o consequente descolamento da lâmina de reforço. A Fig. 15.5, por exemplo, mostra o descolamento da lâmina ocorrido durante um ciclo de carga de uma viga que, antes da carga, tinha sido exposta, por alguns meses, a 40°C em um ambiente com 95% de umidade relativa. A eficiência dos compostos colados ao concreto pode, assim, ser comprometida mesmo em condições ambientais que podem ser atingidas nas estruturas de concreto armado.

Graças à facilidade de aplicação, o emprego dos reforços externos com FRP tem encontrado uma rápida difusão no reforço das estruturas. Todavia, normalmente,

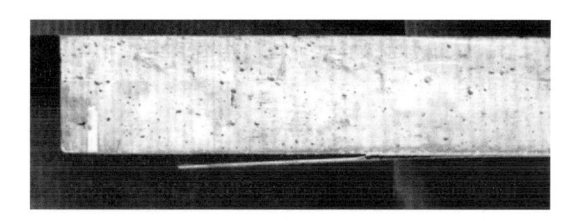

Fig. 15.5 Descolamento das lâminas de reforço por colapso do adesivo na interface com o concreto

não se presta suficiente atenção aos efeitos do ambiente sobre o adesivo, com graves riscos, já que a perda de desempenho do adesivo pode manifestar-se de improviso, com o descolamento da lâmina. Como, na maior parte das aplicações, o composto é usado para resistir a cargas excepcionais (sísmicas, por exemplo), há sempre o risco de que os efeitos da degradação se manifestem perigosamente justo no momento em que é necessária a intervenção do composto.

Recuperação/reabilitação das estruturas de concreto armado 16

Quando a degradação do concreto ou a corrosão das armaduras tornam inaceitáveis as condições de segurança ou funcionalidade, é preciso fazer uma intervenção de restauração nas estruturas de concreto armado (Rilem Technical Committee, 1994; Serie EN 1504; Building Research Establishment, 2000; American Concrete Institute, 1996; Campbell-Allen e Roper, 1991; Mailvaganam, 1992; Babaei, Clear e Weiyers, 1996). Nos últimos anos, diversas organizações redigiram recomendações e normas orientadas sobretudo para a recuperação de estruturas danificadas pela corrosão das armaduras. É de particular interesse o trabalho do comitê técnico 124-SRC do Rilem (Rilem Technical Committee, 1994) [N. da T.: do francês Réseau International des Laboratoires pour l'Étude des Matériaux (Rede Internacional de Laboratórios para o Estudo de Materiais); a sigla foi mantida, mas o nome da organização é, hoje, Associação Internacional de Laboratórios e Especialistas em Materiais de Construção, Sistemas e Estruturas], retomado em boa parte também pelo CEN, que está formulando as normas europeias sobre a recuperação das estruturas de concreto (série EN 1504). Como para o projeto da durabilidade das estruturas novas (Cap. 8), também para o projeto das intervenções de recuperação é necessário definir objetivos claros *a priori*. Deve-se especificar uma *vida residual requerida*, durante a qual a estrutura restaurada não deverá atingir um determinado *estado-limite de referência*, que determine a perda da funcionalidade da estrutura em virtude, por exemplo, da fissuração, descolamento ou delaminação do cobrimento e/ou uma redução inaceitável da secção resistente das barras de armadura.

16.1 OPÇÕES

As Figs. 16.1 e 16.2 mostram as principais fases da decisão entre as opções de restauração sugeridas pela recomendação Rilem 124-SRC. É necessário partir de uma análise das condições da estrutura, das causas da corrosão e da extensão da degradação. Além disso, deve-se considerar os processos de degradação que poderiam indiretamente contribuir para a corrosão das armaduras (gelo-degelo, ataque por sulfatos etc.). Depois desta análise, pode-se dividir os diversos elementos estruturais em três classes, segundo estas condições:

- a armadura ainda é passiva, isto é, a corrosão ainda não foi ativada, já que a carbonatação e os cloretos ainda não atingiram a superfície do metal;
- a armadura está em processo de corrosão, mas a propagação está nos estágios iniciais: o cobrimento não está fissurado e a redução de secção das armaduras é desprezível;
- a corrosão das armaduras já atingiu o estado-limite de referência, que determina a perda de funcionalidade da estrutura ou compromete sua estabilidade.

Nos dois primeiros casos, para definir um opção adequada de recuperação, é necessário avaliar a evolução da degradação ao longo do tempo e estimar o tempo que falta para atingir o estado-limite de referência. Este tempo deve ser comparado com a vida residual requerida da estrutura. Assim, é possível distinguir os casos em que a degradação já se manifestou, aqueles em que ela é previsível e aqueles em que ela não é atingida durante a vida residual requerida.

Caso a vida residual estimada seja inferior à vida residual requerida ($t_{res} < t_{req}$), dever-se-á escolher uma das opções mostradas na Fig. 16.2. Pode-se decidir substituir ou reconstruir parcialmente elementos estruturais que sofreram graves danos, como, por exemplo, as partes expostas aos agentes agressivos que possam ser substituídas facilmente. Mais frequentemente, nas estruturas existentes, prefere-se intervenções com o escopo de interromper o processo corrosivo em curso ou reduzir sua velocidade, eventualmente depois do reforço das armaduras danificadas e a reparação e/ou substituição do concreto degradado. Em outros casos, sobretudo se a extensão do dano é limitada ou se o período restante de utilização é breve, pode-se decidir manter sob controle as condições de corrosão da armadura e a funcionalidade da estrutura, por meio de um plano adequado de controle e monitoramente da obra (Cap. 14), em vez de intervir sobre o processo corrosivo. Pode-se também recorrer a um sistema estrutural alternativo ou, se os requisitos estruturais já não forem satisfeitos, pode-se decidir reduzir as cargas aplicadas à estrutura, modificando, por exemplo, o destino de uso da obra.

A decisão a ser tomada, com relação às opções para reabilitação, está ligada à extensão e à causa do dano, à sua evolução no tempo, ao destino de uso e à importância da estrutura e às consequências da degradação sobre sua funcionalidade e segurança estrutural (Fig. 16.1).

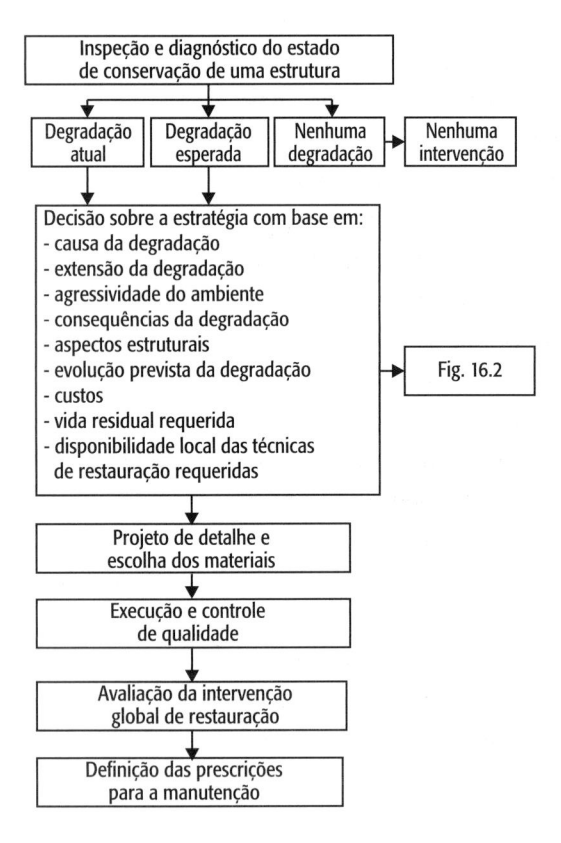

Fig. 16.1 Fases do processo de reabilitação de uma estrutura, segundo a recomendação Rilem 124-SRC

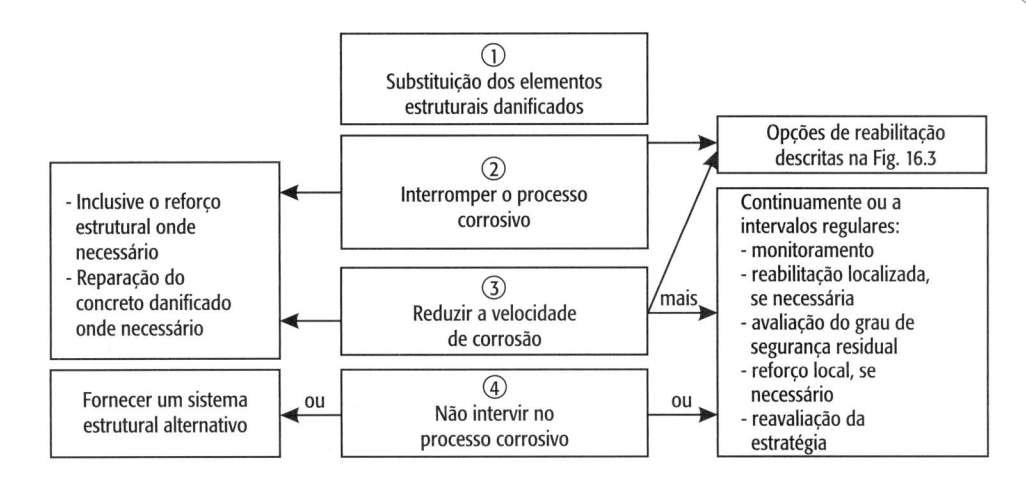

Fig. 16.2 Estratégias de base para intervenção, segundo a recomendação Rilem 124-SRC

Diagrama:
- ① Substituição dos elementos estruturais danificados → Opções de reabilitação descritas na Fig. 16.3
- ② Interromper o processo corrosivo ← - Inclusive o reforço estrutural onde necessário; - Reparação do concreto danificado onde necessário
- ③ Reduzir a velocidade de corrosão → mais → Continuamente ou a intervalos regulares: - monitoramento; - reabilitação localizada, se necessária; - avaliação do grau de segurança residual; - reforço local, se necessário; - reavaliação da estratégia
- ④ Não intervir no processo corrosivo ← ou ← Fornecer um sistema estrutural alternativo

Deve-se, além disso, considerar o custo dos diversos métodos de intervenção corretiva, a sua disponibilidade e a experiência dos operadores locais com esses métodos. O Quadro 16.1, por exemplo, enumera muitos dos fatores-chave que seriam analisados nesta fase, alguns dos quais vão além da simples corrosão.

Naturalmente, não obstante este capítulo se concentrar nas sobre intervenções voltadas para garantir a proteção contra a corrosão das armaduras, os aspectos relativos à segurança devem receber séria consideração. Deve-se avaliar com atenção os riscos para a preservação e a segurança das pessoas, devidos à queda de fragmentos de cobrimento (ou do reboco) ou a colapsos localizados, como é o caso dos efeitos da degradação na estabilidade dos elementos estruturais em concreto armado. Se a análise estrutural leva à conclusão de que a estrutura não é segura, então é necessário adotar ações adequadas para torná-la segura antes mesmo de iniciar os trabalhos, levando em conta também os riscos adicionais que poderiam ser ocasionados pelo próprio trabalho de intervenção corretiva. Estas ações podem incluir intervenções de proteção, a instalação de estruturas provisórias de reforço etc.

16.2 Princípios básicos para a intervenção corretiva

A velocidade de corrosão das armaduras pode ser mantida sob controle durante a vida residual da estrutura mediante a utilização de várias técnicas baseadas nos quatro princípios ilustrados na Fig. 16.3. Para reduzir a velocidade de corrosão, é possível bloquear o processo anódico ou o transporte de corrente no interior do concreto. O processo anódico pode ser bloqueado: *a)* mediante a reconstituição das condições de passividade na superfície do aço, *b)* com o revestimento das armaduras, *c)* com a aplicação da proteção catódica. Como alternativa ao bloqueio do processo anódico, pode-se procurar aumentar a resistividade do concreto, reduzindo seu conteúdo de umidade.

Para estruturas expostas à atmosfera não existem técnicas confiáveis para bloquear o processo catódico; isto seria possível somente se a estrutura fosse mantida constante e permanentemente saturada de água. No passado, houve tentativas de parar

Quadro 16.1 Fatores-chave na decisão pela estratégia de reabilitação, de acordo com a recomendação Rilem 124-SRC

Causas e extensão da degradação
Quão extensa é a zona despassivada?
A degradação foi causada por carbonatação, cloretos ou outros agentes agressivos?
A degradação foi causada principalmente por um ambiente extremamente agressivo, por um projeto inadequado da estrutura ou de seus detalhes, ou por má execução do trabalho?
Qual foi o mecanismo dominante de transporte das espécies agressivas do ambiente externo até as armaduras (absorção capilar, difusão etc.)?

Consequências da degradação
A degradação influencia a estabilidade estrutural ou apenas o aspecto das estruturas?
A degradação influencia a adequação da estrutura à sua função?
Em caso de dano local que influenciasse a segurança estática, poder-se-ia produzir, no pior dos casos, um colapso local ou global? Quais seriam as consequências do colapso? A segurança do público estaria em risco por causa do destacamento ou desplacamento de partes do cobrimento?

O momento apropriado para a intervenção
É necessária uma ação imediata para evitar um iminente colapso ou para evitar um avanço significativo da degradação posteriormente?
A velocidade de degradação é tão baixa que a intervenção pode ser adiada?
É oportuno prever medidas preventivas precoces para evitar danos futuros?
Pode ser oportuno modificar o ambiente e adiar a intervenção de restauração para um momento futuro (quando a estrutura, por exemplo, estiver em equilíbrio com as novas condições ambientais) ou renunciar completamente à intervenção corretiva?

Vida residual da estrutura
A vida residual requerida é suficientemente breve para renunciar à intervenção corretiva ou de manutenção?
A decisão sobre o tipo de intervenção impõe limites à vida residual futura da estrutura?

Aspectos econômicos, como a solução com a melhor relação custo-benefício, incluídos os custos de manutenção
É possível postergar a intervenção?
A estrutura é acessível para a manutenção necessária?
Os custos de manutenção são aceitáveis?

Viabilidade da intervenção de recuperação
Os requisitos para os vários tipos de intervenção podem ser satisfeitos nas condições efetivas em que se efetua a reabilitação?
As técnicas e os materiais requeridos estão efetivamente disponíveis? É possível ter acesso adequado a todas as zonas que necessitam de reabilitação? É aceitável a poluição resultante das eventuais operações de intervenção corretiva?

o processo catódico mediante a aplicação de revestimentos sobre a superfície do concreto, com o intuito de impedir o acesso do oxigênio. Esta abordagem nunca deu certo, pois mesmo um revestimento compacto permite a passagem de uma certa quantidade de oxigênio; além disso, o oxigênio já presente no concreto pode ser suficiente para sustentar por muito tempo a corrosão e, assim, levar à formação de novas fissuras, permitindo em

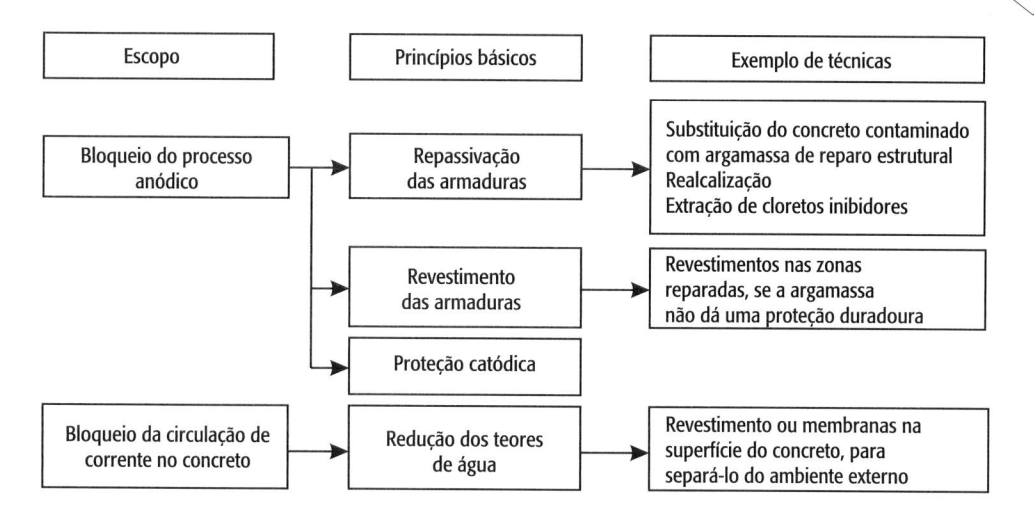

```
┌─────────────────┐      ┌─────────────────┐      ┌─────────────────────────┐
│     Escopo      │      │ Princípios básicos │      │   Exemplo de técnicas   │
└─────────────────┘      └─────────────────┘      └─────────────────────────┘
```

Escopo	Princípios básicos	Exemplo de técnicas
Bloqueio do processo anódico	Repassivação das armaduras	Substituição do concreto contaminado com argamassa de reparo estrutural Realcalização Extração de cloretos inibidores
	Revestimento das armaduras	Revestimentos nas zonas reparadas, se a argamassa não dá uma proteção duradoura
	Proteção catódica	
Bloqueio da circulação de corrente no concreto	Redução dos teores de água	Revestimento ou membranas na superfície do concreto, para separá-lo do ambiente externo

Fig. 16.3 Princípios básicos para uma intervenção corretiva destinada a manter sob controle o processo corrosivo, segundo a recomendação Rilem 124-SRC

seguida a penetração de uma quantidade maior de oxigênio.

Finalmente, em geralmente não é possível aplicar um revestimento sobre toda a superfície (isto é, sobre todos os lados) de um elemento ou de uma estrutura de concreto. Na realidade, há sempre um percurso para o acesso de uma quantidade suficiente de oxigênio à armadura.

Na fase de projeto da intervenção corretiva, antes de mais nada, deve-se definir claramente o princípio básico pelo qual se quer chegar ao controle da velocidade de corrosão. Da mesma forma, é preciso definir um método específico para a reabilitação, que seja adequado àquele princípio. Neste capítulo, analisam-se os métodos de restauração comuns e esclarecem-se os requisitos mínimos necessários para satisfazer o princípio básico ao qual se referem.

16.2.1 Métodos baseados na repassivação

Os métodos baseados no princípio da repassivação das armaduras têm por objetivo assegurar que as armaduras voltem a ser passivas. Para estruturas sujeitas à corrosão por carbonatação, este resultado é obtido por meio do restabelecimento de condições de alcalinidade ao redor das barras de armadura, garantindo assim a sua proteção mesmo que o concreto esteja úmido. Em estruturas contaminadas por cloretos, a repassivação das armaduras pode ser obtida pela substituição do concreto contaminado por uma argamassa base de cimento sem cloretos (intervenção convencional). Todavia, parar a corrosão por cloretos ou simplesmente reduzir sua velocidade de propagação é muito mais complexo do que interromper a corrosão por carbonatação. É difícil, por exemplo, distinguir entre concreto "agressivo" e concreto "protetor", isto é, que contém cloretos em quantidades superiores ou inferiores ao teor crítico, já que o teor crítico de cloretos depende da composição do concreto e das condições de exposição (item 7.2.3).

Na reabilitação convencional, o método mais utilizado consiste na remoção do concreto carbonatado e na sua substituição por argamassa ou concreto alcalinos, também entendidos como base cimento Portland.

É conveniente se o ataque corrosivo limita-se a zonas de pequena extensão (onde a espessura do cobrimento é reduzida localmente, por exemplo); neste caso, fala-se de reparação localizada (*patch repair*). Inversamente, torna-se oneroso quando é necessário reparar grandes superfícies. Esta técnica é descrita no item 16.3. Quando a carbonatação ou a contaminação com cloretos atingem uma zona extensa, a intervenção convencional poderia exigir a remoção de uma grande quantidade de concreto. Para evitar esta operação cara e trabalhosa, foram desenvolvidos métodos eletroquímicos que se baseiam na aplicação de corrente contínua entre a armadura e um anodo posicionado na superfície do concreto. Estes métodos visam a restabelecer as condições de passividade das armaduras sem remover o concreto não fissurado. A proteção catódica é uma técnica permanente, enquanto a re-alcalinização eletroquímica e a remoção eletroquímica dos cloretos são tratamentos temporários. Estes métodos estão descritos no item 16.4.

16.2.2 Redução do teor de umidade do concreto

Na ausência de cloretos, a velocidade de corrosão das armaduras no concreto carbonatado torna-se irrelevante quando o concreto está seco (exposto a ambientes com umidade relativa inferior a 70%, por exemplo). Por isso, em muitas condições de exposição em que o concreto está seco, a velocidade de corrosão continua muito baixa mesmo quando a carbonatação atingiu a armadura (item 7.2.2). Em ambientes com umidade elevada ou na presença de ciclos de seco-molhado no concreto, a aplicação de um tratamento superficial (um tratamento hidrorrepelente ou um revestimento impermeável, por exemplo) que evite a absorção da água do ambiente pode levar à redução do teor de umidade do concreto e, assim, redução também da velocidade de corrosão das armaduras (item 8.4.4). É, porém, necessário evitar que a umidade penetre no concreto por causas imprevistas, como a absorção capilar, por exemplo. A eficiência do revestimento reduz-se com o tempo e, assim, quando necessário, ele deverá ser substituído. Este método não pode ser empregado se o concreto carbonatado estiver também contaminado por cloretos, já que, neste caso, a velocidade de corrosão pode continuar elevada mesmo com um teor relativamente baixo de umidade no concreto.

Teoricamente, a redução do teor de umidade no concreto pode diminuir a velocidade de corrosão mesmo em um concreto contaminado por cloretos; para isso, pode-se empregar um tratamento hidrorrepelente para controlar a velocidade de corrosão. Todavia, quanto maior o teor de cloretos, menor será o teor de umidade suficiente para sustentar o ataque; quase sempre, portanto, um tratamento hidrorrepelente não será capaz de bloquear a corrosão quando os cloretos já penetraram no cobrimento.

16.2.3 Outros métodos

Revestimento das armaduras. O processo anódico pode ser bloqueado mediante a aplicação, na armadura, de um revestimento que aja como barreira física entre o aço e a argamassa de reparo estrutural. Para isso, é indispensável que o revestimento seja de natureza orgânica, de preferência à base de epóxi. A proteção é inteiramente baseada na barreira física criada pelo revestimento entre a armadura e a argamassa; em consequência, não se atinge a repassivação do aço, por falta de contato com a argamassa alcalina de reparo. Este método deveria ser utilizado para proteger as áreas despassivadas da armadura só em casos extremos, quando não é possível empregar outras técnicas e só para zonas de extensão reduzida. Poderia ser utilizado, por exemplo, quando o material de reparo não pode garantir por muito tempo a proteção da armadura, já que a espessura do cobrimento é muito baixa e é impossível aumentá-la.

O concreto é removido em todas as zonas que estão danificadas ou que serão sujeitas a degradação durante a vida de projeto da reabilitação. Para reduzir a quantidade de concreto a ser removido, pode-se aplicar um revestimento sobre a superfície do concreto, nas zonas não danificadas, de modo que a penetração da carbonatação possa ser mantida sob controle durante a intervenção. A superfície da armadura a ser revestida deve ser cuidadosamente liberada dos produtos de corrosão, levando o metal a uma aparência quase branca (SA2 ½), mediante jato de areia. [NRT: No Brasil, em várias cidades, esse método está proibido por razões ambientais.]

A proteção do aço com revestimentos orgânicos, que criam uma barreira física entre as armaduras e a argamassa de reparo, é altamente desaconselhada no caso de concreto contaminado por cloretos. Com efeito, é essencial remover todo o concreto ao redor das armaduras que estão em processo de corrosão ou que, presumivelmente, virão a corroer-se durante a vida do projeto de reabilitação, e também os óxidos contaminados por cloretos sobre a superfície das armaduras, além dos cloretos no interior dos ataques localizados. Na prática, estas operações são muito complicadas, sobretudo atrás das armaduras, nos ângulos, nas sobreposições etc.

Inibidores de corrosão migrantes. Entre os inibidores de corrosão, além das substâncias adicionadas às argamassas de reparo (item 8.4.5), estão disponíveis misturas específicas para aplicar sobre a superfície das estruturas de concreto que sofrem os efeitos da corrosão. Estes produtos são comumente indicados como *inibidores migrantes*, já que são destinados a penetrar no cobrimento para, em seguida, atingir a superfície das armaduras, onde poderão exercer sua ação inibidora. Estes representam aparentemente um remédio simples e econômico para a corrosão das armaduras, já que permitem evitar a remoção do concreto carbonatado mas estruturalmente são. Na realidade, embora existam evidências da possibilidade de que determinadas substâncias com propriedades inibidoras penetrem no concreto, não há uma demonstração clara de que estas substâncias consigam atingir concentrações suficientes nas imediações das armaduras. Caso cheguem às armaduras, tampouco está claro que possam permanecer lá por muito tempo (a facilidade de ingresso no concreto requerida às substâncias migrantes pode determinar também a facilidade de saída do concreto ao final do tratamento). Na literatura científica, levantam-se sérias dúvidas sobre a efetiva capacidade dos inibidores migrantes atualmente à venda no mercado de instaurar condições de proteção nas armaduras no concreto carbonatado ou contaminado por cloretos.

16.3 Método convencional

Por método convencional entende-se uma intervenção de reabilitação realizada numa estrutura de concreto armado degradada, com o fim de devolver as armaduras às condições de proteção, substituindo o concreto já não protetor por um material adequado, feito de compostos de cimento. A durabilidade da intervenção está ligada à capacidade de atingir e manter condições de passividade

nas armaduras, pelo contato delas com um aglomerado de cimento. A intervenção pode ser dividida nas seguintes fases:
- análise detalhada das condições da estrutura, empregando as técnicas descritas no item 14.2;
- remoção do concreto em partes bem definidas da estrutura e a profundidades específicas;
- limpeza das armaduras expostas;
- aplicação de um material base cimento Portland para a reconstrução do cobrimento e obtenção da repassivação.

Para aumentar a durabilidade da reabilitação, podem ser empregadas medidas de proteção adicional (item 16.3.8); estas, porém, não devem interferir com a proteção fornecida pela alcalinidade do material de reparo. Em seguida, ilustra-se o procedimento a ser seguido no projeto e na execução da intervenção convencional, com o fim de garantir uma proteção eficaz dos elementos estruturais e prevenir degradação ulterior durante a vida residual requerida.

16.3.1 Remoção do concreto

Para que as armaduras estejam repassivadas depois da intervenção corretiva, o concreto não deve ser removido só nas zonas onde está fissurado ou danificado; muitas vezes, deve ser removido até o concreto estruturalmente são, quando se prevê que a corrosão pode danificar a estrutura durante a vida de projeto da reabilitação. Infelizmente, esta indicação muitas vezes não é levada em consideração na aplicação de técnicas específicas; por isso, é útil analisar alguns exemplos. Inicialmente, será levada em consideração uma única barra de armadura, para ilustrar o procedimento a seguir para a corrosão por carbonatação ou cloretos. A variabilidade do cobrimento sobre toda a estrutura será discutida em seguida.

Corrosão por carbonatação. Quando se diagnostica a carbonatação como causa da corrosão das armaduras e quando se pode desprezar os outros processos de degradação, a avaliação da profundidade do concreto a ser removido pode ser realizada como ilustra a Fig. 16.4. As condições iniciais da estrutura, no tempo t_v, em que foi realizada a avaliação sobre o estado de conservação da estrutura, devem ser expressas mediante:
- a espessura do cobrimento (c), avaliado sobre a armadura mais externa (ex.: os estribos);
- a profundidade da carbonatação (e_v);
- a eventual presença de pequenas quantidades de cloretos (misturados na massa ou que penetraram do exterior); embora não possam causar corrosão por pites, poderiam aumentar a velocidade de corrosão das armaduras uma vez que o concreto esteja carbonatado.

Podem ser verificados três casos:
- a profundidade de carbonatação é menor do que o cobrimento;
- a profundidade de carbonatação é maior do que o cobrimento, mas a corrosão não levou ainda à fissuração;
- a carbonatação atingiu e superou a armadura e a corrosão já danificou o cobrimento.

No terceiro caso, que não é mostrado na Fig. 16.4, é evidente que o concreto deve ser removido, até atrás da armadura. Inversamente, nos primeiros dois casos, é necessário estudar a evolução futura da corrosão para avaliar a vida residual, na hipótese de que não ocorram outras intervenções (t_{res}). A vida

Condições atuais da estrutura (tempo = t_v)	$e_v < c$ $t_v < t_a$				$e_v > c$ $t_v > t_a$	
Condições da estrutura no tempo t_f	$e_f < c$ $t_f < t_a$	$e_f > c$ $t_a < t_f < t_a + t_p$	$e_f < c$ $t_f > t_a + t_p$	$e_f > c$ $t_a < t_f < t_a + t_p$	$e_f > c$ $t_f > t_a + t_p$	
Penetração da corrosão com o tempo (sem reparo)	P_{lim}, t_v, t_f / Tempo	P_{lim}, t_v, t_f / Tempo	P_{lim}, t_v, t_f / Tempo	P_{lim}, t_v, t_f / Tempo	P_{lim}, t_v, t_f / Tempo	
Profundidade do concreto a ser removido	Não requerido	Não requerido	$> e_v$	Não requerido	$> e_v$	

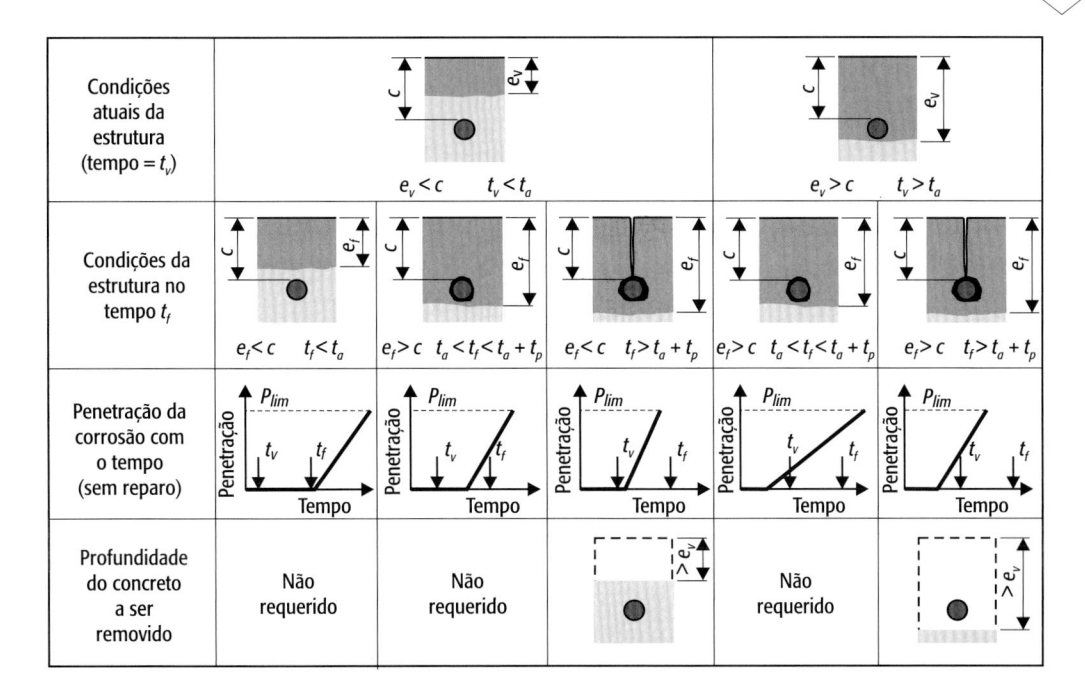

Fig. 16.4 Espessura do concreto a ser removido, para estruturas sujeitas à corrosão por carbonatação, em função das condições atuais da estrutura (tempo t_v) e da evolução prevista da degradação no tempo correspondente ao final da vida de projeto de reabilitação (t_f); t_a e t_p são respectivamente o tempo de ativação e o tempo de propagação da corrosão, c é a espessura do cobrimento, e_t é a profundidade de carbonatação no tempo t (e_v ao tempo da avaliação t_v e e_f ao final da vida residual requerida) (Bertolini et al., 2004)

residual estimada deverá, assim, ser confrontada com a vida de projeto da reabilitação: o concreto deve ser removido só quando se prevê atingir o estado-limite de referência (na Fig. 16.4, considerou-se a fissuração do cobrimento) antes do tempo t_f correspondente à soma do tempo atual (t_v) e da vida de projeto da restauração (t_{proj}): $t_f = t_v + t_{proj}$.

Se $t_f < t_a$, não se prevê a ativação da corrosão na armadura considerada dentro da vida do projeto de reabilitação, portanto não é necessário remover o concreto. A remoção do concreto tampouco é necessária quando $t_f > t_a$, e portanto a ativação da corrosão está prevista, mas será $t_f < t_a + t_p$, ou seja, não se espera que atinja o estado-limite de referência dentro da vida do projeto corretivo. No casos em que ocorre $t_f > t_a + t_p$, então sim é preciso remover a camada de concreto carbonatado (para uma espessura igual pelo menos a e_v) e substituí-lo com uma camada de argamassa de reparo (que deverá garantir uma proteção adequada contra a carbonatação ao longo da vida de projeto da restauração).

Corrosão causada por cloretos. A Fig. 16.5 ilustra o procedimento para especificação da espessura de concreto a ser removida no caso de uma armadura corroída por cloretos. A condição inicial da estrutura deve ser expressa por:

◢ espessura de cobrimento (c);
◢ perfil de penetração dos cloretos, medido no cobrimento no tempo t_v;
◢ teor crítico de cloretos para a ativação da corrosão (Cl_{cr}).

Como já se viu no item 7.2.3, o período de propagação da corrosão por cloretos é geral-

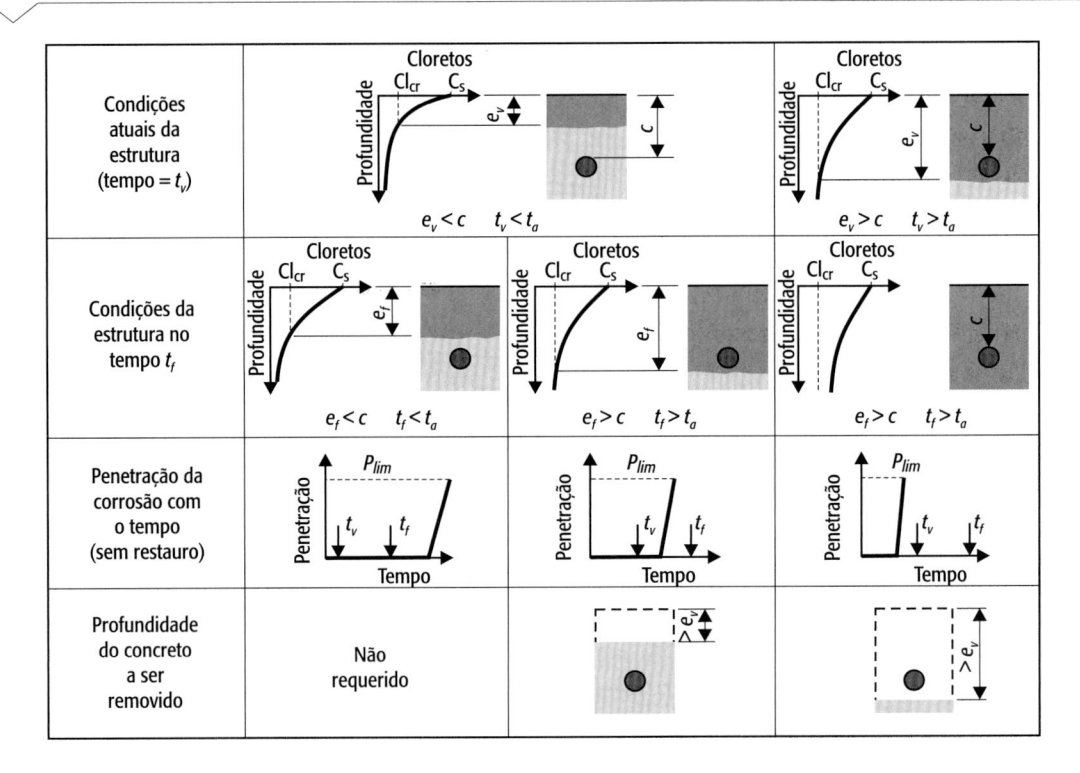

Fig. 16.5 Definição da espessura do concreto a ser removido para estruturas sujeitas à corrosão por cloretos, em função das condições atuais da estrutura (t_v) e da evolução prevista para a penetração dos cloretos no tempo correspondente ao final da vida de projeto da intervenção (t_f); t_a é o tempo de ativação da corrosão, c é a espessura do cobrimento, C_s é o conteúdo superficial de cloretos, Cl_{cr} é o teor crítico de cloretos, e_t é a profundidade onde se atingiu o teor crítico no tempo t (Bertolini et al., 2004)

mente desprezado, já que as consequências desse tipo de corrosão não são facilmente identificadas por causa de sua natureza localizada e penetrante e das elevadas velocidades de corrosão. Pode-se, portanto, considerar dois casos:

◢ o teor crítico dos cloretos encontra-se a uma profundidade e_v menor do que a espessura do cobrimento (c);
◢ o teor de cloretos, na profundidade das armaduras, é maior do que o teor crítico.

No segundo caso, o concreto deve ser removido em todas as zonas onde o teor de cloretos superou o valor crítico, principalmente atrás das armaduras.

É importante precisar que o concreto deve ser removido por toda parte onde se atingiu o teor crítico a nível das armaduras, mesmo que a corrosão ainda não tenha sido ativada. Com efeito, por causa do mecanismo da corrosão por cloretos, não basta restaurar o concreto na área onde a armadura está despassivada; é necessário remover o concreto em todas as áreas onde o teor crítico atingiu a profundidade das armaduras ou onde se espera que alcance as armaduras durante a vida de projeto da intervenção corretiva. Isto se deve ao fato de que, mesmo que o concreto que circunda as zonas em processo de corrosão apresente um conteúdo de cloretos significativo, o aço pode continuar passivo, já que está protegido pelas zonas que se estão corroendo. Forma-se, com efeito, uma macropilha (Fig. 16.6a), que induz uma polarização catódica nas armaduras circunstantes, prevenindo a ativação da corrosão nelas (graças ao aumento do teor crítico induzido pela diminuição do seu potencial).

Se a intervenção corretiva se limita a substituir apenas o concreto em contato com a parte corroída da armadura, pode-se ativar o ataque corrosivo nas áreas vizinhas às reparadas, já que estas não se beneficiam mais da polarização catódica. O aço repassivado na zona reparada pode até induzir uma polarização anódica nessas zonas e, assim, estimular mais tarde a ativação da corrosão (Fig. 16.6b). Recentemente, foi proposto o uso de anodos sacrificiais no interior das reparações localizadas como meio de prevenção da corrosão das armaduras ao redor do reparo. Foi até desenvolvido um anodo especial, constituído de zinco imerso em uma argamassa de alcalinidade muito elevada, saturada com hidróxido de lítio; este, mantendo uma polarização catódica nas armaduras circunstantes mesmo depois da realização da correção, pode garantir-lhes uma proteção permanente, mesmo quando, no concreto original, permanece um conteúdo de cloretos superior ao teor crítico.

Além de remover todo o concreto contaminado por cloretos, é necessário limpar cuidadosamente a superfície das armaduras, eliminando todos os produtos de corrosão contaminados por cloretos, inclusive os que estão no interior dos ataques localizados. Onde a corrosão ainda não foi ativada, deve-se avaliar a evolução, ao longo do tempo, da penetração dos cloretos, para verificar se o teor crítico será atingido na superfície das armaduras antes do tempo t_f. Se esta situação se verifica, o concreto com um conteúdo de cloretos superior ao valor crítico deve ser removido e substituído por um material sem cloretos que previna um ingresso posterior dos mesmos (Fig. 16.5).

a Antes do reparo localizado

b Depois de um reparo incorreto, que removeu só o concreto danificado

☐ Concreto sem cloretos
▨ Concreto com teor de cloretos superior ao limiar crítico
▪ Argamassa de reparo estrutural

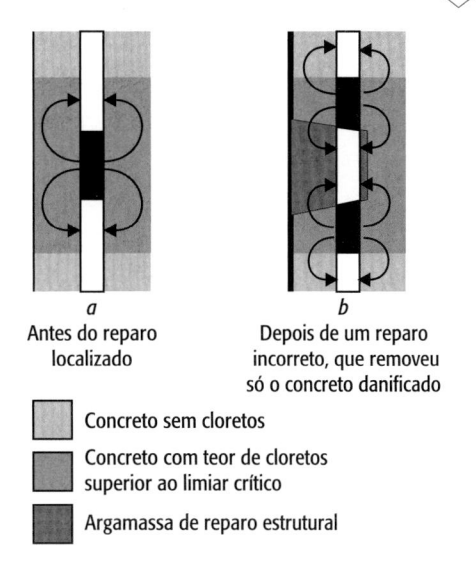

Fig. 16.6 Possíveis consequências de um reparo localizado em uma estrutura contaminada por cloretos. As flechas indicam o fluxo de corrente devido à macropilha

Para reconstruir o cobrimento é necessário aplicar uma argamassa cimentícia com elevada resistência à penetração de cloretos; a espessura deve ser suficiente para prevenir a ativação da corrosão durante a vida de projeto da reabilitação. Também se deve considerar o risco de uma eventual difusão de cloretos do substrato de concreto para a argamassa de reparo.

Variabilidade. Os exemplos das Figs. 16.4 e 16.5 resumem o processo de avaliação da espessura do concreto a ser removido, quando se considera uma única armadura e são conhecidos localmente a profundidade de carbonatação e de penetração dos cloretos e a espessura do cobrimento. Em uma estrutura real, a penetração da carbonatação e dos cloretos pode variar segundo as condições de exposição (microclima) e as propriedades do concreto (por exemplo, presença de fissuras ou falta de compactação etc.). Além disso, a própria espessura do cobrimento pode variar localmente.

Como uma análise acurada da estrutura inteira geralmente não é possível, a verificação das suas condições deveria ser feita em partes da estrutura que sejam homogêneas, seja por composição do concreto, seja por condições de exposição. Além disso, seria preciso coletar um número suficiente de amostras em cada zona homogênea considerada, de modo a poder avaliar a variabilidade dos diversos parâmetros e, assim, definir a profundidade do concreto a ser removido.

Teoricamente, é possível uma abordagem do tipo estatístico, em que todos os fatores são descritos em termos de distribuição probabilística e a espessura do concreto a ser removido é calculada de modo a garantir uma certa probabilidade de sucesso à intervenção corretiva. Todavia, na realidade, este é um processo dificilmente aplicável, sobretudo porque o número de análises de profundidade de carbonatação e de penetração de cloretos que podem ser realizadas é muitas vezes limitada e os dados à disposição são frequentemente insuficientes para fazer um estudo de tipo estatístico. O Aprofundamento 16.1 descreve, por exemplo, um

---

APROFUNDAMENTO 16.1 Estimativa da extensão de zona despassivada por carbonatação

Nas estruturas reais, tanto a profundidade da carbonatação t_v como a espessura do cobrimento não são uniformes por toda a superfície do concreto, mas, mesmo em condições homogêneas de exposição, apresentam uma variabilidade estatística (em geral, assume-se uma distribuição de tipo normal para ambas as grandezas). A verificação das condições de ativação da corrosão deveria, portanto, ser feita ponto a ponto, comparando a profundidade da carbonatação com a espessura do cobrimento efetivo, medido no mesmo ponto para especificar as zonas onde a carbonatação atingiu as armaduras.

Como não é possível fazer um levantamento extenso em toda a superfície do concreto, para determinar a extensão da zona onde a corrosão se ativou no momento da avaliação, faz-se uma análise estatística. Para isso, as medidas devem ser tomadas em pontos estatisticamente representativos da zona e as amostras devem ser em número estatisticamente relevante. Quando o número de coletas de espessura de cobrimento e de profundidade de carbonatação é suficientemente elevado e torna-se possível determinar as distribuições de frequência das duas grandezas (de acordo com um intervalo adequado de amostragem), pode-se estimar o porcentual de superfície onde a corrosão foi ativada nas armaduras. Para cada intervalo de profundidade ($x_a < x < x_{a+1}$), a probabilidade de a corrosão ter sido ativada pode ser calculada assim:

$$p_{corr}^{(x_a < x \leq x_{a+1})} = p_p^{(xa < x \leq x_{a+1})} \cdot p_k^{(x \geq x_{a+1})} + \frac{1}{2} \cdot p_p^{(x_a < x \leq x_{a+1})} \cdot p_k^{(xa < x \leq x_{a+1})}$$

onde p_p e p_k indicam a frequência relativa respectivamente às medidas de espessura de cobrimento e de espessura de carbonatação que se encontram dentro do intervalo de profundidade $x_a < x < x_{a+1}$. O porcentual total de armaduras já não passivas é dado pela soma dos porcentuais parciais de cada intervalo de profundidade; é obtido, portanto, desta somatória:

$$p_{corr} = \sum_{a=0}^{n} p_{corr}^{(x_a < x \leq x_{a+1})}$$

método para a análise das estruturas sujeitas à carbonatação e a especificação do porcentual de área onde se ativou a corrosão.

De qualquer forma, um profissional especialista deveria conseguir determinar a espessura de concreto a ser removida, com base em observações feitas *in situ* e em um número limitado de análises. A precisão com que se faz a avaliação, além disso, deveria ser ligada à importância da estrutura, aos riscos conectados a um possível resultado negativo da intervenção corretiva e à vida útil residual requerida.

Durante a fase de reabilitação, é possível fazer análises ulteriores para verificar a exatidão das primeiras avaliações e eventualmente corrigir o projeto de intervenção; por exemplo, no caso da carbonatação, é possível verificar sua penetração nas zonas onde o concreto foi removido, utilizando o ensaio com fenolftaleína.

16.3.2 Técnicas de remoção do concreto

A remoção do concreto deve satisfazer os seguintes requisitos:
- deve ser seletiva, isto é, limitada à zona e à profundidade prevista na fase de projeto para a argamassa estrutural de reparo;
- os danos ao concreto que não será removido devem ser reduzidos ao mínimo, de forma a manter a integridade estrutural e garantir a adesão da argamassa de reparo localizada;
- as armaduras não devem ser danificadas durante a remoção do cobrimento;
- a superfície do concreto sobre a qual será aplicada a argamassa de reparo deve ser áspera e limpa (ou serão necessários tratamentos específicos).

A remoção do concreto é simples nas zonas onde está fissurado, mas é mais difícil nas zonas onde está mecanicamente são, especialmente se a remoção é extensa e por trás das armaduras. Quando o concreto a ser removido concerne a espessura inteira do cobrimento ou se estende para além das armaduras, é necessário operar sem danificar as barras de armadura, fissurar o concreto circundante ou comprometer a adesão entre as armaduras e o concreto nas zonas onde este último não deve ser removido. Os métodos de remoção mais utilizados são os marteletes elétricos e pneumáticos ou a hidrodemolição. O primeiro é o método mais comum: a quantidade de concreto removida depende essencialmente da dimensão do martelete e da habilidade do operador. Se, de um lado, o uso de marteletes pneumáticos de grandes dimensões reduz o tempo de trabalho, por outro, não permite controlar as microfissurações que se produzem na superfície do concreto restante e, portanto, o resultado depende muito da habilidade dos operadores.

A hidrodemolição consiste na aplicação de um jato de água de alta pressão (70 a 240 MPa), que destrói a matriz cimentícia e remove os agregados; a superfície assim obtida é irregular e adequada para a aplicação da argamassa de reparo estrutural. A hidrodemolição é conveniente quando é necessário remover o concreto de grandes superfícies e em profundidades elevadas. Os equipamentos necessários para gerar e controlar tal pressão são complexos e caros, mas a produtividade deste método pode ser muito alta e o sistema pode ser programado para remover exatamente a espessura de concreto requerida. Além disso, esta técnica permite preservar e limpar as armaduras e também minimiza os danos ao concreto que permanece na obra.

16.3.3 Preparação da superfície do concreto e da armadura

A superfície do substrato de concreto deve ser preparada de modo a permitir uma boa adesão do material de reparo. Os fatores que influem na adesão são a resistência e a integridade do substrato, a limpeza da sua superfície e a sua aspereza. A superfície deve ser áspera e livre de resíduos e pó.

Caso a argamassa de reparo seja aplicada diretamente sobre o concreto existente, esse substrato de concreto deve ser saturado com água, na condição "saturado superfície seca", de modo a evitar, de um lado, a absorção da água da argamassa e, de outro, a contração plástica, com o consequente risco de perda de adesão. Em alguns casos, para aumentar a adesão das argamassas, pode-se aplicar, na superfície do substrato de concreto, pontes de aderência, como sistemas cimentícios à base de pastas ou aglomerantes finos, látex polimérico ou sistemas epóxi (estes últimos são utilizados com muito cuidado, pois criam, entre o concreto e a argamassa de reparo, uma barreira impermeável à umidade, o que pode levar a uma degradação prematura da intervenção, caso a umidade permaneça presa no concreto).

A superfície das armaduras, exposta pela remoção do concreto, deve ser limpa mediante jato de areia ou métodos mecânicos. A ferrugem e as partes de concreto não aderentes devem ser removidas sem danificar as armaduras, já que poderiam comprometer a aderência da argamassa. No caso do reparo de estruturas danificadas apenas por carbonatação, as manchas de ferrugem aderente podem ser deixadas nas armaduras, já que pequenos resíduos de óxido de ferro não impedirão a repassivação das armaduras em contato com o aglomerante alcalino. Já na presença de cloretos, será necessário eliminar também os produtos de corrosão mais aderentes, pois eles poderiam conter quantidades de cloreto capazes de causar de novo a ativação do processo corrosivo. Por isso, os produtos de corrosão contendo cloretos devem ser removidos completamente, inclusive os que estão nas partes menos acessíveis das armaduras.

16.3.4 Argamassas de reparo

Geralmente, para reconstruir o cobrimento utilizam-se argamassas; só quando a espessura é elevada pode-se utilizar grautes ou concretos. Para que a argamassa de reparo consiga proteger as armaduras durante a vida útil de projeto da intervenção, devem ser atendidos os diversos requisitos ilustrados a seguir.

Alcalinidade e resistência à carbonatação e à penetração de cloretos. Já que a proteção das armaduras está baseada na sua exposição em longo prazo e a um ambiente alcalino e sem cloretos, o material para o reparo deve ser:

- uma argamassa ou um concreto de base cimentícia (concretos ou argamassas poliméricos, obtidos com agregados em uma matriz polimérica, devem ser absolutamente evitados, já que não são alcalinos e, portanto, não repassivam a armadura);
- resistente à carbonatação;
- resistente à penetração de cloretos (se a estrutura está sujeita à penetração de cloretos).

Além disso, o material de reparo deve poder resistir também a outros tipos de ataque, que poderiam ocorrer em certos ambientes (ataque por sulfatos, gelo-degelo etc.). Todas estas propriedades dependem da composição da argamassa de reparo (item 16.3.5).

Reologia e modo de aplicação. As propriedades requeridas do material de reparo em estado fresco dependem da espessura do cobrimento e do procedimento utilizado para a aplicação. Se a espessura do cobrimento é elevada (superior a 50 mm), pode-se empregar formas e o material deve ter uma consistência fluida e ser aderente, de maneira a preencher os espaços no interior das formas sem segregar (para espessuras elevadas, pode-se empregar os concretos autoadensáveis). Quando a espessura do cobrimento é baixa e não se usam formas, o material pode ser aplicado diretamente com a mão ou por projeção. Neste caso, depois da aplicação, o material de reparo deve permanecer estável até o momento da pega, mesmo em superfícies verticais ou tetos (requer-se um comportamento tixotrópico).

Adesão ao substrato e estabilidade dimensional. O material de reparo deve ter uma boa aderência ao substrato de concreto. A aderência depende da preparação da superfície, mas é também influenciada pelas propriedades do material de reparo e pela compactação durante sua aplicação.

A estabilidade dimensional é uma propriedade importante do aglomerado de reparo e está ligada às variações de umidade ou de temperatura; no caso de variações de umidade, é crucial o comportamento em relação à contração higrométrica (item 7.1.1). Esta contração é bloqueada, já que o material de reparo deve aderir ao concreto original, que sofre uma contração irrelevante; surgem, portanto, tensões de tração, que podem levar à fissuração do aglomerado. Além disso, a contração bloqueada gera tensões de corte na interface entre o material de reparo e o concreto; estas tensões podem comprometer a adesão da argamassa ao substrato. Por isso, a contração higrométrica das argamassas de reparo deve ser mantida sob controle; são preferíveis as argamassas que apresentam uma contração pequena.

Mesmo as variações térmicas podem levar a deformações diferenciais bloqueadas (e, assim, a tensões internas) entre a argamassa de reparo e o concreto, sobretudo no caso de reabilitações extensas e de espessura elevada. Para limitar o risco de perda de aderência, a argamassa de reparo deveria ter um coeficiente de dilatação térmica semelhante ao do concreto.

Propriedades mecânicas. Muitas vezes, por causa da baixa relação água/cimento necessária por exigências de durabilidade, os aglomerados de reparo atingem valores elevados de resistência à compressão, mesmo quando não requeridos por razões estruturais. Uma propriedade frequentemente muito importante é o módulo de elasticidade. Um baixo módulo de elasticidade reduz o risco de fissurações produzidas pelas variações de umidade e temperatura; com efeito, as tensões geradas pela contração bloqueada diminuem quando o módulo de elasticidade é reduzido. No entanto, se o material de reparo deve suportar demandas paralelas ao plano de adesão, o módulo de elasticidade deve ser semelhante ao do concreto da estrutura. Caso o módulo de elasticidade do material de reparo seja significativamente mais baixo do que o do concreto, as cargas serão transferidas só parcialmente ao material de reparo, que, assim, dará uma contribuição modesta à resistência do elemento estrutural. Entretanto, por causa da modesta espessura das intervenções corretivas, a contribuição dessa argamassa à capacidade de carga de uma estrutura é geralmente irrelevante; nestes casos, preferem-se as argamassas com baixo módulo de elasticidade para reduzir o risco de fissuração precoce.

16.3.5 Composição das argamassas de reparo

Embora, para a intervenção convencional, possam ser empregadas argamassas comuns de base cimentícia, muitas vezes são utilizados produtos aditivados com diversas substâncias. A relação *a/c* é quase sempre baixa, de modo a garantir a resistência à carbonatação e à penetração dos cloretos, além das elevadas resistências mecânicas. Muitas vezes, faz-se adições minerais, como a sílica ativa, o metacaulim ou as cinzas volantes, que, depois da cura adequada, têm efeitos benéficos na resistência mecânica e, sobretudo, na redução da permeabilidade aos agentes agressivos. Para obter as características requeridas de consistência, especialmente quando se exigem propriedades autonivelantes dos materiais, pode-se utilizar aditivos superfluidificantes. A adição de fibras metálicas ou poliméricas na massa pode melhorar a resistência à fissuração e mudar o comportamento reológico do material em estado fresco (quase sempre as fibras reduzem a fluidez, mas podem também contribuir para obter um comportamento tixotrópico).

Por causa do elevado conteúdo de cimento, a contração hidráulica destes materiais pode ser elevada e é necessário, portanto, prevenir os fenômenos de fissuração e de perda de adesão. Pode-se obter argamassas de retração compensada mediante a adição de agentes expansivos ao ligante (como os óxidos de cálcio e magnésio ou os sulfoaluminatos), em quantidades adequadas. A compensação da contração ocorre por meio de uma expansão, na fase plástica e depois da pega, que, bloqueada pela presença de barras de armadura, pela forma ou pela aderência ao suporte, induz um ligeiro estado de pré-compressão, capaz de compensar as tensões de tração que serão em seguida induzidas pela retração hidráulica. Para que uma argamassa com retração compensada seja eficaz, devem ser satisfeitos dois requisitos. Antes de mais nada, deve-se garantir que a expansão seja efetivamente bloqueada, para que se gere o estado inicial de compressão e a subsequente contração simplesmente alivie tais tensões. Além disso, é preciso que a argamassa seja curada a úmido nos primeiros dias depois da aplicação, para permitir as reações expansivas. Na falta de uma cuidadosa cura úmida, a transformação do óxido de cálcio no correspondente hidróxido é muito inibida, limitando ou anulando o estado de pré-compressão realmente induzido e expondo a argamassa às tensões de tração produzidas em seguida à retração e, consequentemente, à fissuração. Existem agentes de cura que, acrescentados à massa, permitem desacelerar a evaporação e, assim, manter úmida a argamassa pelos primeiros dias depois do lançamento, mesmo em ambientes secos. Além das evidentes vantagens em relação ao desenvolvimento das reações de hidratação, estes aditivos permitem também garantir a eficácia do agente expansivo.

Ao substituir uma parte da água do amassamento com um látex sintético (à base de estiro-butadieno, acrilatos etc.), obtêm-se as *argamassas base cimento, modificadas com polímero*. Não obstante o ligante ainda seja de base cimentícia e, assim, sua alcalinidade esteja garantida, o látex pode melhorar a consistência, a resistência à carbonatação e à penetração de cloretos e a resistência à flexão dessas argamassas. Além disso, o látex de base polimérica também pode contribuir para reduzir o módulo de elasticidade, aumentar a adesão ao substrato e reduzir a retração, tornando a argamassa menos suscetível às consequências da retração bloqueada.

A escolha do ligante a ser utilizado nos aglomerados de reparo pode depender também de outros requisitos que o material deve satisfazer, como a resistência em curto prazo ou a necessidade de ter uma cor semelhantes à do concreto de origem.

Dado o elevado número de adições possíveis, pode ser difícil definir no canteiro de obras as proporções de uma massa que possam satisfazer as diversas propriedades requeridas dos aglomerados de reparo. Em geral, recorre-se a argamassas prontas, pré-misturadas. Está disponível comercialmente uma grande variedade de argamassas pré-misturadas, que podem atender aos diversos requisitos nos estados fresco e endurecido. Justamente por causa da ampla escolha possível para os aglomerados de reparo, os projetistas devem poder redigir prescrições claras e precisas sobre o desempenho requerido, de modo a permitir a escolha do material mais adequado.

16.3.6 Prescrição e controle de qualidade

As prescrições necessárias para as argamassas de reparo devem ser, pelo menos em princípio, baseadas em ensaios que podem ser feitos antes da sua aplicação, para verificar a idoneidade. Cada ensaio deveria ser adequado para avaliar o desempenho da argamassa em relação à propriedade específica que se pretende analisar. Existem diversas normas que prescrevem ensaios a serem utilizados para avaliar a consistência ou as propriedades mecânicas do material de reparo. O projetista pode, assim, utilizar os parâmetros avaliados por estes ensaios para formular as prescrições sobre a argamassa de reparo. Infelizmente, porém, as normativas só preveem ensaios voltados para o estudo do comportamento das argamassas em curto prazo (resistência a compressão e tração, módulo de elasticidade, retração hidráulica, adesão etc.). No que se refere às prescrições para garantir a durabilidade da intervenção, as normas e recomendações atuais são muito carentes. Embora tenham sido propostos numerosos ensaios acelerados para determinar o desempenho dos concretos e das argamassas em termos de resistência à penetração dos cloretos ou à carbonatação, não há consenso sobre eles. Isso se deve à dificuldade de reproduzir o desempenho do material em longo prazo com ensaios de curto prazo (necessários para obter em tempo razoável informações sobre o comportamento da argamassa sobre a qual ainda não existem informações de longo prazo). Os parâmetros obtidos com os ensaios de curto prazo, como o coeficiente de carbonatação (K) ou o coeficiente de difusão aparente dos cloretos (D_{ap}), dificilmente podem ser convertidos em valores úteis para os modelos capazes de prever a vida útil (ver, por exemplo, o Aprofundamento 7.1). Todavia, podem permitir uma comparação entre materiais diferentes estudados nas mesmas condições. Os ensaios devem ser escolhidos com cuidado, já que uma excessiva severidade dos ensaios acelerados pode introduzir fenômenos que não ocorrem em condições reais e, em consequência, a classificação dos materiais em ordem de resistência aos agentes agressivos pode ser diferente daquela válida em condições reais de exposição.

16.3.7 Espessura do cobrimento

A espessura do cobrimento a ser realizada com a argamassa de reparo deve ser definida, da mesma forma que se faz para estruturas novas, de modo a proteger a armadura e garantir que não se atinja o estado-limite de referência durante o tempo da vida de projeto do reparo (item 8.3). Obviamente, a espessura do cobrimento necessária será condicionada à resistência da argamassa de reparo à carbonatação e à penetração de cloretos, à agressividade do ambiente e à vida de projeto da reabilitação. Muitas vezes, vínculos geométricos e estéticos impõem reconstruir a espessura original de cobrimento da estrutura, mesmo que isso seja insuficiente. Nestes casos, pode-se considerar a oportunidade de utilizar proteções adicionais.

16.3.8 Proteções adicionais

Em circunstâncias particulares, a proteção em longo prazo oferecida pela argamassa de reparo pode ser melhorada com proteções adicionais específicas, voltadas para prolongar o tempo de iniciação e o tempo de propagação da corrosão das armaduras na zona reparada. Em cada caso, é essencial que fique garantido o objetivo principal do reparo, ou seja, a passivação das armaduras por meio da alcalinidade do aglomerante. Embora nos sistemas comerciais propostos para o reparo das estruturas de concreto armado seja praticamente sempre recomendada a adoção destas proteções, note-se que seu emprego aumenta o custo da intervenção e nem sempre é justificado. Infelizmente, as proteções adicionais são com frequência adotadas para minimizar o risco de uma inadequada aplicação da argamassa de reparo; neste caso, seria muito mais eficaz e econômico um controle rigoroso da aplicação.

Tratamentos superficiais do concreto. A aplicação de um tratamento superficial na zona restaurada pode permitir aumentar a vida útil. Como já observado no item 8.4.4, os tratamentos superficiais do concreto podem ter dois objetivos: *a)* reduzir a penetração da carbonatação ou dos cloretos; *b)* reduzir a umidade do concreto. O tipo de revestimento a ser utilizado depende do objetivo visado.

Os tratamentos do primeiro tipo podem ser aplicados ao concreto original caso a carbonatação ou os cloretos ainda não tenham atingido as armaduras e deseje-se desacelerar sua entrada. O revestimento pode também ser aplicado à argamassa de reparo nas zonas reparadas, com o objetivo de desacelerar a penetração dos agentes agressivos, quando a camada de argamassa não é suficiente para garantir uma proteção duradoura. Seu efeito pode ser levado em consideração na avaliação da vida útil residual da estrutura, tanto nas zonas reparadas como nas não reparadas, reduzindo assim a extensão ou a espessura da área sobre a qual intervir.

Para reduzir a umidade do concreto, ao contrário, é possível utilizar um tratamento que o reveste ou torna-o hidrorrepelente (item 8.4.4). Em determinadas circunstâncias, isto pode evitar a remoção do concreto carbonatado e não fissurado. Em ambientes relativamente úmidos ou quando o concreto é periodicamente molhado, a aplicação de um tratamento hidrorrepelente pode levar a uma redução do conteúdo de umidade no concreto e, assim, também à redução da velocidade de corrosão das armaduras. A intervenção de reparo consiste na substituição apenas do concreto fissurado ou danificado e na aplicação do tratamento superficial.

Revestimento das armaduras. Muitas vezes, sobre a superfície das armaduras são aplicados produtos comerciais para aumentar a adesão da argamassa de reparo e melhorar a resistência à corrosão (são até chamados de *primers* anticorrosivos). A aplicação de um revestimento nas armaduras deve ser avaliada com particular atenção. Seu emprego, em geral, não é necessário no que concerne a corrosão das armaduras; com efeito, a proteção da armadura deve ser confiada unicamente à argamassa cimentícia de reparo, capaz de passivá-la sozinho. Só quando não for possível garantir uma espessura de cobrimento adequada, que possa proteger as armaduras localmente em longo prazo, poderia ser útil um revestimento superficial que atue como barreira física. Neste caso, no entanto, o princípio do reparo mudou localmente e, assim, deveriam ser satisfeitos todos os requisitos necessários para realizar uma proteção semelhante à oferecida pelas pinturas de estruturas metálicas (ver item 16.2.3), já que não há mais contato direto da armadura com o material alcalino.

Inibidores de corrosão. Há alguns anos, diversos produtores de argamassas pré-misturadas para reparo de obras afetadas pela corrosão das armaduras acrescentam à mistura inibidores de corrosão (item 8.4.5), destinados a melhorar a proteção oferecida pela argamassa de reparo às armaduras. Os inibidores de corrosão acrescentados a essas argamassas são geralmente misturas patenteadas em que só uma ou algumas substâncias explicam a ação inibidora, enquanto outras servem para tornar essa ação mais eficaz (por exemplo, reduzindo a erosão por água da substância ativa). A pesquisa no campo dos inibidores concentrou-se principalmente na melhoria da resistência à corrosão por cloretos, ainda que, em alguns casos, a carbonatação também tenha sido estudada. Embora os inibidores de corrosão sejam uma técnica promissora, que apresenta vantagens potenciais em termos de redução dos custos e deságios ligados às operações para o reparo das obras de concreto armado, seu emprego nas argamassas de reparo é ainda menos consolidado do que o uso dos inibidores de corrosão como aditivos nas novas construções. Recentemente, diversas publicações científicas evidenciaram que, de forma geral, não pode ser considerado positivo o desempenho dos inibidores de corrosão orgânicos e inorgânicos acrescentados às argamassas de reparo. Com efeito, não foi demonstrada a sua efetiva capacidade de aumentar significativamente a vida útil das intervenções corretivas.

16.4 Métodos eletroquímicos

Paralelamente aos métodos de reparo tradicionais, foram desenvolvids métodos eletroquímicas capazes de restabelecer a passividade das armaduras no concreto carbonatado ou contaminado por cloretos, sem requerer a remoção do concreto não fissurado. Estes procedimentos baseiam-se na aplicação de uma corrente nas armaduras e são três: a proteção catódica, a realcalinização eletroquímica e a remoção eletroquímica dos cloretos. Neste parágrafo, serão descritas as modalidades operacionais e os mecanismos desses métodos.

16.4.1 Princípios dos métodos eletroquímicos

Todos os métodos eletroquímicos consistem na aplicação de uma corrente contínua entre um anodo, fixado geralmente sobre a superfície do concreto, e as armaduras, que funcionam como catodo. O anodo é um eletrodo que tem a função de distribuir a corrente e é conectado ao polo positivo de um gerador de corrente contínua, enquanto as armaduras são conectadas ao polo negativo (como mostra a Fig. 16.7). Os efeitos da corrente circulante estão ligados às reações eletroquímicas que se produzem na superfície das armaduras e à migração elétrica dos íons presentes na solução dos poros do concreto (Bertolini et al., 2004; European Cooperation in Science and Technology, 1996 e 2002; Pedeferri, 1996).

Redução do potencial. Como já observado para as estruturas metálicas enterradas ou imersas, a aplicação de uma corrente catódica determina uma redução do potencial (item 5.3). O abaixamento do potencial implica uma redução da velocidade de corrosão das armaduras. Este efeito ocorre menos quando a corrente é interrompida, já que o potencial tende a voltar espontaneamente ao valor de corrosão livre (E_{corr}).

Produção de alcalinidade. durante a passagem da corrente, a reação catódica de redução do oxigênio ocorre na superfície das armaduras:

$$O_2 + 2H_2O + 4e^- \rightarrow 4OH^- \quad (16.1)$$

Se acaso atingirem potenciais muito negativos na superfície das armaduras, ocorre também a reação de desenvolvimento de hidrogênio:

$$2H_2O + 2e^- \rightarrow 2OH^- + H_2 \quad (16.2)$$

As duas reações levam à formação de íons OH^- e, assim, a uma alcalinização do substrato de concreto próximo das armaduras, por causa do incremento do pH da solução nos poros em contato com as armaduras. A produção dos íons OH^- é proporcional à intensidade da corrente circulada. A realcalinização eletroquímica, por exemplo, que opera a correntes de 1 A/m^2, pode produzir ao redor de uma armadura em concreto carbonatado uma espessura realcalinizada da ordem de alguns centímetros ao longo de algumas semanas.

Migração. A migração dos íons presentes na solução dos poros produz uma circulação de corrente: os íons positivos, como Na^+ e K^+, movem-se em direção às armaduras, e os negativos, como OH^- e Cl^-, em direção oposta. A fração de corrente transportada por cada íon e, portanto, sua tendência a mover-se como efeito do campo aplicado, depende da sua concentração e da sua mobilidade. A corrente é transportada principalmente pelos íons OH^-, fazendo com que boa parte da alcalinidade produzida tenda a afastar-se das armaduras. As modificações químicas produzem na região catódica um aumento da concentração de íons OH^- e uma diminuição da concentração de cloretos. Todavia, a corrente transportada pelos cloretos é modesta e diminui quando sua concentração se reduz; são necessárias, portanto, grandes quantidades de corrente para afastar os cloretos da região catódica.

Efeitos indesejáveis. A passagem da corrente pode produzir também efeitos indese-

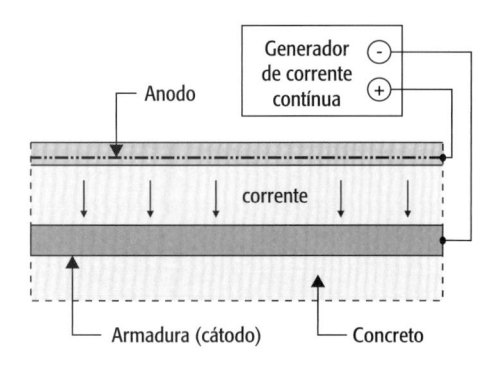

Fig. 16.7 Representação esquemática da aplicação dos métodos eletroquímicos

jáveis. Um primeiro exemplo é a fragilização por hidrogênio nas armaduras de alta resistência, utilizadas nas estruturas de concreto protendido (item 7.2.6). A fragilização por hidrogênio pode verificar-se quando, por efeito da circulação de corrente, o potencial chega a valores inferiores a cerca de –1V *vs.* SCE. A norma europeia EN 12696 (2002) considera uma margem de segurança de 100 mV e limita o potencial a valores menos negativos de –900 mV *vs.* SCE.

Um outro fenômeno que pode ser estimulado pela corrente é a reação álcali-agregado (item 7.1.4). O aumento do pH (por causa da reação catódica) e dos álcalis (por causa da migração), induzido pela corrente catódica próxima das armaduras, pode criar condições que induzam o ataque ou aceleram-no quando já está em curso.

Aplicando densidades elevadas de corrente por longos tempos, pode-se reduzir a aderência entre as armaduras e o concreto. A perda de aderência é irrelevante para as armaduras com aderência melhorada; mesmo a elevada densidade de corrente passante durante a aplicação das técnicas temporárias não é suficiente para que possa ocorrer este fenômeno no período de aplicação do tratamento.

Na superfície anódica, produz-se acidez que pode danificar a pasta cimentícia em volta do anodo. Além disso, na presença de cloretos pode-se verificar um fenômeno de desenvolvimento de cloro ($2Cl^- \rightarrow Cl_2 + 2e^-$). Utilizando como material anódico o titânio ativado (Aprofundamento 16.2), a produção de acidez não danifica o concreto se a densidade de corrente anódica não superar 100 mA/m^2; com outros materiais anódicos, a densidade de corrente crítica diminui sensivelmente. No que concerne as técnicas temporárias da realcalinização e da remoção dos cloretos, que operam a densidades de corrente maiores, o problema não surge, pois o anodo é posto no exterior da estrutura em um eletrólito alcalino e removido ao final do tratamento.

16.4.2 Proteção catódica das estruturas contaminadas por cloretos

A proteção catódica é aplicada a estruturas já em processo de corrosão, essencialmente por cloretos. O aço é polarizado catodicamente, de modo a reduzir a velocidade de corrosão. Com a proteção catódica, é possível reduzir a velocidade de corrosão, levando o aço a condições de passividade perfeita (item 5.3.4). A Fig. 16.8 mostra vários campos de potencial e teor de cloretos em que o ataque por pites pode ter início e se propagar. Estes campos são indicativos, já que os limites entre um domínio e outro dependem de fatores como o pH do concreto e a temperatura. O campo indicado com *A* representa a zona de corrosão, onde o ataque pode ser ativado e propagar-se estavelmente; o limite inferior deste campo é definido pelo potencial de pites (E_{pit}), ou seja, potencial no qual, para um determinado teor de cloretos, a corrosão pode ativar-se.

O campo *B* representa a zona de passividade imperfeita: nestas condições, o ataque não pode ser ativado, mas, se já se ativou, pode propagar-se; o limite inferior deste campo é definido pelo potencial de proteção (E_{pro}), ou seja, potencial no qual, para um determinado teor de cloretos, as armaduras nas quais o ataque se ativou anteriormente podem repassivar-se. O campo *C* representa a zona de passividade perfeita, onde o ataque não se pode ativar-se, nem se propagar. O campo *D* representa a zona de imunidade, onde a corrosão não pode ocorrer por motivos termodinâmicos; neste campo, contudo, pode ocorrer a reação catódica de desenvolvimento de hidrogênio e, portanto, há risco de fragilização dos aços de alta resistência. Na prática, mesmo nas condições mais críticas, os fenômenos de fragilização não se produzem a potenciais menos negativos do que –900 mV SCE; por isto, geralmente se utiliza o potencial de –900 mV SCE como limite de segurança para a proteção catódica aplicada a armaduras suscetíveis à fragilização por hidrogênio.

O percurso do potencial da armadura em uma estrutura exposta a cloretos e, em seguida, protegida com a proteção catódica é mostrado na Fig. 16.8: a condição inicial de corrosão é representada pelo ponto 1, no qual o teor de cloretos é nulo e o aço está passivo. À medida que cresce o teor de cloretos no concreto em contato com as armaduras, a condição se desloca para o ponto 2, no interior da região de corrosão por pites (item 7.2.3). A aplicação da proteção catódica leva o sistema a operar no ponto 3, no qual fica em condições de passividade perfeita, ou no ponto 4, no qual as condições de passividade não foram completamente atingidas, mas a velocidade de corrosão é irrelevante.

A densidade de corrente necessária para proteger as armaduras de estruturas expostas à atmosfera é da ordem de 5-15 mA/m²; estes valores diminuem muito no caso de estruturas em que o aporte de oxigênio é reduzido, como, por exemplo, as estruturas imersas em água, para as quais as densidades de corrente da ordem de 0,2-2 mA/m² são suficientes para proteger o aço. A experiência da aplicação da proteção catódica em pontes evidencia que, quando a proteção catódica é aplicada segundo o caminho 2-3 da Fig. 16.8, a corrente necessária para manter as condições de proteção diminui com o tempo, mesmo após meses ou anos de aplicação. Isto se deve à repassivação das zonas inicialmente ativas, induzida pela corrente aplicada. Quando toda a superfície da armadura foi repassivada, a corrente necessária para manter a repassivação reduz-se a poucos mA/m². Se a proteção catódica for aplicada segundo o caminho 2-4, a densidade de corrente necessária para satisfazer o critério não diminui com o tempo, já que não se atingem as condições de passividade.

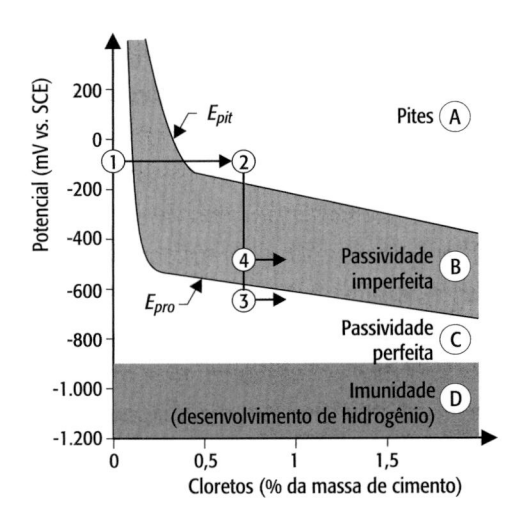

Fig. 16.8 Condições de ativação e propagação da corrosão por pites em concreto contendo cloretos e caminhos evolutivos da proteção catódica (Pedeferri, 1996)

O desenvolvimento das condições de passividade é favorecido até pela diminuição da relação $[Cl^-]/[OH^-]$ na superfície do aço, causada pela produção de íons OH^-, por causa da reação catódica e do distanciamento de íons Cl^- devido à migração elétrica. Estes efeitos benéficos podem durar meses, mesmo se a corrente for interrompida. Assim, a proteção catódica garante a possibilidade de obter a proteção da estrutura (e de controlá-la), regulando os parâmetros do sistema (Aprofundamento 16.2). Por outro lado, é uma técnica mais complexa do que o reparo tradicional, tanto porque concerne a aplicação do sistema anódico, quanto pela necessidade de garantir controles, ao longo do tempo, sobre os parâmetros de funcionamento. Geralmente, a proteção catódica é mais cara do que o reparo tradicional; pode ser conveniente só quando se tornam relevantes as vantagens ligadas à redução da remoção de concreto estruturalmente são.

Aprofundamento 16.2 **Aplicação da proteção catódica**

A recente norma europeia EN 12696 contém as especificações para a aplicação da proteção catódica nas estruturas de concreto danificadas pela corrosão por cloretos. Antes de instalar um sistema de proteção catódica, é necessário verificar se a armadura é contínua do ponto de vista elétrico e se o concreto entre a armadura e o anodo fornece um percurso eletrolítico sem descontinuidade (portanto, não deve conter grandes fissuras, delaminações ou zonas com elevada resistência elétrica, como revestimentos ou restaurações com aglomerantes poliméricos não cimentícios, pois estes podem comprometer o fluxo uniforme da corrente de proteção). Eventuais descontinuidades elétricas entre as armaduras são eliminadas mediante ligações e conexões elétricas adicionais.

Para a aplicação da proteção catódica, é necessária a remoção somente do concreto estruturalmente degradado (fissurado ou descolado) e a sua substituição por argamassas cimentícias; mas não é necessária a remoção do concreto restante, mesmo que tenha um teor de cloretos superior ao teor crítico. O sistema anódico deve permitir uma distribuição uniforme da corrente sobre as armaduras. Os dois tipos de anodo mais utilizados são constituídos respectivamente de:

- redes de *titânio ativado* incorporadas em uma camada de argamassa cimentícia; o titânio é ativado com óxidos de metais nobres (irídio, rutênio), de forma que possa distribuir a corrente; a rede tem boas propriedades mecânicas e pode ser facilmente modelada, de modo a adaptar-se à superfície da estrutura; a camada de material cimentício (geralmente com espessura de 15 a 20 mm) permite ancorar a rede ao substrato e garante a continuidade eletrolítica, mas acrescenta peso e aumenta as dimensões dos componentes protegidos; em vez da rede que cobre toda a superfície do concreto, pode-se utilizar também faixas de titânio ativado, dispostas de forma a permitir uma distribuição suficientemente uniforme da corrente sobre as armaduras;
- *camadas condutivas* aplicadas diretamente à superfície do concreto; apresentam-se como pinturas; são de fácil aplicação e não acrescentam peso ou espessura aos elementos a serem protegidos. São constituídas por um ligante contendo um condutor elétrico (geralmente, grafite); a corrente é distribuída mediante condutores metálicos postos em contato com a fase condutiva e ligados ao alimentador de corrente.

Os anodos de titânio ativado, resistentes à acidez que pode ser produzida pela reação anódica, são capazes de distribuir densidades elevadas de corrente por tempos muito longos. A experiência em diversos tipos de estrutura (até pontes rodoviárias) mostra a grande confiabilidade deste sistema. Por outro lado, no caso dos edifícios, a possibilidade de evitar a aplicação de uma camada adicional de aglomerante torna mais interessantes os anodos à base de camadas condutivas. Estes são mais suscetíveis às condições de acidez e, se distribuem correntes elevadas, podem perder suas propriedades condutivas. Em várias aplicações em edifícios, verificou-se como, com as densidades de corrente requeridas para a proteção catódica, os anodos condutivos podem resistir por um pequeno número de anos.

O projeto de um sistema de proteção catódica baseia-se na densidade de corrente necessária – com referência à unidade de área da superfície da armadura – para levar o aço a condições de passividade. A experiência, particularmente com lajes de pontes, indica que a densidade de corrente de proteção pode variar de 2 a 20 mA/m², ainda que normalmente não supere 10 mA/m².

A densidade de corrente efetivamente necessária depende do potencial de proteção, que, por sua vez, depende do teor de cloretos (Fig. 16.8) e do pH do concreto em contato com as armaduras. E_{pro} pode, portanto, variar entre as diversas estruturas que se estão corroendo e até no interior da mesma estrutura, de uma zona para outra. Além disso, pode variar ao longo do tempo de acordo com as variações de pH e de teor de cloretos, que resultam do desenvolvimento do fenômeno corrosivo e da aplicação da própria proteção catódica. Assim, não existe um valor inequívoco para o potencial de proteção.

Diante também da pouca confiabilidade dos eletrodos de referência fixos por longos períodos de tempo, o monitoramento da proteção catódica não se baseia no valor efetivo do potencial (como no caso das estruturas enterradas ou submersas em água do mar, item 5.3.1). Em geral, aceita-se um critério de proteção de origem semiempírica, conhecido como o "critério dos 100 mV de despolarização", com base no qual se mede a variação do potencial das armaduras nas quatro horas subsequentes à abertura do circuito (e, assim, à interrupção da proteção) e se considera que a estrutura está protegida se esta despolarização supera 100 mV. A despolarização deve ser avaliada logo em seguida à imediata variação de potencial que ocorre com a abertura do circuito, tendo anulado as contribuições de queda ôhmica no concreto.

Para o controle do funcionamento da proteção catódica, deve ser prevista a instalação de um sistema de monitoramento que permita verificar se as condições de proteção foram atingidas, sem que ocorra superproteção. Para a medida do potencial, durante a proteção ou durante os testes de despolarização, pode-se prever eletrodos de referência fixos, isto é, permanentemente imersos nas vizinhanças da armadura, ou externos, colocados sobre a superfície do concreto no momento da medida. O projeto deve especificar o número de eletrodos fixos e sua posição com relação à armadura (serão escolhidas as zonas onde é crítica a distribuição da corrente ou onde é mais significativo o conhecimento do potencial das armaduras).

16.4.3 Prevenção catódica

A prevenção catódica é uma técnica de proteção adicional; mas, devido à sua semelhança com a proteção catódica, será tratada neste capítulo. A prevenção catódica impõe a circulação de uma corrente catódica de 1-3 mA/m² sobre as armaduras, o que causa uma modesta redução do potencial. Além disso, provoca modificações químicas na superfície das armaduras, que aumentam E_{pit} e, assim, aumentam o campo de condições em que o estado de passividade das armaduras é estável. As duas circunstâncias operam juntas para aumentar o teor crítico de cloretos.

Assim, a diminuição do potencial que se obtém mediante a polarização catódica das armaduras da estrutura nova permite a permanência de condições de passividade mesmo quando o teor de cloretos seja elevado (Fig. 16.8). As densidades de corrente no intervalo 1-3 mA/m² produzem reduções do potencial de pelo menos 100-200 mV, suficientes para aumentar o teor crítico em uma ordem de grandeza. Dificilmente estes teores serão atingidos na vida útil da estrutura (Pedeferri, 1996). A prevenção catódica deve ser aplicada à estrutura nova e mantida por toda a sua vida útil. Por outro lado, quando comparada à proteção catódica aplicada a estruturas novas, esta técnica permite obter uma distribuição mais uniforme da corrente e atingir um potencial superior das armaduras; por estes dois motivos, pode ser aplicada às estruturas de concreto protendido, sem risco de induzir fragilização por hidrogênio nos aços de alta resistência. Convém recordar que não são aceitáveis as interrupções da corrente capazes de permitir a ativação da corrosão, já que, depois, para bloquear os fenômenos corrosivos, seriam necessárias correntes muito maiores e mais difíceis de distribuir (ou seja, seria necessário aplicar a proteção catódica).

16.4.4 Proteção catódica das estruturas carbonatadas

Normalmente, a proteção catódica não se aplica a estruturas carbonatadas, para as quais o reparo convencional é mais econômico. Todavia, a técnica pode ser vantajosa, particularmente nos casos em que o concreto carbonatado contém pequenos teores de cloretos ou na presença de grandes quantidades de concreto carbonatado, mas estruturalmente são. A corrente aplicada é da ordem de 10 mA/m²; esta, embora cause apenas uma modesta redução do potencial da armadura, pode produzir alcalinidade suficiente para promover a passivação do aço ao longo de alguns meses. Uma densidade de corrente mais elevada pode reduzir o tempo necessário para a repassivação do aço (evidenciada pela despolarização superior a 100 mV, medida 4 horas depois). Quando as armaduras estão repassivadas, até densidades de corrente inferiores a 10 mA/m² podem ser suficientes para manter a passividade.

16.4.5 Realcalinização eletroquímica

A realcalinização eletroquímica é uma técnica temporária que consiste na aplicação de uma elevada corrente catódica às armaduras, por um período limitado, de modo a modificar a composição do concreto. Aproveitando a produção de alcalinidade pelo catodo e a entrada alcalina, a partir da superfície do eletrólito em que está imerso o anodo, restaura-se a alcalinidade do concreto e, assim, a sua capacidade protetora das armaduras, que voltam à passividade.

Diferentemente da proteção catódica, que é aplicada por toda a vida útil restante da estrutura e, portanto, requer um sistema anódico permanente, a realcalinização eletroquímica baseia-se na utilização de um sistema anódico temporário, constituído de um anodo (rede de titânio ativado ou aço) imerso em polpa de papel impregnada com uma solução de carbonato de sódio. Aplicando às armaduras uma corrente catódica de 1-2 A/m², é possível realcalinizar uma espessura de alguns centímetros em um período de poucos dias ou poucas semanas. Em seguida, o sistema anódico é removido, deixando inalterada a estrutura original. O mecanismo de realcalinização está representado na Fig. 16.9. Os íons oxidrilos produzidos pelo processo catódico na superfície das armaduras migram parcialmente para o anodo e outra parte fica nas proximidades da armadura, onde são contrabalançados pelos íons de sódio e de potássio, que vêm por migração. Junto às armaduras, atingem-se valores

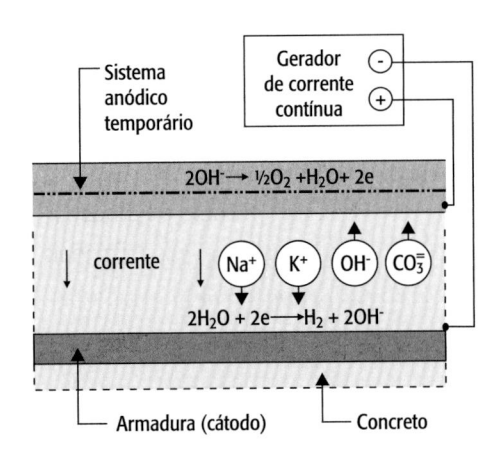

Fig. 16.9 Representação esquemática do funcionamento do tratamento de realcalinização eletroquímica

Diagrama:
- Sistema anódico temporário
- Gerador de corrente contínua (−/+)
- $2OH^- \rightarrow \frac{1}{2}O_2 + H_2O + 2e$
- corrente, Na^+, K^+, OH^-, $CO_3^=$
- $2H_2O + 2e \rightarrow H_2 + 2OH^-$
- Armadura (cátodo) — Concreto

de pH superiores a 13. Ao mesmo tempo, os íons alcalinos presentes no eletrólito anódico (em geral, íons de carbono) penetram no concreto por eletro-osmose, difusão e absorção capilar.

A evolução, ao longo do tempo, da realcalinização é mostrada esquematicamente na Fig. 16.10: inicialmente, o concreto está carbonatado; logo, depois da aplicação da corrente, começam a se formar zonas alcalinas ao redor da armadura (por eletrólise) e no concreto da superfície externa (por fenômenos de transporte do eletrólito alcalino). Com o processo de tratamento, as zonas alcalinas estendem-se até atingir toda a espessura do cobrimento.

APROFUNDAMENTO 16.3 **Aplicação da realcalinização eletroquímica**

A recente norma EN 14038-1 (2005) descreve as especificações para a aplicação da realcalinização eletroquímica. Para fazer uma realcalinização eletroquímica adequada, deve-se adotar controles semelhantes aos já descritos para a proteção catódica (Aprofundamento 16.2). A dimensão da carbonatação deve ser verificada em detalhe, inclusive a sua variação local devida à qualidade do concreto e a diferenças de exposição. O projeto de realcalinização eletroquímica implica a escolha do sistema anódico, dos parâmetros do processo e dos critérios para a aceitação final (principalmente ligados ao perfil do pH).

O anodo é quase sempre uma rede de aço ou de um material inerte, como o titânio ativado. O eletrólito é quase sempre uma solução 1 M de Na_2CO_3 ou K_2CO_3. O eletrólito é geralmente misturado a fibras de papel para formar uma pasta e borrifada sobre a superfície do concreto, de modo a circundar completamente o anodo. Depois do tratamento, o sistema anódico é removido e a superfície do concreto deve ser limpa. Se foi utilizada uma rede de aço como anodo, a superfície pode estar manchada de ferrugem, a qual deve ser removida mediante um ligeiro jato de areia.

Os parâmetros do processo são a densidade de corrente e a duração do tratamento. A quantidade de hidróxido gerada é determinada pela carga total circulada entre a armadura e o anodo. Mas não está claro qual parâmetro governa a entrada do carbonato de sódio, cuja presença em quantidade suficiente permitiria o estabelecimento de um teto entre 10,5 e 11 de pH, prevenindo assim carbonatação posterior. A densidade de corrente do projeto fica, em geral, no intervalo 0,5-2 A/m² com referência à superfície do concreto. Deve-se especificar os limites superiores de 2-5 A/m² com o fim de evitar a degradação do concreto.

O tempo requerido fica entre dias e poucas semanas em função da profundidade da carbonatação, da espessura do cobrimento, da qualidade do concreto, da distribuição das armaduras, da densidade média da corrente e da distribuição da corrente (se a distribuição da corrente é muito heterogênea, será necessário muito mais tempo para atingir um nível de pH suficientemente alto nos pontos que recebem menos corrente em relação ao valor médio). A intervalos regulares, durante o tratamento, devem ser coletadas amostras de concreto para observar o desenvolvimento da mudança de pH, borrifando um indicador líquido de pH (fenolftaleína). Até um controle cuidadoso da densidade de corrente e da tensão de alimentação pode ajudar a determinar o avanço do tratamento. Normalmente, o avanço é estabelecido mediante a coleta de um certo número de amostras, que são borrifadas com fenolftaleína. Mapeamentos de potencial podem dar informações adicionais, desde que tenha transcorrido um tempo adequado para anular os efeitos do tratamento no potencial.

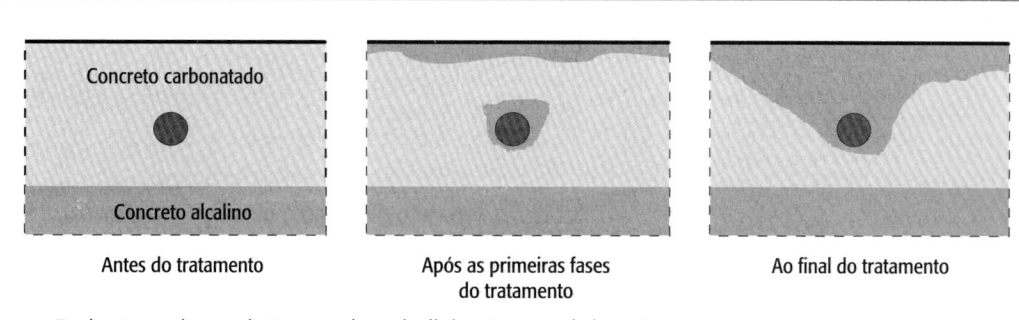

Fig. 16.10 Evolução, ao longo do tempo, da realcalinização no cobrimento

16.4.6 Remoção eletroquímica dos cloretos

Assim como a realcalinização eletroquímica, a remoção eletroquímica dos cloretos é um tratamento temporário que tem por fim restaurar as características protetoras do concreto, removendo os cloretos de seu interior.

Uma corrente de 1-2 A/m^2 é aplicada entre a armadura (catodo) e um anodo colocado temporariamente na superfície do concreto. O anodo é constituído por uma rede de titânio ativado ou de aço, embutida na polpa de papel embebida com água ou solução de hidróxido de cálcio. Devido a esta corrente, os íons de cloreto migram da armadura para o anodo. O tratamento dura de semanas a alguns meses; ao final deste período, o sistema anódico é removido e, com ele, os cloretos. O tratamento está esquematizado na Fig. 16.11. A forte polarização induzida pela corrente aplicada leva o potencial do aço para abaixo de –1 V vs. SCE, enquanto a eletrólise da água produz o desenvolvimento de hidrogênio gasoso na superfície das armaduras. A produção de íons oxídrilos faz aumentar o pH na superfície da armadura e, assim, junto com o simultâneo distanciamento dos cloretos, favorece a repassivação do aço. À medida que o tratamento avança, os cloretos são transportados do concreto para o sistema anódico, onde, de acordo com o pH do eletrólito, são oxidados até se transformarem

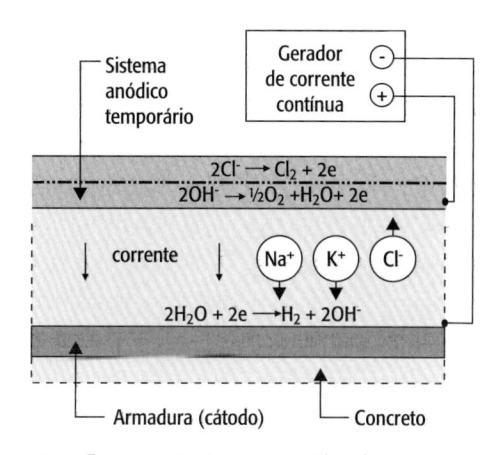

Fig. 16.11 Representação esquemática do funcionamento do tratamento de remoção eletroquímica dos cloretos

em cloro gasoso ou permanecem na solução e são removidos no final do tratamento.

16.5 Estruturas de concreto protendido

A recuperação de estruturas de concreto protendido danificadas pela corrosão é uma operação complexa, sobretudo quando se trata de aços de alta resistência. Neste caso, com efeito, a corrosão pode ter consequências muito graves (item 8.5); além disso, para as estruturas pós-tensionadas, é muito difícil fazer um diagnóstico confiável sobre o estado de corrosão das armaduras no interior

---

Aprofundamento 16.4 Aplicação da remoção eletroquímica de cloretos

Antes de fazer o tratamento de remoção eletroquímica de cloretos, a estrutura deve ser cuidadosamente examinada, como já descrito para a proteção catódica e para a realcalinização eletroquímica. Adicionalmente, pode ser necessário preparar a estrutura mediante a limpeza da superfície do concreto e fechamento das fissuras que atingem a armadura, para evitar percursos preferenciais de baixa resistividade, que diminuiriam a eficiência da remoção. O concreto fissurado por causa da corrosão das armaduras deve ser substituído.

O projeto de um tratamento de remoção eletroquímica prevê a escolha do sistema anódico, dos parâmetros do processo e dos critérios para a aceitação final (ligados principalmente ao conteúdo residual de cloretos no concreto). O sistema anódico é constituído por um sistema de distribuição da corrente e pelo eletrólito. O anodo pode ser uma rede de aço ou de um material inerte como o titânio ativado e é circundado pelo eletrólito, geralmente hidróxido de cálcio saturado ou água de torneira. O eletrólito líquido é geralmente acrescentado a fibras de papel, de modo a formar uma pasta que adere ao concreto. Depois do tratamento, o sistema anódico é removido e a superfície do concreto é limpa. Caso se utilize uma rede de aço como anodo, a superfície pode ser manchada de ferrugem, que deve ser removida com um ligeiro jato de areia úmida.

Os parâmetros do processo são a densidade de corrente e a duração do tratamento, já que a quantidade de cloretos removidos depende da carga total circulada entre a armadura e o anodo (integral da corrente no tempo).

A densidade de corrente de projeto fica tipicamente no intervalo de 1-2 A/m² com referência à superfície do concreto. Para evitar a degradação do concreto, é fixado um limite superior de 2-5 A/m². O tempo requerido varia tipicamente de semanas a poucos meses e depende do teor inicial de cloretos, da distribuição dos cloretos no concreto, da qualidade do concreto, da distribuição das armaduras e da distribuição da corrente. Se a distribuição da corrente é pouco uniforme, deve-se esperar um efeito mais baixo de remoção dos cloretos com relação à estrutura inteira, mas também o risco de acentuar os efeitos secundários nas zonas onde a densidade de corrente é elevada.

Durante o tratamento, uma análise do teor de cloretos no concreto deve ser feita regularmente. A avaliação final do resultado depende de atingir-se um teor de cloretos suficientemente baixo no concreto, de preferência inferior ao limite de ativação da corrosão. A comparação dos mapeamentos de potencial, feitos antes e depois do tratamento, fornece informações úteis adicionais, pois os potenciais são medidos depois de anulados os efeitos da forte polarização devida ao próprio tratamento; na prática, isto pode exigir semanas ou mesmo meses.

das bainhas. Também no caso de protensão pode ser complexa a realização das intervenções de reparo (quando, por exemplo, é prevista a remoção de quantidades significativas de concreto). Na prática, não existem procedimentos e métodos consolidados para o reparo das estruturas de concreto protendido. Mesmo os métodos eletroquímicos são dificilmente aplicados a este tipo de estrutura (Aprofundamento 16.5).

APROFUNDAMENTO 16.5 **Aplicabilidade dos métodos eletroquímicos ao concreto protendido**

Os métodos eletroquímicos, em princípio, podem ser aplicados também às estruturas de concreto protendido, mas deve-se considerar as peculiaridades destas estruturas (Bertolini, 2005). Antes de mais nada, a aplicação dos métodos eletroquímicos requer um percurso eletrolítico contínuo do anodo até o aço a ser protegido. Isto torna difícil, senão impossível, o emprego destas técnicas para proteger o aço dentro das bainhas das estruturas pós-tensionadas; em geral, estas técnicas podem ser aplicadas somente às armaduras protendidas das estruturas. Além disso, é necessário verificar a distribuição de corrente na estrutura; na presença tanto de armaduras protendidas como de armaduras comuns ou frouxas, mais superficiais, pode ser difícil atingir uma densidade de corrente adequada para as armaduras mais internas.

Na presença de contato elétrico entre os dois tipos de armadura, é possível até que a corrente destinada a proteger só as armaduras comuns possa, acidentalmente, atingir os vazios de preenchimento de bainhas existentes a profundidades mais elevadas. À parte os problemas técnicos ligados à aplicação dos métodos eletroquímicos, todavia, a principal preocupação está ligada ao risco de promover os fenômenos de fragilização por hidrogênio. Tais riscos, que variam em função da técnica, são analisados em seguida.

Prevenção catódica. A Fig. A-16.5a mostra as variações de potencial e de pH induzidas pela prevenção catódica. Quando se aplica esta técnica, o aço passivo vai do campo A para o campo F. A baixa polarização do aço e o elevado poder penetrante da prevenção catódica (item 16.4.3) tornam irrelevante o risco de fragilização por hidrogênio caso os aços de alta resistência sejam atingidos pela corrente, intencional ou acidentalmente. Com efeito, mesmo na presença de várias camadas de armaduras, é possível garantir a proteção das armaduras mais internas sem atingir condições de superproteção (isto é, potenciais inferiores a −900 mV SCE, item 16.4.2) nas armaduras mais superficiais.

Graças ao baixo risco de atingir as condições de fragilização por hidrogênio, a prevenção catódica pode ser considerada como uma possível opção para aumentar a vida útil das estruturas protendidas. Pode ser aplicada tanto para proteger somente as armaduras comuns (também conhecidas por armaduras frouxas) como para

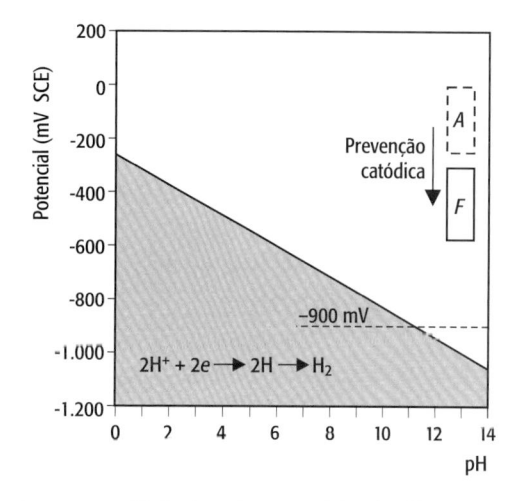

Fig. A-16.5a Variações de potencial e de pH produzidas pela prevenção catódica

proteger as ancoragens e as bainhas metálicas das estruturas pós-tensionadas, uma vez que a tarefa de proteger os cabos de protensão fica por conta do preenchimento das bainhas metálicas com calda de injeção. A prevenção catódica foi aplicada pela primeira vez no início dos anos 1990, em viadutos de concreto protendido na Itália.

Proteção catódica. O risco de induzir fragilização por hidrogênio é maior com a proteção catódica do que com a prevenção catódica, sobretudo por dois motivos. Em primeiro lugar, a proteção catódica é aplicada em estruturas existentes e, assim, é possível que estejam presentes aços com elevada suscetibilidade, como os aços temperados e revenidos utilizados no passado. Além disso, a proteção catódica leva o aço a potenciais inferiores, por causa tanto da maior densidade de corrente necessária para garantir a proteção das armaduras onde a corrosão já se ativou (item 16.4.2), como do menor poder penetrante. A Fig. A-16.5b mostra que as armaduras que se corroem em concreto contaminado por cloretos, depois da aplicação da proteção catódica, passam do campo D (dentro dos pites) e E (fora dos pites) para o campo G, no qual se repassivam. Em condições de superproteção – nas armaduras externas, por exemplo, que estão mais próximas do anodo – o potencial pode descer abaixo do limite de –900 mV SCE e atingir o campo H, em que pode ocorrer o desenvolvimento de hidrogênio.

Da mesma forma, a Fig. A-16.5c mostra como a aplicação da proteção catódica em estruturas carbonatadas leva as armaduras dos campos B (concreto seco) e C (concreto úmido) para o campo G ou para o campo H em caso de superproteção.

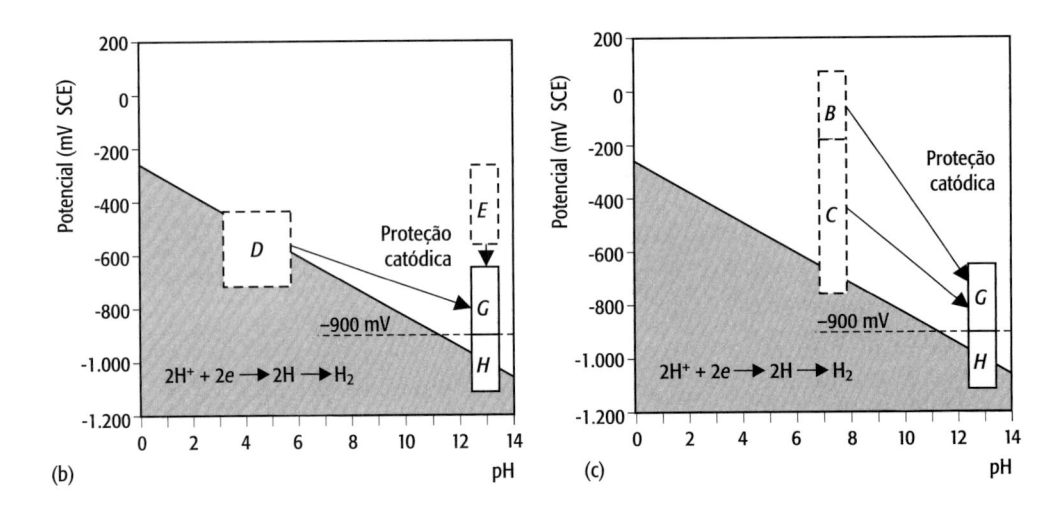

Fig. A-16.5b-c Variações de potencial e pH produzidas pela proteção catódica aplicada ao concreto (b) contaminado por cloretos e (c) carbonatado

Devido ao risco de atingir condições de desenvolvimento de hidrogênio nas zonas superprotegidas, a proteção catódica é raramente aplicada a estruturas protendidas. Todavia, a Fig. A-16.5b-c mostra que, quando se garantem as condições de proteção e evitam-se as de superproteção, esta técnica tem um efeito benéfico, já que leva as armaduras das condições em que é possível a fragilização por hidrogênio (campos D e C) para condições em que o aço está repassivado (portanto, protegido da corrosão generalizada e por pites) e, ao mesmo tempo, impede o desenvolvimento de hidrogênio. Portanto, a proteção catódica pode ser uma técnica confiável de restauração, pelo menos para as estruturas protendidas que não tenham armaduras de aço com elevada suscetibilidade à fragilização por hidrogênio. Normalmente, é necessário um projeto cuidadoso e um bom sistema de monitoramento para evitar que possam ser atingidas condições de superproteção.

Tratamentos temporários. A Fig. A-16.5d-e ilustra as consequências dos tratamentos eletroquímicos de realcalinização e de remoção de cloretos. Nos dois casos, depois de um intervalo eficaz, o aço passa de condições de corrosão (em que até a fragilização por hidrogênio pode ocorrer) para o campo A, em que o aço é passivo em concreto alcalino e não ocorre o desenvolvimento de hidrogênio. Todavia, durante a aplicação dos dois tratamentos atingem-se potenciais muito negativos (campo K), por causa da elevada densidade de corrente aplicada. Portanto, o aço poderia absorver o hidrogênio atômico durante o tratamento e, assim, há o risco de que, em aços suscetíveis, manifeste-se a fragilização por hidrogênio, não apenas durante o tratamento, mas também em um período subsequente (assim, a ruptura das armaduras de pré-compressão poderia ocorrer mesmo depois do tratamento). Por este motivo, a aplicação dos dois tratamentos é geralmente desaconselhada na presença de aços de alta resistência.

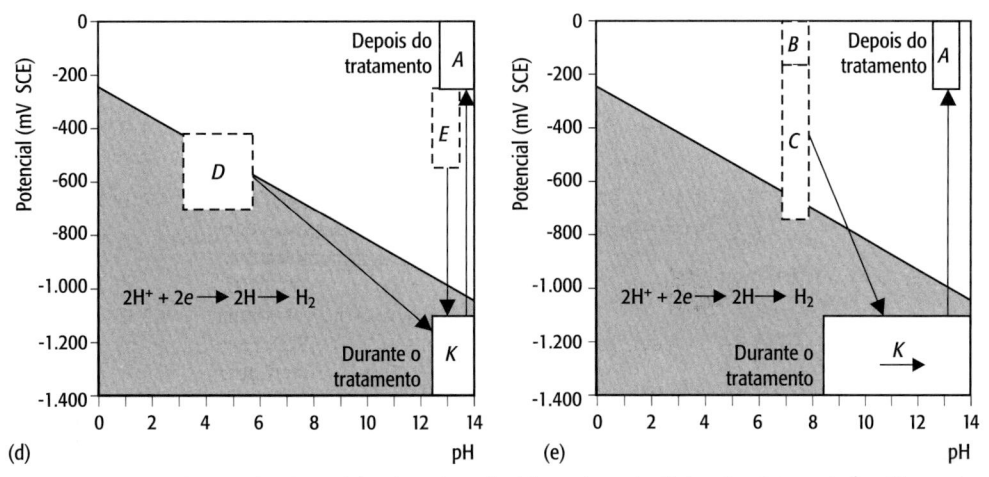

Fig. A-16.5d-e Variações de potencial e de pH produzidas pela realcalinização eletroquímica (d) e pela remoção eletroquímica dos cloretos (e)

16.6 REFORÇO ESTRUTURAL

Naturalmente, quando necessário, uma intervenção corretiva deve prever uma análise estrutural. Esta poderá requerer um reforço do elemento estrutural, o qual pode ser aplicado antes, ao mesmo tempo ou depois das intervenções anteriormente descritas. Com efeito, o reparo da degradação por corrosão e o reforço estrutural, embora difiram nos seus fins, nas técnicas empregadas e nas competências requeridas, devem ser considerados juntos no projeto de uma intervenção corretiva.

O reforço estrutural visa colocar os elementos estruturais degradados nas condições de carga e de resistência previstas em projeto. Poder-se-á prever a construção de elementos estruturais adicionais, tanto temporários (durante a intervenção, por exemplo) como permanentes. Se o concreto que não deve ser removido por razões ligadas à corrosão está fissurado, as fissuras podem ser seladas com materiais de base cimentícia ou polimérica. Durante o trabalho de restauração, nos casos em que a corrosão tenha causado uma redução inaceitável da seção das armaduras, é necessário acrescentar outras barras ou substituir as existentes.

O mesmo material de restauração pode ser utilizado para aumentar a seção dos elementos estruturais, obtendo assim um aumento da espessura do cobrimento e da seção resistente. Na zona restaurada, pode ser necessário o emprego de novas armaduras (eventualmente de aço inoxidável), para permitir uma maior adesão ao substrato, para controlar a fissuração ou para bloquear a expansão das argamassas de retração compensada. Se não é requerida a remoção do concreto ou não é necessário utilizar armaduras suplementares, pode ser aplicado um reforço externo. Por exemplo, novas barras de armadura podem ser incorporadas em uma camada de concreto ou é possível colar placas de aço na superfície do concreto. Recentemente, essas placas têm sido substituídas por *FRP* (item 15.5).

Parte IV
Os materiais de construção, o homem e o ambiente

Ciclo de vida dos materiais 17

Este capítulo foi escrito sob a supervisão de A. Borroni e M. Carsana.

Quando se enfrentam as problemáticas que concernem os materiais de emprego tecnológico, isto é, destinado a realizar artefatos e componentes, quase sempre se dedica a maior parte da atenção à fase de emprego dos próprios materiais, negligenciando as fases precedentes de coleta e transformação dos recursos, os aspectos relativos ao ser humano e ao ambiente no que se insere a transformação dos materiais e a fase subsequente de disposição de resíduos. O território, ou seja, o ambiente natural, é utilizado: a) como suporte das atividades agrícolas, produtivas, habitacionais, de transferência e de relação; b) como fornecedor dos recursos, das matérias-primas, dos recursos hídricos, dos recursos energéticos (aqui não se examina o papel, fundamental, dos recursos alimentícios). Ao desempenho tecnológico e estrutural dos diversos materiais é possível associar algumas propriedades ambientais, que deveriam ser consideradas na sua escolha. Este capítulo propõe uma abordagem que leva em conta todo o ciclo de vida dos materiais (Lorenzelli, 1988; Pearce e Turner, 1991; Immler, 1996; Appenzeller, 2004; Giovanelli, Di Bella e Coizet, 2005; Baldo, Marino e Rossi, 2005; Ashby e Johnson, 2002; ISPRA (website) APAT (website); Associazione Italiana degli Igienisti Industriali, 2006; Organização Mundial de Saúde, 2000; IARC (website); Sommons e Lewis, 1997), na expectativa de que motivações sociais, econômicas e ambientais imponham um equilíbrio que não use como referência exclusiva a otimização do desempenho dos materiais apenas na fase do emprego.

17.1 Ambiente, fonte de recursos

Um breve exame do ciclo de vida de um material permite observar que o ambiente é o reservatório no qual se obtêm os recursos que serão submetidos a sucessivas transformações (Fig. 17.1). Tratam-se de *recursos renováveis*, que se distinguem em recursos ligados aos ciclos naturais e recursos biológicos. Os primeiros caracterizam-se por fluxos contínuos no tempo; particularmente a radiação solar, fonte de energia utilizada na fotossíntese dos vegetais, mas também a gravidade, o fluxo de calor geotérmico, a circulação atmosférica, os movimentos da água; são todos recursos aproveitados pelas pessoas, de modo esporádico, para uso energético.

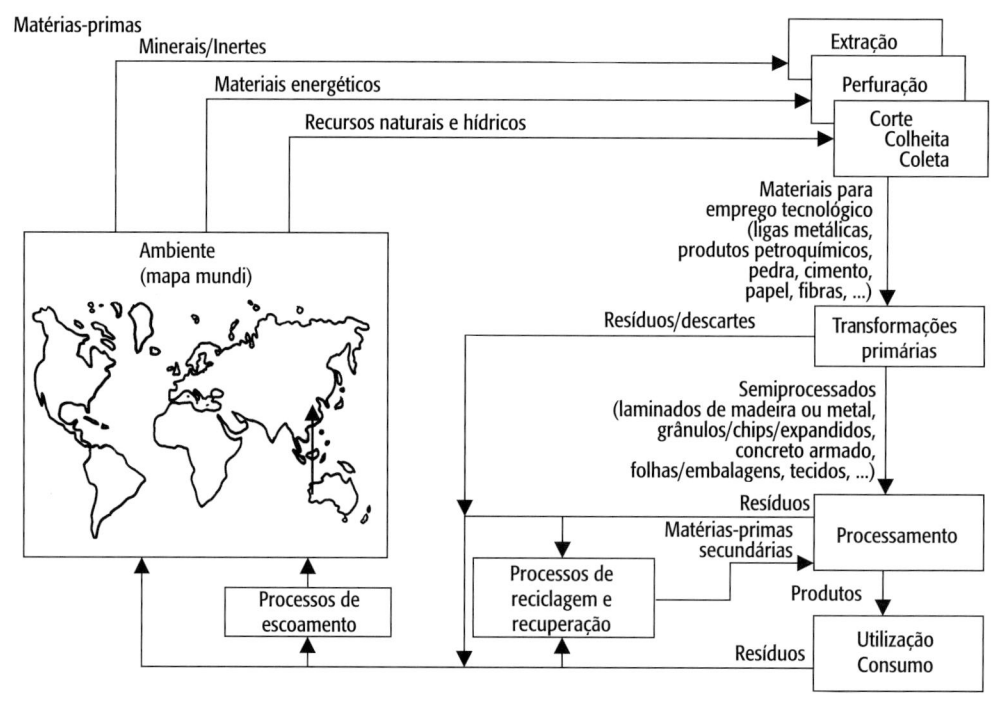

Fig. 17.1 Ciclo de vida dos materiais de emprego tecnológico

Os recursos biológicos referem-se a animais e vegetais: o ser humano aproveitou-se desde sempre destas estruturas moleculares, graças a suas propriedades peculiares, extraindo delas alimento, materiais (lenha, peles, fibras, borracha etc.) e combustíveis.

Os *recursos não renováveis* compreendem a litosfera, a hidrosfera e a atmosfera, das quais o ser humano extrai a maioria dos fluxos de energia e de materiais; são definidos como recursos não renováveis aqueles que se caracterizam por uma velocidade de utilização extremamente mais rápida do que o tempo necessário para sua formação, que corresponde a dezenas ou centenas de milhões de anos. Da litosfera vêm os recursos inorgânicos minerais, destinados à produção de materiais rochosos, metais, vidros, cerâmicas e materiais ligantes (cimentos) e empregados sob a forma de inertes (areia, brita, cascalho, pedras), assim como os materiais orgânicos fósseis (petróleo, gás natural, carvão), destinados ao uso energético ou utilizados como matérias-primas nos processos de transformação (materiais plásticos, solventes, fibras, borrachas sintéticas). A água do mar é um recurso praticamente inexaurível, que constitui a fonte mais importante dos quatro elementos presentes nela como sais dissolvidos (sódio, cloro, magnésio, bromo). Da atmosfera obtêm-se, por meio de processos industriais, gases técnicos (oxigênio, nitrogênio, gases nobres).

Os metais estão presentes na crosta terrestre em estado oxidado (com exceção dos metais nobres), sob a forma de óxidos, sulfatos, carbonatos. Estes minerais são misturados com outras fases sólidas, das quais, depois da moagem, podem ser separados com métodos físicos baseados nas diferenças de densidade (separação por gravidade), de leito de água (flutuação), de comportamento magnético. A obtenção do metal a partir do mineral, enriquecido e concentrado, é realizada com uma reação de redução, utilizando um redutor químico (tipicamente combustão do carvão) ou por via eletroquímica, ou seja, aproveitando a energia fornecida pela eletricidade.

Os cimentos são obtidos a partir das misturas de calcário, argila e sílica, que são tratadas a alta temperatura (item 17.4). Entre os materiais de construção, note a exigência de obter materiais de alta pureza (materiais cerâmicos para empregos tecnológicos cruciais), materiais rochosos utilizados para emprego ornamental e agregados para a preparação do concreto.

17.1.1 Recursos não renováveis

A *disponibilidade dos recursos* depende, antes de tudo, dos parâmetros físicos, que se resumem à consistência quantitativa e à localização. Uma primeira subdivisão se dá entre recursos *abundantes* e *escassos*: as matérias-primas estão presentes na crosta terrestre (na água do mar, na litosfera, na atmosfera) em medida diferenciada em termos quantitativos. Uma segunda subdivisão é entre recursos *difusos* e recursos *concentrados*: é considerada a divisão espacial dos recursos (difusão/concentração), que é diferente da caracterização quantitativa precedente (abundância/escassez). Em alguns casos, a disponibilidade quantitativa é bastante elevada (ex.: alumínio, ferro), mas a concentração pode ser tão baixa que não compensa economicamente a utilização; ao contrário, o carbono está presente em quantidades muito limitadas, mas com elevada concentração em vários depósitos – sob a forma de hidrocarbonetos, por exemplo.

A acessibilidade aos recursos é uma propriedade que pode ser expressa simplesmente com parâmetros físicos, mas que tem muitos outros significados:

- aspectos naturais: ligados à configuração do território e à acessibilidade do sítio, levando em conta a necessidade de fazer algum processamento *in loco* e, ainda, os custos de transporte que, nesta fase, incidem pesadamente;
- aspectos tecnológicos: só com novos matérias resistentes a temperaturas muito baixas foi possível extrair os recursos de petróleo do subsolo da Sibéria e do Alaska, que era inacessível antes, mesmo sendo conhecidas a localização e a concentração; novas tecnologias de extração têm permitido atingir profundidades de 10.000 m, como no Vale do Pó, na Itália, onde alguns poços superam os 4.000 m; novas tecnologias para extração do enxofre por de injeção de vapor, introduzidas nos Estados Unidos, há muito tempo tornaram não competitiva a extração na Sicília, cujos recursos ainda não foram fisicamente exauridos e estão disponíveis de modo concentrado;
- aspectos político-sociais: para os recursos estratégicos, o preço é imposto por países consumidores, que, em muitos casos, assumem também o controle dos países produtores por meio de companhias multinacionais; o exemplo mais importante é o do petróleo (Immler, 1996);
- aspectos ambientais: para algumas atividades de extração e de depósito dos resíduos, deve-se prever alterações irreversíveis do território: os custos da concessão para descartar certos resíduos multiplicaram-se por mil em poucos anos; os custos da limpeza de sítios ocupados por processamentos nocivos são comparáveis aos custos para a compra de habitações (milhares de euros por metro quadrado).

É possível levar em conta conjuntamente parâmetros de disponibilidade física e acessibilidade dos recursos não renováveis, considerando o diagrama da Fig. 17.2. Estão aí os *recursos básicos*, isto é, reconhecidos como

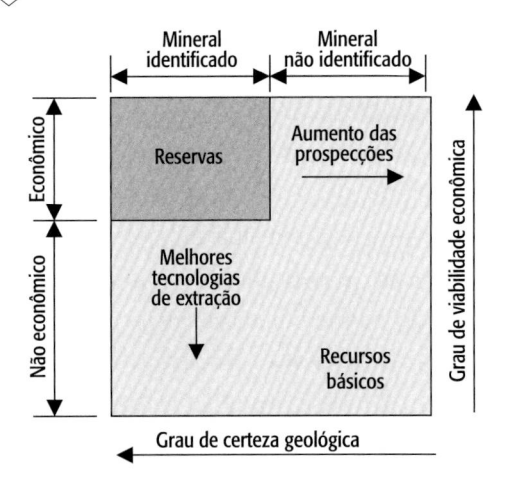

Fig. 17.2 Diagrama de Mc Elvey

prováveis na crosta terrestre, e as *reservas*, isto é, os recursos efetivamente disponíveis, dos quais se conhece profundamente a caracterização geológica (localização, extensão das jazidas, conformação, dificuldade de extração), que podem ser extraídos com tecnologias conhecidas e a custos de mercado. A disponibilidade futura das matérias-primas, estimada em uma certa data, é expressa em anos, como relação entre as reservas e o consumo atual: os tempos resultantes variam tanto com a atualização dos valores das reservas como com o consumo, e também com relação à evolução dos preços e ao desenvolvimento tecnológico. Deste modo, é possível introduzir um parâmetro que dá uma medida do reservatório à disposição: a disponibilidade, expressa em anos, que restitui a importância e a criticidade do próprio recurso.

Estes dados constituem uma informação importante para estimar a disponibilidade temporal: um período de cerca de 50 anos para o petróleo (Aprofundamento 17.1), com as atuais modalidades de consumo; um período um pouco mais longo para o gás natural; da mesma forma, também se estimam em 50-80 anos os períodos de disponibilidade de prata, estanho, tungstênio, zinco, chumbo e mercúrio. Para o alumínio, a disponibilidade é de 270 anos, para o ferro, 140 anos, para o cobre e o zinco, 40 anos, para o titânio, 50 anos, para o magnésio as reservas são inexauríveis (enquanto for extraído do sal marinho). Outros materiais básicos para muitas cerâmicas e vidros (silicatos, argilas etc.) têm reservas extensas, adequadas para centenas de anos com os atuais ritmos de consumo. Para os materiais poliméricos é preciso referir-se às matérias-primas das quais são extraídos por síntese química, isto é, as matérias-primas de origem fóssil: hidrocarbonetos (petróleo, metano) e carvão.

17.1.2 Recursos renováveis

Os recursos renováveis distinguem-se em recursos ligados aos ciclos naturais (água

---

APROFUNDAMENTO 17.1 **Disponibilidade dos recursos**

Exemplo para a avaliação da disponibilidade de recursos não renováveis

Para o petróleo, vê-se na Fig. A-17.1 a **quantidade extraída** da terra, expressa em barris (1 barril = 159 litros). Os barris escuros já foram consumidos (praticamente nos últimos 50 anos), enquanto os barris claros indicam as reservas, isto é, os recursos cujos parâmetros físicos (localização e concentração) são conhecidos e para os quais são favoráveis os parâmetros para a extração (tecnologia, vínculos ambientais, acessibilidade social e política etc.). As reservas reportam separadamente a quota recentemente disponibilizada para o mercado externo (o petróleo da zona do Cáucaso e do Mar Cáspio); equivalente a cerca de 150 bilhões de barris), para reformar a dinâmica destes valores, que dependem das condições e das ações.

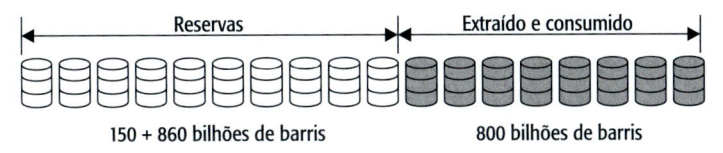

Fig. A-17.1 Reservas de petróleo e quantidade já extraída e consumida

Já que, a cada ano, consomem-se 21 bilhões de barris, a disponibilidade atual é:

$$Disponibilidade = \frac{(860+150) \times 10^9 \, barris}{21 \times 10^9 \, barris/ano} \cong 50 \, anos$$

Exemplo para a avaliação da disponibilidade quantitativa de recursos renováveis

Considerando a madeira, especificam-se diferentes tempos de renovação, com base na natureza biológica e na forma de emprego:

- combustível para produção de energia (galhos e sobras vegetais): 5-10 anos
- combustível para a produção de energia (pedaços): 10-20 anos
- polpa para produção de papel (eucalipto, choupo etc.): 10-15 anos
- uso tecnológico para componentes decorativos e estruturais (madeiras macias): 20-30 anos
- uso tecnológico para componentes decorativos e estruturais (corníferas): 30-50 anos
- uso tecnológico para componentes decorativos e estruturais (essências tropicais): mais de 100 anos

doce, areias, britas) e recursos biológicos referentes aos animais e vegetais, dos quais se extraem materiais (madeira, peles, fibras, borracha etc.) e combustíveis. A abordagem precedente modifica-se quando se lida com recursos cuja disponibilidade está ligada ao tempo de regeneração; por exemplo, a biomassa que constitui os organismos vivos é um recurso inexaurível com o tempo, pois é empregada a um ritmo inferior à capacidade de renovação biológica.

Para cada espécie, a disponibilidade tem um teto na superfície destinada a ela, nos vínculos climáticos e ambientais, que limitam, em cada região, as espécies que ali podem crescer convenientemente. Além disso, para cada espécie há um problema de sazonalidade da colheita: cada emprego deve fazer as contas com uma disponibilidade concentrada em períodos relativamente breves do ano. Nenhum recurso renovável pode ser replicado a níveis superiores à capacidade de sustentação do ecossistema em que vive. Portanto, para todos os recursos renováveis, especifica-se uma *quota máxima utilizável*, que define melhor os recursos renováveis como *recursos limitados*; é possível fazer referência a um parâmetro quantitativo – os anos durante os quais os recursos renováveis podem ser utilizados sem comprometer a disponibilidade, isto é, respeitando os tempos de renovação.

17.1.3 Preço dos recursos

Os recursos podem ser considerados apenas como *input* físico: para torná-los disponíveis, especifica-se um *custo*. E é o contexto tecnológico, econômico, político e legislativo que determina o *preço* do recurso. O caso do petróleo é seguramente o mais emblemático (Aprofundamento 17.2).

17.1.4 Modelo de extração

Desde sempre, com maior ou menor conhecimento técnico, o ser humano percebeu o ambiente como o recipiente do qual retirar tudo aquilo de que necessita; mas, com o tempo, algumas coisas mudaram:

- modificaram-se a intensidade e a modalidade desta extração; no início, ela era lenta e orientada para os recursos mais concentrados e disponíveis, gerando, entre outras coisas, uma menor quantidade de resíduos; aos poucos, aumenta a quantidade dos recursos extraídos e cresce a quantidade de resíduos gerados pelo consumo e pela transformação;
- na nossa sociedade, perdeu-se a consciência dos estágios entre a fase de emprego de um bem e as fases que estão por trás desse emprego e que o possibilitam; é quase impossível para o projetista e para o consumidor fazer a relação entre o emprego de um material e a extração dos recursos;
- a comunicação aumentou muito a velocidade de consumo dos recursos: um produto feito na Itália, na Europa, no Japão pode tornar-se objeto de consumo para todo o mercado mundial;
- o sujeito econômico precisa gerar, eventualmente apenas para uma parte dos consumidores, novas necessidades, nem sempre primárias, e impor a eles a imediata satisfação, sob pena de estagnação produtiva.

No modelo dominante, prevalece uma *insignificância econômica dos recursos*: parte-se da premissa de que os recursos são ilimitados e, na sua avaliação, o custo do ambiente não é considerado em termos correntes. Nos últimos anos, a disponibilidade de petróleo barato começou a acabar, seja pela escassez dos recursos que podem ser extraídos a baixo custo, seja pela entrada de novos Estados industrializados (particularmente China e Índia), com os quais dois bilhões de novos consumidores entraram no mercado de petróleo.

APROFUNDAMENTO 17.2 **O preço do petróleo bruto**

A partir dos anos 1960, quando o petróleo se torna a fonte energética dominante, isto é, a referência para os mercados energéticos, os choques energéticos assumem um impacto de relevância mundial, com consequências mais ou menos pesadas, segundo a estrutura energética dos diversos países (produtores, parcialmente produtores, dependentes de recursos externos). Os protagonistas deste cenário são diferentes. De um lado, estão as companhias petrolíferas, empresas multinacionais que controlam a extração, o refino e a distribuição; de outro, os países produtores de petróleo, associados desde 1958 na Organização dos Países Exportadores de Petróleo (OPEP) para enfrentar o risco de uma superprodução mundial (e, portanto, de uma redução de preço). Na década subsequente à criação da OPEP, porém, as coisas não melhoram muito para os países produtores: substancialmente, o preço do petróleo continua a cair em termos reais, isto é, levando em conta a inflação; até 1971, o preço do petróleo bruto não limita o uso da energia, que começou a ser usada em larga escala pelos países industrializados.

Em 1971, as coisas começam a mudar (Fig. A-17.2): os preços de referência, fixados pela OPEP, sofrem os primeiros aumentos de 30% (em seguida aos acordos de Teerã e de Trípoli). Em outubro de 1973, com a guerra árabe-israelense, são decididos em rápida sucessão dois aumentos, de 70% e de 130%, que quadruplicam o preço do petróleo: à frente desta ofensiva comercial estão o Irã e a Arábia Saudita, paladinos nada mascarados da estratégia energética estadunidense. Os Estados Unidos, que atravessam um período de grandes dificuldades (estão perdendo a guerra do Vietnã), aproveitam a ocasião para restabelecer as relações de força com a Europa e o Japão, que se estão tornando concorrentes econômicos temíveis: com efeito, o embargo teria tido pouco efeito na realidade estadunidense, que produzia, na época, 80% do petróleo bruto que consumia. De 1981 em diante, o preço cai por causa do rompimento do cartel dos produtores na OPEP, por iniciativa da Arábia Saudita, que decide promover uma concorrência pela queda do preço. No interior da OPEP, não se chega a

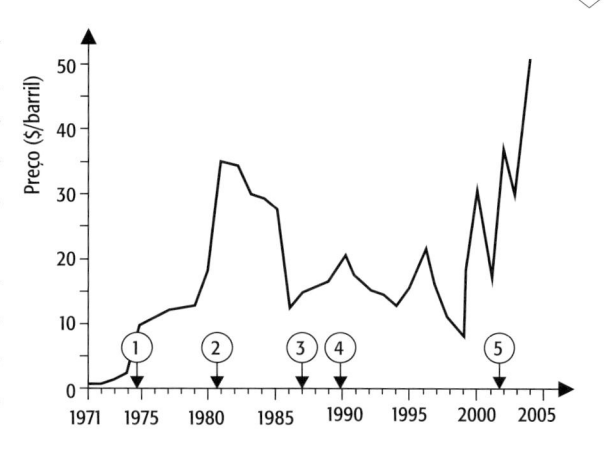

Fig. A-17.2 Preços do petróleo bruto (valores deflacionados em 2004 – 1 barril = 159 litros). 1: guerra Egito-Israel, 2: acordo dos países da OPEP, 3: guerra Irã-Iraque, 4: guerra Iraque-Kuwait, 5: 11 de setembro de 2001

nenhuma decisão e deixa-se o preço ao sabor da livre concorrência. Entrementes, a demanda de petróleo cresce, até pela progressiva redução do recurso à energia nuclear, sobretudo por causa dos incidentes de Three Mile Island (1979) e Chernobyl (1986). Entre 1987 e 1990, o preço mantém-se em níveis baixos. Está em curso o desmoronamento da OPEP e a Arábia Saudita, a Indonésia e a Nigéria chegam a retirar-se. Há tentativas de manter a produção baixa e os preços altos, mas os produtores não chegam a um acordo; particularmente o Irã e o Iraque precisam recuperar-se para a reconstrução depois da guerra. Em 1990, pode-se falar da crise petrolífera que não houve: a guerra do Golfo, que envolve primeiro a fronteira entre Iraque e Kuwait, dá início a um período de forte oscilação dos preços, mas a consistente capacidade produtiva que permanece inutilizada por causa da guerra (10 milhões de barris ao dia = 20%) não modifica a dinâmica dos custos para baixo, que garante mesmo assim margens econômicas. Emerge também a relevância dos fornecimentos vindos do Leste, sobretudo da então União Soviética, no processo de formação do preço do petróleo no mercado internacional. Além do petróleo bruto, entram em jogo também os fornecimentos de produtos petrolíferos semiprocessados e acabados: em 1990, a Itália recebe dos países do Leste Europeu 12% do petróleo e 50% dos derivados refinados. Nos anos subsequentes, anulado o acordo entre os produtores, o mercado é inundado pela oferta e o preço continua sua queda.

O período subsequente é caracterizado por desacordo contínuo na organização dos produtores e por relevantes eventos locais, que tornam instáveis os preços. Está-se na presença da superprodução, da oferta exuberante, controlada com a redução da extração para manter os preços altos e pelo controle dos países consumidores sobre a extração, que tende a manter o mais estável possível a situação de troca. Os fatos estão nos jornais diários: o embargo ao comércio exterior do Iraque, que continua desde a Guerra do Golfo e que ainda é parcialmente mantido; os choques entre Turquia e Curdistão; a guerra da Chechênia; o conflito nos territórios da ex-Iugoslávia, relacionado com o controle das áreas produtivas e dos corredores de transporte; os conflitos na Nigéria e no Zaire; o atentado de 11 de setembro de 2001 e todos os conflitos que se seguiram.

17.2 Transformação dos recursos

Em seguida à extração dos recursos, fases específicas de processamento, de tipologia extremamente diferente e de complexidade muito variada, permitem obter os materiais para emprego tecnológico. Prosseguindo na observação do ciclo de vida da Fig. 17.1, identifica-se um grupo de transformações primárias, normalmente destinadas a produzir semimanufaturados, que, em alguns casos, podem ser utilizados nessa forma ou submetidos a processos adicionais.

Analisar-se-á, agora, o significado ambiental da transformação dos recursos em um material de emprego tecnológico, especificando um indicador do impacto ambiental provocado pela sequência de processamentos de natureza diversa. É evidente que este é um aspecto complexo: basta pensar que a atividade industrial consome materiais e recursos, produz emissões na atmosfera, refluxos hídricos e resíduos sólidos, envolve a saúde das pessoas no ambiente de trabalho e pode provocar problemas na saúde das pessoas residentes no território circunstante. Mas é possível encontrar um só indicador altamente significativo para todos estes aspectos: o custo energético.

17.2.1 Custo energético

Para compreender o significado do custo energético, podemos fazer referência a um exemplo: a cadeira mostrada na Fig. 17.3. No Quadro 17.1, identificam-se os materiais utilizados (para os quais se indica a disponibilidade discutida nos itens 17.1.1 e 17.1.2) e

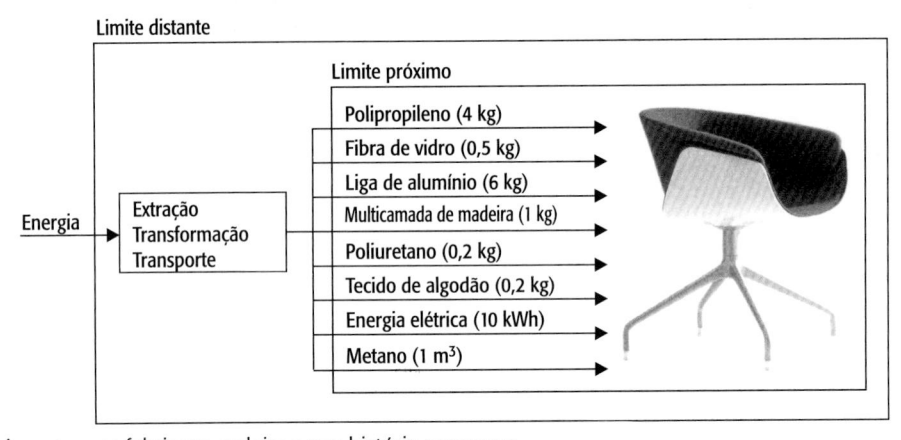

Fig. 17.3 Os *inputs* para fabricar a cadeira e sua história pregressa

Quadro 17.1 Materiais utilizados para a cadeira (Cadeira Sina, 1999 – Uwe Fischer, B&B Itália)

Componente	Material	Matéria-prima	Disponibilidade
Estrutura	Polipropileno reforçado com fibra de vidro	Petróleo (→ PP) Silicatos (→ vidro)	40 anos centenas de anos
Pé	liga de alumínio (6xxx Al-Mg-Si)	Bauxita (→ Al) Água do mar (→ Mg) Silicatos (→ Si)	250 anos inexaurível centenas de anos
Assento	Multicamada de madeira espumada a frio (resina ureia-formaldeído) com poliuretano expandido	Choupo (→ multicamada) Petróleo + água + ar Petróleo + água (→ PU)	15-20 anos 40 anos 40 anos
Revestimento	Tecido ou couro	Algodão (→ tecido) Boi (→ couro)	1 ano 5-10 anos

suas quantidades. Na atividade de fabricação da cadeira, são utilizados energia elétrica e combustíveis (para fazer funcionar os maquinários, para iluminar e aquecer os ambientes, para mover os meios de transferência etc.).

É razoável pensar que seja simples calcular a cota-parte de energia consumida para cada cadeira produzida (as contas de energia de um ano são subdivididas pelas cadeiras produzidas). Pode-se, assim, especificar os fluxos de energia consumidos para fabricar a cadeira. Quando se traça um *limite próximo*, isto é, um limite que envolve somente a atividade produtiva em análise (Fig. 17.3), indentificam-se os fluxos que entram na empresa; estes devem, porém, ser agregados para sintetizar a contribuição ambiental. Mas estes fluxos são heterogêneos (materiais heterogêneos e energia em diversas formas): os fluxos de energia podem, contudo, ser somados e expressos com a mesma unidade de medida (J).

Definem-se como *custos energéticos diretos* aqueles consumidos diretamente na atividade produtiva. Neste caso, para cada cadeira produzida: 10 kWh de energia elétrica $\times$ (3,6 MJ/1 kWh) + 1 m^3 de metano $\times$ (34,6 MJ/1 m^3) = 36 + 34,6 MJ = 70,6 MJ.

Para poder apreciar a contribuição dos fluxos de material e apreciar de maneira completa a contribuição dos fluxos de energia, deve-se ampliar a observação, de modo a compreender a contabilidade também da energia que foi consumida para disponibilizar os fluxos de material e de energia fornecidos à empresa; esta energia corresponde aos *custos energéticos indiretos*, isto é, aqueles ocorridos em alguma outra parte do território, fora da empresa, para disponibilizar os diversos fluxos. Para isso, é preciso traçar um *limite distante* (Fig. 17.3), que inclua as atividades de extração, transformação e transporte, realizadas para disponibilizar os materiais e os fluxos de energia: é, assim, possível contabilizar toda a energia despendida nestas atividades. É evidente que esta contabilidade deve ser feita para todos os materiais envolvidos.

A ideia de medir o valor dos materiais com base na quantidade de energia associada a todas as operações necessárias para torná-los disponíveis é uma importante consideração, porque permite restituir com um único parâmetro, expresso em MJ, todo o processo de transformação e, com uma única unidade de medida, tanto a energia como os materiais;

APROFUNDAMENTO 17.3 **Energia e fontes primárias**

Enquanto os *custos energéticos diretos* se referem à energia consumida pelo processo, entre os custos energéticos indiretos assume um papel relevante a energia para transformação, transporte e distribuição, que é gasta para tornar disponível a energia para o usuário. Estas perdas podem ser avaliadas como a diferença entre os recursos primários utilizados e a energia disponível para o processo produtivo. Na situação italiana (Fig. A-17.3), cerca de 90% da energia elétrica vem de uma produção termoelétrica, na qual os combustíveis fósseis (óleo combustível, carvão, gás natural), utilizados nas centrais termoelétricas, restituem cerca de 40% da sua energia sob a forma de eletricidade (assim, para obter 1 unidade de energia elétrica utilizável, é necessário recorrer a 2,53 unidades de recursos primários); o restante vem de uma produção hidrelétrica, caracterizada por perdas substancialmente irrelevantes. As perdas relativas aos combustíveis empregados diretamente como tais referem-se ao refino, como no caso do petróleo bruto, e ao transporte.

```
Recursos primários:  2,53              1,09           1,09           1,02
                Termoelétrica  Hidrelétrica
                    │            │         │              │              │
                    ▼            ▼         │              ▼              │
                Aquisição    Aquisição     │                             │
                Transporte   Transporte    │           Refino            │
                    │            │         │              │              ▼
                    ▼            │         │              │           Refino
                 Refino          │         │              │              │
                    │            │         │              │              │
                    ▼            │         │              │              │
                Conversão        │         │              │              │
                    │            │         │              │              │
                    ▼            ▼         ▼              ▼              ▼
                   Transporte         Transporte e   Transporte e   Transporte e
                                      distribuição   distribuição   distribuição
                       │                  │              │              │
                       ▼                  ▼              ▼              ▼
        Energia no uso     1,00         1,00           1,00           1,00
             final:      Energia       Carvão         Produtos        Gás
                         elétrica                    petrolíferos    natural
```

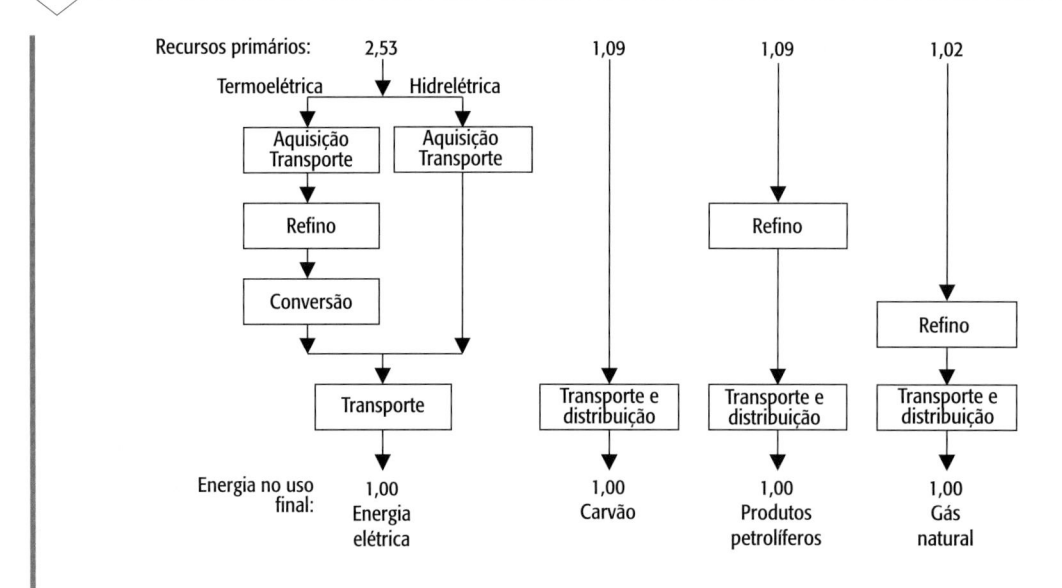

Fig. A-17.3 Sistema energético italiano

realiza-se, assim, a ideia de medir o valor das mercadorias com base na quantidade de energia necessária para produzi-las, chamado, por conseguinte de *custo energético*. A análise energética consegue fazer emergir também o aspecto qualitativo da energia, isto é, em palavras mais simples, consegue contabilizar quantos recursos primários foram necessários para disponibilizar os *inputs* energéticos para o processo produtivo. Na Tab. 17.1, reportam-se os custos energéticos de vários tipos de material, representados pela soma de toda a energia utilizada nas diversas fases de transformação para tornar disponível o material, utilizada de forma direta – como combustíveis, carburantes ou energia elétrica – ou indireta, para tornar disponíveis os materiais e os vetores de energia.

17.2.2 Energia, combustão, alterações ambientais

O custo energético dos materiais remete, em medida significativa, ao impacto ambiental, porque a produção de poluentes dispersados no ar e de resíduos sólidos é determinada em grande medida pelos recursos energéticos empregados. Estes são basicamente queimados para obter diretamente o calor utilizado nos processos produtivos ou para obter energia elétrica. Para transformar os recursos em materiais, recorre-se à combustão (item 12.2). Quando se considera a combustão do metano, conforme a Eq.(12.3), observa-se que os produtos da combustão são a água (produto da oxidação do hidrogênio), que não acarreta problemas de impacto ambiental e o dióxido de carbono (produto da oxidação do carbono).

Todas as vezes que se queima carbono (como gás metano, petróleo, gasolina, diesel, carvão, lenha, resíduos etc.), produz-se dióxido de carbono. Este não comporta riscos significativos para as pessoas, mas age sobre a atmosfera terrestre, por meio do *efeito estufa*. As diversas atividades humanas (rurais, urbanas, industriais etc.) são acompanhadas de uma série de alterações das características do ambiente, de variada natureza e gravidade. Estes fenômenos, governados por mecanismos extremamente diferenciados, podem

Tab. 17.1 Custos energéticos dos materiais (expressos em MJ/kg)

Classe	Material	Energia (MJ/kg)
Metais[1]	Aços (metalurgia primária, ou seja, a partir do minério)	25,6[2]
	Aços (metalurgia secundária, ou seja, a partir de sucata)	10,7[2]
	Ligas de alumínio (metalurgia primária)	199,8[2]
	Ligas de alumínio (metalurgia secundária)	11,7[2]
	Ligas de magnésio (metalurgia primária)	410-420
	Ligas de cobre (metalurgia primária)	95-115
	Ligas de cobre (metalurgia secundária)	12,5[2]
	Ligas de zinco (metalurgia primária)	67-73
	Ligas de zinco (metalurgia secundária)	52[2]
	Ligas de chumbo (metalurgia primária)	28-32
	Ligas de chumbo (metalurgia secundária)	25,4[2]
Polímeros	Polietileno de baixa densidade (LDPE)	80-104
	Polietileno de alta densidade (HDPE)	103-120
	Polipropileno (PP)	108-113
	Poliestireno (PS)	96-140
	Cloreto de polivinila (PVC)	67-92
	Náilon 66 (PA)	170-180
	Borracha natural	5,5-6,5
	Borracha sintética	120-140
Cerâmicas e vidros	Vidros	13-23
	Fibras de vidro	38-64
	Cerâmicas	6-15
	Tijolos	3,4-6
	Refratários	1-50
Compostos	Polímeros reforçados com fibra de vidro (GFRP)	90-120
	Polímeros reforçados com fibra de carbono (CFRP)	130-300
Outros materiais e *inputs*	Cimento	4,5-8
	Concreto	3-6
	Concreto armado	8-20
	Brita, cascalho	0,1
	Pedras de construção	1,8-4
	Madeiras duras, madeiras macias	1,8-4
	Solventes	9,8
	Óleos	44
	Papel, papelão	8
	Água	1,4 (MJ/m^3)[3]

[1] Estes dados justificam-se pelo fato de que, na metalurgia primária, é necessário aplicar energia (fase de redução) para extrair o metal do minério onde está em forma oxidada e, em seguida, fazer as correções adequadas (fase de afinação). Na metalurgia secundária, a matéria-prima (sucata) trabalha com o metal sujo e parcialmente degradado, mas já na forma metálica; há, assim, basicamente uma fase de refundição que demanda menos energia. [2] Situação italiana em 1990. [3] Aqueduto da cidade de Milão.

provocar modificações ambientais e climáticas de diferentes escalas (Fig. 17.4).

Entre os efeitos ambientais de escala planetária, destaca-se a seriedade do *efeito estufa*. O aumento das concentrações de gases produzidos pelas atividades humanas determina uma alteração do mecanismo de troca de energia entre o sol e a terra, já que a atmosfera absorve uma cota maior de radiação refletida, com consequente aumento da cota de energia retida e, assim, aquecimento global do planeta (Fig. 17.5). Esta alteração revela-se em particular no incremento dos *fenômenos meteorológicos extremos* (secas prolongadas, fortes precipitações e consequentes efeitos sobre o território, ciclones, trombas de ar), que, em síntese extrema, resultam da quantidade aumentada de energia na atmosfera.

O dióxido de carbono derivado dos processos de combustão é o protagonista mais importante do efeito estufa. Com efeito, a produção de CO_2 (expressa em kg de dióxido de carbono/kg de material) é correlacionada (com coeficientes estequiométricos adequados) à energia consumida (e queimada). Assim, este atributo é uma réplica do custo energético anterior: a energia consumida relaciona-se com a disponibilidade dos recursos não renováveis (e parcialmente renováveis) consumidos, enquanto o dióxido de carbono produzido relaciona-se com uma alteração ambiental global.

17.3 O ambiente como depósito de resíduos

Por décadas, contou-se (e ainda se conta) com a capacidade do ambiente de escoar o que é descarregado nele, mas se evidenciaram situações macroscopicamente inaceitáveis. Uma abordagem correta implica a gestão de todo o ciclo resultante das atividades humanas e produtivas e também dos ônus econômicos, e não somente, que derivam delas: com efeito, geralmente os resíduos constituem contabilidade negativa, no sentido de que há um custo para livrar-se deles. Esta problemática dos resíduos evidenciou-se particularmente por causa:

- da duração inferior da vida de algumas categorias de bens e equipamentos, isto é, um maior consumismo, que implica percorrer as fases de transformação e utilização de um produto com frequência mais elevada e, assim, com geração de quantidades múltiplas de resíduos;

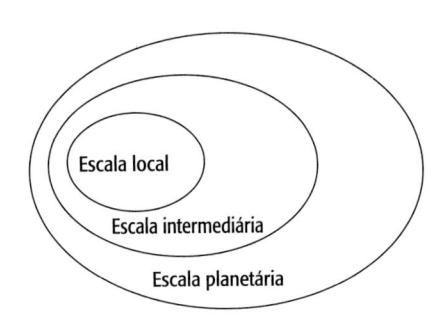

Fig. 17.4 As alterações ambientais envolvem esferas espaciais e temporais de diferente importância

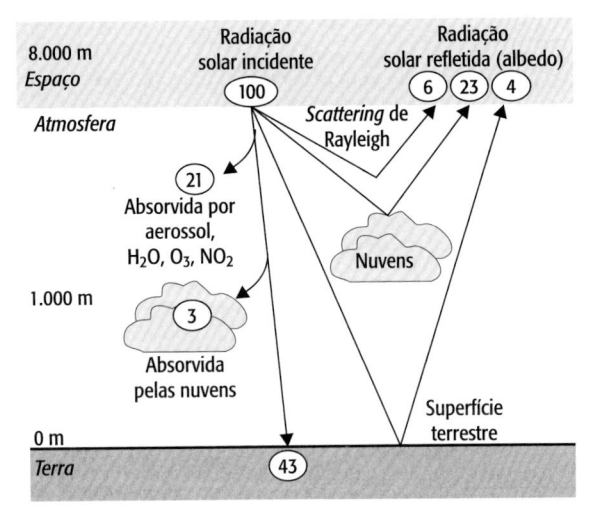

Fig. 17.5 Balanço esquematizado da troca de energia entre o espaço externo e o sistema terra + atmosfera

- de atingir-se o limite tanto das capacidades receptoras do ambiente (ar, água, solo), sobretudo em alguns sítios, como dos custos insustentáveis para a despoluição tecnológica: estes aspectos destacam-se sobretudo em algumas áreas muito urbanizadas e industrializadas, onde existe um problema de concentração de resíduos;
- da legislação italiana e da Comunidade Europeia, em particular em matéria de reciclagem das embalagens e de algumas categorias de produtos, sem contar a certificação ambiental, que contabiliza o impacto ambiental.

A análise das transformações de um material deve ser, assim, completada como indicado pela Figs. 17.1, dando uma resposta e identificando o destino de todos os fluxos, isto é, das flechas que identificam os resíduos derivados do processamento e do consumo e utilização dos produtos: especifica-se desta forma o *ciclo de vida dos materiais*.

17.3.1 Hierarquia das soluções

Quando se deseja levar em conta o ambiente, deve-se, antes de mais nada, projetar usando a quantidade *certa* de material, isto é, a que deriva de uma análise da função do produto e do *correto dimensionamento*. Uma estrutura superdimensionada custa mais e pesa mais em relação à função para a qual é destinada e dilata todos os problemas ambientais: mais recursos e, portanto, mais extração, mais custos de transformação e, portanto, mais custo energético e mais efeito estufa, e, enfim, mais resíduos dos quais se livrar. O problema dos resíduos deve ser tratado com atenção, segundo esta hierarquia:

- *redução das quantidades* na produção: os produtos apresentam a mesma função utilizando menos quantidade de material (por exemplo, uma embalagem); ocupar-se da *pele* dos produtos pode parecer um problema marginal, mas não é: ainda há uma enorme espaço para racionalização; basta pensar que, na Itália, em 2002, os materiais destinados a embalagem representavam uma parcela importante dos materiais produzidos para todos os empregos: 58% do vidro, 30% do alumínio, 42% dos plásticos, 50% do papelão e do papel e 18% da madeira foram então destinados a produzir embalagens (que têm uma vida breve, em alguns casos muito breve); os produtos mantêm a sua capacidade de utilização por mais tempo; para reduzir a quantidade produzida, poder-se-ia alongar sua vida útil (por exemplo, para vestuário, utensílios, computadores, carros);
- *redução da periculosidade*: pode-se escolher materiais que apresentam uma periculosidade reduzida no momento do descarte (recordem-se, por exemplo, os problemas ligados ao cimento-amianto, utilizado no passado em edificações); esta estratégia, para ser exposta com mais detalhes, requer um conhecimento da *periculosidade* dos materiais que não pode ser sintetizado neste texto; no item 17.5, são apresentadas algumas considerações que permitem enquadrar o tema do risco dos materiais e das substâncias para a saúde humana durante a fase de emprego dos produtos e dos artefatos;
- *valorização dos produtos descartados*: um projeto atento ao descarte e diversas estratégias de coleta permitem minimizar as quantidades de resíduos, interceptar fluxos diferenciados e valorizar os materiais, por meio dos percursos subsequentes definidos a seguir.

17.3.2 Possibilidades de reaproveitamento

No final de sua vida útil, ou seja, quando já não atende a função para a qual foi projetado e realizado, um produto ou um elemento construtivo define-se como *descartado*, isto é, fora de uso. Esta condição dos artefatos não coincide necessariamente com a dos *resíduos* a escoar. O conceito de *descarte*, diferente do de *escoamento*, pressupõe a existência de percursos posteriores do artefato ou dos materiais que o constituem e, portanto, não representa a última fase do ciclo de vida. Já o termo *escoamento* especifica essencialmente a fase de ocultação do resíduo e, em consequência, sua inutilidade.

Observando o ciclo de vida dos materiais de emprego tecnológico (Fig. 17.1), emerge a importância dos *processos de recuperação*, isto é, de todos os processos industriais ou das ações que visam a obter matérias-primas secundárias e/ou energia, mediante reúso, reciclagem e transformação dos resíduos. Observa-se que estas *matérias-primas secundárias* (MPS), isto é, materiais de emprego tecnológico provenientes de reciclagem e recuperação, podem ser inseridas nos ciclos de produção, como semimanufaturados ou recursos energéticos, substituindo materiais derivados de recursos extraídos do ambiente. Isto produz uma dupla vantagem ambiental: minimiza-se a função do ambiente como depósito de resíduos, porque se reduzem os resíduos, e, ao mesmo tempo, extraem-se menos recursos do ambiente, porque foram substituídos por aqueles extraídos dos resíduos. Os caminhos que permitem a um artefato passar da condição de escoamento para a de valorização podem ser reduzidos a três âmbitos específicos: reúso, reciclagem e recuperação (Quadro 17.2).

Reúso (sinônimos: *reutilização, reemprego*). No caso de bens para os quais não tenha ocorrido deterioração a ponto de fazê-los perder as características e a funcionalidade originais, pode-se proceder à *reutilização direta do bem*, sem modificar a estrutura e a forma. O bem pode ser destinado ao mesmo tipo de função para o qual foi concebido ou para outra função, em geral com menores requisitos de desempenho: um exemplo típico é o de recipientes de vidro para líquidos ou o das bancadas utilizadas na distribuição das mercadorias. Em alguns casos, o reúso deve ser precedido de processamentos simples do tipo industrial ou

Quadro 17.2 Os caminhos para a valorização

Reúso: reemprego ou reutilização do produto	para a mesma função (exemplos: recipientes, bancadas)
	para funções de menos demanda (exemplos esquadrias, roupas, objetos de decoração)
Reciclagem: reciclagem ou reutilização do material	para a mesma aplicação (exemplos.: metais, vidro, papel)
	para aplicações de menos demanda (exemplos: termoplásticos, madeira, vidro, papel)
Transformação: intervindo nos fluxos diferenciados, pela da transformação do material, obtém-se valorização sob forma de materiais e energia	separação e estabilização (CDR a partir de RSU*)
	transformação térmica (combustão de CDR e plásticas)
	transformação química (composto) e biológica (biogás)
Escoamento: eliminação de fluxos residuais do circuito	incineração
	pré-tratamento e descarga
	descarga

* CDR = Combustíveis Derivados de Resíduos; RSU = Resíduos Sólidos Urbanos

de manutenção e limpeza: no caso da garrafa de vidro, procede-se a uma lavagem, prevendo a retirada da etiqueta, e a uma esterilização. O reúso pode ocorrer por meio de soluções implementadas pelo usuário ou por empresas que organizam a coleta diferenciada.

Reciclagem. Neste caso, procede-se à reutilização dos materiais que constituem o resíduo, para o mesmo uso e para outros usos. A reciclagem difere do reúso pelo fato de o bem não ser reutilizado diretamente, mas sim o material de que é composto, depois de um processamento significativo: este caminho implica um importante envolvimento da atividade de transformação industrial, precedida tanto pelos resíduos que derivam do ciclo de consumo como pelos provenientes do circuito industrial, por meio de soluções de coleta seletiva. A reciclagem de um material, quase sempre, indica conveniência econômica e ambiental com respeito à transformação de matérias-primas.

A reciclagem é subordinada a uma propriedade intrínseca do material, que é a *reciclabilidade*, definida como a possibilidade de submeter o material a um novo processo de formação. No caso da reciclagem do material, o componente não é mais reutilizado com sua velha forma, mas deve assumir uma nova geometria, adaptada à nova função: assim, o problema é levar o material a um estado (líquido, pastoso, fluido) que possa ser trabalhado ou, com termo mais tecnologicamente correto, re-formado. Para os materiais metálicos, a reciclabilidade é ilimitada: à parte a conveniência econômica que orienta o modo apropriado de uso das sucatas de composição variada, isto significa que, de todas as tipologias de sucata é sempre possível obter as ligas originais, mesmo na presença de impurezas e de revestimentos de vários tipos (vernizes,

depósitos eletrolíticos, esmaltes etc.), que se degradam durante o processo térmico de refundição. Para outros materiais, porém, especifica-se uma perda das características tecnológicas e, assim, uma desclassificação das propriedades: esta é a condição dos materiais termoplásticos, cuja degradação deve ser atribuída particularmente ao aquecimento anterior à formação; do papel, que deve suportar processos pesados de limpeza da tinta e da pátina; da madeira, que pode ser reciclada para obter fragmentos ou fibras. Nestes casos, a reciclagem pode ser apropriadamente realizada *em cascata*, isto é, com sucessivas reutilizações para funções que preveem requisitos tecnológicos cada vez menores. Enfim, para alguns materiais, não há nenhuma perspectiva de valorização.

Quando se fala de reciclagem, deve-se introduzir parâmetros posteriores para caracterizar as problemáticas tecnológicas, de gestão e econômicas – em primeiro lugar, a *homogeneidade* e a *limpeza* do resíduo. Os resíduos de origem industrial são coletados de maneira diferenciada e são, portanto, homogêneos, com características bem conhecidas e relativamente limpos, já que não sofreram um ciclo de emprego. Os resíduos que derivam do pós-consumo distinguem-se por ser extremamente heterogêneos, pouco conhecidos quanto às suas características e, muitas vezes, estar contaminados ou sujos; além disso, a sua reciclagem é subordinada a uma complexa coleta seletiva.

Pode-se distinguir uma *reciclagem de circuito aberto* e uma *reciclagem de circuito fechado*, quando os resíduos derivam do mesmo processo industrial e são inseridos no mesmo setor produtivo (é típico o caso dos canais de ligas ou dos restos dos processos metálicos, que são refundidos, em alguns casos sem nem mesmo sair da fábrica que os gerou, ou o caso da recuperação das águas de lavagem das betoneiras nas instalações de produção de concreto). Neste primeiro caso, o material de que é composto um produto substitui uma matéria-prima virgem em ciclos produtivos diferentes daquele que o gerou.

Assim, é oportuno sublinhar que a viabilidade da reciclagem depende não apenas da *reciclabilidade*, propriedade intrínseca do material, mas também da *atitude para reciclagem*, propriedade que resulta da combinação de vários requisitos, ou seja, da limpeza e homogeneidade do material inserido no produto, da possibilidade de separar os componentes do produto, da tecnologia de coleta e de seleção, da tecnologia de reprocessamento, da economia do processo de reciclagem.

Recuperação. Neste caso, o resíduo sofre uma transformação (térmica, química, física ou biológica) que permite obter materiais e/ou energia. Exemplos típicos são a produção de composto e/ou biogás com a fração orgânica dos Resíduos Sólidos Urbanos (RSU) ou a partir dos lodos que derivam do tratamento de determinados refluxos industriais ou ainda dos próprios depósitos de lixo, a produção de CDR (combustível derivado dos resíduos) a partir da fração orgânica dos RSU e a recuperação energética em instalações de termoutilização, como os incineradores. Exemplos referentes aos materiais de construção são a utilização da escória produzida pelo alto-forno, o emprego das cinzas derivadas da combustão do carvão e das frações pesadas da destilação do petróleo.

Na recuperação, pode-se encontrar também uma perda consistente de valor do bem de consumo inicial: apesar disso, a recuperação da matéria e/ou energia encontra conveniência econômica e ambiental no fato de que pode comportar um aproveitamento dos recursos contidos no bem de consumo e evitar os custos de escoamento.

Escoamento. Quando um artefato ou os materiais que o constituem não podem mais desempenhar sua função ou quando motivações técnicas, de gestão e econômicas se impõem, opta-se pelo escoamento. Esta fase concerne as tecnologias que já não podem valorizar o resíduo no ato do descarte. Com efeito, estas tecnologias requerem o envolvimento de importantes recursos territoriais, energéticos e econômicos: na realidade, este é o destino da maior parte dos artefatos depois do descarte. Os resíduos são colocados em depósitos de lixo, com menores ou maiores requisitos, ditados pela necessidade de controlar a periculosidade dos resíduos e que tratam de não contaminar o território: há depósitos que podem acolher *resíduos inertes*, isto é, considerados incapazes de contaminar o solo, depósitos com requisitos mais rigorosos para *resíduos não perigosos* e para *resíduos perigosos*, de acordo com numerosas tipologias que derivam das atividades industriais, mas não só delas.

Entre os processos de escoamento, pode-se recordar a tecnologia de inertização, capaz de reduzir a periculosidade do dejeto e, assim, permitir uma colocação no depósito com menos requisitos: é esta a tecnologia utilizada para o amianto, que perde sua periculosidade por meio de um processo de vitrificação, ou para os resíduos urbanos úmidos, que sofrem um processo acelerado de oxidação, para torná-los mais estáveis e reduzir sobretudo seu cheiro. A incineração é geralmente conduzida com uma recuperação do calor de combustão, funcional para produzir energia elétrica ou destinado à utilização em outros processos industriais ou empregos civis, mediante transporte: neste caso, o caminho do descarte é intermediário entre os processos de escoamento (a combustão visa a escoar o resíduo) e de recuperação.

Deve-se notar, enfim, que os processos de tratamento de resíduos também podem gerar resíduos, normalmente em quantidades menores, mas com periculosidade mais elevada (por exemplo, a incineração de RSU produz um resíduo sob forma de cinzas, igual a cerca de 30% do resíduo tratado).

17.3.3 Reciclagem de materiais metálicos

Como indicado anteriormente, os materiais metálicos se caracterizam por uma completa *reciclabilidade* e geralmente por uma elevada *atitude de reciclagem*. Bertolini (2006) explica como se distinguem dois caminhos, a partir dos processos de formação (Fig. 17.6), com base nas matérias-primas do início: a *metalurgia primária*, isto é, que produz metal a partir do minério, e a *metalurgia secundária* (processos de reciclagem), que produz metal a partir de sucata do setor industrial, sucatas de pós-consumo (metal dos componentes e metal de revestimentos, aditivos, estabilizantes, pigmentos etc.) e de resíduos industriais. Para os principais metais, a Tab. 17.2 e a Fig. 17.6 evidenciam a consistência destes setores na Itália, identificando as matérias-primas, os processos adotados e a incidência dos processos primários e secundários.

A fase de fusão é básica na escolha do processo e do equipamento. Os processos de metalurgia primária são apenados pela coleta do minério e pela exigência de tratamentos de redução, precedidos de exigentes processos de preparação e otimização do minério e das matérias-primas energéti-

Tab. 17.2 Produção de semiprocessados metálicos na Itália (milhares de t, em 1998 para o aço e em 1996 para os outros materiais), indicação das principais matérias-primas e dos processos. Porcentual de metalurgia primária (MP) e secundária (MS)

Material		Matérias-primas	Processo/equipamento	milhares de t	%
Aço	MP	minério de ferro	alto-forno + conversor	10.434	40,6
	MS	sucata ferrosa	forno elétrico	15.266	59,4
Ferro-gusa	MP	minério de ferro	alto-forno + conversor	11.582[a]	87,7
	MS	sucata ferrosa	alto-forno	1.630	12,3
Alumínio e ligas de alumínio	MP	bauxita	tratamento hidrometalúrgico + eletrólise	184	32,8
	MS	sucata, aparas	forno rotativo	377	67,2
Zinco	MP	blenda	refinação térmica	269[b]	83,0
	MS	sucata, aparas fumos de aciaria[b]	forno rotativo forno de indução forno Waelz	55	17,0
Chumbo	MP	blenda	refinação térmica + eletrólise	66[b]	31,4
	MS	sucata, acum. fumos de aciaria[b]	refinação térmica forno Waelz	144	68,6
Cobre e ligas de cobre	MS	sucata, cinzas	refinação térmica forno de refundição	61	100,0

[a] Ferro-gusa de MP: o dado inclui o ferro-gusa convertido em seguida em aço. [b] Zinco e chumbo: parte da produção é inserida em um tratamento integrado, que prevê, primeiro, a reciclagem dos fumos de aciaria (resíduo industrial: cerca de 100.000 t/ano) com processo Waelz e, depois, a refinação térmica (MP).

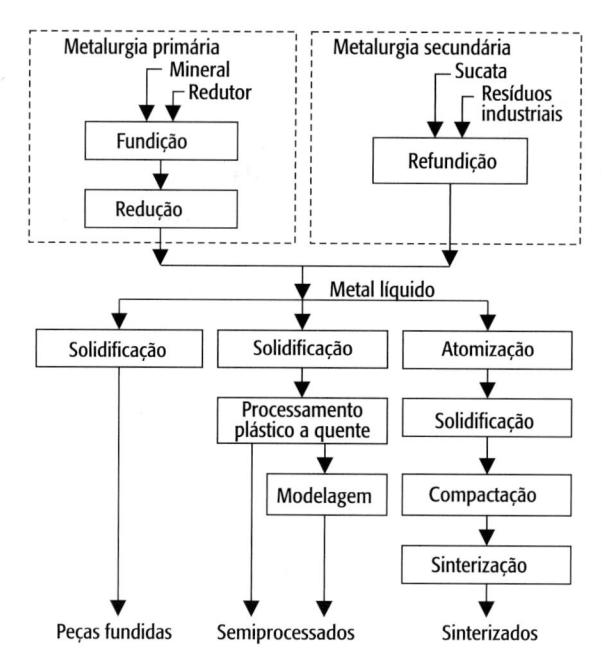

Fig. 17.6 Quadro dos processos metalúrgicos para obter semiprocessados

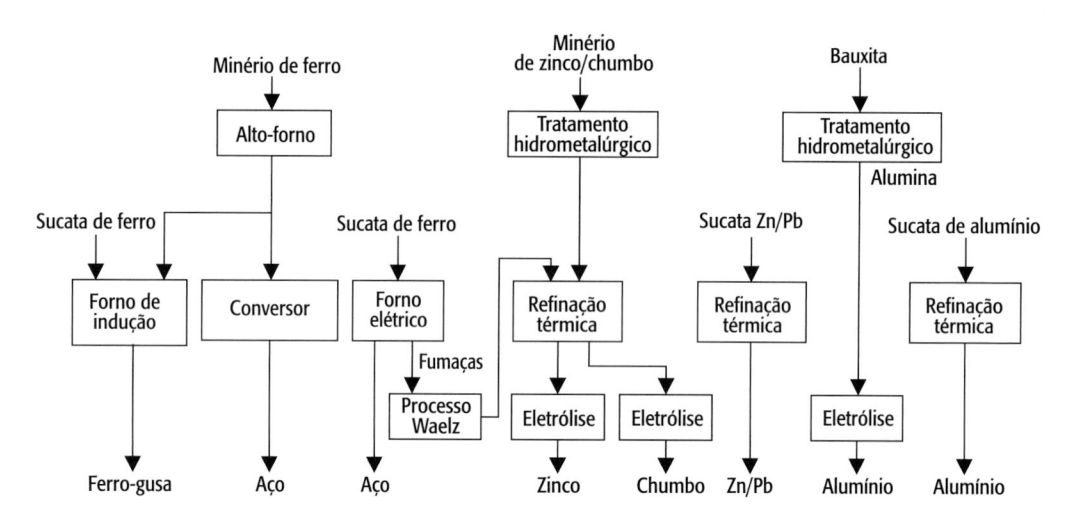

Fig. 17.7 Esquema dos diversos caminhos possíveis para obter metal fundido

---

APROFUNDAMENTO 17.4 **O recurso sucata**

Os fluxos de sucata a partir do pós-consumo ocorrem com um retardamento que depende do ciclo de vida do produto: de poucos dias a várias dezenas de anos, portanto.

Aço. Na atual situação italiana, a sucata de ferro corresponde a 40% do aço consumido e torna-se disponível cerca de 15 anos depois da vida média do artefato que a incorpora. A sucata vem de várias fontes: 19% dos resíduos siderúrgicos, 13% é sucata nova (descartes de processamentos mecânicos) e 68% vem da coleta de sucata velha (demolição de instalações industriais, de navios, da rede ferroviária, de máquinas e estruturas variadas, coleta em áreas urbanas e rurais). Esta última categoria aumentou notavelmente nos últimos vinte anos, subindo de 33% para 68% do total, por causa da estrutura da própria siderurgia (introdução da liga contínua e consequente redução da reciclagem interna) e da crescente maturidade do mercado, que vê um maior afluxo de reciclagem. Os reciclados siderúrgicos não precisam de processos complexos: a coleta é feita diretamente nas grandes instalações. A sucata velha é a que envolve toda a estrutura piramidal dos operadores do setor: pequenos catadores artesanais, pequenos comerciantes de sucata, instalações de preparação onde se prevê até a preparação da sucata para a carga no forno. Há várias operações de corte, fragmentação, compactação e separação magnética, de maior complexidade no caso de demolições de veículos. Considerada a localização dos fornos elétricos, a distribuição territorial da demanda de sucata na Itália está concentrada nas regiões setentrionais (50% na Lombardia, 30% no Vêneto, Friuli e Piemonte): há problemas devidos à dispersão da coleta no território e aos elevados custos para o transporte aos centros de preparação, concentrados na Itália setentrional.

Zinco e chumbo. Cerca de 60% do chumbo e do zinco é empregado como metal e, deste total, é possível obter um reciclado, enquanto os restantes 40% são utilizados como materiais de carga (revestimentos, aditivos e estabilizantes para plásticos, pigmentos etc.), dos quais não é possível obter um reciclado, a não ser de modo indireto: na metalurgia do zinco e do chumbo ocorre uma integração entre a atividade primária e a de reciclagem, utilizando como material inicial a poeira de aciaria, onde se recolhem os metais de baixa fervura, presentes nos revestimentos, que evaporam durante o processo de refundição. Um setor consolidado é o da reciclagem das baterias a chumbo, aplicação que incide em 40% do consumo total. A reciclagem é feita com tecnologias que preveem processos indiretos, efetuados antes da elaboração pirometalúrgica, nos quais separam os componentes da bateria; as frações obtidas são preparadas seletivamente para fases dedicadas, simples processos de refundição e, se necessário, instalações de redução dos óxidos.

Cobre. Das aplicações do cobre, 50% são ligadas ao setor eletroeletrônico e 30% vão para edificações. Os usos como carga (secundários) não chegam a 1%. A boa atitude de reciclagem vem da prevalência de aplicações em bens de capital e a longa duração. Mesmo a elevada densidade é um parâmetro positivo na fase da coleta do metal ao final do ciclo de vida útil, mas o principal fator é a boa remuneração do reciclado diferenciado, devido ao alto valor da sucata.

Alumínio. A quantidade de aparas de alumínio (sucata limpa) disponível para reciclagem depende da estrutura da indústria: o setor italiano caracteriza-se positivamente pelo extraordinário desenvolvimento, nos anos 1970, das fundições de peças moldadas. Os empregos das ligas de alumínio são realizados nos setores de edificações (cerca de 30%) e de embalagens (25%), eletrotécnico (12%) e de transporte (10%), alguns voltados para bens duráveis, outros para produtos destinados a consumo rápido, onerando a cota de sucata disponível para reciclagem.

cas utilizadas. Os processos de reciclagem também apresentam fases preliminares de coleta, seleção e enriquecimento, estas últimas menos onerosas quando comparadas com as da metalurgia primária, e sucessivos tratamentos de refundição e de afinação das ligas (Fig. 17.7).

17.3.4 Reciclagem de materiais plásticos

O descarte dos materiais plásticos articula-se com base na hierarquia de valorização do resíduo:

- a *reciclagem* do material termoplástico para a mesma aplicação: neste caso, a

principal variável é a possibilidade de coletar e *separar* o material;
- a possibilidade de reutilizar materiais termoplásticos heterogêneos (também considerado reciclagem): o aspecto principal refere-se à possibilidade de *misturar* esses materiais;
- a possibilidade de *recuperação energética*: entra em jogo o poder calorífico, particularmente interessante no caso dos materiais derivados de hidrocarbonetos;
- no caso de *escoamento* sem recuperação energética, o parâmetro que entra em jogo é a *degradabilidade* - a capacidade de o material se degradar e ser absorvido pela natureza.

No que se refere aos materiais termoplásticos, pode-se especificar dois caminhos: a reciclagem pré-consumo (consolidada) e a reciclagem pós-consumo (não consolidada). Sob o emprego de materiais poliméricos, observam-se possíveis caminhos para a degradação química, térmica, natural (Fig. 17.8). A reciclagem das matérias plásticas pós-consumo não é um caminho consolidado porque nem sempre é imediatamente competitivo com o material virgem, não obstante o custo relativamente baixo do material polimérico virgem; porque os custos ambientais não são contabilizados e, portanto, os caminhos alternativos para escoamento não são valorizados; porque, para reduzir os custos de tratamento no final da vida útil, é preciso simplificar o produto, enquanto a tendência é de enriquecer a variedade dos materiais plásticos disponíveis; porque é um percurso que depende das estratégias adotadas na gestão dos resíduos.

17.4 O SETOR DO CONCRETO E O AMBIENTE

No âmbito das construções, no futuro, não será possível perseguir objetivos técnicos e econômicos sem considerar os limites que

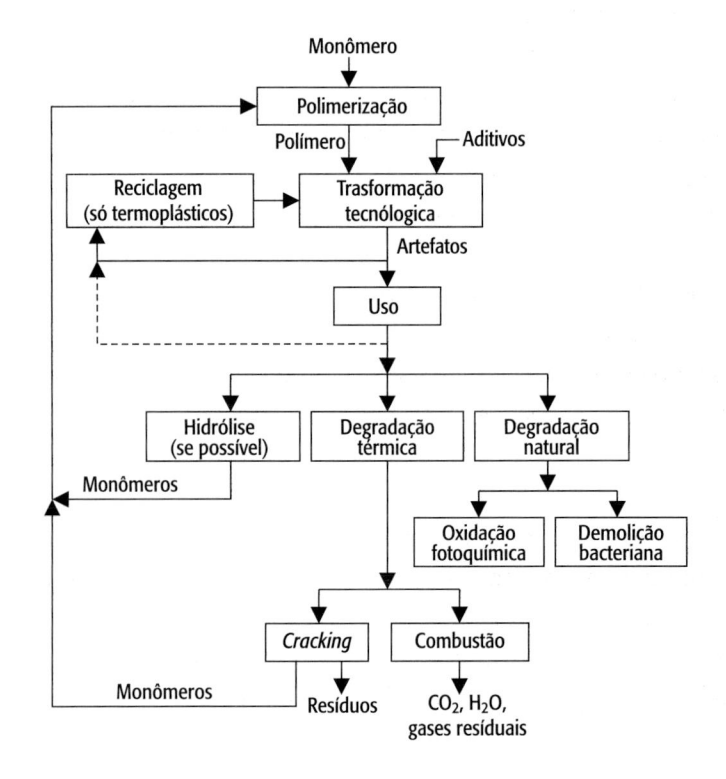

Fig. 17.8 Ciclo de vida de um material polimérico

o respeito ambiental impõe. O concreto é o material de construção mais utilizado; o amplo uso é devido ao custo relativamente modesto tanto dos materiais constituintes como da realização.

Nos últimos decênios, a indústria do concreto teve de responder a uma crescente demanda global de infraestrutura. Na Fig. 17.9, que reporta a evolução da produção de cimento de 1900 até nossos dias, pode-se observar que, a partir da segunda metade do século XX, a produção de cimento registra um rápido aumento, justificado também pela fase de reconstrução europeia nos anos do pós-guerra. No presente estado, estima-se que a produção mundial de cimento deve aumentar 5% ao ano. Sem dúvida, para satisfazer esta demanda, é preciso um desfrute conspícuo do ambiente, não apenas em termos de utilização de recursos não renováveis, mas também de emissões atmosféricas.

17.4.1 Sustentabilidade da indústria do concreto

A produção de cimento portland comporta o consumo de matérias primas, como calcário e argila, e de outros materiais secundários, que são submetidos ao processo de cozimento, para o qual também é necessário combustível (por exemplo, carvão fóssil ou *petcoke*, um subproduto das refinarias de petróleo). Em seguida, ocorrem transformações químicas ou físicas que levam à formação de *clinker*, ao qual deve ser acrescentada uma modesta quantidade de gesso (cerca de 5%). O cimento portland é obtido pela moagem da mistura de *clinker* e gesso.

Examinando o procedimento de produção do cimento e as tecnologias atualmente disponíveis, pode-se formular um balanço aproximado e indicativo dos recursos consumidos. Já que o gesso está presente em cerca de 5%, 1.000 kg de cimento portland equivalem a 950 kg de *clinker* e a 50 kg de gesso.

Para produzir esta quantidade de cimento, é preciso partir de cerca de 1.500 kg de matérias-primas. A quantidade de combustível necessária para o processo de combustão depende do consumo específico de um forno e do poder calorífico do próprio combustível. Dependendo da tecnologia utilizada, o consumo específico de um forno para a produção de *clinker* varia indicativamente entre 2,9 e 4,0 MJ/$kg_{clinker}$ (Neville, 1995). Considerando que o *petcoke* e o carvão fóssil, combustíveis mais utilizados na indústria do cimento, têm respectivamente um poder calorífico inferior (PCI) igual a 8.170 kcal/kg e a 6.790 kcal/kg, deduz-se que a quantidade de combustível necessária para produzir 1.000 kg de cimento portland pode ser estimada entre 80 e 140 kg. Deve-se acrescentar a isto os consumos energéticos devidos ao transporte e à moagem das matérias-primas e do combustível. Quanto às emissões no ambiente, a produção de 1.000 kg de cimento comporta, em média, emissões de 900 kg de CO_2.

Para reduzir o impacto ambiental da indústria do concreto, é possível conservar os recursos naturais por meio soluções alternativas. Atualmente, a tecnologia do concre-

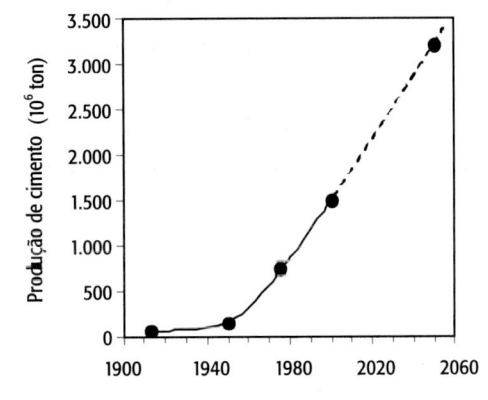

Fig. 17.9 Evolução no tempo da produção mundial de cimento (Nixon, 2002)

to oferece múltiplos exemplos de aplicações nascidas como resposta à exigência de reduzir os efeitos ambientais do setor de concreto e contribuir para um desenvolvimento sustentável. A partir dos anos 1940, têm sido empregados como adições minerais diversos tipos de resíduos de processos industriais, com o objetivo de reduzir as quantidades de *clinker* utilizados no setor das construções. Pode-se obter benefícios também com relação aos outros constituintes do concreto; por exemplo, em diversos países europeus, com frequência preparam-se concretos utilizando materiais reciclados como agregados (Jahren, 2002); em particular, são utilizados os resíduos de demolição para reintroduzir no interior do ciclo produtivo do concreto os materiais cimentícios que seriam escoados. Até a disponibilidade de água será reduzida com o tempo; assim, há a necessidade de uma utilização mais parcimoniosa e eficiente deste recurso. Foi estudada a possibilidade de reinserir as águas servidas das instalações que fazem concreto no respectivo ciclo de produção. Uma última solução para o problema, mas não menos importante, é relacionada com a durabilidade dos concretos: fazer misturas que tenha um ciclo de vida mais longo permite diminuir as quantidades de concretos a serem produzidas, mas também as quantidades a serem escoadas em seguida às operações de demolição. Todos os fatores vistos no Cap. 8, que permitem projetar e realizar estruturas com uma vida útil mais longa, podem ter, com o tempo, um efeito positivo no ambiente.

17.4.2 Materiais de demolição

Para produzir concreto podem ser utilizados, como alternativa, os agregados comuns, obtidos com a reciclagem dos materiais de construção e demolição (C&D) que provêm das operações de construção e manutenção das obras de edificações, das infraestruturas rodoviárias e ferroviárias, de atividades extrativas etc. Tais resíduos, compostos principalmente de concreto, tijolos e material inerte de escavações, possuem grandes potencialidades de recuperação e reutilização, que muitas vezes não são aproveitadas, sobretudo na Itália, por causa de muitos fatores, entre os quais o baixo custo de conferência nos lixões (hoje em progressiva exaustão), desatenta política ambiental e comportamento presumidamente inerte deste tipo de resíduo em relação ao ambiente. O emprego de agregados reciclados obtidos em C&D tornou-se praxe em alguns países, como a Holanda, que têm uma legislação específica a respeito (Hendricks e Janssen, 2001). O processo de produção do agregado reciclado a partir de resíduos de C&D não é muito diferente daquele com que se obtêm agregados naturais, a partir da fragmentação de blocos de pedra provenientes da atividade de extração. Entre outros, permite uma economia tanto em termos energéticos (exigindo, por exemplo, menos operações de extração) como de materiais não renováveis. Esse processo prevê uma primeira fase de seleção e movimentação do material, à qual se segue a de descontaminação e peneiramento.

Aprofundamento 17.6 **Método ROSE**

Entre as instalações fixas existentes, a tecnologia ROSE tem um papel importante na pesquisa inovadora. Mesmo que a instalação de produção dos agregados reciclados seja distante da obra da demolição, o ônus relacionado com o transporte dos resíduos é compensado pela maior produtividade e melhor qualidade do produto. O processo de reciclagem (Fig. A-17.6a) baseia-se essencialmente em um controle preliminar do tipo visual (com auxílio de uma câmera em cores), graças ao qual é possível separar o material por tipologias homogêneas em termos de características granulométricas e consistência mecânica. Depois desta primeira fase de controle de qualidade, para verificar a admissibilidade da instalação, o material é temporariamente destinado a uma área de estocagem. Em seguida, ele é submetido à fragmentação, graças a moinhos que permitem determinar o tamanho de fragmento desejado. Para garantir a ausência de materiais indesejados, procede-se à seleção do material, mediante desmetalização magnética e um sistema de eliminação de pós e de ventilação. O material é, assim, misturado segundo uma determinada curva granulométrica, graças a um sistema de faixas transportadoras e, assim, homogeneizado.

No que concerne ao equilíbrio de massa dessas instalações, para cada tonelada de resíduos de C&D obtém-se, em média, mais de 990 kg de material reciclado. Para o agregado reciclado, pode-se estimar um preço no atacado de cerca de metade do custo de quantidades semelhantes de inerte natural. O material produzido pelas instalações ROSE pode ser empregado de vários modos (Corinaldesi e Moriconi, 2003).

Os fragmentos com diâmetro superior a 15 mm podem ser reutilizados para preencher elevações e substratos rodoviários. Os fragmentos de 5-15 mm e de 0-5 mm, combinados adequadamente, podem ser empregados como agregado para concretos estruturais de resistência característica até 35 MPa. Na Fig. A-17.6b, pode-se observar como a diminuição de resistência sofrida por um concreto devido à presença de agregado reciclado, substituindo o agregado natural, pode ser compensada com a redução da relação a/c; por isso, os concretos com agregados reciclados requerem o emprego de aditivos superfluidificantes. Além disso, também foi demonstrado que somente os fragmentos de 0-5 mm podem ser empregados para produzir aglomerantes pré-misturados, enquanto o pó finíssimo, gerado durante a fase de moagem, pode ser empregado como *filler* na feitura de concretos autocompactantes.

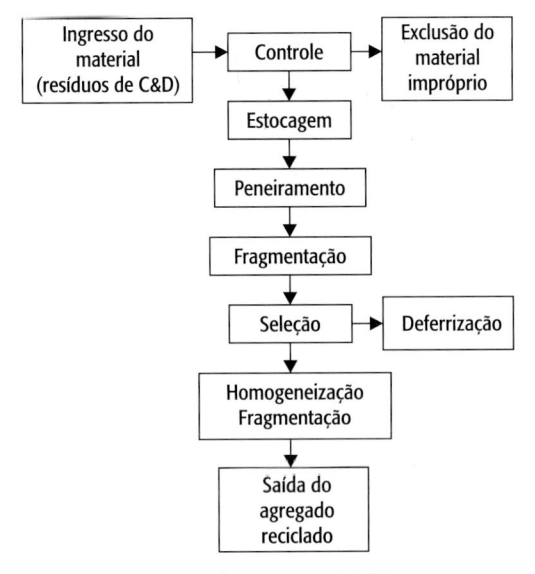

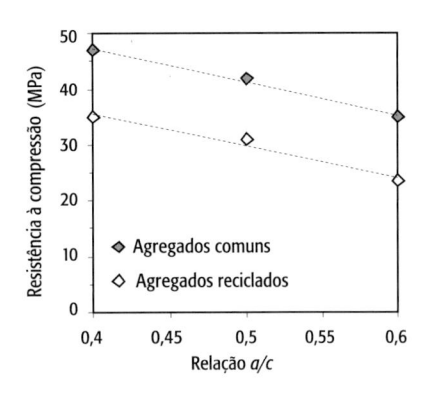

Fig. A-17.6a Esquema do processo ROSE

Fig. A-17.6b Comparação entre a evolução da resistência à compressão aos 28 dias de cura em função da relação a/c, para um concreto com agregado comum e um com agregado reciclado

Esta sequência de operações pode ser feita a partir de diversas tipologias de instalação: supermóveis (sobre pneus), móveis (transportados por meio de reboques) ou fixos. No Aprofundamento 17.6, examina-se uma particular categoria de instalações fixas de reciclagem, denominada ROSE (do italiano recuperação homogeneizada dos descartes em edificações).

17.4.3 Adições minerais

Bertolini (2006) explica como o *clinker* de cimento portland pode ser parcialmente substituído por materiais pozolânicos ou com atividade hidráulica. Entre estas adições, as mais utilizadas hoje na produção do concreto são as cinzas volantes, resíduo da combustão nas centrais térmicas a carvão; a sílica ativa, subproduto do processo produtivo das ligas de ferro-silício; e a escória de alto-forno granulada, escória do processamento do aço. Inicialmente, estes materiais eram considerados como simples substitutos econômicos do cimento portland. Em seguida, porém, compreendeu-se o papel benéfico destas adições, que, depois de uma cura adequada, podem melhorar o comportamento em exercício do concreto com relação a diversos fenômenos de degradação (Cap. 8), graças aos benefícios da reação pozolânica.

Definem-se como pozolânicos os materiais (naturais ou artificiais) sílicos ou sílico-albuminosos que não possuem ou possuem poucas propriedades de argamassa, mas que, finamente moídos e na presença de umidade, reagem, em temperatura comum, com o hidróxido de cálcio $Ca(OH)_2$. Por isso, uma vez adicionados ao concreto, esses materiais reagem com a cal produzida pela hidratação dos silicatos de cálcio do cimento. Os compostos insolúveis produzidos pela reação pozolânica são parecidos com os obtidos por hidratação do cimento portland e favorecem o afinamento da microestrutura do concreto, por efeito do qual ocorre a diminuição da porosidade capilar. A isto corresponde também uma diminuição da permeabilidade do concreto, que acaba sendo mais resistente ao ingresso dos agentes agressivos, quando comparado ao concreto comum. As adições pozolânicas melhoram o comportamento do concreto em relação à penetração de cloretos (item 7.2.3), ao ataque por sulfatos (item 7.1.3), à reação álcali-agregados (item 7.1.4), à erosão pela água e à fissuração produzida pelo desenvolvimento do calor de hidratação (item 7.1.5).

Além das vantagens para a durabilidade das estruturas em concreto armado, a utilização destas adições permite introduzir, no ciclo produtivo do concreto (ou do cimento), resíduos industriais que seriam um problema de escoamento para os lixões. Substituindo parte do *clinker* com estas adições, é possível produzir menos cimento, reduzir as emissões e os custos de produção, além de economizar matérias-primas e recursos energéticos. Retomando o exemplo do item 17.4.1, quando se considera um cimento com 30% de adição pozolânica, observa-se como, para a produção de 1.000 kg deste cimento, serão necessários 665 kg de *clinker*, 35 kg de gesso e 300 kg de pozolanas. Se, para produzir 1.000 kg deste cimento, são necessários 1.500 kg de matérias-primas, para produzir 700 kg bastam 1.050 kg. Em proporção, até a quantidade de combustível consumido e as emissões produzidas serão inferiores (respectivamente 60-100 kg e 525-700 kg).

As adições de pozolana podem manifestar seus efeitos benéficos em diferentes dimensões: por causa da natureza e da origem diferentes, a mesma composição química destas adições pode variar consideravelmente. De qualquer forma, é verdade que, se a composição dá uma indicação útil sobre o grau de pozolana em um material, ela não é o único parâmetro que permite estabelecer o grau de reatividade da adição no concreto e nem mesmo a influência que a pozolana terá no desenvolvimento de uma matriz cimentícia compacta e impenetrável. Em geral, não existe nem mesmo uma correlação direta entre a composição química e a reatividade pozolânica. Outras características influem na reatividade de uma adição: por exemplo, a finura (quanto maior, igualmente maior é a superfície de reação das partículas), mas também a presença de fase amorfa (e, por-

---

Aprofundamento 17.8 **Comportamento pozolânico e tipos de adições**

Para avaliar as características das adições pozolânicas e dos materiais cimentícios feitos com elas, utilizam-se diversos métodos de ensaio. É possível fazer análises do tipo químico-mineralógico para especificar a composição das adições: por exemplo, análises químicas elementares ou por difração de raios X (Cap. 13). Além disso, é possível o ensaio de pozolanicidade, previsto na UNI EN 196-5 (denominado também ensaio Fratini). Este ensaio baseia-se na premissa de que a hidratação do cimento produz uma solução supersaturada de cal. Se parte do cimento é substituída por uma adição pozolânica, esta consome parte da cal de hidrólise, razão pela qual já não haverá uma solução supersaturada. O ensaio prevê mergulhar uma amostra de cimento em água por um período de 8 ou 15 dias, ao término dos quais determinam-se os conteúdos de óxido de cálcio e de íons OH^-.

A Fig. A-17.8a mostra a curva de saturação do cimento portland e mostra como, no caso da adição de pozolana, empregada em substituição parcial do cimento, a solução apresenta uma concentração de hidróxido de cálcio inferior à de saturação da cal. No gráfico, as adições com características pozolânicas (a pozolana natural, as cinzas volantes) ficam abaixo da curva de saturação, enquanto o quartzo (com características inertes) fica acima.

Além das propriedades químico-mineralógicas, são importantes também as propriedades físicas; particularmente, a finura da adição. Esta pode ser medida com o aparelho Blaine ou com base na distribuição granulométrica das partículas que constituem a adição. A norma estadunidense ASTM fixou, com relação às diversas propriedades, os requisitos que um material deve satisfazer para ser definido como pozolânico.

Em termos de composição química, o conteúdo global de sílica, alumina e óxido de ferro deve ser em porcentual superior a 70%, enquanto a perda ao fogo deve ser no máximo igual a 10% (norma ASTM C 618). Quanto à finura, a mesma norma estabelece que, para que possa manifestar propriedades

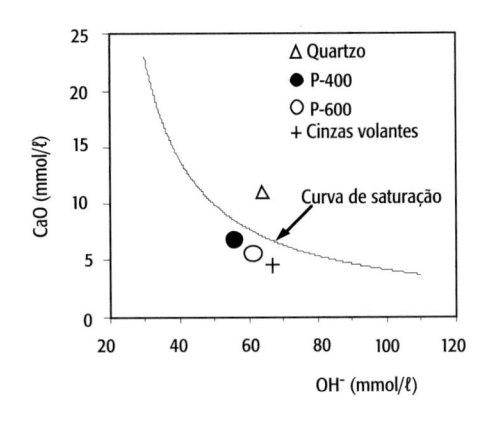

Fig. A-17.8a Ensaio de atividade pozolânica com uma pozolana natural moída, com área superficial específica de 400 m²/kg (P-400) e 600 m²/kg (P-600), de uma cinza volante e de quartzo moído

pozolânicas, a adição mineral deve apresentar uma retenção inferior a 34% na peneira com abertura de 45 µm. A influência das adições sobre os desempenhos mecânicos e sobre a porosidade dos conglomerados confeccionados com elas pode ser estudada com ensaios de compressão efetuados em diversos momentos da cura. Para avaliar a evolução no tempo da hidratação da adição de pozolana, pode-se calcular o índice de atividade ou a relação entre a resistência à compressão do aglomerante com adição pozolânica em relação à do aglomerante de referência (só cimento), com paridade de tempo de cura. No caso de materiais pozolânicos, a norma ASTM C 311 estabelece que esse índice deve ser superior a 75% já depois de sete dias de cura. A Fig. A-17.8b mostra os resultados obtidos na pozolana da Fig. A-17.8a, com dois graus de finura. Pode-se observar que já aos sete dias o requisito exigido é satisfeito, visto que se mede um índice de atividade de 75% para aglomerantes com adição de pozolana. O índice confirma que a progressiva hidratação da pozolana contribui para melhorar as características mecânicas. Além disso, com uma maior finura da pozolana (com superfície específica de 600 m^2/kg), ocorre uma reatividade superior, evidenciada pelo maior índice de resistência sobretudo para tempos de cura superiores a 28 dias.

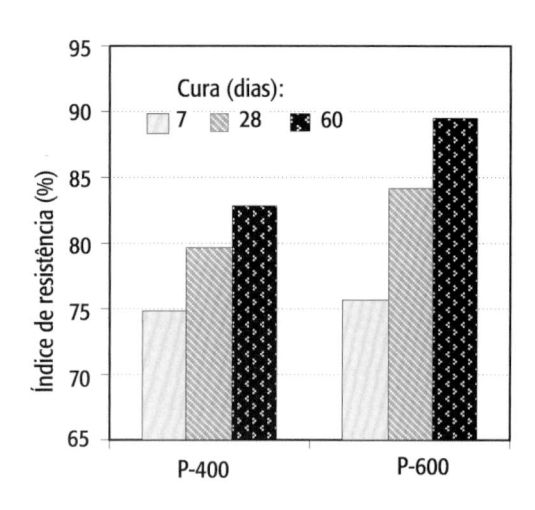

Fig. A-17.8b Índice de atividade dos aglomerantes com pozolana natural (moída em diversas finuras), depois de várias curas

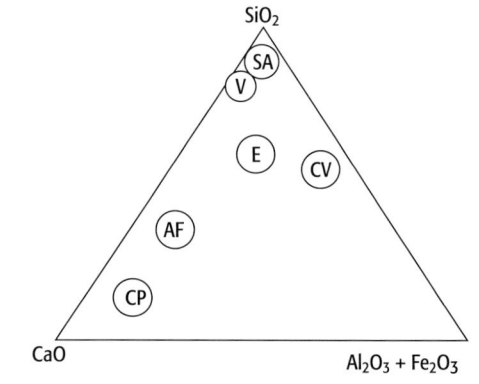

Fig. A-17.8c Comparação das composições de diversos materiais utilizados (ou propostos) para fazer concretos: CP = cimento portland, AF = escória de alto-forno, CV = cinzas volantes de carvão, SA = sílica ativa, V = vidro moído, E = escória pesada de incinerador de resíduos sólidos urbanos

Também a medida da resistividade elétrica, nos conglomerados cimentícios com adições minerais a diversos tempos de cura, fornece um índice representativo da hidratação operada pela adição pozolânica. A Fig. 13.17, por exemplo, mostra como, em um concreto com cimento pozolânico, a resistividade dos corpos de prova saturados de água chega a valores muito mais elevados do que a resistividade de corpos de prova de cimento portland.

Com ensaios deste tipo é, pois, possível avaliar o comportamento pozolânico de diversos tipos de adições minerais. A Fig. A-17.8c ilustra, em um diagrama ternário, a típica composição de diversos tipos de adições. Os materiais pozolânicos mais utilizados são as cinzas volantes de carvão (CV, na figura) e a sílica ativa (SA); os dois são resíduos de processos industriais, produzidos respectivamente nas centrais termoelétricas a carvão e nas indústrias de produção das ligas ferro-silício. A escória de alto-forno granulada (AF), que tem características hidráulicas, também tem um papel importante.

A Fig. A-17.8d mostra a imagem no microscópio eletrônico de varredura de partículas de cinzas volantes de carvão. Observam-se as partículas esféricas, vazias ou contendo partículas ainda mais finas. As partículas atingem dimensões médias de algumas dezenas de μm e geralmente não superiores a 100 μm. Com base no conteúdo de CaO, as cinzas volantes podem ser divididas substancialmente em duas classes. A norma estadunidense ASTM 618 distingue as cinzas do tipo *C* (mais ricas em cal e provenientes de carvões sub-betuminosos) e as do tipo *F* (pó de cálcio e derivadas de carvões betuminosos).

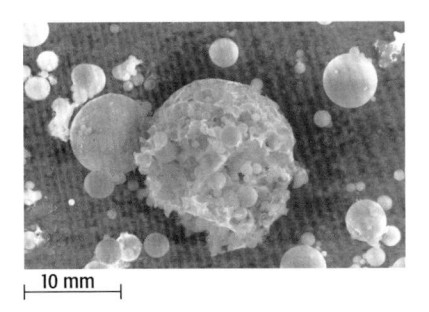

Fig. A-17.8d Partículas de cinzas volantes de carvão

A fumaça de sílica é um material de estrutura vítrea e com elevada atividade pozolânica. A elevada reatividade é justificada pelo fato de ser constituída principalmente por sílica amorfa (85% a 98%). Consequentemente, apresenta modestas quantidades de óxidos de alumínio, ferro, cálcio e magnésio.

Além do elevado teor de sílica, esta adição distingue-se por ser constituída por finíssimas partículas de forma esférica, que apresentam dimensões compreendidas entre 0,05 μm e 0,5 μm, com um diâmetro médio de 0,1 μm a 0,2 μm. As características destas adições e da escória de alto-forno são descritas em Bertolini (2006).

Atualmente, há experiências com adições inovadoras que, analogamente à experiência positiva com as cinzas volantes, a fumaça de sílica e a escória de alto-forno granulada, também permitem a recuperação de resíduos de outros processos no âmbito da tecnologia do concreto. Viu-se, por exemplo, que também as cinzas pesadas produzidas pelos incineradores de resíduos sólidos urbanos poderiam ser utilizadas, em certas condições, como materiais pozolânicos (é necessária a moagem a úmido para produzir uma pasta fluida, a fim de evitar efeitos expansivos danosos, devido ao desenvolvimento de hidrogênio e seguida à corrosão em ambiente alcalino das partículas de alumínio presentes nas cinzas (Bertolini et al., 2004). Mesmo o vidro reciclado, moído em finura similar à de um cimento, pode ter um comportamento pozolânico (Shayan e Xu, 2004).

tanto, reativa) em vez da cristalina. Com vistas a um desenvolvimento sustentável da indústria do cimento e do concreto, é necessário avaliar se outros materiais de descarte, além dos tradicionalmente empregados, poderiam, por composição e microestrutura, ser compatíveis com a tecnologia do concreto e ser, assim, utilizados como adições minerais (Aprofundamento 17.8).

17.5 Os materiais e a saúde das pessoas

Os materiais de construção podem ter efeitos significativos na saúde das pessoas, tanto no momento de sua produção e utilização na obra como no momento em que passam a fazer parte do ambiente de vida (Associazione Italiana degli Igienisti Industriali, 2006; APAT (website); Organização Mundial de Saúde, 2000; IARC (website); Sommons e Lewis, 1997) . A possibilidade de enfrentar corretamente a problemática da saúde das pessoas, quando se trata de materiais utilizados para a realização de produtos e artefatos, deriva de algumas definições preliminares. A saúde das pessoas pode ser comprometida por eventos que se desenvolvem com uma dinâmica rápida: neste caso, trata-se de incidentes que provocam *infortúnios*, isto é, eventos que podem liberar uma quantidade de energia que determina lesões temporárias e permanentes. Em outras situações, a saúde fica comprometida em várias modalidades, determinando doenças com evolução mais longa no tempo, de até anos ou décadas de exposição.

Nas fases de transformação dos materiais, que implicam atividades de trabalho conduzidas com diversas tecnologias, enfrenta-se a problemática do *ambiente de trabalho*, tipicamente formado por um número limitado de pessoas, com exposição repetida ao longo do tempo e que pode ser significativa, para a qual devem ser previstas intervenções de mitigação de tipo tecnológico e organizacional. As condições assumidas como referência para o ambiente de trabalho prevêem a exclusão do dano irreversível: com esse propósito, faz-se referência aos valores-limite (TLV) para substâncias químicas e agentes físicos, isto é, condições em que o organismo consiga responder aos agentes físicos e químicos a que está exposto, mantendo a capacidade de renovar as condições de equilíbrio e saúde.

A prevenção e a proteção no ambiente de trabalho são objeto da atividade dos higienistas industriais. Devem ser previstos instrumentos de investigação e de prevenção diferentes para lidar com o *funcionamento normal* da atividade industrial ou com even-

---

APROFUNDAMENTO 17.9 **Substâncias perigosas**

É bom ter uma ideia sobre quais substâncias, segundo suas propriedades químico-físicas, têm a potencialidade de *risco* para a saúde, risco governado por uma **probabilidade de exposição** e por uma **dimensão de dano**. Estas substâncias são líquidos e gases inflamáveis, substâncias tóxicas, agentes oxidantes, combustíveis, substâncias quimicamente reativas, substâncias poluentes, substâncias corrosivas, substâncias de alta pressão ou temperatura. O sistema de classificação das substâncias, de acordo com a Diretriz 88/379/CEE, prevê **símbolos**, definições e **expressões de risco**, que devem estar presentes nas **fichas de segurança** dos produtos, para poder permitir, principalmente, uma identificação das substâncias e um comportamento consequente no ambiente de trabalho e no ambiente externo (aí incluído o transporte).

Tab. A-17.9 Classificação da toxicidade das substâncias

Categoria	dl 50 oral rato (mg/kg)	dl 50 cutânea rato ou coelho (mg/kg)	dl 50 inalada rato (mg/ℓ/4 horas)
Muito tóxicas	<25	<50	<0,5
Tóxicas	25-200	50-400	0,5-2
Nocivas	200-2.000	400-2.000	2-20

A classificação da toxicidade feita de acordo com a Diretriz 79/831/CEE (Tab. A-17.9) é deduzida das propriedades químico-físicas tóxicas para o homem e o ambiente. Para uma substância tóxica, utilizam-se os valores de dose letal 50 (dl 50, ou seja, a dose indicada na tabela é letal para 50% dos animais sujeitos ao teste), especificando três categorias de substâncias que se caracterizam por doses letais muito diferentes.

tos acidentais, caso ocorra a possibilidade de incêndios, explosões e vazamentos que possam envolver tanto o ambiente de trabalho como o território ao redor dele.

Na fase de emprego dos produtos e dos artefatos, enfrentam-se problemáticas da saúde das pessoas em *ambiente de vida*; neste caso, determinam-se condições de exposição que envolvam um número elevado de pessoas expostas, entre as quais as consideradas mais fracos (crianças, idosos), com exposições que podem ser contínuas ou descontínuas a níveis geralmente pouco significativos (doses baixas). A referência a adotar para o ambiente de vida é a manutenção do bem-estar das pessoas, isto é, de condições fisiológicas nas quais o organismo não deve usar mecanismos de defesa da própria saúde. Fica, portanto, evidente que tratar da saúde das pessoas no ambiente de trabalho e no ambiente de vida compete a dois campos de estudo e de atividade que não podem ser sobrepostos. Em particular, não é simples transferir a evidência de risco observada no ambiente de trabalho, que consolidou uma experiência com relação a substâncias e trabalho, mecanismos de risco crônicos, particularmente relacionados a substâncias tóxicas e a trabalhos que prevêem a exposição a substâncias cancerígenas. No ambiente de vida, convém referir-se tanto a valores-limite de emissão dos artefatos, como a linhas-guia para o ambiente interno, isto é, valores de referência relativos a diversas substâncias, extraídos de estudos toxicológicos experimentais, de estudos de caráter cíclico e de estudos epidemiológicos: trata-se, portanto, de avaliações complexas, porque são baseadas em estudos epidemiológicos, nos quais as evidências estatísticas ainda são *fracas*, porque padecem de uma dificuldade objetiva de investigação.

APROFUNDAMENTO 17.10 **Aerodispersados e agentes biológicos**

É necessário listar as misturas que constituem os aerodispersados:

- **Ar + sólidos:** neste caso, os poluentes se apresentam em formas sólidas, de diferentes naturezas, granulometria (tamanho) e origens, devido a processos específicos ou produtos destes processos. Por exemplo:
    - Produtos sólidos de combustão, como fuligem e cinzas, geradas durante a combustão de óleo combustível, óleos de diferentes naturezas (como os óleos lubrificantes), carvão mineral, madeira etc.;
    - Óxidos de metais, que se originam durante todos os processos de fusão e refusão de ligas metálicas durante os processos de soldagem: os vapores do metal, em contato com a atmosfera, sofrem oxidação e assumem o estado sólido;
    - Materiais inertes, durante as atividades que envolvem tratamento, mistura, transporte e revolvimento de areia, terra e pedras: incluem-se as áreas de processamento de pedras, fundições (areia para moldes), cerâmica, produção de vidro (mistura de matérias-primas) e a indústria de cimento e construção;
    - Produtos químicos em pó: produtos químicos e intermediários, derivados de diferentes processos, usados como cargas ou aditivos em diversas atividades: neste caso estão envolvidos diferentes setores de processamento de plástico, como a mistura de cargas, a secagem etc.;

▲ Materiais naturais, como pó de madeira, fibras têxteis e produtos vegetais;

▲ **Ar + líquido:** gotículas misturadas ao ar: névoa de óleo durante as operações de usinagem realizadas com máquinas-ferramenta; névoas de substâncias ácidas ou alcalinas, por exemplo, próximo a banhos de decapagem ou tanques para a deposição de metais, particularmente no caso de trabalhos realizados em altas temperaturas;

▲ **Ar + gases ou vapores:** as diversas substâncias químicas que, em estado gasoso (são gasosas as sustâncias que, a 25oC e p = 1 atm, estão no estado gasoso) ou de vapor (isto é, fase gasosa de substâncias que são líquidas, nas condições de referência), misturam-se com o ar.

Além disso, entendem-se agentes biológicos como os microorganismos (bactérias, fungos, vírus, enzimas etc.) que podem causar infecções, alergias ou intoxicações. São fatores de risco que podem estar presentes nos serviços de saúde ou em atividades farmacêuticas e de alimentos, assim como nos ambientes cotidianos de vida e de residência.

17.5.1 Características toxicológicas das substâncias e dos compostos

A principal via de penetração das substâncias químicas é a inalação (Aprofundamento 17.10). O fator fundamental que determina os efeitos sobre a saúde é constituído pela *dose* absorvida que, para os agentes químicos, depende estritamente da forma física, da concentração e da interface substância-sujeito exposto. Para os agentes físicos, porém, depende da intensidade e da relação entre fator físico e sujeito exposto.

A rigor, nenhuma substância *faz mal* ou *não faz mal*: as consequências ocorrem em função da dose. Em termos rigorosos, entende-se por *toxicidade* a "capacidade de uma substância interferir com o funcionamento de um órgão". Na prática, consideram-se tóxicas as substâncias que manifestam efeitos nocivos mesmo em concentrações não elevadas, isto é, de emprego normal; consideram-se não tóxicas as substâncias utilizadas no âmbito dos consumos normais, com referência aos efeitos observados na grande maioria das pessoas.

A maioria dos efeitos possíveis de diversas substâncias estão em sete categorias (Quadro 17.3), associadas em três grupos, que apresentam uma semelhança de comportamento. O comportamento de uma substância pode ser classificado em uma única categoria ou em várias categorias ao

Quadro 17.3 Características toxicológicas das substâncias e dos compostos

Substância	Efeito agudo	Efeito crônico	relação dose/intensidade	relação dose/probabilidade	resposta individual
Tóxica	sim	sim	sim	não	às vezes
Irritante	sim	?	sim	não	não
Asfixiante	sim	não	sim	não	não
Mutagênica	não	sim	não	sim	não
Cancerígena	não	sim	não	sim	??
Teratogênica	não	sim	não	sim	não
Alergênica	sim (*)	??	??	??	sim

(*) Após sensibilização.

mesmo tempo (por exemplo, o formaldeído apresenta uma ação irritante e tóxica, e daí é estudado seu comportamento cancerígeno). Com um efeito *agudo*, as modalidades determinam-se rapidamente, em geral com doses elevadas; com um efeito *crônico*, o dano é explicado por doses baixas ou extremamente baixas, com exposições que se arrastam até por décadas, enquanto as substâncias se acumulam no organismo.

A ação das substâncias pode ser:
- *tóxica* (no sentido literal): após a exposição, desenvolvem-se doenças específicas, sobretudo no fígado e no rim, isto é, órgãos de entrada e saída de substâncias;
- *irritante*: substância agressiva, como os ácidos e bases fortes, que podem provocar irritação das mucosas;
- *asfixiante:* grupo limitado de substâncias extremamente perigosas que, com vários mecanismos, interferem no sistema respiratório; os *asfixiantes simples* são os gases e vapores que interagem com os mecanismos de síntese do oxigênio, limitando a presença do oxigênio disponível; a atmosfera de um cômodo pobre em oxigênio, porque é rico em monóxido de carbono (CO), tem efeitos letais quando esta substância atinge determinadas concentrações.

Geralmente, só em caso de acidentes observam-se efeitos tóxicos agudos (por exemplo, no caso de ruptura de um reservatório, de uma cisterna). Outros tipos de ações são:
- *alergênica*: comporta a manifestação geralmente de distúrbios nas vias respiratórias, nos olhos, na pele; muitas vezes, observa-se um comportamento irregular ou "traiçoeiro" destas substâncias: é difícil controlar os efeitos da exposição, já que estão fortemente ligados à resposta individual;
- *cancerígena*: substância capaz de provocar câncer (crescimento anômalo das células) ou, mais frequentemente, de aumentar a frequência com que certos tumores, já presentes na população, ocorrem nos sujeitos expostos (Aprofundamento 17.11);
- *mutagênica*: substância capaz de induzir modificações do DNA, estrutura extremamente organizada; nesta estrutura, uma modificação é normalmente danosa;
- *teratogênica*: substância capaz de induzir malformações; a exposição é crítica particularmente para a população em idade fértil, ou seja, as mulheres em idade reprodutiva.

Substâncias mutagênicas e teratogênicas determinam uma periculosidade que pode se estender aos descendentes, ampliando o

---

APROFUNDAMENTO 17.11 **Substâncias cancerígenas**

Para identificar as substâncias cancerígenas, assume-se como referência a respeitada Agência Internacional para as Pesquisas sobre o Câncer (AIPC) de Lyon, na França, que prevê uma classificação com base em dados epidemiológicos. A AIPC especifica 4 grupos para classificar as substâncias:
- grupo 1: substâncias para as quais se especifica uma evidência suficiente, demonstrada por uma relação causal entre exposição e câncer;
- grupo 2: substâncias para as quais há evidência limitada ou inadequada, ou ainda suficiente evidência nas experiências com animais;
- grupo 3: substâncias não classificáveis com relação à sua cancerogenia;
- grupo 4: substâncias estudadas que provavelmente não são cancerígenas.

público afetado pelo dano, não mais limitado às pessoas expostas. A modalidade clássica de manifestação das substâncias destes três grupos é a exposição crônica.

17.5.2 Relação entre dose e efeito

O conceito de dose é um instrumento fundamental para avaliar o risco, tanto para fatores físicos como químicos. A dose é a "quantidade ou concentração de uma substância ou de um composto, intensidade de um fator físico que se verifica no órgão ou no sistema sobre o qual agem a substância, o composto ou o fator físico". As variáveis fundamentais da dose, isto é, os indicadores que permitem avaliar a quantidade de substância que uma pessoa recebe, são:

- *quantidade empregada* da substância ou do composto (consumo bruto);
- *intensidade* do fator físico na fonte;
- *vias de penetração*: inalação, por meio da dispersão das substâncias ou compostos no ar, isto é, gases, vapores, pós: para as substâncias e os compostos aerodispersados, a dose é função também da frequência respiratória que, por sua vez, está estreitamente correlacionada ao empenho físico requerido do sujeito; ingestão; contato cutâneo para as substâncias sólidas e líquidas;
- *distância entre sujeito e fonte* (para a maioria dos fatores físicos, a intensidade decai com o quadrado da distância: portanto, a distância é um fator muito importante);
- tempo de exposição.

Enfim, para avaliar a dose efetiva, deve-se considerar a presença de:
- dispositivos de proteção coletiva (telas, proteções, aspirações etc.);
- dispositivos de proteção individual (roupas, luvas, toucas, máscaras etc.) utilizados pelo operador.

Para as substâncias tóxicas, irritantes e asfixiantes, especifica-se uma ligação entre *quantidade de substância e gravidade do efeito*: Observa-se que a substância tem um comportamento duplo, primeiro *inócuo*, depois *tóxico*, segundo uma relação com a evolução típica mostrada na Fig. 17.10, com um trecho plano, um leve incremento, um forte incremento e, finalmente, outro trecho estável, quando se atinge um efeito que não pode piorar mais. O que pode variar nas diversas substâncias é o comprimento do primeiro trecho plano, que expressa a *dose inócua*.

Quando se adotam os padrões de instalação e proteção presentes nas atividades produtivas bem organizadas, pode-se excluir problemas generalizados de exposição, ainda mais com os conhecimentos já adquiridos com relação à toxicidade das diversas substâncias. Para os agentes químicos e físicos é possível especificar o nível da dose que não causa efeitos irreversíveis. Na curva da resposta do organismo em função da dose, especificam-se dois efeitos: um *efeito reversível* (para um trecho bastante amplo da curva de exposição, é possível voltar atrás, isto é, anular o efeito tóxico) e um *efeito irreversível* (o efeito tóxico não é anulado ao final da exposição, isto é, ultrapassou-se o limite da zona de compensação do organismo). Em ambiente de trabalho,

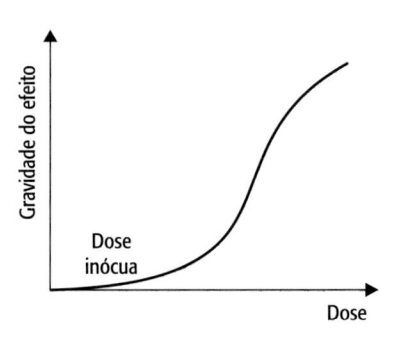

Fig. 17.10 Substâncias tóxicas, irritantes, asfixiantes: evolução da relação entre dose e gravidade do efeito

nem sempre é possível garantir condições de bem-estar (conforto); especificam-se, então, *limites aceitáveis* de exposição aos diversos agentes nocivos do tipo físico e químico.

Para as substâncias cancerígenas, mutagênicas e teratogênicas, não se especifica uma ligação entre dose e efeito, mas se admite que o aumento da quantidade de substância também aumenta a probabilidade do efeito (Fig. 17.11). O que interessa medir é a relação entre a probabilidade do risco em uma *população exposta* e a probabilidade do risco em uma adequada população de pessoas não expostas: especifica-se, portanto, um *risco relativo*.

À medida que diminui a dose (o campo das *doses baixas*, típico, por exemplo, das exposições a substâncias usadas esporadicamente ou das exposições em ambientes de vida), há incerteza com relação ao comportamento da substância. Entra em campo a epidemiologia, que não se ocupa da cura, mas sim do estudo das populações e de especificar as razões (os *fatores de risco*) que justificam as alterações. É sobretudo por causa das dificuldades das investigações epidemiológicas que não se consegue entender se também nas exposições bastante modestas se verifica um aumento, mesmo leve, da probabilidade e, assim, se supõe um *comportamento a doses baixas sem risco* ou um *comportamento a doses baixas com baixo risco*. Esta incerteza é decisiva para o tipo de controle a ser ativado: com efeito, o risco é ou pode ser pequeno, mas, em geral, trata-se de patologias importantes (tumores), isto é, de doenças potencialmente mortais.

O conhecimento dos dois mecanismos de dano é fundamental para organizar as modalidades de defesa com relação à exposição e, assim, também o projeto e a escolha dos materiais, que podem incluir a exposição de vários milhões de pessoas. Mas não é possível estender a abordagem em termos de *dose aceitável*, que se assume para os agentes de tipo químico e físico (ruído, vibração, radiações não iônicas etc.), para a substâncias cancerígenas: neste caso, a doses baixas, não é "evidente" a ligação entre dose e intensidade do efeito, ou seja, não se especifica uma "dose inócua". Como critério de prevenção, tende-se, portanto, a adotar níveis de exposição tão baixos quanto razoavelmente possível; não se assumem, portanto, limites estáticos, mas se adequam os limites continuamente, com base na viabilidade tecnológica e no conhecimento epidemiológico, que evolui com base nos dados disponíveis.

17.5.3 Materiais de construção e o ambiente construído

Levando em conta as considerações de caráter geral introduzidas acima, pode-se perguntar quais poluentes, trazidos por materiais de construção, podem determinar problemas para a atmosfera doméstica (*indoor pollution*) e, consequentemente, para a saúde. No âmbito das responsabilidades profissionais ou de correto fornecimento de serviços, é oportuno lembrar que os construtores, os produtores de materiais e os

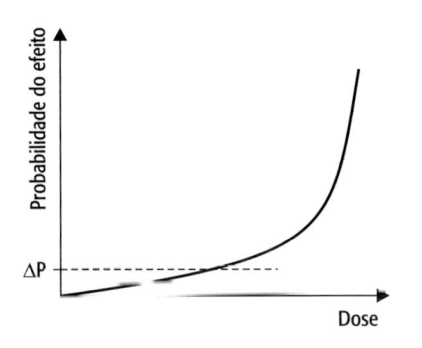

Fig. 17.11 Substâncias cancerígenas, mutagênicas e teratogênicas: evolução da relação entre dose e probabilidade do efeito (ΔP = mínimo perceptível epidemiologicamente)

fornecedores de produtos de consumo são responsáveis pela qualidade dos materiais e dos produtos com os quais o consumidor entra em contato e, neste âmbito, do impacto sobre a qualidade do ar *indoor* que deriva do emprego dos materiais ou do uso dos produtos. No estado atual, estão disponíveis dados epidemiológicos significativos referentes à exposição somente a alguns agentes, ou seja:

- *radônio*, gerado pela crosta terrestre: uma primeira seleção das zonas ricas neste gás pode ser feita com base em considerações sobre a natureza geológica das áreas, indicando particularmente a presença de lavas, tufos, pozolanas, granitos, mas se deve considerar também o gás veiculado pela água nos aquíferos, além daquele presente em alguns materiais de construção;
- *amianto e fibras*, utilizados no passado em grande quantidade e ainda presentes com função isolante e antifogo, em alguns materiais de construção;
- *formaldeído*, presente nos artefatos decorativos (realizados em madeira tecnológica), utilizado para tratamentos decorativos ou protetores, utilizado em medida significativa na preparação de rebocos e painéis de gesso acartonados;
- *solventes* orgânicos voláteis, para os quais é necessário referir-se a numerosas fontes, que são importantes nas fases de construção e nas operações de manutenção e restauração: tratamentos das formas de concreto, detergentes para paredes, tratamentos protetores e decorativos das paredes, tratamentos de acabamento para pavimentos, tratamentos protetores e decorativos da madeira, adesivos para aglomerantes e concretos, solventes derivados de produtos utilizados como detergentes e adesivos, isolantes à base de espumas, rebocos, painéis de gesso acartonado, madeiras tecnológicas (aglomerado, compensado, laminado, MDF), revestimentos têxteis e tapetes.

Esta lista não inclui alguns outros poluentes significativos do ambiente de vida, entre os quais fumaça de cigarros e gases nitrosos, para os quais não é possível indicar os materiais de construção como fonte principal. Enfim, é útil assinalar o interesse que suscita a presença de metais tóxicos no interior do cimento, para os quais serão decisivos os futuros estudos epidemiológicos com relação à exposição de quem se ocupa das construções. Estes metais estão presentes como impurezas de algumas matérias-primas que têm uma presença significativa ou que, em tempos recentes, adquiriram uma importância significativa na atividade de produção do cimento, em particular como impurezas dos óleos combustíveis pesados, de escórias metalúrgicas, de cinzas pesadas derivadas da combustão do carvão (*bottom ash*) e de pós extraídos dos filtros de combustão do carvão (cinzas volantes).

Referências bibliográficas

AGENZIA PER LA PROTEZIONE DELL'AMBIENTE E PER I SERVIZI TECNICI – APAT. <http://www.indoor.apat.gov.it/site/it-IT/>

AMERICAN CONCRETE INSTITUTE. *Concrete Repair Guide*. ACI 546R-96, 1996.

AMERICAN CONCRETE INSTITUTE. *Guide for Determining the Fire Endurance of Concrete Elements*. ACI 216R-89, 1994.

AMERICAN SOCIETY FOR METALS. Failure Analysis and Prevention. In: *Metals Handbook*, v. 11. OH: American Society for Metals, 1986.

AMOROSO, G. *Materiali e tecniche per il restauro*. Dario Flaccovio Editore, 1996.

APPENZELLER, T. Il fondo del barile. *National Geographic*, junho 2004.

ARDUINI, M. L'evoluzione degli FRP nelle costruzioni. *L'Edilizia*, ano XII, n. 1/2, 1999. p. 24.

ASHBY, M.; JOHNSON, K. *Materials and Design*. Oxford: Butterworth-Heinemann, 2002.

ASSOCIAZIONE ITALIANA DEGLI IGIENISTI INDUSTRIALI. Valori limite di soglia. Indici biologici di esposizione. *Giornale degli Igienisti Industriali*, Suplemento do v.31, n.1, janeiro 2006.

ASSOCIAZIONE ITALIANA DI INGEGNERIA DEI MATERIALI (AIMAT). *Manuale dei materiali per l´ingegneria*. Milão: McGraw-Hill, 1996.

ASSOCIAZIONE ITALIANA DI INGEGNERIA DEI MATERIALI. Anais da IX Scuola Aimat: *I materiali nella conservazione dell'edilizia storica*. Cagliari, Itália: p. 7-11, junho 2004.

BABAEI, K.; CLEAR, K. C.; WEYERS, R. E. *Workbook for Workshop of SHRP Research Products Related to Methodology for Concrete Removal, Protection and Rehabilitation*. Falls Church, EUA: Wilbur Smith Associates, junho 1996.

BALDO, G. L.; MARINO, M.; ROSSI, S. *Analisi del ciclo di vita LCA*. Materiali, prodotti, processi. Milão: Ed. Ambiente: 2005.

BAMFORTH, P. B.; CHAPMAN-ANDREWS, J. Long Term Performance of RC Elements under UK Coastal Exposure Condition. In: SWAMY, R. N. (ed.). *Proc. Int. Conf. on Corrosion and Corrosion Protection of Steel in Concrete*.Sheffield: Sheffield Academic Press, 24-29. julho 1994. p. 139-156.

BERTOLINI, L. Advantages and Side Effects of Electrochemical Techniques Applied to Prestressed Concrete Structures. In: *Workshop of COST on NDT Assessment and New Systems in Prestressed Concrete Structures*, European Community, Institute of Terotechnology – NRI, Radom (PL), 2005.

BERTOLINI, L. *Materiali da Construzione* – struttura, proprietà e tecnologie di produzione. v. 1. Milão: Città Studi, 2006.

BERTOLINI, L.; CARSANA, M.; CASSAGO, D.; QUADRIO CURZIO, A.; COLLEPARDI, M. MSW1 ashes as Mineral Additions in Concrete. In: *Cement and Concrete Research*, v.34, 10, p. 1899-1906, 2004.

BERTOLINI, L.; CARSANA, M.; GASTALDI, M.; BERRA, M. Durability of CFRP Strengthening Applied to Repaired Reinforced Concrete. In: CONGRESS AIMAT, 7., 2004. *Anais...* 29 junho-2 julho, 2004.

BERTOLINI, L.; ELSENER, B.; PEDEFERRI, P.; POLDER, R. *Corrosion of Steel in Concrete – Prevention, Diagnosis, Repair*. Weinheim, Alemanha: Wiley-VCH, 2004.

BERTOLINI, L.; REDAELLI, E.; PEDEFERRI, P.; PASTORE, T. Repassivation of Steel in Carbonated Concrete Induced by Cathodic Protection. *Materials and Corrosion*, 54, 2003. p. 163-175.

BIANCHI, G.; MUSSINI, T. *Fondamenti di elettrochimica: teoria e applicazione*. Mason Editore, 1993.

BINDA, L.; ANTI, L.; BARONIO, G. Durabilità delle murature in ambiente aggressivo e delle tecniche di conservazione e protezione. Anais do curso de *Aggiornamento di ingegneria sismica*. Augusta, 1991.

BINDA, L.; SAISI, A.; TIRABOSCHI, C. Investigation Procedures for the Diagnosis of Historic Masonries. In: *Construction and Building Materials*. v. 14. 2000. p. 199-233.

BIRD, R. B.; STEWART, W. E.; LIGHTFOOT, E. N. *Transport phenomena*. 2. ed. Nova York: John Wiley and Sons, 2002.

BLANCO, G. *Pavimenti e rivestimenti lapidei*. Roma: Nuova Italia Scientifica, 1991.

BUILDING RESEARCH ESTABLISHMENT. *Corrosion of Steel in Concrete*: Protection and Remediation. Part 3. BRE, Digest 444-3, 2000.

BUNGEY, J. H.; MILLARD, S. G. *Testing of Concrete in Structures*. 3. ed. Glasgow: Chapmann & Hall, 1996.

CAHN, R. W.; HAASEN, P.; KRAMER, E. J. (Eds.). *Materials Science and Technology – Characterization of Materials*. Parts I and II. Nova York: Wiley-VCH, 1994.

CALLISTER, W. D. *Materials Science and Engineering* – an Introduction. 4. ed. Nova York: John Wiley & Sons, 1997.

CAMPBELL-ALLEN, D.; ROPER, H. *Concrete Structures: Materials, Maintenance and Repair*. Nova York: Longman Scientific & Technical, 1991.

CNR-DT 106/98. *L'impiego delle armature non metalliche nel calcestruzzo armato*. Bolonha: CNR, 2000.

COLLEPARDI, A. M.; TURRIZIANI, R. Penetration of Chloride Ions into Cement Pastes and Concrete. *Journal of American Ceramic Society*, n. 55. 1972.

COLLEPARDI, M. *Il calcestruzzo vulnerabile*. Tintoretto Edizioni, 2005.

COLLEPARDI, M. *Il nuovo calcestruzzo*. Tintoretto Edizioni, 2003.

COLLEPARDI, M.; COPPOLA, L. *Materiali negli edifici storici: degrado e restauro*. ENCO, 1996.

COMITE EURO-INTERNATIONAL DU BETON – CEB. Durable Concrete Structures, *Bulletin d´information* n. 183. Lausanne: 1992.

CORINALDESI, V.; MORICONI, G. Recycled Demolition Wastes for Concrete and Mortar. In: International ACI/CANMET Seminar on Sustainable Development in Cement and Concrete Industries, 2003, Milão. *Anais...* Instituto Politécnico de Milão, 17-18 outubro 2003.

DURACRETE. *The European Union - Brite EuRam III, DuraCrete -Probabilistic performance based durability design of concrete structures*, BE95-1347/R17, 2000.

EUROPEAN COOPERATION IN SCIENCE AND TECHNOLOGY (COST). *Corrosion and Protection of Metals in Contact with Concrete* (COST 509). Relatório final, 1996.

EUROPEAN COOPERATION IN SCIENCE AND TECHNOLOGY (COST). *Corrosion of Steel in Reinforced Concrete Structures* (COST 521). Relatório final, 2002.

FEIFFER, C. *Il progetto di conservazione*. Roma: Franco Angeli, 1990.

FREDERIKSEN, J. M. (Ed.) – HETEK, Chloride Penetration into Concrete, State of the Art, Transport Processes, Corrosion Initiation, Test Methods and Prediction Models. *The Road Directorate*, n. 53. Copenhagen, 1996.

GASPAROLI, P. *Le superfici esterne degli edifici: degradi, criteri di progetto, tecniche di manutenzione*. Florença: Alinea Editrice, 2002.

GIERENZ, G.; KARMANN, W. *Adhesives and Adhesive Tape*. Weinheim: Wiley-VCH, 2001.

GIOVANELLI, F.; DI BELLA, I.; COIZET, R. *La natura nel conto*. Contabilità ambientale: uno strumento per lo sviluppo sostenibile. Ed. Ambiente, 2005.

GLASS, G. K.; BUENFELD, N. R. The Inhibitive Effects of Electrochemical Treatment Applied to Steel in Concrete. In: *Corrosion Science*, 2000, v. 42., p. 923-927.

GORDON, J. E. *The New Science of Strong Materials or Why You Don't Fall Through the Floor*. Penguin, 1991.

HARPER, C. A. *Handbook of Building Materials for Fire Protection*. Nova York: McGraw-Hill, 2004.

HENDRICKS, C. F.; JANSSEN, G. M. T. *Construction and Demolition Waste*: General Process Aspects. Heron, 46-2, p. 79-88, 2001.

ISTITUTO SUPERIORE PER LA PROTEZIONE E LA RICERCA AMBIENTALE - ISPRA. <http://www.apat.gov.it/site/it-IT/APAT/Pubblicazioni/Rapporto_rifiuti/Documento/rapporto_rifiuti_2004.html>

IMMLER, H. *Produzione e consumo nell'età ecologica*. Roma: Donzelli, 1996.

INTERNATIONAL AGENCY FOR RESEARCH ON CANCER - IARC. <http://www.iarc.fr/>

JAHREN, P. Do Not Forget the Other Chapters. *Concrete International*, 24-7, 2002.
JONES, D. A. *Principles and Prevention of Corrosion*. Mc Millan, 1991.
KELLY, R. G.; SCULLY, J. R.; SHOESMITH, D. W.; BUCKHEIT, R. G. *Electrochemical Techniques in Corrosion Science and Engineering*. Marcel Dekker Inc., 2003.
KINLOCK, A. J. (Ed.). *Durability of Structural Adhesives*. Applied Science Publishers, 1983.
LAL GAURY, K.; BANDYOPADHYAY, J. K. *Carbonate Stone* – Chemical Behaviour Durability and Conservation. Nova York: John Wiley and Sons, 1999.
LANNUTTI, C.; BROCCOLO, A. *I prodotti vernicianti in edilizia*. Roma: Nuova Italia Scientifica, 1996.
LAZZARI, L.; PEDEFERRI, P. *Cathodic Protection*. Polipress, 2006.
LEYGRAF, C.; GRAEDEL, T. *Atmospheric Corrosion*. Nova York: John Wiley and Sons, 2000.
LIOTTA, G. *Gli insetti e i danni del legno* – Problemi di restauro. 4. ed. Florença: Nardini Editore, 2003.
LORENZELLI, V. *Risorse, materiali, ambiente*. Genova: Cenfor International Books, 1988.
MAILVAGANAM, N. P. *Repair and Protection of Concrete Structures*. CRC Press Inc., 1992.
MALHOTRA, V. M. Non Destructive Tests. *ASTM* Special Publication 169 C, 1994.
MASSARI, M.; MASSARI, I. *Risanamento igienico dei locali umidi*. Milão: Hoepli, 1985.
MAYS, G. C.; HUTCHINSON, A. R. *Adhesives in Civil Engineering*. Cambridge, Inglaterra: Cambridge University Press, 1992.
MINGUZZI, G. *FRP, utilizzo dei materiali composite a matrice polimerica in edilizia*. Florença: Alinea, 1998.
NANNI, A. CFRP Strengthening. *Concrete International*, v. 6, 1997.
NEVILLE, A. M. *Properties of Concrete*. Longman Scientific & Techn., 1995.
NIXON, P. J. More Sustainable Construction: the Role of Concrete. In: DHIR, R.K.; DYER, T.D.; HALLIDAY, J.E. *Sustainable Concrete Construction*. In: CONFERÊNCIA INTERNACIONAL, 2002, Dundee. Anais... Dundee, Escócia: Universidade de Dundee, 2002.
NIXON, P.; PAGE, C. L. Pore Solution Chemistry and Alkali Aggregate Reaction. In: J. M. Scanlon (ed.), ACI SP-100 *Concrete Durability*. American Concrete Institute, v. 2, 1987. p. 1833-1862.
PAGE, C. L. Nature and Properties of Concrete in Relation to Reinforcement Corrosion. In: *Corrosion of Steel in Concrete*, Aachen, 17-19, February, 1992.
PANEK, J. R.; COOK, J. P. *Construction Sealants and Adhesives*. Nova York: John Wiley and Sons, 1991.
PEARCE, D. W.; TURNER, R. K. *Economia delle risorse naturali e dell'ambiente*. Bolonha: Il Mulino, 1991.
PEDEFERRI, P. *Corrosione e protezione dei materiali metallici*. Clup, 1978
PEDEFERRI, P. *La corrosione dele strutture metalliche ed in cemento armato negli ambienti naturali*. Clup, 1987.
PEDEFERRI, P. Cathodic Protection and Cathodic Prevention. *Construction and Building Materials*, 10, 1996. p. 391-402.
PEDEFERRI, P. *Titaniocromia (e altre cose)*. Novara: Interlinea Edizioni, 1999.
PEDEFERRI, P. Corrosione dei materiali metallici. In: apostila de aula no curso de Engenharia de Materiais, ano acadêmico 2003-2004.
PEDEFERRI, P.; BERTOLINI, L. *La corrosione nel calcestruzzo e negli ambienti naturali*. Itália: McGraw-Hill, 1996.
PEDEFERRI, P.; BERTOLINI, L. *La durabilità del calcestruzzo armato*. Itália: McGraw-Hill, 2000.
POURBAIX, M. *Lectures on Corrosion*. New York: Plenum Press, 1973.
REVIE, R. W. *Uhlig's Corrosion Handbook*. Electrochemical Society Series. New York: John Wiley and Sons, 2000.
RILEM TECHNICAL COMMITTEE. Draft Recommendation for Repair Strategies for Concrete Structures Damaged by Reinforcement Corrosion. *Materials and Structures*, v. 27, p. 415, 1994.
RINK, M. Durabilità dei materiali polimerici. In: GIORNATE NAZIONALI SULLA CORROSIONE E PROTEZIONE, 5., Bergamo. Anais... Bergamo: Associazione Italiana di Metallurgia, 21-22 maio 2002.
SCHERER, G. W. Stress from Crystallization of Salt. *Cement and Concrete Research*, v. 34, p. 1613-1614. 2004.
SCHIESSL, P. (ed.). *Corrosion in Concrete*. Rilem Technical Committee 60-CSC. Londres: Chapmann and Hall, 1988.

SCHÜTZE, M. (ed.). *Corrosion and Environmental Degradation*. Weinheim: Wiley-VCH, 2000.

SERIE EN 1504. *Products and System for the Protection and Repair of Concrete Structures* – Definitions, Requirements, Quality Control and Evaluation of Conformity. Parts 1-9, European Committee for Standardization.

SHAYAN, A.; XU, A. Value-added Utilization of Waste Glass in Concrete. In: *Cement and Concrete Research*, v. 34, 2004. p.81-89.

SHREIR, L. L.; JARMAN, R. A.; BURNSTEIN, G. T. *Corrosion* (3ª.ed.). Oxford: Butterworth-Heinemann, 1995.

SIBBICK, R. G.; PAGE, C. L. Threshold Alkali Contents for Expansion of Concretes Containing British Aggregates. In: *Cement and Concrete Research*, v. 22., 1992. p. 990-994.

SKOOG, D. A.; LEARY, J. J. *Chimica analitica strumentale*. Edizioni SES, 1995.

SOMMONS, H. L.; LEWIS, R. J. *Building Materials: Dangerous Properties*. Van Nostrand Reinhold, 1997.

STRONG, A. Brent. *Plastics* – Materials and Processing. Prentice Hall, 1996.

TAMPONE, G. *Il restauro delle strutture di legno*. Milão: Hoepli, 1996.

TAMPONE, G.; MANNUCCI, M.; MACCHIONI, N. *Strutture di legno* – Cultura, conservazione e restauro. Milão: De Lettera Editore:, 2002.

TAYLOR, G. D. *Materials in Construction* – Principles, Practice and Performance. Pearson Education Limited, 2002.

TAYLOR, G. D. *Materials in Construction* – Principles, Practice and Performance. Pearson Education, 2001.

THE CONCRETE SOCIETY. *Analysis of Hardened Concrete: a Guide to Test Procedures and Interpretation of Results*. Technical report n.32, 1989.

THE CONCRETE SOCIETY. *Non-structural Cracks in Concrete*. Technical report n. 22, 1982.

TSUOMIS, G. *Science and Technology of Wood* – Structure, Properties, Utilization. Nova York: Chapman & Hall, 1991.

TUUTTI, K. *Corrosion of Steel in Concrete*. Estocolmo: Swedish Foundation for Concrete Research, 1982.

UNGER, A.; SCHNIEWIND, A. P.; UNGER, W. *Conservation of Wood Artifacts*. Berlim: Springer, 2001.

UNI 11104. *Calcestruzzo – Specificazione, prestazione, produzione e conformità – Instruzione complementari per lápllicazione della EN 206-1*, 2004.

UNI CEN/TS 14038-1. *Rialcalinizzazione elettrochimica ed estrazioni del cloruri nel calcestruzzo armato: Rialcalinizzazione*, Parte 1, 2005.

UNI EN 12696. *Protezione catodica dell'acciaio nel calcestruzzo*. 2002.

UNI EN 1990. *Eurocodice* – Criteri generali di progettazione strutturale. 2004.

UNI EN 1992-1. *Eurocodice 2: Progettazione delle strtture di calcestruzzo. Parte 1-1: Regole generali e regole per gli edifici*, 2005.

UNI EN 206. Calcestruzzo – Specificazione, prestazione, produzione e conformità. 2001.

UNI ENV 13670-1. *Esecuzione di strutture di calcestruzzo – Requisiti comuni*, 2001.

VASSIE, P. R. Reinforcement Corrosion and the Durability of Concrete Bridges. In: *Proceedings of the Institution of Civil Engineers*, Parte 1, v. 76, artigo 8798.1984. p. 713

VILLARI, P. L. *Il restauro dei supporti lignei*. Milão: Hoepli, 2004.

VOS, B. H. Suction of Ground Water. In: *Studies in Conservation*, v. 16. 1971. p. 129-144.

WEIDMANN, G.; LEWIS, P.; REID, N. *Structural Materials*. The Open University, Butterworth-Heinemann, 1990.

WELDON, D. G. *Failure Analysis of Paints and Coatings*. Nova York: John Wiley and Sons, 2001.

WIERIG, H. J. Long-time Studies on the Carbonation of Concrete under Normal Outdoor Exposure. Seminário RILEM *Durability of Concrete Structures under Normal Outdoor Exposure*, Hanover, 26-27, March 1984.

WOLF, A. T. (ed.). *Durability of Building Sealants*. Relatório 21. Paris: RILEM Publications, 1999.

WORLD HEALTH ORGANIZATION. *Air Quality Guidelines*. WHO, 2000.

Índice remissivo

A
abrasão 138
absorção 14, 18, 19, 20, 33, 36, 42, 85, 89, 133, 141, 145, 146, 173, 178, 190, 195, 196, 197, 198, 200, 202, 203, 204, 206, 210, 213, 261, 264, 265, 266, 269, 279, 280, 296, 315, 317, 318, 319, 322, 340, 342, 350, 362
   capilar 18, 36, 42, 145, 146, 173, 178, 190, 197, 198, 200, 202, 203, 204, 210, 213, 280, 296, 318, 340, 342, 362
   ensaios de 195, 280
acesso de O_2 244
acetato de polivinila 234
acidez da água 107
aços inoxidáveis 49, 50, 65, 66, 68, 115, 116, 117, 118, 119, 120, 121, 122, 123, 128, 185, 186, 187, 188, 275, 303, 314
   exposição atmosférica 121
   sensibilização 121
   soldáveis 121
aços para concreto protendido
   corrosão 154
   prevenção 192
aços patináveis 78, 86, 87, 88, 160
adesivo 230
   adsorção física 231
   efeitos do ambiente 225
   epóxi 88, 106, 188, 189, 190, 231, 233, 234, 235, 236, 237, 238, 239, 269, 290, 317, 319, 334, 335, 342, 350
   mecanismos de adesão 231
   tipos 232
adição pozolânica 394, 395, 396
aditivos 131, 132, 133, 135, 143, 144, 162, 163, 191, 197, 224, 228, 229, 232, 235, 238, 252, 326, 352, 355, 387, 389, 393, 399
   aerante 317
aeração diferencial 67, 104, 109, 126
AFRP 332
agentes atmosféricos 80, 85, 90, 196, 205, 206, 219, 322
agregados
   reativos 136, 289
   reciclados 392, 393
água doce 107, 108, 109, 285, 374
água do mar 43, 50, 77, 99, 102, 103, 106, 109, 110, 112, 113, 114, 119, 123, 125, 126, 137, 150, 152, 153, 162, 166, 167, 168, 169, 172, 173, 276, 360, 372, 373
   ação sobre o concreto 162
álcali-agregado (reação) 134, 135, 136, 137, 163, 288, 357
alcalinidade do concreto 341, 344, 350
álcalis no concreto 136, 185
alterações biológicas 210
alumínio 5, 7, 47, 65, 69, 74, 92, 113, 123, 124, 125, 126, 373, 374, 378, 381, 383, 387, 389, 397
alvenaria 194

análise de falhas 282
análises microestruturais
   difração de raios X 272
   microscopia eletrônica 269
   microscopia óptica 267
   observação macroscópica 266
análises químicas tradicionais 258
   métodos instrumentais 261
análises térmicas
   calorimetria diferencial (DSC) 262
   térmica diferencial (DTA) 262
   termogravimétrica (TGA) 262
ângulo de contato 40, 41
anóbios 216
anódica (reação) 50, 51, 52, 53, 65, 67, 99, 104, 105, 112, 139, 143, 359
anódico-resistivo (controle) 144
anodização 123, 124
anodos
   sacrificiais 347
   de sacrifício 112, 113
argamassas de assentamento e de reboco 196
argamassas de reparo 350
argamassas modificadas com polímeros 191
ar incorporado 133, 150, 169, 197
armaduras (corrosão) 338
Armaduras em aço galvanizado 185
armaduras em aço inoxidável 187, 188
Armaduras revestidas com epóxi 188
assentamento plástico 288
ataque ácido
   alvenaria 18
   concreto 137
ataque atmosférico em pedras e argamassas 205
ataque biológico
   madeira 212, 214
   polímeros 230
ataque de gelo-degelo
   alvenaria 198
   concreto 166, 167
ataque por sulfatos 133, 137, 205
ativação
   pites 74
   da corrosão por carbonatação 180
   da corrosão por cloretos 179
atmosfera doméstica 403
azulado 218

B
bactérias (madeira) 212
barreiras químicas 319
betumes 232, 233, 315, 316, 323
biocidas 221, 222, 223
borrachas butílicas 240
Bragg (lei de) 273
brocas 216

C
calomelano 62, 76, 276

calor de hidratação 130, 163, 289, 394
calor específico 43, 44
câmara oclusa 71, 72, 74, 76, 314
capacidade térmica 44, 86
características toxicológicas 400
característico (valor) 17
carbonatação 138, 139, 140, 141, 142, 143, 152,
    154, 155, 161, 164, 165, 166, 167, 168, 169,
    170, 171, 172, 174, 180, 183, 184, 185, 188,
    189, 190, 191, 192, 196, 292, 295, 296,
    298, 300, 301, 309, 326, 327, 338, 340,
    341, 342, 343, 344, 345, 347, 348, 349,
    350, 352, 353, 354, 355, 362
  medida da profundidade 295
catódica (reação) 50, 51, 53, 55, 58, 60, 62, 63,
    67, 73, 84, 97, 98, 99, 104, 105, 114, 155,
    356, 357, 358
Cerambicídeos 217
CFRP 332, 381
cianoacrilatos de alquila 234
ciclo de vida dos materiais 14, 371, 383, 384
ciclos de pintura 314
cimentos de mistura 136
cimentos resistentes aos sulfatos 134
classe de exposição 168, 169, 171, 172, 173, 174
cloretos
  concreto carbonatado 139
  corrosão atmosférica 84
  corrosão das armaduras 144
  corrosão nos solos 96
  totais e livres 145, 149
cobre 47, 50, 56, 65, 74, 86, 92, 99, 123, 125,
    126, 127, 128, 222, 276, 297, 359, 374,
    381, 387, 389
coeficiente
  de carbonatação 140, 174, 301, 353
  de difusão 36, 37, 38, 39, 301
  de difusão aparente 300, 353
  de dilatação térmica 14, 19, 45, 117, 187, 235,
      351
  de permeabilidade 40, 145, 296
colagem 230, 231, 232, 233, 236, 237, 290, 334
coleópteros 215, 216, 217, 222
coloração do titânio 126
comburente 243, 245
combustão 85, 206, 227, 242, 243, 244, 245, 246,
    250, 251, 252, 253, 263, 372, 380, 382,
    384, 386, 387, 391, 394, 399, 404
combustível 83, 243, 244, 245, 246, 375, 379,
    386, 391, 394, 399
comportamento em caso de incêndio
  aços 246
  armaduras 249
  concreto armado 247
  gesso 250
  madeira 252
  plásticos 251
concentração
  crítica de cloretos 179
  superficial 39, 146, 149, 175, 179, 182
concreto
  degradação 129
  especiais 164
  extração do testemunho 294
  prevenção 158
condutibilidade térmica 44, 117, 131, 187, 197,
    247, 250, 304
consolidação
  das paredes 321
  elementos em madeira 324
constante de Faraday 52, 60, 177
contato galvânico 85, 99, 109
contraste 266, 268, 269, 271
corrente
  crítica de passivação 116
  de proteção 94, 111, 112, 113, 114, 359, 360
  dispersas 139, 302
  induzidas 112, 113, 303
corrente-limite de difusão de oxigênio 97, 98,
    102, 109
corrosão
  aço inoxidável 66
  aeração diferencial 67, 104, 109, 126
  alumínio 125
  aspectos termodinâmicos 55
  atmosférica 78
  cinética 144
  cobre 125
  das armaduras no concreto 342
  dos insertos metálicos 210
  em frestas 49, 72
  ensaios 274
  formas 47
  galvanização 92
  intergranular 49
  mecanismo eletroquímico 50
  nas águas 106
  por bactérias 107
  por contato galvânico 85
  por pites 68, 69, 70, 72, 109, 114, 118, 119, 120,
      123, 125, 126, 144, 149, 150, 151, 156, 174,
      191, 275, 285, 295, 298, 344, 358
  proteção com pinturas 87
  sob tensão 49, 50, 68, 73, 74, 75, 118, 123, 125,
      126, 155, 156
  termodinâmica da corrosão 53
Cor-Ten 87
creosoto 222
cristalização dos sais solúveis 206
critério dos 100 mV 360
cura do concreto 19, 170
curculionídeos 217
curvas de polarização 187
  anódica 102
  catódica 102
custo energético 378, 380, 382, 383

D

deformação dos elementos de madeira 213
degradação térmica 226, 227, 229, 230, 243, 246,
    250, 251, 252
densidade 17, 32, 33, 34, 40, 42, 44, 45, 52, 56,
    57, 58, 60, 61, 62, 63, 65, 66, 71, 100, 102,
    105, 110, 111, 112, 113, 114, 115, 116, 117,

124, 139, 153, 189, 197, 200, 213, 214, 219, 251, 253, 261, 279, 290, 292, 293, 296, 307, 308, 330, 357, 358, 360, 361, 362, 363, 364, 365, 366, 367, 372, 381, 389
  corrente 52, 56, 57, 58, 60, 61, 62, 63, 65, 66, 71, 100, 102, 110, 111, 112, 113, 114, 115, 116, 117, 124, 139, 153, 357, 358, 360, 361, 362, 363, 364, 365, 366, 367
  das fumaças 251
  dos latões 125
desenvolvimento de hidrogênio 50, 53, 56, 57, 58, 59, 60, 61, 64, 68, 73, 76, 84, 98, 112, 155, 186, 356, 358, 363, 366, 367, 397
despolarização 360, 361
difração dos raios X 272, 273, 327
difusão 18, 36, 37, 38, 39, 60, 61, 62, 63, 67, 88, 96, 97, 98, 102, 109, 111, 114, 139, 141, 144, 145, 146, 147, 148, 149, 162, 164, 172, 175, 176, 177, 178, 180, 182, 198, 203, 218, 230, 232, 278, 280, 300, 301, 317, 318, 335, 340, 347, 353, 362, 373
  estacionária 38
difusividade térmica 45
dilatação térmica 14, 19, 45, 46, 117, 187, 197, 235, 237, 351
dióxido de enxofre 83
disponibilidade dos recursos 373, 382
dose 398, 400, 402, 403
DSC 262, 264
DTA 262, 263, 264
ductilidade 15, 117, 125, 128, 151, 152, 186, 247
DuraCrete 23, 175, 178, 179, 180, 181, 182, 184
dureza das águas 107
dureza de uma água 107

E
EDS 261, 272, 327, 328, 329
efeito estufa 380, 382, 383
eficiência do revestimento 92, 113, 161, 342
eflorescências 195, 198, 206, 208, 286, 317, 318
eletrodos de referência 111, 260, 276, 309, 310, 360
elétrons
  retrodifusos 271
  secundários 271, 272
elevação capilar 96, 197, 199, 200, 201, 202, 203, 204, 207, 208, 209, 280, 303, 305, 315, 318
endurecedores 232, 235
ensaio
  de compressão 294, 295
  de exposição 85, 274, 275
  de penetração 304
envelhecimento físico 227
epóxi
  armaduras revestidas 188
  proteção do aço 106
erosão 138
  pela água 137
esclerômetro 288, 290, 291, 294
escoamento 73, 86, 179, 186, 230, 384, 386, 387, 390, 394

escorrimento viscoso 240
ESEM 270
espectrofotometria
  por infravermelho (IV) 261, 264
  de emissão por plasma (ICP-OES) 261
espessura do cobrimento 140, 144, 161, 162, 164, 165, 169, 170, 171, 174, 179, 180, 181, 183, 185, 249, 250, 295, 296, 297, 301, 342, 343, 344, 345, 346, 347, 348, 351, 354, 362, 368
estado-limite 22, 23, 140, 160, 161, 174, 175, 179, 183, 301, 337, 338, 345, 354
estereomicroscópio 266
estrutura marinha 146, 147, 150
etringita 133, 134, 205
eurocódigo 166, 170
Evans
  diagramas 57
  experiência 67
evaporação 32, 34, 35, 82, 86, 88, 137, 141, 142, 146, 147, 172, 178, 189, 190, 195, 198, 199, 202, 203, 204, 206, 207, 208, 213, 232, 234, 238, 240, 241, 243, 244, 248, 250, 252, 263, 289, 305, 315, 317, 319, 320, 352

F
fadiga 15, 22, 49, 50, 77, 126, 302
fatores de risco 400, 403
fenol-formaldeído 214, 233
Fick 36
fouling marinho 110
Fourier (equação) 44
fragilização por hidrogênio 50, 73, 74, 75, 76, 77, 112, 138, 154, 155, 156, 157, 192, 357, 358, 361, 365, 366, 367
  aços para concreto protendido 76
FRP 329, 330, 331, 332, 334, 335, 368
fumaça 243, 244, 245, 251, 397, 404
fumigação 223
fungos 210, 212, 214, 216, 217, 218, 219, 220, 221, 222, 322, 323, 325, 400

G
galvanização
  aço 92
  tipos de 93
gelo-degelo 197, 317
GFRP 332, 381
GPR 287
gradiente hidráulico 40
grau de saturação dos poros 33, 132, 209

H
Hastelloy 128
HDT 226
hidrófilo 40, 41
hidrorrepelente 41, 190, 191, 230, 237, 299, 317, 319, 342, 354

I
ICP-OES 261
ife 217

ignição 245, 246
Impact Echo 287
Impermeabilizações 315
impingement 125
impregnação da madeira 221
imunidade 54, 55, 56, 64, 88, 111, 114, 115, 357
incêndio
  estruturas de concreto 247
  gesso 250
  madeira 252
  materiais metálicos 246
  materiais plásticos 250
índice
  de oxigênio 251
  de resistência a pites 118
inertização 386
infravermelho (IV) 261, 264, 304
inibidores de corrosão 191, 343, 355
insetos (madeira) 212
inspeção
  da alvenaria 302
  das estruturas de concreto armado 286
  das estruturas metálicas 301
  das obras em madeira 306
  visual 285
intensificação dos esforços 332
interferência elétrica 104
  concreto armado 154
isópteros 215

K
Kevlar 332

L
Laplace-Washburn (equação) 41
latões 125, 126
Lei de Faraday 52
Lei de Fick 36, 37, 39, 60, 146, 147, 175, 176
Lei de Langelier 108
lictídeos 216
liga
  de alumínio 47, 69, 123, 124, 378
  de cobre 74, 381
  de níquel 74
  de níquel-cobre 128
  de titânio 74
limite de resolução 268
líquidos penetrantes 303

M
macropilha 99, 100, 101, 102, 103, 104, 112, 151, 152, 153, 188, 310, 346, 347
madeira
  ataque atmosférico 205
  ataque biológico 212
  prevenção da degradação 220
  umidade 221
mapeamento do potencial 297
materiais de demolição 392
materiais porosos 18, 19, 31, 32, 36, 37, 42, 199, 200, 202, 231, 232, 237, 247, 269, 279, 280
medida da profundidade de carbonatação 295

medida de potencial 276
medida do potencial 111, 112, 275, 276, 277, 297, 299, 302, 309, 360
medidas ultrassônicas 293, 304
melamina-formaldeído 233
membranas betuminosas 316
metalografia 269
meteorização 228, 229
método
  análise instrumental 261
  combinados 290
  de Wenner 281
micélio 217
microclima 86, 141, 174, 274, 347
microscópio
  óptico 267, 268, 269, 270, 271, 302
  teletrônico de varredura (SEM) 327
migração elétrica 18, 43, 50, 67, 356, 358
mobilidade 356
mobilidade iônica 356
modelo de extração 376
Monel 128
monitoramento 14, 22, 161, 166, 257, 287, 297, 306, 308, 309, 360, 367
  acústico 287

N
Nernst (equação) 53, 55
net present value (NPV) 24
níquel 66, 74, 86, 117, 125, 128, 275
nitrito de cálcio 191, 192
nobreza dos metais 102
nobreza prática 102, 103, 109
normas técnicas das construções 158
número de transporte 42

O
oxidação dos polímeros 230

P
partículas sólidas 88, 96, 138
passividade
  imperfeita 71, 357
  perfeita 114, 192, 357, 358
patrimônio de edificações 313
pedras 194, 195, 196, 205, 206, 209, 210, 326, 372, 399
penetração dos cloretos no concreto 145, 175
pentaclorofenol 222
perda de peso 132, 262, 274, 279
período de estocagem 235
permeabilidade 18, 40, 88, 89, 91, 117, 134, 137, 145, 173, 191, 192, 197, 214, 218, 227, 238, 239, 249, 280, 296, 315, 324, 352, 394
permeação 36, 40, 145, 198, 200, 280
petróleo bruto 376, 377, 379
pigmentos 88, 89, 90, 91, 124, 238, 387, 389
pintura
  ciclos 314
  danos 91
  efeito barreira 89
  pigmentos ativos 88

pirólise 243, 246, 251
pites 49, 52, 68, 69, 70, 71, 72, 74, 75, 76, 77,
    109, 114, 116, 118, 119, 120, 123, 125, 126,
    144, 149, 150, 151, 152, 155, 156, 174, 181,
    186, 187, 191, 258, 275, 278, 285, 295,
    298, 344, 357, 358, 366
  ativação 68
  repassivação 71
poder
  calorífico 244, 390, 391
  incrustante 107, 108
  penetrante 114, 365, 366
podridão
  branca 218
  parda 218
Poiseuille 41, 200
polarização
  anódica 57, 58, 62, 63, 69, 70, 71, 99, 100, 102,
    115, 116, 117, 139, 149, 278, 279, 347
  catódica 62, 63, 70, 99, 100, 110, 111, 115, 278,
    346, 347, 360
  linear 278
  potenciodinâmica 278
polímeros 190, 191, 224, 225, 226, 227, 228, 316,
    229, 230, 232, 235, 239, 240, 241, 316,
    316, 322, 324, 328, 329, 330
poros
  grau de saturação 280
porosidade 32, 33, 34, 38, 124, 132, 141, 145,
    163, 165, 184, 195, 199, 206, 211, 248,
    249, 280, 296, 317, 321, 394, 396
potencial
  de corrosão 57, 58, 63, 66, 100, 101, 102, 143,
    186, 187, 275, 277, 278, 279, 297, 298, 302
  de equilíbrio 53, 54, 55, 56, 57, 58, 64, 98, 100,
    101, 111, 125, 139, 276
  de pites 68, 69, 70, 71, 116, 118, 119, 126, 149,
    187, 278, 357
  de proteção 71, 111, 112, 114, 357, 360
  de transpassividade 65
  padrão 55
Pourbaix (diagramas) 47, 64, 65, 93
preparação da superfície 89, 90, 92, 314, 351
pré-polímero 234, 235
prevenção catódica 192, 360, 365
processo catódico 51, 52, 54, 56, 57, 58, 59, 60,
    61, 62, 63, 67, 71, 73, 79, 100, 102, 108,
    110, 125, 191, 339, 340, 361
profundidade de campo 268, 271
propriedades mecânicas 13
  variabilidade 15
propriedades térmicas 43
proteção anódica 115
proteção catódica 49, 88, 89, 90, 94, 99, 100,
    101, 104, 106, 110, 111, 112, 113, 114, 115,
    123, 189, 192, 277, 302, 314, 339, 342,
    355, 357, 358, 359, 360, 361, 362, 364,
    366
proteções adicionais 162, 185, 354

Q
qualidade do concreto 286, 292, 300, 362, 364

quase-imunidade 111, 114, 115
queda ôhmica 57, 59, 79, 80, 97, 101, 103, 111,
    112, 143, 277, 360

R
radiações ultravioleta 189, 229, 317
raios X característicos 271, 272
reação
  álcali-agregados 136, 163, 394
  ao fogo 243, 246
realcalinização eletroquímica 355, 356, 361, 362,
    363, 364, 367
reaproveitamento 384
rebocos macroporosos 315, 317, 320
reciclagem 385
  de materiais metálicos 387
  de materiais plásticos 389
recuperação
  alvenaria 314
  concreto 337
  das estruturas de concreto armado 337
  estruturas de concreto protendido 364
  estruturas metálicas 313
  obras em madeira 322
recursos
  não renováveis 372, 373, 374, 382, 391
  renováveis 374
redução de oxigênio 53, 54, 56, 60, 61, 62, 68,
    105, 108
relação a/c 38, 39, 132, 133, 134, 142, 163, 166,
    169, 171, 172, 173, 174, 178, 182, 192, 203,
    299, 352, 393
relação de assimetria 77
remoção
  da umidade 314
  do concreto 249, 287, 341, 343, 344, 345, 349,
    350, 354, 355, 359, 368
  eletroquímica dos cloretos 342, 355, 363
reservas 374
resíduos 382
resinas de poliéster 234
resistência ao fogo 198, 242, 243
resistência de polarização 279
resistividade elétrica 43, 59, 79, 97, 98, 101, 103,
    109, 142, 152, 181, 280, 281, 296, 299,
    300, 302, 306, 308, 396
resolução do microscópio 268, 269
retardantes de fogo 253
retração bloqueada 353
reutilização 384, 385, 392
revestimento das armaduras 339
rigidez 15, 91, 224, 226, 227, 253, 330
risco 22
robustez 22
ROSE 392, 393, 394

S
sais solúveis 206, 207, 208, 209, 210, 318
salinidade 109
saltos térmicos 45
secções finas 269
selantes 225, 239, 240, 241, 321

SEM 270, 271, 272, 327, 328, 329
shelf life 235
sifões atmosféricos 319
silicones 319
sobretensão 56, 57, 59, 60, 188
solvente
  dos polímeros 228
  pinturas 89
substâncias perigosas 398
sucata 381, 385, 387, 388, 389
sulfatos
  corrosão no solo 98
  degradação no concreto 133

T
Tafel (equação) 56
Tafel (retas) 60
taumasita 134, 205
técnicas
  de estudo dos materiais 14
  eletroquímicas 189
  não destrutivas 286, 307
têmpera de solubilização 120
temperatura
  crítica de pites 119, 275
  de fusão 45, 46, 59, 60, 226, 227
  de ignição 245, 246
  de transição vítrea 46, 226, 227, 228, 230, 236, 237
tempo
  de colagem (*open time*) 236
  de manuseio ou pega (*pot life*) 236
  de Umectação (TdU) 81
tenacidade 15, 75, 87, 117, 154, 155, 224, 227, 235
  à fratura 75, 154
teor de cimento 130, 135, 136, 147, 163, 166, 172, 173
  de umidade 32, 33, 34, 36, 37, 136, 141, 143, 150, 165, 172, 189, 194, 198, 204, 212, 213, 214, 218, 220, 221, 223, 342
termografia 304, 306
TGA 262, 263, 264, 327, 328
tijolos 18, 19, 31, 194, 195, 196, 202, 203, 206, 209, 210, 232, 234, 306, 318, 321, 326, 392
  de barro 195, 203
titânio 74, 121, 126, 127, 229, 309, 310, 314, 357, 359, 361, 362, 363, 364, 374
  ativado 309, 310, 357, 359, 361, 362, 363, 364
titulação 107, 259, 260
TLV 398
transporte
  fenômenos de 37
  de calor 31, 43
  de massa 36
tratamentos
  da madeira 221
  hidrorrepelentes 190, 318
  superficial do concreto 190

tubulações
  corosão 108
  corrosão no solo 106

U
umidade
da madeira 212
na alvenaria 194, 198, 314
relativa crítica 81
UNI 11104 169
UNI EN 206-1 166, 167, 168, 169, 171, 172, 173, 174
UNI EN 1992-1 166
UNI ENV 13670-1 166, 170
ureia-formaldeído 233, 378

V
valores-limite 173
vapores condensados ácidos 84
variações dimensionais 45
velocidade de corrosão 51, 52, 80, 84, 93, 110
vida residual 340
vida útil 20, 94

X
X-Ray Diffraction Analysis (XRD) 272

Z
Zinco 102, 276, 387, 389